西门子
S7-1200 PLC
编程入门与实践
手册

陈忠平　王湘林　编著

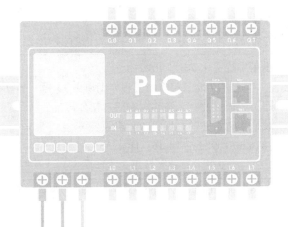

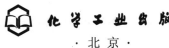

化学工业出版社
·北京·

内 容 简 介

本书从 PLC 编程入门和工程实际应用出发，系统讲解西门子 S7-1200 PLC 编程及应用。主要内容包括：PLC 的基础知识，S7-1200 PLC 的硬件系统，TIA Portal 软件的使用，S7-1200 PLC 编程基础，S7-1200 PLC 的基本指令、扩展指令与工艺功能，S7-1200 PLC 的用户程序结构，S7-1200 PLC 的数字量控制、模拟量与 PID 闭环控制，S7-1200 PLC 的网络通信功能，S7-1200 PLC 的安装维护与系统设计。本书内容全面、通俗易懂、实例丰富，实用性和针对性强，特别适合初学者使用，对有一定 PLC 基础的读者也有很大帮助。

本书可供 PLC 技术人员学习使用，也可作为大中专院校电气、自动化等相关专业的教材和参考用书。

图书在版编目（CIP）数据

西门子 S7-1200 PLC 编程入门与实践手册 / 陈忠平，王湘林编著. —北京：化学工业出版社，2024.10
ISBN 978-7-122-45729-5

Ⅰ. ①西…　Ⅱ. ①陈…　②王…　Ⅲ. ①PLC 技术-程序设计-手册　Ⅳ. ①TM571.61-62

中国国家版本馆 CIP 数据核字（2024）第 107642 号

责任编辑：李军亮　徐卿华　　　文字编辑：李亚楠　陈小滔
责任校对：边　涛　　　　　　　装帧设计：王晓宇

出版发行：化学工业出版社
　　　　　（北京市东城区青年湖南街 13 号　邮政编码 100011）
印　　刷：北京云浩印刷有限责任公司
装　　订：三河市振勇印装有限公司
787mm×1092mm　1/16　印张 35³/₄　字数 916 千字
2024 年 10 月北京第 1 版第 1 次印刷

购书咨询：010-64518888　　　　售后服务：010-64518899
网　　址：http://www.cip.com.cn
凡购买本书，如有缺损质量问题，本社销售中心负责调换。

定　　价：108.00 元

版权所有　违者必究

随着科学技术的进步，电气控制技术也在不断地发展。以可编程控制器（Programmable Logic Controller，简称 PLC）、变频器、计算机通信和组态软件等为主体的新型电气控制系统已逐渐取代了传统继电器控制系统。PLC 以其可靠性高、灵活性强、易于扩展、通用性强、使用方便等优点，在工控领域应用十分广泛。

西门子 S7-1200 PLC 是西门子公司推出的一款紧凑型、模块化的 PLC。它是面向离散自动化系统和独立自动化系统的一款中低端小型 PLC，具备强大的工艺功能，适用于多种场合，可满足不同的自动化需求。为了帮助读者系统学习西门子 S7-1200 PLC 的编程及应用，特编写本书。

本书特点：

（1）由浅入深，循序渐进

本书在内容编排上采用由浅入深、由易到难的原则，在介绍 PLC 的组成及工作原理、硬件系统构成、软件的使用等基础上，在后续章节中结合具体的实例，逐步讲解相应指令的应用等相关知识。

（2）技术全面，内容充实

全书重点突出，层次分明，注重知识的系统性、针对性和先进性。对于指令的讲解，不是泛泛而谈，而是辅以简单的实例，使读者更易于掌握。本书的大部分实例均来自实际工程项目或其中的某个环节，对从事 PLC 应用和工程设计的读者具有较强的实践指导意义。

（3）分析原理，步骤清晰

对于每个实例，都分析其设计原理，总结实现的思路和步骤。读者可以根据具体步骤实现书中的例子，将理论与实践相结合，提高读者的工程应用能力。

本书内容：

第 1 章　PLC 概述。介绍 PLC 的定义、基本功能与特点、应用和分类，简单介绍了西门子 PLC，还介绍了 PLC 的组成及工作原理，并将 PLC 与其他顺序逻辑控制系统进行了比较。

第 2 章　西门子 S7-1200 PLC 的硬件系统。主要介绍了 S7-1200 PLC 的性能特点及硬件系统组成、CPU 模块、信号模块、信号板、通信模块、分布式模块的类别、性能参数等内容。

第 3 章　TIA Portal 软件的使用。首先介绍了 TIA Portal 软件平台的构成及安装方法，然后重点讲述了该软件的使用方法，最后讲解了 S7-PLCSIM 仿真软件的使用。

第 4 章　西门子 S7-1200 PLC 编程基础。介绍了 PLC 编程语言的种类、S7-1200 PLC 中的数制与数据类型、S7-1200 PLC 的存储区及寻址方式，以及变量表、监控表和强制表的应用，为 S7-1200 PLC 程序的编写打下基础。

第 5 章　西门子 S7-1200 PLC 的基本指令及应用。基本指令是 PLC 编程时最常用的指令。本章详细介绍了位逻辑指令、定时器指令、计数器指令、比较操作指令、移动操作指令、转换指令、数学函数指令、程序控制指令、字逻辑运算指令、移位和循环移位指令的使用方法及应用实例。

第 6 章　西门子 S7-1200 PLC 的扩展指令与工艺功能。扩展指令与 PLC 的系统功能有关，本章主要讲解了日期和时间指令、字符与字符串指令的使用。工艺功能主要讲解了高速脉冲输出、高速计数器和运动控制这三种功能的相关内容。

第 7 章　西门子 S7-1200 PLC 的用户程序结构。介绍了 S7-1200 PLC 的用户程序结构及编程方法，数据块、组织块、函数、函数块的使用。

第 8 章　西门子 S7-1200 PLC 的数字量控制。介绍了梯形图的翻译设计法与经验设计法、顺序控制设计法与顺序功能图、常见的启保停与转换中心方式编写梯形图的方法。

第 9 章　西门子 S7-1200 PLC 的模拟量与 PID 闭环控制。介绍了模拟量的基本概念、S7-1200 PLC 模拟量模块的使用、PID 闭环控制等内容。

第 10 章　西门子 S7-1200 PLC 的网络通信功能。介绍了通信的基础知识、SIMATIC 通信网络、S7-1200 PLC 的串行口通信、S7-1200 PLC 的 PROFIBUS 通信、S7-1200 PLC 的以太网通信等内容。

第 11 章　西门子 S7-1200 PLC 的安装维护与系统设计。讲解 PLC 的安装和维护，PLC 的应用系统的设计步骤与调试方法，并通过 4 个不同的实例讲解其设计方法。

读者对象：

- PLC 初学人员；
- 自动控制工程师、PLC 工程师、硬件电路工程师及 PLC 维护人员；
- 大中专院校电气、自动化相关专业的师生。

本书主要由湖南工程职业技术学院陈忠平、湖南信息学院王湘林编著，衡阳技师学院胡彦伦、湖南航天管理局 7801 研究所刘琼等参与了相关内容的整理工作。全书由湖南工程职业技术学院陈建忠副教授主审。

由于编著者知识水平和经验所限，书中难免有疏漏之处，敬请广大读者批评指正。

编著者

自 20 世纪 60 年代末期世界第一台 PLC 问世以来，PLC 发展十分迅速，特别是近些年来，随着微电子技术和计算机技术的不断发展，PLC 在处理速度、控制功能、通信能力及控制领域等方面都有新的突破。PLC 将传统的继电-接触器的控制技术和现代计算机信息处理技术的优点有机结合起来，成为工业自动化领域中最重要、应用最广的控制设备，并成为现代工业生产自动化的重要支柱。

1.1 PLC 简介

1.1.1 PLC 的定义

可编程控制器是在继电器控制和计算机控制的基础上开发出来的，并逐渐发展为以微处理器为基础，综合计算机技术、自动控制技术和通信技术等现代科技为一体的新型工业自动控制装置，目前广泛应用于各种生产机械和生产过程的自动控制系统中。

因早期的可编程控制器主要用于代替继电器实现逻辑控制，因此将其称为可编程逻辑控制器（Programmable Logic Controller），简称 PLC。随着技术的发展，许多厂家采用微处理器（Micro Processor Unit，即 MPU）作为可编程控制器的中央处理单元（Central Processing Unit，即 CPU），大大加强 PLC 功能，使它不仅具有逻辑控制功能，还具有算术运算功能和对模拟量的控制功能。据此美国电气制造商协会（National Electrical Manufacturers Association，即 NEMA）于 1980 年将它正式命名为可编程序控制器（Programmable Controller），简称 PC，且对 PC 作如下定义：PC 是一种数字式的电子装置，它使用了可编程序的存储器以存储指令，能完成逻辑、顺序、计时、计数和算术运算等功能，用以控制各种机械或生产过程。

国际电工委员会（IEC）在 1985 年颁布的标准中，对可编程控制器做如下定义：可编程控制器是一种专为工业环境下应用而设计的数字运算操作的电子系统。它采用可编程的存储器，用了存储执行逻辑运算、顺序控制、定时、计数和算术运算等操作的指令，并通过数字式、模拟式的输入和输出，控制各种机械设备或生产过程。

PC（可编程控制器）在工业界使用了多年，但因个人计算机（Personal Computer）也简称为 PC，为了对两者进行区别，现在通常把可编程控制器简称为 PLC，所以本书中也将其称为 PLC。

1.1.2 PLC 的基本功能与特点

（1）PLC 的基本功能

① 逻辑控制功能　逻辑控制又称为顺序控制或条件控制，它是 PLC 应用最广泛的领域。

逻辑控制功能实际上就是位处理功能，使用 PLC 的"与"（AND）、"或"（OR）、"非"（NOT）等逻辑指令，取代继电器触点的串联、并联及其他各种逻辑连接，进行开关控制。

② 定时控制功能　PLC 的定时控制，类似于继电-接触器控制领域中的时间继电器控制。在 PLC 中有许多可供用户使用的定时器，这些定时器的定时时间可由用户根据需要进行设定。PLC 执行时根据用户定义时间长短进行相应限时或延时控制。

③ 计数控制功能　PLC 为用户提供了多个计数器，PLC 的计数器类似于单片机中的计数器，其计数初值可由用户根据需求进行设定。执行程序时，PLC 对某个控制信号状态的改变次数（如某个开关的动合次数）进行计数，当计数到设定值时，发出相应指令以完成某项任务。

④ 步进控制功能　步进控制（又称为顺序控制）功能是指在多道加工工序中，使用步进指令控制 PLC 在完成一道工序后，自动进行下一道工序。

⑤ 数据处理功能　PLC 一般具有数据处理功能，可进行算术运算、数据比较、数据传送、数据移位、数据转换、编码、译码等操作。中、大型 PLC 还可完成开方、PID 运算、浮点运算等操作。

⑥ A/D、D/A 转换功能　有些 PLC 通过 A/D、D/A 模块完成模拟量和数字量之间的转换、模拟量的控制和调节等操作。

⑦ 通信联网功能　PLC 通信联网功能是利用通信技术，进行多台 PLC 间的同位连接、PLC 与计算机连接，以实现远程 I/O 控制或数据交换。可构成"集中管理、分散控制"的分布式控制系统，完成较大规模的复杂控制。

⑧ 监控功能　监控功能是指利用编程器或监视器对 PLC 系统各部分的运行状态、进程和系统中出现的异常情况进行报警和记录，甚至自动终止运行。通常小型低档 PLC 利用编程器监视运行状态；中档以上的 PLC 使用 CRT 接口，从屏幕上了解系统的工作状况。

（2）PLC 的特点

① 可靠性高，抗干扰能力强　继电-接触器控制系统使用大量的机械触点，连接线路比较繁杂，且触点通断时有可能产生电弧和机械磨损，影响其寿命，可靠性差。PLC 中采用现代大规模集成电路，比机械触点继电器的可靠性要高。在硬件和软件设计中都采用了先进技术以提高可靠性和抗干扰能力。比如，用软件代替传统继电-接触器控制系统中的中间继电器和时间继电器，只剩下少量的输入输出硬件，使触点因接触不良造成的故障大大减少，提高了可靠性；所有 I/O 接口电路采用光电隔离，使工业现场的外电路与 PLC 内部电路进行电气隔离；增加自诊断、纠错等功能，使其在恶劣工业生产现场的可靠性、抗干扰能力提高了。

② 灵活性好，扩展性强　继电-接触器控制系统由继电器等低压电器采用硬件接线实现，连接线路比较繁杂，而且每个继电器的触点数目有限。当控制系统功能改变时，需改变线路的连接。所以继电-接触器控制系统的灵活性、扩展性差。而由 PLC 构成的控制系统中，只需在 PLC 的端子上接入相应的控制线即可，减少了接线。当控制系统功能改变时，有时只需编程器在线或离线修改程序，就能实现其控制要求。PLC 内部集成大量的编程元件，能进行逻辑判断、数据处理、PID 调节和数据通信，可以实现非常复杂的控制功能，当元件不够时，只需加上相应的扩展单元即可，因此 PLC 控制系统的灵活性好、扩展性强。

③ 控制速度快，稳定性强　继电-接触器控制系统是依靠触点的机械动作来实现控制的，其触点的动断速度一般在几十毫秒，影响控制速度，有时还会出现抖动现象。PLC 控制系统是由程序指令控制半导体电路来实现的，响应速度快，一般执行一条用户指令在几微秒内即可完成，PLC 内部有严格的同步，不会出现抖动现象。

④ 延时调整方便，精度较高　继电-接触器控制系统的延时控制是通过时间继电器来完成的，而时间继电器的延时调整不方便，且易受环境温度和湿度的影响，延时精度不高。PLC 控制系统的延时是通过内部时间元件来完成的，不受环境温度和湿度的影响，调整定时元件的延时时间只需改变定时参数即可，因此其定时精度较高。

⑤ 系统设计安装快，维修方便　继电-接触器实现一项控制工程，其设计、施工、调试必须依次进行，周期长，维修比较麻烦。PLC 使用软件编程取代继电-接触器中的硬件接线来实现相应功能，使安装接线工作量减少，现场施工与控制程序的设计还可同时进行，周期短、调试快。PLC 具有完善的自诊断、履历情报存储及监视功能，对于其内部工作状态、通信状态、异常状态和 I/O 点的状态均有显示，当控制系统有故障时，工作人员通过它即可迅速查出故障原因，及时排除故障。

1.1.3　PLC 的应用和分类

（1）PLC 的应用

以前由于 PLC 的制造成本较高，其应用受到一定的影响。随着微电子技术的发展，PLC 的制造成本不断下降，同时 PLC 的功能大大增强，因此 PLC 目前已广泛应用于冶金、石油、化工、建材、电力、汽车、造纸、纺织、环保等行业。从应用类型看，其应用范围大致归纳为以下几种。

① 逻辑控制　PLC 可进行"与""或""非"等逻辑运算，使用触点和电路的串、并联代替继电-接触器系统进行组合逻辑控制、定时控制、计数控制与顺序逻辑控制。这是 PLC 应用最基本、最广泛的领域。

② 运动控制　大多数 PLC 具有拖动步进电动机或伺服电动机的单轴或多轴位置的专用运动控制模块，灵活运用指令，使运动控制与顺序逻辑控制有机结合在一起，广泛用于各种机械设备，如对各种机床、装配机械、机械手等进行运动控制。

③ 过程控制　现代中、大型 PLC 都具有多路模拟量 I/O 模块和 PID 控制功能，有的小型 PLC 也具有模拟量输入输出模块。PLC 可将接收到的温度、压力、流量等连续变化的模拟量，通过这些模块实现模拟量和数字量的 A/D 或 D/A 转换，并对被控模拟量进行闭环 PID 控制。这一控制功能广泛应用于锅炉、反应堆、水处理、酿酒等方面。

④ 数据处理　现代 PLC 具有数学运算（如矩阵运算、函数运算、逻辑运算等）、数据传送、转换、排序、查表、位操作等功能，可进行数据采集、分析、处理，同时可通过通信功能将数据传送给别的智能装置，如 PLC 对计算机数值控制（CNC）设备进行数据处理。

⑤ 通信联网控制　PLC 通信包括 PLC 与 PLC、PLC 与上位机（如计算机）、PLC 与其他智能设备之间的通信。PLC 通过同轴电缆、双绞线等设备与计算机进行信息交换，可构成"集中管理、分散控制"的分布式控制系统，以满足工厂自动化（FA）系统、柔性制造系统（FMS）、集散控制系统（DCS）等发展的需要。

（2）PLC 的分类

PLC 种类繁多，性能规格不一，通常根据其流派、结构形式、性能高低、控制规模等方面进行分类。

1）按流派进行分类　世界上有 200 多个 PLC 厂商，400 多个 PLC 产品。这些产品根据地域的不同，主要分成 3 个流派：美国流派产品、欧洲流派产品和日本流派产品。美国和欧洲的 PLC 产品有明显的差异性。日本的 PLC 技术是由美国引进的，对美国的 PLC 产品有一定的继承性，但日本的主推产品定位在小型 PLC 上，美国和欧洲的 PLC 产品以大、中型 PLC 闻名。

① 美国 PLC 产品　　美国是 PLC 生产大国，有 100 多家 PLC 厂商，著名的有 A-B 公司、通用电气（GE）公司、莫迪康（MODICON）公司、德州仪器（TI）公司、西屋公司等。

A-B（Allen-Bradley，艾伦-布拉德利）是 Rockwell（罗克韦尔）自动化公司的知名品牌，其 PLC 产品规格齐全、种类丰富。A-B 小型 PLC 为 MicroLogix PLC，主要型号有 MicroLogix1000、MicroLogix1100、MicroLogix1200、MicroLogix1400、MicroLogix1500。其中 MicroLogix1000 体积小巧、功能全面，是小型控制系统的理想选择；MicroLogix1200 能够在空间有限的环境中，为用户提供强大的控制功能，满足不同应用项目的需要；MicroLogix1500 不仅功能完善，而且还能根据应用项目的需要进行灵活扩展，适用于要求较高的控制系统。A-B 中型 PLC 为 CompactLogix PLC，该系列 PLC 可以通过 EtherNet/IP、控制网、设备网来远程控制输入/输出和现场设备，实现不同地点的分布式控制。A-B 大型 PLC 为 ControlLogix PLC，该系列 PLC 提供可选的用户内存模块（750KB~8MB），能解决有大量输入输出点数系统的应用问题（支持多达 4000 点模拟量和 128000 点数字量）；可以控制本地输入输出和远程输入输出；可以通过以太网（EtherNet/IP）、控制网（ControlNet）、设备网（DeviceNet）和远程输入输出（Universal Remote I/O）来监控系统中的输入和输出。

GE 公司的 PLC 代表产品是：小型机 GE-1、GE-1/J、GE-1/P 等。除 GE-1/J 外，均采用模块结构。GE-1 用于开关量控制系统，最多可配置到 112 个 I/O 点。GE-1/J 是更小型化的产品，其 I/O 点最多可配置到 96 点。GE-1/P 是 GE-1 的增强型产品，增加了部分功能指令（数据操作指令）、功能模块（A/D、D/A 等）、远程 I/O 功能等，其 I/O 点最多可配置到 168 点。中型机 GE-Ⅲ，它比 GE-1/P 增加了中断、故障诊断等功能，最多可配置到 400 个 I/O 点。大型机 GE-Ⅴ，它比 GE-Ⅲ增加了部分数据处理、表格处理、子程序控制等功能，并具有较强的通信功能，最多可配置到 2048 个 I/O 点。GE-Ⅵ/P 最多可配置到 4000 个 I/O 点。

德州仪器（TI）公司的小型 PLC 产品有 510、520 和 TI100 等，中型 PLC 产品有 TI300、5TI 等，大型 PLC 产品有 PM550、530、560、565 等系列。除 TI100 和 TI300 无联网功能外，其他 PLC 都可实现通信，构成分布式控制系统。

莫迪康（MODICON）公司有 M84 系列 PLC。其中 M84 是小型机，具有模拟量控制、与上位机通信功能，最多 I/O 点为 112 点。M484 是中型机，其运算功能较强，可与上位机通信，也可多台联网，最多可扩展 I/O 点为 512 点。M584 是大型机，其容量大、数据处理和网络通信能力强，最多可扩展 I/O 点为 8192 点。M884 为增强型中型机，它具有小型机的结构和大型机的控制功能，主机模块配置 2 个 RS-232C 接口，可方便地进行组网通信。

② 欧洲 PLC 产品　　德国的西门子（SIEMENS）公司、AEG 公司和法国的 TE 公司是欧洲著名的 PLC 制造商。德国西门子的电子产品以性能精良而久负盛名，在中、大型 PLC 产品领域与美国的 A-B 公司齐名。

③ 日本 PLC 产品　　日本的小型 PLC 最具特色，在小型机领域中颇具盛名。某些用欧美的中型机或大型机才能实现的控制，用日本的小型机就可以解决。其在开发较复杂的控制系统方面明显优于欧美的小型机，所以格外受用户欢迎。日本有许多 PLC 制造商，如三菱、欧姆龙、松下、富士、日立、东芝等，在世界小型 PLC 市场上，日本产品约占有 70% 的份额。

三菱公司的 PLC 是较早进入中国市场的产品。其小型机 F1/F2 系列是 F 系列的升级产品。F1/F2 系列加强了指令系统，增加了特殊功能单元和通信功能，比 F 系列有更强的控制能力。

继 F1/F2 系列之后，20 世纪 80 年代末三菱公司又推出 FX 系列，在容量、速度、特殊功能、网络功能等方面都有了全面的加强。FX$_2$ 系列是在 20 世纪 90 年代开发的整体式高功能小型机，它配有各种通信适配器和特殊功能单元。FX$_{2N}$ 为高功能整体式小型机，它是 FX$_2$ 的换代产品，各种功能都有了全面的提升。近年来还不断推出满足不同要求的微型 PLC，如 FX$_{0S}$、FX$_{1S}$、FX$_{0N}$、FX$_{1N}$ 及 α 系列等产品。

三菱公司的大、中型机有 A 系列、QnA 系列、Q 系列，具有丰富的网络功能，I/O 点数可达 8192 点。其中 Q 系列具有超小的体积、丰富的机型、灵活的安装方式、双 CPU 协同处理、多存储器、远程口令等特点，是三菱公司现有 PLC 中具有较高性能的 PLC。

欧姆龙（OMRON）公司的 PLC 产品，大、中、小、微型规格齐全。微型机以 SP 系列为代表，其体积极小，速度极快。小型机有 P 型、H 型、CPM1A 系列、CPM2A 系列、CPM2C 系列、CQM1 系列等。P 型机现已被性价比更高的 CPM1A 系列所取代，CPM2A/2C、CQM1 系列内置 RS-232C 接口和实时时钟，并具有软 PID 功能，CQM1H 是 CQM1 的升级产品。中型机有 C200H、C200HS、C200HX、C200HG、C200HE、CS1 系列。C200H 是前些年畅销的高性能中型机，配置齐全的 I/O 模块和高功能模块，具有较强的通信和网络功能。C200HS 是 C200H 的升级产品，指令系统更丰富、网络功能更强。C200HX/HG/HE 是 C200HS 的升级产品，有 1148 个 I/O 点，其容量是 C200HS 的 2 倍，速度是 C200HS 的 3.75 倍，有品种齐全的通信模块，是适应信息化的 PLC 产品。CS1 系列具有中型机的规模、大型机的功能，是一种极具推广价值的新机型。大型机有 C1000H、C2000H、CV（CV500 / CV1000 / CV2000 / CVM1）等。C1000H、C2000H 可单机或双机热备运行，安装带电插拔模块，C2000H 可在线更换 I/O 模块；CV 系列中除 CVM1 外，均可采用结构化编程，易读、易调试，并具有更强大的通信功能。

进入 21 世纪后，OMRON PLC 技术的发展日新月异，升级换代呈明显加速趋势，在小型机方面已推出了 CP1H/CP1L/CP1E 等系列机型。其中，CP1H 系列 PLC 是 2005 年推出的，与以往产品 CPM2A 40 点 PLC 输入输出型尺寸相同，但处理速度可达其 10 倍。该机型外形小巧，速度极快，执行基本命令只需 0.1μs，且内置功能强大。

松下公司的 PLC 产品中，FP0 为微型机，FP1 为整体式小型机，FP3 为中型机，FP5/FP10、FP10S（FP10 的改进型）、FP20 为大型机，其中 FP20 是最新产品。松下公司近几年 PLC 产品的主要特点是：指令系统功能强；有的机型还提供可以用 FP-BASIC 语言编程的 CPU 及多种智能模块，为复杂系统的开发提供了软件手段；FP 系列各种 PLC 都配置通信机制，由于它们使用的应用层通信协议具有一致性，这给构成多级 PLC 网络和开发 PLC 网络应用程序带来方便。

2）按结构形式进行分类　　根据 PLC 的硬件结构形式，将 PLC 分为整体式、模块式和混合式三类。

① 整体式 PLC　　整体式 PLC 是将电源、CPU、I/O 接口等部件集中配置装在一个箱体内，形成一个整体，通常将其称为主机或基本单元。采用这种结构的 PLC 具有结构紧凑、体积小、重量轻、价格较低、安装方便等特点，但主机的 I/O 点数固定，使用不太灵活。一般小型或超小型的 PLC 通常采用整体式结构。

② 模块式 PLC　　模块式结构 PLC 又称为积木式结构 PLC，它是将 PLC 各组成部分以独立模块的形式分开，如 CPU 模块、输入模块、输出模块、电源模块及各种功能模块。模块式 PLC 由框架或基板和各种模块组成，将模块插在带有插槽的基板上，组装在一个机架内。采用这种结构的 PLC 具有配置灵活、装配方便、便于扩展和维修的特点。大、中型 PLC 一般采用模块式结构。

③ 混合式 PLC　　混合式结构 PLC 是将整体式结构 PLC 的结构紧凑、体积小、安装方便和

模块式结构 PLC 的配置灵活、装配方便等优点结合起来的一种新型结构 PLC。例如 SIEMENS 公司生产的 S7-200 PLC 就是采用这种结构的小型 PLC，S7-300 PLC 是采用这种结构的中型 PLC。

3）按性能高低进行分类　根据性能的高低，将 PLC 分为低档 PLC、中档 PLC 和高档 PLC 三类。

① 低档 PLC　低档 PLC 具有基本控制和一般逻辑运算、计时、计数等基本功能，有的还具有少量模拟量输入/输出、算术运算、数据传送和比较、通信等功能。这类 PLC 只适合于小规模的简单控制，在联网中一般作为从机使用。如 SIEMENS 公司生产的 S7-200 PLC 就属于低档 PLC。

② 中档 PLC　中档 PLC 有较强的控制功能和运算能力，它不仅能完成一般的逻辑运算，也能完成比较复杂的三角函数、指数和 PID 运算，工作速度比较快，能控制多个输入/输出模块。中档 PLC 可完成小型和较大规模的控制任务，在联网中不仅可作从机，也可作主机。如 S7-300 系列 PLC 就属于中档 PLC。

③ 高档 PLC　高档 PLC 有强大的控制和运算能力，不仅能完成逻辑运算、三角函数、指数、PID 运算，还能进行复杂的矩阵运算、制表和表格传送操作。高档 PLC 可完成中型和大规模的控制任务，在联网中一般作主机。如 SIEMENS 公司生产的 S7-400 PLC 就属于高档 PLC。

4）按控制规模进行分类　根据 PLC 控制器的 I/O 总点数的多少可分为小型机、中型机和大型机三类。

① 小型机　I/O 总点数在 256 点以下的 PLC 称为小型机，如 SIEMENS 公司生产的 S7-200 PLC、三菱公司生产的 FX_{2N} PLC、欧姆龙公司生产的 CP1H PLC 均属于小型机。小型 PLC 通常用来代替传统继电-接触器控制，在单机或小规模生产过程中使用，它能执行逻辑运算、定时、计数、算术运算、数据处理和传送、高速处理、中断、联网通信及各种应用指令。I/O 总点数等于或小于 64 点的称为超小型或微型 PLC。

② 中型机　I/O 总点数在 256~2048 点之间的 PLC 称为中型机，如 SIEMENS 公司生产的 S7-300 PLC、欧姆龙公司生产的 CQM1H PLC 属于中型机。中型 PLC 采用模块化结构，根据实际需求，用户将相应的特殊功能模块组合在一起，使其具有数字计算、PID 调节、查表等功能，同时相应的辅助继电器增多，定时、计数范围扩大，功能更强，扫描速度更快，适用于较复杂系统的逻辑控制和闭环过程控制。

③ 大型机　I/O 总点数在 2048 点以上的 PLC 称为大型机，如 SIEMENS 公司生产的 S7-400 PLC、欧姆龙公司生产的 CS1 PLC。I/O 总点数超过 8192 点的称为超大型 PLC 机。大型 PLC 具有逻辑和算术运算、模拟调节、联网通信、监视、记录、打印、中断控制、远程控制及智能控制等功能。目前有些大型 PLC 使用 32 位处理器，多 CPU 并行工作，具有大容量的存储器，使其扫描速度高速化，存储容量大大加强。

1.1.4　西门子 PLC 简介

西门子公司是欧洲最大的电子和电气设备制造商，其生产的 SIMATIC 可编程控制器在欧洲处于领先地位。其第一代可编程控制器是 1975 年投放市场的 SIMATIC S3 系列的控制系统。1979 年，微处理器技术被广泛应用于可编程控制器中，产生了 SIMATIC S5 系列，取代了 S3 系列，在 20 世纪末又推出了 S7 系列产品。经过多年的发展演绎，西门子公司最新的 SIMATIC

产品可以归结为 SIMATIC S7、M7、C7 和 WinAC 等几大系列。

M7-300/400 采用与 S7-300/400 相同的结构，它可以作为 CPU 或功能模块使用。其具有 AT 兼容计算机的功能，使用 S7-300/400 的编程软件 STEP7 和可选的 M7 软件包，可以用 C、C++ 或 CFC（连续功能图）等语言来编程。M7 适用于需要处理的数据量大，对数据管理、显示和实时性有较高要求的系统使用。

C7 由 S7-300 PLC、HMI（人机接口）操作面板、I/O、通信和过程监控系统组成。整个控制系统结构紧凑，面向用户配置/编程、数据管理与通信集成于一体，具有很高的性价比。

WinAC 是在个人计算机上实现 PLC 功能，突破了传统 PLC 开放性差、硬件昂贵等缺点，WinAC 具有良好的开放性和灵活性，可以很方便地集成第三方的软件和硬件。

现今应用最为广泛的 S7 系列 PLC 是西门子公司在 S5 系列 PLC 基础上，于 1995 年陆续推出的性价比较高的 PLC 系统。

西门子 S7 系列 PLC 体积小、速度快、标准化，具有网络通信能力，功能更强，可靠性更高。S7 系列 PLC 产品可分为微型 PLC（如 S7-200），小规模性能要求的 PLC（如 S7-300）和中、高性能要求的 PLC（如 S7-400）等，其定位及主要性能见表 1-1。

表 1-1　S7 系列 PLC 控制器的定位及主要性能

控制器	定位	主要性能
LOGO!	低端独立自动化系统中简单的开关量解决方案和智能逻辑控制器	适用于简单自动化控制，可作为时间继电器、计数器和辅助接触器的替代开关设备。采用模块化设计，柔性应用。有数字量、模拟量和通信模块，具有用户界面友好、配置简单的特点
S7-200	低端的离散自动化系统和独立自动系统中使用的紧凑型逻辑控制器模块	采用整体式设计，其 CPU 集成 I/O，具有实时处理能力，带有高速计数器、报警输入和中断
S7-300	中端的离散自动化系统中使用的控制器模块	采用模块式设计，具有通用型应用和丰富的 CPU 模块种类，由于使用 MMC 存储程序和数据，系统免维护
S7-400	高端的离散自动化系统中使用的控制器模块	采用模块式设计，具有特别高的通信和处理能力，其定点加法或乘法指令执行速度最快可达 0.03μs，支持热插拔和在线 I/O 配置，避免重启，具备等时模块，可以通过 PROFIBUS 控制高速机器
S7-200 SMART	低端的离散自动化系统和独立自动化系统中使用的紧凑型逻辑控制器模块，是 S7-200 的升级版本	采用整体式设计，其结构紧凑、组态灵活、指令丰富、功能强大、可靠性高，具有体积小、运算速度快、性价比高、易于扩展等特点，适合自动化工程中的各种应用场合
S7-1200	中低端的离散自动化系统和独立自动化系统中使用的小型控制器模块	采用模块式设计，CPU 模块集成了 PROFINET 接口，具有强大的计数、测量、闭环控制及运动控制功能，在直观高效的 STEP 7 Basic 项目系统中可直接组态控制器和 HMI
S7-1500	中高端系统	S7-1500 控制器除了包含多种创新技术之外，还设定了新标准，最大程度提高生产效率。无论是小型设备还是对速度和准确性要求较高的复杂设备装置，都一一适用。S7-1500 PLC 无缝集成到 TIA Portal（博途）软件中，极大提高了项目组态的效率

S7-200 PLC 是超小型化的 PLC，由于其具有紧凑的设计、良好的扩展性、低廉的价格和强大的指令系统，因此适用于各行各业，各种场合中的自动检测、监测及控制等。S7-200 PLC 的强大功能使其无论单机运行，或连成网络都能实现复杂的控制功能。

S7-300 PLC 是模块化小型 PLC 系统，能满足中等性能要求的应用。各种单独的模块之间可进行广泛组合构成不同要求的系统。与 S7-200 PLC 比较，S7-300 PLC 采用模块化结构，具备高速（0.6~0.1μs）的指令运算速度；用浮点数运算比较有效地实现了更为复杂的算术运算；一个带标准用户接口的软件工具方便用户给所有模块进行参数赋值；方便的人机界面服务已经集成在 S7-300 PLC 操作系统内，人机对话的编程要求大大减少。SIMATIC 人机界面（HMI）从 S7-300 PLC 中取得数据，S7-300 PLC 按用户指定的刷新速度传送这些数据。S7-300 PLC 操作系统自动地处理数据的传送；CPU 的智能化诊断系统连续监控系统功能是否正常，记录错误和特殊系统事件（例如超时、模块更换等）；多级口令保护可以使用户高度有效地保护其技术机密，防止未经允许的复制和修改；S7-300 PLC 设有操作方式选择开关，操作方式选择开关像钥匙一样可以拔出，当钥匙拔出时，不能改变操作方式，这样就可防止非法删除或改写用户程序。S7-300 PLC 具备强大的通信功能，可通过编程软件 STEP 7 的用户界面提供通信组态功能，这使得组态非常容易。S7-300 PLC 具有多种不同的通信接口，并通过多种通信处理器来连接 AS-I 总线接口和工业以太网总线系统；串行通信处理器用来连接点到点的通信系统；多点接口（MPI）集成在 CPU 中，用于同时连接编程器、PC 机、人机界面系统及其他 SIMATIC S7/M7/C7 等自动化控制系统。

S7-400 PLC 是用于中、高档性能范围的可编程控制器。该系列 PLC 采用模块化无风扇的设计，可靠耐用，同时可以选用多种级别（功能逐步升级）的 CPU，并配有多种通用功能的模板，这使用户能根据需要组合成不同的专用系统。当控制系统规模扩大或升级时，只要适当地增加一些模板，便能使系统升级和充分满足需要。

S7-200 SMART PLC 是西门子公司于 2012 年推出的专门针对我国市场的高性价比微型 PLC，可作为国内广泛使用的 S7-200 PLC 的替代产品。S7-200 SMART 的 CPU 内可安装一块多种型号的信号板，配置较灵活，其保留了 S7-200 的 RS-485 接口，集成了一个以太网接口，还可以用信号板扩展一个 RS-485/RS-232 接口。用户通过集成的以太网接口，可以用 1 根以太网线，实现程序的下载和监控，也能实现与其他 CPU 模块、触摸屏和计算机的通信和组网。S7-200 SMART 的编程语言、指令系统、监控方法和 S7-200 兼容。与 S7-200 的编程软件 STEP 7-Micro/Win 相比，S7-200 SMART 的编程软件融入了新颖的带状菜单和移动式窗口设计、先进的程序结构和强大的向导功能，使编程效率更高。S7-200 SMART 软件自带 Modbus RTU 指令库和 USS 协议指令库，而 S7-200 需要用户安装这些库。

S7-200 SMART 主要应用于小型单机项目，而 S7-1200 定位于中低端小型 PLC 产品线，可应用于中型单机项目或一般性的联网项目。S7-1200 PLC 是西门子公司于 2009 年推出的一款紧凑型、模块化的 PLC。S7-1200 的硬件由紧凑模块化结构组成，其系统 I/O 点数、内存容量均比 S7-200 多出 30%，充分满足市场针对小型 PLC 的需求，可作为 S7-200 和 S7-300 之间的替代产品。S7-1200 具有集成的 PROFINET 接口，可用于编程、HMI 通信和 PLC 间的通信。S7-1200 带有 6 个高速计数器，可用于高速计数和测量。S7-1200 集成了 4 个高速脉冲输出，可用于步进电机或伺服驱动器的速度和位置控制。S7-1200 提供了多达 16 个带自动调节功能的 PID 控制回路，用于简单的闭环过程控制。

S7-1500 PLC 是西门子公司对 S7-300/400 PLC 进行进一步开发，于 2013 年推出的一种模块化控制系统。它缩短了程序扫描周期，其 CPU 位指令的处理时间最短可达 1ns；集成运动控制，可最多控制 128 轴；CPU 配置显示面板，通过该显示面板可设置操作密码、CPU 的 IP 地址等。S7-1500 PLC 标准配置的通信接口是 PROFINET 接口，取消了 S7-300/400 PLC 标准配置的 MPI 接口，此外 S7-1500 PLC 在少数的 CPU 上配置了 PROFIBUS-DP 接口，因此用户如需要进行 PROFIBUS-DP 通信，则需要配置相应的通信模块。

1.2　PLC 的组成及工作原理

1.2.1　PLC 的组成

PLC 的种类很多，但结构大同小异。PLC 的硬件系统主要由中央处理器（CPU）、存储器、I/O（输入/输出）接口、电源、通信接口、扩展接口等单元部件组成。整体式 PLC 的结构形式如图 1-1 所示，模块式 PLC 的结构形式如图 1-2 所示。

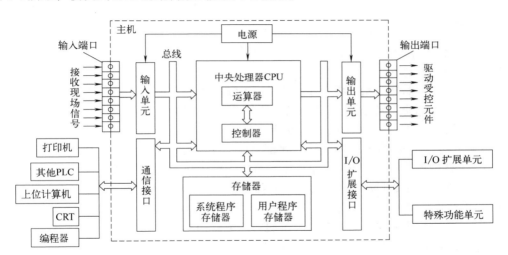

图 1-1　整体式 PLC 的结构形式

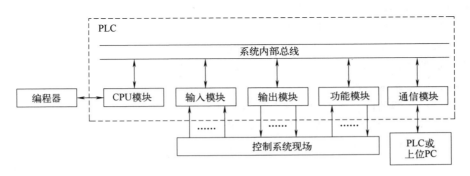

图 1-2　模块式 PLC 的结构形式

（1）中央处理器（CPU）

PLC 的中央处理器与一般的计算机控制系统一样，由运算器和控制器构成，是整个系统的核心，类似于人类的大脑和神经中枢。它是 PLC 的运算、控制中心，用来实现逻辑和算术运算，并对全机进行控制，按 PLC 中系统程序赋予的功能，有条不紊地指挥 PLC 进行工作，主要完成以下任务。

① 控制从编程器、上位计算机和其他外部设备键入的用户程序数据的接收和存储。

② 用扫描方式通过输入单元接收现场输入信号，并存入指定的映像寄存器或数据寄存器。

③ 诊断电源和 PLC 内部电路的工作故障和编程中的语法错误等。

④ PLC 进入运行状态后，执行相应工。

a. 从存储器逐条读取用户指令，经过命令解释后，按指令规定的任务产生相应的控制信号去启闭相关控制电路，通俗地讲就是执行用户程序，产生相应的控制信号。

b. 进行数据处理，分时、分渠道执行数据存取、传送、组合、比较、变换等动作，完成用户程序中规定的逻辑运算或算术运算等任务。

c. 根据运算结果，更新有关标志位的状态和输出寄存器的内容，再根据输入映像寄存器或数据寄存器的内容，实现输出控制、制表、打印、数据通信等。

（2）存储器

PLC 中存储器的功能与普通微机系统的存储器的结构类似，它由系统程序存储器和用户程序存储器等部分构成。

1）系统程序存储器　系统程序存储器是用 EPROM 或 E²PROM 来存储厂家编写的系统程序。系统程序是指控制和完成 PLC 各种功能的程序，相当于单片机的监控程序或微机的操作系统，在很大程度上它决定该系列 PLC 的性能与质量，用户无法更改或调用。系统程序有系统管理程序、用户程序编辑和指令解释程序、标准子程序和调用管理程序这 3 种类型。

① 系统管理程序　由它决定系统的工作节拍，包括 PLC 运行管理（各种操作的时间分配安排）、存储空间管理（生成用户数据区）和系统自诊断管理（如电源、系统出错，程序语法、句法检验等）。

② 用户程序编辑和指令解释程序　编辑程序能将用户程序变为内码形式以便于程序的修改、调试。解释程序能将编程语言变为机器语言，便于 CPU 操作运行。

③ 标准子程序和调用管理程序　为了提高运行速度，在程序执行中某些信息处理（I/O 处理）或特殊运算等都是通过调用标准子程序来完成的。

2）用户程序存储器　用户程序存储器是用来存放用户的应用程序和数据，它包括用户程序存储器（程序区）和用户数据存储器（数据区）两种。

程序存储器用以存储用户程序。数据存储器用来存储输入、输出以及内部接点和线圈的状态以及特殊功能要求的数据。

用户程序存储器的内容可以由用户根据需要任意读/写、修改、增删。常用的用户程序存储器形式有高密度、低功耗的 CMOS RAM（由锂电池实现断电保护，一般能保持 5~10 年，经常带负载运行也可保持 2~5 年）、EPROM 和 E²PROM 三种。

（3）输入/输出单元（I/O 单元）

输入/输出单元又称为输入/输出模块，它是 PLC 与工业生产设备或工业过程连接的接口。现场的输入信号，如按钮开关、行程开关、限位开关以及各传感器输出的开关量或模拟量等，都要通过输入模块送到 PLC 中。由于这些信号电平各式各样，而 PLC 的 CPU 所处理的信息只能是标准电平，所以输入模块还需要将这些信号转换成 CPU 能够接收和处理的数字信号。输出模块的作用是接收 CPU 处理过的数字信号，并把它转换成现场的执行部件所能接收的控制信号，以驱动负载，如电磁阀、电动机、灯光显示等。

PLC 的输入/输出单元上通常都有接线端子，PLC 类型的不同，其输入/输出单元的接线方式不同，通常分为汇点式、分组式和隔离式这 3 种接线方式，如图 1-3 所示。

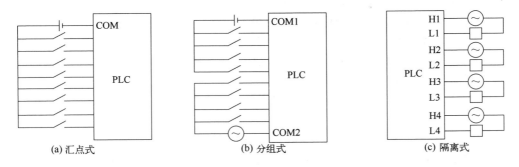

(a) 汇点式　　　　　　　　　(b) 分组式　　　　　　　　　(c) 隔离式

图 1-3　输入/输出单元 3 种接线方式

输入/输出单元分别只有 1 个公共端（COM）的称为汇点式，其输入或输出点共用一个电源；分组式是指将输入/输出端子分为若干组，每组的 I/O 电路有一个公共端并共用一个电源，组与组之间的电路隔开；隔离式是指具有公共端子的各组输入/输出点之间互相隔离，可各自使用独立的电源。

PLC 提供了各种操作电平和驱动能力的输入/输出模块供用户选择，如数字量输入/输出模块、模拟量输入/输出模块。这些模块又分为直流型与交流型、电压型与电流型等。

1）数字量输入模块　数字量输入模块又称为开关量输入模块，它是将工业现场的开关量信号转换为标准信号传送给 CPU，并保证信息的正确和控制器不受其干扰。它一般是采用光电耦合电路与现场输入信号相连，这样可以防止使用环境中的强电干扰进入 PLC。光电耦合电路的核心是光电耦合器，其结构由发光二极管和光电三极管构成。现场输入信号的电源可由用户提供，直流输入信号的电源也可由 PLC 自身提供。数字量输入模块根据使用电源的不同分为直流输入模块（直流 12V 或 24V）和交流输入模块（交流 100~120V 或 200~240V）两种。

① 直流输入模块　当外部检测开关接点接入的是直流电压时，需使用直流输入模块对信号进行检测。下面以某一输入点的直流输入模块进行讲解。

直流输入模块的原理电路如图 1-4 所示。外部检测开关 S 的一端接外部直流电源（直流 12V 或 24V），另一端与 PLC 的输入模块的一个信号输入端子相连，外部直流电源的另一端接 PLC 输入模块的公共端 COM。虚线框内的是 PLC 内部输入电路：R1 为限流电阻；R2 和 C 构成滤

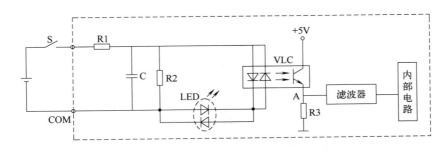

图 1-4　直流输入电路

波电路，抑制输入信号中的高频干扰；LED 为发光二极管。当 S 闭合后，直流电源经 R1、R2、C 的分压、滤波后形成 3V 左右的稳定电压供给光电隔离耦合器 VLC，LED 显示某一输入点有无信号输入。光电隔离耦合器 VLC 另一侧的光电三极管接通，此时 A 点为高电平，内部+5V 电压经 R3 和滤波器形成适合 CPU 所需的标准信号送入内部电路中。

内部电路中的锁存器将送入的信号暂存，CPU 执行相应的指令后，通过地址信号和控制信号读取锁存器中的数据信号。

当输入电源由 PLC 内部提供时，外部电源断开，将现场检测开关的公共接点直接与 PLC 输入模块的公共输入点 COM 相连即可。

② 交流输入模块　当外部检测开关接点接入的是交流电压时，需使用交流输入模块进行信号的检测。

交流输入模块的原理电路如图 1-5 所示。外部检测开关 S 的一端接外部交流电源（交流 100~120V 或 200~240V），另一端与 PLC 的输入模块的一个信号输入端子相连，外部交流电源的另一端接 PLC 输入模块的公共端 COM。虚线框内的是 PLC 内部输入电路：R1 和 R2 构成分压电路；C 为隔直电容，用来滤掉输入电路中的直流成分，对交流相当于短路；LED 为发光二极管。当 S 闭合时，PLC 可输入交流电源，其工作原理与直流输入电路类似。

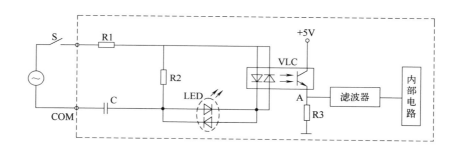

图 1-5　交流输入电路

③ 交直流输入模块　当外部检测开关接点接入的是交流或直流电压时，需使用交直流输入模块进行信号的检测，如图 1-6 所示。从图中看出，其内部输入电路与直流输入电路类似，只不过交直流输入电路的外接电源除直流电源外，还可用 12~24V 的交流电源。

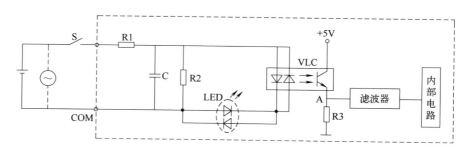

图 1-6　交直流输入电路

2）数字量输出模块　数字量输出模块又称为开关量输出模块，它是将 PLC 内部信号转换成现场执行机构所能接收的各种开关信号。数字量输出模块按照使用电源（即用户电源）的不同，分为直流输出模块、交流输出模块和交直流输出模块 3 种。按照输出电路所使用的开关器件不同，又分为晶体管输出、晶闸管（即可控硅）输出和继电器输出，其中晶体管输出方式的模块只能带直流负载；晶闸管输出方式的模块只能带交流负载；继电器输出方式的模块既可带交流负载也可带直流负载。

① 直流输出模块（晶体管输出方式）　PLC 某 I/O 点直流输出模块电路如图 1-7 所示，虚线框内表示 PLC 的内部结构。它由光电隔离耦合器件 VLC、发光二极管 LED、输出电路 VT、稳压管 VD、熔断器 FU 等组成。当某端需输出时，CPU 控制锁存器的对应位为 1，通过内部电路控制 VLC 输出，晶体管 VT 导通输出，相应的负载接通，同时输出指示灯 LED 亮，表示该输出端有输出。当某端不需要输出时，锁存器相应位为 0，光电隔离耦合器 VLC 没有输出，晶体管 VT 截止，使负载失电，此时指示灯 LED 熄灭，负载所需直流电源由用户提供。

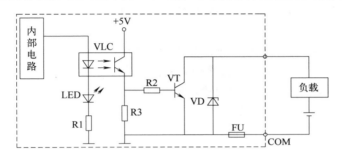

图 1-7　晶体管输出电路

② 交流输出模块（晶闸管输出方式）　PLC 某 I/O 点交流输出模块电路如图 1-8 所示，虚线框内表示 PLC 的内部结构。图中双向晶闸管（光控晶闸管）为输出开关器件，由它和发光二极管组成的固态继电器 T 有良好的光电隔离作用；电阻 R2 和 C 构成了高频滤波电路，减少高频信号的干扰；浪涌吸收器起限幅作用，将晶闸管上的电压限制在 600V 以下；负载所需交流电源由用户提供。当某端需输出时，CPU 控制锁存器的对应位为 1，通过内部电路控制 T 导通，相应的负载接通，同时输出指示灯 LED 亮，表示该输出端有输出。

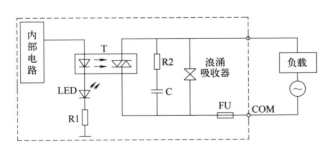

图 1-8　晶闸管输出电路

③ 交直流输出模块（继电器输出方式）　PLC 某 I/O 点交直流输出模块电路如图 1-9 所示，它的输出驱动是继电器 K。继电器 K 既是输出开关，又是隔离器件；R2 和 C 构成灭弧电路。当某端需输出时，CPU 控制锁存器的对应位为 1，通过内部电路控制 K 吸合，相应的负载接通，同时输出指示灯 LED 亮，表示该输出端有输出。负载所需交直流电源由用户提供。

通过上述分析可知，为防止干扰和保证 PLC 不受外界强电的侵袭，I/O 单元都采用了电气

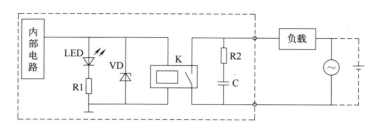

图 1-9　继电器输出电路

隔离技术。晶体管只能用于直流输出模块，它具有动作频率高、响应速度快、驱动负载能力小的特点；晶闸管只能用于交流输出模块，它具有响应速度快、驱动负载能力不大的特点；继电器既能用于直流输出模块也能用于交流输出模块，它的驱动负载能力强，但动作频率和响应速度慢。

3）模拟量输入模块　模拟量输入模块是将输入的模拟量如电流、电压、温度、压力等转换成 PLC 的 CPU 可接收的数字量。在 PLC 中将模拟量转换成数字量的模块又称为 A/D 模块。

4）模拟量输出模块　模拟量输出模块是将输出的数字量转换成外部设备可接收的模拟量，这样的模块在 PLC 中又称为 D/A 模块。

（4）电源单元

PLC 的电源单元通常是将 220V 的单相交流电转换成 CPU、存储器等电路工作所需的直流电，它是整个 PLC 系统的能源供给中心，电源的好坏直接影响 PLC 的稳定性和可靠性。对于小型整体式 PLC，其内部有一个高质量的开关稳压电源，为 CPU、存储器、I/O 单元提供 5V 直流电源，还可为外部输入单元提供 24V 直流电源。

（5）通信接口

为了实现微机与 PLC、PLC 与 PLC 间的对话，PLC 配有多种通信接口，如打印机、上位计算机、编程器等接口。

（6）I/O 扩展接口

I/O 扩展接口用于将扩展单元或特殊功能单元与基本单元相连，使 PLC 的配置更加灵活，以满足不同控制系统的要求。

1.2.2　PLC 的工作原理

PLC 虽然以微处理器为核心，具有微型计算机的许多特点，但它的工作方式却与微型计算机有很大不同。微型计算机一般采用等待命令或中断的工作方式，如常见的键盘扫描方式和 I/O 扫描方式。当有键按下或 I/O 动作，则转入相应的子程序或中断服务程序；无键按下，则继续扫描等待。而 PLC 采用循环扫描的工作方式，即"顺序扫描，不断循环"。

用户程序通过编程器或其他输入设备输入存放在 PLC 的用户存储器中。当 PLC 开始运行时，CPU 根据系统监控程序的规定顺序，通过扫描，完成各输入点状态采集或输入数据采集、用户程序的执行、各输出点状态的更新、编程器键入响应和显示器更新，以及 CPU 自检等功能。

　　PLC 的扫描可按固定顺序进行，也可按用户程序规定的顺序进行。这不仅仅因为有的程序不需要每扫描一次，执行一次，也因为在一个大控制系统中，需要处理的 I/O 点数较多，通过不同的组织模块的安排，采用分时分批扫描执行方法，可缩短扫描周期和提高控制的实时性。

　　PLC 采用集中采样、集中输出的工作方式，减少了外界干扰的影响。PLC 的循环扫描过程分为输入采样（或输入处理）、程序执行（或程序处理）和输出刷新（或输出处理）三个阶段。

（1）输入采样阶段

　　在输入采样阶段，PLC 以扫描方式按顺序将所有输入端的输入状态进行采样，并将采样结果分别存入相应的输入映像寄存器中，此时输入映像寄存器被刷新。接着进入程序执行阶段，在程序执行期间即使输入状态变化，输入映像寄存器的内容也不会改变，输入状态的变化只在下一个工作周期的输入采样阶段才被重新采样到。

（2）程序执行阶段

　　在程序执行阶段，PLC 是按顺序对程序进行扫描执行，如果程序用梯形图表示，则总是按先上后下、先左后右的顺序进行。若遇到程序跳转指令，则根据跳转条件是否满足来决定程序的跳转地址。当指令中涉及输入、输出状态时，PLC 从输入映像寄存器中将上一阶段采样的输入端子状态读出，从元件映像寄存器中读出对应元件的当前状态，并根据用户程序进行相应运算，然后将运算结果再存入元件映像寄存器中。对于元件映像寄存器来说，其内容随着程序的执行而发生改变。

（3）输出刷新阶段

　　当所有指令执行完后，进入输出刷新阶段。此时，PLC 将输出映像寄存器中所有与输出有关的输出继电器的状态转存到输出锁存器中，并通过一定的方式输出，驱动外部负载。

　　PLC 工作过程除了上述三个主要阶段外，还要完成内部处理、通信服务等工作。在内部处理阶段，PLC 检查 CPU 模块内部的硬件是否正常，将监控定时器复位，以及完成一些别的内部工作。在通信服务阶段，PLC 与其他的带微处理器的智能装置实现通信。

1.3　PLC 与其他顺序逻辑控制系统的比较

1.3.1　PLC 与继电器控制系统的比较

　　PLC 控制系统与继电器控制系统相比，有许多相似之处，也有许多不同。现将两控制系统进行比较。

（1）从控制逻辑上进行比较

　　继电器控制系统控制逻辑采用硬件接线，利用继电器机械触点的串联或并联等组合成控制逻辑，其连线多且复杂、体积大、功耗大，系统构成后，想再改变或增加功能较为困难。另外，继电器的触点数量有限，所以继电器控制系统的灵活性和可扩展性受到很大限制。而 PLC 采用了计算机技术，其控制逻辑是以程序的方式存放在存储器中，要改变控制逻辑只需改变程序，因而很容易改变或增加系统功能。PLC控制系统连线少、体积小、功耗小，而且PLC中每只软继电器的触点数理论上无限制，因此其灵活性和可扩展性很好。

（2）从工作方式上进行比较

在继电器控制电路中，当电源接通时，电路中所有继电器都处于受制约状态，即该吸合的继电器都同时吸合，不该吸合的继电器受某种条件限制而不能吸合，这种工作方式称为并行工作方式。而PLC的用户程序是按一定顺序循环执行，所以各软继电器都处于周期性循环扫描接通中，受同一条件制约的各个继电器的动作次序取决于程序扫描顺序，同它们在梯形图中的位置有关，这种工作方式称为串行工作方式。

（3）从控制速度上进行比较

继电器控制系统依靠机械触点的动作以实现控制，工作频率低，触点的开关动作一般在几十毫秒数量级，且机械触点还会出现抖动问题。而PLC通过程序指令控制半导体电路来实现控制，一般一条用户指令的执行时间在微秒数量级，因此速度较快，PLC内部还有严格的同步控制，不会出现触点抖动问题。

（4）从定时和计数控制上进行比较

继电器控制系统采用时间继电器的延时动作进行时间控制，时间继电器的延时时间易受环境温度和温度变化的影响，定时精度不高且调整时间困难。而PLC采用半导体集成电路作定时器，时钟脉冲由晶体振荡器产生，精度高，定时范围一般从0.1s到若干分钟甚至更长，用户可根据需要在程序中设定定时值，修改方便，不受环境的影响。PLC具有计数功能，而继电器控制系统一般不具备计数功能。

（5）从可靠性和可维护性上进行比较

由于继电器控制系统使用了大量的机械触点，连线多，触点开闭时存在机械磨损、电弧烧伤等现象，触点寿命短，所以可靠性和可维护性较差。而PLC采用半导体技术，大量的开关动作由无触点的半导体电路来完成，其寿命长、可靠性高。PLC还具有自诊断功能，能查出自身的故障，随时显示给操作人员，并能动态地监视控制程序的执行情况，为现场调试和维护提供了方便。

（6）从价格上进行比较

继电器控制系统使用机械开关、继电器和接触器，价格较便宜。而PLC采用大规模集成电路，价格相对较高。一般认为在少于10个继电器装置时，使用继电器控制比较经济；在需要10个以上的继电器场合，使用PLC比较经济。

从上面的比较可知，PLC在性能上比继电器控制系统优异，特别是它具有可靠性高、设计施工周期短、调试修改方便、体积小、功耗低、使用维护方便的优点，但其价格高于继电器控制系统。

1.3.2　PLC与微型计算机控制系统的比较

虽然PLC采用了计算机技术和微处理器，但它与计算机相比也有许多不同。现将两控制系统进行比较。

（1）从应用范围上进行比较

微型计算机除了用在控制领域外，还大量用于科学计算、数据处理、计算机通信等方面，而 PLC 主要用于工业控制。

（2）从工作环境上进行比较

微型计算机对工作环境要求较高，一般要在干扰小，具有一定温度和湿度的室内使用，而 PLC 是专为适应工业控制的恶劣环境而设计的，适用于工程现场的环境。

（3）从程序设计上进行比较

微型计算机具有丰富的程序设计语言，如汇编语言、VC、VB 等，其语法关系复杂，要求使用者必须具有一定水平的计算机软硬件知识，而 PLC 采用面向控制过程的逻辑语言，以继电器逻辑梯形图为表达方式，形象直观、编程操作简单，可在较短时间内掌握它的使用方法和编程技巧。

（4）从工作方式上进行比较

微型计算机一般采用等待命令方式，运算和响应速度快，PLC 采用循环扫描的工作方式，其输入、输出存在响应滞后，速度较慢。对于快速系统，PLC 的使用受扫描速度的限制。另外，PLC 一般采用模块化结构，可针对不同的对象和控制需要进行组合和扩展，具有很大的灵活性和很好的性能价格比，维修也更简便。

（5）从输入输出上进行比较

微型计算机系统的 I/O 设备与主机之间采用微型计算机联系，一般不需要电气隔离。PLC 一般控制强电设备，需要电气隔离，输入输出均用“光-电”耦合，输出还采用继电器、晶闸管或大功率晶体管进行功率放大。

（6）从价格上进行比较

微型计算机是通用机，功能完备，价格较高。PLC 是专用机，功能较少，价格相对较低。

从以上几个方面的比较可知，PLC 是一种用于工业自动化控制的专用微机控制系统，结构简单，抗干扰能力强，易于学习和掌握，价格也比一般的微机系统便宜。在同一系统中，一般 PLC 集中在功能控制方面，而微型计算机作为上位机集中在信息处理和 PLC 网络的通信管理上，两者相辅相成。

1.3.3　PLC 与单片机控制系统的比较

单片机具有结构简单、使用方便、价格便宜等优点，一般用于弱电控制。PLC 是专门为工业现场的自动化控制而设计的，现将两控制系统进行比较。

（1）从使用者学习掌握的角度进行比较

单片机的编程语言一般为汇编语言或单片机 C 语言，这就要求设计人员具备一定的计算机硬件和软件知识,对于只熟悉机电控制的技术人员来说,需要相当长的一段时间的学习才能掌握。PLC虽然配置上是一种微型计算机系统,但它提供给用户使用的是机电控制员所熟悉的梯形图语言,使用的术语仍然是"继电器"一类的术语,大部分指令与继电器触点的串并联相对应,这就使得熟悉机电控制的工程技术人员一目了然。对于使用者来说,不必去关心微型计算机的一些技术问题,只需用较短时间去熟悉PLC的指令系统及操作方法,就能应用到工程现场。

（2）从简易程序上进行比较

单片机用来实现自动控制时,一般要在输入/输出接口上做大量工作。例如要考虑现场与单片机的连接、接口的扩展、输入/输出信号的处理、接口工作方式等问题,除了要设计控制程序外,还要在单片机的外围做很多软硬件工作,系统的调试也较复杂。PLC的I/O接口已经做好,输入接口可以与输入信号直接连线,非常方便,输出接口也具有一定的驱动能力。

（3）从可靠性上进行比较

单片机进行工业控制时,易受环境的干扰。PLC是专门应用于工程现场的自动控制装置,在系统硬件和软件上都采取了抗干扰措施,其可靠性较高。

（4）从价格上进行比较

单片机价格便宜功能强大,既可以用于价格低廉的民用产品,也可用于昂贵复杂的特殊应用系统,自带完善的外围接口,可直接连接各种外设,有强大的模拟量和数据处理能力。PLC的价格昂贵,体积大,功能扩展需要较多的模块,并且不适合大批量重复生产的产品。

从以上分析可知,PLC在数据采集、数据处理通用性和适应性等方面不如单片机,但PLC用于控制时稳定可靠,抗干扰能力强,使用方便。

1.3.4　PLC与DCS的比较

DCS（Distributed Control System）即集散控制系统,又称分布式控制系统,它是集计算机技术、控制技术、网络通信技术和图形显示技术于一体的系统。PLC是由早期继电器逻辑控制系统与微型计算机技术相结合而发展起来的,它是以微处理器为主,融计算机技术、控制技术和通信技术于一体,集顺序控制、过程控制和数据处理于一身的可编程逻辑控制器。现将PLC与DCS两者进行比较。

（1）从逻辑控制方面进行比较

DCS是从传统的仪表盘监控系统发展而来。它侧重于仪表控制,比如我们使用的ABB Freelance2000 DCS系统甚至没有PID数量的限制（PID,比例微分积分算法,是调节阀、变频器闭环控制的标准算法,通常PID的数量决定了可以使用的调节阀数量）。PLC从传统的继电器回路发展而来,最初的PLC甚至没有模拟量的处理能力,因此,PLC从开始就强调的是逻辑运算能力。

DCS开发控制算法采用仪表技术人员熟悉的风格,仪表人员很容易将P&I图（Pipe-Instrumentation Diagram,管道仪表流程图）转化成DCS提供的控制算法,而PLC采用梯形图逻辑来实现过程控制,对于仪表人员来说相对困难,尤其是复杂回路的算法,不如DCS实现起来方便。

（2）从网络扩展方面进行比较

DCS 在发展的过程中各厂家自成体系，但大部分的 DCS 系统，比如西门子、ABB、霍尼维尔、GE、施耐德等，虽说系统内部（过程级）的通信协议不尽相同，但这些协议均建立在标准串口传输协议 RS-232 或 RS-485 协议的基础上。DCS 操作级的网络平台不约而同选择了以太网络，采用标准或变形的 TCP/IP 协议。这样就提供了很方便的可扩展能力。在这种网络中，控制器、计算机均作为一个节点存在，只要网络到达的地方，就可以随意增减节点数量和布置节点位置。另外，基于 Windows 系统的 OPC、DDE 等开放协议，各系统也可很方便地通信，以实现资源共享。

目前，由于 PLC 把专用的数据高速公路改成通用的网络，并采用专用的网络结构（比如西门子的 MPI 总线型网络），使 PLC 有条件和其他各种计算机系统和设备实现集成，组成大型的控制系统。PLC 系统的工作任务相对简单，需要传输的数据量一般不会太大，所以 PLC 不会或很少使用以太网。

（3）从数据库方面进行比较

DCS 一般都提供统一的数据库，也就是在 DCS 系统中一旦一个数据存在于数据库中，就可在任何情况下引用，比如在组态软件中，在监控软件中，在趋势图中，在报表中，等等。而PLC 系统的数据库通常都不是统一的，组态软件和监控软件甚至归档软件都有自己的数据库。

（4）从时间调度方面进行比较

PLC 的程序一般是按顺序进行执行（即从头到尾执行一次后又从头开始执行），而不能按事先设定的循环周期运行。虽然现在一些新型 PLC 有所改进，但是对任务周期的数量还是有限制。而 DCS 可以设定任务周期，比如，快速任务等。同样是传感器的采样，压力传感器的变化时间很短，我们可以用 200ms 的任务周期采样，而温度传感器的滞后时间很大，我们可以用 2s的任务周期采样。这样，DCS 可以合理地调度控制器的资源。

（5）从应用对象方面进行比较

PLC 一般应用在小型自控场所，比如设备的控制或少量的模拟量的控制及联锁，而大型的应用一般都是 DCS。当然，这个概念不太准确，但很直观，习惯上把大于 600 点的系统称为DCS，小于这个规模叫作 PLC。热泵及 QCS、横向产品配套的控制系统一般就称为 PLC。

总之，PLC 与 DCS 发展到今天，事实上都在向彼此靠拢，严格地说，现在的 PLC 与 DCS已经不能一刀切开，很多时候它们之间的概念已经模糊了。

第2章

西门子S7-1200 PLC的硬件系统

SIMATIC S7-1200 PLC 是德国 SIEMENS 公司于 2009 年推出的小型模块式 PLC，主要面向离散自动化系统和独立自动化的紧凑型自动化产品，定位于 S7-200 和 S7-300 产品之间。目前，S7-1200 具有品种繁多的 CPU 模块、信号模块、信号板和通信模块，根据应用对象的不同，可选用不同型号和不同数量的模块。

2.1 西门子 S7-1200 PLC 的性能特点及硬件系统组成

2.1.1 西门子 S7-1200 PLC 的性能特点

S7-1200 PLC 涵盖了 S7-200 PLC 的原有功能并且新增了许多功能，可以满足更广泛领域的应用，其性能特点具体如下。

（1）集成了 PROFINET 接口

集成的 PROFINET 接口用于编程、HMI（人机界面）通信和 PLC 间的通信。此外，它还通过开放的以太网协议支持与第三方设备的通信。该接口还带一个具有自动交叉网线（auto-crossover）功能的 RJ45 连接器，提供 10/100Mbit/s 的数据传输速率，支持 TCP/IP、ISO_on_TCP 和 S7 通信协议。

（2）集成了工艺功能

① 高速输入　S7-1200 控制器带有多达 6 个高速计数器，其中 3 个输入为 100kHz，3 个输入为 30kHz，用于计数和测量。

② 高速输出　S7-1200 控制器集成了 4 个 100kHz 的高速脉冲输出，用于步进电机或控制伺服驱动器的速度和位置控制（使用 PLCopen 运行控制指令）。这 4 个输出都可以输出脉宽调制信号来控制电机速度、阀位置或加热元件的占空比。

③ PID 控制　S7-1200 控制器中提供了多达 16 个带自动调节功能的 PID 控制回路，用于简单的闭环过程控制。

（3）存储器

为用户指令和数据提供高达 150KB 的共用工作内存，同时还提供了高达 4MB 的集成装载内存和 10KB 的掉电保持内存。

　　SIMATIC 存储卡是可选配件，通过不同的设置可用作程序卡、传送卡和固件更新卡三种功能卡。通过它可以方便地将程序传输到多个 CPU。该卡还可以用来存储各种文件或更新控制器系统的固件。

　　（4）智能设备

　　通过简单的组态，S7-1200 控制器可组态为 PROFINET IO 智能设备，与 IO 控制器实现主从架构的分布式 I/O 应用。

　　（5）通信

　　S7-1200 PLC 提供各种各样的通信选项以满足网络通信要求，其可支持的通信协议有 I-Device（智能设备）、PROFINET、PROFIBUS、远距离控制通信、点对点（PtP）通信、USS 通信、Modbus RTU、AS-i、I/O Link MASTER。

2.1.2　西门子 S7-1200 PLC 的硬件系统组成

　　S7-1200 是小型 PLC，采用配置灵活的模块式结构，其硬件系统主要由 CPU 模块和信号模块（SM）、通信模块（CM）和信号板（CB 和 SB）组成（图 2-1），各种模块安装在标准 DIN 导轨上。

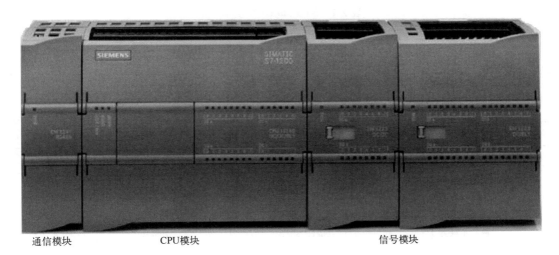

通信模块　　　　　　　　　CPU模块　　　　　　　　　　　信号模块

图 2-1　S7-1200 PLC 硬件系统构成

　　CPU 模块带有集成 PROFINET 接口，用于编程设备、HMI 或其他 SIMATIC 控制器之间通信；信号模块包括数字量扩展模块和模拟量扩展模块，用于扩展 PLC 的输入和输出通道；通信模块用于 PLC 通信接口；信号板可直接插入控制器。通常通信模块安装在 CPU 模块的左侧，信号模块安装在 CPU 模块的右侧。西门子早期的 PLC 产品，扩展模块只能安装在 CPU 模块的右侧。

　　S7-1200 PLC 的硬件组成具有高度的灵活性，用户可以根据自身需求确定 PLC 结构，系统扩展十分方便。S7-1200 PLC 允许最多扩展 8 个信号模块和 3 个通信模块，最大本地数字 I/O 点数为 284 点，最大本地模拟 I/O 点数为 69 点。

2.2　西门子 S7-1200 PLC 的硬件结构

2.2.1　西门子 S7-1200 PLC 的 CPU 模块

S7-1200 PLC 的 CPU 模块是将微处理器、电源、数字量输入/输出电路、模拟量输入/输出电路、PROFINET 以太网接口、高速运动控制功能组合在一个设计紧凑的外壳中。每块 CPU 内可以安装一块信号板，安装以后不会改变 CPU 的外形和体积。

微处理器相当于控制器的大脑，它按 PLC 系统程序赋予的功能指挥 PLC 有条不紊地进行工作，其主要任务是不断地采集输入信号，执行用户程序，刷新系统的输出，存储器用来存储程序和数据。

S7-1200 集成的 PROFINET 接口用于与编程计算机、HMI、其他 PLC 或其他设备通信。此外，还通过开放的以太网协议支持与第三方设备的通信。

（1）S7-1200 PLC 的 CPU 模块类别及性能

目前，S7-1200 PLC 的 CPU 模块有 5 类：CPU 1211C、CPU 1212C、CPU1214C、CPU1215C 和 CPU1217C。它们的主要技术规范如表 2-1 所示。每种 CPU 模块细分 3 种规格，即 DC/DC/DC、DC/DC/RLY 和 AC/DC/RLY，印刷在 CPU 模块的外壳上，其含义如图 2-2 所示。

表 2-1　S7-1200 CPU 技术规范

特性	CPU 1211C	CPU 1212C	CPU 1214C	CPU 1215C	CPU 1217C
本地数字量 I/O 点数	6 入/4 出	8 入/6 出	14 入/10 出	14 入/10 出	14 入/10 出
本地模拟量 I/O 点数	2 入	2 入	2 入	2 入/2 出	2 入/2 出
信号模块扩展个数	无	2	8	8	8
最大本地数字量 I/O 点数	14	82	284	284	284
最大本地模拟量 I/O 点数	3	19	67	69	69
工作存储器/装载存储器	30KB/1MB	50KB/1MB	75KB/4MB	100KB/4MB	125KB/4MB
高速计数器	最多可以组态 6 个使用任意内置或信号板输入的高速计数器				
脉冲输出（最多 4 点）	100kHz	100kHz/30kHz	100kHz/30kHz	100kHz/30kHz	1MHz 或 100kHz
上升沿/下降沿中断点数	6/6	8/8	12/12	12/12	12/12
脉冲捕获输入点数	6	8	14	14	14
传感器电源输出电流/mA	300	300	400	400	400
外形尺寸/mm	90×100×75	90×100×75	110×100×75	130×100×75	150×100×75

AC/DC/RLY 的含义是：CPU 模块的供电电源是交流电，范围是 AC 120~240V；输入电源是直流电源，范围为 DC 20.4~28.8V；输出形式是继电器输出。

继电器输出的电压范围为 DC 5~30V 或 AC 5~250V。DC/DC/DC 型 CPU 的 MOSFET（场效应管）的 1 状态最小输出电压为 DC 20V，0 状态最大输出电压为 DC 0.1V，输出电流 0.5A。

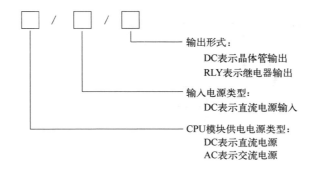

图 2-2　CPU 模块细分规格含义

（2）S7-1200 PLC 的 CPU 模块外形结构

S7-1200 PLC 的 CPU 模块外形结构大同小异，图 2-3（a）为 CPU 模块的俯视图，图（b）为 CPU 模块正视图。①为电源接口，用于向 CPU 模块供电，每类 CPU 模块均有交流和直流两种供电方式；②为集成 I/O（输入/输出）的状态 LED，通过集成 I/O 的状态 LED 指示灯（绿色）的点亮或熄灭，指示各输入或输出的状态；③为 CPU 运行状态的 LED，用于显示 CPU 的工作状态，如运行状态、停止状态和强制状态等；④为存储卡插槽，位于盖板下面，用于安装 SIMATIC 存储卡；⑤为接线连接器（又称为接线端子），位于盖板下面，具有可拆卸的优点，便于 CPU 模块的安装和维护；⑥为 PROFINET 以太网接口的 RJ45 连接器，用于程序下载、设备组网，这使得程序下载更加方便快捷，节省了购买专用通信电缆的费用。

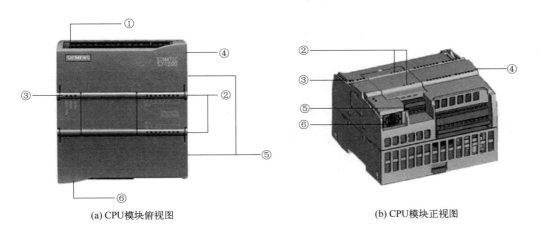

(a) CPU模块俯视图　　　　　　　　　　　　　　　(b) CPU模块正视图

图 2-3　CPU 模块外形结构

（3）S7-1200 PLC 的 CPU 模块运行状态指示灯

CPU 模块有 3 只运行状态指示灯，分别为 STOP/RUN、ERROR 和 MAINT，其亮或灭的状态代表一定的含义，如表 2-2 所示。

表 2-2　S7-1200 PLC 的 CPU 模块运行状态指示灯含义

RUN/STOP（黄色/绿色）	ERROR（红色）	MAINT（黄色）	含义
指示灯熄灭	指示灯熄灭	指示灯熄灭	CPU 电源缺失或不足

续表

RUN/STOP（黄色/绿色）	ERROR（红色）	MAINT（黄色）	含义
指示灯闪烁（黄色与绿色交替）	—	指示灯熄灭	启动、自检或固件更新
黄色指示灯点亮	—	—	停止模式
绿色指示灯点亮	—	—	运行模式
黄色指示灯点亮	—	指示灯闪烁	取出存储卡
黄色或绿色灯点亮	指示灯闪烁	—	错误
黄色或绿色灯点亮	—	指示灯点亮	请求维护 •强制 I/O •需要更换电池（如果安装了电池板）
黄色指示灯点亮	指示灯亮	指示灯灭	硬件出现故障
指示灯闪烁（黄色与绿色交替）	指示灯闪烁	指示灯闪烁	LED 测试或 CPU 固件出现故障
黄色指示灯点亮	指示灯闪烁	指示灯闪烁	CPU 组态版本未知或不兼容

（4）CPU 的工作方式

CPU 有 3 种工作模式（STOP、STARTUP、RUN），CPU 前面的状态 LED 指示当前工作模式。

•在 STOP 模式下，CPU 不执行用户程序，但用户可以下载项目。

•在 STARTUP 模式下，执行一次启动 OB（如果存在）。在此模式下，CPU 不会处理中断事件。

•在 RUN 模式下，重复执行扫描周期。在程序循环阶段的任何时刻都可能发生和处理中断事件。

CPU 支持通过暖启动进入 RUN 模式。暖启动不包括存储器复位，但通过编程软件可以控制存储器复位。存储器复位清除所有工作存储器、保持性及非保持性存储区，并将装载存储器内容复制到工作存储器。存储器复位不会清除诊断缓冲区，也不会清除永久保存的 IP 地址。在暖启动时，所有非保持性系统及用户数据都将被初始化。

注意：①CPU 处于 RUN 模式下时，无法下载任何项目，只有 CPU 处于 STOP 模式时，才能下载项目。②目前 S7-1200/1500 CPU 仅有暖启动模式，而部分 S7-400 CPU 有热启动和冷启动。

（5）CPU 模块的接线

1）数字量 I/O 的接线方式　S7-1200 CPU 模块的 I/O 包括输入端子和输出端子，作为数字量 I/O 时，输入方式分为直流 24V 源型和漏型输入，输出方式分为直流 24V 源型的晶体管输出和交流 120/240V 的继电器输出。它们的接线方式如图 2-4 所示。

2）数字 I/O 的外部接线　S7-1200 PLC 的 CPU 模块有 5 类，但其外部接线类似，在此以 CPU 1215C 为例进行介绍，其余规格产品可参考相关手册。

① CPU 1215C AC/DC/RLY（继电器型）的外部接线　CPU 1215C AC/DC/RLY（继电器型）的外部接线如图 2-5 所示，该模块的供电电压是 AC 交流电，图中①为 DC 24V 传感器电源，②为 CPU 模块输入端的接线。若要获得更好的抗噪声效果，即使未使用传感器电源，也可以将"M"连接到机壳进行接地。

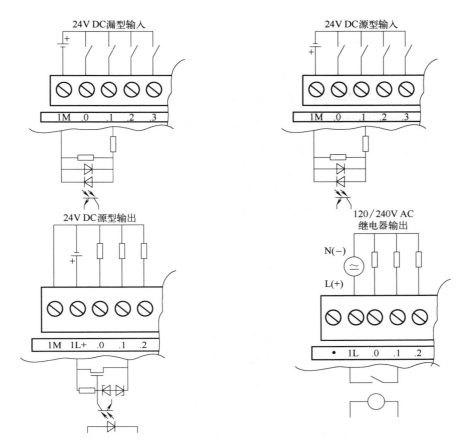

图 2-4　CPU 模块的接线方式

CPU 模块的输入回路一般使用图中标有①的内置的 DC 24V 传感器电源，漏型输入时需要去除图 2-5 中标有②的外接 DC 电源，将输入回路的 1M 端子与 DC 24V 传感器电源的 M 端子连接起来，将内置的 24V 电源的 L+端子连接到外接触点的公共端；源型输入时将 DC 24V 传感器电源的 L+端子连接到 1M 端子。

② CPU 1215C DC/DC/RLY（继电器型）的外部接线　CPU 1215C DC/DC/RLY（继电器型）的外部接线如图 2-6 所示，该模块的供电电压是 DC 24V 直流电，与图 2-5 的区别在于前者的电源电压为 DC 24V。图中有 2 个"L+"和 2 个"M"端子，有箭头向 CPU 模块内部指向的"L+"和"M"端子是接 CPU 供电电源的接线端子，有箭头向 CPU 模块外接指向的"L+"和"M"端子是 CPU 向外部供电的接线端子，切记两个"L+"不要短接，否则容易烧毁 CPU 模块内部的电源。

③ CPU 1215C DC/DC/DC 的外部接线　CPU 1215C DC/DC/DC 的电源电压、输入回路和输出回路电压均为 DC 24V，输入回路也可使用内置的 DC 24V 电源，其外部接线如图 2-7 所示。

3）CPU 1215C 的模拟量 I/O 接线　在工业控制中，被控对象常常是模拟量，如压力、温度、流量、转速等。而 PLC 的 CPU 内部执行的是数字量，因此需要将模拟量转换成数字量，以便 CPU 进行处理，这一任务由模拟量 I/O 来完成。模拟量 I/O 的 A/D 转换器可以将 PLC 外部的电压或电流转换成数字量送入 PLC 内，经 PLC 处理后，再由模拟量 I/O 的 D/A 转换器将 PLC 输出的数字量转换成电压或电流送给被控对象。

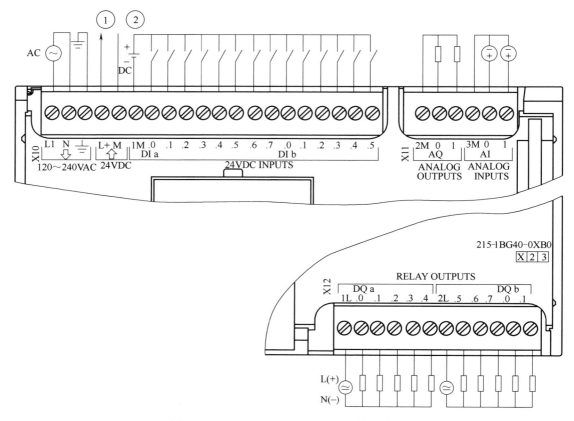

图 2-5　CPU 1215C AC/DC/RLY 的外部接线

CPU 1215C 模块集成了两个模拟量 I/O 通道，模拟量输入通道的量程范围为 0~10V，模拟量输出通道的量程范围为 0~20mA。图 2-6 和图 2-7 的右上端为模拟量 I/O 的接线方式，其中接线端子旁 "ANALOG OUTPUTS" 字样，表示模拟量输出端子；"ANALOG INPUTS" 表示模拟量输入端子。右上端的方框▯代表模拟量输出的负载，常见的负载是变频器或各种阀门；圆框⊕代表模拟量输入，一般与各类模拟量的传感器或变送器相连接，圆框中的 "+" 和 "−" 代表传感器的正信号和负信号端子。

2.2.2　西门子 S7-1200 PLC 的数字量扩展模块

在 S7-1200 PLC 中，为增加系统的数字量或模拟量 I/O 点数，CPU 模块的右侧可以连接相应的信号模块（数字量或模拟量扩展模块）。但是 CPU 1211C 不能连接信号模块，CPU 1212C 只能连接 2 个信号模块，其他 CPU 模块可以连接最多 8 个信号模块。所有的 S7-1200 CPU 都可以在 CPU 的左侧安装最多 3 个通信模块。

S7-1200 PLC 的数字量扩展模块包括数字量输入扩展模块（SM 1221）、数字量输出扩展模块（SM 1222）和数字量输入/输出扩展模块（SM 1223）。

（1）数字量输入扩展模块 SM 1221

S7-1200 系列 PLC 的数字量输入扩展模块包括 2 种类型：8 点 24V 直流电源输入和 16 点 24V 直流电源输入。输入方式分为直流 24V 源型、漏型输入，其主要技术参数如表 2-3 所示。

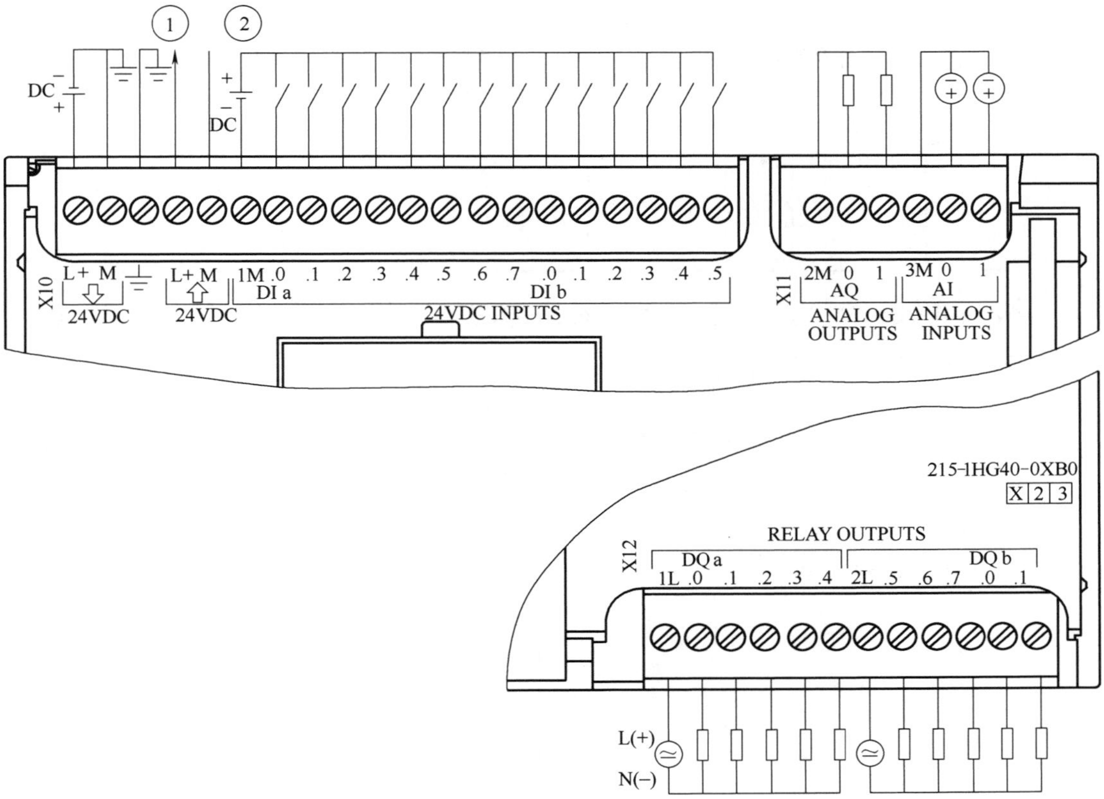

图 2-6　CPU 1215C DC/DC/RLY 的外部接线

表 2-3　数字量输入扩展模块的主要技术参数

型号	SM 1221 DI 8×24V DC	SM 1221 DI 16×24V DC
产品编号	6ES7 221-1BF32-0XB0	6ES7 221-1BH32-0XB0
尺寸（$W×H×D$）/mm	45×100×75	45×100×75
功耗	1.5W	2.5W
电流消耗（SM 总线）	105mA	130mA
电流消耗（24V DC）	所用的每点输入 4mA	所用的每点输入 4mA
数字量输入点数	8	16
输入类型	漏型/源型	漏型/源型
额定输入电压/电流	DC 24V/4mA	DC 24V/4mA
输入隔离组数	2	4

数字量输入扩展模块有专用的插针与 CPU 通信，并通过此插针由 CPU 向扩展模块提供 DC 5V 的电源。SM 1221 数字量输入扩展模块的接线如图 2-8 所示。图中①表示，对于漏型输入，将 "–" 连接到 "M"；对于源型输入，将 "+" 连接到 "M"。

（2）数字量输出扩展模块 SM 1222

S7-1200 PLC 的数字量输出扩展模块包括 2 种类型：8/16 点 DC 24V 晶体管输出、8/16 点继电器输出。输出方式分为直流 24V 源型/漏型输出以及交流 120/230V 的继电器输出，其主要技术参数如表 2-4 所示。

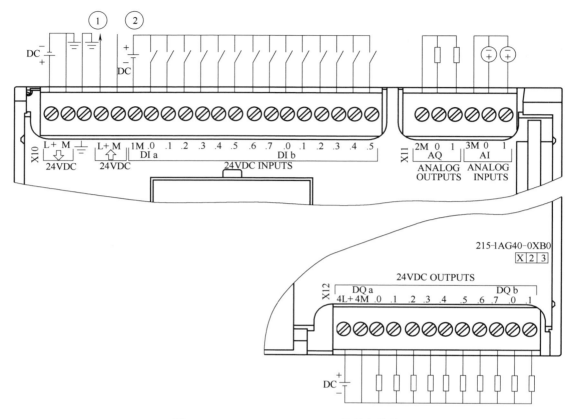

图 2-7　CPU 1215C DC/DC/DC 的外部接线

表 2-4　数字量输出扩展模块的主要技术参数

型号	SM 1222 DQ 8×RLY	SM 1222 DQ 8×RLY （双态）	SM 1222 DQ 16×RLY	SM 1222 DQ 8×24V DC	SM 1222 DQ 16×24V DC	SM 1222 DQ 16×24V DC 漏型
产品编号	6ES7 222-1HF32-0XB0	6ES7 222-1XF32-0XB0	6ES7 222-1HH32-0XB0	6ES7 222-1BF32-0XB0	6ES7 222-1BH32-0XB0	6ES7 222-1BH32-1XB0
尺寸（W×H×D）/mm	45×100×75	70×100×75	45×100×75	45×100×75	45×100×75	45×100×75
功耗	4.5W	5W	8.5W	1.5W	2.5W	2.5W
电流消耗（SM 总线）	120mA	140mA	135mA	120mA	140mA	140mA
电流消耗（24V DC）	所用的每个继电器线圈11mA	所用的每个继电器线圈16.7mA	所用的每个继电器线圈11mA	50mA	100mA	40mA
数字量输出点数	8	8	16	8	16	16

续表

输出类型	继电器，干触点	继电器切换触点	继电器，干触点	固态 MOSFET（源型）	固态 MOSFET（漏型）
输出电压范围	DC 5~30V 或 AC 5~250V			DC 20.4~28.8V	
每点输出额定电流	2.0A			0.5A	
最大通态触点电阻	0.2Ω（新设备）			0.6Ω	0.5Ω
输出隔离组数	2	8	4	1	1	1
每个公共端最大电流	10A	3A	10A	4A	8A	限流保护

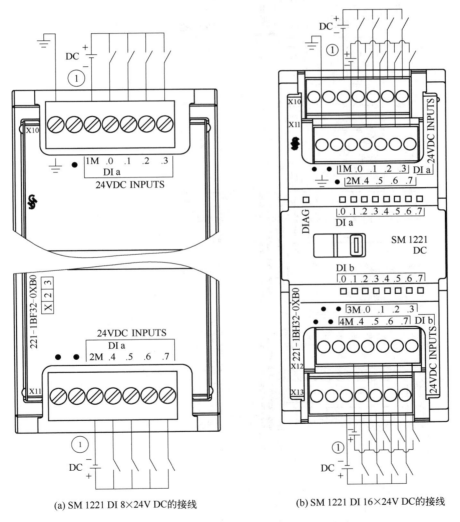

(a) SM 1221 DI 8×24V DC的接线　　　　(b) SM 1221 DI 16×24V DC的接线

图 2-8　SM 1221 数字量输入扩展模块的接线

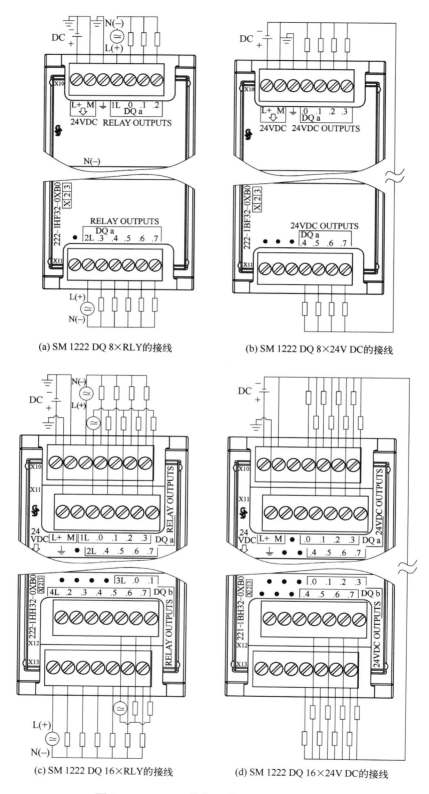

(a) SM 1222 DQ 8×RLY的接线

(b) SM 1222 DQ 8×24V DC的接线

(c) SM 1222 DQ 16×RLY的接线

(d) SM 1222 DQ 16×24V DC的接线

图 2-9　SM 1222 数字量输出扩展模块的接线

　　普通的 SM 1222 数字量输出扩展模块的接线如图 2-9 所示，对于继电器输出模块而言，L+ 和 M 端子是模块的 24V DC 供电接入端子，而 1L、2L、3L 和 4L 可以接入直流和交流电源，给负载供电。

　　SM 1222 DQ 8×RLY（双态）的接线如图 2-10 所示，该模块使用公共端子控制两个电路：一个常闭触点和一个常开触点。例如输入"0"，当输出点断开时，公共端子（0L）与常闭触点（.0X）相连并与常开触点（.0）断开。当输出点接通时，公共端子（0L）与常闭触点（.0X）断开并与常开触点（.0）相连。

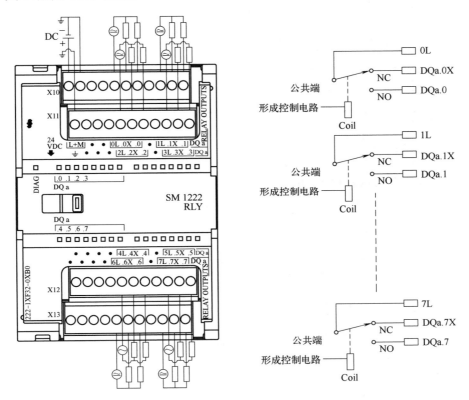

图 2-10　SM 1222 DQ 8×RLY（双态）的接线

　　SM 1222 DQ 16×24V DC 漏型为最新推出的数字量输出扩展模块，与 SM 1222 DQ 16×24V DC 模块相比，最大区别在于输出公共端连接的电源极性不同。

　　（3）数字量输入/输出扩展模块 SM 1223

　　S7-1200 PLC 的数字量输入/输出扩展模块 SM 1223 包括 2 种类型：数字量直流输入/输出模块和数字量交流输入/输出模块。数字量直流输入/输出模块包括：①8 点 24V 直流输入，8 点 24V 直流源型输出；②8 点 24V 直流输入，8 点 120/230V 交流继电器输出；③16 点 24V 直流输入，16 点 24V 直流源型/漏型输出；④16 点 24V 直流输入，16 点 24V 直流漏型输出；⑤16 点 24V 直流输入，16 点 120/230V 交流继电器输出。目前，数字量交流输入/输出模块为 8 点 120/230V 交流输入，8 点 120/230V 交流继电器输出。数字量输入/输出扩展模块 SM 1223 的主要技术参数如表 2-5 所示。

表 2-5 数字量输入/输出扩展模块的主要技术参数

型号	SM 1223 DI 8×24V DC DQ 8×RLY	SM 1223 DI 16×24V DC DQ 16×RLY	SM 1223 DI 8×24V DC DQ 8×24V DC	SM 1223 DI 16×24V DC DQ 16×24V DC	SM 1223 DI 16×24V DC DQ 16×24V DC 漏型	SM 1223 DI 8×120/230V AC DQ 8×RLY
产品编号	6ES7 223-1PH32-0XB0	6ES7 223-1PL32-0XB0	6ES7 223-1BH32-0XB0	6ES7 223-1BL32-0XB0	6ES7 223-1BL32-1XB0	6ES7 223-1QH32-0XB0
尺寸（W×H×D）/mm	45×100×75	70×100×75	45×100×75	70×100×75	70×100×75	45×100×75
功耗	5.5W	10W	2.5W	4.5W	4.5W	7.5W
电流消耗（SM 总线）	145mA	180mA	145mA	185mA	185mA	120mA
电流消耗（24V DC）	所用的每点输入 4mA 所用的每个继电器线圈 11mA		150mA	200mA	40mA	所用的每个继电器线圈 11mA
数字量输入/输出点数	8 入/8 出	16 入/16 出	8 入/8 出	16 入/16 出	16 入/16 出	8 入/8 出
输入类型	漏型/源型					IEC 类型 1
输出类型	继电器，干触点		固态 MOSFET（源型）		固态 MOSFET（漏型）	继电器，干触点
额定输入电压/电流	DC 24V/4mA					AC 120V/6mA 或 AC 230V/9mA
输出电压范围	DC 5~30V 或 AC 5~250V		DC 20.4~28.8V	DC 20.4~28.8V	DC 20.4~28.8V	DC 5~30V 或 AC 5~250V
每点输出额定电流	2.0A	2.0A	0.5A	0.5A	0.5A	2.0A
通态触点电阻	0.2Ω	0.2Ω	0.6Ω	0.6Ω	0.5Ω	0.2Ω
隔离组数 输入	2	2	2	2	2	4
隔离组数 输出	2	4	1	1	1	2
每个公共端最大电流	10A	8A	4A	8A	8A	10A

    SM 1223 数字量直流输入/输出扩展模块的接线如图 2-11 所示，图中①表示，对于漏型输入，将"−"连接到"M"；对于源型输入，将"+"连接到"M"。图 2-11（a）为 8 点 24V 直流输入，8 点 24V 直流源型输出的接线方式；图 2-11（b）为 8 点 24V 直流输入，8 点 120/230V 交流继电器输出的接线方式；图 2-11（c）为 8 点 120/230V 交流输入，8 点 120/230V 交流继电器输出的接线方式。

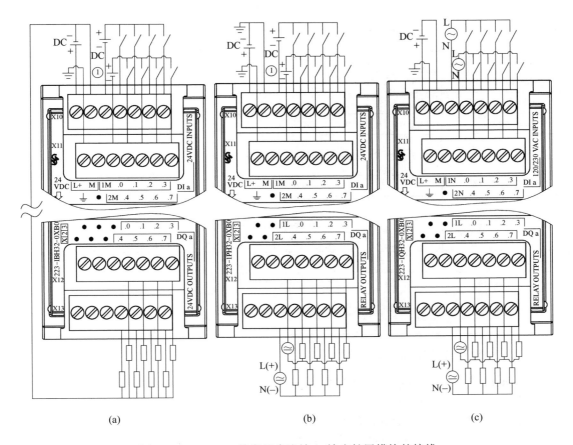

图 2-11　SM 1223 数字量直流输入/输出扩展模块的接线

2.2.3　西门子 S7-1200 PLC 的模拟量扩展模块

模拟量模块的主要任务是实现 A/D 转换（模拟量输入）和 D/A 转换（模拟量输出）。A/D 转换器和 D/A 转换器的二进制位数反映了它们的分辨率，位数越多，分辨率越高。S7-1200 PLC 的模拟量扩展模块包括模拟量输入模块（SM 1231）、模拟量输出模块（SM 1232）、热电偶和热电阻模拟量输入模块（SM 1231）和模拟量输入/输出模块（SM 1234）。

（1）模拟量输入模块（SM 1231）

S7-1200 PLC 的模拟量输入模块有 4 路、8 路的 13 位模块和 4 路的 16 位模块。模拟量输入可选±10V、±5V 和 0～20mA、4～20mA 等多种量程。电压输入的输入电阻大于等于 9MΩ，电流输入的输入电阻为 280Ω。双极性和单极性模拟量满量程转换后对应的数字分别为 -27648～27648 和 0～27648。模拟量输入扩展模块 SM 1231 的主要技术参数如表 2-6 所示。

表 2-6　模拟量输入扩展模块 SM 1231 的主要技术参数

型号	SM 1231 AI 4×13 位	SM 1231 AI 8×13 位	SM 1231 AI 4×16 位
产品编号	6ES7 231-4HD32-0XB0	6ES7 231-4HF32-0XB0	6ES7 231-5ND32-0XB0
尺寸（W×H×D）/mm	45×100×75	45×100×81	45×100×75

续表

功耗	2.2W	2.3W	2.0W
电流消耗（SM 总线）	80mA	90mA	80mA
电流消耗（24V DC）	45mA	45mA	65mA
模拟量输入路数	4	8	4
输入类型	电压或电流（差动），可 2 个选为 1 组		电压或电流（差动）
输入电压或电流范围	±10V、±5V、±2.5V、0~20mA 或 4~20mA		±10V、±5V、±2.5V、±1.25V、0~20mA 或 4~20mA
满量程范围（数据字）	电压：−27648~27648；电流：0~27648		
上溢/下溢（数据字）	电压：32767~32512/−32513~−32768 电流 0~20mA：32767~32512/−4865~−32768 电流 4~20mA：32767~32512/值小于−4865 时表示开路		
A/D 分辨率	12 位+符号位		15 位+符号位
A/D 转换精度	满量程的±0.1%/±0.2%		满量程的±0.1%/±0.3%
输入阻抗	≥9MΩ（电压）/≥270Ω，<290Ω（电流）		≥1MΩ（电压）/>280Ω，<315Ω（电流）

（2）模拟量输出模块（SM 1232）

S7-1200 PLC 的模拟量输出模块有 2 路和 4 路输出模块，−10~+10V 电压输出为 14 位，最小负载阻抗 1000Ω。0~20mA 或 4~20mA 电流输出为 13 位，最大阻抗 600Ω。−27648~27648 对应满量程电压，0~27648 对应满量程电流。

电压输出负载为电阻时转换时间为 300μs，负载为 1μF 电容时转换时间为 750μs。电流输出负载为 1mH 电感时转换时间为 600μs，负载为 10mH 电感时为 2ms。模拟量输出扩展模块 SM 1232 的主要技术参数如表 2-7 所示。

表 2-7　模拟量输出扩展模块 SM 1232 的主要技术参数

型号	SM 1232 AQ 2×14 位	SM 1232 AQ 4×14 位
产品编号	6ES7 232-4HB32-0XB0	6ES7 232-4HD32-0XB0
尺寸（W×H×D）/mm	45×100×75	45×100×75
功耗（空载）	1.8W	2.0W
电流消耗（SM 总线）	80mA	80mA
电流消耗（24V DC）	45mA（空载）	45mA（空载）
模拟量输出路数	2	4
模拟量输出类型	电压或电流	电压或电流
输出电压或电流范围	±10V、0~20mA 或 4~20mA	±10V、0~20mA 或 4~20mA
D/A 分辨率	电压：14 位；电流：13 位	电压：14 位；电流：13 位
D/A 转换精度	满量程的±0.3%（25℃）/±0.6%（0~55℃）	
负载阻抗	≥1kΩ（电压）；≤600Ω（电流）	≥1kΩ（电压）；≤600Ω（电流）
转换时间	电压：300μs（R）、750μs（1μF）；电流：600μs（1mH）、2ms（10mH）	

（3）热电偶和热电阻模拟量输入模块（SM 1231）

热电偶和热电阻模拟量输入模块有 4 路、8 路的热电偶（TC）模块和 4 路、8 路的热电阻（RTD）模块。可选多种量程的传感器，分辨率为 0.1℃/0.1℉，15 位+符号位。热电偶和热电阻模拟量输入模块的主要技术参数如表 2-8 所示。

表 2-8　热电偶和热电阻模拟量输入模块的主要技术参数

型号	SM 1231 AI 4×16 位热电偶	SM 1231 AI 8×16 位热电偶	SM 1231 AI 4×16 位热电阻	SM 1231 AI 8×16 位热电阻
产品编号	6ES7 231-5QD32-0XB0	6ES7 231-5QF32-0XB0	6ES7 231-5PD32-0XB0	6ES7 231-5PF32-0XB0
尺寸（W×H×D）/mm	45×100×75	45×100×75	45×100×75	45×100×75
功耗	1.5W	1.5W	1.5W	1.5W
电流消耗（SM 总线）	80mA	80mA	80mA	90mA
电流消耗（24V DC）	40mA	45mA	40mA	40mA
模拟量输入路数	4	8	4	8
输入类型	热电偶	热电偶	RTD 和电阻	RTD 和电阻
输入范围	J，K，T，E，R，S，B，N，C，TXK/XK（L），电压范围：+/-80mV		铂（Pt），铜（Cu），镍（Ni），LG-Ni 或电阻	
A/D 分辨率 温度	0.1℃/0.1℉	0.1℃/0.1℉	0.1℃/0.1℉	0.1℃/0.1℉
A/D 分辨率 电阻	15 位+符号位	15 位+符号位	15 位+符号位	15 位+符号位
阻抗	≥10MΩ	≥10MΩ	≥10MΩ	≥10MΩ
通道间隔离	120V AC	120V AC	无	无
测量原理	积分	积分	积分	积分
冷端误差	±1.5℃	±1.5℃	—	—

（4）模拟量输入/输出模块（SM 1234）

S7-1200 PLC 的模拟量输入/输出模块为 4 路模拟量输入、2 路模拟量输出模块，其主要参数如表 2-9 所示。

表 2-9　模拟量输入/输出模块的主要技术参数

型号	SM 1234 AI 4×13 位/AQ 2×14 位
产品编号	6ES7 234-4HE32-0XB0
尺寸（W×H×D）/mm	45×100×75
功耗	2.4W
电流消耗（SM 总线）	80mA

续表

电流消耗（24V DC）	60mA（无负载）
模拟量输入/输出路数	4/2
模拟输入类型	电压或电流（差动）；可2个选为一组
模拟量输入范围	±10V、±5V、±2.5V、0~20mA 或 4~20mA
模拟量满量程范围（数据字）	−27648~27648
A/D 分辨率	12 位+符号位
A/D 转换精度	满量程的 ±0.1%/±0.2%
输入阻抗	≥9MΩ（电压）/≥270Ω,<290Ω（电流）
模数转换时间	625μs（400Hz 抑制）
模拟量输出类型	电压或电流
模拟量输出范围	电压或电流
D/A 分辨率	电压：14 位；电流：13 位
D/A 转换精度	满量程的±0.3%（25℃）/±0.6%（0~55℃）
负载阻抗	≥1kΩ（电压）；≤600Ω（电流）

2.2.4　西门子 S7-1200 PLC 的信号板

S7-1200 PLC 所有的 CPU 模块正面都可以安装一块信号板，并且不会增加安装的空间。安装一块信号板，就可以增加需要的功能。目前，S7-1200 PLC 的信号板有数字量输入信号板、数字量输出信号板、数字量输入/输出信号板、模拟量输入信号板、模拟量输出信号板、热电偶和热电阻模拟量输入信号板、RS-485 通信信号板。

（1）数字量输入信号板

SB 1221 数字量输入信号板为 4 点输入，最高计数频率为 200kHz，其电源可以是 DC 24V 或 DC 5V，其主要技术参数如表 2-10 所示。目前，SB 1221 数字量输入信号板只能采用源型输入，其接线方式如图 2-12 所示，图中的①表示源型输入电压为 DC 24V 或 DC 5V。

表 2-10　数字量输入信号板的主要技术参数

型号	SB 1221 DI 4×24V DC，200kHz	SB 1221 DI 4×5V DC，200kHz
产品编号	6ES7 221-3BD30-0XB0	6ES7 221-3AD30-0XB0
尺寸（$W \times H \times D$）/mm	38×62×21	38×62×21
功耗	1.5W	1.0W
电流消耗（SM 总线）	40mA	40mA
电流消耗（24V DC）	7mA/每通道+20mA	15mA/每通道+15mA
数字量输入路数	4	4
数字量输入类型	源型	源型
额定电压	7mA 时 24V DC	15mA 时 5V DC

续表

HSC 时钟输入频率	单相：200kHz；正交相位：160kHz	单相：200kHz；正交相位：160kHz
隔离组	1	1

（2）数字量输出信号板

SB 1222 数字量输出信号板为 4 点输出，最高计数频率为 200kHz，其电源可以是 DC 24V 或 DC 5V，其主要技术参数如表 2-11 所示。SB 1222 数字量输出信号板的接线方式如图 2-13 所示，图中的①表示源型输出或漏型输出，输出电压为 DC 24V 或 DC 5V。对于源型输出，将负载连接到"−"；对于漏型输出，将负载连接到"+"。源型输出表现为正逻辑（当负载有电流时，Q 位接通且 LED 亮起），而漏型输出表现为负逻辑（当负载有电流时，Q 位断开且 LED 熄灭）。如果插入模块且无用户程序，则此模块的默认值是 0V，这意味着漏型负载将接通。

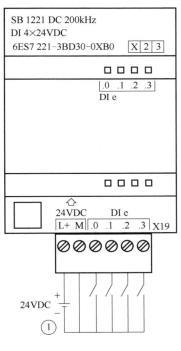

图 2-12　SB 1221 的接线

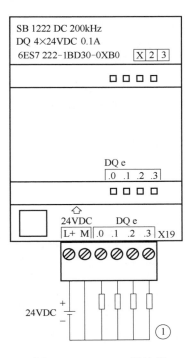

图 2-13　SB 1222 的接线

表 2-11　数字量输出信号板的主要技术参数

型号	SB 1222 DQ 4×24V DC，200kHz	SB 1222 DQ 4×5V DC，200kHz
产品编号	6ES7 222-1BD30-0XB0	6ES7 222-1AD30-0XB0
尺寸（$W×H×D$）/mm	38×62×21	38×62×21
功耗	0.5W	0.5W
电流消耗（SM 总线）	35mA	35mA
电流消耗（24V DC）	15mA	15mA
数字量输出路数	4	4

续表

数字量输出类型	固态-MOSFET（源型或漏型）	固态-MOSFET（源型或漏型）
电压范围	20.4 ~ 28.8V DC	4.25 ~ 6.0V DC
输出最大电流	0.1A	0.1A
公共端电流	0.4A	0.4A
脉冲串输出频率	最大 200kHz，最小 2Hz	最大 200kHz，最小 2Hz
隔离组	1	1

（3）数字量输入/输出信号板

　　SB 1223 数字量输入/输出信号板为 2 点输入和 2 点输出，最高计数频率为 200kHz，其电源可以是 DC 24V 或 DC 5V，其主要技术参数如表 2-12 所示。SB 1223 数字量输入/输出信号板的接线方式如图 2-14 所示，图中的①为源型输入，②为源型或漏型输出，③为漏型输入。对于源型输出，将负载连接到"-"；对于漏型输出，将负载连接到"+"。

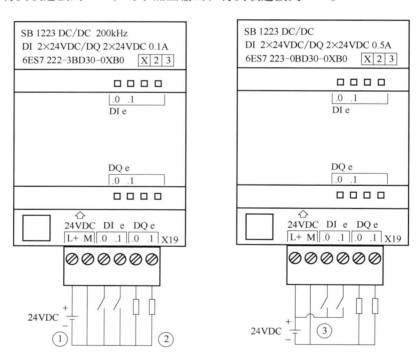

图 2-14　SB 1223 的接线

表 2-12　数字量输入/输出信号板的主要技术参数

型号	SB 1223 DI 2×24V DC /DQ 2×24V DC	SB 1223 DI 2×24V DC /DQ 2×24V DC，200kHz	SB 1223 DI 2×5V DC /DQ 2×5V DC，200kHz
产品编号	6ES7 223-0BD30-0XB0	6ES7 223-3BD30-0XB0	6ES7 223-3AD30-0XB0
尺寸（$W \times H \times D$）/mm	38×62×21	38×62×21	38×62×21
功耗	1.0W	1.0W	0.5W

续表

电流消耗（SM 总线）	50mA	35mA	35mA
电流消耗（24V DC）	所用的每点输入 4mA	7mA/每通道+30mA	15mA/每通道+15mA
数字量输入/输出路数	2/2	2/2	2/2
数字量输入/输出类型	漏型/固态-MOSFET（源型）	源型/固态-MOSFET（源型或漏型）	源型/固态-MOSFET（源型或漏型）
输入额定电压	4mA 时 24V DC	7mA 时 24V DC	15mA 时 5V DC
输出电压范围	20.4~28.8V DC	20.4~28.8V DC	4.25~6.0V DC
输出最大电流	0.5A	0.1A	0.1A
输出公共端电流	1A	0.2A	0.2A
脉冲串输出频率	最大 20kHz，最小 2Hz	最大 200kHz，最小 2Hz	最大 200kHz，最小 2Hz
输入/输出的隔离组	1/1	1/1	1/1

（4）模拟量输入信号板

SB 1231 模拟量输入信号板为 1 路 12 位的输入，可测量电压和电流，其主要技术参数如表 2-13 所示。SB 1231 模拟量输入信号板的接线方式如图 2-15 所示。图中的①表示如果要施加电流，应连接 "R" 和 "0+"。

表 2-13　模拟量输入信号板的主要技术参数

型号	SB 1231 AI 1×12 位
产品编号	6ES7 231-4HA30-0XB0
尺寸（$W×H×D$）/mm	38×62×21
功耗	0.4W
电流消耗（SM 总线）	55mA
模拟量输入路数	1
模拟量输入范围	±10V，±5V，±2.5V 或 0~20mA
A/D 分辨率	11 位+符号位
满量程范围（数据字）	−27648~27648
A/D 转换精度	满量程的±0.3%/±0.6%
输入阻抗	150kΩ（电压）/250Ω（电流）

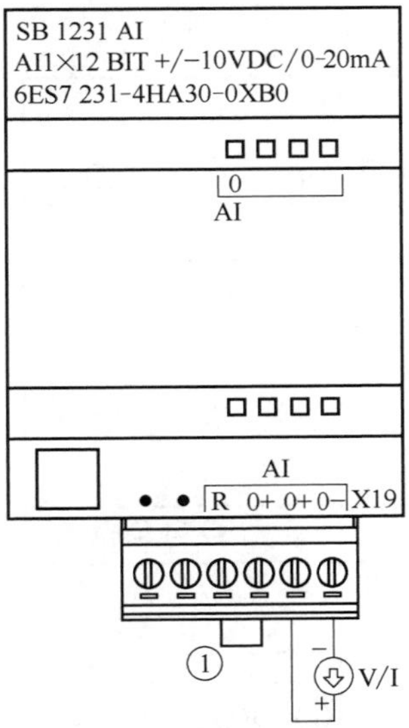

图 2-15　SB 1231 的接线

（5）模拟量输出信号板

SB 1232 模拟量输出信号板为 1 路 12 位的输出，可输出分辨率为 12 位的电压和 11 位的电流，其主要技术参数如表 2-14 所示。SB 1232 模拟量输出信号板的接线方式如图 2-16 所示。

表 2-14　模拟量输出信号板的主要技术参数

型号	SB 1232 AQ 1×12 位
产品编号	6ES7 232-4HA30-0XB0
尺寸（W×H×D）/mm	38×62×21
功耗	1.5W
电流消耗（SM 总线）	15mA
电流消耗（24V DC）	40mA
模拟量输出路数	1
模拟量输出类型	电压或电流
模拟量输出范围	±10V 或 0~20mA
D/A 分辨率	电压：12 位；电流：11 位
满量程范围（数据字）	电压：−27648~27648；电流：0~27648
D/A 转换精度	满量程的 ± 0.5%/±1%
负载阻抗	≥1kΩ（电压）；≤600Ω（电流）

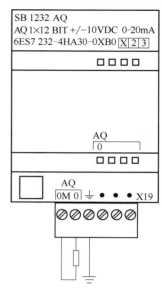

图 2-16　SB 1232 的接线

（6）热电偶和热电阻模拟量输入信号板

　　SB 1231 热电偶和热电阻模拟量输入信号板为 1 路输入，可以选多种量程的传感器，分辨率为 0.1℃/0.1℉，15 位+符号位，其主要技术参数如表 2-15 所示。热电偶信号板的接线如图 2-17 所示。热电阻信号板支持二线、三线和四线制方式连接到传感器电阻进行测量，其接线如图 2-18 所示，图中，①为环接未使用的 RTD 输入；②为二线制 RTD 输入；③为三线制 RTD 输入；④为四线制 RTD 输入。

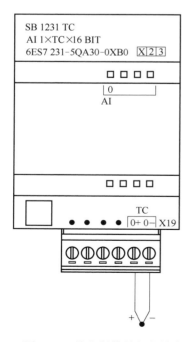

图 2-17　热电偶信号板的接线

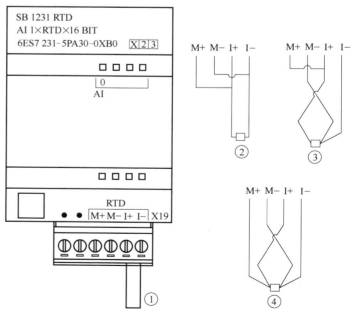

图 2-18　热电阻信号板的接线

表 2-15　热电偶和热电阻模拟量输入信号板的主要技术参数

型号		SM 1231 AI 1×16 位热电偶	SM 1231 AI 1×16 位热电阻
产品编号		6ES7 231-5QA30-0XB0	6ES7 231-5PA30-0XB0
尺寸（W×H×D）/mm		38×62×21	38×62×21
功耗		0.5W	0.7W
电流消耗（SM 总线）		5mA	5mA
电流消耗（24V DC）		20mA	25mA
模拟量输入路数		1	1
输入类型		悬浮型热电偶和毫伏信号	RTD 和电阻
输入范围		J,K,T,E,R,S,B,N,C,TXK/XK（L），电压范围：+/–80mV	铂（Pt），铜（Cu），镍（Ni），LG-Ni 或电阻
A/D 分辨率	温度	0.1℃/0.1℉	0.1℃/0.1℉
	电阻	15 位+符号位	15 位+符号位
阻抗		≥10MΩ	≥10MΩ
测量原理		积分	积分
冷端误差		±1.5℃	—

（7）RS-485 通信信号板

CB 1241 RS485 通信信号板提供 1 个 RS485 接口，该信号板集成的协议有：自由端口、ASCII、Modbus 和 USS。其主要技术参数如表 2-16 所示。CB 1241 RS485 通信信号板的接线如图 2-19 所示。自由口通信一般与第三方设备通信时采用，而 USS 通信则是西门子 PLC 与西门子变频器专用的通信协议。

表 2-16　RS-485 通信信号板的主要技术参数

型号	CB 1241 RS485
产品编号	6ES7 241-1CH30-1XB0
尺寸（W×H×D）/mm	38×62×21
功耗	1.5W
电流消耗（SM 总线）	50mA
电流消耗（24V DC）	80mA
发送器和接收器类型	RS485（二线制半双工）
发送器差动输出电压	R_L=100Ω 时最小 2V；R_L=54Ω 时最小 1.5V
接收器输入阻抗	最小 5.4kΩ，包括终端

2.2.5　集成的通信接口与通信模块

S7-1200 PLC 具有非常强大的通信功能，支持的通信有

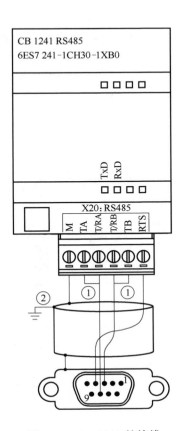

图 2-19　CB 1241 的接线

I-Device（智能设备）、PROFINET、PROFIBUS、远距离控制通信、点对点（PtP）通信、USS 通信、Modbus RTU、AS-i 和 I/O LinkMASTER。

（1）集成的 PROFINET 接口

实时工业以太网是现场总线发展的方向，PROFINET 是基于工业以太网的现场总线，是开放式的工业以太网标准，它使工业以太网的应用扩展到了控制网络最底层的现场设备。

S7-1200 的 CPU 模块集成了 PROFINET 接口，通过该接口可以与计算机、其他 S7 CPU、PROFINET I/O 设备，以及使用标准 TCP 通信协议的设备进行连接。该接口支持 TCP/IP、ISO-on_TCP、UDP 和 S7 通信协议。

S7-1200 CPU 模块集成的 PROFINET 接口使用具有自动交叉网线（auto-cross-over）功能的 RJ45 连接器，用直通网线或交叉网络都可以连接 CPU 和其他以太网设备或交换机，数据传输速率为 10/100Mbit/s。支持最多 23 个以太网连接，其中 3 个连接用于与 HMI 的通信；1 个连接用于与编程设备（PG）的通信；8 个连接用于开放式用户通信；3 个连接用于使用 GET/PUT 指令的 S7 通信的服务器；8 个连接用于使用 GET/PUT 指令的 S7 通信的客户端。

（2）S7-1200 PLC 通信模块

除了使用集成 PROFINET 接口进行通信外，S7-1200 还可连接通信模块以实现网络通信。S7-1200 最多可以增加 3 个通信模块，它们安装在 CPU 模块的左侧，而一般扩展模块安装在 CPU 模块的右边。

S7-1200 PLC 通信模块规格较为齐全，主要有点对点（PtP）串行通信模块 CM 1241、紧凑型交换机模块 CSM 1277、PROFIBUS-DP 主站模块 CM 1243-5、PROFIBUS-DP 从站模块 CM 1242-5、GPRS 模块 CP 1242-7 和 I/O 主站模块 CM 1278。S7-1200 PLC 通信模块的基本功能如表 2-17 所示。

表 2-17　S7-1200 PLC 通信模块的基本功能

名称	功能描述
点对点串行通信模块 CM 1241	·用于执行强大的点对点高速串行通信，如连接打印机、扫描仪等 ·执行协议：ASCII、USS drive protocol，Modbus RTU ·可装载其他协议 ·通过 STEP Basic V15，可简化参数设定
紧凑型交换机模块 CSM 1277	·能够以线型、树型或星形拓扑结构，将 S7-1200 PLC 连接到工业以太网 ·增加了 3 个用于连接的节点 ·节省空间，可便捷安装到 S7-1200 导轨上 ·低成本的解决方案，实现小的、本地以太网连接 ·集成了坚固耐用、工业标准的 RJ45 连接器 ·通过设备上 LED 灯实现简单、快速的状态显示 ·集成的交叉自适应功能，允许使用交叉连接电缆和直通电缆 ·无风扇的设计，维护方便 ·应用自检测和交叉自适应功能实现数据传输速率的自动检测 ·是一个非托管交换机，不需要进行组态配置

续表

名称	功能描述
PROFIBUS-DP 主站模块 CM 1243-5	通过使用 PROFIBUS-DP 主站通信模块，S7-1200 可以和下列设备通信： • 其他 CPU • 编程设备 • 人机界面 • PROFIBUS-DP 从站设备（例如 ET 200 和 SINAMICS）
PROFIBUS-DP 从站模块 CM 1242-5	通过使用 PROFIBUS-DP 从站通信模块 CM1242-5，S7-1200 可以作为一个智能 DP 从站设备与任何 PROFIBUS-DP 主站设备通信
GPRS 模块 CP 1242-7	通过使用 GPRS 通信处理器 CP 1242-7，S7-1200 可以与下列设备远程通信： • 中央控制站 • 其他的远程站 • 移动设备（SMS 短消息） • 编程设备（远程设备） • 使用开放用户通信（UDP）的其他通信设备
I/O 主站模块 CM 1278	可作为 PROFINET I/O 设备的主站

2.2.6　其他模块

（1）电源模块

电源模块 PM1207 是 S7-1200 PLC 系统中的一员，为 S7-1200 PLC 提供稳定电源，其输入为 120/230V AC（自动调整输入电压范围），输出为 24V DC/0.5A。

（2）存储卡

存储卡可以组态为程序卡、传送卡或固件更新卡等多种形式。

程序卡：将存储作为 CPU 的外部装载存储器，可以提供一个更大的装载存储区。

传送卡：复制一个程序到一个或多个 CPU 的内部装载存储区而不必使用 STEP Basic 编程软件。

固件更新卡：更新 S7-1200 CPU 固件版本（对 V3.0 及之后的版本不适用）。

2.3　西门子 S7-1200 PLC 的分布式模块

西门子的 ET 200 是基于现场总线 PROFIBUS-DP 和 PROFINET 的分布式 I/O，可以分别与经过认证的非西门子公司生产的 PROFIBUS-DP 主站或 PROFINET IO 控制器协同运行。

在组态时，STEP 7 自动分配 ET200 的输入/输出地址。DP 主站或 IO 控制器的 CPU 分别通过 DP 从站或 IO 设备的 I/O 模块的地址直接访问它们。

ET200MP 和 ET200SP 是专门为 S7-1200/1500 PLC 设计的分布式 I/O，它们也可以用于 S7-

300/400 PLC。

2.3.1　ET 200MP 模块

ET 200MP 是一种模块化、可扩展的分布式 I/O 系统。ET 200MP 模块包含 IM 接口模块和 I/O 模块，其中 IM 接口模块将 ET 200MP 连接到 PROFINET 或 PROFIBUS 总线，与 S7-1200 PLC 通信，实现 S7-1200 PLC 扩展。ET 200MP 模块的 I/O 模块与 S7-1200 PLC 本机上的 I/O 模块通用。ET 200MP 的 IM 接口模块的主要技术参数见表 2-18。

表 2-18　ET 200MP 的 IM 接口模块的主要技术参数

接口模块	IM 155-5 PN 标准型	IM 155-5 PN 高性能型	IM 155-5 DP 标准型
订货号	6SE7 155-5AA00-0AB0	6SE7 155-5AA00-0AC0	6SE7 155-5BA00-0AB0
电源电压	DC 24V（20.4~28.8V）		
支持等时同步模式	√（最短周期 250μs）		
通信方式	PROFINET IO		PROFIBUS-DP
接口类型	2×RJ45（共享一个 IP 地址，集成交换机功能）		RS485，DP 接头
支持 I/O 模块数量	30		12
基于 S7-400H 的系统冗余	—	PROFINET 系统冗余	—
共享设备	√；2 个 I/O 控制器	√；4 个 I/O 控制器	—
支持等时同步实时通信（IRT）、优先化启动	√	√	—
支持介质冗余：MRP、MRPD	√	√	—
SNMP	√	√	—
LLDP	√	√	—
硬件中断	√	√	√
诊断中断	√	√	√
诊断功能	√	√	√

2.3.2　ET 200SP 模块

SIMATIC ET 200SP 是新一代分布式 I/O 系统，具有体积小、使用灵活、性能突出等特点，主要体现在以下方面：

① 防护等级 IP20，支持 PROFINET 和 PROFIBUS；
② 更加紧凑的设计，单个模块最多支持 16 通道；
③ 直插式端子，不需要工具单手可以完成接线；
④ 模块和基座的组装更加方便；
⑤ 各种模块可以任意组合；
⑥ 各个负载电势的形成无需 PM-E 电源模块；
⑦ 支持热插拔，运行中可以更换模块。

SIMATIC ET 200SP 安装于标准 DIN 导轨，一个站点基本配置包括支持 PROFINET 或

PROFIBUS 的 IM 通信接口模块、各种 I/O 模块、功能模块以及所对应的基准单元和最右侧用于完成配置的服务模块。

　　每个 ET 200SP 接口通信模块最多可扩展 32 个或 64 个模块，其 IM 接口模块的主要技术参数见表 2-19。

表 2-19　ET 200SP 的 IM 接口模块的主要技术参数

接口模块	IM 155-6 PN 基本型	IM 155-6 PN 标准型	IM 155-6 PN 高性能型	IM 155-6 PN 高速型	IM 155-6 DP 高性能型
电源电压	DC 24V	DC 24V	DC 24V	DC 24V	DC 24V
典型功耗/W	1.7	1.9	2.4	2.4	1.5
通信方式	PROFINET IO	PROFINET IO	PROFINET IO	PROFINET IO	PROFIBUS DP
总线连接	集成 2×RJ45	总线适配器	总线适配器	总线适配器	PROFIBUS DP 接头
支持模块数量	12	32	64	30	32
Profisafe 故障安全	—	√	√	√	√
S7-400 冗余系统	—	—	PROFINET 冗余	—	可以通过 Y-Link
扩展连接 ET 200AL	—	√	√	—	√
PROFINET RT/IRT	√ /-	√ / √	√ / √	√ / √	—
PROFINET 共享设备	—	√	√	√	√
中断/诊断功能/状态显示	√	√	√	√	√

　　ET 200SP 的 I/O 模块非常丰富，包括数字量输入模块、数字量输出模块、模拟量输入模块、模拟量输出模块、工艺模块和通信模块等。

第3章

TIA Portal软件的使用

PLC 是一种由软件驱动的控制设计，软件系统就如人的灵魂，PLC 的软件系统是其所使用的各种程序集合。为了实现某一控制功能，需要在特定环境（编程软件）中使用某种语言编写相应指令来完成。S7-1200 和 S7-1500 专用的编程软件为 TIA Portal（Totally Integrated Automa-tion Portal）软件，本章将介绍该软件的使用方法。

3.1　TIA Portal 软件平台与安装

TIA Portal 软件是由西门子公司推出，面向工业自动化领域的新一代工程软件，它将全部自动化设计工具完美地融合在一个开发环境中。这是软件开发领域中一个里程碑，是工业领域第一个带有"组态设计环境"的自动化软件。

3.1.1　TIA Portal 软件平台及其构成

TIA Portal 软件为全集成自动化的实现提供了如图 3-1 所示的统一项目平台，用户不仅可以将组态和程序编辑应用于控制器，也可以应用于具有 Safety 功能的安全控制器，还可以将组态应用于可视化的 WinCC 等人机界面操作系统和 SCADA 系统。通过在 TIA Portal 软件中集成应用于装置的 StartDrive 软件，可以对 SINAMICS 系列驱动产品配置和调试。若组合面向运动控制的 SCOUT 软件，还可以实现对 SIMOTION 运动控制器的组态和程序编辑。

图 3-1　TIA Portal 软件平台

　　TIA Portal 软件主要由 SIMATIC STEP 7、SIMATIC WinCC 和 SINAMICS StartDrive 这 3 个部分组成，如图 3-2 所示。

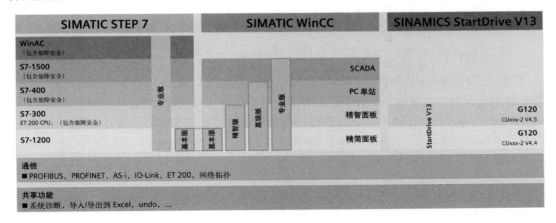

图 3-2   TIA Portal 软件构成

（1）SIMATIC STEP 7（TIA Portal）

　　SIMATIC STEP 7（TIA Portal）是用于组态 SIMATIC S7-1200（F）、SIMATIC S7-1500（F）、SIMATIC S7-300（F）/400（F）和 WinAC 控制器系列的项目组态软件。SIMATIC STEP 7（TIA Portal）包含基本版和专业版这 2 个版本，具体使用取决于可组态的控制器系列。

　　STEP 7 基本版即 STEP 7 Basic，主要用于组态 S7-1200 系列，并且自带 WinCC Basic，可进行 Basic 面板的组态。

　　STEP 7 专业版即 STEP 7 Professional，可用于组态 S7-1200（F）、S7-1500（F）、S7-300（F）/400（F）和 WinAC 控制器，并且自带 WinCC Basic，可进行 Basic 面板的组态。

（2）SIMATIC WinCC（TIA Portal）

　　SIMATIC WinCC（TIA Portal）是用于 SIMATIC 面板、SIMATIC 工业 PC、标准 PC 和 SCADA 系统的项目组态软件，其配套的可视化运行软件为 WinCC Runtime 高级版或 SCADA 系统 WinCC Runtime 专业版。SIMATIC WinCC（TIA Portal）有 4 种版本，具体使用取决于可组态的操作员控制系统。

　　WinCC 基本版即 WinCC Basic，用于组态精简系列面板。WinCC Basic 包含在 STEP 7 基本版或 STEP 7 专业版产品中。

　　WinCC 精智版即 WinCC Comfort，用于组态包括精简面板、精智面板和移动面板的所有面板。

　　WinCC 高级版即 WinCC Runtime Advanced，用于通过 WinCC Runtime Advanced 可视化软件组态的所有面板和 PC。WinCC Runtime Advanced 是基于 PC 单站系统的可视化软件。

　　WinCC 专业版即 WinCC Runtime Professional，用于组态所有面板以及运行 WinCC Runtime Professional 或 SCADA 系统的 PC。WinCC Runtime Professional 是一种构建组态范围从单站系统到多站系统的 SCADA 系统。

（3）SINAMICS StartDrive（TIA Portal）

　　SINAMICS StartDrive 能够直观地将 SINAMICS 变频器集成到自动化环境中，实现

SINAMICS 驱动设备的系统组态、参数设置、调试和诊断。

3.1.2　TIA Portal 软件的安装

（1）TIA Portal 软件的安装要求与注意事项

本书介绍 TIA Portal 软件的版本为 TIA Portal V15，TIA Portal V15 中的 SIMATIC STEP 7 V15 软件包在安装时，对计算机的硬件配置和操作系统均有相应的要求。

1）硬件配置要求　TIA Portal 软件对计算机的硬件配置要求较高，为了正常使用该软件，计算机最好配置固态硬盘（SSD）。安装 SIMATIC STEP 7 V15 软件包时，其硬件配置的要求如表 3-1 所示。

表 3-1　计算机硬件配置要求

硬件项目	最低配置要求	推荐配置
CPU	Intel® Core™ i3-6100U，2.30 GHz	Intel® Core™ i5-6440EQM，3.4 GHz 及以上
内存	8GB	16GB 或更大
硬盘	S-ATA 接口，配备 20GB 可用空间	固态（SSD），至少配备 50GB 可用空间
屏幕分辨率	1024 × 768	15.6"[①]全高清显示器（1920×1080 或更高）

① 15.6" 即 15.6in，1in=2.54cm。

2）操作系统要求　TIA Portal 软件对计算机操作系统的要求也较高，专业版、企业版或者旗舰版的操作系统是必备的条件，对于家庭版操作系统，如 Windows 7 Home Premium SP1 和 Windows 10 Home Version 1703 仅适用于 STEP 7 基本版（STEP 7 Basic）的安装。表 3-2 所示为安装 SIMATIC STEP 7 V15 软件包时对操作系统的要求。

表 3-2　安装 SIMATIC STEP 7 V15 对计算机操作系统的要求

操作系统	可以安装的操作系统	推荐操作系统
Windows 7（64 位）	Windows 7 Home Premium SP1 Windows 7 Professional SP1 Windows 7 Enterprise SP1 Windows 7 Ultimate SP1	Windows 7 Professional SP1 Windows 7 Enterprise SP1 Windows 7 Ultimate SP1
Windows 10（64 位）	Windows 10 Home Version 1703 Windows 10 Professional Version 1703 Windows 10 Enterprise Version 1703 Windows 10 Enterprise 2016 LTSB Windows 10 IoT Enterprise 2015 LTSB Windows 10 IoT Enterprise 2016 LTSB	Windows 10 Professional Version 1703 Windows 10 Enterprise Version 1703 Windows 10 Enterprise 2016 LTSB
Windows Server（64）	Windows Server 2012 R2 StdE（完全安装） Windows Server 2016 R2 Standard（完全安装）	Windows Server 2012 R2 StdE（完全安装） Windows Server 2016 R2 Standard（完全安装）

用户可以在虚拟机上安装 TIA Portal V15 中的两个软件包：SIMATIC STEP 7 V15 和 SIMATIC WinCC V15。在安装这些软件包时，需选择以下指定的或更新版本的虚拟机平台。

· VMware vSphere Hypervisor（ESXi）6.5；

· VMware Workstation 12.5.5；

· VMware Player 12.5.5；

· Microsoft Hyper-V Server 2016。

3）TIA Portal 软件的安装注意事项

① 无论是 Windows 7 还是 Windows 10 系统的家庭（Home）版，只能安装 STEP 7 基本版，若需安装 TIA Portal V15 的专业版，应使用 64 位的专业版、企业版或者旗舰版的 Windows 操作系统。

② 安装不同的 TIA Portal 软件包时，应使用相同的服务包和更新版本进行安装。例如，已安装了 SIMATIC STEP 7 V15 SP1，需安装 SIMATIC WinCC 软件包时，必须安装对应的 SIMATIC WinCC V15 SP1。

③ 安装 TIA Portal V15 软件包时，最好关闭监控和杀毒软件。

④ 安装 TIA Portal V15 软件包时，软件的安装路径中不能使用任何 Unicode 字符（如中文字符）。

⑤ 在安装 TIA Portal V15 软件包的过程中，会出现提示"请重新启动 Windows"字样。这可能是安全杀毒软件作用的结果，重启计算机有时为可行方案，但有时计算机会重复提示重启电脑，导致 TIA Portal V15 的软件包无法安装，此时解决方法如下：

在 Windows 菜单命令下，单击"开始"按钮 ![icon]，在"搜索程序和文件"对话框 ![搜索程序和文件] 中输入"regedit"打开注册表编辑器。选择注册表编辑器中的"HKEY_LOCAL_MACHINE\SYSTEM\CurrentControlSet\Control\Session Manager"，删除右侧窗口中的"PendingFileRenameOperations"选项。重新安装，就不会出现重启计算机的提示了。

（2）TIA Portal 软件的安装步骤

当计算机的硬件配置和操作系统均满足安装条件，且用户拥有计算机管理员的权限时，才能进行 TIA Portal 软件包的安装。TIA Portal V15 软件包的安装步骤如下。

① 启动安装。首先关闭正在运行的其他程序，如 Word 软件等，然后将 TIA Portal V15 软件包安装光盘插入计算机的光驱中，安装程序会自动启动，如图 3-3 所示。如果没有自动启动，则双击安装光盘中的可执行文件"start.exe"，手动启动安装。

② 选择安装语言。TIA Portal V15 提供了英语、德语、简体中文、法语、西班牙语和意大利语供用户选择安装。在此，选择"简体中文"，如图 3-4 所示。

图 3-3　启动安装

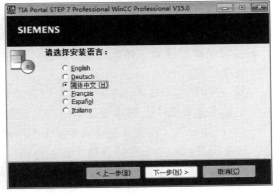

图 3-4　选择安装语言

③ 安装产品配置。在图 3-4 所示界面中，选择相应的语言后，单击"下一步"将进入如图 3-5 所示产品配置界面。在此界面上提供了"最小""典型"和"用户自定义"这 3 个配置选项卡以供用户选择。若选择"用户自定义"选项卡，用户可进一步选择需要安装的软件，这需要根据购买的授权确定。

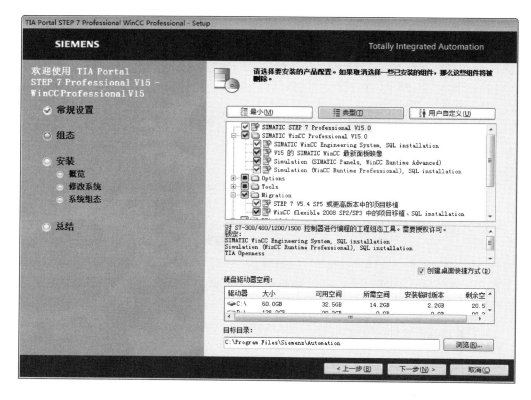

图 3-5　安装产品配置

如果要在桌面上创建快捷方式，需选中"创建桌面快捷方式"复选框；如果要更改安装的目标路径，在图 3-5 的右下方点击"浏览"按钮，并选择合适的路径即可。注意路径中不能含有任何 Unicode 字符（如中文字符），且安装路径的长度不能超过 89 个字符。

④ 接受许可条款。在图 3-5 中配置好后，单击"下一步"按钮，进入图 3-6 所示安装许可界面。在此界面中，将两个复选框都选中，接受相应的条款。

⑤ 接受安全控制。在图 3-6 中选择选中两个复选框后，单击"下一步"按钮，进入图 3-7 所示的安全控制界面。在此界面中，将"我接受此计算机上的安全和权限设置"复选框选中，接受安全控制。

⑥ 安装概览。在图 3-7 所示界面中设置好后，单击"下一步"按钮，进入图 3-8 所示的安装概览。在此界面中，显示要安装的产品配置、产品语言及安装路径。

⑦ 产品安装。在图 3-8 所示界面中，单击"安装"按钮，将进入产品的安装，如图 3-9 所示。如果安装过程中未在计算机中找到许可密钥，用户可以通过从外部导入的方式将其传送到计算机中。如果跳过许可密钥传送，稍后用户可通过 Automation License Manager（自动化许可证管理器）进行注册。安装过程中，可能需要重新启动计算机。在这种情况下，请选择"是，立即重启计算机"选项按钮，然后单击"重启"，直至安装完成。

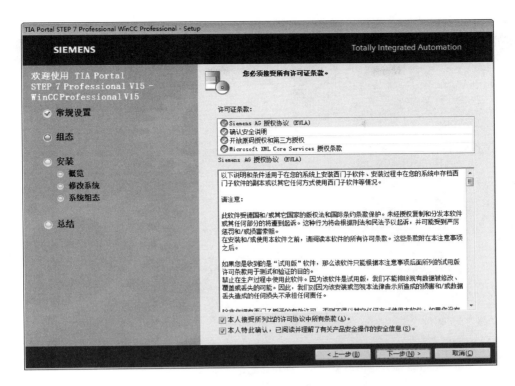

图 3-6 安装许可界面

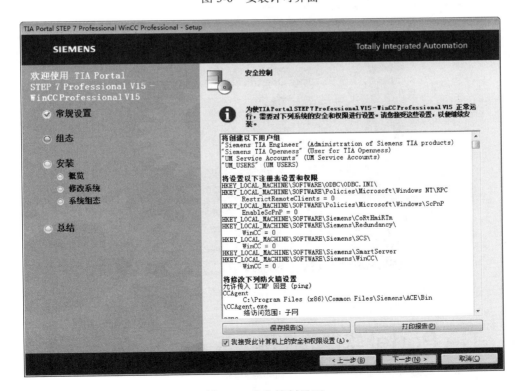

图 3-7 安全控制界面

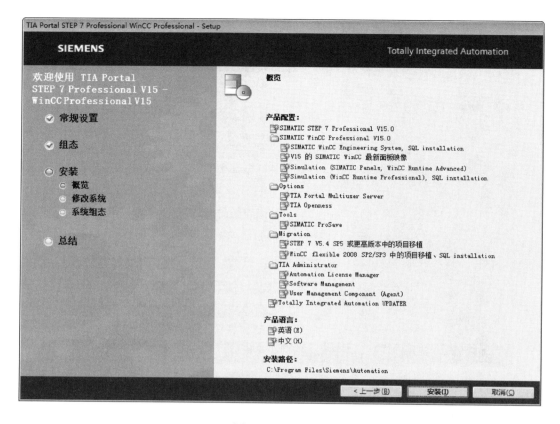

图 3-8　安装概览

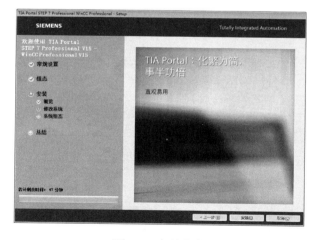

图 3-9　产品安装

3.2　TIA Portal 软件的使用

当 TIA Portal 软件安装完，并且授权管理成功后，才能使用 TIA Portal 软件，本节以 "TIA Portal V15" 为例讲述 TIA Portal 软件的使用。

3.2.1　启动 TIA Portal 软件

在 Windows 系统中，用鼠标双击桌面上"TIA Portal V15"图标，或鼠标单击"开始"→"所有程序"→"Siemens Automation"→"TIA Portal V15"即可启动 TIA Portal 软件。TIA Portal 软件有两种视图界面：一种是面向任务的 Portal 视图，另一种是包含项目各组件的项目视图。

默认情况下，启动 TIA Portal 软件后为面向任务的 Portal 视图界面，如图 3-10 所示。在 Portal 视图中，它主要分为左、中、右 3 个区。左区为 Portal 任务区，显示启动、设备与网络、PLC 编程、运行控制&技术、可视化以及在线与诊断等自动化任务，用户可以快速选择要执行的任务。中区为操作区，提供了在所选 Portal 任务中可使用的操作，如打开现有项目、创建新项目等。右区为选择窗口，该窗口的内容取决于所选的 Portal 任务和操作。

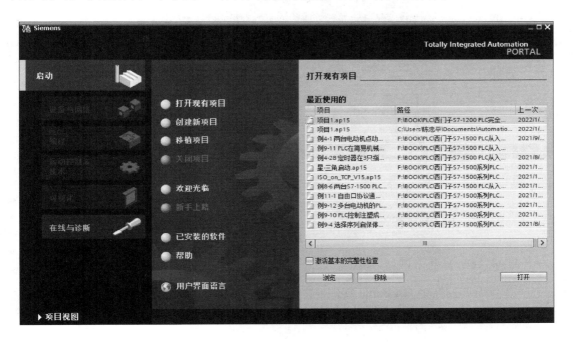

图 3-10　TIA Portal 视图

在 Portal 视图中，单击左下角的"项目视图"按钮，将 Portal 视图切换至如图 3-11 所示的项目视图。在项目视图中，主要包括菜单栏、工具条、项目树、详细视图、任务栏、监视窗口、工作区、任务卡等。

菜单栏中包括工作所需的全部命令。工具条由图标（或工具按钮）组成，这些图标以快捷方式作为经常使用的菜单命令，可用鼠标点击执行。用户使用项目树可以访问所有组件和项目数据，在项目树中可执行的任务有添加组件、编辑现有组件、扫描和修改现有组件的属性。工作区中显示的是为进行编辑而打开的对象，这些对象包括编辑器和视图、表格等，例如选择了项目树下的某一对象时，则工作区将显示出该对象的编辑器或窗口。监视窗口显示有关所选或已执行动作的其他信息。在详细视图中，将显示所选对象的特定内容。任务卡将可以操作的功能进行分类显示，使软件的使用更加方便。可用的任务卡取决于所编辑或选择的对象，对于较复杂的任务卡会划分多个窗格，这些窗格可以折叠和重新打开。

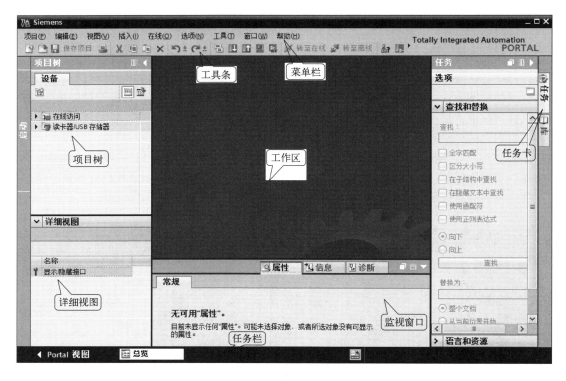

图 3-11　项目视图

3.2.2　新建项目与组态设备

（1）新建与打开项目

① 新建项目　启动 TIA Portal 软件后，可以使用以下方法新建项目。

方法 1：在 TIA Portal 视图中，选中"启动"→"创建新项目"，在"项目名称"中输入新建的项目名称（如"示例 1"），在"路径"中选择合适的项目保存路径，如图 3-12 所示。设置

图 3-12　在 TIA Portal 视图中新建项目

好后，点击"创建"按钮，即可创建新的项目。

　　方法 2：在项目视图中，执行菜单命令"项目"→"新建"（如图 3-13 所示），将弹出"创建新项目"对话框，在此对话框中输入项目名称及设置保存路径，如图 3-14 所示，然后点击"创建"按钮，即可创建新的项目。

图 3-13　在项目视图中新建项目

图 3-14　创建新项目对话框

　　方法 3：在项目视图中，单击工具栏中"新建项目"图标 ，将弹出"创建新项目"对话框，在此对话框中输入项目名称及设置保存路径，如图 3-14 所示，然后点击"创建"按钮，即可创建新的项目。

　　② 打开项目　启动 TIA Portal 软件后，可以使用以下方法打开已创建的项目。

　　方法 1：在 Portal 视图中，选中"启动"→"打开现有项目"，然后在右侧"最近使用的"窗口选中要打开的项目，例如选中"示例 1"（如图 3-15 所示），再点击"打开"按钮，"示例 1"项目即可打开。

　　方法 2：在项目视图中，执行菜单命令"项目"→"打开"或者单击工具栏中"打开项目"图标 ，将弹出"打开项目"对话框，在此对话框中选择要打开的项目名称，如图 3-16 所示，然后点击"打开"按钮，即可打开已创建的项目。

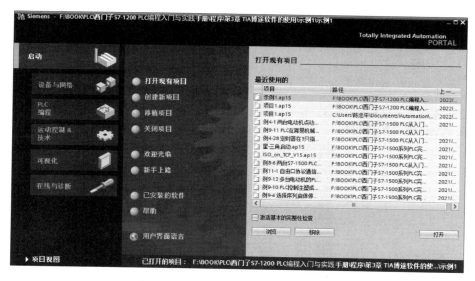

图 3-15　在 TIA Portal 视图中打开项目

图 3-16　"打开项目"对话框

　　方法 3：打开已创建的 TIA Portal 项目存放目录，如图 3-17 所示，双击要打开的项目，如"示例 1"，则现有项目"示例 1"被打开。

图 3-17　打开项目

（2）组态设备

硬件组态的任务就是在 TIA Portal 中生成一个与实际的硬件系统完全相同的系统。在 TIA Portal 软件中，硬件组态包括 CPU 模块、电源模块、信号模块等硬件设备的组态，以及 CPU 模块、信号模块相关参数的配置。项目视图是 TIA Portal 软件的硬件组态和编程的主窗口，下面以项目视图为例，讲解组态设备的相关操作。

1）添加 CPU 模块　在项目树的"设备"栏中，双击"添加新设备"，将弹出"添加新设备"对话框，如图 3-18 所示。可以修改设备名称，也可保持系统默认名称。然后根据需求选择合适的控制器设备，即 CPU 模块。本例的 CPU 模块型号为 CPU 1215C DC/DC/Rly，订货号为 6ES7 215-1HG40-0XB0。勾选"打开设备视图"，单击"确定"按钮，完成 CPU 模块的添加，并打开设备视图，如图 3-19 所示。从图 3-19 中可以看出，在 Rack_0（即机架）的插槽 1 中已添加了 CPU 模块。

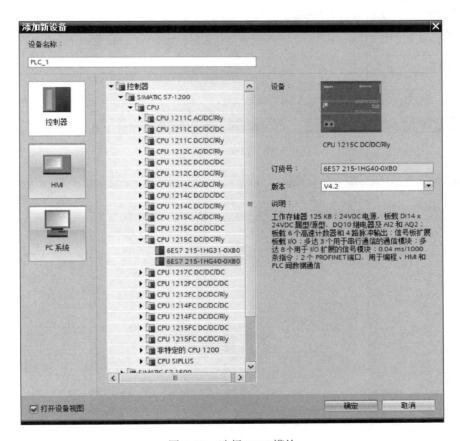

图 3-18　选择 CPU 模块

2）添加信号模块　导轨从 2 号槽起，可以依次添加信号模块，由于目前导轨不带有源背板总线，相邻模块间不能有空槽位。

① 添加数字量输入模块　若需要添加数字量输入模块，则在导轨_0（Rack_0）上先点击插槽 2，将其选中，然后在右侧"硬件目录"中找到 DI，选择合适的数字量输入模块并双击该模块即可。本例的数字量输入模块为 DI 8×24VDC，订货号为 6ES7 221-1BF32-0XB0，如图 3-20 所示。

图 3-19　已添加 CPU 模块

图 3-20　添加数字量输入模块

② 添加数字量输出模块　若需要添加数字量输出模块，则在导轨_0 上先点击插槽 3，将其选中，然后在右侧"硬件目录"中找到 DQ，选择合适的数字量输出模块并双击该模块即可。本例的数字量输出模块为 DQ 16×Relay，订货号为 6ES7 222-1HH32-0XB0，如图 3-21 所示。

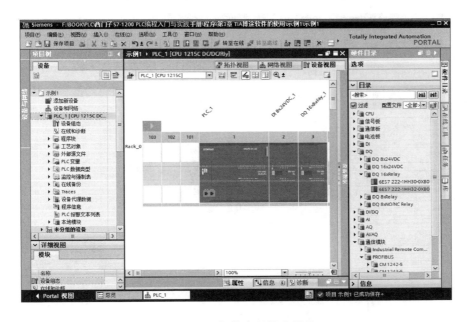

图 3-21　添加数字量输出模块

③ 添加模拟量输入模块　若需要添加模拟量输入模块，则在导轨_0 上先点击插槽 4，将其选中，然后在右侧"硬件目录"中找到 AI，选择合适的模拟量输入模块并双击该模块即可。本例的模拟量输入模块为 AI 4×13BIT，订货号为 6ES7 231-4HD32-0XB0，如图 3-22 所示。

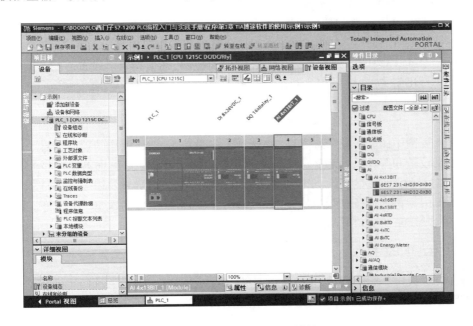

图 3-22　添加模拟量输入模块

④ 添加模拟量输出模块　若需要添加模拟量输出模块，则在导轨_0 上先点击插槽 5，将其选中，然后在右侧"硬件目录"中找到 AQ，选择合适的模拟量输出模块并双击该模块即可。本例的模拟量输出模块为 AQ 4×14BIT，订货号为 6ES7 232-4HD32-0XB0，如图 3-23 所示。

图 3-23　添加模拟量输出模块

3.2.3　CPU 模块的参数配置

导轨上选中 CPU 模块，在 TIA Portal 软件底部的监视窗口中显示 CPU 模块的属性视图。在此可以配置 CPU 模块的各种参数，如 CPU 的启动特性、通信接口等设置。下面以 CPU 1215C DC/DC/Rly 为例讲解 CPU 模块相关参数的配置。

（1）常规

单击属性视图中的"常规"选项卡，该选项卡中显示了 CPU 模块的项目信息、目录信息、标识与维护及校验和等相关内容，如图 3-24 所示。用户可以在项目信息下编写和查看与项目相关的信息。在目录信息下查看该 CPU 模块的简单特性描述、订货号及组态的固件版本。工厂标识和位置标识用于识别设备和设备所处的位置，工厂标识最多可输入 32 个字符，位置标识最多可输入 22 个字符，更多信息最多可以输入 54 个字符。

（2）PROFINET 接口［X1］

PROFINET 接口［X1］表示 CPU 模块集成的第一个 PROFINET 接口，在 CPU 的显示屏中有标识符用于识别。PROFINET 接口包括常规、以太网地址、时间同步、操作模式、高级选项、Web 服务器访问等内容。

图 3-24　CPU 模块常规信息

1）PROFINET 接口的常规

在 PROFINET 接口选项卡中，单击"常规"标签，用户可以在"名称""作者""注释"等空白处做一些提示性的标注，如图 3-25 所示。这些标注不同于"标识与维护"数据，不能通过程序块读出。

图 3-25　PROFINET 接口的常规

2）PROFINET 接口的以太网地址　在 PROFINET 接口选项卡中，单击"以太网地址"标签，可以创建新网络、设置 IP 地址参数等，如图 3-26 所示。

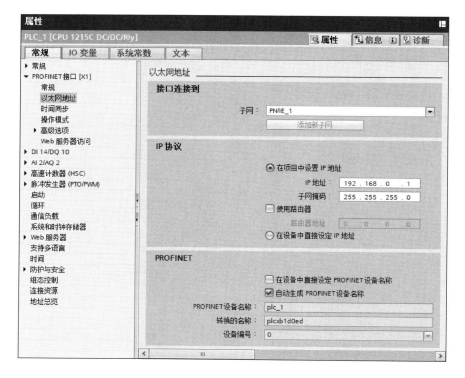

图 3-26　PROFINET 接口的以太网地址

在"接口连接到"中，单击"添加新子网"按钮，可以为该接口添加新的以太网网络，新添加的以太网的子网名称默认为"PN/IE_1"。

在"IP 协议"中，用户可以根据实际情况设置 IPv4 的 IP 地址和子网掩码，其默认 IPv4 地址为"192.168.0.1"，默认子网掩码为"255.255.255.0"。如果该 PLC 需要和其他不是处于同一子网的设备进行通信，则需要勾选"使用路由器"选项，并输入路由器（网关）的 IP 地址。如果选择了"在设备中直接设定 IP 地址"，表示不在硬件组态中设置 IP 地址，而是使用函数"T_CONFIG"或者显示屏等方式分配 IP 地址。

在"PROFINET"中，选中"在设备中直接设定 PROFINET 设备名称"选项，则 CPU 模块用于 PROFINET IO 通信时，不在硬件组态中组态设备名，而是通过函数"T_CONFIG"或者显示屏等方式分配设备名。选中"自动生成 PROFINET 设备名称"，则 TIA Portal 根据接口的名称自动生成 PROFINET 设备名称。未选中"自动生成 PROFINET 设备名称"，则可以由用户设定 PROFINET 设备名。"转换的名称"表示此 PROFINET 设备名称转换为符合 DNS 惯例的名称，用户不能修改。"设备编号"表示 PROFINET IO 设备的编号。

3）PROFINET 接口的时间同步　PROFINET 接口的时间同步界面如图 3-27 所示。NTP 模式表示该 PLC 可以通过以太网从 NTP（Network Time Protocol）服务器上获取的时间以同步自己的时钟。如选中"通过 NTP 服务器启动同步时间"，表示 PLC 从 NTP 服务器上获取时间以同步自己的时钟。然后添加 NTP 服务器的 IP 地址，这里最多可以添加 4 个 NTP 服务器。"更新间隔"定义 PLC 每次请求时钟同步的时间间隔，时间间隔的取值范围在 10s～1d 之间。

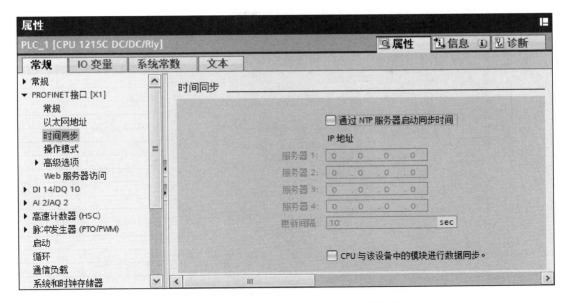

图 3-27　PROFINET 接口的时间同步界面

4）PROFINET 接口的操作模式　PROFINET 接口的操作模式界面如图 3-28 所示。在操作模式界面中，可以将该接口设置为 PROFINET IO 的控制器或者 IO 设备。"IO 控制器"选项不能修改，即一个 PROFINET 网络中的 CPU 即使被设置作为 IO 设备，也可以同时作为 IO 控制器使用。如果该 PLC 作为智能设备，则需要选中"IO 设备"，并在"已分配的 IO 控制器"选项中选择一个 IO 控制器。如果 IO 控制器不在该项目中则选择"未分配"。如果选中"PN 接口的参数由上位 IO 控制器进行分配"，则 IO 设备的设备名称由 IO 控制器分配。

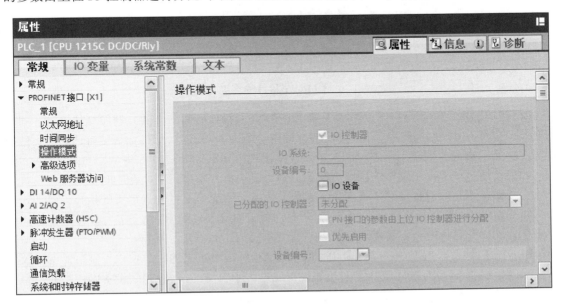

图 3-28　PROFINET 接口的操作模式界面

5）PROFINET 接口的高级选项　PROFINET 接口的高级选项界面如图 3-29 所示，主要包括接口选项、介质冗余、实时设定、端口等设置。

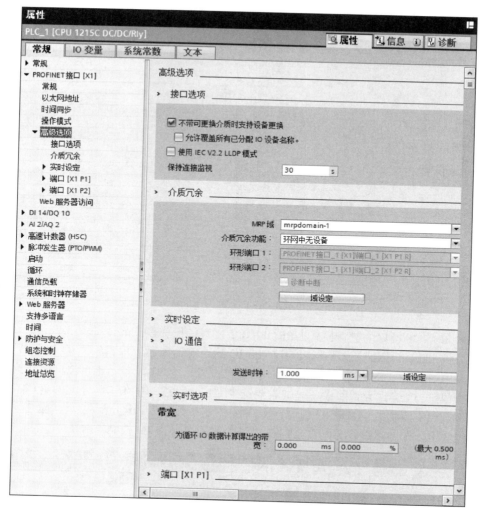

图 3-29　PROFINET 接口的高级选项界面

① 接口选项　默认情况下，一些关于 PROFINET 接口的通信事件，例如维护信息、同步丢失等，会进入 CPU 的诊断缓冲区，但不会调用诊断中断 OB82。如果在"接口选项"中选择"若发生通信错误，则调用用户程序"选项，则出现上述事件时，CPU 将调用 OB82。

如果不通过 PG 或存储介质替换旧设备，则需要选择"不带可更换介质时支持设备更换"选项。新设备不是通过存储介质或者 PG 来获取设备名，而是通过预先定义的拓扑信息和正确的相邻关系由 IO 控制器直接分配设备名。"允许覆盖所有已分配 IO 设备名称"是指当使用拓扑信息分配设备名称时，不再需要将设备进行"重置为出厂设置"操作。

LLDP 表示"链路层发现协议"，是 IEEE 802.1 AB 标准中定义的一种独立于制造商的协议。以太网设备使用 LLDP，按固定间隔向相邻设备发送关于自身的信息，相邻设备则保存此信息。所有联网的 PROFINET 设备接口必须设置为同一种模式，因此需选中"使用 IEC V2.2 LLDP 模式"选项。当组态同一个项目中 PROFINET 子网的设备时，TIA Portal 自动设置正确的模式，用户不需要考虑设置问题。如果是在不同项目下组态，则可能需要手动设置。

"保持连接监视"选项默认为 30s，表示该服务用于面向连接的协议，例如 TCP 或

ISO_on_TCP，周期性（30s）地发送 Keep-alive 报文检测通信伙伴的连接状态和可达性，并用于故障检测。

　　② 介质冗余　PROFINET 接口的模块支持 MRP 协议，即介质冗余协议，也就是 PROFINET接口的设备可以通过 MRP 协议实现环网连接。

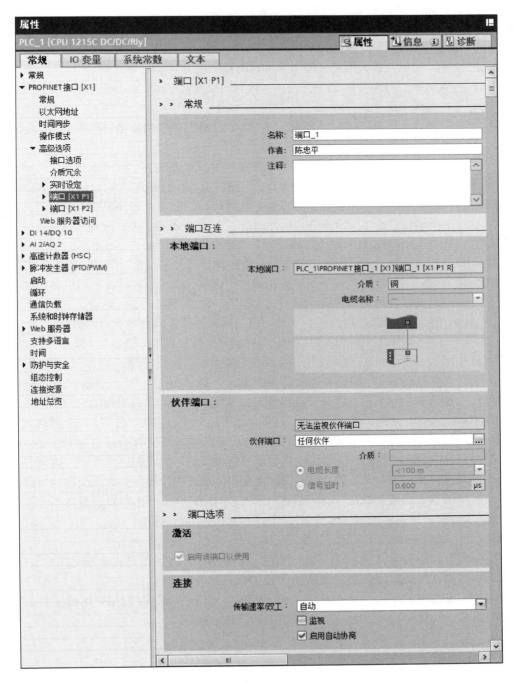

图 3-30　PROFINET 接口的端口［X1 P1］界面

"介质冗余功能"有 3 个选项：管理器、客户端和环网中无设备。环网管理器发送报文检测网络连接状态，客户端只能传递检测报文。选择了"管理器"选项，则还要选取哪两个端口连接 MRP 环网。

③ 实时设定　实时设定中包括 IO 通信和实时选项。

"IO 通信"用于设置 PROFINET 的发送时钟，其默认值为 1ms，最大值为 4ms，最小值为 250μs，该时间表示 IO 控制器和 IO 设备交换数据的最小时间间隔。

"带宽"表示 TIA Portal 软件根据 IO 设备的数量和 IO 字节，自动计算"为循环 IO 数据计算得出的带宽"大小。最大带宽一般为"发送时钟"的一半。

④ 端口 [X1 P1]　PROFINET 接口的端口 [X1 P1] 界面如图 3-30 所示。主要包括常规、端口互连、端口选项等部分的设置。

在"常规"部分，用户可以在"名称""作者""注释"等空白处做一些提示性的标注，可以输入汉字字符。

在"端口互连"部分，可对本地端口及伙伴端口进行相关设置。在"本地端口"中显示本地端口的名称，用户可设置本地端口的传输介质，默认为"铜"，电缆名称显示为"—"，即无。在"伙伴端口"的下拉列表中可选择需要连接的伙伴端口，如果在拓扑视图中已经组态了网络拓扑，则在"伙伴端口"处会显示连接的伙伴端口、"介质"类型以及"电缆长度"或"信号延时"等信息。其中 "电缆长度"或"信号延时"两个参数，仅适用于 PROFINET IRT 通信。选择"电缆长度"，则 TIA Portal 根据指定的电缆长度自动计算信号延迟时间；选择"信号延时"，则人为指定信号延迟时间。如果选中了"备用伙伴"选项，则可以在拓扑视图中将 PROFINET 接口中的一个端口连接至不同的设备，同一时刻只有一个设备真正连接到端口上。并且使用功能块"D_ACT_DP"来启动/禁用设备，这样可以实现在操作期间替换 IO 设备功能。

在"端口选项"部分有 3 个选项的设置，即激活、连接和界限。如果在"激活"中选中"启用该端口以使用"，表示该端口可以使用，否则处于禁用状态。在"连接"中，"传输速率/双工"的下拉列表中有"自动"和"TP 100Mbit/s"两个选项，默认为"自动"，表示 PLC 和连接伙伴自动协商传输速率和全双工模式，选择此模式时，不能取消激活"启用自动协商"选项。如果选择"TP 100Mbit/s"，会自动激活"监视"选项，且不能取消"监视"选项，同时默认激活"启用自动协商"选项，但该选项可以取消激活。"监视"表示端口的连接处于监视状态，一旦出现故障，则向 CPU 报警。"界限"表示传输某种以太网报文的边界限制，其中"可访问节点检测结束"表示该接口是检测可访问的 DCP 协议报文不能被该端口转发，即该端口的下游设备不能显示在可访问节点的列表中；"拓扑识别结束"表示拓扑发现 LLDP 协议报文不会被该端口转发；"同步域断点"表示不转发那些用来同步域内设备的同步报文。

端口 [X1 P2] 是第二个端口，与端口 [X1 P1] 类似，在此不做赘述。

⑤ Web 服务器访问　CPU 的存储区中存储了一些含有 CPU 信息和诊断功能的 HTML 页面，Web 服务器功能使得用户可通过 Web 浏览器执行访问此功能。

PROFINET 接口的 Web 服务器访问界面如图 3-31 所示，若选中"启用使用该接口访问 Web 服务器"选项，则意味着可以通过 Web 浏览器访问该 CPU。

（3）DI 14/DQ 10

DI/DQ 为数字量输入/输出，DI 14/DQ 10 表示该 CPU 模块自带了 14 路数字量输入通道（即 14 个输入端子）和 10 路数字量输出通道（即 10 个输出端子）。

数字量输入/输出通道的设置包括了常规、数字量输入、数字量输出和 I/O 地址的设置。其中，常规选项卡中显示了项目的基本信息，如名称及注释内容。

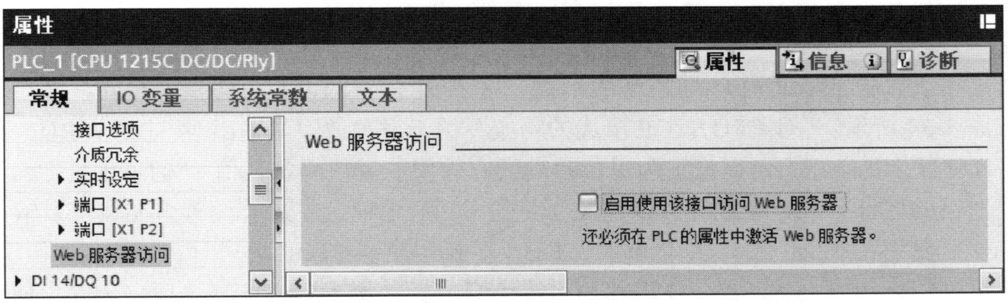

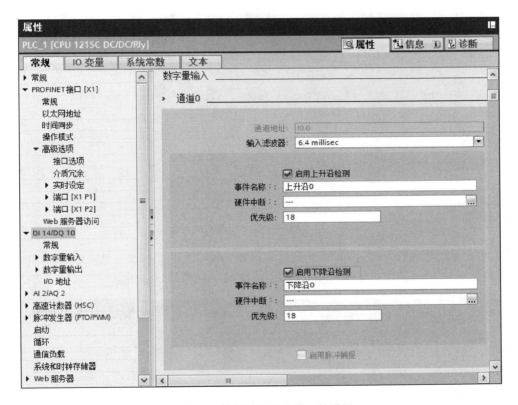

图 3-31　PROFINET 接口的 Web 服务器访问界面

图 3-32　数字量输入通道 0 的设置

① 数字量输入的设置　数字量输入包括各输入通道的设置，如 CPU 1215C DC/DC/Rly 的数字量输入设置包括了通道 0~ 13 的设置。这 14 个通道的设置方法基本相同，如通道 0 的设置如图 3-32 所示。"通道地址"表示输入通道的地址，其起始地址可以在数字量的"I/O 地址"中进行设置。为了抑制开关触点跳跃或电气原因而产生的寄生噪声，可在"输入滤波器"中设置一个延迟时间，也就是在这个时间之内的干扰信号都可以得到有效抑制，被系统自动地滤除掉，默认的输入滤波时间为 6.4ms。"启动上升沿检测"或"启动下降沿检测"可为每个数字量输入启动上升沿或下降沿检测，其中，"事件名称"定义该事件的名称；"硬件中断"表示该事件到来时，系统会自动调用所组态的硬件中断组织块一次。如果没有已定义好的硬件中断组织块，可以点击后面的忽略按钮并新增硬件中断组织块连接该事件。"启用脉冲捕捉"可以根据 CPU

的不同，激活各个输入的脉冲捕捉。激活脉冲捕捉后，即使脉冲沿比程序扫描循环时间短，也能将其检测出来。

② 数字量输出的设置　数字量输出包括各输出通道的设置，如 CPU 1215C DC/DC/Rly 的数字量输出设置包括了通道 0~通道 9 的设置。这 10 个通道的设置方法基本相同，如通道 0 的设置如图 3-33 所示。"对 CPU STOP 模式的响应"用于设置数字量输出对 CPU 从 RUN 状态切换到 STOP 状态的响应，可以设置为保留最后的有效值或者使用替代值。"通道地址"表示数字量输出通道的地址，其起始地址可以在数字量的"I/O 地址"中进行设置。在数字量输出设置中，选择"使用替代值"时，若勾选"从 RUN 模式切换到 STOP 模式时，替代值 1"复选项，表示从运行切换到停止状态后，输出使用"替代值 1"，如果不勾选此复选项表示输出使用"替代值 0"。如果选择了"保持上一个值"，则此复选项为灰色不能被勾选。

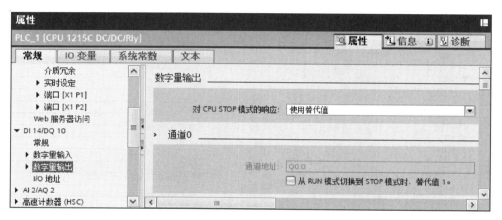

图 3-33　数字量输出通道 0 的设置

③ 数字量 I/O 地址　此处的"I/O 地址"即数字量输入地址和数字量输出地址，I/O 地址的设置如图 3-34 所示。数字量输入地址包括起始地址、结束地址、组织块、过程映像的相关

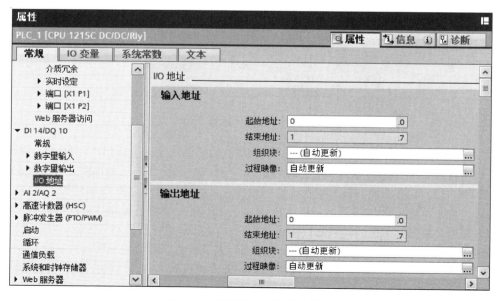

图 3-34　数字量 I/O 地址的设置

设置。"起始地址"可设置模块输入的起始地址。"结束地址"由系统根据起始地址和模块的 I/O 数量自动计算并生成结束地址。"组织块"可将过程映像区关联到一个组织块,当启用该组织块时,系统将自动更新所分配的过程映像分区。"过程映像"用户可以根据需求而选择过程映像分区,如"自动更新""无""PIP x""PIP OB 伺服"。选择"自动更新",则在每个程序循环内自动更新 I/O 过程映像;选择"无",则没有过程映像,只能通过立即指令对此 I/O 进行读写;"PIP x"可以关联到"组织块"中所选的组织块;"PIP OB 伺服"可将运动控制使用的 I/O 模块(如工艺模块、硬限位开关等)指定给过程映像分区"OB 伺服 PIP",这样 I/O 模块就可以与工艺对象同时处理。注意:同一个映像分区只能关联一个组织块,一个组织块只能更新一个映像分区;系统在执行分配的 OB 时更新此 PIP,如果未分配 OB,则不更新 PIP。

（4）AI 2/AQ 2

AI/AQ 为模拟量输入/输出,AI 2/AQ 2 表示该 CPU 模块自带了 2 路模拟量输入通道(即 2 个输入端子)和 2 路模拟量输出通道(即 2 个输出端子)。

模拟量输入/输出通道的设置包括了常规、模拟量输入、模拟量输出和 I/O 地址的设置。其中,常规选项卡中显示了项目的基本信息,如名称及注释内容;此处的 I/O 地址设置与数字量 I/O 地址设置类似。

① 模拟量输入的设置　模拟量输入包括各输入通道的设置,如 CPU 1215C DC/DC/Rly 的模拟量输入设置包括了通道 0、通道 1 的设置。这 2 个通道的设置方法基本相同,如输入通道 0 的设置如图 3-35 所示。设置"积分时间"可以抑制指定频率的干扰;"通道地址"为模拟量输入通道的起始地址,该地址可以在模拟量的"I/O 地址"中设置;"测量类型"为本体上的模拟量输入只能测量电压,该选项不可设置;"电压范围"为测量电压信号范围,固定为 0~10V;"滤波"为模拟值滤波,可用于减缓测量值变化,提供稳定的模拟信号;若勾选"启用溢出诊断"复选框,则发生溢出时会生成诊断事件。

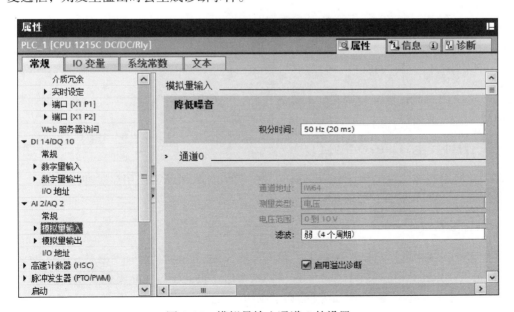

图 3-35　模拟量输入通道 0 的设置

② 模拟量输出的设置　模拟量输出包括各输出通道的设置,如 CPU 1215C DC/DC/Rly 的

模拟量输出设置包括了通道 0、通道 1 的设置。这 2 路通道的设置方法基本相同，如输出通道 0 的设置如图 3-36 所示。"对 CPU STOP 模式的响应"用于设置模拟量输出对 CPU 从 RUN 状态切换到 STOP 状态的响应，可以设置为保留最后的有效值或者使用替代值。"通道地址"表示模拟量输出通道的地址，其起始地址可以在模拟量的"I/O 地址"中进行设置。在模拟量输出设置中，选择"使用替代值"时，则"从 RUN 模式切换到 STOP 模式时，通道的替代值"项可以设置替代的输出值，设置值的范围为 0.0~20.0mA，表示从运行切换到停止状态后，输出使用设置的替代值。如果选择了"保持上一个值"，则此项为灰色不能设置。勾选"启用溢出诊断"或"启用下溢诊断"时，若发生了溢出或下溢出则生成诊断事件。

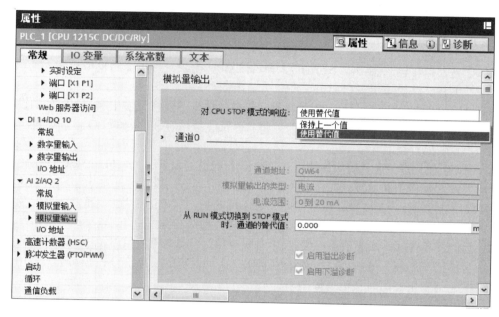

图 3-36　模拟量输出通道 0 的设置

（5）高速计数器（HSC）

如果要使用高速计数器，则在此处设置中激活"启用该高速计数器"以及设置计数类型、工作模式、输入通道等。

（6）脉冲发生器（PTO/PWM）

如果要使用高速脉冲输出 PTO/PWM 功能，则在此处激活"启用该脉冲发生器"，并设置脉冲参数等，详细操作见本书第 6.3 节。

（7）启动

单击属性视图中的"启动"选项卡，弹出如图 3-37 所示的"启动"参数设置界面。

"上电后启动"下拉列表中有 3 个选项：未重启（仍处于 STOP 模式）、暖启动-RUN、暖启动-断电前的操作模式。默认选项为"暖启动-断电前的操作模式"，在此模式下，CPU 上电后，会进入到断电之前的运行模式，如 CPU 运行时通过 TIA Portal 的"在线工具"将其停止，那么断电再上电之后，CPU 仍处于 STOP 状态。选择"未重启（仍处于 STOP 模式）"时，CPU 上电后处于 STOP 模式。选择"暖启动-RUN"时，CPU 上电后进入到暖启动和运行模式。用户如果将 CPU 模块上的模式开关置为"STOP"，即使选择"暖启动-RUN"，CPU 也不会执行启动模式，不会进入运行模式。

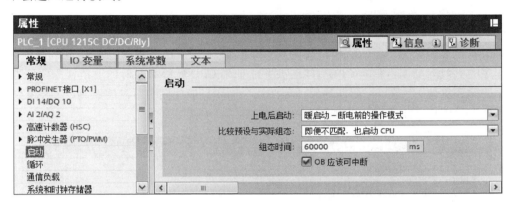

图 3-37　"启动"参数设置界面

"比较预设与实际组态"下拉列表中有 2 个选项：即便不匹配也启动 CPU、仅在兼容时才启动 CPU。兼容是指安装的模块要匹配组态的输入/输出数量，且必须匹配其电气和功能特性。若选择"仅在兼容时才启动 CPU"，则当实际模块与组态模块一致或者实际的模块兼容硬件组态的模块时，CPU 可以启动。若选择"即便不匹配也启动 CPU"，即使实际模块与组态的模块不一致，也可以启动 CPU。

"组态时间"用于设置在 CPU 启动过程中，检查集中式 I/O 模块和分布式 I/O 站点中的模块在此时间段内是否准备就绪，如果没有准备就绪，则 CPU 的启动特性取决于"比较预设与实际组态"中的硬件兼容性的设置。

若勾选"OB 应该可中断"复选框，则通过中断组织块可以中断启动方式。

（8）循环

单击属性视图中的"循环"选项卡，弹出如图 3-38 所示界面，在该界面中设置与 CPU 循环扫描相关的参数。"循环周期监视时间"是设定程序循环扫描的监控时间，如果超过了这个时间，在没有下载 OB80 的情况下，CPU 会进入停机状态。通信处理、连续调用中断（故障）、

图 3-38　"循环"参数设置界面

CPU 程序故障等都会增加 CPU 的扫描时间。在有些应用中需要设定 CPU 最小的扫描时间，此时可在"最小循环时间"项中进行设置。如果实际扫描时间小于设定的最小时间，CPU 将等待，直到达到最小扫描时间后才进行下一个扫描周期。

（9）通信负载

单击属性视图中的"通信负载"选项卡，弹出如图 3-39 所示界面。CPU 间的通信以及调试时程序的下载等操作将影响 CPU 的扫描时间。如果 CPU 始终有足够的通信任务要处理，"通信产生的循环负载"参数可以限制通信任务在一个循环扫描周期中所占的比例，以确保 CPU 的扫描周期中通信负载小于设定的比例。

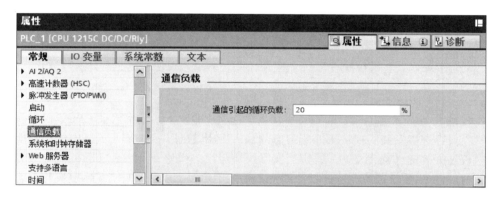

图 3-39 "通信负载"参数设置界面

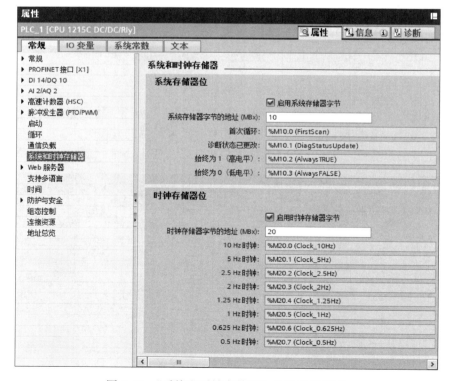

图 3-40 "系统和时钟存储器"参数设置界面

（10）系统和时钟存储器

单击属性视图中的"系统和时钟存储器"选项卡，弹出如图 3-40 所示界面。在该对话框中可以设置系统存储器位和时钟存储器位的相关参数。

在"系统存储器位"项中如果选中"启用系统存储器字节"，则将系统存储器赋值到一个标志位存储区的字节中，将字节地址设置为 10，表示系统存储器字节地址为 MB10。其中第 0 位（M10.0）为首次扫描位，只有在 CPU 启动后的第 1 个程序循环中值为 1，否则为 0；第 1 位（M10.1）表示诊断状态发生更改，即当诊断事件到来或者离开时，此位为 1，且只持续一个周期；第 2 位（M10.2）始终为 1；第 3 位（M10.3）始终为 0；第 4~7 位（M10.4~M10.7）为保留位。

时钟存储器是 CPU 内部集成的时钟存储器，在"时钟存储器位"项中如果选中"启用时钟存储器字节"，则 CPU 将 8 个固定频率的方波时钟信号赋值到一个标志位存储区的字节中。字节中每一位对应的频率和周期如表 3-3 所示。系统默认为"0"，表示时钟存储器字节地址为 MB0，M0.0 位即为频率 10Hz 的时钟。用户也可以指定其他的存储字节地址。

表 3-3　时钟存储器

时钟存储器的位	7	6	5	4	3	2	1	0
频率/Hz	0.5	0.625	1	1.25	2	2.5	5	10
周期/s	2	1.6	1	0.8	0.5	0.4	0.2	0.1

注意，本书所有程序中，其 CPU 组态的"系统存储器字节的地址"默认设置为 MB10；"时钟存储器字节的地址"默认设置为 MB20。在后续章节程序中出现的 M10.0 常开触点表示为 PLC 上电后，该触点闭合 1 次，即首次闭合（FirstScan）；M20.5 常开触点为 1Hz 的时钟信号，表示每隔 1s 闭合 1 次。

（11）防护与安全

防护与安全的功能是设置 CPU 的读或者写保护以及访问密码，其参数设置界面如图 3-41 所示。S7-1200 CPU 模块提供了 4 个访问级别：1 个无保护和 3 个密码保护。

完全访问权限（即无保护，CPU 默认设置），用户不需要输入密码，总是允许进行读写访问；读访问权限只能进行只读访问，无法更改 CPU 上的任何数据，也无法装载任何块或组态；HMI 访问只能读不能写；选择"不能访问"（完全保护）时，对于"可访问设备"区域或项目中已切换到在线状态的设备，无法进行读或写操作。

（12）连接资源

每个连接都需要一定的连接资源，用于相应设备上的端点和转换点（例如 CP、CM）。可用的连接资源数取决于所使用的 CPU/CP/CM 模块类型。图 3-42 所示为"连接资源"界面中连接资源情况，如 PG 通信的最大站资源为 4 个。

（13）地址总览

CPU 的地址总览可以显示已经配置的所有模块的类型（是输入还是输出）、起始地址、结束地址、模块简介、所属的过程映像分区（如有配置）、归属总线系统（DP、PN）、机架、插槽等信息，给用户提供了一个详细的地址总览，例如示例 1 的"地址总览"界面如图 3-43 所示。

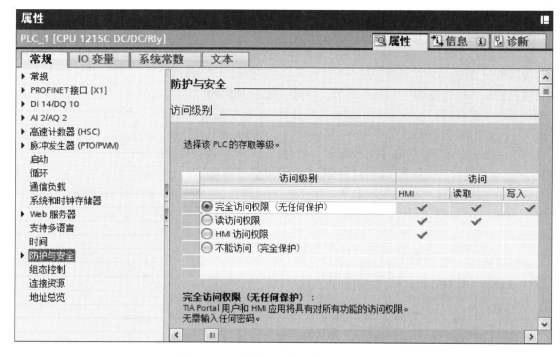

图 3-41 "防护与安全"参数设置界面

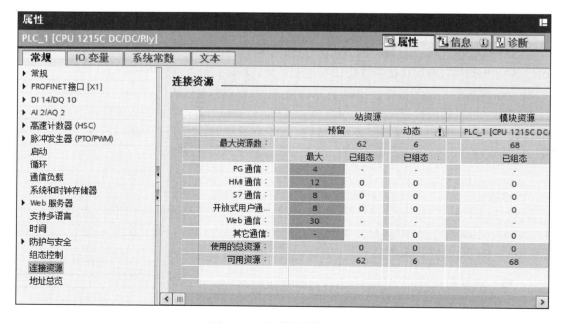

图 3-42 "连接资源"界面

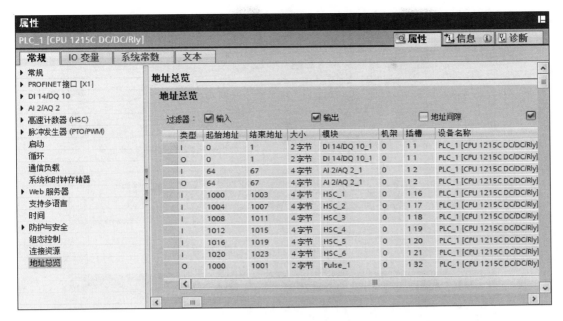

图 3-43　"地址总览"界面

3.2.4　信号模块的参数配置

在 TIA Portal 软件中，可以对信号模块的参数进行配置，如数字量输入模块、数字量输出模块、模拟量输入模块、模拟量输出模块的常规信息，各通道的诊断组态信息，以及 IO 地址的分配等。各信号模块的参数因模块型号不同，可能会有所不一样，下面以第 3.2.2 节"示例1"中所组态的信号模块为例，讲述信号模块参数配置的相关内容。

（1）数字量输入模块的参数配置

数字量输入模块的参数主要包括常规、DI 8 这两大项。其中，常规选项卡中的选项与 CPU 模块常规信息类似。

DI 8 表示数字量输入模块为 8 输入通道，该项包括数字量输入和 I/O 地址的设置。数字量输入包括通道 0~7 的设置，这 8 个通道的设置方法基本相同，如通道 0 的设置如图 3-44 所示。为了抑制开关触点跳跃或电气原因而产生的寄生噪声，可在"输入滤波器"中设置一个延迟时间，也就是在这个时间之内的干扰信号都可以得到有效抑制，被系统自动地滤除掉，默认的输入滤波时间为 6.40ms。"通道地址"表示输入通道的地址，其起始地址可以在数字量的"I/O 地址"中进行设置。

此处的"I/O 地址"即数字量输入模块的输入地址，其设置如图 3-45 所示。数字量输入地址包括起始地址、结束地址、组织块、过程映像的相关设置。"起始地址"可设置模块输入的起始地址。"结束地址"由系统根据起始地址和模块的 I/O 数量自动计算并生成结束地址。"组织块"可将过程映像区关联到一个组织块，当启用该组织块时，系统将自动更新所分配的过程映像分区。"过程映像"用户可以根据需求而选择过程映像分区，如"自动更新""无""PIP x""PIP OB 伺服"。选择"自动更新"，则在每个程序循环内自动更新 I/O 过程映像；选择"无"，则没有过程映像，只能通过立即指令对此 I/O 进行读写；"PIP x"可以关联到"组织块"中所

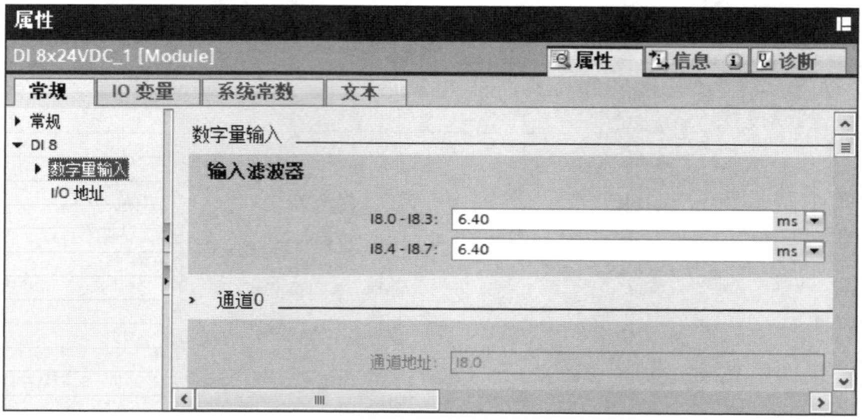

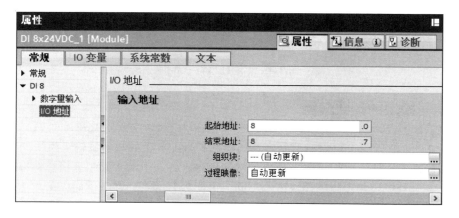

图 3-44   DI 8 输入地址参数的设置

图 3-45   DI 8 "I/O 地址" 的设置

选的组织块；"PIP OB 伺服" 可将运动控制使用的 I/O 模块（如工艺模块、硬限位开关等）指定给过程映像分区 "OB 伺服 PIP"，这样 I/O 模块就可以与工艺对象同时处理。注意：同一个映像分区只能关联一个组织块，一个组织块只能更新一个映像分区；系统在执行分配的 OB 时更新此 PIP，如果未分配 OB，则不更新 PIP。

（2）数字量输出模块的参数配置

数字量输出模块的参数包括常规和 DQ 16 组态两项，如图 3-46 所示。从图中可以看出，这两项的功能与数字量输入模块类似，这里不再赘述。

（3）模拟量输入模块的参数配置

模拟量输入模块可以连接多种传感器，在模块上需要不同的接线方式以匹配不同类型的传感器。由于传感器种类较多，除了接线不同外，在参数配置时也有所不同。

模拟量输入模块的参数主要包括常规、AI 4 这两大项。其中，常规选项卡中的选项与 CPU 模块常规信息类似。

AI 4 表示模拟量输入模块为 4 路输入通道，该项包括模拟量输入和 I/O 地址的设置。模拟

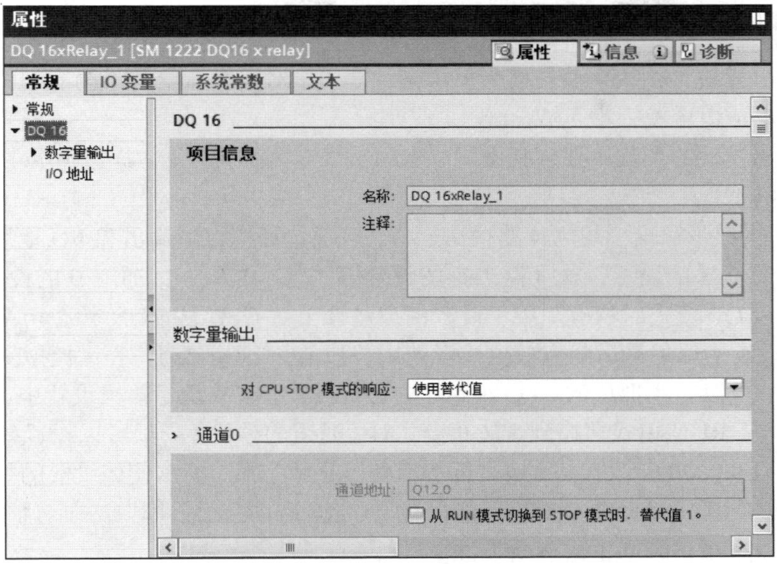

图 3-46　数字量输出模块的参数设置

量输入包括通道 0~3 的设置，这 4 路通道的设置方法基本相同，如通道 0 的设置如图 3-47 所示。设置"积分时间"可以抑制指定频率的干扰；"通道地址"为模拟量输入通道的起始地址，该地址可以在模拟量的"I/O 地址"中设置；"测量类型"可以选择电压或电流；"滤波"为模拟值滤波，可用于减缓测量值变化，提供稳定的模拟信号；若勾选"启用溢出诊断"复选框，则发生溢出时会生成诊断事件。如果"测量类型"选择"电压"，则在下一项中进行"电压范围"的设置；如果选择"电流"，则在下一项中进行"电流范围"的设置。电压范围可设置为±2.5V、±5V 或±10V；电流范围可设置为 0~20mA 或 4~20mA。

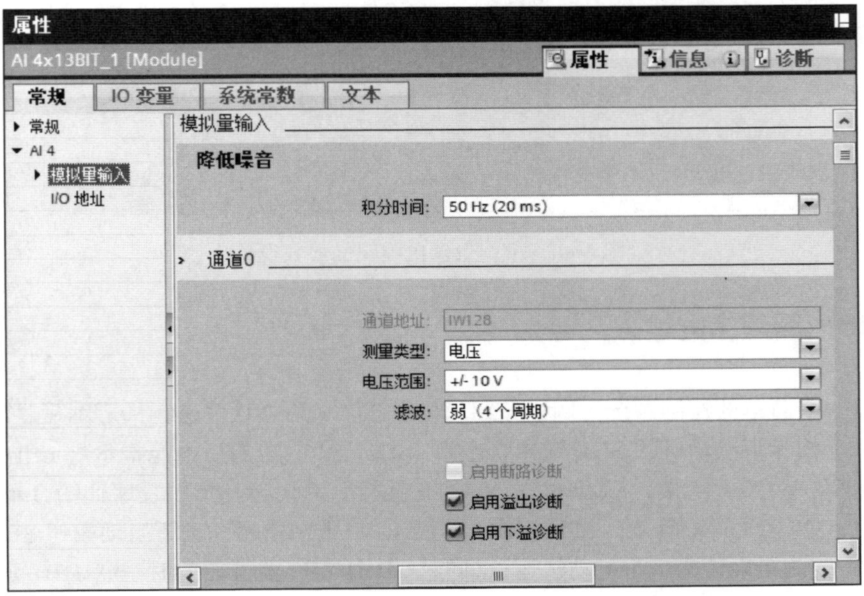

图 3-47　模拟量输入模块的参数设置

（4）模拟量输出模块的参数配置

模拟量输出模块可将数字量转换为模拟量，常用于对变频器给定和调节阀门的开度，只能连接电压输入型或电流输入型负载。

模拟量输出模块的参数主要包括常规、AQ 4 这两大项。其中，常规选项卡中的选项与 CPU 模块常规信息类似。

AQ 4 表示模拟量输出模块为 4 路输出通道，该项包括模拟量输出和 I/O 地址的设置。模拟量输出包括通道 0~3 的设置，这 4 路通道的设置方法基本相同，如通道 0 的设置如图 3-48 所示。"对 CPU STOP 模式的响应"用于设置模拟量输出对 CPU 从 RUN 状态切换到 STOP 状态的响应，可以设置为保留最后的有效值或者使用替代值。"通道地址"表示模拟量输出通道的地址，其起始地址可以在模拟量的"I/O 地址"中进行设置。在模拟量输出设置中，选择"使用替代值"时，则"从 RUN 模式切换到 STOP 模式时，通道的替代值"项可以设置替代的输出值，设置值的范围为 0.0~20.0mA，表示从运行切换到停止状态后，输出使用设置的替代值。如果选择了"保持上一个值"，则此项为灰色不能设置。勾选"启用溢出诊断"或"启用下溢诊断"时，若发生了溢出或下溢出，则生成诊断事件。

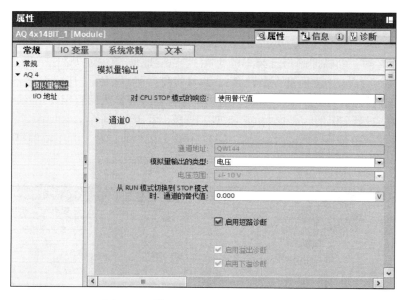

图 3-48　模拟量输出模块的参数设置

3.2.5　梯形图程序的输入

下面以一个简单的控制系统为例，介绍怎样在 TIA Portal 软件进行梯形图程序的输入。假设控制两台三相异步电动机的 SB1 与 I0.0 连接，SB2 与 I0.1 连接，电源指示灯 LED 与 Q0.0 连接；KM1 线圈与 Q0.1 连接，KM2 线圈与 Q0.2 连接。其运行梯形图程序如图 3-49 所示，当 PLC 一通电，Q0.0 线圈每隔 0.5s 接通一次，进行 LED 电源指示。按下启动按钮 SB2 后，Q0.1 为 ON，KM1 线圈得电使得 M1 电动机运行，同时%DB1 定时器开始定时。当%DB1 延时 3s 后，M0.0 常开触点闭合，Q0.2 为 ON，使 KM2 线圈得电，从而控制 M2 电动机运行。当 M2 运行 4s 后，%DB2 定时器延时时间到，M0.1 常闭触点打开使 M2 停止运行。当按下停止按钮 SB1

后，Q0.1 为 OFF，KM1 线圈断电，使两个定时器先后复位。

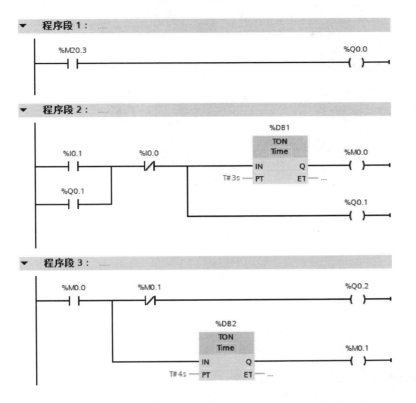

图 3-49　控制两台三相异步电动机运行的梯形图程序

（1）CPU 模块参数设置

从图 3-49 中可以看出，本例只使用了 2 个数字量输入端子（I0.0、I0.1）和 3 个数字量输出端子（Q0.0~Q0.2），而 M0.0、M0.1 为内部辅助继电器，2 个内部定时器（背景数据块地址 DB1、DB2）均不占用数字量 I/O 端子，所以使用 CPU 1215C DC/DC/Rly 本身的数字量 I/O 就能满足系统需求，即参照第 3.2.3 节的"示例 1"在机架中只需添加 CPU 模块即可，而不需添加信号模块。

图 3-49 中，M20.3 为 2Hz 的系统频率输出触点，每隔 0.5s 闭合 1 次且闭合时间为 0.5s。在对 CPU 模块进行组态时，参照图 3-40 启用时钟存储器字节，并将时钟存储器字节的地址设置为 20。

（2）符号名称与地址变量关联

在硬件组态中，I/O 模块一般使用默认地址，在实际硬件中物理点对应的地址如图 3-50 所示。在 STEP 7 程序中，可以寻址 I/O 信号、存储位、计数器、定时器、数据块和功能块等。可以在程序中用绝对地址来访问这些地址，也可以用符号来访问地址。符号是绝对地址的别名，在程序中如果用符号名称，程序读起来更容易。例如，用符号"启动"代替绝对地址"I0.1"，可以让程序的阅读者直观了解 I0.1 是一个电动机启动信号。通常在 I/O 点不多的时候，使用绝对地址进行编程。但是如果 I/O 点比较多，则可采用符号名称来编写程序。

在项目视图中，选定项目树中执行"PLC_1"→"PLC 变量"→"默认变量表"命令，将

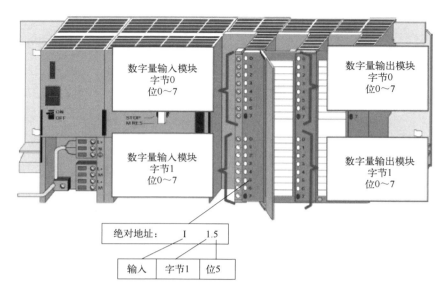

图 3-50　I/O 模块物理点地址

弹出"默认变量表",如图 3-51 所示,在项目视图的右上方有一个表格,单击"添加"按钮,先在表格的"名称"栏中输入"停止按钮",在"地址"栏中输入"I0.0",这样符号"停止按钮"在寻址时,就代表"I0.0"。用同样的方法将其他的符号名称与地址变量进行关联。

图 3-51　将符号名称与地址变量关联

（3）输入程序

在项目视图中，选定项目树中"程序块"→"Main［OB1］"，打开主程序，按以下流程进行梯形图程序的输入。

① 程序段 1 的输入

第一步：常开触点 M20.3 的输入步骤。首先将光标移至程序段 1 中需要输入指令的位置，单击编辑窗口右侧"指令树"中"基本指令"→"位逻辑运算"，在┤├上双击鼠标左键输入指令；或者在"工具栏"中选择常开触点┤├。然后单击"<??.?>"并输入地址：M20.3。注意，梯形图中各元件前的"%"可以不输入，系统会自动生成。

第二步：输出线圈 Q0.0 的输入步骤。首先将光标移至程序段 1 中┤├的右侧，单击编辑窗口右侧"指令树"中"基本指令"→"位逻辑运算"，在─( )─上双击鼠标左键输入指令；或者在"工具栏"中点击"线圈"选择─( )─。然后单击"<??.?>"并输入地址：Q0.0。

② 程序段 2 的输入

第一步：常开触点 I0.1 的输入步骤。首先将光标移至程序段 2 中需要输入指令的位置，单击编辑窗口右侧"指令树"中"基本指令"→"位逻辑运算"，在┤├上双击鼠标左键输入指令；或者在"工具栏"中选择常开触点┤├。然后单击"<??.?>"并输入地址：I0.1。

第二步：串联常闭触点 I0.0 的输入步骤。首先将光标移至程序段 2 中┤├的右侧，单击编辑窗口右侧"指令树"中"基本指令"→"位逻辑运算"，在┤/├上双击鼠标左键输入指令；或者在"工具栏"中选择常闭触点┤/├。然后单击"<??.?>"并输入地址：I0.0。

第三步：并联常开触点 Q0.1 的输入步骤。首先将光标移至程序段 2 中┤├的下方，在"工具栏"中点击➡️向下连线，再单击编辑窗口右侧"指令树"中"基本指令"→"位逻辑运算"，并在┤├上双击鼠标左键输入指令；或者在"工具栏"中点击"触点"选择┤├。然后单击"<??.?>"并输入地址：Q0.1。最后单击选中并点击➡️向上连线。

第四步：定时器 DB1 的输入步骤。首先将光标移至程序段 2 中┤├的右侧，单击编辑窗口右侧"指令树"中"基本指令"→"定时器操作"→ TON，将弹出如图 3-52 所示的调用数据块对话框。在此对话框中直接使用默认值，点击"确定"按钮即可，这样 TIA Portal 会自动为该定时器生成一个背景数据块（如 DB1）。在 DB1 定时器的 PT 端输入"T#3s"，即设置该定时器的延时时间为 3s。

图 3-52　调用数据块对话框

　　第五步：输出线圈 M0.0 的输入步骤。首先将光标移至程序段 2 中 DB1 定时器 Q 端的右侧，单击编辑窗口右侧"指令树"中"基本指令"→"位逻辑运算"，在─( )─上双击鼠标左键输入指令；或者在"工具栏"中点击"线圈"选择─( )─。然后单击"<??.?>"并输入地址：M0.0。

　　第六步：并联输出线圈 Q0.1 的输入步骤。首先将光标移至程序段 2 中 %I0.0 的右侧，单击编辑窗口右侧"指令树"中"基本指令"→"位逻辑运算"，在─( )─上双击鼠标左键输入指令；或者在"工具栏"中点击"线圈"选择─( )─。然后单击"<??.?>"并输入地址：Q0.1。

　　③ 程序段 3 的输入

　　第一步：M0.0 常开触点的输入步骤。首先将光标移至程序段 3 中需要输入指令的位置，单击编辑窗口右侧"指令树"中"基本指令"→"位逻辑运算"，在─┤├─上双击鼠标左键输入指令；或者在"工具栏"中点击"触点"选择─┤├─。然后单击"<??.?>"并输入地址：M0.0。

　　第二步：串联 M0.1 常闭触点的输入步骤。首先将光标移至程序段 3 中 %M0.0 的右侧，单击编辑窗口右侧"指令树"中"基本指令"→"位逻辑运算"，在─┤├─上双击鼠标左键输入指令；或者在"工具栏"中点击"触点"选择─┤/├─。然后单击"<??.?>"并输入地址：M0.1。

　　第三步：输出线圈 Q0.2 的输入步骤。首先将光标移至程序段 3 中 %M0.1 的右侧，单击"指令树"的"位逻辑"左侧的加号，在─( )─上双击鼠标左键输入指令；或者在"工具栏"中点击"线圈"选择─( )─。然后单击"<??.?>"并输入地址：Q0.2。

　　第四步：定时器 DB2 的输入步骤。首先将光标移至程序段 3 中 %M0.0 右侧，在"工具栏"中点击➡向下连线。再单击编辑窗口右侧"指令树"中"基本指令"→"定时器操作"→ █ TON，在弹出的调用数据块对话框中使用默认值，直接点击"确定"按钮即可。这样 TIA Portal 会自动为该定时器生成一个背景数据块（如 DB2）。在 DB2 定时器的 PT 端输入"T#4s"，即设置该定时器的延时时间为 4s。

　　第五步：输出线圈 M0.1 的输入步骤。首先将光标移至程序段 3 中 DB2 定时器 Q 端的右侧，单击"指令树"的"位逻辑"左侧的加号，在─( )─上双击鼠标左键输入指令；或者在"工具栏"中点击"线圈"选择─( )─。然后单击"<??.?>"并输入地址：M0.1。

　　输入完毕后并对该程序进行保存，然后执行菜单命令"视图"→"显示"→"操作数表示"→"符号和绝对值（N）"，显示完整梯形图主程序如图 3-53 所示。

3.2.6　项目编译与下载

　　在 TIA Portal 软件中，完成了硬件组态，以及输入完程序后，可对项目进行编译与下载操作。

　　（1）项目编译

　　在 TIA Portal 软件中，打开已编写好的项目程序，并在项目视图中选定项目树中"PLC_1"，然后右击鼠标，在弹出的菜单中选择"编译"，或执行菜单命令"编辑"→"编译"，即可对项目进行编译。编译后在输出窗口显示程序中语法错误的个数、每条错误的原因和错误的位置。双击某一条错误，将会显示程序编辑器中该错误所在程序段。图 3-54 所示表示编译后项目没有错误，也没有警告。需要指出的是，项目如果未编译，下载前软件会自动编译，编译结果显示在输出窗口。

　　（2）程序下载

　　在下载程序前，必须先要保证 S7-1200 的 CPU 和计算机之间能正常通信。设备能实现正常

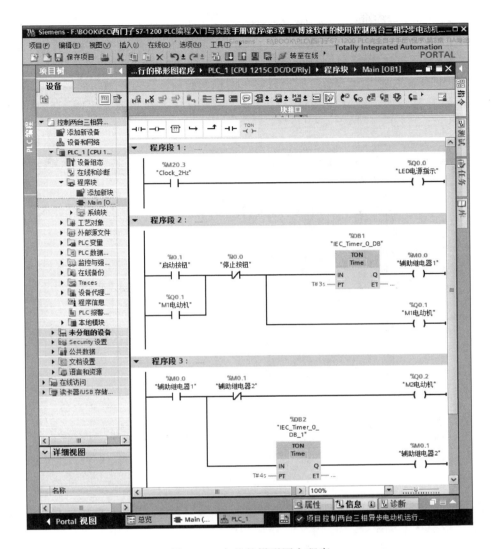

图 3-53 　 完整的梯形图主程序

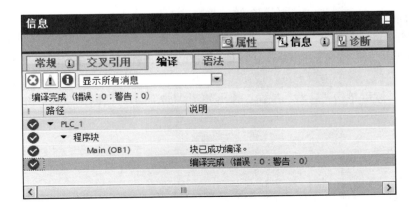

图 3-54 　 控制两台三相异步电动机运行程序的编译结果

通信的前提是：设备之间进行了物理连接，设备进行了正确的通信设置，且 S7-1200 PLC 已经通电。如果单台 S7-1200 PLC 与计算机之间连接，只需要 1 根普通的以太网线；如果多台 S7-1200 PLC 与计算机之间连接，还需要交换机。

① 计算机网卡的 IP 地址设置　打开计算机的控制面板，双击"网络连接"图标，其对话框会打开，按图 3-55 所示进行 IP 地址设置即可。这里的 IP 地址设置为"192.168.0.20"，子网掩码为"255.255.255.0"，网关不需要设置。

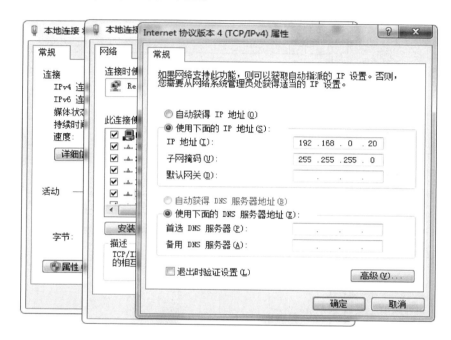

图 3-55　计算机网卡的 IP 地址设置

② 下载　在项目视图中选定项目树中"PLC_1"，然后右击鼠标，在弹出的菜单中选择"下载到设备"，或执行菜单命令"在线"→"下载到设备"，将弹出图 3-56 所示对话框。在此对话框中将"PG/PC 接口的类型"选择为"PN/IE"，将"PG/PC 接口"选择为本计算机的网卡型号，将"接口/子网的连接"选择为插槽"1×1"处的方向。注意"PG/PC 接口"是网卡的型号，不同的计算机可能不同，应根据实际情况进行选择，此外，初学者若选择无线网卡，也容易造成通信失败。

单击"开始搜索"按钮，TIA Portal 软件开始搜索可以连接的设备，例如"示例 1"搜索到的设备为"PLC_1"。再单击"下载"按钮，在弹出的"下载预览"对话框中把第 1 个动作修改为"全部接受"，然后单击"装载"按钮，弹出如图 3-57 所示对话框，最后单击"完成"按钮，下载完成。

3.2.7　打印与归档

一个完善的项目，应包含有文字、图表及程序的文件。打印的目的是进行纸面上的交流及存档，归档则是电子方面的交流及存档。

图 3-56　"下载到设备"对话框

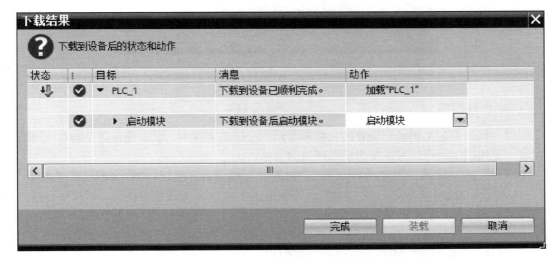

图 3-57　"下载结果"对话框

（1）打印项目文档

打印的操作步骤如下所述。

① 打开相应的项目对象，在屏幕上显示要打印的信息。

② 在应用程序窗口中，使用菜单栏命令"项目"→"打印"，打开打印界面。

③ 可以在对话框中更改打印选项，如选择打印机、打印范围和打印份数等。

也可以将程序生成 XPS 或者 PDF 格式的文档，以下是生成 XPS 格式文档的步骤。

在项目视图中选定项目树中"PLC_1"，然后右击鼠标，在弹出的菜单中选择"打印"，或执行菜单命令"项目"→"打印"，将弹出图 3-58 所示对话框。在此对话框中设置打印机名称，文档布局中的文档信息设置为"DocuInfo_Simple_A4_Portrait"，再单击"打印"按钮，生成"控制两台三相异步电动机运行"的 XPS 格式文档如图 3-59 所示。

图 3-58 "打印"对话框

（2）项目归档

项目归档的目的是把整个项目的文档压缩到一个压缩文件中，以方便备份及转移。当需要使用时，使用恢复命令即可恢复为原来项目的文档。

① 归档　在项目视图中选定项目树中"PLC_1"，然后右击鼠标，在弹出的菜单中选择"归档"，或执行菜单命令"项目"→"归档"，将弹出图 3-60 所示对话框。在此对话框中，可以设置归档文件的名称及保存的路径。设置完后，单击"归档"按钮，将生成一个后缀名为".ZAP15"的压缩文件。然后打开相应的文件夹，在此文件夹中可看到刚才已压缩的项目文档。

② 恢复　在项目视图中执行菜单命令"项目"→"恢复"，打开准备解压的压缩文件名称，选中需要的解压文件名称，点击"确定"按钮，在弹出的对话框中选择合适的解压保存路径即可进行文件解压。

控制两台三相异步电动机运行的梯形图程序 / PLC_1 [CPU 1215C DC/DC/Rly] / 程序块

Main [OB1]

Main 属性					
常规					
名称	Main	编号	1	类型	OB
语言	LAD	编号	自动		
信息					
标题	"Main Program Sweep (Cycle)"	作者		注释	
系列		版本	0.1	用户自定义 ID	

Main			
名称	数据类型	默认值	注释
▼ Input			
Initial_Call	Bool		Initial call of this OB
Remanence	Bool		=True, if remanent data are available
Temp			
Constant			

网络 1：

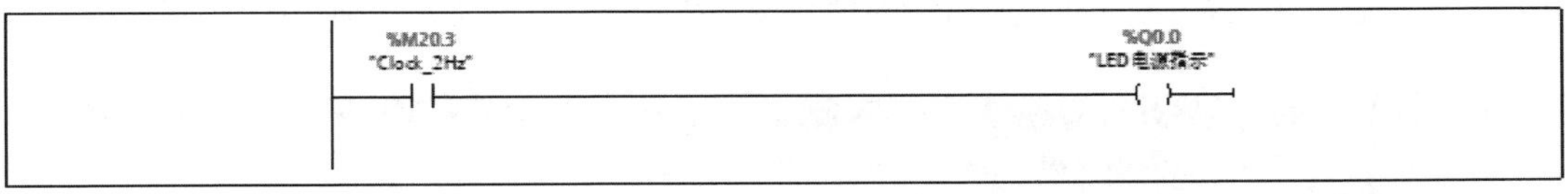

网络 2：

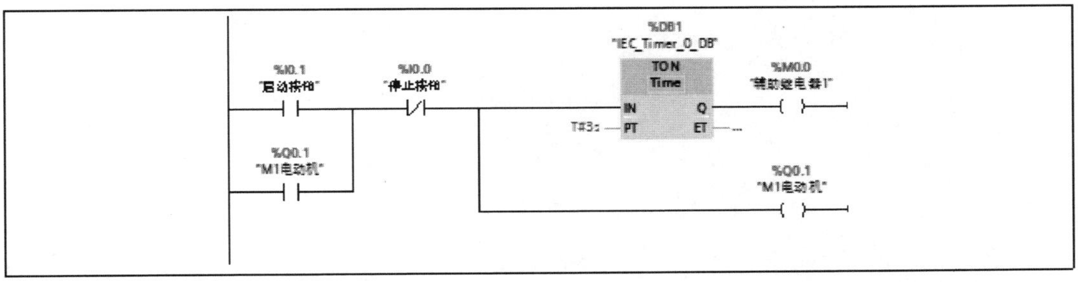

网络 3：

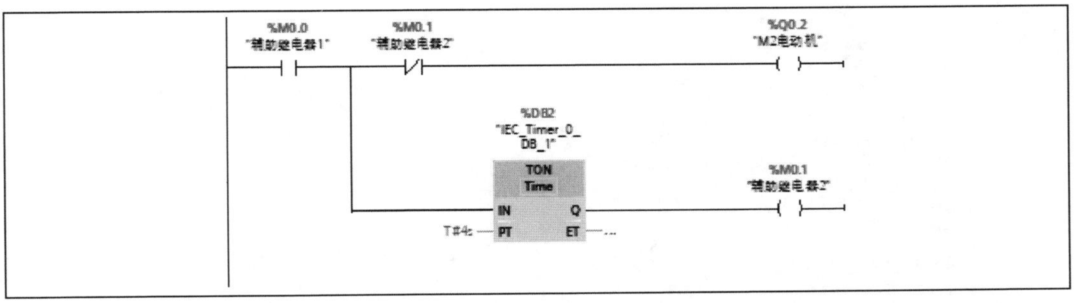

图 3-59　"控制两台三相异步电动机运行"的 XPS 格式文档

图 3-60 "归档项目"对话框

3.3 S7-PLCSIM 仿真软件的使用

西门子 S7-PLCSIM 仿真软件是 TIA Portal 软件的可选软件工具,安装后集成在 TIA Portal 软件中。它不需任何 S7 硬件(CPU 或信号模块),能够在 PG/PC 上模拟 S7-1200、S7-1500 部分型号 CPU 中用户程序的执行过程,可以在开发阶段发现和排除错误,非常适合前期的项目测试。

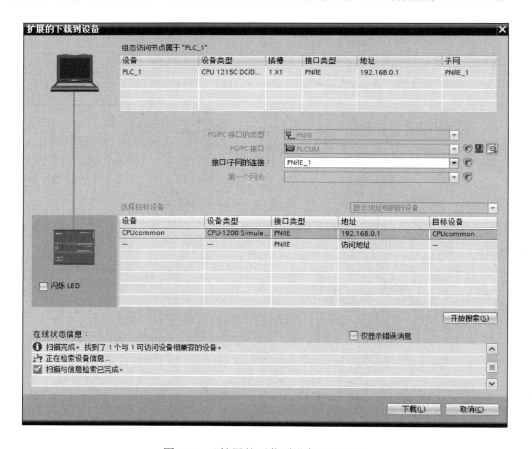

图 3-61 "扩展的下载到设备"对话框

　　S7-PLCSIM 进行仿真时其操作比较简单，下面以"控制两台三相异步电动机运行"为例讲述其使用方法。

　　第一步：开启仿真。首先在 TIA Portal 软件打开已创建的"控制两台三相异步电动机运行"项目，并在项目视图中选定项目树中"PLC_1"，然后右击鼠标，在弹出的菜单中选择"开始仿真"，或执行菜单命令"在线"→"仿真"→"启动"，即可开启 S7-PLCSIM 仿真。

　　第二步：装载程序。开启 S7-PLCSIM 仿真时，弹出"扩展的下载到设备"对话框，在此对话框中将"接口/子网的连接"选择为"PN/IE_1"处的方向，再单击"开始搜索"按钮，TIA Portal 软件开始搜索可以连接的设备，并显示相应的在线状态信息，如图 3-61 所示。然后在图 3-61 中单击"下载"按钮，将弹出图 3-62 所示的"下载预览"对话框。在图 3-62 对话框中单击"装载"按钮，将实现程序的装载。

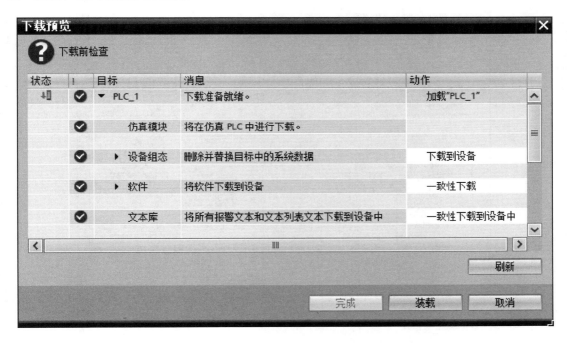

图 3-62　"下载预览"对话框

　　第三步：强制变量。点击项目树"PLC_1"中"监控与强制表"文件夹下的"强制表"，将打开"强制表"。在此强制表的地址中分别输入变量"I0.0"和"I0.1"，并将 I0.1 的强制值设为"TRUE"，然后点击启动强制图标 **F**，使 I0.1 强制为 ON，最后点击全部监视图标，如图 3-63 所示。

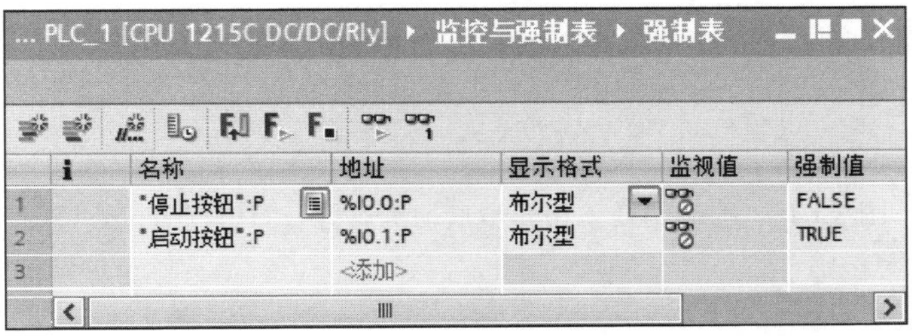

图 3-63　强制变量

　　第四步：监视运行。点击项目树中"程序块"下的"Main［OB1］"，切换到主程序窗口，然后单击全部监视图标 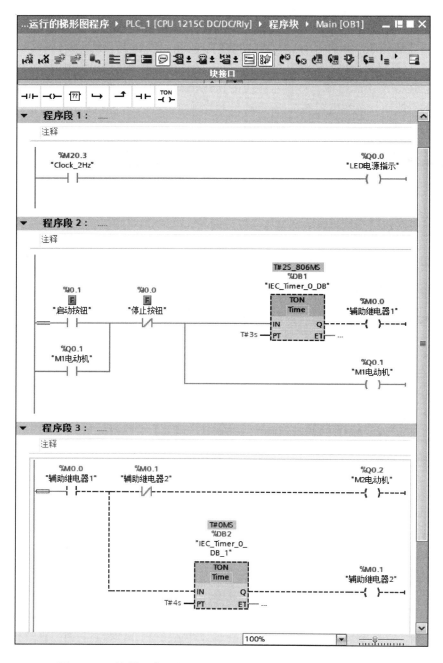，同时使 S7-PLCSIM 处于"RUN"状态，即可观看程序的运行情况，"控制两台三相异步电动机运行"的仿真运行效果如图 3-64 所示。

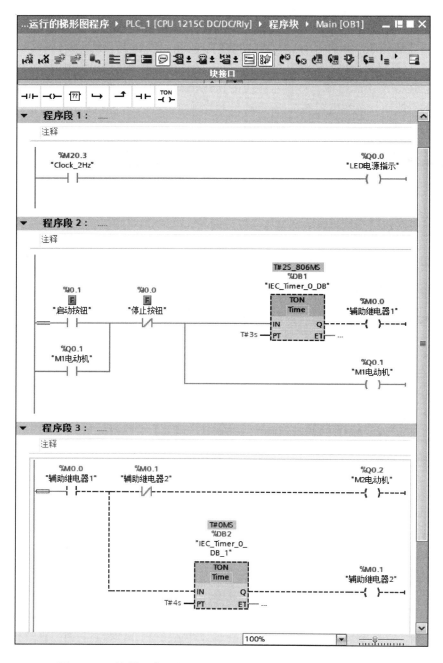

图 3-64　"控制两台三相异步电动机运行"的仿真运行效果图

第 4 章

西门子S7-1200 PLC编程基础

本章将介绍 S7-1200 PLC 的编程基础知识，包括 PLC 编程语言的介绍、数据存储器、S7-1200 PLC 的存储系统与寻址方式等内容。

4.1 PLC 编程语言简介

PLC 是专为工业控制而开发的装置，其主要使用者是工厂广大电气技术人员，为了适应他们的传统习惯和掌握能力，通常 PLC 采用面向控制过程、面向问题的"自然语言"进行编程。S7-1200 PLC 是在 TIA Portal 中进行程序的编写，该软件支持的编程语言非常丰富，有梯形图、语句表（又称指令表或助记符）、顺序功能流程图、功能块图等，用户可选择一种语言或混合使用多种语言，通过上位机编写具有一定功能的指令。

4.1.1 PLC 编程语言的国际标准

基于微处理器的 PLC 自 1968 年问世以来，取得迅速的发展，成为工业自动化领域应用最广泛的控制设备。当形形色色的 PLC 涌入市场时，国际电工委员会（International Electrotechnical Commission，IEC）及时地于 1993 年制定了 IEC 1131 标准以引导 PLC 健康发展。

IEC 1131 标准分为 IEC 1131-1~ IEC 1131-8 共 8 个部分：IEC 1131-1 为一般信息，即对通用逻辑编程做了一般性介绍并讨论了逻辑编程的基本概念、术语和定义；IEC 1131-2 为装配和测试需要，从机械和电气两部分介绍了逻辑编程对硬件设备的要求和测试需要；IEC 1131-3 为编程语言的标准，它吸取了多种编程语言的长处，并制定了 5 种标准语言；IEC 1131-4 为用户指导，提供了有关选择、安装、维护的信息资料和用户指导手册；IEC 1131-5 为通信规范，规定了逻辑控制设备与其他装置的通信联系规范；IEC 1131-6 为现场总线通信；IEC 1131-7 为模糊控制编程；IEC 1131-8 为编程语言的实施方针。

在 IEC 1131-3 中，首先规定了控制逻辑编程中的语法、语义和显示，然后从现有编程语言中挑选了 5 种，并对其进行了部分修改，使其成为目前通用的语言。在这 5 种语言中，有 3 种是图形化语言，2 种是文本化语言。图形化语言有梯形图（Ladder Programming，LAD）、顺序功能图（Sequential Function Chart，SFC）、功能块图（Function Block Diagram，FBD），文本化语言有指令表（Instruction List，IL）和结构文本（Structured Text，ST）。IEC 并不要求每种产品都运行这 5 种语言，可以只运行其中的一种或几种，但均必须符合标准。在实际组态时，可以在同一项目中运用多种编程语言，相互嵌套，以供用户选择最简单的方式生成控制策略。

正是由于 IEC 1131-3 标准的公布，许多 PLC 制造厂先后推出符合这一标准的 PLC 产品。美国 A-B 公司属于罗克韦尔（Rockwell）公司，其许多 PLC 产品都带符合 IEC 1131-3 标准中结构文本的软件选项。施耐德（Schneider）公司的 Modicon TSX Quantum PLC 产品可采用符合 IEC 1131-3 标准中的 Concept 软件包，它在支持 Modicon 984 梯形图的同时，也遵循 IEC 1131-3 标准中的 5 种编程语言。目前，德国西门子（SIEMENS）公司的 SIMATIC S7-1200 PLC 的编译环境为 TIA Portal，该软件中的编程语言符合 IEC 1131-3 标准。

4.1.2 TIA Portal 软件中的编程语言

TIA Portal 中的编程语言非常丰富，有梯形图、语句表、顺序功能图、功能块图等，用户可选择一种语言或混合使用多种语言，通过专用编程器或上位机编写具有一定功能的指令。

（1）梯形图

梯形图 LAD 语言是使用最多的图形编程语言，被称为 PLC 的第一编程语言。LAD 是在继电-接触器控制系统原理图的基础上演变而来的一种图形语言，它和继电-接触器控制系统原理图很相似，如图 4-1 所示。梯形图具有直观易懂的优点，很容易被工厂电气人员掌握，特别适用于开关量逻辑控制，它常被称为电路或程序，梯形图的设计称为编程。

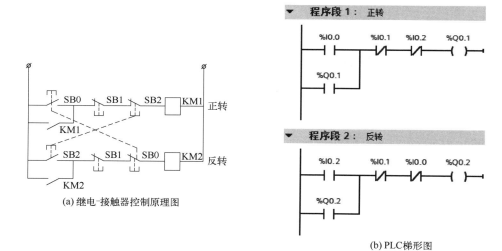

图 4-1　同一功能的两种不同图形

1）梯形图相关概念　在梯形图编程中，用到软继电器、能流和梯形图的逻辑解算这 3 个本概念。

① 软继电器　PLC 梯形图中的某些编程元件沿用了继电器的这一名称，如输入继电器、输出继电器、内部辅助继电器等，但是它们不是真实的物理继电器，而是一些存储单元（软继电器），每一软继电器与 PLC 存储器中映像寄存器的一个存储单元相对应。梯形图中采用了类似于继电-接触器中的触点和线圈符号，如表 4-1 所示。

表 4-1　符号对照表

元件	物理继电器	PLC 继电器
线圈	□	—( )
常开触点	—／—	—∣∣—
常闭触点	—／—	—∣／∣—

存储单元如果为"1"状态，则表示梯形图中对应软继电器的线圈"通电"，其常开触点接通，常闭触点断开，称这种状态是该软继电器的"1"或"ON"状态。如果该存储单元为"0"状态，对应软继电器的线圈和触点的状态与上述的相反，称该软继电器为"0"或"OFF"状态。使用中，常将这些"软继电器"称为编程元件。

PLC 梯形图与继电-接触器控制原理图的设计思想一致，它沿用继电-接触器控制电路元件符号，只有少数不同，信号输入、信息处理及输出控制的功能也大体相同。但两者还是有一定的区别：a.继电-接触器控制电路由真正的物理继电器等部分组成，而梯形图没有真正的继电器，是由软继电器组成；b.继电-接触器控制系统得电工作时，相应的继电器触点会产生物理动断操作，而梯形图中软继电器处于周期循环扫描接通之中；c.继电-接触器系统的触点数目有限，而梯形图中的软触点有多个；d.继电-接触器系统的功能单一，编程不灵活，而梯形图的设计和编程灵活多变；e.继电-接触器系统可同步执行多项工作，而 PLC 梯形图只能采用扫描方式由上而下按顺序执行指令并进行相应工作。

② 能流　在梯形图中有一个假想的"概念电流"或"能流"（Power Flow）从左向右流动，这一方向与执行用户程序时的逻辑运算的顺序是一致的。能流只能从左向右流动。利用能流这一概念，可以帮助我们更好地理解和分析梯形图。图 4-2（a）不符合能流只能从左向右流动的原则，因此应改为图 4-2（b）所示的梯形图。

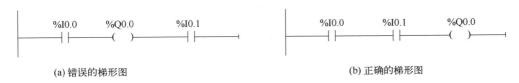

(a) 错误的梯形图　　　　　　　　　　　　　(b) 正确的梯形图

图 4-2　母线梯形图

梯形图的两侧垂直公共线称为公共母线，左侧母线对应于继电-接触器控制系统中的"相线"，右侧母线对应于继电-接触器控制系统中的"零线"，一般右侧母线可省略。在分析梯形图的逻辑关系时，为了借用继电器电路图的分析方法，可以想象左右两侧母线（左母线和右母线）之间有一个左正右负的直流电源电压，母线之间有"能流"从左向右流动。

③ 梯形图的逻辑解算　根据梯形图中各触点的状态和逻辑关系，求出与图中各线圈对应的编程元件的状态，称为梯形图的逻辑解算。梯形图中逻辑解算是按从左至右、从上到下的顺序进行的。解算的结果，马上可以被后面的逻辑解算所利用。逻辑解算是根据输入映像寄存器中的值，而不是根据解算瞬时外部输入触点的状态来进行的。

2）梯形图的编程规则　尽管梯形图与继电-接触器电路图在结构形式、元件符号及逻辑控制功能等方面类似，但在编程时，梯形图需遵循一定的规则，具体如下。

① 按自上而下、从左到右的方法编写程序　编写 PLC 梯形图时，应按从上到下、从左到右的顺序放置连接元件。在 TIA Portal 中，与每个输出线圈相连的全部支路形成 1 个逻辑行即

1 个程序段，每个程序段起于左母线，最后终于输出线圈，同时还要注意输出线圈的右边不能有任何触点，输出线圈的左边必须有触点，如图 4-3 所示。

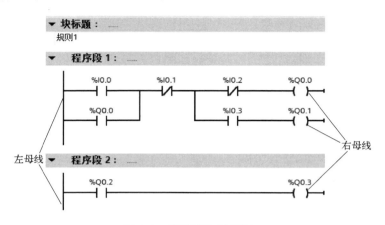

图 4-3　梯形图绘制规则 1

② 串联触点多的电路应尽量放在上部　在每个程序段（每一个逻辑行）中，当几条支路并联时，串联触点多的应尽量放在上面，如图 4-4 所示。

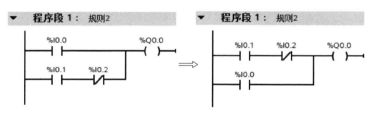

图 4-4　梯形图绘制规则 2

③　并联触点多的电路应尽量靠近左母线　几条支路串联时，并联触点多的应尽量靠近左母线，这样可适当减少程序步数，如图 4-5 所示。

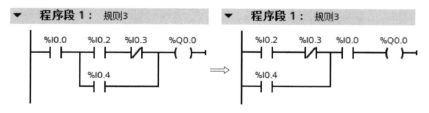

图 4-5　梯形图绘制规则 3

④ 垂直方向不能有触点　在垂直方向的线上不能有触点，否则形成不能编程的梯形图，因此需重新安排，如图 4-6 所示。

⑤ 触点不能放在线圈的右侧　不能将触点放在线圈的右侧，只能放在线圈的左侧，对于多重输出的，还需将触点多的电路放在下面，如图 4-7 所示。

（2）语句表

语句表 STL，又称指令表或助记符。它是通过指令助记符控制程序要求的，类似于计算机

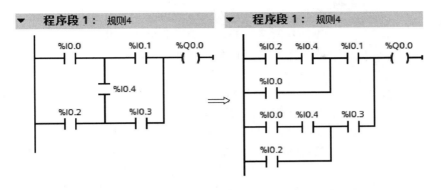

图 4-6　梯形图绘制规则 4

图 4-7　梯形图绘制规则 5

汇编语言。不同厂家的 PLC 所采用的指令集不同，所以对于同一个梯形图，书写的语句表指令形式也不尽相同。

一条典型指令往往由助记符和操作数或操作数地址组成，助记符是指使用容易记忆的字符代表可编程序控制器某种操作功能。语句表与梯形图有一定的对应关系，如图 4-8 所示，分别采用梯形图和语句表来实现电动机正反转控制的功能。

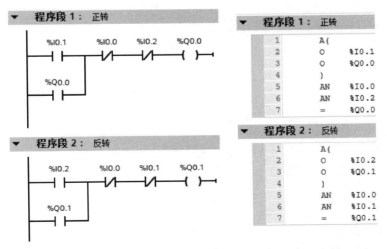

图 4-8　采用梯形图和语句表实现电动机正反转控制程序

（3）顺序功能图

顺序功能流程图 SFC 又称状态转移图，它是描述控制系统的控制过程、功能和特性的一种

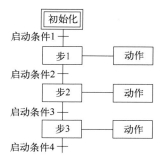

图 4-9　顺序功能图

图形，这种图形又称为"功能图"。顺序功能流程图中的功能框并不涉及所描述的控制功能的具体技术，而是只表示整个控制过程中一个个的"状态"，这种"状态"又称"功能"或"步"，如图 4-9 所示。

顺序功能图编程法可将一个复杂的控制过程分解为一些具体的工作状态，把这些具体的功能分别处理后，再把这些具体的状态依一定的顺序控制要求，组合成整体的控制程序，它并不涉及所描述的控制功能的具体技术，是一种通用的技术语言，可以供进一步设计和不同专业的人员之间进行技术交流之用。

SIMATIC STEP 7 中的顺序控制图形编程语言（S7 Graph）属于可选软件包，S7-300/400/1500 PLC 可以选用此软件包进行编程。在这种语言中，工艺过程被划分为若干个顺序出现的步，步中包含控制输出的动作，从一步到另一步的转换由转换条件控制。用 Graph 表达复杂的顺序控制过程非常清晰，用于编程及故障诊断更为有效，使 PLC 程序的结构更为易读，它特别适合于生产制造过程。S7 Graph 具有丰富的图形、窗口和缩放功能。系统化的结构和清晰的组织显示使 S7 Graph 对于顺序过程的控制更加有效。

（4）功能块图

功能块图 FBD 又称逻辑盒指令，它是一种类似于数字逻辑门电路的 PLC 图形编程语言。控制逻辑常用"与""或""非"3 种逻辑功能进行表达，每种功能都有一个算法。运算功能由方框图内的符号确定，方框图的左边为逻辑运算的输入变量，右边为输出变量，没有像梯形图那样的母线、触点和线圈。图 4-10 所示为 PLC 梯形图和功能块图表示的电动机启动电路。

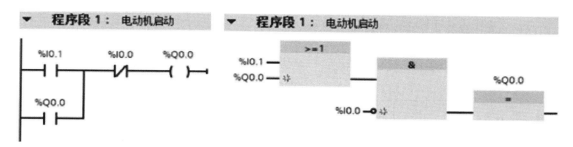

图 4-10　梯形图和功能块图表示的电动机启动电路

西门子公司的"LOGO"系列微型 PLC 使用功能块图编程，除此之外，国内很少使用此语言。功能块图语言适用于熟悉数字电路的用户使用。

（5）结构化控制语言

结构文本 ST 是为 IEC 61131-3 标准创建的一种专用高级编程语言，STEP 7 的 S7 SCL 结构化控制语言是 IEC 61131-3 标准高级文本语言。S7 SCL 的语言结构与编程语言 Pascal 和 C 相似，与梯形图相比，它能实现更复杂的数学运算，而编写的程序非常简洁和紧凑。S7 SCL 适合于复杂的公式计算和最优化算法，或管理大量的数据等。所以 S7 SCL 适用于数据处理场合，特别适合于习惯使用高级编程语言的人使用。

S7 SCL 程序是用自由编辑方式编辑器中 SCL 源文件生成。例如定义的一个功能块 FB20 的某段子程序如下：

```
FUNCTION_BLOCK FB20
VAR_INPUT
ENDVAL:          INT;
END_VAR
VAR_IN_OUT
IQ1:             REAL;
END_VAR
VAR
INDEX:           INT;
END_VAR
BEGIN
CONTROL:=FALSE;
FOR INDEX:=1 TO ENDVAL DO
   IQ1:=IQ1 * 2;
     IF IQ1>10000 THEN
        CONTROL=TRUE
     END_IF
END_FOR
END_FUNCTION_BLOCK
```

（6）S7 HiGraph 编程语言

SIMATIC STEP 7 中的 S7 HiGraph 图形编程语言属于可选软件包，它用状态图（State Graphs）来描述异步非顺序过程的编程。系统被分解为几个功能单元，每个单元呈现不同的状态，各功能单元的同步信息可以在图形之间交换。需要为不同状态之间的切换定义转换条件，用类似于语句表的语言描述状态的动作和状态之间的转换条件。S7 HiGraph 适合于异步非顺序过程的编程。

可为每个功能单元创建一个描述功能单元响应的图，各图组合起来就构成了设备图。图之间可进行通信，以对功能单元进行同步。通过合理安排功能单元的状态转换视图，用户能够进行系统编程并简化调试。

S7 Graph 与 S7 HiGraph 之间的区别为：S7 HiGraph 每一时刻仅获取一个状态（在 S7 Graph 的"步"中）。

（7）S7 CFC 编程语言

SIMATIC STEP 7 中的连续功能图 CFC（Continuous Function Chart）是用图形的方式连接程序库中以块形式提供的各种功能，它包括从简单的逻辑操作到复杂的闭环和开环控制等领域。编程时，将这些块复制到图中并用线连接起来即可。

不需要用户掌握详细的编程知识和 PLC 的专门知识，只要具有行业所必需的工艺技术方面的知识，就可以用 CFC 来编程。CFC 适合于连续过程控制的编程。

4.2　西门子 S7-1200 PLC 的数制与数据类型

4.2.1　数据长度

计算机中使用的都是二进制数，在 PLC 中，通常使用位、字节、字、双字来表示数据，它们占用的连续位数称为数据长度。

位（Bit）指二进制的一位，它是最基本的存储单位，只有"0"或"1"两种状态。在 PLC 中一个位可对应一个继电器，如某继电器线圈得电时，相应位的状态为"1"；若继电器线圈失电或断开时，其对应位的状态为"0"。8 位二进制数构成一个字节（Byte），其中第 7 位为最高位（MSB），第 0 位为最低位（LSB）。两个字节构成一个字（Word），在 PLC 中字又称为通道（CH），一个字含 16 位，即一个通道（CH）由 16 个继电器组成。两个字构成一个双字（Double Word），在 PLC 中它由 32 个继电器组成。

4.2.2　数制

数制也称计数制，是用一组固定的符号和统一的规则来表示数值的方法。如在计数过程中采用进位的方法，则称为进位计数制。进位计数制有数位、基数、位权三个要素。数位，指数码在一个数中所处的位置。基数，指在某种进位计数制中，数位上所能使用的数码的个数，例如，十进制数的基数是 10，二进制的基数是 2。位权，指在某种进位计数制中，数位所代表的大小，对于一个 R 进制数（即基数为 R），若数位记作 j，则位权可记作 R^j。

人们通常采用的数制有十进制、二进制、八进制和十六进制。在 S7-1200PLC 中使用的数制主要是二进制、十进制、十六进制。

（1）十进制数

十进制数有两个特点：①数值部分用 10 个不同的数字符号 0、1、2、3、4、5、6、7、8、9 来表示；②逢十进一。

例：123.45

小数点左边第一位代表个位，3 在左边 1 位上，它代表的数值是 3×10^0，1 在小数点左面 3 位上，代表的是 1×10^2，5 在小数点右面 2 位上，代表的是 5×10^{-2}。

$$123.45=1\times10^2+2\times10^1+3\times10^0+4\times10^{-1}+5\times10^{-2}$$

一般对任意一个正的十进制数 S，可表示为：

$$S=K_{n-1}\times10^{n-1}+K_{n-2}\times10^{n-2}+\cdots+K_0\times10^0+K_{-1}\times10^{-1}+K_{-2}\times10^{-2}+\cdots+K_{-m}\times10^{-m}$$

其中，K_j 是 0、1、…、9 中任意一个，由 S 决定，K_j 为权系数；m，n 为正整数；10 称为计数制的基数；10^j 称为权值。

（2）二进制数

BIN 即为二进制数，它是由 0 和 1 组成的数据，PLC 的指令只能处理二进制数。它有两个特点：①数值部分用 2 个不同的数字符号 0、1 来表示；②逢二进一。

二进制数化为十进制数，通过按权展开相加法。

例：$1101.11B=1\times2^3+1\times2^2+0\times2^1+1\times2^0+1\times2^{-1}+1\times2^{-2}$

=8+4+0+1+0.5+0.25

=13.75

任意二进制数 N 可表示为：

$$N=\pm\left(K_{n-1}\times2^{n-1}+K_{n-2}\times2^{n-2}+\cdots+K_0\times2^0+K_{-1}\times2^{-1}+K_{-2}\times2^{-2}+\cdots+K_{-m}\times2^{-m}\right)$$

其中，K_j 只能取 0、1；m，n 为正整数；2 是二进制的基数。

（3）八进制数

八进制数有两个特点：①数值部分用 8 个不同的数字符号 0、1、2、3、4、5、6、7 来表示；②逢八进一。

任意八进制数 N 可表示为：

$$N=\pm\left(K_{n-1}\times8^{n-1}+K_{n-2}\times8^{n-2}+\cdots+K_0\times8^0+K_{-1}\times8^{-1}+K_{-2}\times8^{-2}+\cdots+K_{-m}\times8^{-m}\right)$$

其中，K_j 只能取 0、1、2、3、4、5、6、7；m，n 为正整数；8 是基数。

因 $8^1=2^3$，所以 1 位八进制数相当于 3 位二进制数，根据这个对应关系，二进制与八进制间的转换方法为从小数点向左向右每 3 位分为一组，不足 3 位者以 0 补足 3 位。

（4）十六进制数

十六进制数有两个特点：①数值部分用 16 个不同的数字符号 0、1、2、3、4、5、6、7、8、9、A、B、C、D、E、F 来表示；②逢十六进一。这里的 A、B、C、D、E、F 分别对应十进制数字中的 10、11、12、13、14、15。

任意十六进制数 N 可表示为：

$$N=\pm\left(K_{n-1}\times16^{n-1}+K_{n-2}\times16^{n-2}+\cdots+K_0\times16^0+K_{-1}\times16^{-1}+K_{-2}\times16^{-2}+\cdots+K_{-m}\times16^{-m}\right)$$

其中，K_j 只能取 0、1、2、3、4、5、6、7、8、9、A、B、C、D、E、F；m，n 为正整数；16 是基数。

因 $16^1=2^4$，所以 1 位十六进制数相当于 4 位二进制数，根据这个对应关系，二进制数转换为十六进制数的转换方法为从小数点向左向右每 4 位分为一组，不足 4 位者以 0 补足 4 位。十六进制数转换为二进制数的转换方法为从左到右将待转换的十六制数中的每个数依次用 4 位二进制数表示。

4.2.3　数据类型

（1）基本数据类型

基本数据类型是根据 IEC 1131-3（国际电工委员会制定的 PLC 编程语言标准）来定义的，对于 S7-1200 PLC 而言，每个基本数据类型具有固定的长度且不超过 64 位。

基本数据类型最为常用，可细分为位数据类型、整数数据类型、浮点数类型、字符数据类型、定时器数据类型及日期和时间数据类型。每一种数据类型都具备关键字、数据长度、取值范围和常数表达格式等属性。

1）位数据类型　S7-1200 PLC 中的位数据类型包括布尔型（Bool）、字节型（Byte）、字型（Word）、双字型（DWord）和长字型（LWord），如表 4-2 所示。注意，在 TIA Portal 软件中，关键字不区分大小写，如 Byte 和 BYTE 都是合法的，不必严格区分。

表 4-2   位数据类型

关键字	长度/位	取值范围	输入值示例
Bool	1	0~1	TRUE, FALSE, 0, 1
Byte	8	B#16#00~B#16#FF	B#16#3C, B#16#FA
Word	16	W#16#0000~W#16#FFFF	W#16#4AB9, W#16#EBCD
DWord	32	DW#16#0000_0000~DW#16#FFFF_FFFF	DW#16#9AC8DE2C
LWord	64	LW#16#0000_0000_0000_0000~LW16#FFFF_FFFF_FFFF_FFFF	LW#16#12349876A1B2F3D4

① 布尔型（Bool） 布尔型又称位（bit）类型，它只有 TRUE/FALSE（真/假）这两个取值，对应二进制数的"1"和"0"。

位存储单元的地址由字节地址和位地址组成，例如 I2.5 中的"I"表示过程输入映像区域标识符，"2"表示字节地址，"5"表示位地址，这种存取方式称为"字节.位"寻址方式。

② 字节（Byte） 字节（Byte）数据长度为 8 位，一个字节等于 8 位（Bit0~Bit7），其中 Bit0 为最低位，Bit7 为最高位。例如：IB0（包括 I0.0~I0.7 位）、QB0（包括 Q0.0~Q0.7 位）、MB0、VB0 等。字节的数据格式为"B#16#"，其中"B"代表 Byte，表示数据长度为一个字节（8 位），"#16#"表示十六进制，取值范围 B#16#00~B#16#FF（十进制的 0~255）。

③ 字（Word） 字（Word）数据长度为 16 位，它用来表示一个无符号数，可由相邻的两字节（Byte）组成一个字。例如：IW0 是由 IB0 和 IB1 组成的，其中"I"是区域标识符，"W"表示字，"0"是字的起始字节。需要注意的是，字的起始字节（如该例中的"0"）都必须是偶数。字的取值范围为 W#16#0000~W#16#FFFF（即十进制的 0~65535）。在编程时要注意，如果已经用了 IW0，当再用 IB0 或 IB1 时要特别加以小心。

④ 双字（Double Word） 双字（Double Word）的数据长度为 32 位，它也可用来表示一个无符号数，可由相邻的两个字（Word）组成一个双字或相邻的四个字节（Byte）组成一个双字。例如：MD100 是由 MW100 和 MW102 组成的，其中"M"是内部存储器标志位存储区的区域标识符，"D"表示双字，"100"是双字的起始字节。需要注意的是，双字的起始字节（如该例中的"100"）和字一样，必须是偶数。双字的取值范围为 DW#16#0000_0000~DW#16#FFFF_FFFF（即十进制的 0~4294967295）。在编程时要注意，如果已经用了 MD100，当再用 MW100 或 MW102 时要特别加以小心。

以上的字节、字和双字数据类型均为无符号数，即只有正数，没有负数。位、字节、字和双字的相互关系如表 4-3 所示。

2）整数数据类型 整数数据类型根据数据的长短可分为短整型、整型、双整型；根据符号的不同，可分为有符号整数和无符号整数。有符号整数包括：有符号短整型（SInt）、有符号整型（Int）、有符号双整型（DInt）。无符号整数包括：无符号短整型（USInt）、无符号整型（UInt）、无符号双整型（UDInt）。整数数据类型如表 4-4 所示。

短整型的数据长度为 8 位，它分为符号位短整型（SInt）和无符号位短整型（USInt）。对于符号位短整型而言，其最高位为符号位，如果最高位为"1"则表示负数，为"0"则表示正数。使用二进制数、八进制数和十六进制数时，SInt 仅能表示正数，范围为 16#00~16#7F；使用十进制数时，SInt 可以表示正数或负数，数值范围为 −128~+127。无符号位短整型 USInt 可以表示正数或负数，数值范围为 16#00~16#FF（即 0~255）。

表 4-3　位、字节、字与双字之间的关系（以部分输出映像存储器为例）

双字				字		字节	位							
					QW0	QB0	Q0.7	Q0.6	Q0.5	Q0.4	Q0.3	Q0.2	Q0.1	Q0.0
			QD0	QW1		QB1	Q1.7	Q1.6	Q1.5	Q1.4	Q1.3	Q1.2	Q1.1	Q1.0
		QD1			QW2	QB2	Q2.7	Q2.6	Q2.5	Q2.4	Q2.3	Q2.2	Q2.1	Q2.0
	QD2			QW3		QB3	Q3.7	Q3.6	Q3.5	Q3.4	Q3.3	Q3.2	Q3.1	Q3.0
QD3					QW4	QB4	Q4.7	Q4.6	Q4.5	Q4.4	Q4.3	Q4.2	Q4.1	Q4.0
			QD4	QW5		QB5	Q5.7	Q5.6	Q5.5	Q5.4	Q5.3	Q5.2	Q5.1	Q5.0
		QD5			QW6	QB6	Q6.7	Q6.6	Q6.5	Q6.4	Q6.3	Q6.2	Q6.1	Q6.0
	QD6			QW7		QB7	Q7.7	Q7.6	Q7.5	Q7.4	Q7.3	Q7.2	Q7.1	Q7.0
QD7					QW8	QB8	Q8.7	Q8.6	Q8.5	Q8.4	Q8.3	Q8.2	Q8.1	Q8.0
			QD8	QW9		QB9	Q9.7	Q9.6	Q9.5	Q9.4	Q9.3	Q9.2	Q9.1	Q9.0
		QD9			QW10	QB10	Q10.7	Q10.6	Q10.5	Q10.4	Q10.3	Q10.2	Q10.1	Q10.0
	QD10			QW11		QB11	Q11.7	Q11.6	Q11.5	Q11.4	Q11.3	Q11.2	Q11.1	Q11.0
QD11					QW12	QB12	Q12.7	Q12.6	Q12.5	Q12.4	Q12.3	Q12.2	Q12.1	Q12.0
			QD12	QW13		QB13	Q13.7	Q13.6	Q13.5	Q13.4	Q13.3	Q13.2	Q13.1	Q13.0
					QW14	QB14	Q14.7	Q14.6	Q14.5	Q14.4	Q14.3	Q14.2	Q14.1	Q14.0
						QB15	Q15.7	Q15.6	Q15.5	Q15.4	Q15.3	Q15.2	Q15.1	Q15.0

表 4-4　整数数据类型

关键字	长度/位	取值范围	输入值示例
SInt	8	十进制数范围为-128~+127；十六进制数仅表示正数，其范围为16#00~16#7F	16#3C，+36
USInt	8	16#00~16#FF（即0~255）	16#4E，56
Int	16	十进制数范围为-32768~+32767；十六进制数仅表示正数，其范围为16#0000~16#7FFF	16#79AC，+6258
UInt	16	16#0000~16#FFFF（即0~65535）	16#A74B，12563
DInt	32	十进制数范围为-2147483648~+2147483647；十六进制数仅表示正数，其范围为16#0000_0000~16#7FFF_FFFF	+135980
UDInt	32	16#0000_0000~16#FFFF_FFFF（即0~4294967295）	4041352187

　　整型的数据长度为16位，它分为符号位整型（Int）和无符号位整型（UInt）。对于符号位整型而言，其最高位为符号位，如果最高位为"1"则表示负数，为"0"则表示正数。使用二

进制数、八进制数和十六进制数时，Int 仅能表示正数，范围为 16#0000~16#7FFF；使用十进制数时，Int 可以表示正数或负数，数值范围为 –32768~+32767。无符号位整型 UInt 可以表示正数或负数，数值范围为 16#0000~16#FFFF（即 0~65535）。

双整型的数据长度为 32 位，它分为符号位双整型（DInt）和无符号位双整型（UDInt）。对于符号位双整型而言，其最高位为符号位，如果最高位为"1"则表示负数，为"0"则表示正数。

3）浮点数类型 对于 S7-1200 系列 PLC 而言，支持两种浮点数类型：32 位的单精度浮点数 Real 和 64 位的双精度浮点数 LReal，如表 4-5 所示。

表 4-5 浮点数类型

关键字	长度/位	取值范围	输入值示例
Real	32	+1.175495e-38~+3.402823e+38（正数） −1.175495e-38~−3.402823e+38（负数）	1.0e-5
LReal	64	+2.2250738585072014e−308 ~ +1.7976931348623158e+308（正数） −1.7976931348623158e+308~−2.2250738585072014e−308（负数）	2.3e-24

① 单精度浮点数（Real） 浮点数又称为实数，单精度浮点数 Real 为 32 位，可以用来表示小数。Real 由符号位、指数 e 和尾数三部分构成，其存储结构如图 4-11 所示。例如 $123.4 = 1.234 \times 10^2$。

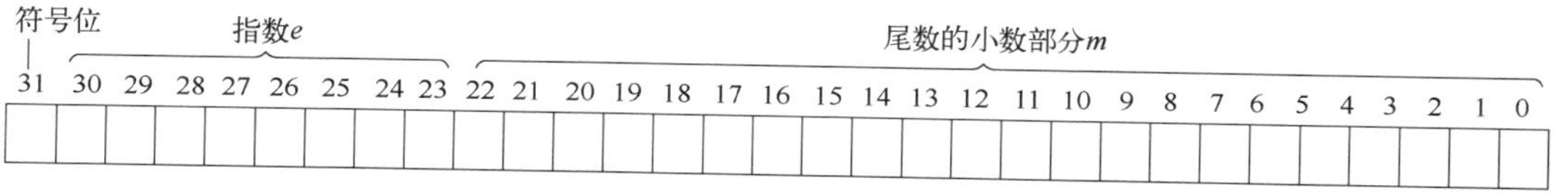

图 4-11 Real 存储结构

根据 ANSI/IEEE 标准，单精度浮点数可以表示为 $1.m \times 2^e$ 的形式。其中指数 e 为 8 位正整数（$0 \leqslant e \leqslant 255$）。在 ANSI/IEEE 标准中单精度浮点数占用一个双字（32 位）。因为规定尾数的整数部分总是为 1，只保留尾数的小数部分 m（0~22 位）。浮点数的表示范围为 $\pm 1.175495 \times 10^{-38} \sim \pm 3.402823 \times 10^{+38}$。

② 双精度浮点数（LReal） 双精度浮点数又称为长实数（Long Real），它为 64 位。LReal 同样由符号位、指数 e 和尾数三部分构成，其存储结构如图 4-12 所示。

图 4-12 LReal 存储结构

双精度浮点数可以表示为 $1.m \times 2^e$ 的形式。其中指数 e 为 11 位正整数（$0 \leqslant e \leqslant 2047$）。尾数的整数部分总是为 1，只保留尾数的小数部分 m（0~51 位）。

4）时间和日期数据类型 时间和日期数据类型包括 Time、Date 和 TOD 这 3 种类型，如表 4-6 所示。

表 4-6　时间和日期数据类型

关键字	长度	取值范围	输入值示例
Time	32 位	T#-24D_20H_31M_23S_648MS~+24D_20H_31M_23S_647MS	T#10D_12H_45M_23S_123MS
Date	16 位	D#1990-01-01~D#2169-06-06	D#2022-05-20
TOD	32 位	TOD#00:00:00.000~TOD#23:59:59.999	TOD#15:14:30.400

Time 为有符号的持续时间，长度为 32 位，时基为固定值 1ms，数据类型为双整数，所表示的时间值为整数值乘以时基。格式为 T#aaD_bbH_ccM_ddS_eeeMS，其中 aa 为天数，天数前可加符号位；bb 为小时；cc 为分钟；dd 为秒；eee 为毫秒。根据双整数最大值为 2 147 483 647，乘以时基 1ms，可以算出，Time 时间的最大值为 T#24D_20H_31M_23S_647MS。

Date 日期数据长度为 2 个字节（16 位），数据类型为无符号整数，以 1 日为单位，日期从 1990 年 1 月 1 日开始至 2169 年 6 月 6 日。1990 年 1 月 1 日对应的整数为 0，日期每增加 1 天，对应的整数值加 1，如 29 对应 1990 年 1 月 30 日。日期格式为 D#_年_月_日，例如 2009 年 8 月 1 日表示为 D#2009_08_01。

日时间（Time_of_Day，TOD）存储从当天 0:00 开始的毫秒数，数据长度为 4 个字节（32 位），数据类型为无符号整数。

（2）复杂数据类型

复杂数据类型是一类由其他数据类型组合而成的，或者长度超过 32 位的数据类型。S7-1200 PLC 的复杂数据类型有以下几种。

① 结构类型（Struct）　Struct 数据类型是一种元素数量固定但数据类型不同的数据结构，通常用于定义一组相关数据。在结构中，可嵌套 Struct 或 Array 数据类型的元素，但是不能在 Struct 变量中嵌套结构。Struct 变量始终以具有偶地址的一个字节开始，并占用直至下一个字限制的内存。例如电机的一组数据可以按如下方式定义：

```
Motor:STRUCT
    Speed:INT
    Current:REAL
END_ STRUCT
```

② 用户自定义数据类型（UDT）　UDT（User-Defined Data Types）是一种复杂的用户自定义数据类型，用于声明一个变量。这种数据类型是一个由多个不同数据类型元素组成的数据结构。其中，各元素可源自其他 UDT 和 Array，也可直接使用关键字 Struct 声明为一个结构。与 Struct 不同的是，UDT 是一个模板，可以用来定义其他变量。

③ 数组类型（Array）　将一组同一类型的数据组合在一起组成一个单位就是数组。一个数组的最大维数为 6 维，数据中的元素可以是基本数据类型，也可以是复合数据类型，但不包括数组类型本身。数据组中每一维的下标取值范围为–32768~32767。但是下标的下限必须小于上限，例如 1..2、–15..–4 都是合法的下标定义。定义一个数组时，需要指明数组的元素类型、维数和每一维的下标范围，例如：Array[1..3,1..5,1..6] of Int 定义了一个元素为整数型，大小为 3×5×6 的三维数组。可以用变量名加上下标来引用数组中的某一个元素，例如 a[3,4,5]。

④ 系统数据类型（SDT）　系统数据类型是由系统提供并具有预定义的结构，它只能用于特定指令。系统数据类型的结构由固定数目的可具有各种数据类型的元素构成，使用时用户不

能更改系统数据类型的结构。系统数据类型及其用途如表 4-7 所示。

表 4-7　系统数据类型及其用途

参数类型	长度/字节	用途说明
IEC_Timer	16	声明有 PT、ET、IN 和 Q 参数的定时器结构。时间值为 TIME 数据类型。例如，此数据类型可用于"TP""TOF""TON""TONR""RT"和"PT"指令
IEC_SCOUNTER	3	计数值为 SINT 数据类型的计数器结构。例如，此数据类型用于"CTU""CTD"和"CTUD"指令
IEC_USCOUNTER	3	计数值为 USINT 数据类型的计数器结构。例如，此数据类型用于"CTU""CTD"和"CTUD"指令
IEC_COUNTER	6	计数值为 INT 数据类型的计数器结构。例如，此数据类型用于"CTU""CTD"和"CTUD"指令
IEC_UCOUNTER	6	计数值为 UINT 数据类型的计数器结构。例如，此数据类型用于"CTU""CTD"和"CTUD"指令
IEC_DCOUNTER	12	计数值为 DINT 数据类型的计数器结构。例如，此数据类型用于"CTU""CTD"和"CTUD"指令
IEC_UDCOUNTER	12	计数值为 UDINT 数据类型的计数器结构。例如，此数据类型用于"CTU""CTD"和"CTUD"指令
ERROR_STRUCT	28	编程错误信息或 I/O 访问错误信息的结构。例如，此数据类型用于"GET_ERROR"指令
CREF	8	数据类型 ERROR_STRUCT 的组成，在其中保存有关块地址的信息
NREF	8	数据类型 ERROR_STRUCT 的组成，在其中保存有关操作数的信息
VREF	12	用于存储 VARIANT 指针。这种数据类型通常用于 S7-1200/1500 Motion Control 指令中
CONDITIONS	52	用户自定义的数据结构，定义数据接收的开始和结束条件。例如，此数据类型用于"RCV_CFG"指令
TADDR_Param	8	指定用来存储那些通过 UDP 实现开放用户通信的连接说明的数据块结构。例如，此数据类型用于"TUSEND"和"TURSV"指令
TCON_Param	64	指定用来存储那些通过工业以太网（PROFINET）实现开放用户通信的连接说明的数据块结构。例如，此数据类型用于"TSEND"和"TRSV"指令
HSC_Period	12	使用扩展的高速计数器，指定时间段测量的数据块结构。此数据类型用于"CTRL_HSC_EXT"指令

⑤ 硬件数据类型（Hardware）　硬件数据类型由 CPU 提供，可用硬件数据类型的数目取决于 CPU。根据硬件配置中设置的模块存储特定硬件数据类型的常量。在用户程序中插入用于控制或激活已组态模块的指令时，可将这些可用常量用作参数。硬件数据类型及其用途如表 4-8 所示。

表 4-8　硬件数据类型及其用途

参数类型	基本数据类型	用途说明
REMOTE	Any	用于指定远程 CPU 的地址。例如，此数据类型可用于"PUT"和"GET"指令

续表

参数类型	基本数据类型	用途说明
HW_ANY	UInt	任何硬件组件（如模块）的标识
HW_DEVICE	HW_Any	DP 从站/PROFINET IO 设备的标识
HW_DPMASTER	HW_Interface	DP 主站的标识
HW_DPSLAVE	HW_Device	DP 从站的标识
HW_IO	HW_Any	CPU 或接口的标识号。该编号在 CPU 或硬件配置接口的属性中自动分配和存储
HW_IOSYSTEM	HW_Any	PN/IO 系统或 DP 主站系统的标识
HW_SUBMODULE	HW_IO	重要硬件组件的标识
HW_INTERFACE	HW_SUBMODULE	接口组件的标识
HW_IEPORT	HW_SUBMODULE	端口的标识（PN/IO）
HW_HSC	HW_SUBMODULE	高速计数器的标识。例如，此数据类型可用于 "CTRL_HSC" 和 "CTRL_HSC_EXT" 指令
HW_PWM	HW_SUBMODULE	脉冲宽度调制标识。例如，此数据类型用于 "CTRL_PWM" 指令
HW_PTO	HW_SUBMODULE	脉冲编码器标识。该数据类型用于运动控制
AOM_IDENT	DWORD	AS 运行系统中对象的标识
EVENT_ANY	AOM_IDENT	用于标识任意事件
EVENT_ATT	EVENT_Any	用于指定动态分配给 OB 的事件。例如，此数据类型可用于 "ATTACH" 和 "DETACH" 指令
EVENT_HWINT	EVENT_ATT	用于指定硬件中断事件
OB_ANY	INT	用于指定任意组织块
OB_DELAY	OB_Any	用于指定发生延时中断时调用的组织块。例如，此数据类型可用于 "SRT_DINT" 和 "CAN_DINT" 指令
OB_TOD	OB_Any	指定时间中断 OB 的数量。例如，此数据类型用于 "SET_TINT" "CAN_TINT" "ACT_TINT" 和 "QRY_TINT" 指令
OB_CYCLIC	OB_Any	用于指定发生看门狗中断时调用的组织块
OB_ATT	OB_Any	用于指定动态分配给事件的组织块。例如，此数据类型可用于 "ATTACH" 和 "DETACH" 指令
OB_PCYCLE	OB_Any	用于指定分配给 "循环程序" 事件类别事件的组织块
OB_HWINT	OB_Any	用于指定发生硬件中断时调用的组织块
OB_DIAG	OB_Any	用于指定发生诊断中断时调用的组织块
OB_TIMEERROR	OB_Any	用于指定发生时间错误时调用的组织块
OB_STARTUP	OB_Any	用于指定发生启动事件时调用的组织块
PORT	HW_SUBMODULE	用于指定通信端口。该数据类型用于点对点通信
RTM	UInt	用于指定运行小时计数器值。例如，此数据类型用于 "RTM" 指令
CONN_ANY	Word	用于指定任意连接
CONN_OUC	CONN_ANY	用于指定通过工业以太网（PROFINET）进行开放式通信的连接
DB_WWW	DB_ANY	通过 Web 应用生成的 DB 的数量（例如，"WWW" 指令）。数据类型 "DB_WWW" 在 "Temp" 区域中的长度为 0
DB_DYN	DB_ANY	用户程序生成的 DB 编号

⑥ 参数数据类型（Variant）　Variant 数据类型的参数是一个指针或引用，可指向各种不同数据类型的变量。Variant 指针无法指向实例，所以不能指向多重实例或多重实例的 Array。Variant 指针可以是基本数据类型（如 Int 或 Real）的对象。还可以是 String、DTL、Struct 类型的 Array、UDT，以及 UDT 类型的 Array。Variant 指针可以识别结构，并指向各个结构元素。Variant 数据类型的操作数不占用背景数据块或工作存储器中的空间。但是，将占用 CPU 上的存储空间。

⑦ 字符数据类型　字符数据类型包括字符（Char）、字符串（String）、宽字符（WChar）和宽字符串（WString），如表4-9所示。

表 4-9　字符数据类型

关键字	取值范围	输入值示例
Char	ASCII 字符集	'A'
String	ASCII 字符集	'123abcdef'
WChar	Unicode 字符集，取值范围$0000~$D7FF	WCHAR#'a'
WString	Unicode 字符集，取值范围$0000~$D7FF	WSTRING'你好'

字符（Char）数据的长度为 8 位（1 个字节），占用一个字节（Byte）的存储空间。它是将单个字符采用 ASCII 码（美国信息交换标准码）的存储方式。

字符串（String）数据类型的操作数在一个字符串中存储多个字符，它的前两个字节用于存储字符串长度的信息，因此一个字符串类型的数据最多可包含 254 个字符。其常数表达方式为由两个单引号包括的字符串，例如'Simatic S7-1200'。用户在定义字符串变量时，也可以限定它的最大长度，例如 String［16］，则该变量最多只能包含 16 个字符。

宽字符（WChar）数据的长度为 16 位，占用两个字符的存储空间。它是将扩展字符集中的单个字符以 Unicode 编码格式进行存储。控制字符在输入时，以美元符号$表示。Unicode 是国际标准字符集，又称为万国码或统一码等。

宽字符串（WString）的操作数用于在一个字符串中存储多个数据类型为 Wchar 的 Unicode 字符。如果未指定长度，则字符串的长度为预置的 254 个字。宽字符串的第 1 个字为总长度，第 2 个字为有效字符数量。

⑧ 长日期时间数据类型（DTL）　长日期时间数据类型的长度为 12 个字节，以预定义结构存储日期和时间信息，其包括的信息有年、月、日、小时、分、秒和纳秒，取值范围为 DTL#1970-01-01-00:00:00.0~DTL#2262-04-11-23:47:16.854775807。

4.3　西门子 S7-1200 PLC 的存储区与寻址方式

4.3.1　存储区的组织结构

CPU 存储区，又称为存储器。S7-1200 PLC 存储区分为 3 个区域：装载存储器、工作存储器和系统存储区。其组织结构如图 4-13 所示。

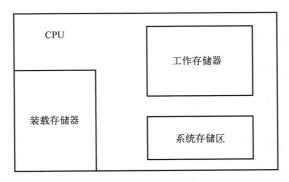

图 4-13　S7-1200 PLC 存储区的组织结构

（1）装载存储器

装载存储器是一种非易失性存储器，用来存储不包含符号地址和注释的用户程序和附加的系统数据，例如存储组态信息、连接及模块参数等。将这些对象装载到 CPU 时，会首先存储到装载存储器中。对于 S7-1200 PLC 而言，装载存储器位于 SIMATIC 存储卡上，所以在运行 CPU 之前必须先插入 SIMATIC 存储卡。

（2）工作存储器

工作存储器也是一种非易失性存储器，用于运行程序指令，并处理用户程序数据，例如全局数据块、背景数据块等。工作存储器占用 CPU 模块中的部分 RAM，它是集成的高速存取的 RAM 存储器，不能被扩展。为了保证程序执行的快速性和不过多地占用工作存储器，只有与程序执行有关的块被装入工作存储器中。

（3）系统存储区

系统存储区是 CPU 为用户程序提供的存储器组件，不能被扩展。系统存储区根据功能的不同，被划分为若干个地址区域，用户程序指令可以在相应的地址区内对数据直接寻址。系统存储区的常用地址区域有：过程映像输入/输出（I/Q）、直接访问外设 I/O（PI/PQ）地址、内部存储器标志位存储区（M）、局部数据存储器（L）、数据块地址存储器（DB）等。

4.3.2　系统存储区

（1）过程映像输入/输出（I/Q）

当用户程序寻址输入（I）和输出（O）地址区时，不能查询数字量信号模板的信号状态。相反，它将访问系统存储器的一个存储区域。这一存储区域称为过程映像，该过程映像被分为两部分：输入的过程映像（PI）和输出的过程映像（PQ）。

一个循环内刷新过程映像的操作步骤如图 4-14 所示，在每个循环扫描开始时，CPU 读取数字量输入模块的输入信号的状态，并将它们存入过程映像输入区（Process Image Input，PII）中；在循环扫描中，用户程序计算输出值，并将它们存入过程映像输出区（Process Image Output，PIQ）中。在循环扫描结束时，将过程映像输出区中内容写入数字量输出模块。

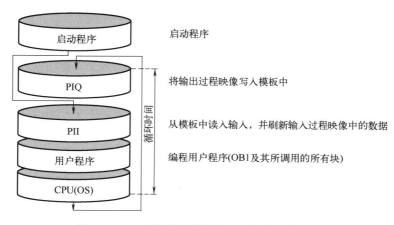

图 4-14　一个循环内刷新过程映像的操作步骤

用户程序访问 PLC 的输入（I）和输出（O）地址区时，不是去读写数字信号模块内的信号状态，而是访问 CPU 中的过程映像区。

I 和 Q 均可以按位、字节、字和双字来存取，例如 I0.1、IB0、IW0、ID0 等。

与直接 I/O 访问相比，过程映像访问可以提供一个始终一致的过程信号映像，以用于循环程序执行过程中的 CPU。如果在程序执行过程中输入模板上的信号状态发生变化，过程映像中的信号状态保持不变，直到下一个循环过程映像再次刷新。另外，由于过程映像被保存在 CPU 的系统存储器中，访问速度比直接访问信号模板显著加快。

输入过程映像在用户程序中的标识符为"I"，是 PLC 接收外部输入数字量信号的窗口。输入端可以外接常开或常闭触点，也可以接多个触点组成的串并联电路。PLC 将外部电路的通/断状态读入并存储到输入过程映像中，外部输入电路接通时，对应的输入过程映像为 ON（1 状态）；外部输入电路断开时，对应的输入过程映像为 OFF（0 状态）。在梯形图中，可以多次使用输入过程映像的常开或常闭触点。

输出过程映像在用户程序中的标识符为"Q"，在循环结束时，CPU 将输出过程映像的数据传送给输出模块，再由输出模块驱动外部负载。如果梯形图中 Q0.0 的线圈"通电"，继电器型输出模块中对应的硬件继电器的常开触点闭合，使接在 Q0.0 对应的输出端子的外部负载工作。输出模块中的每一硬件继电器仅有一对常开触点，但是在梯形图中，每一个输出位的常开触点和常闭触点都可以使用多次。

（2）直接访问外设 I/O（PI/PQ）地址

如果将模块插入到站点中，默认情况下其逻辑地址将位于 S7-1200 CPU 的过程映像区中。在过程映像区更新期间，CPU 会自动处理模块和过程映像区之间的数据交换。

如果希望程序直接访问模块，则可以使用 PI/PQ 指令来实现。通过访问外设 I/O 存储区（PI 和 PQ），用户可以不经过过程映像输入和过程映像输出，直接访问本地的和分布式的输入模块（例如接收模拟量输入信号）和输出模块（例如产生模拟量输出信号）。如果在程序中使用外部输入参数，则在执行程序相应指令时将直接读取指定输入模块的状态。如果使用外部输出参数，则在执行程序相应指令时将直接把计算结果写到指定输出模块上，而不需要等到输出刷新这一过程。可以看到，使用外设输入/输出存储区可以跟输入/输出模块进行实时数据交换，因此在处理连续变化的模拟量时，一般要使用外部输入/输出这一存储区域。

（3）内部存储器标志位存储区（M）

在逻辑运算中，经常需要一些辅助继电器，其功能与传统的继电器控制线路中的中间继电器相同。辅助继电器与外部没有任何直接联系，不能驱动任何负载。每个辅助继电器对应位存储区的一个基本单元，它可以由所有的编程元件的触点来驱动，其状态也可以多次使用。在 S7-1200 PLC 中，有时也称辅助继电器为位存储区的内部存储器标志位。

内部存储器标志位在用户编程时，通常用来保存控制逻辑的中间操作状态或其他信息。内部存储器标志位通常以"位"为单位使用，采用"字节.位"的编址方式，每 1 位相当于 1 个中间继电器。内部存储器标志位除了以"位"为单位使用外，还可以用"字节""字""双字"为单位使用。

（4）局部数据存储器（L）

局部数据可以作为暂时存储器或子程序传递参数，局部变量只在本单元有效。局部数据存储器可以存储块的临时数据，这些数据仅在该块的本地范围内有效。

（5）数据块地址存储器（DB）

在程序执行的过程中使用 DB 可存放中间结果，或用来保存与工序或任务有关的数据。可以对 DB 进行定义以便所有程序块可以访问它们，也可将其分配给特定的 FB 或 SFB。

4.3.3　寻址方式

寻址方式，即对数据存储区进行读写访问的方式。S7-1200 PLC 的寻址方式可分为立即寻址、直接寻址和间接寻址。

（1）立即寻址

数据在指令中以常数形式出现，取出指令的同时也就取出了操作数据，这种寻址方式称为立即数寻址方式。常数可分为字节、字、双字型数据。CPU 以二进制方式存储常数，指令中还可用十进制、十六进制、ASCII 码或浮点数等来表示。有些指令的操作数是唯一的，为简化起见，并不在指令中写出，例如 SET、CLR 等指令。下面是使用立即寻址的程序实例：

```
SET                  //把 RLO 置 1
OW   W#16#253        //将常数 W#16#253 与 ASCII"或"运算
L    1521            //将常数 1521 装入 ACCU1（累加器 1）
L    "9C73"          //把 ASCII 码字符 9C73 装入 ACCU1
L    C#253           //把 BCD 码常数 253（计数值）装入 ACCU1
AW   W#16#3C2A       //将常数 W#16#3C2A 与 ACCU1 的低位"与"运算，运算结果在 ACCU1 的低字中
```

（2）直接寻址

直接寻址在指令中直接给出存储器或寄存器的区域、长度和位置。在 STEP 7 中可采用绝对地址寻址和符号地址寻址这两种方式对存储区直接进行访问，即直接寻址。

绝对地址寻址是直接指定所访问的存储区域、访问形式及地址数据。STEP 7 对于各存储区域（计数器和定时器除外）基本上可采取 4 种方式直接寻址：位寻址、字节寻址、字寻址、双

字寻址。

① 位寻址　存储器的最小组成部分是位（Bit），位寻址是最小存储单元的寻址方式。寻址时，采用以下结构：

区域标识符+字节地址+位地址

例如：Q2.5

"Q"表示过程映像输出区域标识符；"2"表示第 2 个字节，字节地址从 0 开始，最大值由该存储区的大小决定；"5"表示位地址为 5，位地址的取值范围是 0~7。

② 字节寻址　字节寻址，可用来访问一个 8 位的存储区域。寻址时，采用以下结构：

区域标识符+字节的关键字（B）+字节地址

例如：MB0

"M"表示内部存储器标志位存储区；"B"表示字节 byte；"0"表示第 0 个字节，它包含 8 个位，其中最低位（LSB）的位地址为 M0.0，最高位（MSB）的位地址为 M0.7，其结构如图 4-15 所示。

图 4-15　MB0 字节存储区的结构图

③ 字寻址　字寻址，可用来访问一个 16 位的存储区域，即两个连续字节的存储区域。寻址时，采用以下结构：

区域标识符+字的关键字（W）+第一字节地址

例如：IW3

"I"表示过程映像输入区域标识符；"W"表示字（Word）；"3"表示从第 3 个字节开始的连续两个字节的存储区域，即 IB3 和 IB4，其结构如图 4-16 所示。

图 4-16　IW3 字存储区的结构图

使用字寻址时，应注意以下两点。

第一，字中包含两个字节，但在访问时只指明一个字节数，而且只指明数值较低的那个数。例如 QW10 包括 QB10 和 QB11，而不是 QB9 和 QB10。

第二，两个字节按照从高到低的顺序排列，数值较低的字节为高位，而数值较高的字节为低位，这一点可能与常规习惯不同。例如 IW3 中，IB3 为高位字节，IB4 为低位字节；QW20 中 QB20 为高位，QB21 为低位。

④ 双字寻址　双字寻址，可用来访问一个 32 位的存储区域，即 4 个连续字节的存储区域。寻址时，采用以下结构：

区域标识符+双字的关键字（D）+第一字节地址

例如：LD10

"L"表示局部数据暂存区标识符；"D"表示双字（Double Word）；"10"表示从第 10 个

字节开始的连续 4 个字节的存储区域, 即 LB10、LB11、LB12 和 LB13, 其结构如图 4-17 所示。

图 4-17　LD10 双字存储区的结构图

双字的结构与字的结构类似, 但在编写程序进行寻址时, 应尽量避免地址重叠情况的发生。例如 MW20 和 MW21, 由于都包含了 MB21, 所以在使用时, 要统一用偶数或奇数且要进行加 4 寻址。

西门子 STEP 7 中绝对寻址的地址如表 4-10 所示。

表 4-10　绝对寻址的地址

区域名称	访问区域方式	关键字	举例
过程映像输入区（I）	位访问	I	I1.4, I2.7, I4.5
	字节访问	IB	IB10, IB21, IB100
	字访问	IW	IW2, IW10, IW24
	双字访问	ID	ID0, ID5, ID13
过程映像输出区（Q）	位访问	Q	Q0.2, Q1.7, Q6.3
	字节访问	QB	QB4, QB30, QB60
	字访问	QW	QW3, QW12, QW20
	双字访问	QD	QD6, QD12, QD9
内部存储器标志位存储区（M）	存储位	M	M0.4, M2.3, M5.6
	存储字节	MB	MB0, MB12, MB20
	存储字	MW	MW2, MW5, MW10
	存储双字	MD	MD0, MD4, MD10
外设输入（PI）	外设输入字节	PIB	PIB2
	外设输入字	PIW	PIW4
	外设输入双字	PID	PID0
外设输出（PQ）	外设输出字节	PQB	PQB0
	外设输出字	PQW	PQW4
	外设输出双字	PQD	PQD2
背景数据块 （DB, 使用 "OPN DB" 打开）	数据位	DBX	DBX0.0, DBX10.6
	数据字节	DBB	DBB1, DBB3
	数据字	DBW	DBW0, DBW10
	数据双字	DBD	DBD0, DBD10
局部数据（L）	临时局部数据位	L	L0.0, L2.7
	临时局部数据字节	LB	LB2, LB5
	临时局部数据字	LW	LW0, LW10
	临时局部数据双字	LD	LD3, LD7

注意： 外设输入/输出存储区没有位寻址访问方式。另外，在访问数据块时，如果没有预先打开数据块，需采用数据块号加地址的方法。例如，DB20.DBX30.5是指数据块号为20，第30个字节，第5位的位地址。

（3）间接寻址

采用间接寻址时，只有当程序执行时，用于读或写数值的地址才得以确定。使用间接寻址，可实现每次运行该程序语句时使用不同的操作数，从而减少程序语句并使得程序更灵活。

对于S7-1200 PLC，所有的编程语言都可以通过指针、数组元素的间接索引等方式进行间接寻址。当然，不同的语言也支持特定的间接寻址方式，例如在STL编程语言中，可以直接通过地址寄存器寻址操作数。

① 通过指针间接寻址　对于S7-1200 PLC支持Variant指针类型进行间接寻址，表4-11为声明各种Variant指针类型的格式。

表4-11　声明各种Variant指针类型的格式

指针表示方式	格式	输入值示例	说明
符号寻址	操作数	"TagResult"	MW10存储区
	数据块名称.操作数名称.元素	"Data_TIA_Portal".Struct Variable.FirstComponent	全局DB10中从DBW10开始带有12个字（Int类型）的区域
绝对地址寻址	操作数	%MW10	MW10存储区
	数据块编号.操作数 类型长度	P#DB10.DBX10.0 INT 12	全局DB10中从DBW10开始带有12个字（Int类型）的区域
	P#零值	P#0.0 VOID,ZERO	零值

② Array元素的间接索引　要寻址Array元素，可以指定整型数据类型的变量并指定常量作为下标。在此，只能使用最长32位的整数。使用变量时，则可在运行过程对索引进行计算。例如，在程序循环中，每次循环都使用不同的下标。

对于一维数组Array的间接索引格式为"<Data block>".<ARRAY>［"i"］；对于二维数组Array的间接索引格式为"<Data block>".<ARRAY>［"i"，"j"］。其中<Data block>为数据块名称，<ARRAY>为数组变量名称，"i"和"j"为用作指针的整型变量。

③ 间接寻址String的各字符　要寻址String或WString的各字符，可以将常量和变量指定为下标。该变量必须为整型数据类型。使用变量时，则可在运行过程中对索引进行计算。例如，在程序循环中，每次循环都使用不同的下标。

用于String的间接索引的格式为"<Data block>".<STRING>［"i"］；用于WString的间接索引的格式为"<Data block>".<WSTRING>［"i"］。

4.4　变量表、监控表和强制表的应用

在TIA Portal中编辑或调试项目时，经常会使用到变量表、监控表和强制表。本节以图4-18所示的"电动机正反转控制"项目为例，讲述变量表、监控表和强制表的应用方法。

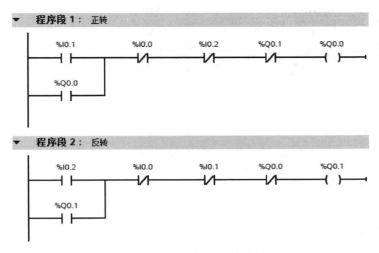

图 4-18　电动机正反转控制

4.4.1　变量表

默认情况下，在 TIA Portal 软件中输入程序时，系统会自动为所输入的地址定义符号。用户可以在程序编写前，为输入、输出、中间变量等定义相应的符号名。

在 TIA Portal 软件中，用户可定义两类符号：全局符号和局部符号。全局符号利用变量表（tag table）来定义，可以在用户项目的所有程序块中使用；局部符号是在程序块的变量声明表中定义，只能在该程序块中使用。

（1）变量表简介

PLC 变量表（tag table）包含在整个 CPU 范围有效的变量。系统会为项目中使用的每个 CPU 自动创建一个 PLC 变量表，用户也可以创建其他变量表用于对变量和常量进行归类与分组。

参照第 3.2 节，在 TIA Portal 软件中添加了 CPU 设备并对其进行硬件组态后，会在项目树中 CPU 设备下出现一个 "PLC 变量" 文件夹，在该文件夹下显示 3 个选项：显示所有变量、添加新变量表、默认变量表，如图 4-19 所示。

"显示所有变量" 选项有 3 个选项卡，变量、用户常量和系统常量，分别显示全部的 PLC 变量、用户常量和 CPU 系统常量。该表不能删除或移动。

"默认变量表" 由系统自动创建，项目的每个 CPU 均有一个标准变量表。用户对该表进行删除、重命名或移动等操作。默认变量表包含 PLC 变量、用户常量和系统常量。用户可以在 "默认变量表" 中定义所有的 PLC 变量和用户常量，也可以在用户自定义变量表中进行定义。

双击 "添加新变量表"，可以创建用户自定义变量表。用户自定义变量表包含 PLC 变量和应用常量，用户根据需要在用户自定义变量表中定义所需要的变量和常量。在 TIA Portal 软件中，用户自定义变量表可以有多个，可以对其进行重命名、整理合并为组或删除等操作。

① 变量表工具栏　变量表的工具栏如图 4-20 所示，从左到右依次是：插入行、新建行、导出、导入、全部监视和保持。

② 变量的结构　每个 PLC 变量表包含变量选项卡和用户常量选项卡。默认变量表和 "所有变量" 表还均包括 "系统常量" 选项卡。表 4-12 列出了 "常量" 选项卡各列的含义，所显示的列编号可能有所不同，可以根据需要显示或隐藏列。

图 4-19 变量表

图 4-20 变量表工具栏

表 4-12 变量表中"常量"选项卡的各列含义

列	含义
	通过单击符号并将变量拖动到程序作为操作数
名称	常量在 CPU 范围内的唯一名称
变量表	显示包含有该变量声明的变量表，该列仅存在于"显示所有变量"表中
数据类型	变量的数据类型
地址	变量地址
保持	将变量标记为具有保持性。保持性变量的值在电源关闭后将保留
可从 HMI/OPC UA 访问	显示运行时该变量是否可从 HMI/OPC UA 访问
从 HMI/OPC UA 可写	显示运行时该变量是否可从 HMI/OPC UA 写入

续表

列	含义
在 HMI 工程组态中可见	指定操作数选择中的变量是否在默认情况下在 HMI 中可见
监控	显示是否监控为该变量创建的过程诊断
注释	用于说明变量的注释信息

（2）定义全局符号

在变量表中定义变量和常量，所定义的符号名称允许使用字母、数字和特殊字符，但不能使用引号。变量表中的变量均为全局变量，在编程时可以使用全局变量的符号进行寻址，从而提高程序的可读性。

在 TIA Portal 软件项目视图的项目树中，双击“添加新变量表”，即可生成新的变量表“变量表_1［0］”。选中新生成的变量表，右击鼠标弹出快捷菜单，选择“重命名”，即可将其进行更名，例如将其更名为“电动机正反转_表”。

在变量表的“名称”栏中，分别输入“停止按钮”“正向启动按钮”“反向启动按钮”“正向运行”和“反向运行”。在“地址”栏中输入“I0.0”“I0.1”“I0.2”“Q0.0”“Q0.1”。5 个符号的数据类型均选为“Bool”，如图 4-21 所示。至此，全局符号定义完成，因为这些符号关联的变量是全局变量，所以这些符号在本项目所有的程序中均可使用。

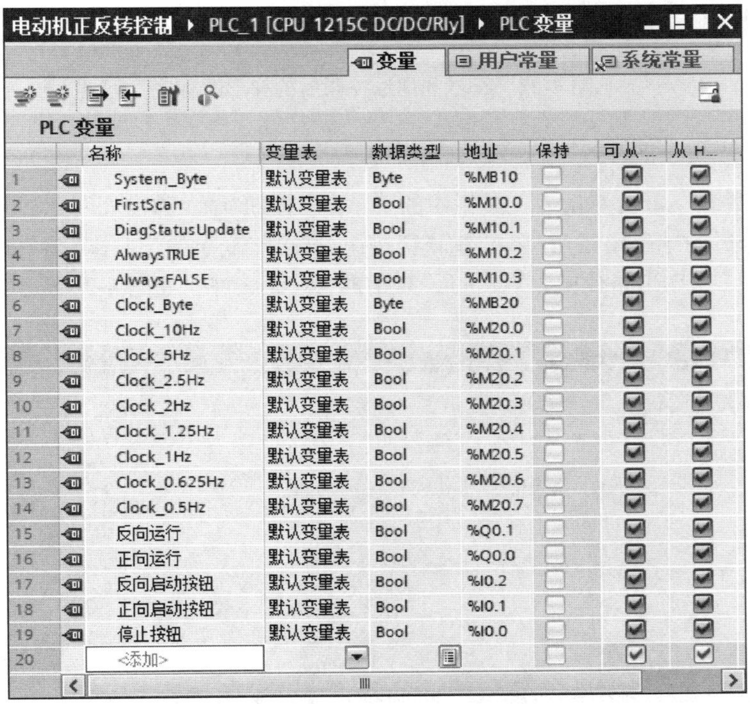

	名称	变量表	数据类型	地址	保持	可从 ...	从 H...
1	System_Byte	默认变量表	Byte	%MB10			
2	FirstScan	默认变量表	Bool	%M10.0			
3	DiagStatusUpdate	默认变量表	Bool	%M10.1			
4	AlwaysTRUE	默认变量表	Bool	%M10.2			
5	AlwaysFALSE	默认变量表	Bool	%M10.3			
6	Clock_Byte	默认变量表	Byte	%MB20			
7	Clock_10Hz	默认变量表	Bool	%M20.0			
8	Clock_5Hz	默认变量表	Bool	%M20.1			
9	Clock_2.5Hz	默认变量表	Bool	%M20.2			
10	Clock_2Hz	默认变量表	Bool	%M20.3			
11	Clock_1.25Hz	默认变量表	Bool	%M20.4			
12	Clock_1Hz	默认变量表	Bool	%M20.5			
13	Clock_0.625Hz	默认变量表	Bool	%M20.6			
14	Clock_0.5Hz	默认变量表	Bool	%M20.7			
15	反向运行	默认变量表	Bool	%Q0.1			
16	正向运行	默认变量表	Bool	%Q0.0			
17	反向启动按钮	默认变量表	Bool	%I0.2			
18	正向启动按钮	默认变量表	Bool	%I0.1			
19	停止按钮	默认变量表	Bool	%I0.0			
20	<添加>						

图 4-21　在变量表中定义全局符号

打开程序块 Main［OB1］，执行菜单命令“视图”→“显示”→“操作数表示”→“符号和绝对值（N）”，并参照图 4-18 所示输入梯形图程序，可以看到梯形图中的符号和地址关联在一起，且一一对应，如图 4-22 所示。

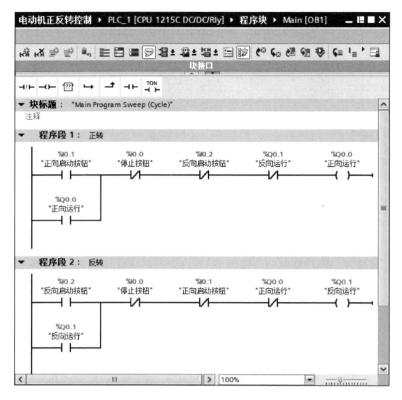

图 4-22　符号和地址关联后的梯形图程序

（3）导出和导入变量表

① 导出变量表　单击变量表工具栏中的"导出"按钮 ，弹出如图 4-23 所示对话框。在此对话框选择合适的导出路径后，单击"确定"按钮，即可将变量导出到默认名为"PLCTags.xlsx"的 Excel 文件中。在导出路径中，双击打开导出的 Excel 文件，如图 4-24 所示。

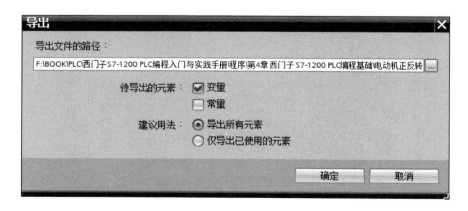

图 4-23　导出变量表

② 导入变量表　单击变量表工具栏中的"导入"按钮 ，弹出导入路径对话框，如图 4-25 所示。在此对话框选择要导入的 Excel 文件"PLCTags.xlsx"的路径后，单击"确定"按

钮，即可将变量导入到变量表中。注意，要导入的 Excel 文件必须符合变量表的相关规范。

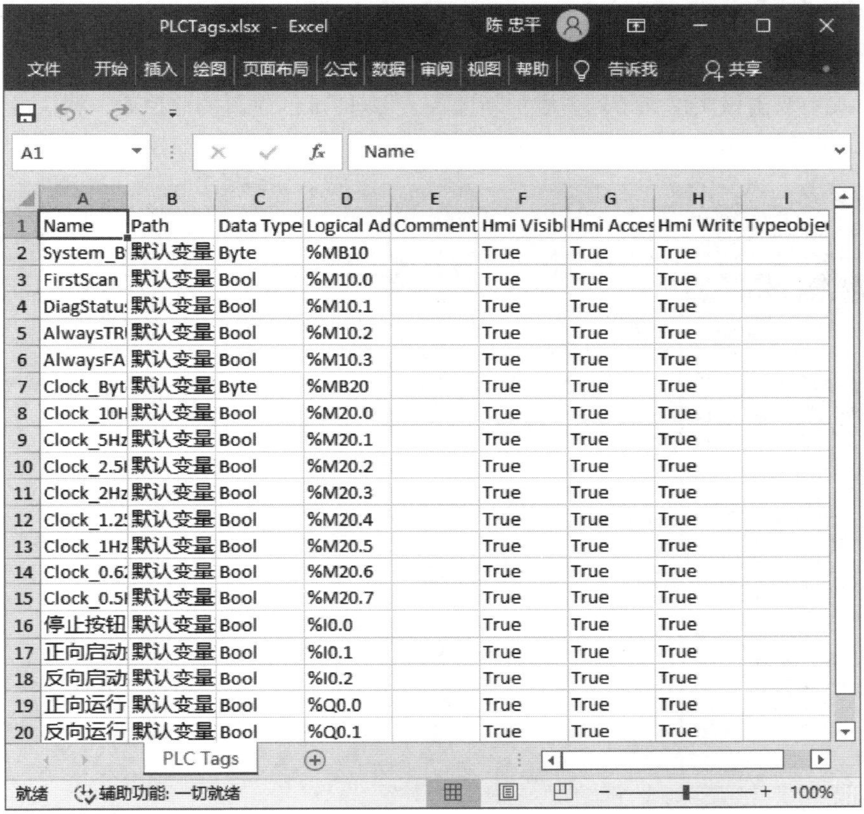

图 4-24　导出的 Excel 文件

图 4-25　导入变量表

4.4.2　监控表

硬件接线完成后，需要对所接线的输入和输出设备进行测试，即 I/O 设备测试。I/O 设备的测试可以使用 TIA Portal 软件提供的监控表实现。TIA Portal 软件中监控表的功能相当于经典 STEP 7 软件中变量表的功能。

监控表（watch table）又称为监视表，可以显示用户程序的所有变量的当前值，也可以将特定值分配给用户程序中或 CPU 中的各个变量。使用这两项功能可以检查 I/O 设备接线情况。

（1）创建监控表

在 TIA Portal 软件中添加了 CPU 设备后，会在项目树中 CPU 设备下出现一个"监控与强制表"文件夹。双击该文件夹下的"添加新监控表"，即可创建新的监控表，默认名称为"监控表_1"，如图 4-26 所示。

图 4-26　创建新的监控表

在监控表中输入要监控的变量，创建监控表完成，如图 4-27 所示。

图 4-27　在监控表中定义要监控的变量

（2）监控表的显示模式与工具条含义

监控表的显示模式有两种：基本模式和扩展模式。默认为基本模式，图 4-27 就属于基本模式。在监控表中任意一列右击鼠标，在弹出的对话框中选择"扩展模式"，即切换到扩展模式，如图 4-28 所示。对比图 4-27 和图 4-28 可以看出，扩展模式中显示的列比基本模式多了两项："使用触发器监视"和"使用触发器进行修改"。在监控表中，各列的含义如表 4-13 所示。

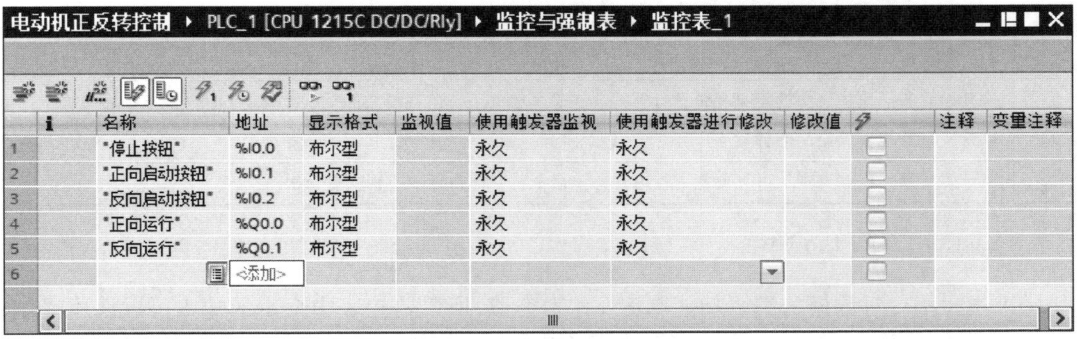

图 4-28　扩展模式下的监控表

表 4-13　监控表中各列的含义

显示模式	列	含义
基本模式	**i**	标识符列
	名称	插入变量的名称
	地址	插入变量的地址
	显示格式	所选的显示格式
	监视值	变量值，取决于所选的显示格式
	修改值	修改变量时所用的值
	⚡	单击相应的复选框可选择要修改的变量
	注释	描述变量的注释
扩展模式显示附加列	使用触发器监视	显示所选的监视模式
	使用触发器进行修改	显示所选的修改模式

监控表的工具条中各个按钮的含义如表 4-14 所示。

表 4-14　监控表中工具条中各个按钮的含义

列	含义
🗒	在所选行之前插入一行
🗒	在所选行之后插入一行
🗒	插入注释行
🗒	显示所有修改列，如果再次单击该图标，将隐藏修改列
🗒	显示扩展模式的所有列，如果再次单击该图标，将隐藏扩展模式的列

续表

列	含义
⚡₁	立即修改所有选定变量的地址一次。该命令将立即执行一次，而不参考用户程序中已定义的触发点
⚡🕐	参考用户程序中定义的触发点，修改所有选定变量的地址
⚡	禁用外设输出的输出禁用命令，因此用户可以在 CPU 处于 STOP 模式时修改外设输出
👓▷	开始对激活监控表中的可见变量进行监视。在基本模式下，监视模式的默认设置是"永久"；在扩展模式下，可以为变量监视设置定义的触发点
 👓1	开始对激活监控表中的可见变量进行监视。该命令将立即执行并监视变量一次

（3）监控表的 I/O 测试

在监控表中，对数据的编辑功能与 Excel 表类似，所以监控表中变量的输入可以使用复制、粘贴和拖曳等操作，变量可以从其他表中复制过来，也可以通过拖曳的方法实现变量的添加。

CPU 程序运行时，单击监控表中工具条的"监视变量"按钮👓，可以看到 5 个变量的监视值，如图 4-29 所示。

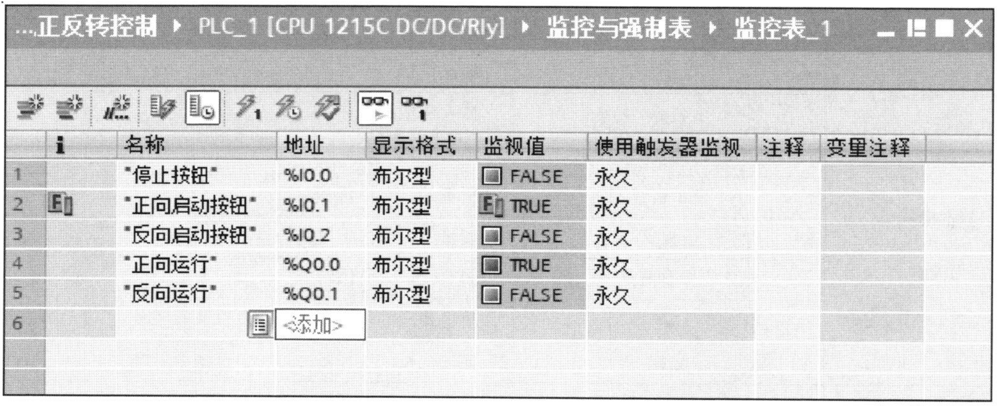

图 4-29　监控表的监控

如图 4-30 所示，选中变量 I0.2 后面的"监视值"栏的"FALSE"，单击鼠标右键，弹出快捷菜单，选中"修改"→"修改为 1"，变量 I0.2 变成"TRUE"，如图 4-31 所示。

4.4.3　强制表

使用强制表给用户程序中的各个变量分配固定值，该操作称为"强制"。在强制表中可以进行监视变量及强制变量的操作。

在强制表中可监视的变量包括输入存储器、输出存储器、位存储器和数据块的内容，此外还可监视输入的内容。通过使用或不使用触发条件来监视变量，这些监视变量可以在 PG/PC 上显示用户程序或 CPU 中各变量的当前值。

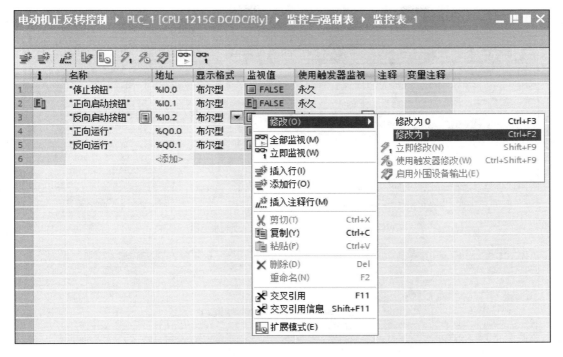

图 4-30　修改监控表中 I0.2 的值

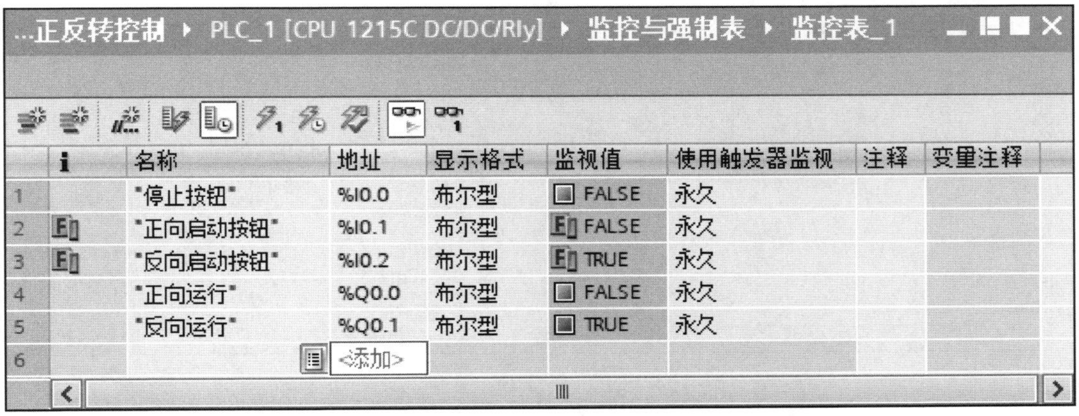

图 4-31　监控表中 I0.2 修改后的值

　　变量表可强制的变量包括外设输入和外设输出。通过强制变量可以为用户程序的各个 I/O 变量分配固定值。

　　在 TIA Portal 软件中添加了 CPU 设备后，会在项目树中 CPU 设备下出现一个"监控与强制表"文件夹。双击该文件夹下的"强制表"，即可将其打开，然后输入要强制的变量，如图 4-32 所示。

　　CPU 程序运行时，如图 4-33 所示，选中变量 I0.1 的"强制值"栏中的"TURE"，单击鼠标的右键，弹出快捷菜单，单击"强制"→"强制为 1"命令。然后弹出强制为 1 的对话框，在此对话框中单击"是"按钮后，强制表如图 4-34 所示，在变量 I0.1 的第 1 列出现 F 标识，其强制值显示为 TURE。CPU 模块的"MAINT"指示灯变为黄色，程序运行效果如图 4-35 所示。

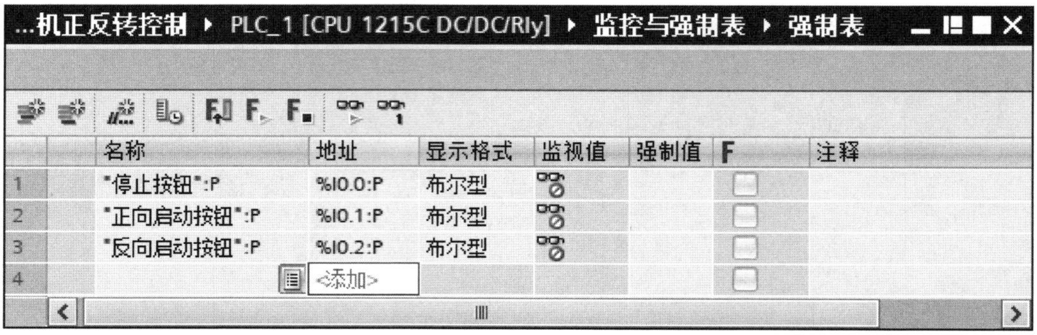

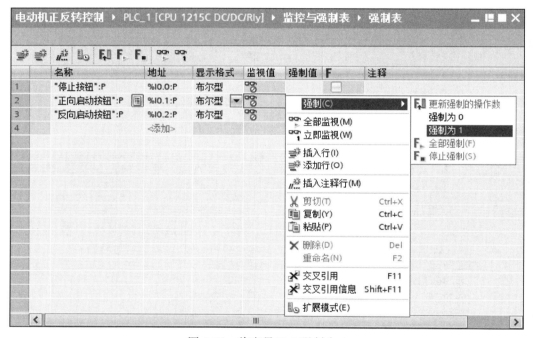

图 4-32   在强制表中输入强制变量

图 4-33   将变量 I0.1 强制为 1

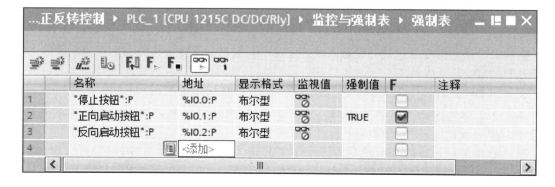

图 4-34   变量 I0.1 的强制值为 TRUE

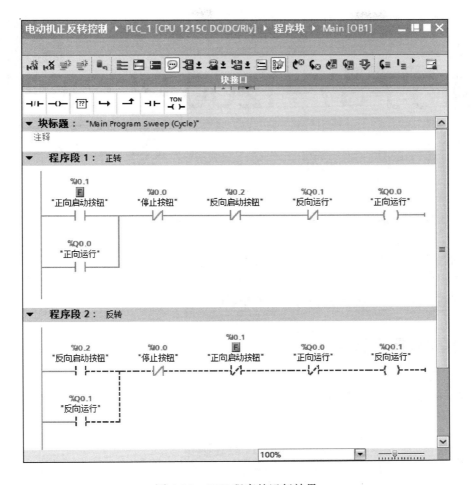

图 4-35　CPU 程序的运行效果

　　单击工具栏中的"停止所选地址的强制"按钮 ，停止所有的强制输出，"MAINT"指示灯变为绿色。

第5章

西门子S7-1200 PLC的基本
指令及应用

对于可编程控制器的指令系统，不同厂家的产品没有统一的标准，有的即使是同一厂家不同系列产品，其指令系统也有一定的差别。S7-1200 PLC 的指令从功能上大致可分为基本指令和扩展指令等。基本指令包括位逻辑运算指令、定时器指令、计数器指令、比较操作指令、移动操作指令、转换指令、数学函数指令、程序控制指令、字逻辑运算指令以及移位和循环移位指令。本章主要介绍 S7-1200 PLC 梯形图编程语言中的基本指令。

5.1 位逻辑运算指令

位逻辑运算指令是 PLC 中常用的基本指令，用于二进制数的逻辑运算，其指令如表 5-1 所示。

表 5-1 位逻辑运算指令

指令	功能	指令	功能
—┤ ├—	常开触点（地址）	—(S)—	置位输出
—┤ / ├—	常闭触点（地址）	—(R)—	复位输出
—┤NOT├—	取反 RLO 触点	—┤P├—	扫描操作数的信号上升沿
—( ) —	输出线圈	—┤N├—	扫描操作数的信号下降沿
—(/) —	反向输出线圈	—(P)—	在信号上升沿置位操作数
—(SET_BF)—	置位位域	—(N)—	在信号下降沿置位操作数
—(RESET_BF)—	复位位域		
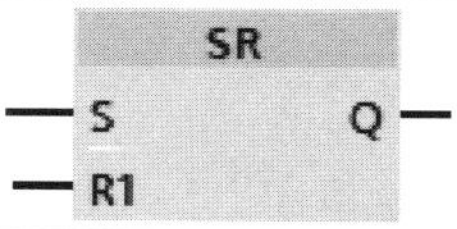 **SR** —S Q— —R1	置位/复位触发器	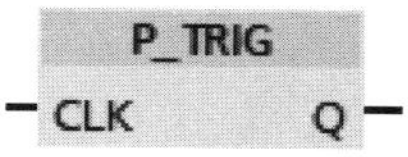 **P_TRIG** —CLK Q—	扫描 RLO 的信号上升沿
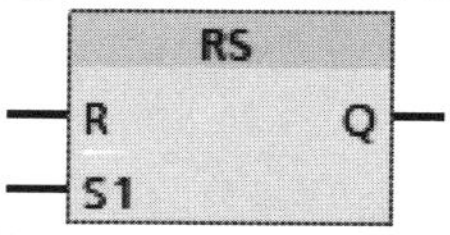 **RS** —R Q— —S1	复位/置位触发器	 **N_TRIG** —CLK Q—	扫描 RLO 的信号下降沿
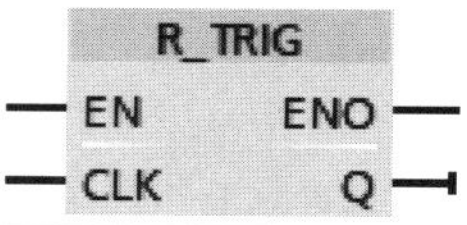 **R_TRIG** —EN ENO— —CLK Q—	检测信号上升沿	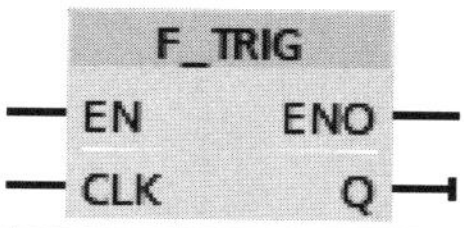 **F_TRIG** —EN ENO— —CLK Q—	检查信号下降沿

5.1.1　位逻辑指令

S7-1200 PLC中位逻辑指令有触点和线圈两大类，触点又分为常开触点和常闭触点两种形式；对触点与线圈而言，"1"表示动作或通电，"0"表示未动作或未通电。

位逻辑指令扫描信号状态 1 和信号状态 0，并根据布尔逻辑对它们进行组合。这些组合产生结果 1 或 0，位逻辑运算的结果简称为 RLO。

（1）常开触点和常闭触点

指令符号：　　＜位地址＞　　　　　＜位地址＞

使用说明：

① 当保存在指定＜位地址＞中的位值等于"1"时，┤├（常开触点）闭合。当触点闭合时，梯形图逻辑中的信号流经触点，逻辑运算结果 RLO=1。反之，如果指定＜位地址＞的信号状态为"0"，触点打开。当触点打开时，没有信号流经触点，逻辑运算结果 RLO=0。

② 当保存在指定＜位地址＞中的位值等于"0"时，┤/├（常闭触点）闭合。当触点闭合时，梯形图逻辑中的信号流经触点，逻辑运算结果 RLO=1。反之，如果指定＜位地址＞的信号状态为"1"，触点打开。当触点打开时，没有信号流经触点，逻辑运算结果 RLO=0。

③ 串联使用时，┤├或┤/├通过"与（AND）"逻辑链接到 RLO 位。并联使用时，┤├或┤/├通过"或（OR）"逻辑链接到 RLO 位。

例 5-1：常开触点和常闭触点指令的使用如图 5-1 所示。在程序段 1 中，当输入 I0.0 和 I0.1 的信号状态均为"1"，或者在输入 I0.2 的信号状态为"1"时，则能流流通；在程序段 2 中，当输入 I0.0 的信号状态为"1"且 I0.1 的信号状态为"0"，或者在输入 I0.2 的信号状态为"1"时，则能流流通。

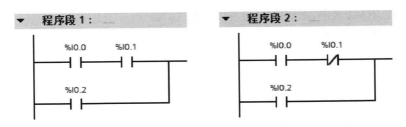

图 5-1　常开触点和常闭触点指令的使用

（2）输出线圈和反向输出线圈指令

指令符号：　　＜位地址＞　　　　　　＜位地址＞

使用说明：

① ─( )─输出线圈指令的作用和继电器逻辑图中的线圈一样。如果有能流流过线圈（RLO=1），线圈得电，＜位地址＞处的位则被置为"1"，其相应的常开触点闭合，常闭触点断开。如果没有能流流过线圈（RLO=0），线圈失电，＜位地址＞处的位则被置为"0"，其相应的常开触点断开，常闭触点闭合。输出线圈只能放置在梯形逻辑图的右端。

② 线圈符号中间有"/"表示为反向输出线圈指令，如果有能流流过线圈（RLO=1），则反向输出线圈失电，<位地址>处的位则被置为"0"，其相应的常开触点断开，常闭触点闭合；如果没有能流流过线圈（RLO=0），则反向输出线圈得电，<位地址>处的位则被置为"1"，其相应的常开触点闭合，常闭触点断开。

例 5-2： PLC 指令实现电动机点动控制。要求合上电源开关，没有按下点动按钮时，指示灯亮，按下点动按钮时电动机转动。

解： 假设电源开关 SA 和点动按钮 SB0 分别与 CPU 1215C DC/DC/Rly 的 I0.0 和 I0.1 连接；LED 电源指示灯与 CPU 1215C DC/DC/Rly 的 Q0.0 连接；电动机 M1 由交流接触器 KM0 控制，而 KM0 的线圈与 CPU 1215C DC/DC/Rly 的 Q0.1 连接。为实现点动控制，编写的 PLC 程序如表 5-2 所示。

表 5-2 电动机点动控制程序

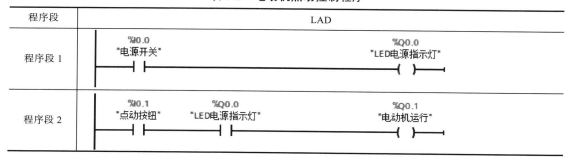

例 5-3： 电动机顺序控制。在某控制系统中，SB0 为停止按钮，SB1、SB2 为两个点动按钮，当 SB1 按下时电动机 M1 启动，此时再按下 SB2 时，电动机 M2 启动而电动机 M1 仍然工作，如果按下 SB0，则两个电动机都停止工作，试用 PLC 实现其控制功能。

解： SB0、SB1、SB2 分别与 CPU 1215C DC/DC/Rly 的 I0.0、I0.1、I0.2 连接。电动机 M1、M2 分别由 KM1、KM2 控制，KM1、KM2 的线圈分别与 CPU 1215C DC/DC/Rly 的 Q0.0 和 Q0.1 连接。为实现控制，编写程序如表 5-3 所示。

表 5-3 电动机顺序控制程序

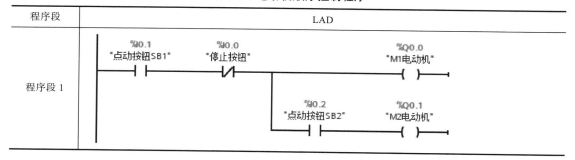

（3）取反 RLO 触点指令

指令符号：—|NOT|—

寻址存储区：无显性寻址

使用说明： 触点符号中间有"NOT"表示为取反 RLO，它用来转换能流输入逻辑状态。如果没有能流流入取反 RLO 触点，则有能流输出；如果有能流流入取反 RLO 触点，则没有能流输出。通俗来说，如果取反 RLO 触点输入端的逻辑为 1，经过取反 RLO 触点后，其触点输出端为逻辑 0；如果取反 RLO 触点输入端的逻辑为 0，经过取反 RLO 触点后，其触点输出端为逻辑 1。

例 5-4：取反 RLO 触点指令的使用程序如表 5-4 所示。在输入 I0.0 与 I0.1 的信号状态同时为 "1" 或者在输入 I0.2 的信号状态为 "1" 且输入 I0.3 的信号状态为 "0" 时，则输出 Q0.0 为 "0"，否则 Q0.0 输出为 "1"。

表 5-4　取反 RLO 触点指令的使用程序

程序段	LAD
程序段 1	

5.1.2　置位和复位指令

置位和复位包括置位输出、复位输出、置位位域和复位位域 4 条指令。

（1）置位/复位输出指令

指令符号：〈位地址〉　　　　　　〈位地址〉
　　　　　—(s)—　　　　　　—(R)—

使用说明：

① —(s)—（置位输出指令）只有在前一指令的 RLO 为 "1"（能流流经线圈）时，才能执行。如果有能流流过线圈（即 RLO 为 "1"），元素的指定<位地址>处的位则被置位为 "1"。RLO 为 "0"（没有能流流过线圈）没有任何作用，并且元素指定位地址的状态保持不变。

② —(R)—（复位输出指令）只有在前一指令的 RLO 为 "1"（能流流经线圈）时，才能执行。如果有能流流过线圈（即 RLO 为 "1"），元素的指定<位地址>处的位则被复位为 "0"。RLO 为 "0"（没有能流流过线圈）没有任何作用，并且元素指定位地址的状态保持不变。

例 5-5：置位/复位输出指令在闪烁灯控制中的应用。在某控制系统中，SB0 为停止按钮，SB1 为启动按钮，当 SB1 按下时，LED 灯进行闪烁显示。试用置位/复位输出指令实现其控制功能。

解：SB0、SB1 分别与 CPU 1215C DC/DC/Rly 的 I0.0、I0.1 连接。LED 闪烁灯与 CPU 1215C DC/DC/Rly 的 Q0.0 连接。闪烁频率可由 CPU 系统的输出脉冲（2Hz）来实现，编写程序如表 5-5 所示。在程序段 1 中，只要 I0.0 触点的信号状态为 "1"（即闭合），则 M0.0 线圈被复位，使得程序段 3 中的 M0.0 常开触点复位（即处于断开状态）；在程序段 2 中，只要 I0.1 触点的信号状态为 "1"，则 M0.0 线圈被置位，使得程序段 3 中的 M0.0 常开触点闭合。在程序段 3 中，只要 M0.0 常开触点闭合，则 Q0.0 线圈每隔 0.5s 闭合 1 次，且每次闭合时间为 0.5s。

表 5-5　置位/复位输出指令在闪烁灯控制中的应用程序

程序段	LAD
程序段 1	%I0.0 "停止按钮" ┤├ ──── %M0.0 "辅助继电器" ─(R)─
程序段 2	%I0.1 "启动按钮" ┤├ ──── %M0.0 "辅助继电器" ─(S)─
程序段 3	%M0.0 "辅助继电器" ┤├ ── %M20.3 "Clock_2Hz" ┤├ ── %Q0.0 "LED闪烁灯" ─( )─

（2）置位位域/复位位域指令

指令符号：　　<操作数 1>　　　　　　　　　　<操作数 1>
　　　　　　　─(SET_BF)──　　　　　　　─(RESET_BF)─
　　　　　　　<操作数 2>　　　　　　　　　　<操作数 2>

使用说明：

① ──(SET_BF)──是将指定的地址开始的连续若干个位地址置位（变为"1"并保持）；──(RESET_BF)──是将指定的地址开始的连续若干个位地址复位（变为"0"并保持）。

② 这两条指令有两个操作数，其中指令下方的为操作数 2，用来指定要置位或复位的位数；指令上方的为操作数 1，用来指定要置位或复位的起始地址。

例 5-6：置位位域和复位位域在闪烁灯控制中的应用。在某控制系统中，当 PLC 一上电，8 只 LED 灯进行闪烁显示。试用置位位域和复位位域指令实现其控制功能。

解：8 只 LED 灯与 CPU 1215C DC/DC/Rly 的 Q0.0~Q0.7 进行连接，闪烁频率可由 CPU 系统的输出脉冲（2Hz）来实现，编写程序如表 5-6 所示。在程序段 1 中每隔 0.5s，M0.0 线圈输出为高电平。在程序段 2 中，M0.0 触点闭合（即 M0.0 线圈为高电平）时将 Q0.0 起始的 8 位地址（Q0.0~Q0.7）线圈置位；在程序段 3 中，M0.0 触点断开（即 M0.0 线圈为低电平）时将 Q0.0 起始的 8 位地址（Q0.0~Q0.7）线圈复位。这样，可实现与 Q0.0~Q0.7 连接的 8 只 LED 灯进行闪烁显示。

表 5-6　置位位域/复位位域指令在闪烁灯控制中的应用程序

程序段	LAD
程序段 1	%M20.3 "Clock_2Hz" ┤├ ──── %M0.0 "辅助继电器" ─( )─
程序段 2	%M0.0 "辅助继电器" ┤├ ──── %Q0.0 "LED闪烁灯" ─(SET_BF)─ 8

续表

程序段	LAD
程序段 3	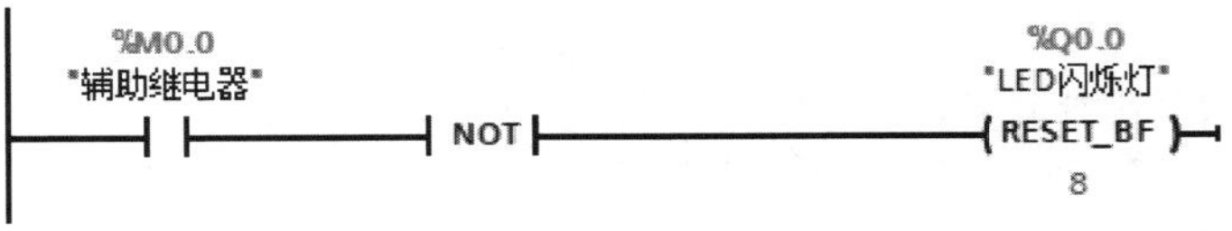 %M0.0 "辅助继电器"　　──┤ ├──　　NOT　　　%Q0.0 "LED闪烁灯" ─(RESET_BF)─ 8

5.1.3　双稳态触发器指令

在 S7-1200 PLC 中的双稳态触发器包含 SR 置位/复位触发器和 RS 复位/置位触发器，它们都有相应的置位/复位双重功能。

指令符号：〈位地址〉　　　　　　　　〈位地址〉

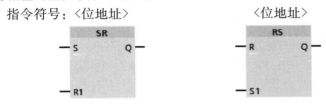

使用说明：

① SR 置位/复位触发器指令是复位优先，根据置位（S）和复位（R1）的信号状态，置位或复位指定操作数的位。如果 S 的信号状态为 1 且输入 R1 的信号状态为 0，则将指定的操作数置位为 1；如果 S 的信号状态为 0 且输入 R1 的信号状态为 1，则将指定的操作数复位为 0。当置位（S）和复位（R1）同时为 1 时，则不会执行该指令，所以操作数的信号状态保持不变。

② RS 复位/置位触发器指令是置位优先，根据复位（R）和置位（S1）的信号状态，复位或置位指定操作数的位。如果 R 的信号状态为 1 且输入 S1 的信号状态为 0，则将指定的操作数复位为 0；如果 R 的信号状态为 0 且输入 S1 的信号状态为 1，则将指定的操作数置位为 1。当置位（S1）和复位（R）同时为 1 时，则不会执行该指令，所以操作数的信号状态保持不变。

例 5-7： 双稳态触发器指令在 3 人抢答器中的应用。要求 3 人任意抢答，谁先按动抢答按钮，谁的 LED 指示灯优先点亮，且只能亮一只灯，进行下一问题时由主持人按复位按钮，抢答重新开始。

解： 3 人抢答按钮和主持人复位按钮分别与 CPU 1215C DC/DC/Rly 的 I0.0~I0.4 连接，3 人 LED 抢答指示灯与 CPU 1215C DC/DC/Rly 的 Q0.0~Q0.2 连接。使用双稳态指令编写程序如表 5-7 所示，只要某一个先按下抢答按钮，则该程序段的 SR 触发器将立即置位，且相应的指示灯点亮，同时在另两个程序段中的常闭触点断开，使另两个程序段的 SR 触发器不能置位。当主

表 5-7　双稳态触发器指令在 3 人抢答器中的应用程序

程序段	LAD
程序段 1	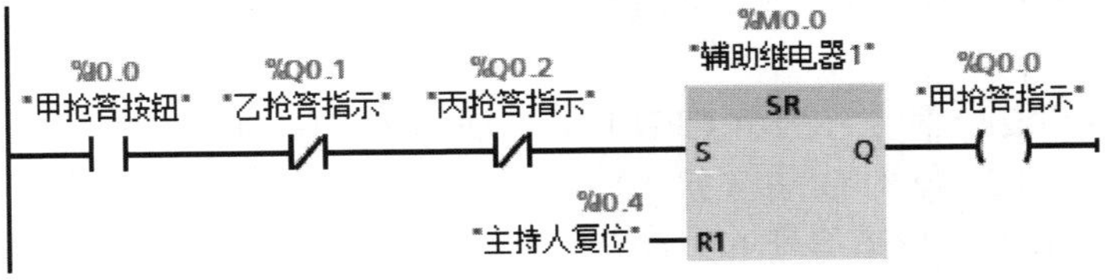 %I0.0 "甲抢答按钮"　%Q0.1 "乙抢答指示"　%Q0.2 "丙抢答指示"　%M0.0 "辅助继电器1" SR S　Q　%Q0.0 "甲抢答指示" %I0.4 "主持人复位"── R1

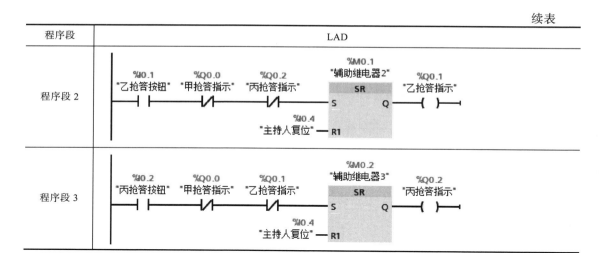

程序段	LAD

持人按下复位按钮时，I0.4 触点闭合使 SR 触发器复位，则抢答指示灯熄灭，为下一轮抢答做好准备。注意，在 3 个程序段中使用了 3 次 SR 触发器，这些 SR 触发器的位地址不能重复，否则将出错。

5.1.4　边沿指令

边沿指令包括扫描操作数的信号上升沿/下降沿指令、在信号上升沿/下降沿置位操作指令、扫描 RLO 的信号上升沿/下降沿指令、检测信号上升沿/下降沿指令。

（1）扫描操作数的信号上升沿/下降沿指令

指令符号：　　〈地址 1〉　　　　　　　　〈地址 1〉
　　　　　　　　┤P├　　　　　　　　　　┤N├
　　　　　　　　〈地址 2〉　　　　　　　　〈地址 2〉

使用说明：

① 使用┤P├扫描操作数的上升沿指令，可以确定指定〈地址 1〉的信号状态是否从"0"（低电平）变为"1"（高电平）。若是，则说明出现了一个上升沿。

② 使用┤N├扫描操作数的下降沿指令，可以确定指定〈地址 1〉的信号状态是否从"1"（高电平）变为"0"（低电平）。若是，则说明出现了一个下降沿。

③ 这两条指令会比较〈地址 1〉的当前信号状态与上一次扫描的信号状态，上一次扫描的信号状态保存在边沿存储位〈地址 2〉中。

例 5-8： 扫描操作数的信号上升沿指令在报警控制中的应用。若产生了报警信号，则故障显示信号灯以 2Hz 的频率进行闪烁。操作人员发现故障按下复位按钮后，如果故障已经消失，则故障显示灯熄灭；如果没有消失，则故障显示灯转为常亮，直到故障消失，其时序如图 5-2 所示。

解： 若故障信号和复位信号分别由 CPU 1215C DC/DC/Rly 的 I0.0 和 I0.1 输入，故障显示灯与 CPU 1215C DC/DC/Rly 的 Q0.0 连接。使用扫描操作数的信号上升沿指令编写程序如表 5-8 所示，系统发生故障时，故障信号 I0.0 闭合 1 次，程序段 1 中的 M0.1 线圈得电并进行自锁。M0.1 线圈得电，程序段 2 中的 M0.1 的常开触点闭合、常闭触点断开，则 Q0.0 以 2Hz 的频率进行闪烁。操作人员发现故障按下复位按钮后，程序段 1 中的 I0.1 断开，M0.1 线圈失电并解除自锁。M0.1 线圈失电后，程序段 2 中的 M0.1 常开触点断开、常闭触点闭合，如果故障信号没有消失，则 I0.0 常开触点闭合，Q0.0 线圈得电使报警信号灯常亮；如果故障信号消失了，则 I0.0 常开触点断开，Q0.0 线圈失电使报警信号灯熄灭。

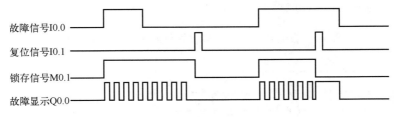

图 5-2　故障显示电路的时序图

表 5-8　扫描操作数的信号上升沿指令在报警控制中的应用程序

程序段	LAD
程序段 1	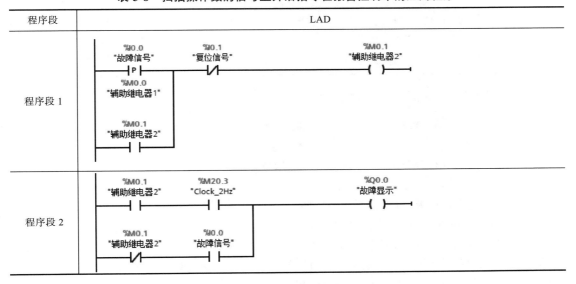
程序段 2	

（2）在信号上升沿/下降沿置位操作指令

指令符号：　<地址 1>　　　　　　　　　<地址 1>
　　　　　　　┤P├　　　　　　　　　　　┤N├
　　　　　　　<地址 2>　　　　　　　　　<地址 2>

使用说明：

① 使用┤P├在信号上升沿置位指令可以在 RLO 由 "0"（低电平）变为 "1"（高电平）时检测到上升沿，将<地址 1>置位。

② 使用┤N├在信号下降沿置位指令可以在 RLO 由 "1"（高电平）变为 "0"（低电平）时检测到下降沿，将<地址 1>置位。

③ 每次执行指令时，都会查询信号上升沿（或下降沿），<地址 1>的信号状态将在一个程序周期内保持置位为 "1"，在其他任何情况下，其信号状态均为 "0"。

④ 在信号上升沿置位指令或在信号下降沿置位指令中<地址 2>为边沿存储位，该位地址在程序中最多只能使用 1 次，否则会覆盖该位存储器。

例 5-9： 在信号上升沿/下降沿置位操作指令的使用程序及时序如表 5-9 所示。当检测到 I0.0 由 OFF→ON（上升沿）且 I0.2 接通时，Q0.0 输出一个扫描周期的高电平；当检测到 I0.1 由 ON →OFF（下降沿）且 I0.3 为接通时，Q0.1 输出一个扫描周期的高电平。M0.0 和 M0.2 用来存储 RLO 的旧状态，即 M0.0 存储 I0.0 的前一状态，M0.2 存储 I0.1 的前一状态。从时序图中可以看出，若 I0.2 为 OFF，即使检测到 I0.0 的上升沿，Q0.0 仍输出为低电平。同理，若 I0.3 为 OFF，即使检测到 I0.1 的下降沿，Q0.1 也仍然输出为低电平。

表 5-9　在信号上升沿/下降沿置位操作指令的使用程序

程序段	LAD	时序分析
程序段 1	%I0.0 "上升检测信号" %M0.0 "辅助继电器1" (P) %M0.1 "辅助继电器2"　%I0.2 "触点信号1" %Q0.0 "上升检测输出" ( )	I0.0 / I0.2 / Q0.0 1个扫描周期
程序段 2	%I0.1 "下降检测信号" %M0.2 "辅助继电器3" (N) %M0.3 "辅助继电器4"　%I0.3 "触点信号2" %Q0.1 "下降检测输出" ( )	I0.1 / I0.3 / Q0.1 1个扫描周期

（3）扫描 RLO 的信号上升沿/下降沿指令

指令符号：

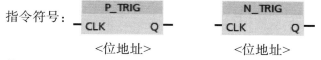

      <位地址>　　　　　　<位地址>

使用说明：

① P_TRIG 为扫描 RLO 的信号上升沿指令，N_TRIG 为扫描 RLO 的信号下降沿指令，这两条指令下方的<位地址>用来存储边沿状态。

② P_TRIG 指令比较 CLK 输入端的 RLO 的当前信号状态与保存在<位地址>中一次查询的信号状态，如果该指令检测到 RLO 从"0"变为"1"，说明出现了一个信号上升沿，该指令的输出端 Q 变为"1"，且只保持一个循环扫描周期。N_TRIG 指令与 P_TRIG 指令类似，当 RLO 从"1"变为"0"，说明出现了一个信号下降沿，该指令的输出端 Q 变为"1"，且只保持一个循环扫描周期。

例 5-10： 使用扫描 RLO 的信号上升沿指令实现例 5-8 的控制功能。

解： 使用扫描 RLO 的信号上升沿指令实现例 5-8 的控制功能时，只需修改表 5-8 的程序段 1，而程序段 2 不需修改。在程序段 1 中，I0.0 常开触点与左母线直接相连，然后串联 P_TRIG 指令，且该指令下方的位地址为 M0.0，其程序如表 5-10 所示。

（4）检测信号上升沿/下降沿指令

指令符号：

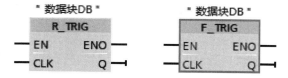

表 5-10　扫描 RLO 的信号上升沿指令在报警控制中的应用程序

程序段	LAD
程序段 1	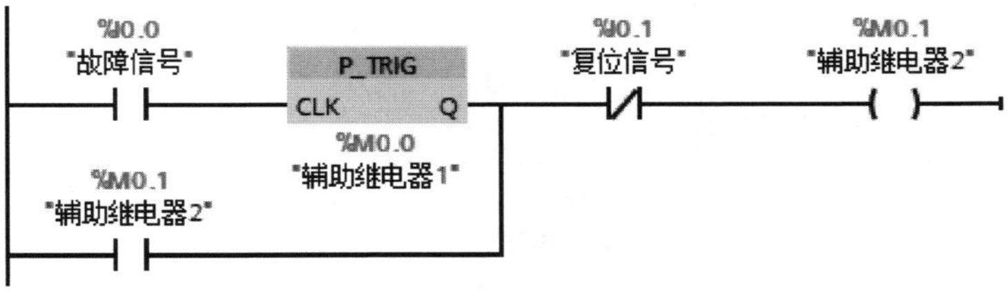
程序段 2	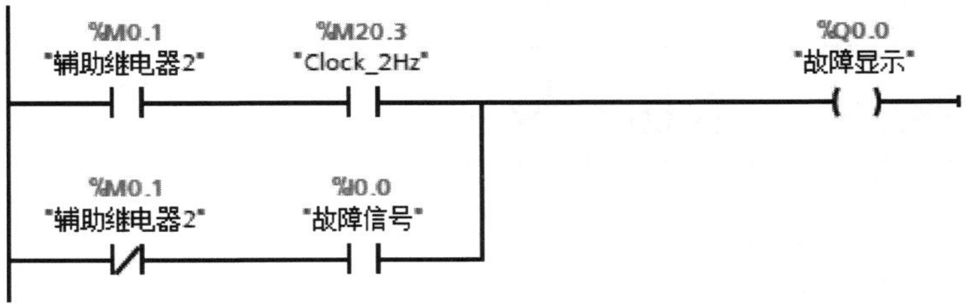

指令说明：

① R_TRIG 为检测信号上升沿指令，F_TRIG 为检测信号下降沿指令。这两条指令有 4 个参数，其参数说明如表 5-11 所示。

表 5-11　R_TRIG 和 F_TRIG 的指令参数

参数	方向	数据类型	寻址存储区	说明
EN	输入	BOOL	I、Q、M、D、L 或常量	使能输入
ENO	输出	BOOL	I、Q、M、D、L	使能输出
CLK	输入	BOOL	I、Q、M、D、L 或常量	到达信号，将查询该信号的边沿
Q	输出	BOOL	I、Q、M、D、L	边沿检测的结果

② R_TRIG 指令可以检测输入 CLK 从"0"到"1"的变化，若检测到 CLK 的状态从"0"变成了"1"，就会在输出 Q 中生成一个信号上升沿，输出的值将在一个循环周期内为 TRUE 或"1"。在其他任何情况下，该指令输出的信号状态均为"0"。

③ F_TRIG 指令可以检测输入 CLK 从"1"到"0"的变化，若检测到 CLK 的状态从"1"变成了"0"，就会在输出 Q 中生成一个信号下降沿，输出的值将在一个循环周期内为 TRUE 或"1"。在其他任何情况下，该指令输出的信号状态均为"0"。

④ 输入 CLK 中变量的上一个状态通常是存储在"数据块 DB"变量中。

例 5-11：检测信号上升沿指令在二分频中的应用程序及时序如表 5-12 所示。在 CLK 检测到 I0.0 奇数次发生上升沿跳变时，Q 端输出"1"，使 M0.0 在一个循环周期内输出为"1"，Q0.0 接通并自锁。CLK 检测到 I0.0 偶数次发生上升沿跳变时，M0.1 接通，其常闭触点 M0.1

打开使 Q0.0 断开。

表 5-12　检测信号上升沿指令在二分频中的应用

程序段	LAD	时序分析
程序段 1	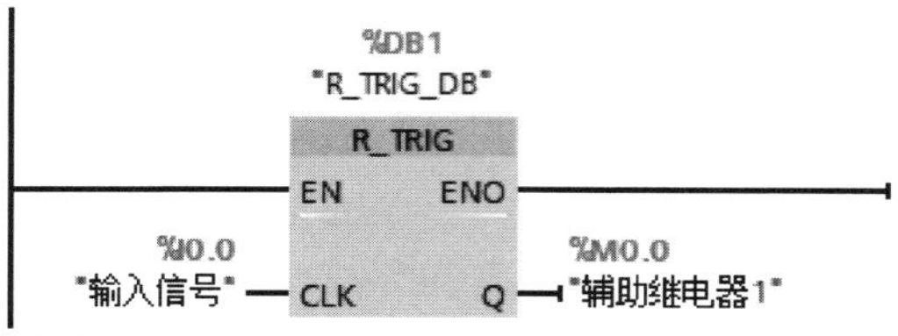 %DB1 "R_TRIG_DB" R_TRIG EN　ENO %I0.0 "输入信号"—CLK　Q—%M0.0 "辅助继电器1"	
程序段 2	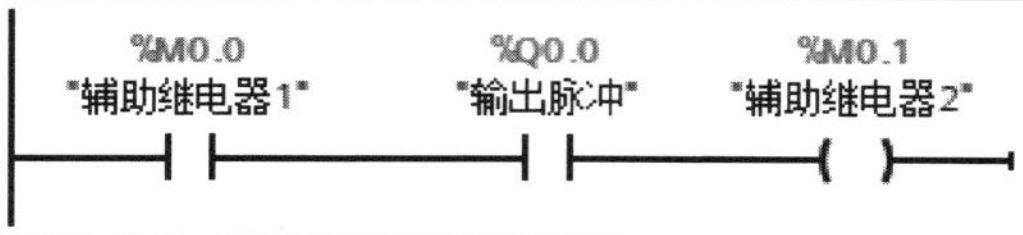 %M0.0 "辅助继电器1"　%Q0.0 "输出脉冲"　%M0.1 "辅助继电器2"(　)	I0.0 M0.0 M0.1 Q0.0
程序段 3	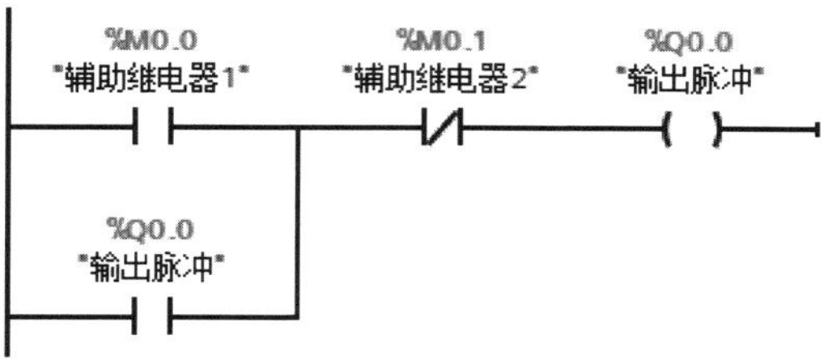 %M0.0 "辅助继电器1"　%M0.1 "辅助继电器2"　%Q0.0 "输出脉冲"(　) %Q0.0 "输出脉冲"	

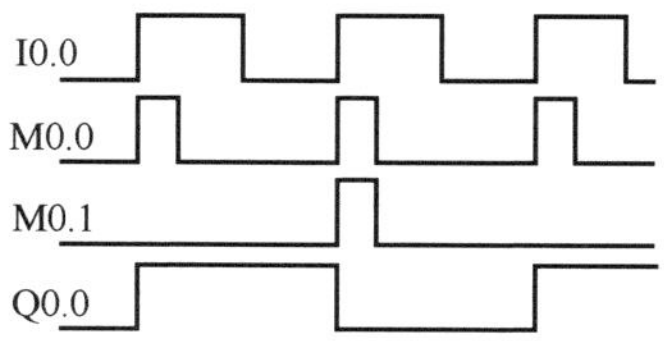

5.1.5　位逻辑运算指令

PLC 是在继电器的基础上进行设计而成，因此可将 PLC 的位逻辑运算指令应用到改造继电-接触器控制系统中。

使用 PLC 改造继电-接触器控制电路时，可把 PLC 理解为一个继电-接触器控制系统中的控制箱。在改造过程中一般要进行如下步骤。

① 了解和熟悉设备的工艺过程和机械动作情况，根据继电-接触器电路图分析和掌握控制系统的工作过程。

② 确定继电-接触器的输入信号和输出负载，将它们与 PLC 中的输入/输出映像寄存器的元件进行对应写出 PLC 的 I/O 端子分配表，并画出可编程控制器的 I/O 接线图。

③ 根据控制系统工作过程，参照继电-接触器电路图和 PLC 的 I/O 接线图编写 PLC 相应程序。

例 5-12：S7-1200 PLC 改造多地控制。

（1）控制要求

将一台单向运行继电-接触器控制的三相异步电动机多地控制系统，改用 S7-1200 PLC 控制。

（2）控制分析

多地控制是用多组启动按钮、停止按钮来进行的，传统继电-接触器的多地控制电路如图 5-3 所示。

多地控制时按钮连接的原则是启动按钮的常开触点并联，停止按钮的常闭触点要串联。图中 SB11、SB12 安装在甲地，SB21、SB22 安装在乙地，SB31、SB32 安装在丙地。这样可以在甲地或乙地或丙地控制同一台电动机的启动或停止。

（3）I/O 端子资源分配及接线

使用 S7-1200 PLC 将图 5-3 所示控制系统进行改造时，图 5-3 中右侧 FR 触点不占用 PLC 的 I/O 端子，确定如表 5-13 所示的输入/输出点数。因此，CPU 模块可选用 CPU 1215C DC/DC/RLY（产品编号 6ES7 215-1HG40-0XB0），使用 CPU 模块集成的 I/O 端子即可，对应的 I/O 接线图（又称为外部接线图），如图 5-4 所示。

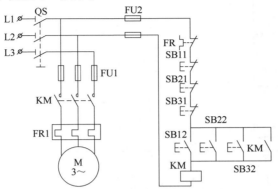

图 5-3　传统继电-接触器的多地控制电路

表 5-13　多地控制的输入/输出分配表

输入（I）			输出（O）		
功能	元件	PLC 地址	功能	元件	PLC 地址
甲地　停止按钮	SB11	I0.0	电机控制	KM	Q0.0
启动按钮	SB12	I0.1			
乙地　停止按钮	SB21	I0.2			
启动按钮	SB22	I0.3			
丙地　停止按钮	SB31	I0.4			
启动按钮	SB32	I0.5			

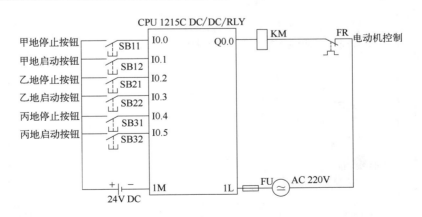

图 5-4　多地控制的 I/O 接线图

（4）编写 PLC 控制程序

根据多地控制的控制分析和 PLC 资源配置，编写程序如表 5-14 所示。

表 5-14 多地控制的 PLC 程序

程序段	LAD
程序段 1	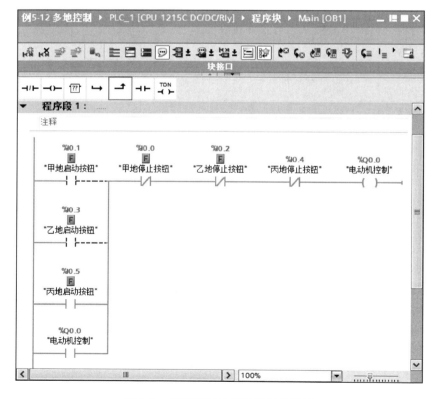

（5）程序仿真

① 启动 TIA Portal 软件，创建一个新的项目，并进行硬件组态，然后按照表 5-14 所示输入 LAD（梯形图）程序。

② 执行菜单命令"在线"→"仿真"→"启动"，即可开启 S7-PLCSIM 仿真。在弹出的"扩展的下载到设备"对话框中将"接口/子网的连接"选择为"PN/IE_1"处的方向，再单击开始搜索"按钮，TIA Portal 软件开始搜索可以连接的设备，并显示相应的在线状态信息，然

图 5-5 多地控制的仿真运行效果图

后单击"下载"按钮，完成程序的装载。

③ 在主程序窗口，单击全部监视图标 ，同时使 S7-PLCSIM 处于"RUN"状态，即可观看程序的运行情况。

④ 刚进入在线仿真状态时，Q0.0 线圈处于失电状态。强制表的地址中分别输入 6 个变量 I0.0~I0.5，并将某个启动按钮的强制值设为"TRUE"（例如将丙地启动按钮强制为 1），然后单击启动强制图标 ，使其强制为 ON，最后单击全部监视图标 ，其仿真效果如图 5-5 所示。若再强制某个停止按钮为 ON 时，Q0.0 线圈处于失电状态。

例 5-13：S7-1200 PLC 在 4 个按钮控制 1 只信号灯中的应用。

（1）控制要求

某系统有 4 个按钮 SB1~SB4，要求这 4 个按钮中任意两个按钮闭合时，信号灯 LED 点亮，否则 LED 熄灭。

（2）控制分析

4 个按钮，可以组合成 $2^4=16$ 组状态。因此，根据要求，可以列出真值表，如表 5-15 所示。

表 5-15　信号灯显示输出真值表

按钮 SB4	按钮 SB3	按钮 SB2	按钮 SB1	信号灯 LED	说明
0	0	0	0	0	
0	0	0	1	0	熄灭
0	0	1	0	0	
0	0	1	1	1	点亮
0	1	0	0	0	熄灭
0	1	0	1	1	点亮
0	1	1	0	0	
0	1	1	1	0	熄灭
1	0	0	0	0	
1	0	0	1	1	点亮
1	0	1	0	0	
1	0	1	1	0	熄灭
1	1	0	0	0	点亮
1	1	0	1	0	
1	1	1	0	0	熄灭
1	1	1	1	0	

根据真值表写出逻辑表达式：

$$\text{LED} = \left(\overline{\text{SB4}}\cdot\overline{\text{SB3}}\cdot\text{SB2}\cdot\text{SB1}\right) + \left(\overline{\text{SB4}}\cdot\text{SB3}\cdot\overline{\text{SB2}}\cdot\text{SB1}\right) + \left(\overline{\text{SB4}}\cdot\text{SB3}\cdot\text{SB2}\cdot\overline{\text{SB1}}\right) + \left(\text{SB4}\cdot\overline{\text{SB3}}\cdot\overline{\text{SB2}}\cdot\text{SB1}\right)$$
$$+ \left(\text{SB4}\cdot\overline{\text{SB3}}\cdot\text{SB2}\cdot\overline{\text{SB1}}\right) + \left(\text{SB4}\cdot\text{SB3}\cdot\overline{\text{SB2}}\cdot\overline{\text{SB1}}\right)$$

（3）I/O 端子资源分配与接线

根据控制要求及控制分析可知，需要 4 个输入点和 1 个输出点，输入/输出分配表如表 5-16 所示，因此，CPU 模块可选用 CPU 1215C DC/DC/DC（产品编号 6ES7 215-1AG40-0XB0），使用 CPU 模块集成的 I/O 端子即可，对应的 I/O 接线图，如图 5-6 所示。

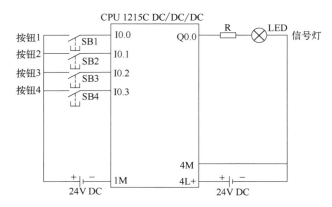

图 5-6　用 4 个按钮控制 1 只信号灯的 I/O 接线图

表 5-16　用 4 个按钮控制 1 只信号灯的输入/输出分配表

输入			输出		
功能	元件	PLC 地址	功能	元件	PLC 地址
按钮 1	SB1	I0.0	信号灯	LED	Q0.0
按钮 2	SB2	I0.1			
按钮 3	SB3	I0.2			
按钮 4	SB4	I0.3			

（4）编写 PLC 控制程序

根据控制分析和 PLC 资源配置，编写程序如表 5-17 所示。

表 5-17　用 4 个按钮控制 1 只信号灯的 PLC 程序

程序段	LAD
程序段 1	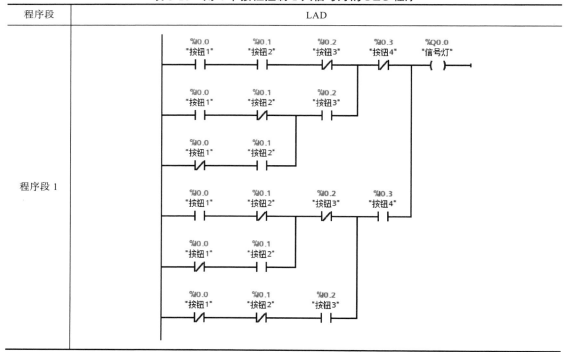

（5）程序仿真

① 启动 TIA Portal 软件，创建一个新的项目，并进行硬件组态，然后按照表 5-17 所示输入 LAD 程序。

② 执行菜单命令"在线"→"仿真"→"启动"，即可开启 S7-PLCSIM 仿真。在弹出的"扩展的下载到设备"对话框中将"接口/子网的连接"选择为"PN/IE_1"处的方向，再单击"开始搜索"按钮，TIA Portal 软件开始搜索可以连接的设备，并显示相应的在线状态信息，然后单击"下载"按钮，完成程序的装载。

③ 在主程序窗口，单击全部监视图标 ，同时使 S7-PLCSIM 处于"RUN"状态，即可观看程序的运行情况。

④ 刚进入在线仿真状态时，Q0.0 线圈处于失电状态。强制表的地址中分别输入 4 个变量 I0.0~I0.3，并将某两个变量的强制值设为"TRUE"（模拟按下两个按钮），然后单击启动强制图标 ，使其强制为 ON，最后单击全部监视图标 ，其仿真效果如图 5-7 所示。若强制一个或多个变量为 ON 时，Q0.0 线圈处于失电状态。

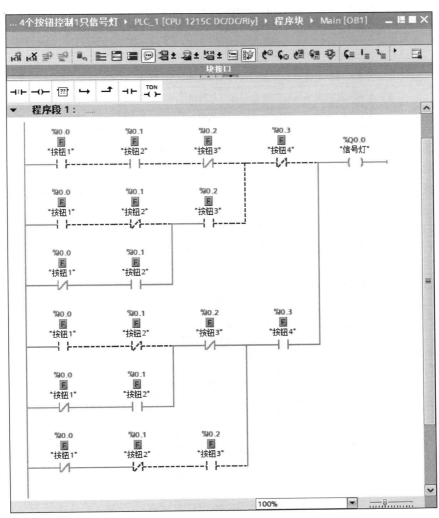

图 5-7　用 4 个按钮控制 1 只信号灯的仿真效果图

5.2 定时器指令及应用

在传统继电器-交流接触器控制系统中一般使用延时继电器进行定时，通过调节延时调节螺钉来设定延时时间的长短。在 PLC 控制系统中通过内部软延时继电器——定时器来进行定时操作。PLC 内部定时器是 PLC 中最常用的元器件之一，用好、用对定时器对 PLC 程序设计非常重要。

5.2.1 定时器概述

S7-1200 PLC 的定时器属于 IEC 定时器，IEC 定时器集成在 CPU 的操作系统中，占用 CPU 的工作存储器资源，数量与工作存储器大小有关。S7-1200 PLC 提供了 4 种定时器，如表 5-18 所示。

表 5-18　S7-1200 PLC 的定时器

类型	描述
TP	脉冲定时器可生成具有预设宽度时间的脉冲
TON	接通延时定时器输出 Q 在预设的延时过后设置为 ON
TOF	关断延时定时器输出 Q 在预设的延时过后重置为 OFF
TONR	接通延时保持型定时器输出在预设的延时过后设置为 ON

使用 S7-1200 PLC 的定时器时需要注意的是，S7-1200 的 IEC 定时器没有定时器编号（即没有 T0、T36 这种带定时器编号的定时器），每个定时器都使用一个存储在数据块中的结构来保存定时器数据。在程序编辑器中放置定时器指令时即可分配该数据块，可以采用默认设置，也可以手动自动设置。

在 TIA Portal 软件中，定时器指令放在"指令"任务卡下"基本指令"目录的"定时器操作"中。4 种定时器又都有功能框和线圈型两种，如图 5-8 所示。

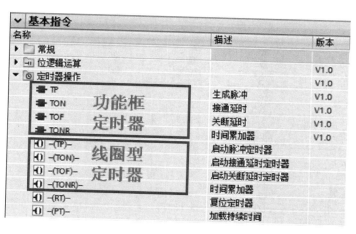

图 5-8　S7-1200 PLC 定时器

5.2.2   功能框定时器指令

在 S7-1200 PLC 中功能框定时器指令包括 TP 生成脉冲定时器指令、TON 接通延时定时器指令、TONR 时间累加器（通电延时保持型）定时器指令、TOF 关断延时定时器指令等。

（1）TP 生成脉冲定时器指令

执行 TP 生成脉冲定时器指令，可以输出一个脉冲，其脉宽由预设时间 PT 决定。该指令有 IN、PT、ET 和 Q 等参数，各参数说明如表 5-19 所示。

表 5-19   TP 生成脉冲定时器指令参数

LAD	参数	数据类型	说明
TP Time — IN Q — PT ET	IN	BOOL	启动定时器
	PT	TIME	脉冲的持续时间，其值必须为正数
	ET	TIME	当前定时器的值
	Q	BOOL	脉冲输出

使用说明：

① 使用 TP 生成脉冲定时器指令，可以将输出 Q 设置为预设的一段时间。IN 为定时器启动端；计时的时间由预设时间参数 PT 设定；可以在输出参数 ET 处查询当前时间值。

② 当参数 IN 的逻辑运算结果 （RLO）从 "0" 变为 "1"（信号上升沿）时，启动该指令开始计时，Q 立即输出 "1"；当 ET 小于 PT 时，IN 的改变不影响 Q 的输出和 ET 的计时；当 ET 等于 PT 时，ET 立即停止计时，如果 IN 为 "0"，则 Q 输出为 "0"，ET 回到 "0"；如果 IN 为 "1"，则 Q 输出为 "0"，ET 保持，其工作时序如图 5-9 所示。

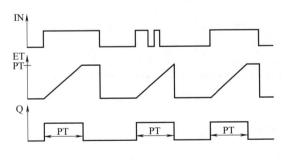

图 5-9   TP 生成脉冲指令工作时序图

③ 每次调用生成脉冲定时器指令，都必须为其分配一个 IEC 定时器用以存储该指令的数据。只有在调用指令且每次都会访问输出 Q 或 ET 时，才更新指令数据。

例 5-14：TP 生成脉冲定时器指令的使用如表 5-20 所示。按下按钮 SB1（I0.0），I0.0 常开触点闭合，指示灯（Q0.0）点亮，同时 Q0.0 常开触点闭合，启动 TP 开始延时，使得 Q0.1 输出为 ON。当 TP 延时达到 10s 时，Q0.1 输出为 OFF。表中%DB1（符号为 IEC_Timer_0_DB）是用户指定的存储该 IEC 定时器的数据块，在插入 IEC 定时器 TP 时，弹出如图 5-10 所示界面，分配数据，然后再输入相应程序。

表 5-20　TP 生成脉冲定时器指令的使用

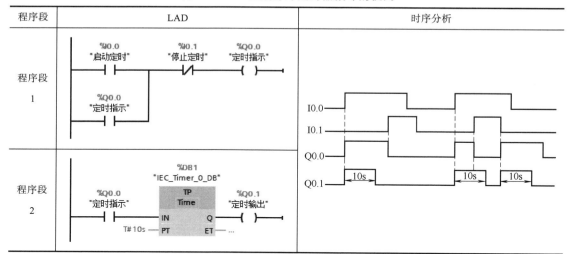

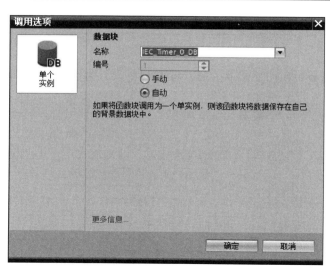

图 5-10　插入数据块

（2）TON 接通延时定时器指令

接通延时定时器指令 TON 用于单一间隔的定时，该指令有 IN、PT、ET 和 Q 等参数，各参数说明如表 5-21 所示。

使用说明：

① IN 为定时器启动端；计时的时间由预设时间参数 PT 设定；可以在输出参数 ET 处查询当前时间值。

② 当计时时间达到后，输出 Q 的信号状态为"1"。当 ET 等于 PT 时，Q 立即输出为"1"，ET 立即停止计时并保持；在任意时刻，只要 IN 变为"0"，ET 立即停止计时并回到 0，Q 输出"0"。TON 指令的工作时序如图 5-11 所示。

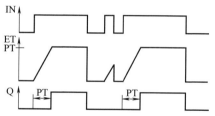

图 5-11　TON 接通延时定时器指令工作时序

表 5-21　TON 接通延时定时器指令参数

LAD	参数	数据类型	说明
TON Time — IN　　Q — — PT　　ET —	IN	BOOL	启动定时器
	PT	TIME	接通延时的持续时间，其值必须为正数
	ET	TIME	当前定时器的值
	Q	BOOL	超过时间 PT 后，Q 端置位输出

③ 每次调用接通延时定时器指令，都必须为其分配一个 IEC 定时器用以存储该指令的数据。只有在调用指令且每次都会访问输出 Q 或 ET 时，才更新指令数据。

例 5-15：TON 接通延时定时器指令的使用如表 5-22 所示。按下按钮 SB1（I0.0），I0.0 常开触点闭合，指示灯（Q0.0）点亮，同时 Q0.0 常开触点闭合，启动 TON 开始延时。当 TON 延时达到 10s 时，Q0.1 输出为 ON，否则输出为 OFF。表中%DB1（符号为 IEC_Timer_0_DB）是用户指定的存储该 IEC 定时器的数据块。

表 5-22　TON 接通延时定时器指令的使用

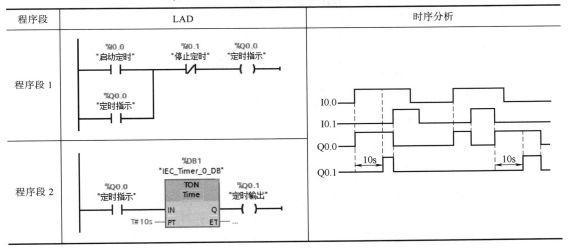

（3）TOF 关断延时定时器指令

关断延时定时器指令 TOF 用于断开或故障事件后的单一间隔定时，该指令有 IN、PT、ET 和 Q 等参数，各参数说明如表 5-23 所示。

表 5-23　TOF 关断延时定时器指令参数

LAD	参数	数据类型	说明
TOF Time — IN　　Q — — PT　　ET —	IN	BOOL	启动定时器
	PT	TIME	关断延时的持续时间，其值必须为正数
	ET	TIME	当前定时器的值
	Q	BOOL	超过时间 PT 后，Q 端复位输出

使用说明：

① IN 为定时器启动端；计时的时间由预设时间参数 PT 设定；可以在输出参数 ET 处查询

当前时间值。

② 只要 IN 为 "1"，Q 立即输出 "1"。当 IN 从 "1" 变为 "0" 时，启动定时器；当 ET 等于 PT 时，Q 就输出 "0"，ET 立即停止计时并保持；在任意时刻，只要 IN 变为 "1"，ET 立即停止计时并回到 0。TOF 指令的工作时序如图 5-12 所示。

③ 每次调用关断延时定时器指令，都必须为其分配一个 IEC 定时器用以存储该指令的数据。只有在调用指令且每次都会访问输出 Q 或 ET 时，才更新指令数据。

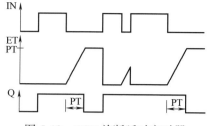

图 5-12　TOF 关断延时定时器
指令工作时序

例 5-16：TOF 关断延时定时器指令的使用程序如表 5-24 所示。按下按钮 SB1（I0.0），I0.0 常开触点闭合，指示灯（Q0.0）点亮。松开按钮 SB1（I0.0），I0.0 常开触点断开，定时器开始延时。当定时器延时达到 10s，指示灯（Q0.0）熄灭。若定时器延时未达到 10s，且 I0.0 常开触点再次闭合时，指示灯（Q0.0）将再次被点亮。

表 5-24　TOF 关断延时定时器指令的使用

程序段	LAD	时序分析
程序段 1	%I0.0 "启动定时" — [ ] — %DB1 "IEC_Timer_0_DB" TOF Time — IN Q — %Q0.0 "定时指示" — ( ) — T#10s — PT ET — ...	I0.0／10s／8s／PT／ET／Q0.0 时序图

（4）TONR 时间累加器定时器指令

TONR 时间累加器定时器指令用于多次间隔的累计定时，其构成和工作原理与接通延时型定时器指令类似，不同之处在于时间累加器定时器指令在 IN 端为 0 时，当前值将被保持，当 IN 有效时，在原保持值上继续递增。该指令有 IN、R、PT、ET 和 Q 等参数，各参数说明如表 5-25 所示。

表 5-25　TONR 时间累加器定时器指令参数

LAD	参数	数据类型	说明
TONR Time — IN　　Q — — R　　ET — — PT	IN	BOOL	启动定时器
	R	BOOL	复位定时器
	PT	TIME	设置的持续时间，其值必须为正数
	ET	TIME	累计的时间
	Q	BOOL	超出时间值 PT 后，Q 端置位输出

使用说明：

① 当参数 IN 的逻辑运算结果（RLO）从 "0" 变为 "1"（信号上升沿）时，启动该指令开始计时。

② 只要 IN 为 "0"，Q 立即输出 "0"；当 ET 小于 PT，IN 为 "1" 时，则 ET 保持计时，IN 为 "0" 时，ET 立即停止计时并保持；当 ET 等于 PT 时，Q 立即输出 "1"，ET 立即停止计

时并保持，直到 IN 变为"0"，ET 回到 0。

③ 在任意时刻，只要 R 为"1"，Q 立输出"0"，ET 立即停止计时并回到 0。R 从"1"变为"0"时，如果此时 IN 为"1"，定时器启动。TONR 指令的工作时序如图 5-13 所示。

④ 每次调用时间累加器定时器指令，都必须为其分配一个 IEC 定时器用以存储该指令的数据。只有在调用指令且每次都会访问输出 Q 或 ET 时，才更新指令数据。

例 5-17：TONR 时间累加器定时器指令的使用如表 5-26 所示。按下按钮 SB1（I0.0）的时间累计和大于或等于 10s（即 I0.0 闭合 1 次或者多次闭合

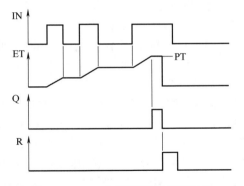

图 5-13　TONR 时间累加器定时器
指令工作时序

时间累计和大于或等于 10s），Q0.0 输出为 ON。在时间累计过程中或已累计达到 10s，只要按下按钮 SB2（I0.1），则定时器复位。

表 5-26　TONR 时间累加器定时器指令的使用

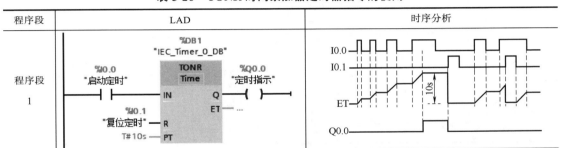

程序段	LAD	时序分析
程序段 1		

5.2.3　线圈型定时器指令

在 S7-1200 PLC 中线圈型定时器指令包括 TP 启动脉冲定时器指令、TON 启动接通延时定时器指令、TOF 启动关断延时定时器指令、TONR 时间累加器指令。此外，还有复位定时器（RT）和加载持续时间（PT）这两条指令支持定时器的操作。

（1）TP 启动脉冲定时器指令

指令符号：<操作数 1>

$$-(\ \begin{matrix} TP \\ Time \end{matrix}\ )-$$

<操作数 2>

使用说明：

① 使用 TP 启动脉冲定时器指令启动将指定周期作为脉冲的 IEC 定时器。运算逻辑结果 RLO 从"0"变为"1"时，启动 IEC 定时器。无论 RLO 的后续变化如何（如检测到新的信号上升沿），IEC 定时器都将运行指定的一段时间。

② 只要 IEC 定时器正在计时，对定时器状态是否为"1"的查询就会返回信号状态"1"。当 IEC 定时器计时结束之后，定时器的状态将返回信号状态"0"。TP 启动脉冲定时器指令的工作时序与 TP 生成脉冲指令的工作时序相同。

③ 指令上方的<操作数 1>指定将要开始的 IEC 时间，可声明为一个系统数据类型为 IEC_TIMER 的数据块；指令下方的<操作数 2>指定脉冲的持续时间。

例 5-18：TP 启动脉冲定时器指令的使用如表 5-27 所示。程序段 1 中的 I0.0 常开触点闭合时，TP 指令启动背景"数据块_1"的 IEC 定时器进行计时，同时程序段 2 中的"数据块_1".Q 常开触点闭合，使得 Q0.0 线圈得电输出为"1"。当背景"数据块_1"的 IEC 定时器计时达到设定值 10s 时，程序段 2 中的"数据块_1".Q 常开触点断开，Q0.0 线圈失电输出为"0"。若将 I0.0 常开触点再次闭合，将执行下一次的计时操作。在计时未达到 10s 时，如果 I0.0 常开触点断开，不影响背景"数据块_1"的 IEC 定时器计时操作。在输入 TP 启动脉冲定时器指令前，应先添加背景数据块，其操作是在 TIA Portal 的项目树下"PLC_1"的"程序块"中单击"添加新块"，在弹出的"添加新块"中选择"数据块"，名称可更改，类型为"IEC_TIMER"，如图 5-14 所示。在图 5-14 中单击"确定"按钮后，即可生成图 5-15 所示的定时器背景数据块。

表 5-27　TP 启动脉冲定时器指令的使用

程序段	LAD	时序分析
程序段 1	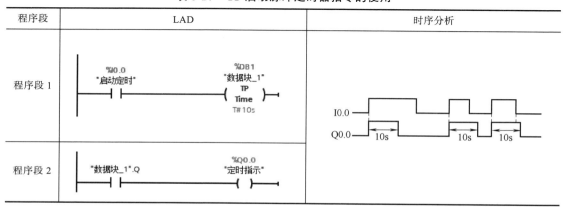	
程序段 2		

图 5-14　添加定时器背景数据块

	名称	数据类型	起始值	保持	可从 HMI...	从 H...	在 HMI ...
1	▼ Static			☐			
2	■ PT	Time	T#0ms	☐	☑	☑	☑
3	■ ET	Time	T#0ms	☐	☑	☐	☑
4	■ IN	Bool	false	☐	☑	☑	☑
5	■ Q	Bool	false	☐	☑	☐	☑

数据块_1

图 5-15　定时器的背景数据块

（2）TON 启动接通延时定时器指令

指令符号：<操作数 1>

　　　─┤ TON ├─
　　　　　Time

<操作数 2>

使用说明：

① 使用 TON 启动接通延时定时器指令启动将指定周期作为接通延时的 IEC 定时器。运算逻辑结果 RLO 从 "0" 变为 "1" 时，启动 IEC 定时器。

② IEC 定时器运行一段时间，如果该指令输入处 RLO 的信号状态为 "1"，则输出的信号状态将为 "1"；如果 RLO 在定时器计时结束之前变为 "0"，则复位 IEC 定时器。此时，查询状态为 "1" 的定时器将返回信号状态 "0"。在该指令的输入处检测到下个信号上升沿时，将重新启动 IEC 定时器。TON 启动接通延时定时器指令的工作时序与 TON 生成接通延时定时器指令的工作时序相同。

③ 指令上方的<操作数 1>指定将要开始的 IEC 时间，可声明为一个系统数据类型为 IEC_TIMER 的数据块；指令下方的<操作数 2>指定接通延时的持续时间。

例 5-19：TON 启动接通延时定时器指令的使用如表 5-28 所示。按下按钮 SB1（I0.0），程

表 5-28　TON 启动接通延时定时器指令的使用

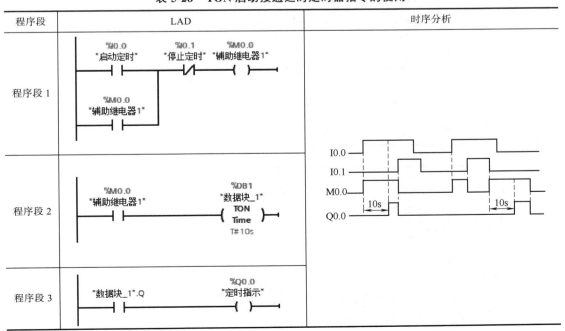

序段 1 中的 I0.0 常开触点闭合，M0.0 线圈得电，同时程序段 2 中的 M0.0 常开触点闭合，启动
TON 开始延时。当 TON 延时达到 10s 时，程序段 3 的 Q0.0 线圈得电输出为 ON，否则输出为
OFF。

（3）TOF 启动关断延时定时器指令

指令符号：<操作数 1>

```
    ┤ TOF ├
      Time
    <操作数 2>
```

使用说明：

① 使用 TOF 启动关断延时定时器指令启动将指定周期作为关断延时的 IEC 定时器。如果
指令输入逻辑结果 RLO 从"0"变为"1"时，则定时器的查询状态为"0"，返回信号状态为
"1"。当 RLO 从"1"变为"0"时，启动 IEC 定时器一段指定的时间。

② 只要 IEC 定时器正在计时，则定时器的信号状态将保持为"1"。定时器计时结束且指
令输入 RLO 的信号状态为"0"时，将定时器的信号状态设置为"0"。如果 RLO 在计时结束
之前变为"1"，则复位 IEC 定时器，同时定时器的信号状态保持为"1"。TOF 启动关断延时
定时器指令的工作时序与 TOF 生成关断延时定时器指令的工作时序相同。

③ 指令上方的<操作数 1>指定将要开始的 IEC 时间，可声明为一个系统数据类型为
IEC_TIMER 的数据块；指令下方的<操作数 2>指定关断延时的持续时间。

例 5-20： TOF 启动关断延时定时器指令的使用如表 5-29 所示。按下按钮 SB1（I0.0），I0.0
常开触点闭合，指示灯（Q0.0）点亮。松开按钮 SB1（I0.0），I0.0 常开触点断开，定时器开始
延时。当定时器延时达到 10s，指示灯（Q0.0）熄灭。若定时器延时未达到 10s，且 I0.0 常开触
点再次闭合时，指示灯（Q0.0）将再次被点亮。

表 5-29　TOF 启动关断延时定时器指令的使用

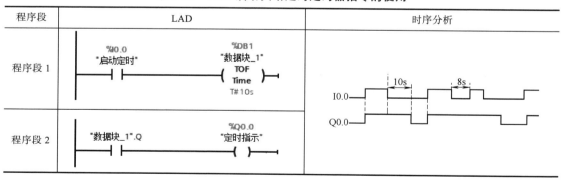

（4）TONR 时间累加器指令

指令符号：<操作数 1>

```
    ┤ TONR ├
      Time
    <操作数 2>
```

使用说明：

① 使用 TONR 时间累加器指令记录指令"1"输入的信号长度。当逻辑运算结果 RLO 从
"0"变为"1"时，启动该指令。

② 只要 RLO 为 "1" 就记录执行时间。如果 RLO 变为 "0"，则指令暂停。如果 RLO 恢复为 "1"，则继续记录运行时间。如果记录的时间超出了所指定的持续时间，并且线圈输入的 RLO 为 "1"，则定时器状态 "1" 的查询将返回信号状态 "1"。TONR 时间累加器指令的工作时序与 TONR 时间累加器定时器指令的工作时序相同。

③ 指令上方的<操作数 1>指定将要开始的 IEC 时间，可声明为一个系统数据类型为 IEC_TIMER 的数据块；指令下方的<操作数 2>指定持续时间。

④ 使用 RT 复位定时器指令，可将定时器状态和当前到期的定时器复位为 "0"。

例 5-21：TONR 时间累加器指令的使用如表 5-30 所示。按下按钮 SB1（I0.0）的时间累计（ET）和大于或等于 10s（即 I0.0 闭合 1 次或者多次闭合时间累计和大于或等于 10s），Q0.0 输出为 ON。

表 5-30　TONR 时间累加器指令的使用

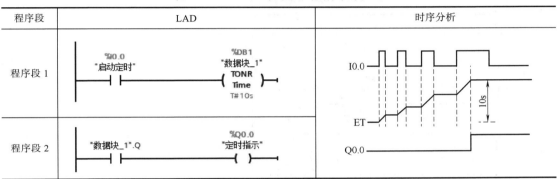

（5）RT 复位定时器指令

指令符号：<操作数>
　　　　　　─┤ RT ├─

使用说明：

① 使用 RT 复位定时器指令，可将 IEC 定时器复位为 "0"。

② 当逻辑运算结果 RLO 从 "0" 变为 "1" 时，执行该指令，将<操作数>指定数据块中的定时器结构组件复位为 "0"。如果该指令输入的 RLO 为 "0"，则该定时器保持不变。

例 5-22：RT 复位定时器指令的使用如表 5-31 所示。程序段 1~3 实质上实现了 TONR 时间累加器定时器指令的功能。程序段 4~5 是背景数据块 DB2 定时器关断延时控制，当 I0.2 常开触点断开，背景数据块 DB2 定时器延时达到 10s 后，Q0.1 线圈才失电输出为 "0"，若 TOF 断电延时未达到 10s 而 I0.3 常开触点闭合，则 Q0.1 线圈立即输出为 "0"。

（6）PT 加载持续时间指令

指令符号：<操作数 1>
　　　　　　──(PT)──
　　　　　　　<操作数 2>

使用说明：

① 使用 PT 加载持续时间指令，可为 IEC 定时器设置时间。

② 如果该指令输入逻辑运算结果 RLO 的信号状态为 "1"，则每个周期都执行该指令，将指定时间写入 IEC 定时器的结构中。

表 5-31　RT 复位定时器指令的使用

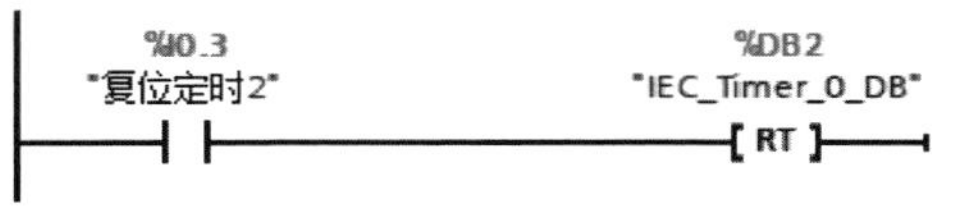

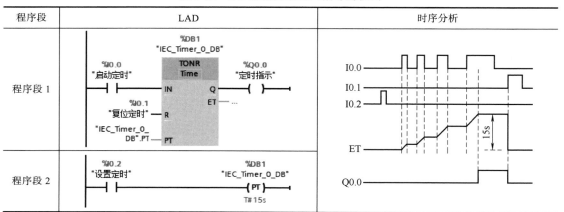

③ 指令上方的<操作数 1>指定将要开始的 IEC 时间，可声明为一个系统数据类型为 IEC_TIMER 的数据块；指令下方的<操作数 2>指定加载的持续时间。

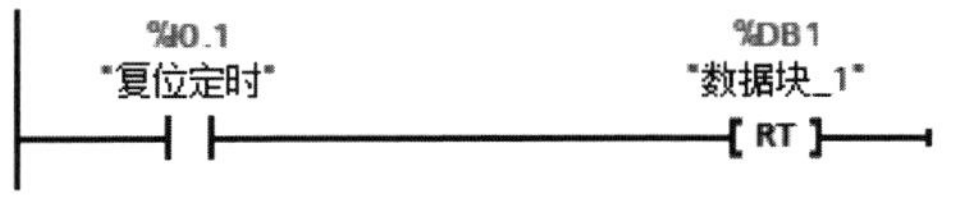

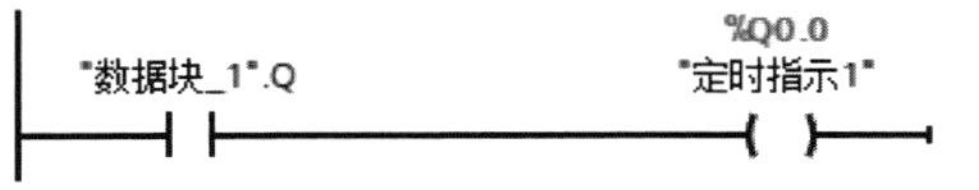

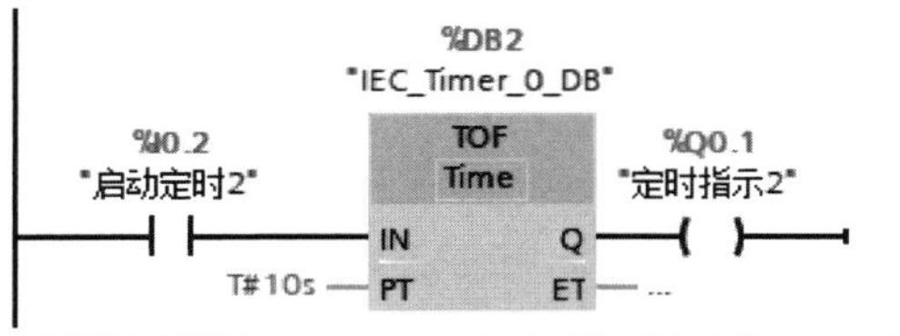

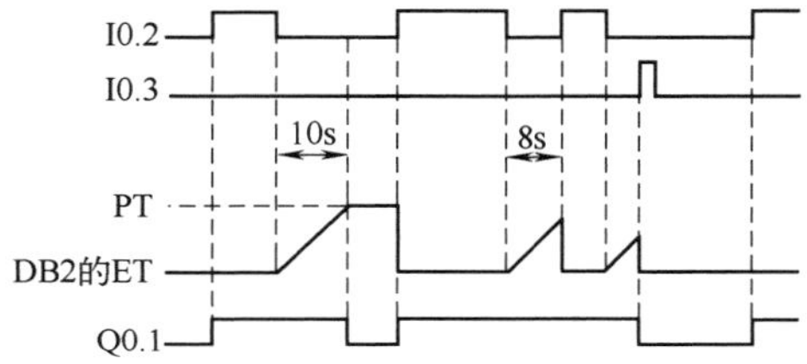

例 5-23： PT 加载持续时间指令的使用如表 5-32 所示。首先 I0.2 常开触点闭合，将定时值 15s 加载到背景数据块定时器的 PT 中，再按下 I0.0 时，TONR 指令累加 I0.0 常开触点闭合的时间。当 I0.0 常开触点闭合的时间达到 PT 值（ET 等于 PT）时，Q0.0 线圈得电输出。

表 5-32　PT 加载持续时间指令的使用

程序段	LAD	时序分析
程序段 1	%I0.0 "启动定时"　%DB1 "IEC_Timer_0_DB" TONR Time　IN　Q　%Q0.0 "定时指示"　%I0.1 "复位定时" R　"IEC_Timer_0_DB".PT PT	I0.0　I0.1　I0.2　ET　Q0.0
程序段 2	%I0.2 "设置定时"　%DB1 "IEC_Timer_0_DB" (PT) T#15s	

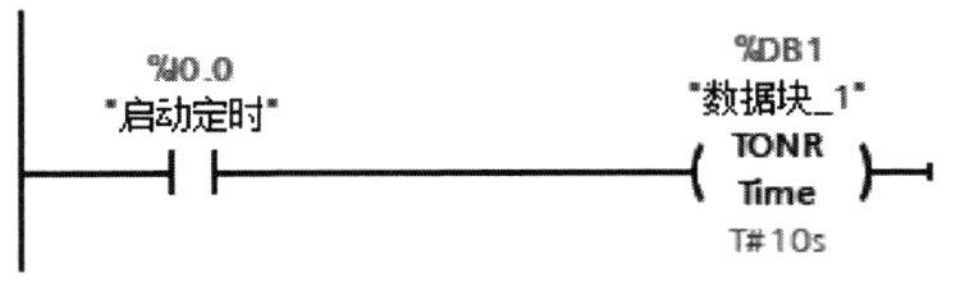

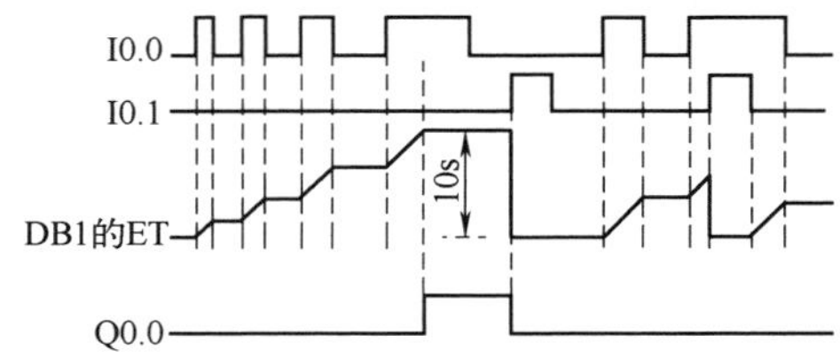

5.2.4　定时器指令的应用

例 5-24：定时器指令在三相交流异步电动机的星-三角降压启动控制中的应用。

（1）控制要求

星形-三角形降压启动又称为 Y-△ 降压启动，简称星-三角降压启动。KM1 为定子绕组接触器；KM2 为三角形连接接触器；KM3 为星形连接接触器；KT 为降压启动时间继电器。启动时，定子绕组先接成星形，待电动机转速上升到接近额定转速时，将定子绕组接成三角形，电动机进入全电压运行状态。传统继电-接触器的星-三角降压启动控制线路如图 5-16 所示。现要求使用 S7-1200 PLC 的定时器来实现三相交流异步电动机的星-三角降压启动控制。

（2）控制分析

一般继电器的启停控制函数为 $Y=(QA+Y)\cdot\overline{TA}$，该表达式是 PLC 程序设计的基础，表达式左边的 Y 表示控制对象；表达式右边的 QA 表示启动条件，Y 表示控制对象自保持（自锁）条件，TA 表示停止条件。

在 PLC 程序设计中，只要找到控制对象的启动、自锁和停止条件，就可以设计出相应的控制程序。即 PLC 程序设计的基础是细致地分析出各个控制对象的启动、自保持和停止条件，然后写出控制函数表达式，根据控制函数表达式设计出相应的梯形图程序。

由图 5-16 可知，控制 KM1 启动的按钮为 SB2；控制 KM1 停止的按钮或开关为 SB1、FR；自锁控制触点为 KM1。因此对于 KM1 来说：

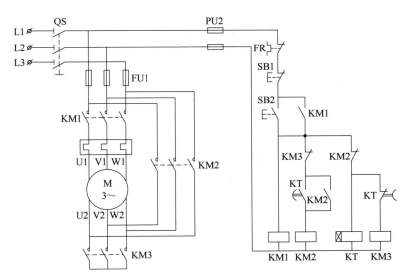

图 5-16　传统继电-接触器星-三角降压启动控制线路原理图

QA=SB2

TA=SB1+FR

根据继电器启停控制函数，$Y=(QA+Y)\cdot\overline{TA}$，可以写出 KM1 的控制函数：

$$KM1=(QA+KM1)\cdot\overline{TA}=(SB2+KM1)\cdot(\overline{SB1+FR})=(SB2+KM1)\cdot\overline{SB1}\cdot\overline{FR}$$

控制 KM2 启动的按钮或开关为 SB2、KT、KM1；控制 KM2 停止的按钮或开关为 SB1、

FR、KM3；自锁控制触点为 KM2。因此对于 KM2 来说：

QA=SB2+KT+KM1

TA=SB1+ FR+KM3

根据继电器启停控制函数，$Y=(QA+Y)\cdot\overline{TA}$，可以写出 KM2 的控制函数：

$$KM2=(QA+KM2)\cdot\overline{TA}=\left((SB2+KM1)\cdot(KT+KM2)\right)\cdot\left(\overline{SB1+FR+KM3}\right)=$$

$$\left((SB2+KM1)\cdot(KT+KM2)\right)\cdot\overline{SB1}\cdot\overline{FR}\cdot\overline{KM3}$$

控制 KM3 启动的按钮或开关为 SB2、KM1；控制 KM3 停止的按钮或开关为 SB1、FR、KM2、KT；自锁触点无。因此对于 KM3 来说：

QA=SB2+KM1

TA=SB1+ FR+KM2+KT

根据继电器启停控制函数，$Y=(QA+Y)\cdot\overline{TA}$ 可以写出 KM3 的控制函数：

$$KM3=(QA)\cdot\overline{TA}=(SB2+KM1)\cdot\left(\overline{SB1+FR+KM2+KT}\right)=$$

$$(SB2+KM1)\cdot\overline{SB1}\cdot\overline{FR}\cdot\overline{KM2}\cdot\overline{KT}$$

控制 KT 启动的按钮或开关为 SB2、KM1；控制 KT 停止的按钮或开关为 SB1、FR、KM2；自锁触点无。因此对于 KT 来说：

QA=SB2+KM1

TA=SB1+ FR+KM2

根据继电器启停控制函数，$Y=(QA+Y)\cdot\overline{TA}$，可以写出 KT 的控制函数：

$$KT=(QA)\cdot\overline{TA}=(SB2+KM1)\cdot\left(\overline{SB1+FR+KM2}\right)=(SB2+KM1)\cdot\overline{SB1}\cdot\overline{FR}\cdot\overline{KM2}$$

为了节约 I/O 端子，可以将 FR 热继电器触点接到输出电路，以节约 1 个输入端子。KT 可使用 PLC 的 IEC 定时器替代，在本系统中可以使用背景数据块 DB1 的 TON 接通延时定时器指令（IEC_Timer_0_DB）来实现延时。TON 定时器指令在计时未达到设定值时，其"IEC_Timer_0_DB".Q 常开触点处于断开状态。

（3）I/O 端子资源分配与接线

根据控制要求及控制分析可知，需要 2 个输入点和 3 个输出点，输入/输出分配如表 5-33 所示，因此 CPU 模块可选用 CPU 1215C DC/DC/RLY（产品编号 6ES7 215-1HG40-0XB0），使用 CPU 模块集成的 I/O 端子即可，对应的 I/O 接线图，如图 5-17 所示。

表 5-33　PLC 控制三相交流异步电动机星-三角降压启动的输入/输出分配表

输入			输出		
功能	元件	PLC 地址	功能	元件	PLC 地址
停止按钮	SB1	I0.0	主接触器	KM1	Q0.0
启动按钮	SB2	I0.1	三角形运行	KM2	Q0.1
			星形运行	KM3	Q0.2

（4）编写 PLC 控制程序

根据三相交流异步电动机星-三角启动的控制分析和 PLC 资源配置，编写出 PLC 控制三相交流异步电动机星-三角降压启动程序如表 5-34 所示。

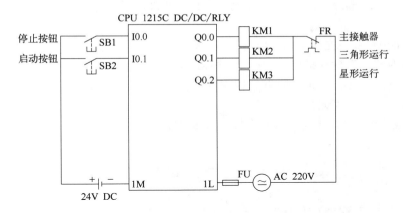

图 5-17   S7-1200 PLC 控制三相异步电动机星-三角降压启动的 I/O 接线图

表 5-34   PLC 控制三相异步电动机星-三角降压启动程序

程序段	LAD
程序段 1	
程序段 2	
程序段 3	
程序段 4	

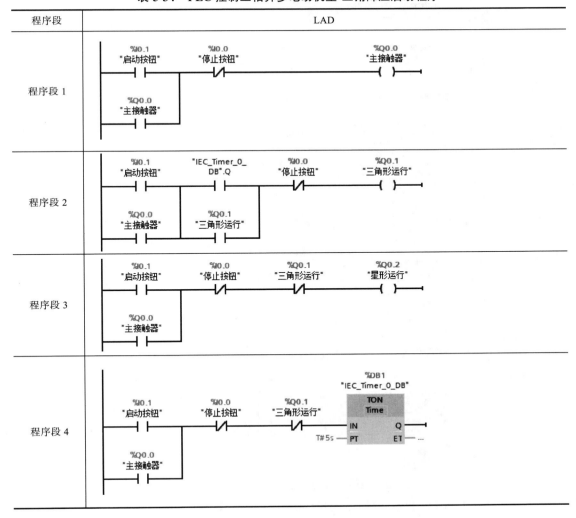

（5）程序仿真

① 启动 TIA Portal 软件，创建一个新的项目，并进行硬件组态，然后按照表 5-34 所示输入 LAD 程序。

② 执行菜单命令"在线"→"仿真"→"启动"，即可开启 S7-PLCSIM 仿真。在弹出的"扩展的下载到设备"对话框中将"接口/子网的连接"选择为"PN/IE_1"处的方向，再单击"开始搜索"按钮，TIA Portal 软件开始搜索可以连接的设备，并显示相应的在线状态信息，然后单击"下载"按钮，完成程序的装载。

③ 在主程序窗口，单击全部监视图标，同时使 S7-PLCSIM 处于"RUN"状态，即可观看程序的运行情况。

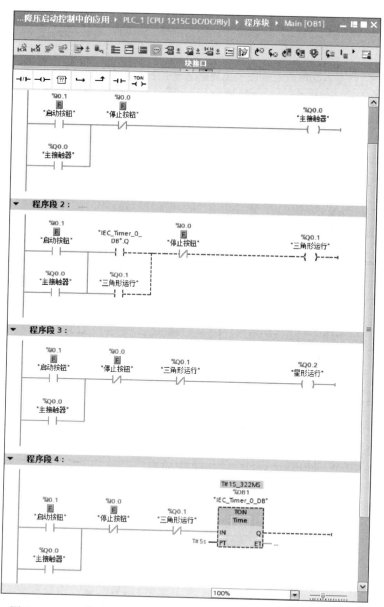

图 5-18　PLC 控制三相交流异步电动机星-三角启动的仿真效果图

④　刚进入在线仿真状态时，线圈 Q0.0、Q0.1 和 Q0.2 均未得电。强制表的地址中分别输入变量 I0.0 和 I0.1，并将 I0.1 的强制值设为"TRUE"（模拟按下启动按钮 SB2），然后单击启动强制图标 **F**，使 I0.1 强制为 ON，最后单击全部监视图标 。I0.1 触点闭合，Q0.0 线圈输出，控制 KM1 线圈得电，Q0.0 的常开触点闭合，形成自锁，启动背景数据块 DB1 的 TON 接通延时定时器指令延时，同时 KM3 线圈得电，表示电动机星形启动，其仿真效果如图 5-18 所示。当定时器延时达到设定值 5s 时，KM2 线圈得电，KM3 线圈失电，表示电动机启动结束，进行三角形全压运行阶段。只要按下停止按钮 SB1（强制 I0.0 为 TURE），I0.0 常闭触点打开，将切断电动机的电源，从而实现停机。

例 5-25： 定时器指令在简易 6 组抢答器中的应用。

（1）控制要求

每组有 1 个常开按钮，分别为 SB1、SB2、SB3、SB4、SB5、SB6，且各有一盏指示灯，分别为 LED1、LED2、LED3、LED4、LED5、LED6，共用一个蜂鸣器 LB。其中先按下者，对应的指示灯亮，铃响并持续 5s 后自动停止，同时锁住抢答器，此时，其他组的操作信号不起作用。当主持人按复位按钮 SB7 后，系统复位（灯熄灭）。要求使用置位 SET 与复位 RST 指令以及定时器指令实现此功能。

（2）控制分析

假设 SB1、SB2、SB3、SB4、SB5、SB6、SB7 分别与 I0.1、I0.2、I0.3、I0.4、I0.5、I0.6、I0.7 相连；LED1、LED2、LED3、LED4、LED5、LED6 分别与 Q0.1、Q0.2、Q0.3、Q0.4、Q0.5、Q0.6 相连。考虑到抢答许可，因此还需要添加一个允许抢答按钮 SB0，该按钮与 I0.0 相连。LB 与 Q0.0 相连。要实现控制要求，在编程时，各小组抢答状态用 6 条 SET 指令保存，同时考虑到抢答器是否已经被最先按下的组所锁定，抢答器的锁定状态用 M0.1 保存；抢先组状态锁存后，其他组的操作无效，同时铃响 5s 后自停，可用定时器指令实现延时，LB 报警声音控制可使用 PLC 系统时钟来实现。

（3）I/O 端子资源分配与接线

根据控制要求及控制分析可知，需要 8 个输入点和 7 个输出点，输入/输出分配表如表 5-35 所示，因此 CPU 模块可选用 CPU 1215C DC/DC/DC（产品编号 6ES7 215-1AG40-0XB0），使用 CPU 模块集成的 I/O 端子即可，对应的 I/O 接线如图 5-19 所示。

表 5-35　简易 6 组抢答器的输入/输出分配表

输入			输出		
功能	元件	PLC 地址	功能	元件	PLC 地址
允许抢答按钮	SB0	I0.0	蜂鸣器	LB	Q0.0
抢答 1 按钮	SB1	I0.1	抢答 1 指示	LED1	Q0.1
抢答 2 按钮	SB2	I0.2	抢答 2 指示	LED2	Q0.2
抢答 3 按钮	SB3	I0.3	抢答 3 指示	LED3	Q0.3
抢答 4 按钮	SB4	I0.4	抢答 4 指示	LED4	Q0.4
抢答 5 按钮	SB5	I0.5	抢答 5 指示	LED5	Q0.5
抢答 6 按钮	SB6	I0.6	抢答 6 指示	LED6	Q0.6
复位按钮	SB7	I0.7			

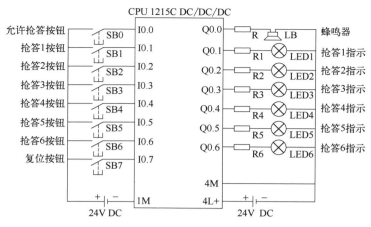

图 5-19　简易 6 组抢答器的 I/O 接线图

（4）编写 PLC 控制程序

根据简易 6 组抢答器的控制分析和 PLC 资源配置，编写 PLC 控制简易 6 组抢答器的梯形图（LAD）程序如表 5-36 所示。

表 5-36　PLC 控制简易 6 组抢答器程序

程序段	LAD
程序段 1	%I0.0 "允许抢答"　　%I0.7 "复位按钮"　　%M0.0 "辅助继电器1" ( )
程序段 2	%I0.1 "抢答1按钮"　%M0.0 "辅助继电器1"　%M0.1 "辅助继电器2"　%Q0.1 "抢答1指示" (s)
程序段 3	%I0.2 "抢答2按钮"　%M0.0 "辅助继电器1"　%M0.1 "辅助继电器2"　%Q0.2 "抢答2指示" (s)
程序段 4	%I0.3 "抢答3按钮"　%M0.0 "辅助继电器1"　%M0.1 "辅助继电器2"　%Q0.3 "抢答3指示" (s)
程序段 5	%I0.4 "抢答4按钮"　%M0.0 "辅助继电器1"　%M0.1 "辅助继电器2"　%Q0.4 "抢答4指示" (s)
程序段 6	%I0.5 "抢答5按钮"　%M0.0 "辅助继电器1"　%M0.1 "辅助继电器2"　%Q0.5 "抢答5指示" (s)
程序段 7	%I0.6 "抢答6按钮"　%M0.0 "辅助继电器1"　%M0.1 "辅助继电器2"　%Q0.6 "抢答6指示" (s)

续表

程序段	LAD
程序段 8	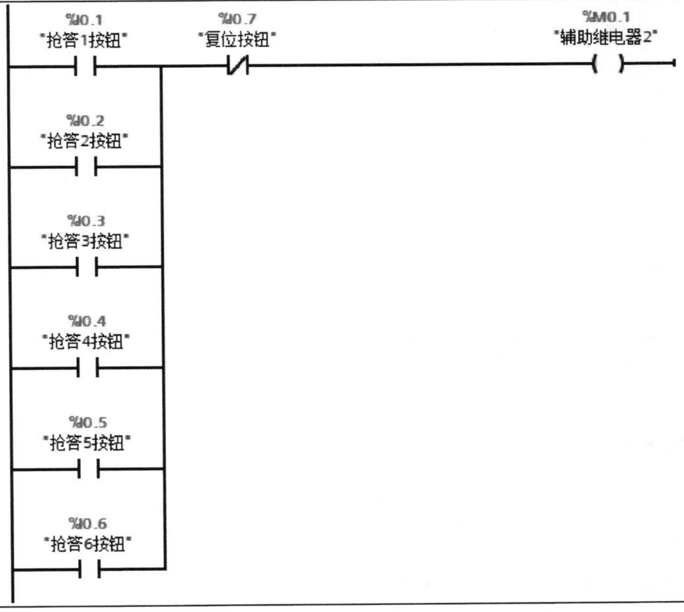
程序段 9	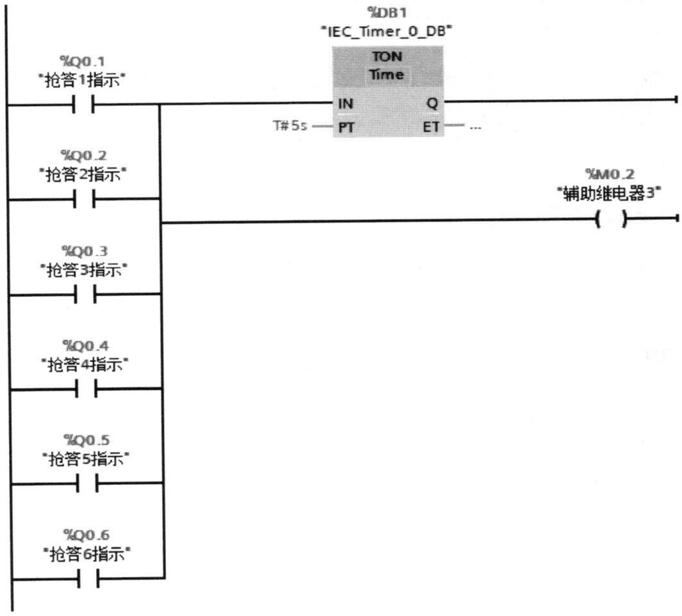
程序段 10	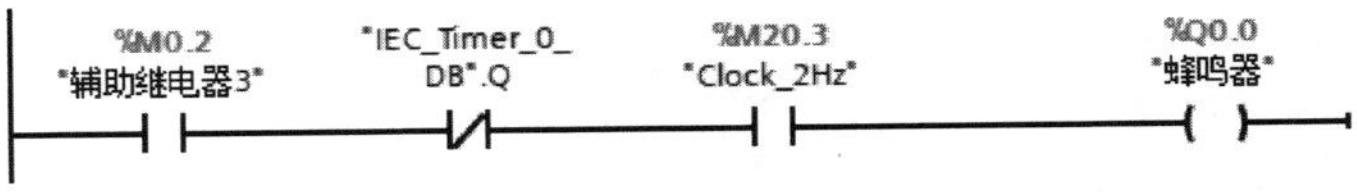
程序段 11	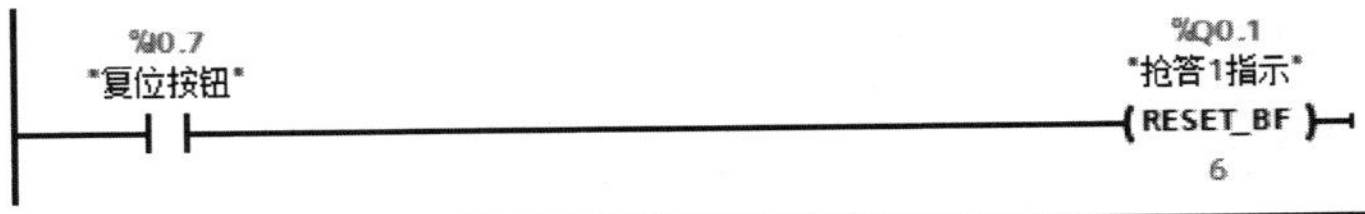

▼   程序段 1：

```
        %I0.0
          P
      "允许抢答"        %I0.7                                          %M0.0
        ┤ ├          "复位按钮"                                   "辅助继电器1"
                        ┤/├                                          ( )
```

▼   程序段 2：

```
        %I0.1
          P
      "抢答1按钮"       %M0.0           %M0.1                         %Q0.1
        ┤ ├─────── "辅助继电器1" ── "辅助继电器2" ──────────────── "抢答1指示"
                    ┤ ├           ┤/├                            (S)
```

▼   程序段 3：

```
        %I0.2
          P
      "抢答2按钮"       %M0.0           %M0.1                         %Q0.2
        ┤ ├─────── "辅助继电器1" ── "辅助继电器2" ──────────────── "抢答2指示"
                    ┤ ├           ┤/├                            (S)
```

▼   程序段 4：

```
        %I0.3
          P
      "抢答3按钮"       %M0.0           %M0.1                         %Q0.3
        ┤ ├─────── "辅助继电器1" ── "辅助继电器2" ──────────────── "抢答3指示"
                    ┤ ├           ┤/├                            (S)
```

▼   程序段 5：

```
        %I0.4
      "抢答4按钮"       %M0.0           %M0.1                         %Q0.4
        ┤ ├─────── "辅助继电器1" ── "辅助继电器2" ──────────────── "抢答4指示"
                    ┤ ├           ┤/├                            (S)
```

▼   程序段 6：

```
        %I0.5
      "抢答5按钮"       %M0.0           %M0.1                         %Q0.5
        ┤ ├─────── "辅助继电器1" ── "辅助继电器2" ──────────────── "抢答5指示"
                    ┤ ├           ┤/├                            (S)
```

▼   程序段 7：

```
        %I0.6
      "抢答6按钮"       %M0.0           %M0.1                         %Q0.6
        ┤ ├─────── "辅助继电器1" ── "辅助继电器2" ──────────────── "抢答6指示"
                    ┤ ├           ┤/├                            (S)
```

▼   程序段 8：

```
        %I0.1
          P
      "抢答1按钮"       %I0.7                                         %M0.1
        ┤ ├─────┬── "复位按钮"                                   "辅助继电器2"
                │      ┤/├                                          ( )
        %I0.2   │
          P     │
      "抢答2按钮" │
        ┤ ├─────┤
                │
        %I0.3   │
          P     │
      "抢答3按钮" │
        ┤ ├─────┤
                │
        %I0.4   │
      "抢答4按钮" │
        ┤ ├─────┤
                │
        %I0.5   │
      "抢答5按钮" │
        ┤ ├─────┤
                │
        %I0.6   │
      "抢答6按钮" │
        ┤ ├─────┘
```

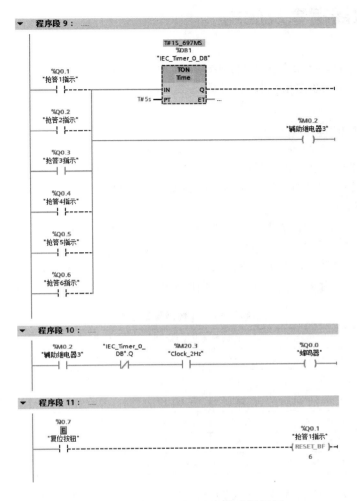

图 5-20　简易 6 组抢答器的仿真效果图

（5）程序仿真

① 启动 TIA Portal 软件，创建一个新的项目，并进行硬件组态，然后按照表 5-36 所示输入 LAD 程序。

② 执行菜单命令"在线"→"仿真"→"启动"，即可开启 S7-PLCSIM 仿真。在弹出的"扩展的下载到设备"对话框中将"接口/子网的连接"选择为"PN/IE_1"处的方向，再单击"开始搜索"按钮，TIA Portal 软件开始搜索可以连接的设备，并显示相应的在线状态信息，然后单击"下载"按钮，完成程序的装载。

③ 在主程序窗口，单击全部监视图标，同时使 S7-PLCSIM 处于"RUN"状态，即可观看程序的运行情况。

④ 刚进入在线仿真状态时，各线圈均处于失电状态，表示没有进行抢答。当 I0.0 强制为 ON 后，表示允许抢答。此时，如果 SB1~SB6 中某个按钮最先按下，表示该按钮抢答成功，此时其他按钮抢答无效，相应的线圈得电。例如 SB2 先按下（即 I0.2 先为 ON），而 SB3 后按下（即 I0.3 后为 ON）时，则 I0.2 线圈置为 1，而 I0.3 线圈仍为 0，其仿真效果如图 5-20 所示。同时，定时器延时。主持人按下复位时，Q0.2 线圈失电。

5.3 计数器指令及应用

计数器用来累计输入脉冲的次数,它是 PLC 中最常用的元器件之一。例如,在生产线上可使用 PLC 的计数器对加工物品进行计件等操作。

5.3.1 计数器概述

S7-1200 PLC 的计数器属于 IEC 计数器,IEC 计数器集成在 CPU 的操作系统中,占用 CPU 的工作存储器资源,数量与工作存储器大小有关。S7-1200 PLC 有 3 种计数器:加计数器、减计数器和加减计数器。

使用 S7-1200 PLC 的计数器时需要注意的是,S7-1200 的 IEC 计数器没有计数器编号(即没有 C0、C6 这种带计数器编号的计数器),每个计数器都使用一个存储在数据块中的结构来保存计数器数据。在程序编辑器中放置计数器指令时即可分配该数据块,可以采用默认设置,也可以手动自动设置。对于每种计数器,计数值可以是如表 5-37 所示的任何整数数据类型。

表 5-37 计数器类型及范围

整数类型	计数器类型	计数器类型(TIA Portal V14 开始)			计数范围
SINT	IEC_SCOUNTER	CTU_SINT	CTD_SINT	CTUD_SINT	−128~127
INT	IEC_COUNTER	CTU_INT	CTD_INT	CTUD_INT	−32768~32767
DINT	IEC_DCOUNTER	CTU_DINT	CTD_DINT	CTUD_DINT	−2147483648~2147483647
USINT	IEC_USCOUNTER	CTU_USINT	CTD_USINT	CTUD_USINT	0~255
UINT	IEC_UCOUNTER	CTU_UINT	CTD_UINT	CTUD_UINT	0~65535
UDINT	IEC_UDCOUNTER	CTU_UDINT	CTD_UDINT	CTUD_UDINT	0~4294967295

在 TIA Portal 软件中,计数器指令放在"指令"任务卡下"基本指令"目录的"计数器操作"指令中,如图 5-21 所示。

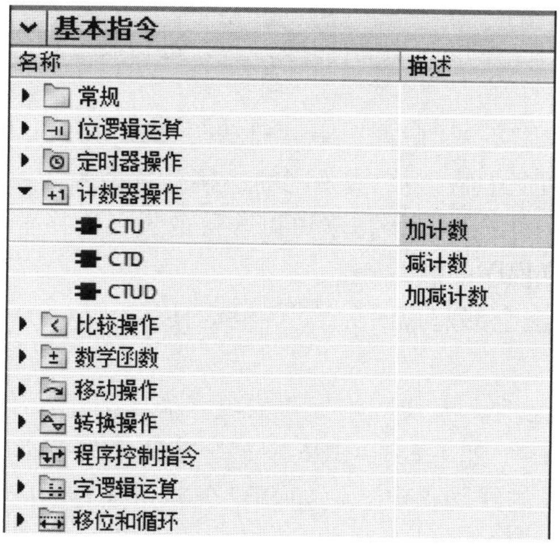

图 5-21 S7-1200 PLC 计数器

5.3.2　计数器指令

在 S7-1200 PLC 中有 3 条计数器指令, 分别是 CTU 加计数指令、CTD 减计数指令和 CTUD 加减计数指令。

（1）CTU 加计数指令

使用加计数指令 CTU, 可以递增输出 CV 的值, 该指令有 CU、R、PV、Q 和 CV 等参数, 各参数说明如表 5-38 所示。

表 5-38　CTU 加计数指令参数

LAD 指令符号	参数	数据类型	说明
CTU Int CU　Q R　CV PV	CU	BOOL	加计数输入
	R	BOOL	复位输入
	PV	整数	置位输出 Q 的目标值
	Q	BOOL	计数器状态
	CV	整数	当前计数器值

使用说明:

① 当参数 CU 的逻辑运算结果（RLO） 从 "0" 变为 "1"（信号上升沿）时, 则执行该指令, 同时输出 CV 的当前计数器值加 1。

② 每检测到一个信号上升沿, 计数器值就会递增 1, 直到达到输出 CV 中所指定数据类型的上限。达到上限时, 停止递增, 输入 CU 的信号状态将不再影响该指令。

③ 当输入 R 的信号状态从 "0" 变为 "1" 时, 输出 CV 的值被复位为 "0"。

④ 如果当前计数器值大于或等于参数 PV 的值, 则输出 Q 的信号状态为 "1", 否则 Q 的信号状态为 "0"。

例 5-26: CTU 加计数指令的使用如表 5-39 所示。I0.0 为加计数脉冲输入端, I0.1 为复位输入端, 计数器的计数次数设置为 4。当输入端 I0.0 的信号状态每发生 1 次从 "0" 变为 "1" 的上升沿跳变时, 当前计数值加 1。如果当前计数器值大于或等于预置值 "4", 则 Q0.0 输出为 "1", 否则输出为 "0"。当 I0.1 信号状态变为 "1" 时, 计数器复位, 使得当前计数器值变为 0, 同时 Q0.0 输出为 "0"。

（2）CTD 减计数指令

使用减计数指令 CTD, 可以递减输出 CV 的值, 该指令有 CD、LD、PV、Q 和 CV 等参数, 各参数说明如表 5-40 所示。

使用说明:

① 当参数 CD 的逻辑运算结果（RLO）从 "0" 变为 "1"（信号上升沿）时, 则执行该指令, 同时输出 CV 的当前计数器值减 1。

② 每检测到一个信号上升沿, 计数器值就会递减 1, 直到达到输出 CV 中所指定数据类型的下限。达到下限时, 停止递减, 输入 CD 的信号状态将不再影响该指令。

③ 当输入 LD 的信号状态从 "0" 变为 "1" 时, 输出 CV 的值被设置为参数 PV 的值。

表 5-39　CTU 加计数指令的使用

程序段	LAD
程序段 1	%DB1 "IEC_Counter_0_DB" CTU Int %I0.0 "计数脉冲" — CU　Q — %Q0.0 "计数状态" %I0.1 "计数复位" — R　CV — %MW0 "当前计数值" 4 — PV
时序图	I0.0 I0.1 MW0　0 1 2 3 4 5 0 1 2 3 4 5 0 1 0 Q0.0

表 5-40　CTD 减计数指令参数

LAD	参数	数据类型	说明
CTD Int CD　Q LD　CV PV	CD	BOOL	减计数输入
	LD	BOOL	装载输入
	PV	整数	置位输出 Q 的目标值
	Q	BOOL	计数器状态
	CV	整数	当前计数器值

④ 如果当前计数器值小于或等于 0，则输出 Q 的信号状态为"1"，否则 Q 的信号状态为"0"。

例 5-27：CTD 减计数指令的使用如表 5-41 所示。I0.0 为减计数脉冲输入端，I0.1 为装载数据输入端，计数器的计数次数设置为 5。当输入端 I0.0 的信号状态每发生 1 次从"0"变为"1"的上升沿跳变时，当前计数值减 1。如果当前计数器值小于或等于"0"，则 Q0.0 输出为"1"，否则输出为"0"。I0.1 信号状态变为"1"时，计数器置数，使得当前计数器值变为 5。

表 5-41　CTD 减计数指令的使用

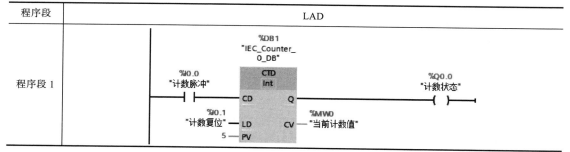

程序段	LAD
程序段 1	%DB1 "IEC_Counter_0_DB" %I0.0 "计数脉冲" — CD　Q — %Q0.0 "计数状态" %I0.1 "计数复位" — LD　CV — %MW0 "当前计数值" 5 — PV

续表

程序段	LAD
时序图	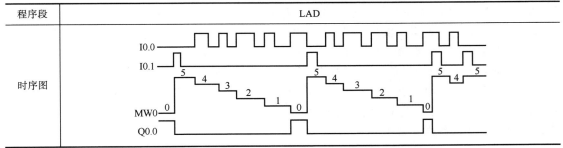

（3）CTUD 加减计数指令

使用加减计数指令 CTUD，可以递增或递减输出 CV 的值，该指令有 CU、CD、R、LD、PV、QU、QD 和 CV 等参数，各参数说明如表 5-42 所示。

表 5-42　CTUD 加减计数指令参数

LAD	参数	数据类型	说明
CTUD Int — CU QU — — CD QD — — R CV — — LD — — PV	CU	BOOL	加计数输入
	CD	BOOL	减计数输入
	R	BOOL	复位输入
	LD	BOOL	装载输入
	PV	整数	预设值
	QU	BOOL	加计数器状态
	QD	BOOL	减计数器状态
	CV	整数	当前计数器值

使用说明：

① 当参数 CU 的逻辑运算结果（RLO）从"0"变为"1"（信号上升沿）时，则当前计数器值加 1 并存储在参数 CV 中；当参数 CD 的逻辑运算结果（RLO）从"0"变为"1"（信号上升沿）时，则当前计数器值减 1 并存储在参数 CV 中。

② 进行加计数操作时，若每检测到一个信号上升沿，计数器值就会递增 1，直到达到输出 CV 中所指定数据类型的上限。达到上限时，停止递增，输入 CU 的信号状态将不再影响该指令。进行减计数操作时，每检测到一个信号上升沿，计数器值就会递减 1，直到达到输出 CV 中所指定数据类型的下限。达到下限时，停止递减，输入 CD 的信号状态将不再影响该指令。

③ 当输入 R 的信号状态从"0"变为"1"时，输出 CV 的值被复位为"0"。当输入 LD 的信号状态从"0"变为"1"时，输出 CV 的值被设置为参数 PV 的值。

④ 当 LD 的信号状态从"0"变为"1"时，QD 输出"0"，CV 立即停止计数并回到 PV 值。

⑤ 如果当前计数器值大于或等于参数 PV 的值，则输出 QU 的信号状态为"1"，否则 QU 的信号状态为"0"。如果当前计数器值小于或等于 0，则输出 QD 的信号状态为"1"，否则 QD 的信号状态为"0"。

　　例 5-28：CTUD 加减计数指令的使用如表 5-43 所示。I0.0 为加计数脉冲输入端，I0.1 为减计数脉冲输入端，I0.2 为复位输入端，I0.3 为装载输入端，计数器的计数次数设置为 4。当输入端 I0.0 的信号状态每发生 1 次从"0"变为"1"的上升沿跳变时，当前计数值加 1。如果当前计数器值大于或等于预置值"4"，则 Q0.0 输出为"1"，否则输出为"0"。当输入端 I0.1 的信号状态每发生 1 次从"0"变为"1"的上升沿跳变时，当前计数值减 1。如果当前计数器值小于或等于"0"，则 Q0.1 输出为"1"，否则输出为"0"。如果 I0.2 信号状态变为"1"，计数器复位，使得当前计数器值变为 0，同时 Q0.0 输出为"0"。如果 I0.3 信号状态变为"1"，计数器置数，使得当前计数器值变为 4。

表 5-43　CTUD 加减计数指令的使用

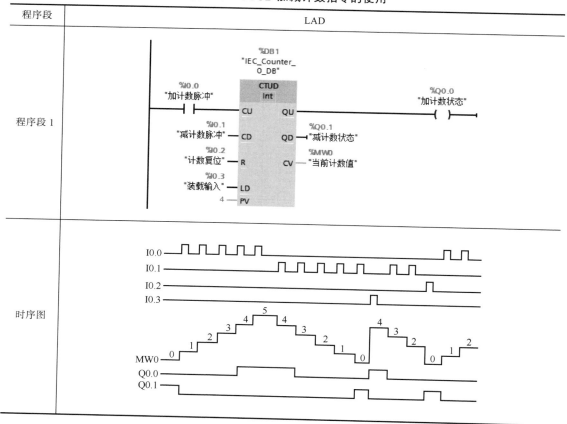

5.3.3　计数器指令的应用

　　例 5-29：计数器指令在包装传输系统中的应用。
　　（1）控制要求
　　在某包装传输系统中，要求按下启动按钮后，传输带电动机工作，物品在传输带上开始传送，每传送 10 个物品，传输带暂停 10s，工作人员将物品进行包装。
　　（2）控制分析
　　可以使用光电开关来检测物品是否在传输带上，当每来一个物品，就产生一个脉冲信号送入 PLC 中进行计数。PLC 中可用加计数器进行计数，计数器的设定值为 10。停止按钮 SB1 与

I0.0 连接，启动按钮 SB2 与 I0.1 连接，光电开关 SQ 信号通过 I0.2 输入 PLC 中，传输带电动机由 Q0.0 输出驱动。传输带暂停 10s 可以使用定时器指令来实现延时控制。

（3）I/O 端子资源分配及接线

根据控制要求及控制分析可知，需要 3 个输入点和 1 个输出点，输入/输出分配如表 5-44 所示，因此 CPU 模块可选用 CPU 1215C DC/DC/RLY（产品编号 6ES7 215-1HG40-0XB0），使用 CPU 模块集成的 I/O 端子即可，对应的 I/O 接线图，如图 5-22 所示。

表 5-44　PLC 控制包装传输系统的输入/输出分配表

输入			输出		
功能	元件	PLC 地址	功能	元件	PLC 地址
停止按钮	SB1	I0.0	传输带电动机	KM	Q0.0
启动按钮	SB2	I0.1			
光电开关	SQ	I0.2			

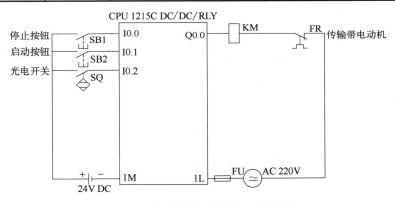

图 5-22　包装传输系统的 I/O 接线图

（4）编写 PLC 控制程序

根据包装传输系统的控制分析和 PLC 资源配置，编写程序如表 5-45 所示。当按下启动按钮时 I0.1 常开触点闭合，Q0.0 控制传输带运行。若传输带上有物品，光电检测开关有效，I0.2 常开触点闭合，CTU 加计数器开始计数。当计数到 10 时，M0.0 常开触点闭合，辅助继电器 M0.1 有效，M0.1 的两对常开触点闭合，M0.1 常闭触点断开。M0.1 的一路常开触点闭合使 CTU 加计数器复位，从而使计数器重新计数；另一路 M0.1 常开触点闭合开始延时等待；M0.1 的常闭触点断开，使传输带暂停。若延时时间到，TON 定时器"IEC_Timer_0_DB".Q 的常闭触点断开，M0.1 线圈暂时没有输出；TON 定时器"IEC_Timer_0_DB".Q 的常开触点闭合，启动传输带又开始传送物品，如此循环。物品传送过程中，当按下停止按钮时，I0.0 的常闭触点断开，Q0.0 输出无效，传输带停止运行；I0.0 的常开触点闭合，使 CTU 加计数器复位，为下次启动重新计数做好准备。

（5）程序仿真

① 启动 TIA Portal 软件，创建一个新的项目，并进行硬件组态，然后按照表 5-45 所示输入 LAD 程序。

表 5-45　PLC 控制包装传输系统的程序

程序段	LAD
程序段 1	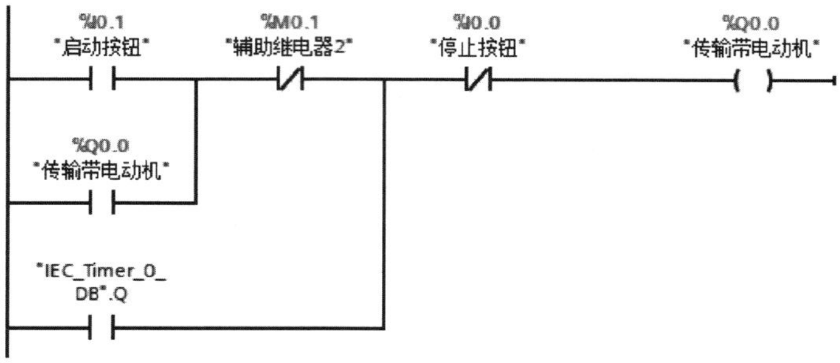 %I0.1 "启动按钮"　%M0.1 "辅助继电器2"　%I0.0 "停止按钮"　%Q0.0 "传输带电动机" %Q0.0 "传输带电动机" "IEC_Timer_0_DB".Q
程序段 2	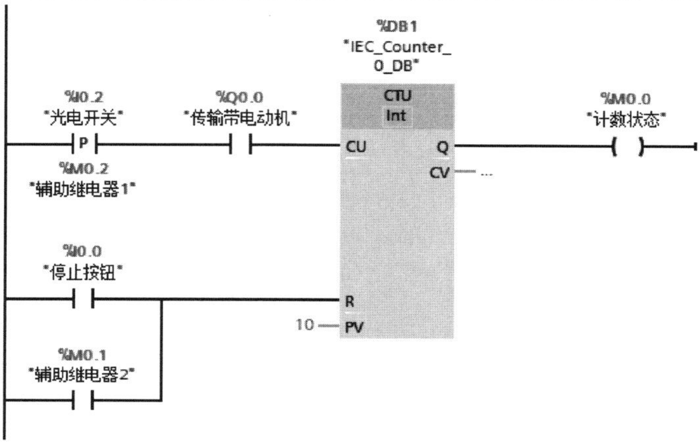 %DB1 "IEC_Counter_0_DB" %I0.2 "光电开关"[P]　%Q0.0 "传输带电动机"　CTU Int　CU　Q　%M0.0 "计数状态" %M0.2 "辅助继电器1"　CV … %I0.0 "停止按钮" %M0.1 "辅助继电器2"　R　10 — PV
程序段 3	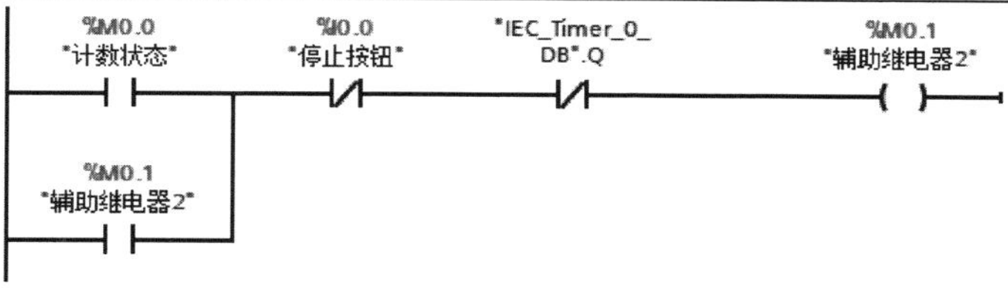 %M0.0 "计数状态"　%I0.0 "停止按钮"　"IEC_Timer_0_DB".Q　%M0.1 "辅助继电器2" %M0.1 "辅助继电器2"
程序段 4	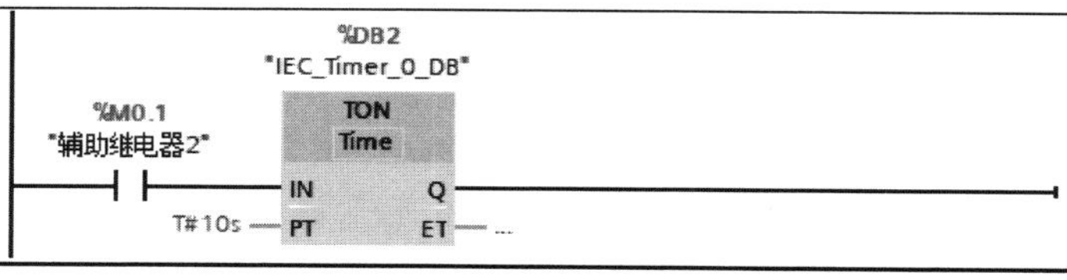 %DB2 "IEC_Timer_0_DB" %M0.1 "辅助继电器2"　TON Time　IN　Q　T#10s — PT　ET …

② 执行菜单命令"在线"→"仿真"→"启动"，即可开启 S7-PLCSIM 仿真。在弹出的"扩展的下载到设备"对话框中将"接口/子网的连接"选择为"PN/IE_1"处的方向，再单击"开始搜索"按钮，TIA Portal 软件开始搜索可以连接的设备，并显示相应的在线状态信息，然后单击"下载"按钮，完成程序的装载。

③ 在主程序窗口，单击全部监视图标，同时使 S7-PLCSIM 处于"RUN"状态，即可观看程序的运行情况。

④ 刚进入在线仿真状态时，Q0.0 线圈处于失电状态，表示系统没有启动。当 I0.1 强制为 ON 后，系统开始启动，Q0.0 线圈得电，传输带电动机工作。此时，光电开关每发生 1 次上升沿跳变（即检测到物品），计数器加 1，仿真效果如图 5-23 所示。如果计数达到 10，则定时器

延时，计数器复位，同时 Q0.0 线圈失电。当定时器延时达到 10s，Q0.0 线圈得电，系统将重新进行下一轮的计数。

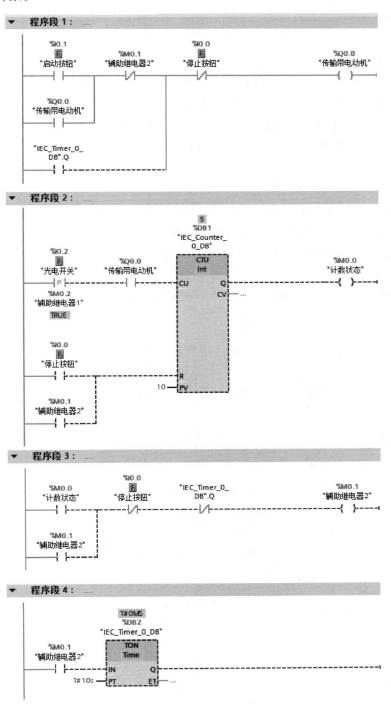

图 5-23　包装传输系统的仿真效果图

例 5-30：计数器指令在超载报警系统中的应用。

（1）控制要求

为了确保交通安全，客车不能超载。当乘客超过 20 人时，报警灯将闪烁，提示司机已超载。使用计数器指令实现计数功能。

（2）控制分析

可以在汽车的前后车门处各设置一个光电开关，用来检测是否有乘客从前门上车或从后门下车。若有乘客上车或下车，则光电开关处于闭合状态；反之，处于断开状态。利用光电开关检测的信号驱动计数器累计乘客人数。若有乘客上车，则计数器加 1 计数；若有乘客下车，则计数器减 1 计数，因此本系统应使用加减计数指令实现计数。系统应使用两只 LED 指示灯，一只 LED 用于未超载时的正常显示，另一只 LED 为超载报警灯。超载时报警灯闪烁，可使用系统的 2Hz 频率实现。

（3）I/O 端子资源分配及接线

根据控制要求及控制分析可知，需要 5 个输入点和 2 个输出点，输入/输出分配如表 5-46 所示，因此 CPU 模块可选用 CPU 1215C DC/DC/DC（产品编号 6ES7 215-1AG40-0XB0），使用 CPU 模块集成的 I/O 端子即可，对应的 I/O 接线图如图 5-24 所示。

表 5-46　超载报警系统的输入/输出分配表

输入			输出		
功能	元件	PLC 地址	功能	元件	PLC 地址
停止按钮	SB1	I0.0	未超载指示	LED1	Q0.0
启动按钮	SB2	I0.1	超载指示	LED2	Q0.1
复位按钮	SB3	I0.2			
光电开关 1	SQ1	I0.3			
光电开关 2	SQ2	I0.4			

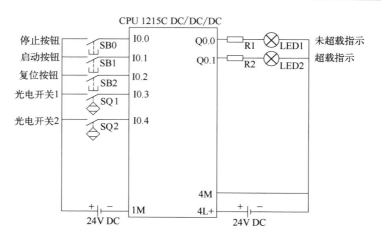

图 5-24　超载报警系统的 I/O 接线图

（4）编写 PLC 控制程序

根据超载报警系统的控制分析和 PLC 资源配置，编写程序如表 5-47 所示。在程序段 1 中，按下启动按钮时，I0.1 常开触点闭合，使 M0.1 线圈得电，为超载报警系统的工作做好准备。每次乘客从前门下车时，程序段 3 中的 I0.3 常开触点闭合 1 次，使得计数器加 1；每次乘客从后门下车时，程序段 3 中的 I0.4 常开触点闭合 1 次，使得计数器减 1。如果计数器的加计数值小于 21，表示未超载，M0.0 线圈失电，程序段 2 中的 Q0.0 线圈得电，使 LED1 点亮，进行未超载指示。如果累加器的加计数值等于 21，表示已超载，程序段 3 中的 M0.0 线圈得电。M0.0 线圈得电，程序段 4 中的 Q0.1 线圈得电，使得 LED2 以 2Hz 的频率闪烁报警。闪烁时长为 10s，由 TON 定时器指令控制。

（5）程序仿真

① 启动 TIA Portal 软件，创建一个新的项目，并进行硬件组态，然后按照表 5-47 所示输入 LAD 程序。

表 5-47　　PLC 控制超载报警系统的程序

程序段	LAD
程序段 1	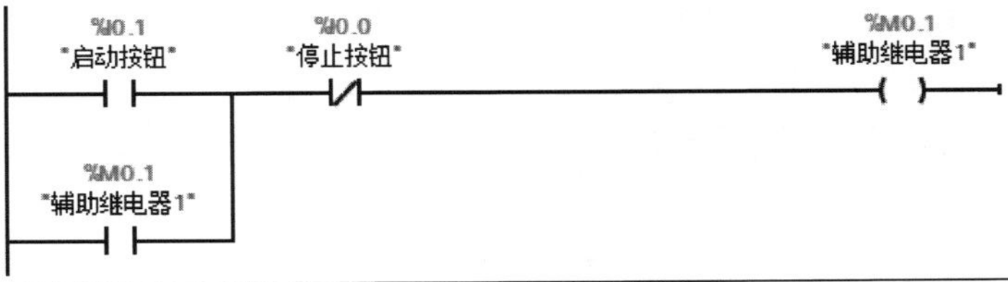
程序段 2	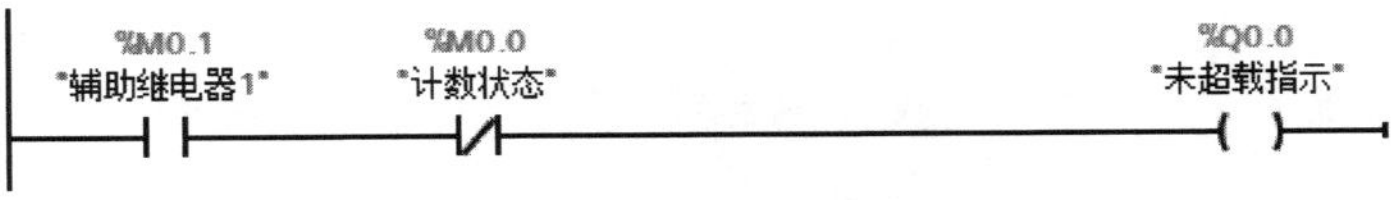
程序段 3	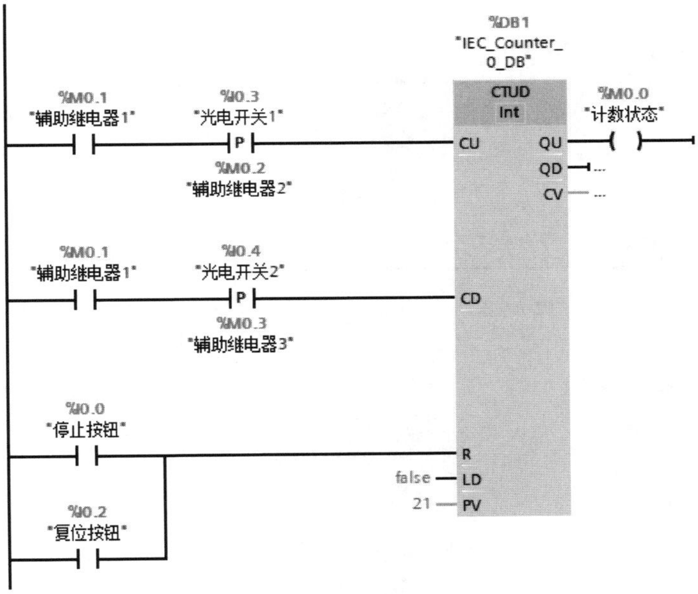

续表

程序段	LAD
程序段 4	

程序段 1： ....

```
    %I0.1              %I0.0                                              %M0.1
   "启动按钮"          "停止按钮"                                        "辅助继电器1"
    ─┤ ├─              ─┤/├─                                            ─( )─

    %M0.1
  "辅助继电器1"
    ─┤ ├─
```

程序段 2： ....

```
    %M0.1              %M0.0                                              %Q0.0
  "辅助继电器1"        "计数状态"                                        "未超载指示"
    ─┤ ├─              ─┤/├─                                            ─( )─
```

程序段 3： ....

```
                                                    6
                                                  %DB1
                                              "IEC_Counter_
                                                  0_DB"
    %M0.1              %I0.3                       CTUD                   %M0.0
  "辅助继电器1"        "光电开关1"                  Int                   "计数状态"
    ─┤ ├─────────────┤P├────────────────────── CU        QU ─────────────( )─
                     %M0.2                                 QD ─┤ ...
                   "辅助继电器2"                            CV ─┤ ...
                     TRUE

    %M0.1              %I0.4
  "辅助继电器1"        "光电开关2"
    ─┤ ├─────────────┤P├────────────────────── CD
                     %M0.3
                   "辅助继电器3"
                     TRUE

    %I0.0
   "停止按钮"
    ─┤P├───────────────────────────────────── R
                                        false ─ LD
                                           21 ─ PV
    %I0.2
   "复位按钮"
    ─┤P├─
```

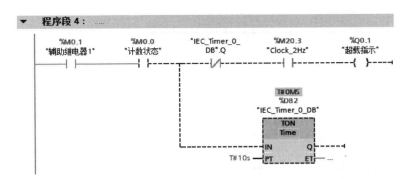

图 5-25　超载报警系统的仿真效果图

② 执行菜单命令"在线"→"仿真"→"启动",即可开启 S7-PLCSIM 仿真。在弹出的"扩展的下载到设备"对话框中将"接口/子网的连接"选择为"PN/IE_1"处的方向,再单击"开始搜索"按钮,TIA Portal 软件开始搜索可以连接的设备,并显示相应的在线状态信息,然后单击"下载"按钮,完成程序的装载。

③ 在主程序窗口,单击全部监视图标 🏷,同时使 S7-PLCSIM 处于"RUN"状态,即可观看程序的运行情况。

④ 刚进入在线仿真状态时,各线圈均处于失电状态,表示系统没有工作。当 I0.1 强制为 ON 后,表示系统开始工作。此时,I0.3 每闭合 1 次,表示乘客从前门上车,计数器进行加 1 计数;I0.4 每闭合 1 次,表示乘客从后门下车,计数器进行减 1 计数,仿真效果如图 5-25 所示。当计数器的加计数值小于 21 时,Q0.0 线圈得电,表示客车未超载;否则 Q0.1 线圈得电,LED2 以 2Hz 的频率进行闪烁,闪烁时间为 10s。当按下停止按钮或复位按钮时,计数器复位。

5.4　比较操作指令及应用

TIA Portal 中提供了丰富的比较操作指令,可以满足用户的各种需求。TIA Portal 软件中比较操作指令可以对整数、双整数、实数等数据类型的数值进行比较。根据比较对象的不同,比较操作指令可以分为操作数大小比较指令、值范围比较指令、有效性检查指令。

5.4.1　操作数大小比较指令

操作数大小比较指令是对两个相同数据类型的操作数 IN1 和 IN2 进行大小比较,其指令如表 5-48 所示。

表 5-48　操作数大小比较指令

关系类型	LAD 指令符号	满足以下条件时比较结果为真	支持的数据类型
等于 (CMP==)	<???> == ??? <???>	IN1 等于 IN2	SInt、Int、DInt、USInt、UInt、UDInt、Real、LReal、String、Char、Timer、DTL、Constant

续表

关系类型	LAD 指令符号	满足以下条件时比较结果为真	支持的数据类型
不等于 （CMP<>）	<???> `<>` ??? <???>	IN1 不等于 IN2	
大于或等于 （CMP>=）	<???> `>=` ??? <???>	IN1 大于或等于 IN2	
小于或等于 （CMP<=）	<???> `<=` ??? <???>	IN1 小于或等于 IN2	SInt、Int、DInt、USInt、UInt、UDInt、Real、LReal、String、Char、Timer、DTL、Constant
大于 （CMP>）	<???> `>` ??? <???>	IN1 大于 IN2	
小于 （CMP<）	<???> `<` ??? <???>	IN1 小于 IN2	

使用说明：

① 操作数大小比较指令 CMP 的上方<???>为操作数 IN1，下方<???>为操作数 IN2，中间的???为操作数的数据类型，用户可以从指令框的 "???" 下拉列表中进行选择。

② 两个相同数据类型的操作数进行大小比较时，若满足比较关系，则指令返回逻辑运算结果 RLO=1，否则指令返回 RLO=0。

例 5-31：操作数大小比较指令在开关灯系统中的应用。某系统中有 4 只 LED 灯（LED1 ~ LED4），要求灯控按钮第 1 次按下时，LED1 亮；第 2 次按下时 LED2 和 LED3 亮；第 3 次按下时，LED4 闪烁；第 4 次按下时，4 只 LED 灯全灭，如此循环。

解：此系统可以使用计数器指令实现灯控按钮按下次数的统计，每按 1 次，计数器的当前计数值（MW2）加 1，然后将当前计数值（MW2）与设定值进行数值的比较，如果 MW2 等于 1，则 LED1 亮；MW2 等于 2，则 LED2 和 LED 3 亮；MW2 等于 3，则在系统时钟的控制下使 LED 4 闪烁；MW2 大于或等于 4，则将计数器复位，同时 Q0.0~Q0.3 要复位。编写程序如表 5-49 所示。

5.4.2　值范围比较指令

值范围比较指令有两条，分别为值在范围内指令 IN_RANGE 和值在范围外指令 OUT_RANGE，如表 5-50 所示。

表 5-49　操作数大小比较指令在开关灯系统中的应用程序

程序段	LAD
程序段 1	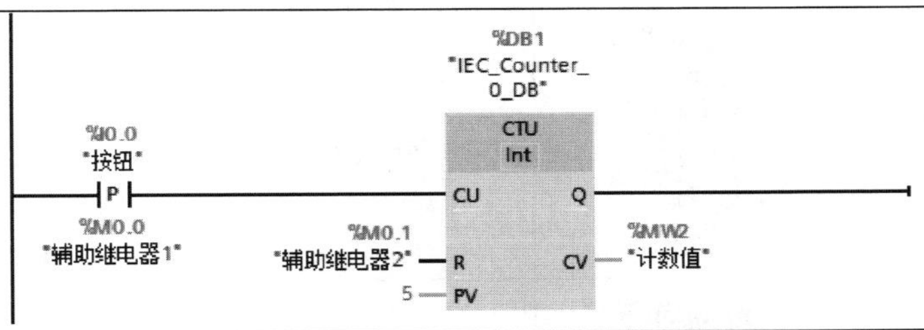
程序段 2	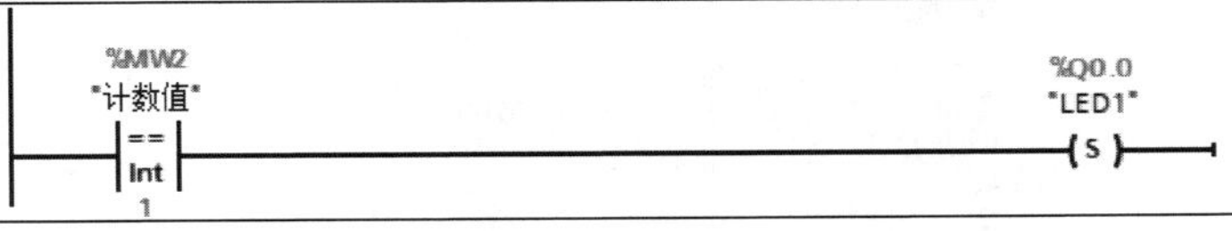
程序段 3	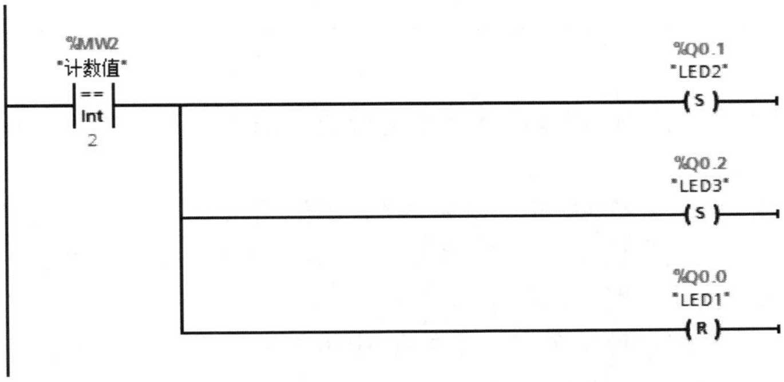
程序段 4	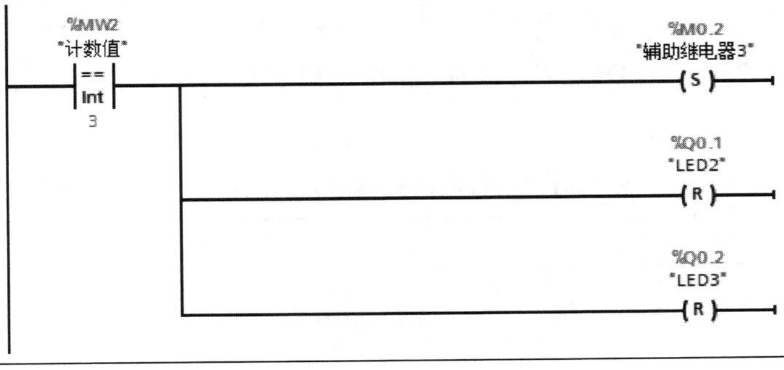
程序段 5	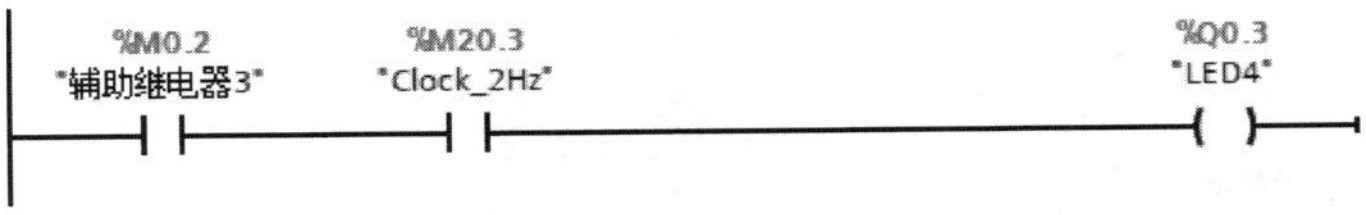
程序段 6	

表 5-50　值范围比较指令

关系类型	LAD 指令符号	满足以下条件时比较结果为真	支持的数据类型
值在范围内 （IN_RANGE）	IN_RANGE ??? MIN VAL MAX	MIN≤VAL≤MAX	SInt、Int、DInt、USInt、UInt、UDInt、 Real、Constant
值在范围外 （OUT_RANGE）	OUT_RANGE ??? MIN VAL MAX	VAL<MIN 或 VAL>MAX	

使用说明：

① MIN 为取值范围的下限，MAX 为取值范围的上限，VAL 为比较值，这 3 个参数的数据类型必须一致。

② 执行指令 IN_RANGE 时，如果 VAL 的值满足 MIN≤VAL≤MAX，则功能框输出的信号状态为"1"，否则信号状态为"0"。执行指令 OUT_RANGE 时，如果 VAL 的值满足 MIN>VAL 或 VAL>MAX，则功能框输出的信号状态为"1"，否则信号状态为"0"。

例 5-32：值范围比较指令在物品寄存柜中的应用。某超市物品寄存柜最多可以存放 32 件物品，当存放物品数 n 满足 $0 \leqslant n \leqslant 7$ 时，LED1 点亮；当物品数满足 $8 \leqslant n \leqslant 11$ 时，LED2 点亮；当物品数满足 $12 \leqslant n \leqslant 15$ 时，LED3 点亮；当物品数满足 $16 \leqslant n \leqslant 23$ 时，LED4 点亮；当物品数满足 $24 \leqslant n \leqslant 32$ 时，LED5 点亮；当物品多于 32 件时，LED6 闪烁。使用值范围比较指令实现数值的比较。

表 5-51　值范围比较指令在物品寄存柜中的应用程序

程序段	LAD
程序段 1	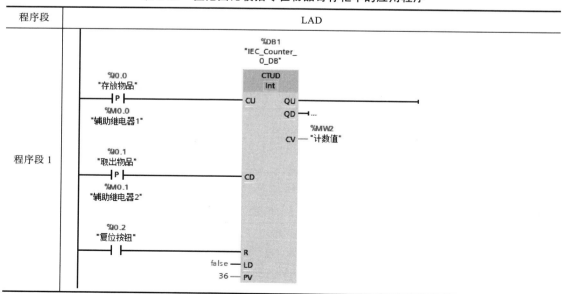

续表

程序段	LAD
程序段 2	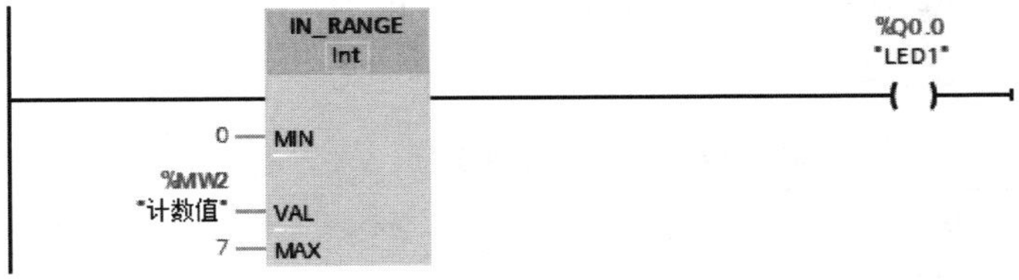 IN_RANGE Int　　0 — MIN　%MW2 "计数值" — VAL　7 — MAX　　%Q0.0 "LED1" —( )—
程序段 3	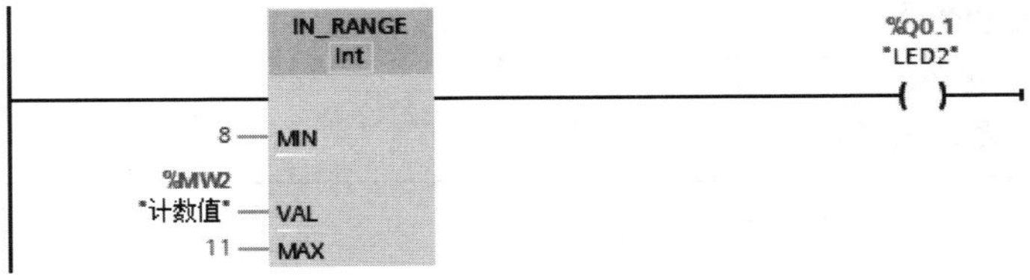 IN_RANGE Int　　8 — MIN　%MW2 "计数值" — VAL　11 — MAX　　%Q0.1 "LED2" —( )—
程序段 4	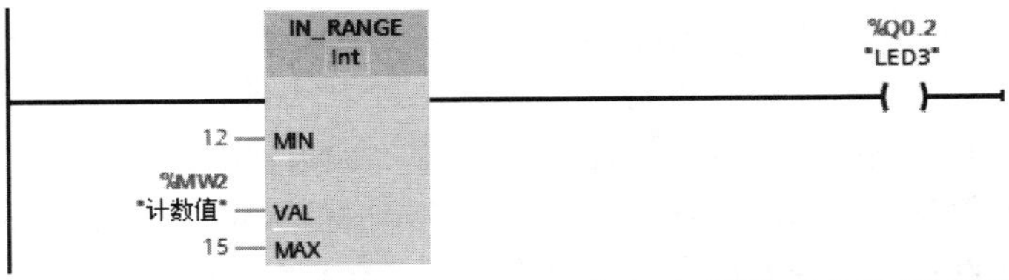 IN_RANGE Int　　12 — MIN　%MW2 "计数值" — VAL　15 — MAX　　%Q0.2 "LED3" —( )—
程序段 5	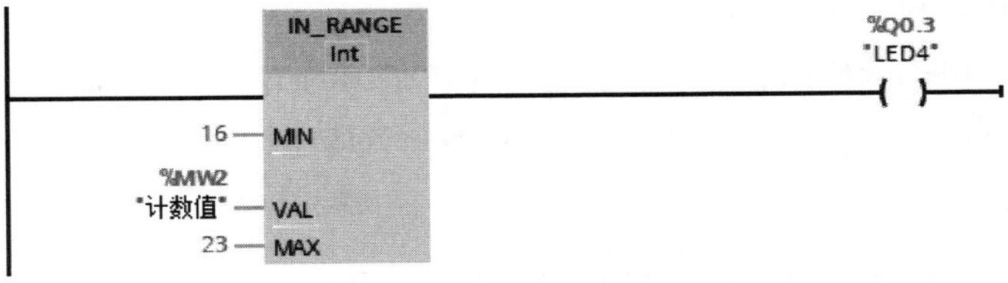 IN_RANGE Int　　16 — MIN　%MW2 "计数值" — VAL　23 — MAX　　%Q0.3 "LED4" —( )—
程序段 6	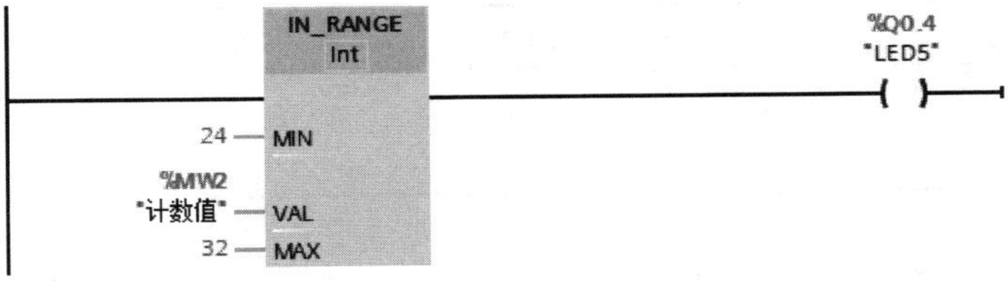 IN_RANGE Int　　24 — MIN　%MW2 "计数值" — VAL　32 — MAX　　%Q0.4 "LED5" —( )—
程序段 7	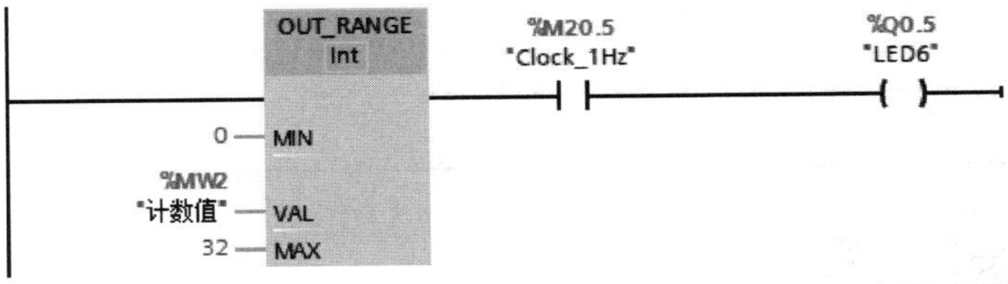 OUT_RANGE Int　　0 — MIN　%MW2 "计数值" — VAL　32 — MAX　　%M20.5 "Clock_1Hz" —| |—　%Q0.5 "LED6" —( )—

　　解：超市物品具有存放与取出的操作，物品数的统计应使用 CTUD 加减计数指令来完成。LED1~LED5 指示灯的点亮，可用多条 IN_RANGE 指令来进行比较。当物品超过 32 件，可以使用大于或等于指令来完成，但由于 CTUD 指令进行减计数，有可能产生负数，因此最好使用 OUT_RANGE 指令来进行比较，即当物品数为负数或超出范围时，LED6 指示灯闪烁。编写程序如表 5-51 所示。

5.4.3　有效性检查指令

有效性检查指令有两条，分为"OK"检查有效性指令和"NOT_OK"检查无效性指令，如表 5-52 所示。

表 5-52　有效性检查指令

关系类型	LAD 指令符号	满足以下条件时比较结果为真	支持的数据类型
检查有效性（OK）	<???>　┤OK├	输入值为有效浮点数	REAL、LREAL
检查无效性（NOT_OK）	<???>　┤NOT_OK├	输入值为无效浮点数	

使用说明：

① 有效性检查指令的上方<???>为操作数，使用"OK"检查有效性指令检查操作数的值（<操作数>）是否为有效浮点数；使用"NOT_OK"检查无效性指令检查操作数的值（<操作数>）是否为无效浮点数。

② 这两条指令输入的信号状态为"1"，则在每个程序周期内都进行检查。如果"OK"指令操作数的值是有效浮点数且指令的信号状态为"1"，则输出的信号状态为"1"；如果"NOT_OK"指令操作数的值是无效浮点数且指令的信号状态为"1"，则输出的信号状态为"1"。在其余情况下，指令输出的信号状态都为"0"。

例 5-33：有效性检查指令的使用如表 5-53 所示，在程序段 1 中，若 MD0 中的数据为有效浮点数，则 LED1 指示灯点亮；在程序段 2 中，若 MD4 中的数据为无效浮点数，则 LED2 指示灯点亮。

表 5-53　有效性检查指令的应用程序

程序段	LAD
程序段 1	%MD0 "实数1" ┤OK├　　　%Q0.0 "LED1" ( )
程序段 2	%MD4 "实数2" ┤NOT_OK├　　　%Q0.1 "LED2" ( )

5.4.4　比较操作指令的应用

例 5-34：比较操作指令在工件传输带中的应用。

（1）控制要求

某工件传输带如图 5-26 所示，通过光电开关对工件进行计数，当计件数量小于 15 时，LED 指示灯常亮；当计件数量等于或大于 15 时，LED 指示灯闪烁；当计件数量为 20 时，10s 后传输带停止工作，同时指示灯熄灭。要求使用比较操作指令进行工件数量的比较。

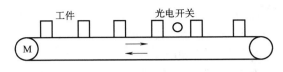

图 5-26　工件传输带

（2）控制分析

PLC 系统中，停止按钮 SB1 与 I0.0 连接，启动按钮 SB2 与 I0.1 连接，光电开关 SQ 信号通过 I0.2 输入 PLC 中，传输带电动机 M 由 Q0.0 输出驱动，LED 指示灯由 Q0.1 控制。PLC 中使用加计数器进行计数，计数器的设定值为 20。每来一个工件，光电开关 SQ 产生一个脉冲信号送入 PLC 中进行计数。在计数过程中，使用比较指令将计数值与工件设定值进行比较。LED 指示灯的闪烁由系统频率控制，10s 延时可以使用定时器指令来实现延时控制。

（3）I/O 端子资源分配及接线

根据控制要求及控制分析可知，需要 3 个输入点和 1 个输出点，输入/输出分配如表 5-54 所示，因此 CPU 模块可选用 CPU 1215C DC/DC/RLY（产品编号 6ES7 215-1HG40-0XB0），使用 CPU 模块集成的 I/O 端子即可，对应的 I/O 接线图如图 5-27 所示。

表 5-54　工件传输带的输入/输出分配表

输入			输出		
功能	元件	PLC 地址	功能	元件	PLC 地址
停止按钮	SB1	I0.0	传输带电动机	KM	Q0.0
启动按钮	SB2	I0.1	LED 指示灯	LED	Q0.1
光电开关	SQ	I0.2			

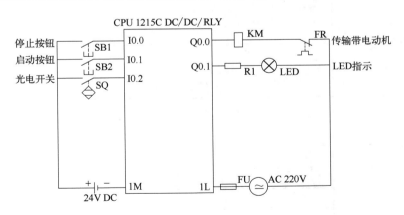

图 5-27　工件传输带的 I/O 接线图

（4）编写 PLC 控制程序

根据工件传输带的控制分析和 PLC 资源配置，编写程序如表 5-55 所示。在程序段 1 中，当按下启动按钮时 I0.1 常开触点闭合，Q0.0 控制工件传输带运行。在程序段 2 中，若 SQ 光电开关每次检测传输带上有物品，I0.2 常开触点闭合 1 次，CTU 加计数器的当前计数值 MW4 加

1。在程序段 3 中，如果 MW4 中的内容小于 15，LED 指示灯常亮；MW4 中的内容等于或大于 15 时，LED 指示灯闪烁。如果计数值达到 20，程序段 2 中的 M0.0 线圈得电。M0.0 线圈得电，程序段 4 中的 M0.0 常开触点闭合，使 M0.1 线圈得电并自锁。当 M0.1 线圈得电，程序段 5 中的 M0.1 常开触点闭合，使定时器进行延时。定时器延时达到 10s，则程序段 1 中的 "IEC_Timer_0_DB".Q 常闭触点断开，使 Q0.0 线圈失电，从而使传输带电动机停止工作，LED 指示灯熄灭。同时，程序段 4 中的 "IEC_Timer_0_DB".Q 常闭触点断开，M0.1 线圈失电。M0.1 线圈失电，程序段 5 中的定时器也失电，整个控制过程完成。

表 5-55 PLC 控制工件传输带的程序

程序段	LAD
程序段 1	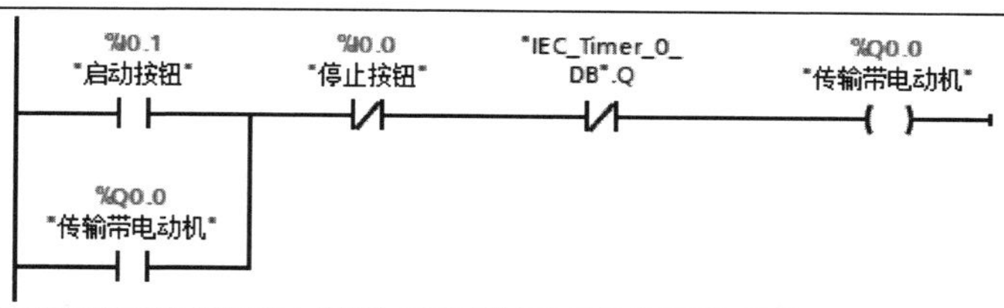
程序段 2	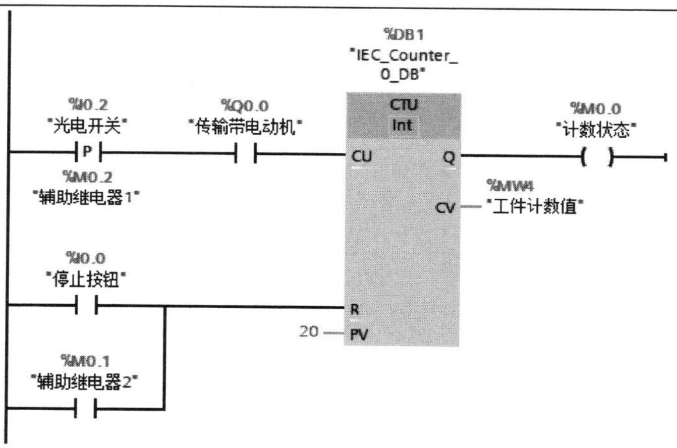
程序段 3	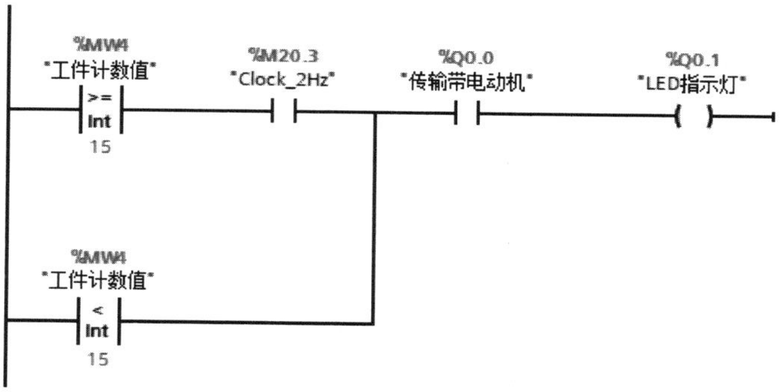
程序段 4	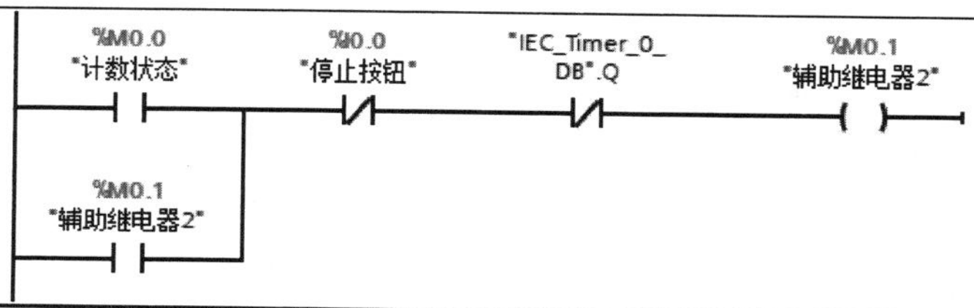

续表

程序段	LAD
程序段 5	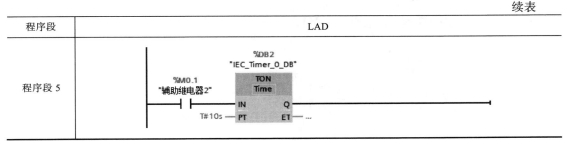

（5）程序仿真

① 启动 TIA Portal 软件，创建一个新的项目，并进行硬件组态，然后按照表 5-55 所示输入 LAD 程序。

② 执行菜单命令"在线"→"仿真"→"启动"，即可开启 S7-PLCSIM 仿真。在弹出的"扩展的下载到设备"对话框中将"接口/子网的连接"选择为"PN/IE_1"处的方向，再单击"开始搜索"按钮，TIA Portal 软件开始搜索可以连接的设备，并显示相应的在线状态信息，然后单击"下载"按钮，完成程序的装载。

③ 在主程序窗口，单击全部监视图标 🔍，同时使 S7-PLCSIM 处于"RUN"状态，即可观看程序的运行情况。

④ 刚进入在线仿真状态时，各线圈均处于失电状态，表示系统没有工作。当 I0.1 强制为 ON 后，系统开始工作。此时，I0.2 每闭合 1 次，表示光电开关检测到工件，计数器进行加 1 计

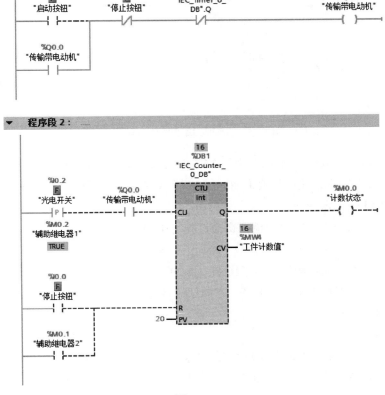

图 5-28

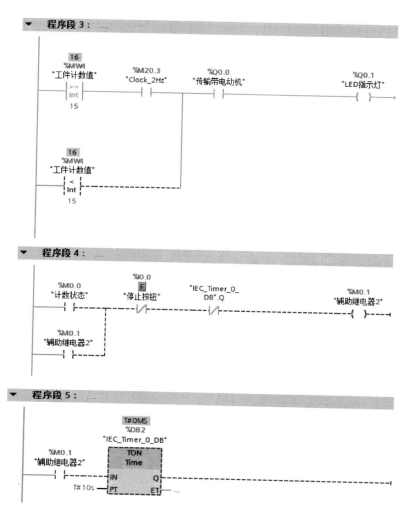

图 5-28　工件传输带的仿真效果图

数。若计数器的当前计数值（MW4）小于 15，Q0.1 线圈得电，LED 常亮；当 MW4 的值大于或等于 15 时，LED 闪烁，其仿真效果如图 5-28 所示。当 MW4 的值为 20 时，10s 后传输带停止工作，同时 LED 指示灯熄灭。

例 5-35： 比较指令在十字路口模拟交通灯控制中的应用。

（1）控制要求

某十字路口模拟交通灯的控制示意图如图 5-29 所示，在十字路口，某个方向绿灯点亮 20s 后熄灭，黄灯以 2s 周期闪烁 3 次（另一方向红灯点亮），然后红灯点亮（另一方向绿灯点亮、黄灯闪烁），如此循环。

（2）控制分析

根据任务要求，按某个方向顺序点亮绿灯、黄灯和红灯，可以采用系统时钟（M20.5）作为 1s 的时钟脉冲由计数器进行计时，通过比较计数器当前计数值驱动交通灯显示。

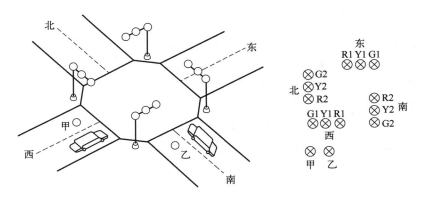

图 5-29　十字路口模拟交通灯控制示意图

（3）I/O 端子资源分配及接线

根据控制要求及控制分析可知，需要 2 个输入点和 8 个输出点，输入/输出分配表如表 5-56 所示，因此 CPU 模块可选用 CPU 1215C DC/DC/DC（产品编号 6ES7 215-1AG40-0XB0），使用 CPU 模块集成的 I/O 端子即可，对应的 I/O 接线如图 5-30 所示。

表 5-56　十字路口模拟交通灯 I/O 分配表

输入（I）			输出（O）		
功能	元件	PLC 地址	功能	元件	PLC 地址
停止按钮	SB1	I0.0	东西方向绿灯 G1	HL1	Q0.0
启动按钮	SB2	I0.1	东西方向黄灯 Y1	HL2	Q0.1
			东西方向红灯 R1	HL3	Q0.2
			南北方向绿灯 G2	HL4	Q0.3
			南北方向黄灯 Y2	HL5	Q0.4
			南北方向红灯 R2	HL6	Q0.5
			甲车通行	HL7	Q0.6
			乙车通行	HL8	Q0.7

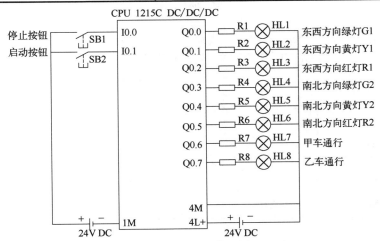

图 5-30　十字路口模拟交通灯的 I/O 接线图

（4）编写 PLC 控制程序

根据十字路口模拟交通灯的控制分析和 PLC 资源配置，编写程序如表 5-57 所示。程序段 1 中，当按下启动按钮时，M0.0 线圈得电并自锁。程序段 2 中，通过 M20.5 每隔 1s 使计数器计数 1 次，其最大计数值为 50。当计数器的计数值达到 50 次时，程序段 3 中的 M0.1 线圈得电，从而使程序段 2 中的计数器复位。程序段 4 为东西方向的绿灯显示及甲车通行控制；程序段 5 为东西方向的黄灯显示控制，黄灯闪烁 3 次，因此通过 3 次数值比较而实现；程序段 6 为东西方向的红灯显示控制；程序段 7 为南北方向的红灯显示控制；程序段 8 为南北方向的绿灯显示以及乙车通行控制；程序段 9 为南北方向的黄灯显示控制。

（5）程序仿真

① 启动 TIA Portal 软件，创建一个新的项目，并进行硬件组态，然后按照表 5-57 所示输入 LAD（梯形图）程序。

② 执行菜单命令"在线"→"仿真"→"启动"，即可开启 S7-PLCSIM 仿真。在弹出的"扩展的下载到设备"对话框中将"接口/子网的连接"选择为"PN/IE_1 处的方向"，再单击"开始搜索"按钮，TIA Portal 软件开始搜索可以连接的设备，并显示相应的在线状态信息，然后单击"下载"按钮，完成程序的装载。

③ 在主程序窗口，单击全部监视图标 ，同时使 S7-PLCSIM 处于"RUN"状态，即可观看程序的运行情况。

表 5-57　十字路口模拟交通灯程序

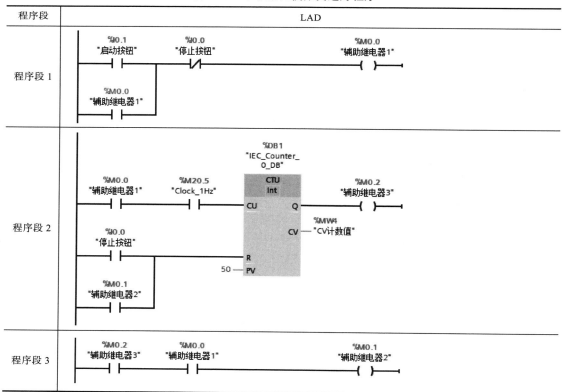

续表

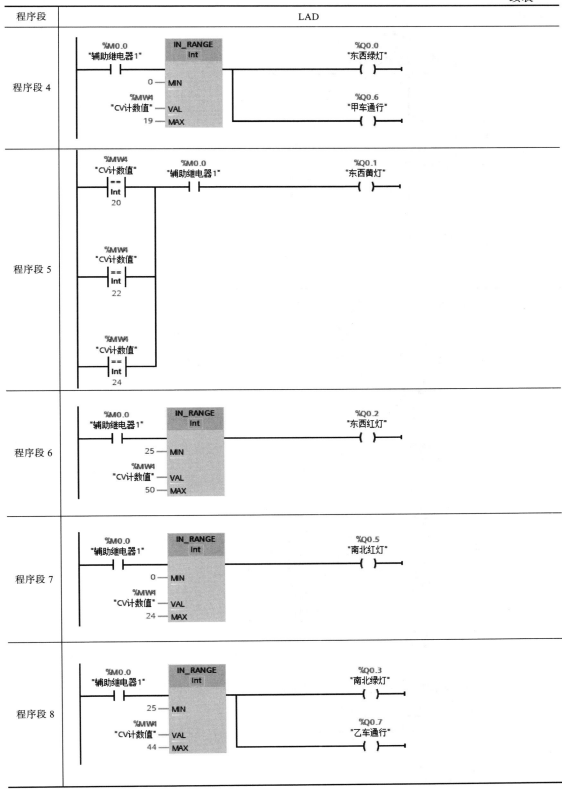

程序段	LAD
程序段 4	
程序段 5	
程序段 6	
程序段 7	
程序段 8	

程序段	LAD
程序段 9	

程序段 1：

程序段 2：

程序段 3：

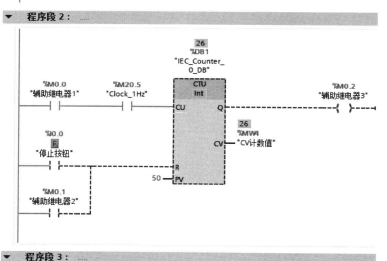

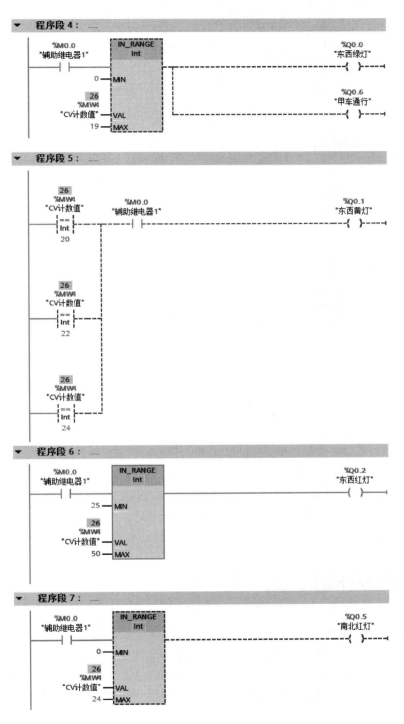

图 5-31

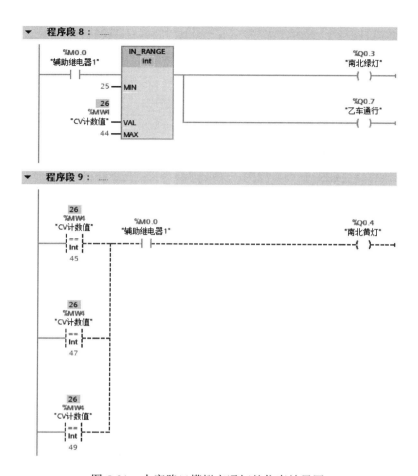

图 5-31　十字路口模拟交通灯的仿真效果图

④ 刚进入在线仿真状态时，各线圈均处于失电状态，表示系统没有工作。当 I0.1 强制为 ON 后，系统开始工作。此时，在系统时钟脉冲下，每隔 1s 计数器进行加 1 计数。然后根据比较操作指令比较的结果控制东西方向及南北方向红灯、绿灯、黄灯有规律地进行显示，其仿真效果如图 5-31 所示。

5.5　移动操作指令及应用

移动操作指令是用于将输入端（源区域）的值复制到输出端（目的区域）指定的地址中。与 S7-300/400 PLC 相比，S7-1200 PLC 的移动操作指令更加丰富，有移动值、移动块、填充块、序列化、取消序列化和交换等指令，还有专门针对数组 DB 和 Variant 变量的移动操作指令，当然也支持经典 STEP 7 所支持的移动操作指令。在此讲解一些常用的移动操作指令。

5.5.1　移动值指令

移动值指令（MOVE）可以将 IN 输入处操作数中的内容传送到 OUT 输出的操作数中。该指令有 EN、IN、ENO 和 OUT 等参数，各参数说明如表 5-58 所示。

表 5-58　MOVE 指令参数

LAD 指令符号	参数	数据类型	说明
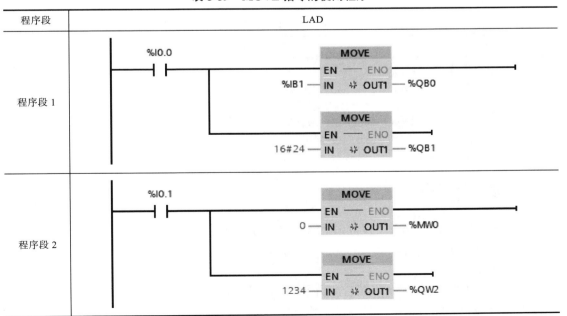	EN	BOOL	允许输入
	ENO	BOOL	允许输出
	IN	SInt、Int、DInt、USInt、UInt、UDInt、Real、LReal、Byte、Word、DWord、Char、WChar、Array、Struct、DTL、Time、Date、TOD、IEC 数据类型、PLC 数据类型	源数值
	OUT1		目的地址

使用说明：

① 当 EN 的状态为 "1" 时，执行此指令，将 IN 端的数值传送到 OUT 端的目的地址中。

② 在初始状态，LAD 指令框中包含 1 个输出（OUT1），通过鼠标单击指令框中的星号，可以增加输出数目。

③ 使用此指令时，传送源数值（IN）与传送目的地址单元（OUT）的数据类型要对应。如果输入 IN 数据类型的位长度低于输出 OUT 数据类型的位长度，则目标值的高位会被改写为 0。如果输入 IN 数据类型的位长度超出输出 OUT 数据类型的位长度，则目标值的高位会被丢失。

例 5-36：MOVE 指令的使用如表 5-59 所示，在程序段 1 中，当 I0.0 触点闭合时，执行了两次数值的移动，首先将字节 IB1（I1.0~I1.7）传送到 QB0 中，再将十六进制立即数 16#24 传送到 QB1 中。在程序段 2 中，当 I0.1 触点闭合时，先将立即数 0 传送到 MW0 中，使 QW0 内容清零，再将立即数 1234 送入 QW2 中。

表 5-59　MOVE 指令的使用程序

程序段	LAD
程序段 1	%I0.0 ⊣⊢　MOVE　EN — ENO　%IB1 — IN ⁎ OUT1 — %QB0　MOVE　EN — ENO　16#24 — IN ⁎ OUT1 — %QB1
程序段 2	%I0.1 ⊣⊢　MOVE　EN — ENO　0 — IN ⁎ OUT1 — %MW0　MOVE　EN — ENO　1234 — IN ⁎ OUT1 — %QW2

5.5.2 移动块指令

移动块指令（MOVE_BLK）可以将一个存储区（源区域）的数据移动到另一个存储区（目标区域）中。该指令有 EN、IN、ENO、COUNT 和 OUT 等参数，各参数说明如表 5-60 所示。

表 5-60 MOVE_BLK 指令参数

LAD	参数	数据类型	说明
MOVE_BLK EN — ENO IN OUT COUNT	EN	BOOL	允许输入
	ENO	BOOL	允许输出
	IN	SInt、Int、DInt、USInt、UInt、UDInt、Real、LReal、Byte、Word、DWord、Char、WChar、Array、Struct、DTL、Time、Date、TOD、WChar	待复制源区域中的首个元素
	OUT		源区域内容要复制到目标区域中的首个元素
	COUNT	USINT、UINT、UDINT	要从源区域移动到目标区域的元素个数

使用说明：

① 当 EN 的状态为"1"时，执行此指令，将 IN 端起始区域的 n 个元素（n 由 COUNT 指定）传送到 OUT 端的目的起始区域中。

② EN 的信号状态为"0"或者移动的元素个数超出输入 IN 或输出 OUT 所能容纳的数据量时 ENO 输出为 0。

例 5-37：MOVE_BLK 指令的使用如表 5-61 所示，当 I0.0 为 ON 时，执行 MOVE_BLK 指令，将数组 A（"数据块 1"）中从第 2 个元素（A[1]）起的 3 个元素传送到数组 B（"数据块 2"）中第 3 个元素（B[2]）起的数组中。

表 5-61 MOVE_BLK 指令的使用程序

程序段	LAD
程序段 1	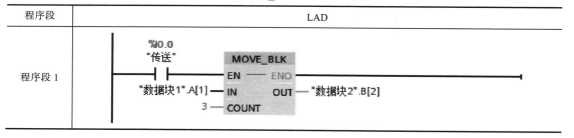

5.5.3 填充块指令

填充块指令（FILL_BLK）可以用 IN 输入的值填充到由 OUT 指定地址起始的存储区（目标区域）。该指令有 EN、IN、ENO、COUNT 和 OUT 等参数，各参数说明如表 5-62 所示。

使用说明：

① 当 EN 的状态为"1"时，执行此指令，将 IN 端的值传送到 OUT 端的目的起始区域中，传送到 OUT 端的区域范围由 COUNT 指定。

表 5-62　FILL_BLK 指令参数

LAD	参数	数据类型	说明
FILL_BLK EN — ENO IN OUT COUNT	EN	BOOL	允许输入
	ENO	BOOL	允许输出
	IN	SInt、Int、DInt、USInt、UInt、UDInt、Real、LReal、Byte、	用于填充目标范围的元素
	OUT	Word、DWord、Char、WChar、Array、Struct、DTL、Time、Date、TOD、WChar	目标区域中填充的起始地址
	COUNT	USINT、UINT、UDINT、ULINT	移动操作的重复次数

② EN 的信号状态为 "0" 或者移动的元素个数超出输出 OUT 所能容纳的数据量时 ENO 输出为 0。

例 5-38：FILL_BLK 指令的使用如表 5-63 所示，当 PLC 一上电时，执行 1 次 FILL_BLK 指令，将十六进制立即数 16#1234 传送到数组 A（"数据块 1"）中从第 2 个元素（A[1]）起连续 5 个单元的数组中。

表 5-63　FILL_BLK 指令的使用程序

程序段	LAD
程序段 1	%M10.0 "FirstScan"　　　　　FILL_BLK 　　　　　　　　　　　EN — ENO 16#1234 — IN OUT — "数据块1".A[1] 　　　　5 — COUNT

5.5.4　交换指令

交换指令（SWAP）是将输入 IN 中 2 字节或 4 字节数据元素的字节顺序发生改变，并由 OUT 输出。该指令有 EN、IN、ENO 和 OUT 等参数，各参数说明如表 5-64 所示。

表 5-64　SWAP 指令参数

LAD	参数	数据类型	说明
SWAP ??? EN — ENO IN OUT	EN	BOOL	允许输入
	ENO	BOOL	允许输出
	IN	WORD、DWORD	要交换其字节的操作数
	OUT	WORD、DWORD	输出交换结果

使用说明：

① 当 EN 的状态为 "1" 时，执行此指令，将 IN 端输入的字节顺序发生改变，然后传送到 OUT 端。

② 可以从指令框的"???"下拉列表中选择该指令的数据类型，数据类型可选择 WORD 和 DWORD。

例 5-39：SWAP 指令的使用如表 5-65 所示，当 I0.0 为 ON 时，执行 SWAP 指令，将立即数 16#DA34 进行字节交换，交换后，MW0 中的数值为 16#34DA；当 I0.1 为 ON 时，执行 SWAP 指令，将立即数 16#12345678 进行字节交换，交换后，MD4 中的数值为 16#78563412。

表 5-65　SWAP 指令的使用程序

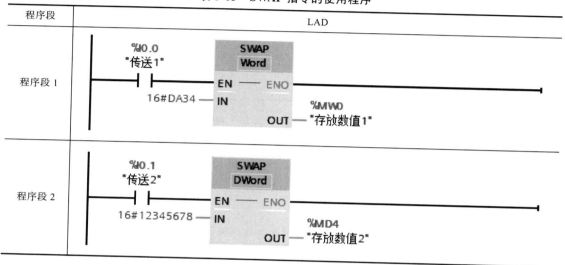

程序段	LAD
程序段 1	%I0.0 "传送1"　SWAP Word　EN ENO　16#DA34 — IN　OUT — %MW0 "存放数值1"
程序段 2	%I0.1 "传送2"　SWAP DWord　EN ENO　16#12345678 — IN　OUT — %MD4 "存放数值2"

5.5.5　移动操作指令的应用

例 5-40：移动操作指令在两级传送带启停控制中的应用。

（1）控制要求

两级传送带启动控制，如图 5-32 所示。若按下启动按钮 SB1 时，I0.0 触点接通，电机 M1 启动，A 传送带运行使货物向右传送。当货物到达 A 传送带的右端点时，触碰行程开关使 I0.1 触点接通，电机 M2 启动，B 传送带运行。当货物传送到 B 传送带并触碰行程开关使 I0.2 触点接通时，电机 M1 停止，A 传送带停止工作。当货物到达 B 传送带的右端点时，触碰行程开关使 I0.3 触点接通，电机 M2 停止，B 传送带停止工作。

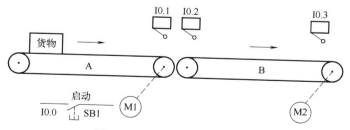

图 5-32　两级传送带启动控制

（2）控制分析

M1 和 M2 这两台电动机分别由 PLC 的 Q0.0 和 Q1.0 进行驱动，Q0.0 线圈得电，M1 电动机运行；Q1.0 线圈得电，M2 电动机运行。使用 MOVE 传送指令可以实现这台电动机的运行控制。

（3）I/O 端子资源分配及接线

根据控制要求及控制分析可知，需要 4 个输入点和 2 个输出点，输入/输出分配如表 5-66 所示，因此 CPU 模块可选用 CPU 1215C DC/DC/RLY（产品编号 6ES7 215-1HG40-0XB0），使用 CPU 模块集成的 I/O 端子即可，对应的 I/O 接线图，如图 5-33 所示。

表 5-66   两级传送带启动控制的输入/输出分配表

输入			输出		
功能	元件	PLC 地址	功能	元件	PLC 地址
启动按钮	SB1	I0.0	M1 电动机	KM1	Q0.0
行程开关 1	SQ1	I0.1	M2 电动机	KM2	Q1.0
行程开关 2	SQ2	I0.2			
行程开关 3	SQ3	I0.3			

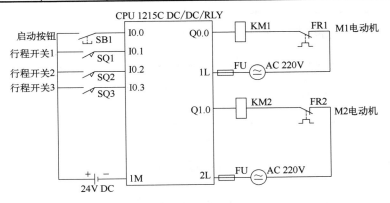

图 5-33   两级传送带启动控制的 I/O 接线图

（4）编写 PLC 控制程序

使用移动操作指令实现此功能，编写的程序如表 5-67 所示。在程序段 1 中，按下启动按钮 SB1 时，I0.0 常开触点闭合 1 次，将立即数 1 送入 QB0，使 Q0.0 线圈输出为 1，控制 M1 电动机运行。在程序段 2 中，货物触碰行程开关使 I0.1 常开触点接通 1 次，将立即数 1 送入 QB1，使 Q1.0 线圈输出为 1，控制 M2 电动机运行。在程序段 3 中，货物触碰行程开关使 I0.2 常开触点接通 1 次，将立即数 0 送入 QB0，使 Q0.0 线圈输出为 0，控制 M1 电动机停止工作。在程序段 4 中，货物触碰行程开关使 I0.3 常开触点接通 1 次，将立即数 0 送入 QB1，使 Q1.0 线圈输出为 0，控制 M2 电动机停止工作。

表 5-67   两级传送带启动控制的程序

程序段	LAD
程序段 1	%I0.0 "启动按钮" —|P|— %M0.0 "辅助继电器1" MOVE EN — ENO 1 — IN %QB0 "M1电动机" — OUT1

续表

程序段	LAD
程序段 2	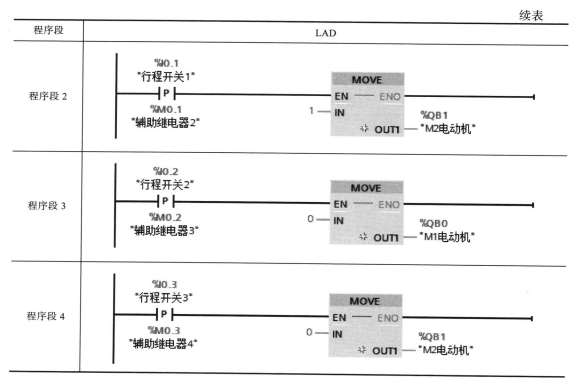
程序段 3	
程序段 4	

（5）程序仿真

① 启动 TIA Portal 软件，创建一个新的项目，并进行硬件组态，然后按照表 5-67 所示输入 LAD 程序。

② 执行菜单命令"在线"→"仿真"→"启动"，即可开启 S7-PLCSIM 仿真。在弹出的"扩展的下载到设备"对话框中将"接口/子网的连接"选择为"PN/IE_1"处的方向，再单击"开始搜索"按钮，TIA Portal 软件开始搜索可以连接的设备，并显示相应的在线状态信息，然后单击"下载"按钮，完成程序的装载。

③ 在主程序窗口，单击全部监视图标，同时使 S7-PLCSIM 处于"RUN"状态，即可观看程序的运行情况。

④ 刚进入在线仿真状态时，各线圈均处于失电状态，表示系统没有工作。当 I0.0 强制为 ON 后，在程序段 1 中将立即数 1 传送给 QB0，使得 M1 电动机运行。再将 I0.1 强制为 ON，在程序段 2 中将立即数 1 传送给 QB1，使得 M2 电动机运行，其仿真效果如图 5-34 所示。然后再将 I0.2 强制为 ON，在程序段 3 中将立即数 0 传送给 QB0，使得 M1 电动机停止运行。最后将 I0.3 强制为 ON，在程序段 4 中将立即数 0 传送给 QB1，使得 M2 电动机也停止运行。

例 5-41： 移动操作指令在 8 只指示灯中的应用。

（1）控制要求

某控制系统中有 8 只指示灯，要求使用移动操作指令使它们进行相应的显示。第 1 次按下启动按钮 SB2，8 只指示灯全亮；第 2 次按下启动按钮 SB2，奇数灯亮；第 3 次按下启动按钮 SB2，偶数灯亮；第 4 次按下启动按钮 SB2 或按下停止按钮，8 只指示灯全灭，如此循环，使用移动操作指令实现此功能。

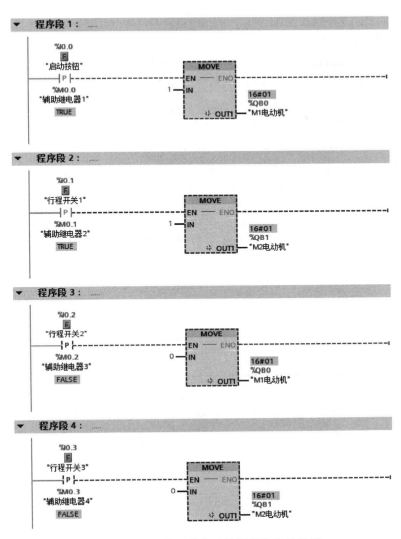

图 5-34　两级传送带启动控制的仿真效果图

（2）控制分析

根据控制要求，列出控制关系如表 5-68 所示，"√"表示灯亮，空格表示灯灭。因为指示灯的亮、灭状态表示了该位电平的高、低，所以可以用十六进制数据表示输出映像寄存器字节 QB0 的状态。

表 5-68　控制关系表

输入映像寄存器		输出映像寄存器（位）								输出映像寄存器（字节）
		Q0.7	Q0.6	Q0.5	Q0.4	Q0.3	Q0.2	Q0.1	Q0.0	QB0
I0.0										0
I0.1	1	√	√	√	√	√	√	√	√	16#FF
	2	√		√		√		√		16#AA
	3		√		√		√		√	16#55
	4									0

（3）I/O 端子资源分配及接线

根据控制要求及控制分析可知，需要 2 个输入点和 8 个输出点，输入/输出分配表如表 5-69 所示，因此 CPU 模块可选用 CPU 1215C DC/DC/DC（产品编号 6ES7 215-1AG40-0XB0），使用 CPU 模块集成的 I/O 端子即可，对应的 I/O 接线如图 5-35 所示。

表 5-69　8 只指示灯的 I/O 分配表

输入（I）			输出（O）		
功能	元件	PLC 地址	功能	元件	PLC 地址
停止按钮	SB1	I0.0	LED 指示灯 1	LED1	Q0.0
启动按钮	SB2	I0.1	LED 指示灯 2	LED2	Q0.1
			LED 指示灯 3	LED3	Q0.2
			LED 指示灯 4	LED4	Q0.3
			LED 指示灯 5	LED5	Q0.4
			LED 指示灯 6	LED6	Q0.5
			LED 指示灯 7	LED7	Q0.6
			LED 指示灯 8	LED8	Q0.7

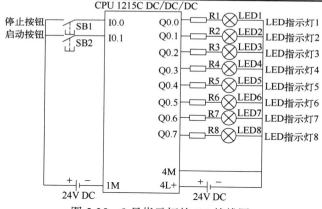

图 5-35　8 只指示灯的 I/O 接线图

（4）编写 PLC 控制程序

使用移动操作指令实现此功能，编写的程序如表 5-70 所示。在程序段 1 中，每次按下启动按钮 SB2 时，I0.1 常开触点闭合 1 次，计数器进行加 1 计数。当前计数值等于 4 或者按下停止按钮 SB1 时，计数器复位。在程序段 2 中，按下停止按钮 SB1 或者当前计数值等于 0 时，将立即数 0 送入 QB0 中，使 8 只 LED 指示灯熄灭。在程序段 3 中，当前计数值等于 1 时，将立即数 16#FF 送入 QB0，使 8 只 LED 指示灯全部点亮。在程序段 4 中，当前计数值等于 2 时，将立即数 16#AA 送入 QB0，使奇数灯点亮。在程序段 5 中，当前计数值等于 3 时，将立即数 16#55 送入 QB0，使偶数灯点亮。

（5）程序仿真

① 启动 TIA Portal 软件，创建一个新的项目，并进行硬件组态，然后按照表 5-70 所示输入 LAD 程序。

表 5-70　8 只指示灯的控制程序

程序段	LAD
程序段 1	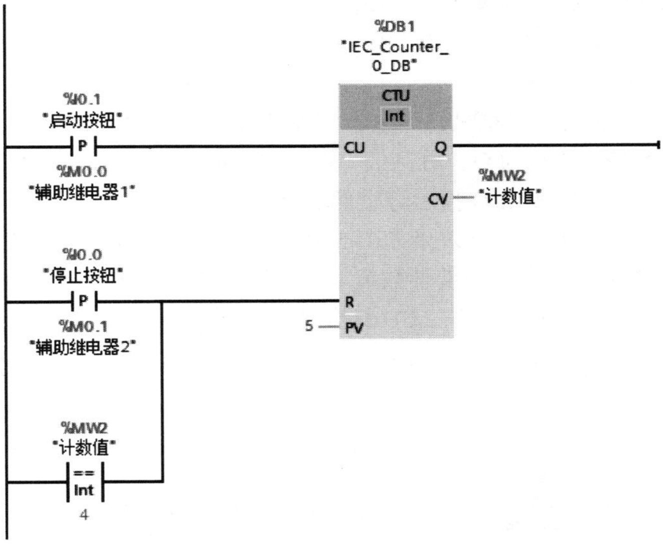 %DB1 "IEC_Counter_0_DB" CTU Int；%I0.1 "启动按钮" —P—；%M0.0 "辅助继电器1"；CU — Q；%MW2 "计数值" — CV；%I0.0 "停止按钮" —P—；%M0.1 "辅助继电器2"；R；5 — PV；%MW2 "计数值" ==Int 4
程序段 2	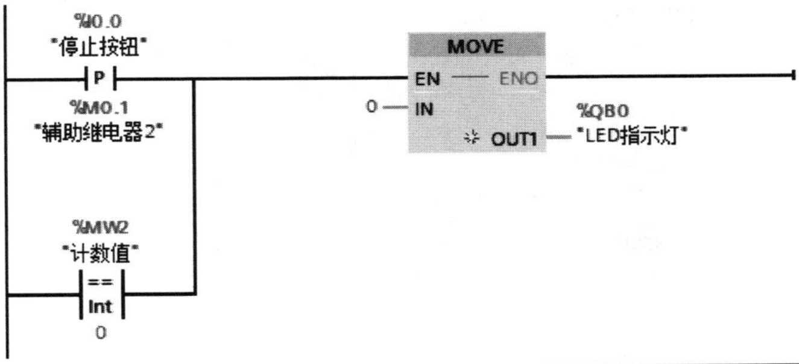 %I0.0 "停止按钮" —P—；%M0.1 "辅助继电器2"；MOVE EN — ENO；0 — IN；OUT1 — %QB0 "LED指示灯"；%MW2 "计数值" ==Int 0
程序段 3	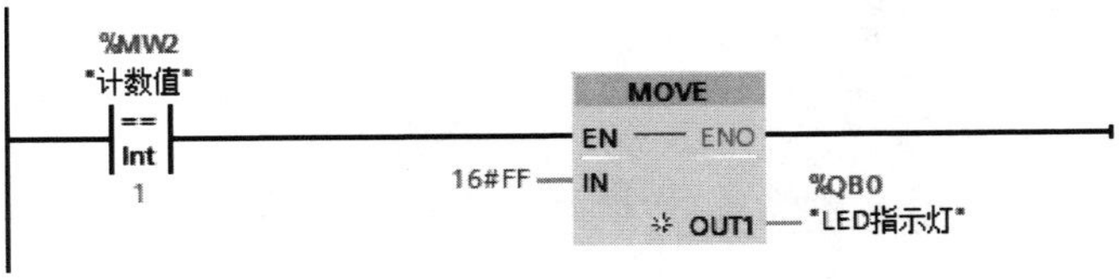 %MW2 "计数值" ==Int 1；MOVE EN — ENO；16#FF — IN；OUT1 — %QB0 "LED指示灯"
程序段 4	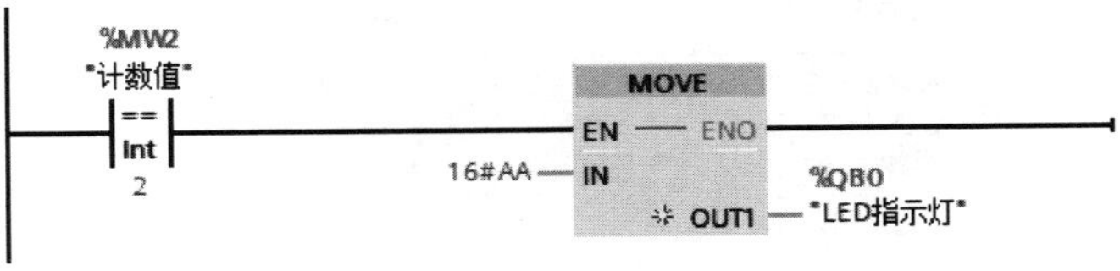 %MW2 "计数值" ==Int 2；MOVE EN — ENO；16#AA — IN；OUT1 — %QB0 "LED指示灯"
程序段 5	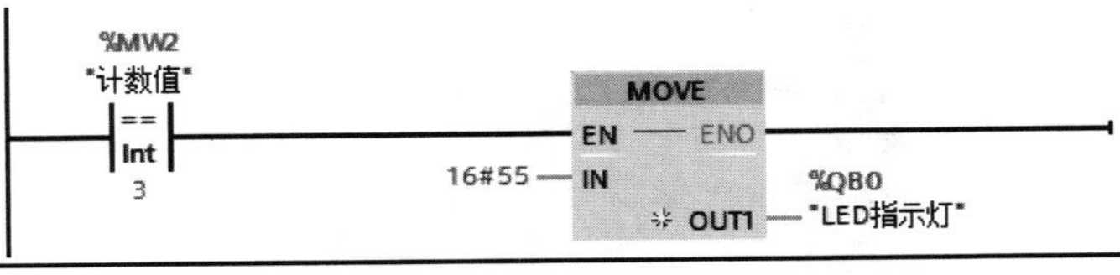 %MW2 "计数值" ==Int 3；MOVE EN — ENO；16#55 — IN；OUT1 — %QB0 "LED指示灯"

② 执行菜单命令"在线"→"仿真"→"启动"，即可开启 S7-PLCSIM 仿真。在弹出的

"扩展的下载到设备"对话框中将"接口/子网的连接"选择为"PN/IE_1"处的方向，再单击"开始搜索"按钮，TIA Portal 软件开始搜索可以连接的设备，并显示相应的在线状态信息，然后单击"下载"按钮，完成程序的装载。

③ 在主程序窗口，单击全部监视图标 🔍，同时使 S7-PLCSIM 处于"RUN"状态，即可观看程序的运行情况。

④ 刚进入在线仿真状态时，计数器当前计数为 0 且 QB0 也为 0，8 只 LED 指示灯处于熄灭状态。每次将 I0.1 强制为 ON 后，在程序段 1 将进行加 1 计数。当前计数值 MW2 等于 1 时，QB0 的值为 16#FF，8 只 LED 指示灯全部点亮；当前计数值 MW2 等于 2 时，立即数 16#AA 传送给 QB0，奇数灯点亮，仿真效果如图 5-36 所示；当前计数值 MW2 等于 3 时，立即数 16#55 传送给 QB0，偶数灯点亮；当前计数值 MW2 等于 4 或者按下停止按钮 SB1 时，计数器复位，同时立即数 0 传送给 QB0，8 只 LED 灯全部熄灭。

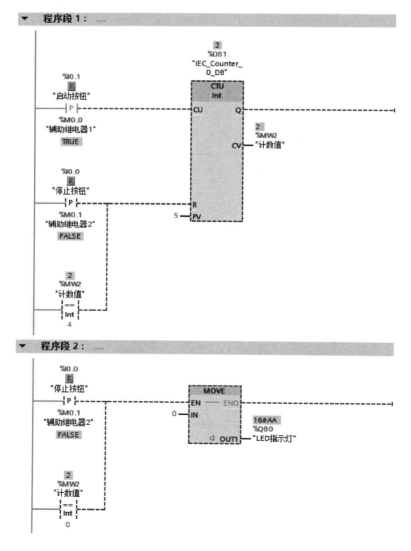

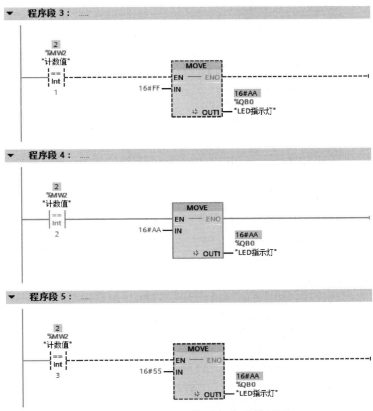

图 5-36　8 只 LED 指示灯仿真效果图

5.6　转换指令及应用

在一个指令中包含多个操作数时，必须确保这些数据类型是兼容的。如果操作数的数据类型不相同，则必须进行转换。为此，在 TIA Portal 软件中提供了一些转换操作指令，以实现操作数在不同数据类型间的转换或比例缩放等功能，如转换值、取整、标准化、缩放等指令。

5.6.1　转换值指令

转换值指令 CONV 将读取参数 IN 的内容，并根据指令框中选择的数据类型对其进行转换，转换结果存储在 OUT 中，指令参数如表 5-71 所示。

表 5-71　CONV 指令参数

LAD	参数	数据类型	说明
CONV ??? to ??? EN　ENO IN　OUT	EN	BOOL	允许输入
	ENO	BOOL	允许输出
	IN	位字符串、整数、浮点数、CHAR、 WCHAR、BCD16、BCD32	要转换的值
	OUT		转换结果

使用说明：

① 可以从指令框的"???"下拉列表中选择该指令的数据类型，其中左侧"???"设置待转换的数据类型，右侧"???"设置转换后的数据类型。

② 转换指令支持的数据类型包括：整型、双整型、实型、无符号短整型、无符号整型、无符号双整型、短整型、长实型、字、双字、字节、BCD16 和 BCD32 等。

在一些数字系统（如计算机和数字式仪器）中，如数码开关设置数据，往往采用二进制码表示十进制数。通常，把用一组 4 位二进制码来表示一位十进制数的编码方法称为 BCD 码。

4 位二进制码共有 16 种组合，可从中选取 10 种组合来表示 0~9 这 10 个数，根据不同的选取方法，可以编制出多种 BCD 码，其中 8421BCD 码最为常用。十进制数与 8421BCD 码的对应关系如表 5-72 所示。如十进制数 1234 化成 8421BCD 码为 0001001000110100。

表 5-72　十进制数与 8421BCD 码对应表

十进制数	0	1	2	3	4	5	6	7	8	9
BCD 码	0000	0001	0010	0011	0100	0101	0110	0111	1000	1001

例 5-42：转换值指令 CONV 的使用程序如表 5-73 所示。PLC 一上电，M10.0 触点闭合 1 次，将 3 个不同立即数传送到相应的存储单元中。当 I0.0 触点闭合时，执行 CONV 指令，将 MW2 中的 16 位 BCD 码（16#678）转换为 16 位整数，结果（678）送入 MW30 中，其转换过程如图 5-37（a）所示。当 I0.1 触点闭合时，执行 CONV 指令，将 MW4 中的 16 位整数（−874）转换为 16 位 BCD，结果（16#F874）送入 MW32 中，其转换过程如图 5-37（b）所示。当 I0.2 触点闭合时，执行 CONV 指令，将 MD6 中的 32 位 BCD 码值（16#00453296）转换为 32 位整数，结果（16#0006EAB0）送入 MD34 中，其转换过程如图 5-37（c）所示。注意：若 16 位整数为负数时，是其数值部分（不包括符号位）可认为是相应正数二进制码的反码并在最低位加上 1，其余位为 1。例如本例中的"−874"为负数，其正数二进制码为 001101101010，反码为 110010010101，反码再加上 1 为 110010010110，所以−874 表示为"1111110010010110"。

表 5-73　转换值指令 CONV 的使用程序

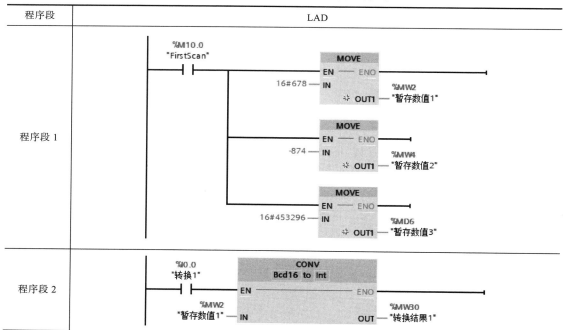

续表

程序段	LAD
程序段 3	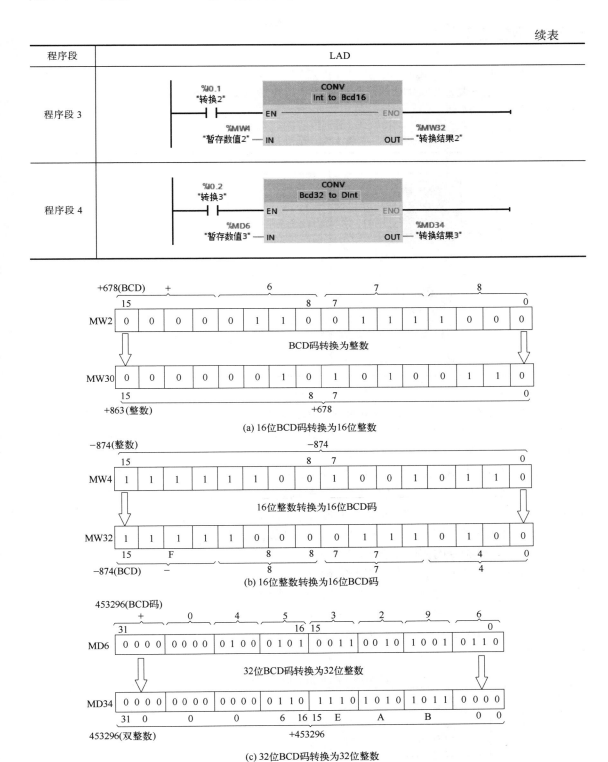
程序段 4	

图 5-37 转换值指令 CONV 的转换过程

5.6.2　取整指令

取整指令包括取整数 ROUND 指令、浮点数向上取整指令 CEIL 指令、浮点数向下取整 FLOOR 指令、截尾取整 TRUNC 指令，这些指令均由参数 EN、ENO、IN、OUT 构成，其梯形图指令形式如表 5-74 所示。

表 5-74　取整指令

指令	梯形图指令符号	指令	梯形图指令符号
取整数	ROUND ??? to ??? EN — ENO / IN — OUT	浮点数向上取整	CEIL ??? to ??? EN — ENO / IN — OUT
截尾取整	TRUNC ??? to ??? EN — ENO / IN — OUT	浮点数向下取整	FLOOR ??? to ??? EN — ENO / IN — OUT

使用说明：

①　EN 为使能输入，其数据类型为 BOOL；IN 为浮点数输入端，其数据类型为 REAL；OUT 为最接近的双整数输出端，其数据类型为 DINT；ENO 为使能输出，其数据类型为 BOOL。

②　ROUND/TRUNC/CEIL/FLOOR 指令可以将输入参数 IN 的内容以浮点数读入，并将它转换成 1 个双整数（32 位）。其结果为与输入数据最接近的整数（"最接近舍入"/"舍入到零方式"/"向正无穷大舍入"/"向负无穷大舍入"）。如果产生上溢，则 ENO 为 "0"。

③　当不能表示为 32 位整数或浮点数时，将出现错误，此时不执行转换并显示溢出。

例 5-43：取整指令的使用如表 5-75 所示。PLC 一上电，M10.0 触点闭合 1 次，将实数 4.53 送入 MD0 中；在程序段 2 中，当 I0.0 触点闭合时，将实数 4.53 进行取整（四舍五入），其结果 5 送入 MD4 中；在程序段 3 中，当 I0.1 触点闭合时，将实数 4.53 去掉小数部分进行取整操作，结果 4 送入 MD12 中；在程序段 4 中，当 I0.2 触点闭合时，将实数 4.53 向上取整，结果 5 送入 MD16 中；在程序段 5 中，当 I0.3 触点闭合时，将实数 4.53 向下取整，结果 4 送入 MD22 中。

表 5-75　取整指令的使用程序

程序段	LAD
程序段 1	%M10.0 "FirstScan" —| |— MOVE EN — ENO　4.53 — IN　%MD0 ※ OUT1 — "暂存数值"

续表

程序段	LAD
程序段 2	
程序段 3	
程序段 4	
程序段 5	

5.6.3　标准化指令

使用标准化指令 NORM_X 可将输入 VALUE 变量中的值映射到线性标尺对其进行标准化。输入 VALUE 值的范围由参数 MAX 和 MIN 进行限定，指令参数如表 5-76 所示。

表 5-76　NORM_X 指令参数

梯形图指令符号	参数	数据类型	说明
	EN	BOOL	允许输入
	ENO	BOOL	允许输出
	MIN		取值范围的下限
	VALUE	整数、浮点数	要标准化的值
	MAX		取值范围的上限
	OUT	浮点数	标准化结果

使用说明：

① 可以从指令框的"???"下拉列表中选择该指令的数据类型。

② 标准化指令 NORM_X 的计算公式为 OUT=（VALUE−MIN）/（MAX−MIN），其对应的

计算原理如图 5-38 所示。

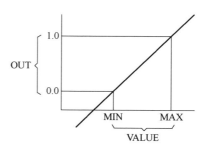

图 5-38　NORM_X 指令公式对应的计算原理

③　若 EN 的信号状态为"0"或者输入 MIN 的值大于或等于输入 MAX 的值时，ENO 的输出信号状态为"0"。

表 5-77　SCALE_X 指令参数

梯形图指令符号	参数	数据类型	说明
SCALE_X ??? to ??? EN ENO MIN OUT VALUE MAX	EN	BOOL	允许输入
	ENO	BOOL	允许输出
	MIN	整数、浮点数	取值范围的下限
	MAX		取值范围的上限
	VALUE	浮点数	要缩放的值
	OUT	整数、浮点数	缩放结果

5.6.4　缩放指令

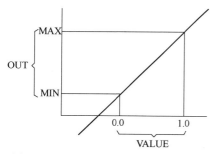

图 5-39　SCALE_X 指令公式对应的
计算原理图

使用缩放 SCALE_X 指令可将输入 VALUE 变量中的值映射到指定的值范围来对其进行缩放。输入 VALUE 浮点值的范围由参数 MAX 和 MIN 进行限定，指令参数如表 5-77 所示。

使用说明：

①　可以从指令框的"???"下拉列表中选择该指令的数据类型。

②　缩放 SCALE_X 的计算公式为 OUT=[VALUE*（MAX−MIN）]+MIN，其对应的计算原理如图 5-39 所示。

③　若 EN 的信号状态为"0"或者输入 MIN 的值大于或等于输入 MAX 的值时，ENO 的输出信号状态为"0"。

5.6.5　转换指令的应用

例 5-44：转换指令在温度转换中的应用。

（1）控制要求

假设 S7-1200 PLC 的模拟量输入 IW64 为温度信号，0~100℃对应 0~10V 电压，对应于 PLC 内部 0~27648 的数，使用转换指令求 IW64 对应的实际整数温度值，并将该值由 4 个数码管（带译码电路）进行显示。

（2）控制分析

本例需先将温度值转换为整数值，然后将整数转换为 16 位的 BCD 码即可。温度值转换成整数的公式为：$T = \dfrac{IW64 - 0}{27648 - 0} \times (100 - 0) + 0$。16 位 BCD 码中每 4 位 BCD 码连接 1 个带译码电路的数码管，则可实现实际整数温度值的显示。

（3）I/O 端子资源分配及接线

根据控制要求及控制分析可知，模拟量输入信号可直接由 CPU 1215C DC/DC/DC（产品编号 6ES7 215-1AG40-0XB0）集成的模拟量通道 0 输入，其输入地址为 IW64。4 位数码管，每位数码管采用 BCD 码方式连接，则共需 16 个输出端子，因此 CPU 1215C 模块需要外接数字量输出扩展模块，如 DQ 16×24V DC（产品编号 6ES7 222-1BH32-0XB0），该扩展模块用于连接 4 位 BCD 码数码管，默认起始输出地址为 QB12。

（4）编写 PLC 控制程序

使用转换指令实现此功能，编写的程序如表 5-78 所示。程序段 1 控制 PLC 是否开启转换。程序段 2 和程序段 3 将温度值转换成 16 位整数送入 MW24，程序段 4 将 MW24 中的整数转换成 16 位 BCD 码并送入 QW12。由于 S7-1200 PLC 连接了数字量输出模块，其输出地址为 QW12（QB12、QB13），而数字量输出模块又与 4 个数码管（带译码电路）连接，这样就实现了温度的转换显示。

表 5-78　转换指令在温度转换中的应用程序

程序段	LAD
程序段 1	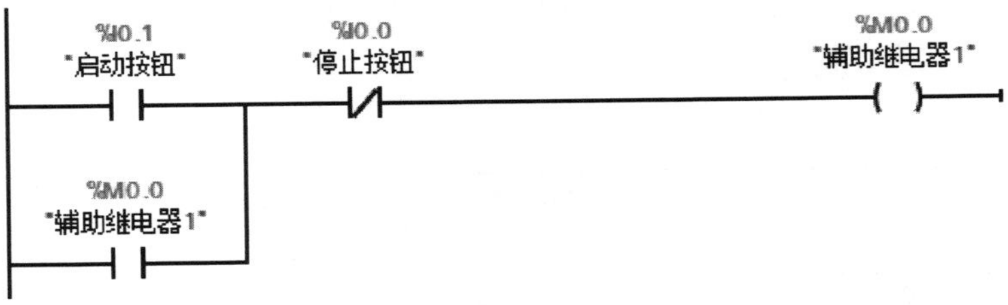
程序段 2	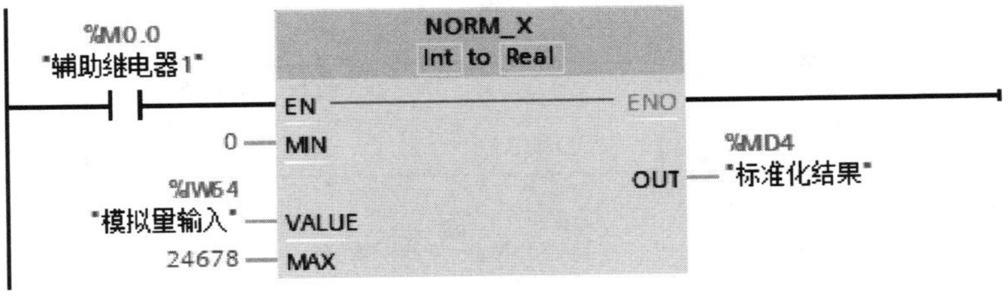

续表

程序段	LAD
程序段 3	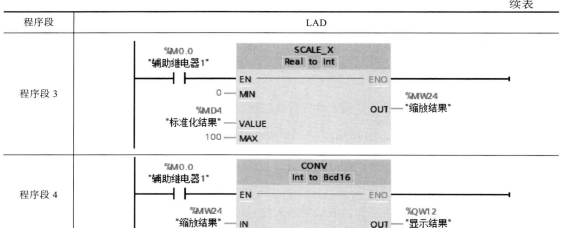
程序段 4	

5.7　数学函数指令及应用

PLC 普遍具有较强的运算功能，其中数学运算类指令是实现运算的主体。S7-1200 PLC 的数学函数类指令可对整数或浮点数实现四则运算、函数运算和其他常用数学运算。

5.7.1　四则运算指令

四则运算包含加法、减法、乘法、除法操作。为完成这些操作，在 S7-1200 PLC 中提供相应的四则运算指令。

（1）加法指令 ADD

ADD 加法指令是对 IN1 和 IN2 中的数进行相加操作，产生结果输出到 OUT（OUT：=IN1+ IN2），其指令参数如表 5-79 所示。

表 5-79　加法指令参数

LAD	参数	数据类型	说明
ADD Auto (???) EN — ENO IN1 OUT IN2 ⋇	EN	BOOL	允许输入
	ENO	BOOL	允许输出
	IN1	整数、浮点数	要相加的第 1 个数
	IN2	整数、浮点数	要相加的第 2 个数
	INn	整数、浮点数	要相加的第 n 个数
	OUT	整数、浮点数	总和

使用说明：

① 可以从指令框的"???"下拉列表中选择该指令的数据类型，可以是整数或浮点数。

② 在初始状态下，指令框中包含两个输入，点击指令框中的星号可以扩展输入数目。

例 5-45：加法指令的使用程序如表 5-80 所示。程序段 1 中，当 I0.0 每闭合 1 次时，将两个 16 位整数 100、200 与 MW2 中的内容相加，结果仍送入 MW2 中；程序段 2 中，当 I0.1 每闭合 1 次时，MD4 和 MD12 中的双整数（32 位）相加，结果送入 MD16 中；程序段 3 中，当 I0.2 每闭合 1 次时，MD22 中的实数（32 位）加上实数 0.432，结果送入 MD26 中。程序段 1 和程序段 2 中加法指令的数据类型是用户指定的，而程序段 3 中加法指令的数据类型由系统自动匹配为"Auto（Real）"。

表 5-80　加法指令的使用程序

程序段	LAD
程序段 1	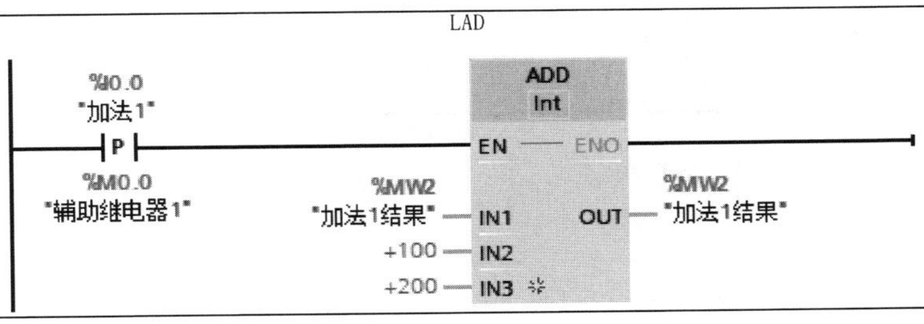
程序段 2	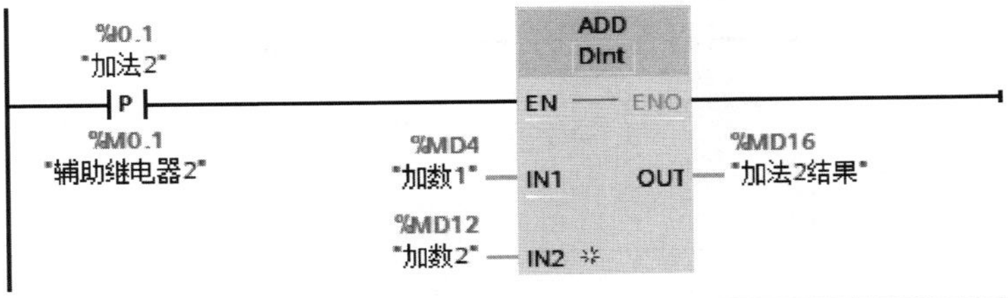
程序段 3	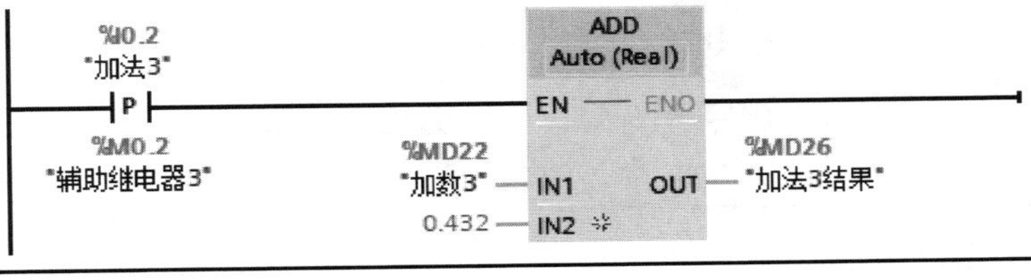

（2）减法指令 SUB

SUB 减法指令是对 IN1 与 IN2 中的数进行相减操作，产生结果输出到 OUT（OUT：=IN1-IN2），其指令参数如表 5-81 所示。

表 5-81　减法指令参数

LAD	参数	数据类型	说明
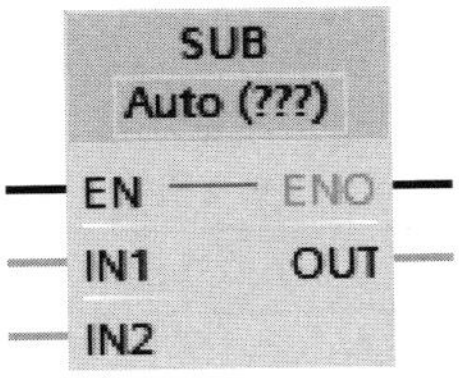	EN	BOOL	允许输入
	ENO	BOOL	允许输出
	IN1	整数、浮点数	被减数
	IN2	整数、浮点数	减数
	OUT	整数、浮点数	差值

使用说明：

① 可以从指令框的"???"下拉列表中选择该指令的数据类型。

② 如果 EN 的信号状态为"0"，指令结果超过输出 OUT 指定的数据类型范围或浮点数的

值无效时，ENO 的信号状态为"0"。

例 5-46：减法指令的使用程序如表 5-82 所示。程序段 1 中，当 I0.0 每闭合 1 次时，将 MW2 中的 16 位整数减去 100，结果仍送入 MW2 中；程序段 2 中，当 I0.1 每闭合 1 次时，执行双整数（32 位）减法操作，MD4 减去 MD12 中的内容，结果送入 MD16 中；程序段 3 中，当 I0.2 每闭合 1 次时，执行实数（32 位）减法操作，MD22 减去实数 0.5，结果送入 MD26 中。

表 5-82　减法指令的使用程序

程序段	LAD
程序段 1	%I0.0 "减法1" —| P |— / %M0.0 "辅助继电器1" ; SUB Int: EN — ENO; %MW2 "减法1结果" — IN1 ; +100 — IN2 ; OUT — %MW2 "减法1结果"
程序段 2	%I0.1 "减法2" —| P |— / %M0.1 "辅助继电器2" ; SUB DInt: EN — ENO; %MD4 "被减数1" — IN1 ; %MD12 "减数2" — IN2 ; OUT — %MD16 "减法2结果"
程序段 3	%I0.2 "减法3" —| P |— / %M0.2 "辅助继电器3" ; SUB Real: EN — ENO; %MD22 "被减数2" — IN1 ; 0.5 — IN2 ; OUT — %MD26 "减法3结果"

（3）乘法指令 MUL

MUL 乘法指令是对 IN1 和 IN2 中的数进行相乘操作，产生结果输出到 OUT（OUT：=IN1*IN2），其指令参数如表 5-83 所示。

表 5-83　乘法指令参数

LAD	参数	数据类型	说明
MUL Auto (???) EN — ENO — IN1 — OUT — IN2 ✳	EN	BOOL	允许输入
	ENO	BOOL	允许输出
	IN1	整数、浮点数	乘数
	IN2	整数、浮点数	相乘的数
	INn	整数、浮点数	可相乘的可选输入值
	OUT	整数、浮点数	积

使用说明：

① 可以从指令框的"???"下拉列表中选择该指令的数据类型。

② 在初始状态下，指令框中包含两个输入，点击指令框中的星号可以扩展输入数目。

例 5-47：乘法指令的使用程序如表 5-84 所示。程序段 1 中，当 I0.0 每闭合 1 次时，将 MW2 中的 16 位整数乘以 52 再乘以 4，结果仍送入 MW2 中；程序段 2 中，当 I0.1 每闭合 1 次时，执行双整数（32 位）乘法操作，MD4 乘以 MD12 中的内容，结果送入 MD16 中；程序段 3 中，当 I0.2 每闭合 1 次时，执行实数（32 位）乘法操作，MD22 乘以实数 0.5，结果送入 MD26 中。

表 5-84　乘法指令的使用程序

程序段	LAD
程序段 1	%I0.0 "乘法1" —P— %M0.0 "辅助继电器1" ｜ MUL Int ｜ EN — ENO ｜ %MW2 "乘法1结果" — IN1 ｜ OUT — %MW2 "乘法1结果" ｜ 52 — IN2 ｜ 4 — IN3 ✱
程序段 2	%I0.1 "乘法2" —P— %M0.1 "辅助继电器2" ｜ MUL Dint ｜ EN — ENO ｜ %MD4 "被乘数1" — IN1 ｜ OUT — %MD16 "积2" ｜ %MD12 "乘数1" — IN2 ✱
程序段 3	%I0.2 "乘法3" —P— %M0.2 "辅助继电器3" ｜ MUL Real ｜ EN — ENO ｜ %MD22 "被乘数2" — IN1 ｜ OUT — %MD26 "积3" ｜ 0.5 — IN2 ✱

（4）除法指令 DIV

DIV 除法指令是 IN1 对 IN2 进行相除操作，产生结果输出到 OUT（OUT：=IN1/IN2），其指令参数如表 5-85 所示。

表 5-85　除法指令参数

LAD	参数	数据类型	说明
DIV Auto (???) EN — ENO IN1 OUT IN2	EN	BOOL	允许输入
	ENO	BOOL	允许输出
	IN1	整数、浮点数	被除数
	IN2	整数、浮点数	除数
	OUT	整数、浮点数	商值

使用说明：

① 可以从指令框的 "???" 下拉列表中选择该指令的数据类型。

② 如果 EN 的信号状态为 "0"，指令结果超过输出 OUT 指定的数据类型范围或浮点数的值无效时，ENO 的信号状态为 "0"。

例 5-48：试编写程序实现以下数学运算：$y = \dfrac{x+10}{3} \times 6 - 30$。式中，$x$ 是从 IW0 输入的二进制数，计算出的 y 值由 4 个数码管（带译码电路）显示出来。

解：x 是从 IW0 输入的二进制数，此二进制数为 BCD 码，而本例中是进行十进制数的运算，所以运算前需先将该二进制数转换成对应的十进制数。运算完后，又需将运算结果转换成相应 BCD 码，以进行显示。编写程序如表 5-86 所示，程序段 1 将 IW0 中 BCD 码转换为十进制数并送入 MW0；程序段 2 将 MW0 中的数加上 10 后的和值送入 MW2；程序段 3 是将 MW2

表 5-86　数学运算程序

程序段	LAD
程序段 1	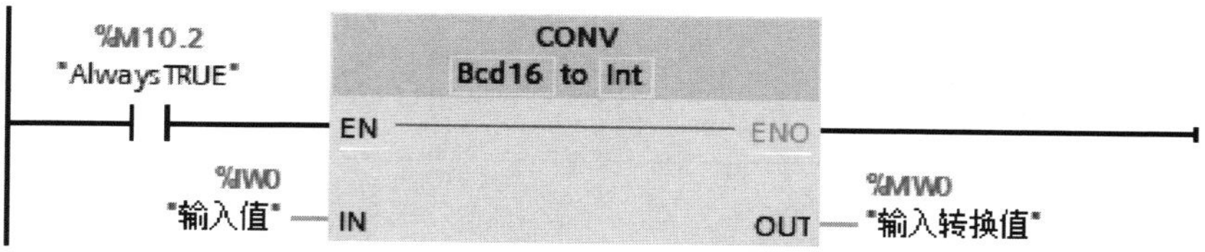 %M10.2 "Always TRUE"　CONV Bcd16 to Int　EN — ENO　%IW0 "输入值" — IN　OUT — %MW0 "输入转换值"
程序段 2	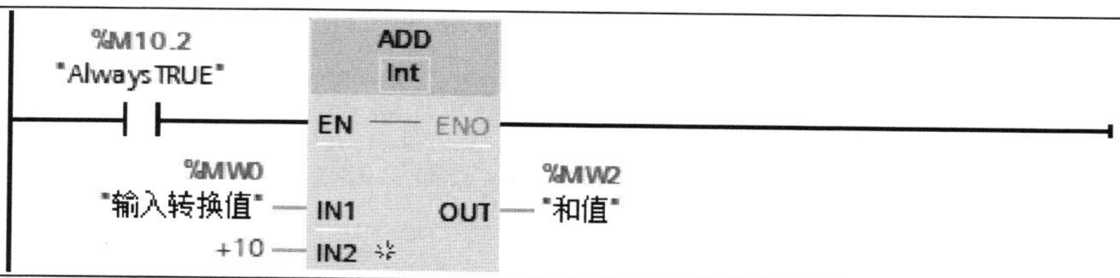 %M10.2 "Always TRUE"　ADD Int　EN — ENO　%MW0 "输入转换值" — IN1　OUT — %MW2 "和值"　+10 — IN2 ※
程序段 3	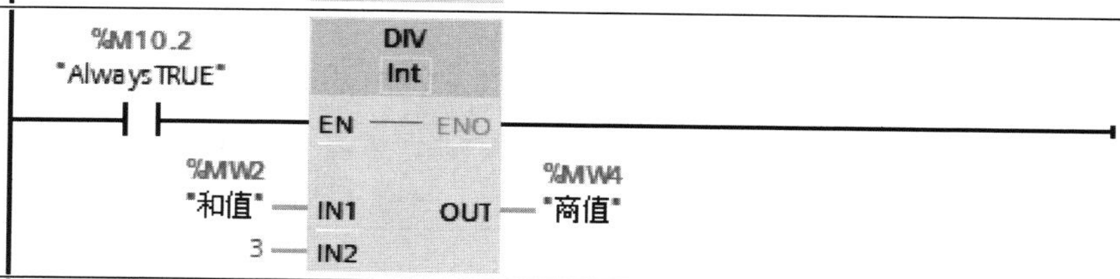 %M10.2 "Always TRUE"　DIV Int　EN — ENO　%MW2 "和值" — IN1　OUT — %MW4 "商值"　3 — IN2
程序段 4	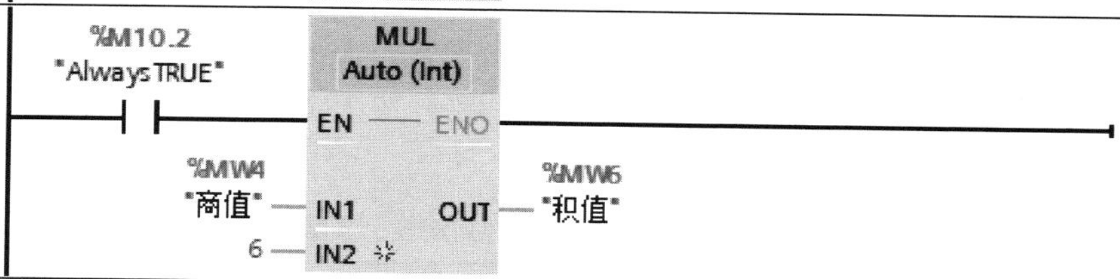 %M10.2 "Always TRUE"　MUL Auto (Int)　EN — ENO　%MW4 "商值" — IN1　OUT — %MW6 "积值"　6 — IN2 ※
程序段 5	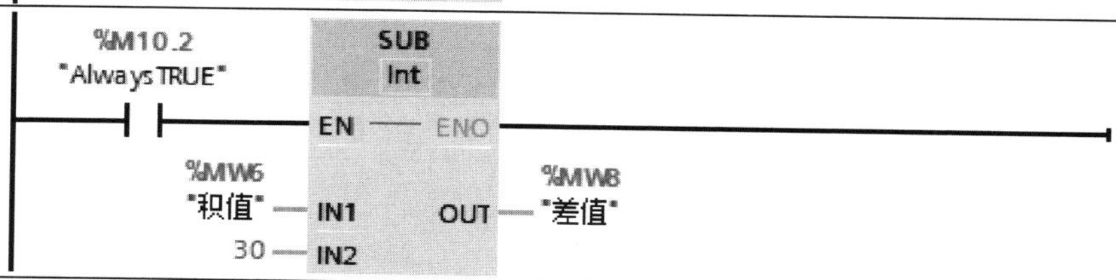 %M10.2 "Always TRUE"　SUB Int　EN — ENO　%MW6 "积值" — IN1　OUT — %MW8 "差值"　30 — IN2
程序段 6	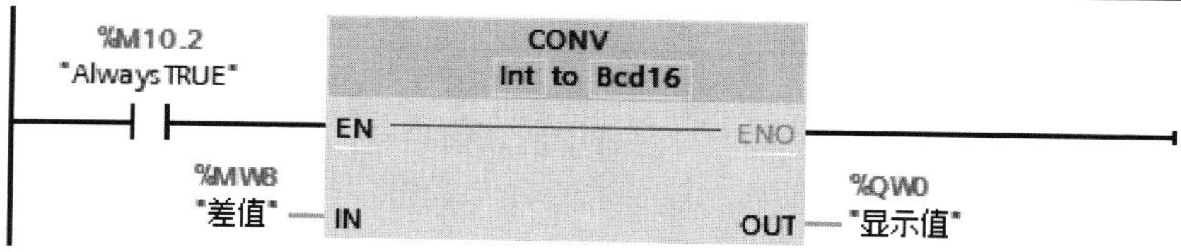 %M10.2 "Always TRUE"　CONV Int to Bcd16　EN — ENO　%MW8 "差值" — IN　OUT — %QW0 "显示值"

中的数除以 3 后的商送入 MW4（余数被舍去）；程序段 4 是将 MW4 中的数乘以 6 后的积送入 MW6；程序段 5 是将 MW6 中的数减去 30 后的差值送入 MW8；程序段 6 是将 MW8 中的十进制数转换成 BCD 码后送入 QW0 以进行数值显示。

5.7.2　函数运算指令

在 S7-1200PLC 中的数学函数指令包括平方指令、平方根指令、自然对数指令、自然指数指令、三角函数（正弦、余弦、正切）指令和反三角函数（反正弦、反余弦、反正切）指令等，这些常用的数学函数指令实质是浮点数函数指令，其指令参数如表 5-87 所示。点击表中各指令框的 "???" 下拉列表，可以选择该指令的数据类型（Real 或 LReal）。EN 为指令的允许输入端；ENO 为指令的允许输出端。

表 5-87　数学函数运算指令参数

指令名称	梯形图指令符号	输入数据 IN	输出数据 OUT
平方指令	SQR ??? EN — ENO IN OUT	输入值，浮点数类型（I、Q、M、D、L、P 或常量）	输入值 IN 的平方，浮点数类型（I、Q、M、D、L、P）
平方根指令	SQRT ??? EN — ENO IN OUT	输入值，浮点数类型（I、Q、M、D、L、P 或常量）	输入值 IN 的平方根，浮点数类型（I、Q、M、D、L、P）
自然对数指令	LN ??? EN — ENO IN OUT	输入值，浮点数类型（I、Q、M、D、L、P 或常量）	输入值 IN 的自然对数，浮点数类型（I、Q、M、D、L、P）
自然指数指令	EXP ??? EN — ENO IN OUT	输入值，浮点数类型（I、Q、M、D、L、P 或常量）	输入值 IN 的指数值，浮点数类型（I、Q、M、D、L、P）
正弦指令	SIN ??? EN — ENO IN OUT	输入角度值（弧度形式），浮点数类型（I、Q、M、D、L、P 或常量）	指定角度 IN 的正弦，浮点数类型（I、Q、M、D、L、P）
余弦指令	COS ??? EN — ENO IN OUT	输入角度值（弧度形式），浮点数类型（I、Q、M、D、L、P 或常量）	指定角度 IN 的余弦，浮点数类型（I、Q、M、D、L、P）

续表

指令名称	梯形图指令符号	输入数据 IN	输出数据 OUT
正切指令	TAN ??? EN — ENO IN OUT	输入角度值(弧度形式), 浮点数类型(I、Q、M、D、L、P 或常量)	指定角度 IN 的正切,浮点数类型(I、Q、M、D、L、P)
反正弦指令	ASIN ??? EN — ENO IN OUT	输入正弦值,浮点数类型(I、Q、M、D、L、P 或常量)	指定正弦值 IN 的角度值(弧度形式),浮点数类型(I、Q、M、D、L、P)
反余弦指令	ACOS ??? EN — ENO IN OUT	输入余弦值,浮点数类型(I、Q、M、D、L、P 或常量)	指定余弦值 IN 的角度值(弧度形式),浮点数类型(I、Q、M、D、L、P)
反正切指令	ATAN ??? EN — ENO IN OUT	输入正切值,浮点数类型(I、Q、M、D、L、P 或常量)	指定正切值 IN 的角度值(弧度形式),浮点数类型(I、Q、M、D、L、P)

（1）平方指令 SQR 与平方根 SQRT 指令

平方指令 SQR 是计算输入的正实数 IN 的平方值,产生 1 个实数结果由 OUT 指定输出。平方根指令 SQRT 是将输入的正实数 IN 取平方根,产生 1 个实数结果由 OUT 指定输出。

例 5-49:平方指令和平方根指令的使用程序如表 5-88 所示。当 I0.0 发生正跳变时执行 SQR 指令,求出 12.5 的平方值,其结果由 MD4 输出;当 I0.1 发生正跳变时执行 SQRT 指令,求出 1255.0 的平方根值,其结果由 MD12 输出。

表 5-88　平方指令和平方根指令的使用程序

程序段	LAD
程序段 1	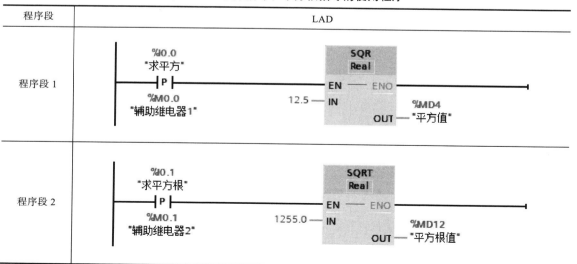
程序段 2	

（2）自然对数指令 LN 与自然指数指令 EXP

自然对数指令 LN 是将输入实数 IN 取自然对数，产生 1 个实数结果由 OUT 输出。若求以 10 为底的常用对数 lgx，则用自然对数值除以 2.302585 即可实现。

自然指数指令 EXP 是将输入的实数 IN 取以 e 为底的指数，产生 1 个实数结果由 OUT 输出。自然对数与自然指数指令相结合，可实现以任意数为底，任意数为指数的计算。

例 5-50：用 PLC 自然对数和自然指数指令实现 6 的 3 次方运算。

解：求 6 的 3 次方用自然对数与指数表示为 $6^3=EXP（3×LN（6））$，若用 PLC 自然对数和自然指数表示，则程序如表 5-89 所示。程序段 1 和程序段 2 分别将整数 3 和 6 转换为实数并存入 MD0 和 MD4 中；程序段 3 执行自然对数指令 LN，求 6 的自然对数；程序段 4 执行实数乘法指令，求得 3×LN（6）；程序段 5 执行自然指数指令，以求得最终结果。注意，由于本例中的相关指令属于浮点数运算，所以在输入程序前，应将 MD0、MD4、MD12、MD16 和 MD22 的数据类型设置为 Real 型，否则执行完程序后其结果会有误。

例 5-51：用 PLC 自然对数和自然指数指令求 512 的 3 次方根运算。

解：求 512 的 3 次方根用自然对数与指数表示为 $512^{1/3}=EXP（LN（512）÷3）$，若用 PLC 自然对数和自然指数表示，可在表 5-89 程序的基础上将乘 3 改成除以 3 即可，程序如表 5-90 所示。

表 5-89　6³ 运算程序

程序段	LAD
程序段 1	%M10.2 "AlwaysTRUE" ── CONV Int to Real ── EN ── ENO ── 3─IN ── OUT ── %MD0 "暂存值1"
程序段 2	%M10.2 "AlwaysTRUE" ── CONV Int to Real ── EN ── ENO ── 6─IN ── OUT ── %MD4 "暂存值2"
程序段 3	%M10.2 "AlwaysTRUE" ── LN Real ── EN ── ENO ── %MD4 "暂存值2"─IN ── OUT ── %MD12 "自然对数值"
程序段 4	%M10.2 "AlwaysTRUE" ── MUL Real ── EN ── ENO ── %MD12 "自然对数值"─IN1 ── OUT ── %MD16 "积值" ── %MD0 "暂存值1"─IN2 ❋

续表

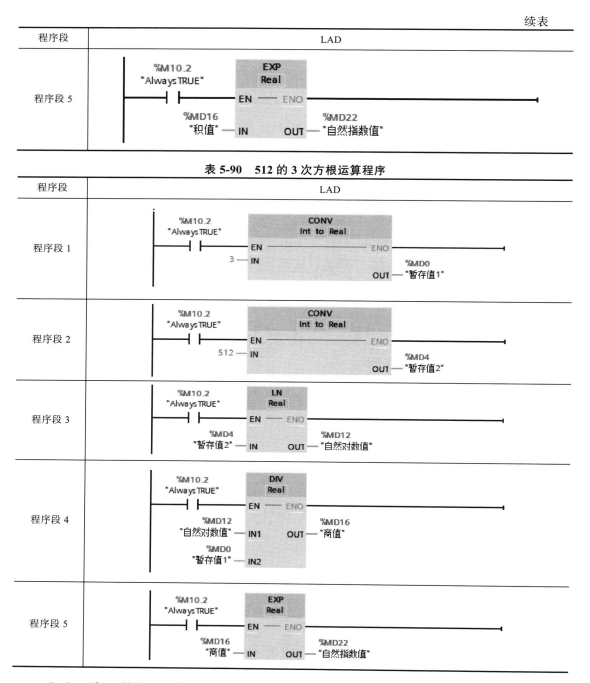

程序段	LAD
程序段 5	

表 5-90　512 的 3 次方根运算程序

程序段	LAD
程序段 1	
程序段 2	
程序段 3	
程序段 4	
程序段 5	

（3）三角函数和反三角函数指令

在 S7-1200 PLC 中的三角函数指令主要包括正弦指令 SIN、余弦指令 COS、正切指令 TAN，这些指令分别是对输入实数的角度取正弦、余弦或正切值。

反三角函数指令主要包括反正弦指令 ASIN、反余弦指令 ACOS 和反正切指令 ATAN。这些指令分别是对输入实数的弧度取反正弦、反余弦或反正切的角度值。

三角函数和反三角函数指令中的角度均为以弧度为单位的浮点数。如果输入值是以度为单位的浮点数，使用三角函数和反三角函数指令之前应先将角度值乘以 π/180，转换为弧度值。

例 5-52：用 PLC 三角函数指令实现算式 tan45°−sin30°×cos60°的计算。

解：本例使用正弦、余弦和正切指令即可实现算式的计算。由于这些指令属于浮点数运算，所以也需将相应存储地址设置为浮点数类型，编写程序如表 5-91 所示。

表 5-91　三角函数指令的使用

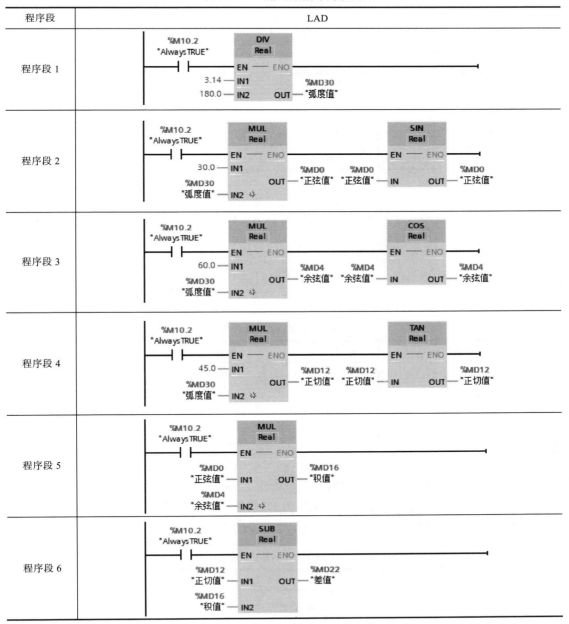

5.7.3　其他常用数学运算指令

S7-1200 PLC 还支持一些其他常用数学运算指令，如取余指令 MOD、取绝对值指令 ABS、递增指令 INC、递减指令 DEC、取最大值指令 MAX、取最小值指令 MIN、设置限值指令 LIMIT 等。

（1）取余指令 MOD

执行取余指令 MOD，将输入端 IN1 整除输入端 IN2 后的余数由 OUT 输出，其指令参数如表 5-92 所示。

表 5-92　取余指令参数

梯形图指令符号	参数	数据类型	说明
MOD Auto (???) EN — ENO IN1 OUT IN2	EN	BOOL	允许输入
	ENO	BOOL	允许输出
	IN1	整数	被除数
	IN2		除数
	OUT	整数	除法的余数

使用说明：

① 可以从指令框的"???"下拉列表中选择该指令的数据类型。

② 当 EN 有效时执行该指令，OUT 输出为 IN1 除以 IN2 后的余数。

（2）取绝对值指令 ABS

执行取绝对值指令 ABS，对输入端 IN 求绝对值并将结果送入 OUT 中，其指令参数如表 5-93 所示。

表 5-93　取绝对值指令参数

梯形图指令符号	参数	数据类型	说明
ABS ??? EN — ENO IN OUT	EN	BOOL	允许输入
	ENO	BOOL	允许输出
	IN	整数、浮点数	输入值
	OUT	整数、浮点数	输入值的绝对值

使用说明：

① 可以从指令框的"???"下拉列表中选择该指令的数据类型。

② 当 EN 有效时执行该指令，OUT 输出为 IN 的绝对值，其表达式为：OUT=|IN|。

例 5-53：使用 MOD 和 ABS 指令计算|–223|÷3 的余数，其程序编写如表 5-94 所示。

表 5-94　MOD 和 ABS 指令的使用

程序段	LAD
程序段 1	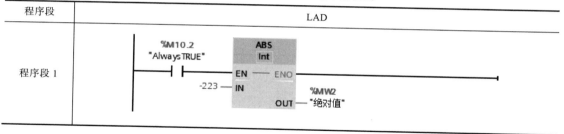

续表

程序段	LAD
程序段 2	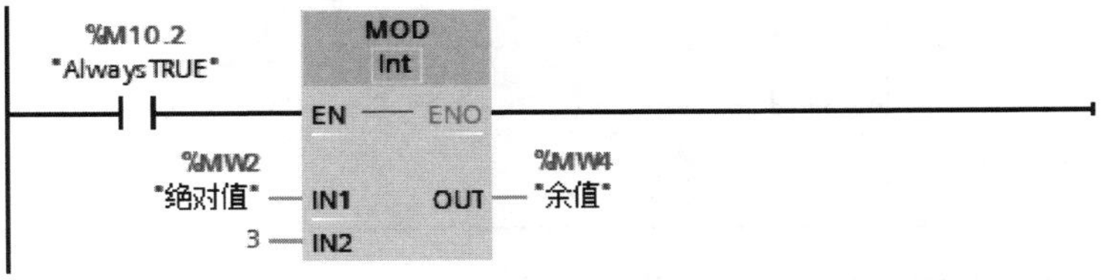 %M10.2 "AlwaysTRUE" — MOD Int — EN — ENO; %MW2 "绝对值" — IN1 OUT — %MW4 "余值"; 3 — IN2

（3）递增指令 INC 与递减指令 DEC

对于 S7-1200 系列 PLC 而言，递增（INC）和递减（DEC）指令是对 IN 中的无符号整数或者有符号整数自动加 1 或减 1，并把数据结果存放到 OUT，IN 和 OUT 为同一存储单元，其指令参数如表 5-95 所示。

表 5-95　INC 和 DEC 的指令参数

指令	梯形图指令符号	IN/OUT	指令	梯形图指令符号	IN/OUT
递增指令	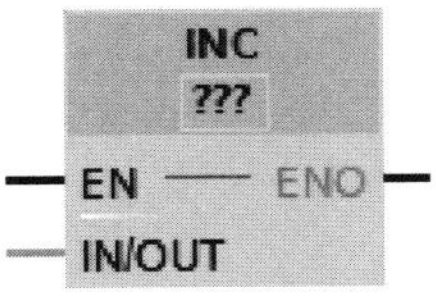 INC ??? — EN — ENO — IN/OUT	整数（要递增的值）	递减指令	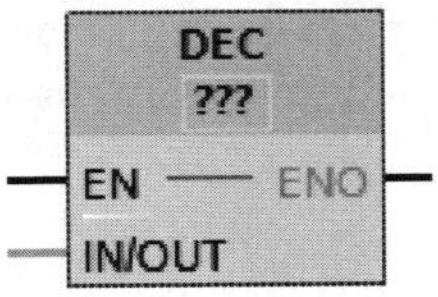 DEC ??? — EN — ENO — IN/OUT	整数（要递减的值）

例 5-54：递增与递减指令的使用程序如表 5-96 所示，PLC 一上电，将整数 128 送入 MW2 单元中。当 I0.0 每发生一次上升沿电平跳变时，将 MW2 中的值自加 1 并将结果送入 MW2；当 I0.1 每发生一次上升沿电平跳变时，将 MW2 中的值自减 1 并将结果送入 MW2。同时，执行 CONV 指令，将 MW2 中的整数转换为 BCD 数值，通过与 PLC 数字量输出扩展模块连接的 4 位 BCD 码数码管实时显示 MW2 的值。

表 5-96　递增与递减指令的使用程序

程序段	LAD
程序段 1	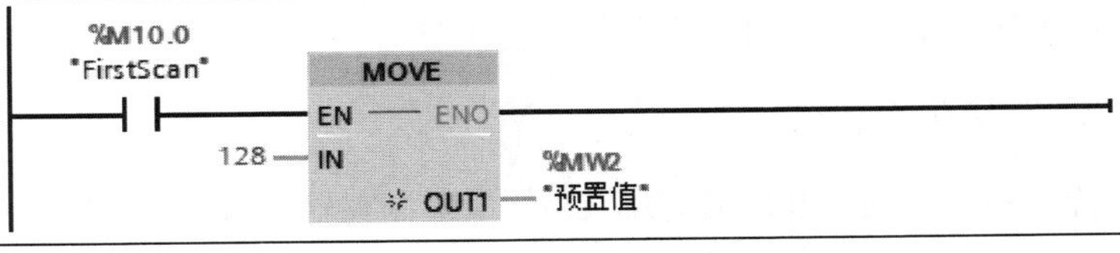 %M10.0 "FirstScan" — MOVE — EN — ENO; 128 — IN ✳ OUT1 — %MW2 "预置值"
程序段 2	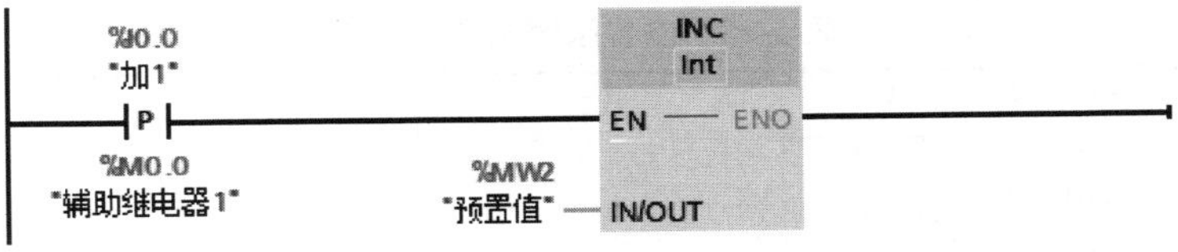 %I0.0 "加1" —P— %M0.0 "辅助继电器1"; INC Int — EN — ENO; %MW2 "预置值" — IN/OUT
程序段 3	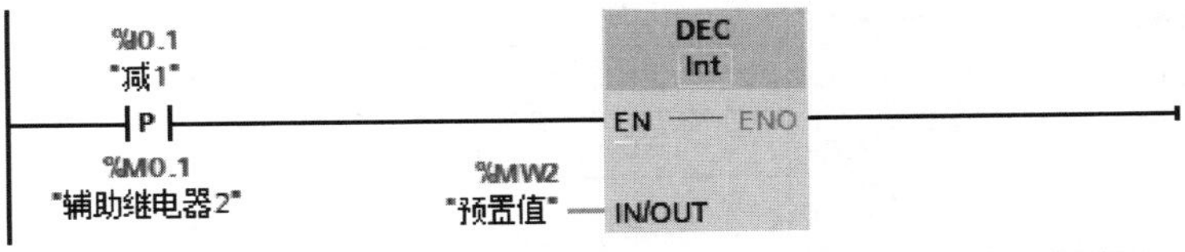 %I0.1 "减1" —P— %M0.1 "辅助继电器2"; DEC Int — EN — ENO; %MW2 "预置值" — IN/OUT

续表

程序段	LAD
程序段 4	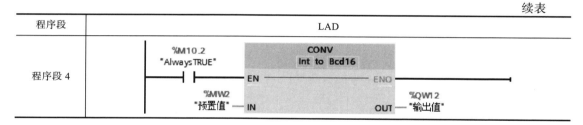

（4）取最大值指令 MAX 与取最小值指令 MIN

取最大值指令 MAX 是比较所有输入值，并将最大的值写入输出 OUT 中；取最小值指令 MIN 是比较所有输入值，并将最小的值写入输出 OUT 中。这两条指令的参数如表 5-97 所示。

表 5-97　MAX 和 MIN 的指令参数

指令名称	梯形图指令符号	IN1	IN2	IN3	OUT
取最大值指令	**MIN** ??? EN — ENO IN1　OUT IN2 IN3	第 1 个输入值（整数、浮点数）	第 2 个输入值（整数、浮点数）	第 3 个输入值（整数、浮点数）	输出最大值
取最小值指令	**MAX** ??? EN — ENO IN1　OUT IN2 IN3				输出最小值

使用说明：

① 可以从指令框的"???"下拉列表中选择该指令的数据类型。

② 只有当所有输入的变量均为同一数据类型时，才能执行该指令。

（5）设置限值指令 LIMIT

使用设置限值指令 LIMIT，将输入 IN 的值限制在输入 MN 与 MX 的值范围内。如果 IN 输

表 5-98　设置限值指令 LIMIT 的指令参数

梯形图指令符号	参数	数据类型	说明
LIMIT ??? EN — ENO MN　OUT IN MX	EN	BOOL	允许输入
	ENO	BOOL	允许输出
	MN	整数、浮点数	下限值
	IN	整数、浮点数	输入值
	MX	整数、浮点数	上限值
	OUT	整数、浮点数	输出结果

入的值满足条件 MN≤IN≤MX，则 OUT 以 IN 的值输出；如果不满足该条件且输入值 IN 小于下限 MN，则 OUT 以 MN 的值输出；如果超出上限 MX，则 OUT 以 MX 的值输出。指令参数如表 5-98 所示。

使用说明：

① 可以从指令框的"???"下拉列表中选择该指令的数据类型。

② 只有当所有输入的变量均为同一数据类型时，才能执行该指令。

例 5-55：INC、MIN、MAX、LIMIT 指令的使用程序如表 5-99 所示，在程序段 1 中，每隔 1s，执行 INC 指令将 MW2 中的值加 1；在程序段 2 中，执行 MIN 指令，将 MW2 的值与 IW0（IB0 和 IB1 的开关值）和 245 进行比较，取最小值存入 MW4 中；在程序段 3 中，执行 MAX 指令，将 MW2 的值与 IW0（IB0 和 IB1 的开关值）和 245 进行比较，取最大值存入 MW6 中；在程序段 4 中，执行 LIMIT 指令，将 MW2 的值与 IW0（IB0 和 IB1 的开关值）和 245 进行区间比较，判断 MW2 中的值是否大于 IW0 且小于 245，若是则将 MW2 中的值送入 MW8 中；如果 MW2 小于 IW0 中的值，则将 IW0 中的值送入 MW8；如果 MW2 大于 245，则将 245 送入 MW8 中。

表 5-99　INC、MIN、MAX、LIMIT 指令的使用程序

程序段	LAD
程序段 1	%M20.5 "Clock_1Hz"　INC Int　EN — ENO　%MW2 "自加值" — IN/OUT
程序段 2	%M10.2 "AlwaysTRUE"　MIN Int　EN — ENO　%IW0 "开关值" — IN1　OUT — %MW4 "最小值"　%MW2 "自加值" — IN2　245 — IN3
程序段 3	%M10.2 "AlwaysTRUE"　MAX Int　EN — ENO　%IW0 "开关值" — IN1　OUT — %MW5 "最大值"　%MW2 "自加值" — IN2　245 — IN3
程序段 4	%M10.2 "AlwaysTRUE"　LIMIT Int　EN — ENO　%IW0 "开关值" — MN　OUT — %MW8 "区间值"　%MW2 "自加值" — IN　245 — MX

5.7.4　数学函数指令的应用

例5-56：数学函数指令在7挡加热控制中的应用。

（1）控制要求

某加热系统有7个挡位可调，功率大小分别是0.5kW、1kW、1.5kW、2kW、2.5kW、3kW、3.5kW，由2个挡位选择按钮SB3、SB4和1个停止按钮SB1与启动按钮SB2控制。每按1次SB3时，挡位值加1；每按1次SB4时，挡位值减1；按下SB1时，停止加热。

（2）控制分析

根据任要求，使用2个按钮（SB3和SB4）对MW2中的内容进行加1、减1操作可以实现7个挡位的选择，如表5-100所示。选择1挡时，Q0.0线圈输出为ON，控制加热元件1进行加热，从而实现0.5kW的加热；选择2挡时，Q0.1线圈输出为ON，控制加热元件2进行加热，从而实现1kW的加热；选择3挡时，Q0.0和Q0.1这两个线圈均输出为ON，控制加热元件1和加热元件2进行加热，从而实现1.5kW的加热；……；选择7挡时，Q0.0、Q0.1和Q0.2这3个线圈均输出为ON，控制3个加热元件同时加热，从而实现3.5kW的加热。MW2由MB2和MB3构成，其中MB2为高字节，MB3为低字节。从表中可以看出，可由MB3的M3.0~M3.2位来控制Q0.0~Q0.2线圈的输出情况。MB3的内容为零，意味着Q0.0~Q0.2线圈输出为低电平，即停止加热。

表5-100　加热挡位选择控制

MW2中的内容	M3.2	M3.1	M3.0	输出功率/kW
0	0	0	0	0
1	0	0	1	0.5
2	0	1	0	1
3	0	1	1	1.5
4	1	0	0	2
5	1	0	1	2.5
6	1	1	0	3
7	1	1	1	3.5

（3）I/O端子资源分配及接线

根据控制要求及控制分析可知，需要4个输入点和3个输出点，输入/输出分配如表5-101所示，因此CPU模块可选用CPU 1215C DC/DC/RLY（产品编号6ES7 215-1HG40-0XB0），使用CPU模块集成的I/O端子即可，对应的I/O接线图，如图5-40所示。

表5-101　7挡加热控制的输入/输出分配表

输入			输出		
功能	元件	PLC地址	功能	元件	PLC地址
停止按钮	SB1	I0.0	0.5kW控制	KM1	Q0.0

续表

输入			输出		
启动按钮	SB2	I0.1	1kW 控制	KM2	Q0.1
加挡	SB3	I0.2	2kW 控制	KM3	Q0.2
减挡	SB4	I0.3			

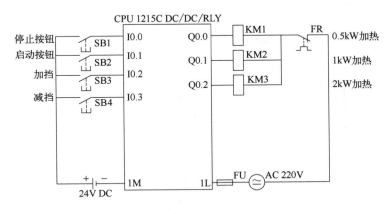

图 5-40　7 挡加热控制的 I/O 接线图

（4）编写 PLC 控制程序

挡位的增、减可使用 INC 和 DEC 指令来实现。根据 7 挡加热控制系统的控制分析和 PLC 资源配置，编写程序如表 5-102 所示。程序段 1 进行加热系统的开关控制。程序段 2 用于挡位值复位控制，当按下加热系统的启动按钮时，M0.0 触点闭合 1 次，将 MW2 复位。若选择挡位值 MW2 小于 0 或大于 7 时，M0.5 触点闭合，也将 MW2 复位。程序段 3 用于加挡选择控制，每按 1 次加挡按钮 SB3 时，MW2 中的值加 1。程序段 4 用于减挡选择控制，每按 1 次减挡按钮 SB4 时，MW2 中的值减 1。考虑到 INC 自增 1 时，MW2 中的值可能会超过 7，DEC 自减 1 时，MW2 中的值可能会小于 0。所以，程序段 5 判断挡位 MW2 中的值小于或等于 7 时，M0.4 线圈闭合；程序段 6 判断挡位值小于 0 或大于 7 时，M0.5 线圈得电。程序段 7~9 是根据所选挡位控制相应的发热元件进行加热，例如选择第 3 挡时，Q0.0 和 Q0.1 线圈得电，实现 1.5kW 的加热控制。

表 5-102　7 挡加热控制系统的程序

程序段	LAD
程序段 1	%I0.1 "启动按钮" — %I0.0 "停止按钮" — %M0.0 "辅助继电器1" ；%M0.0 "辅助继电器1"

续表

程序段	LAD
程序段 2	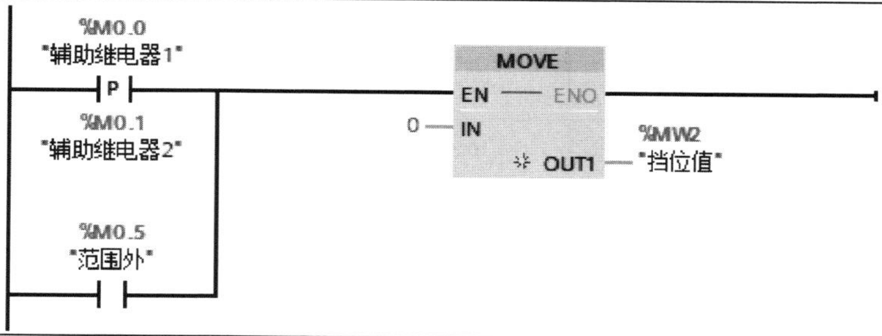
程序段 3	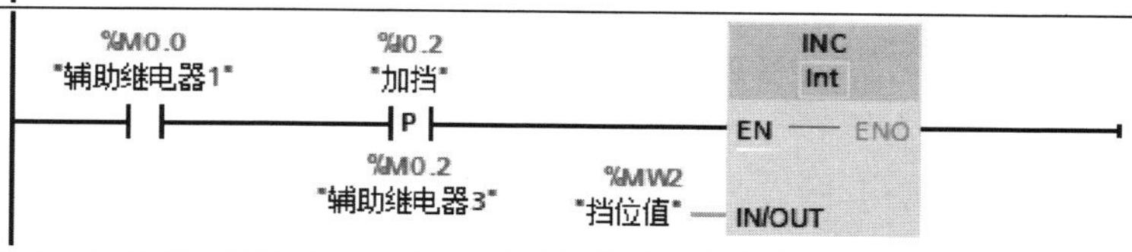
程序段 4	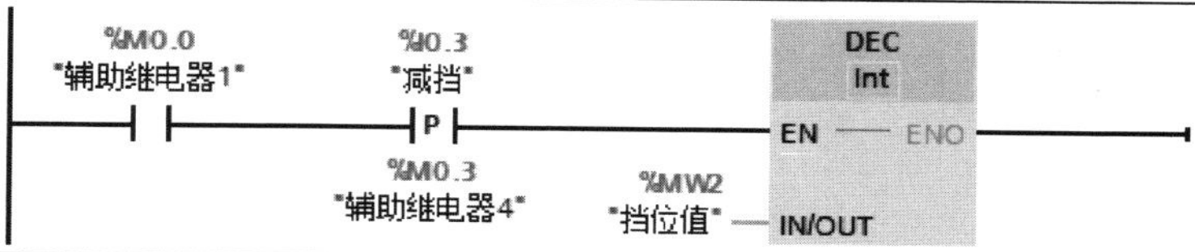
程序段 5	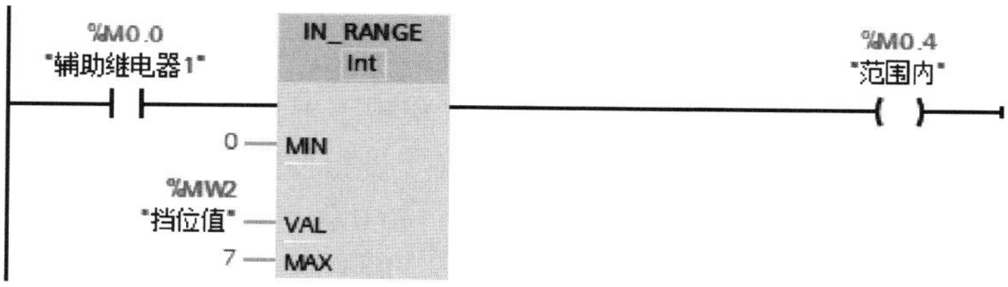
程序段 6	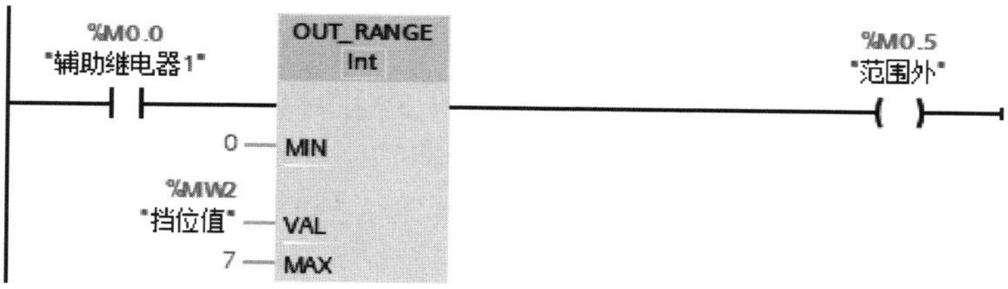
程序段 7	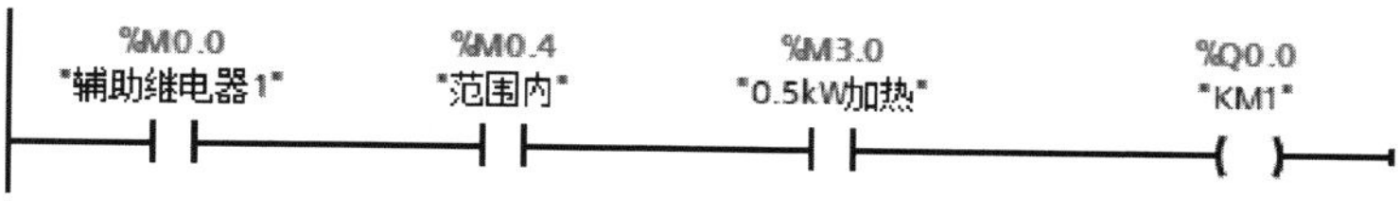
程序段 8	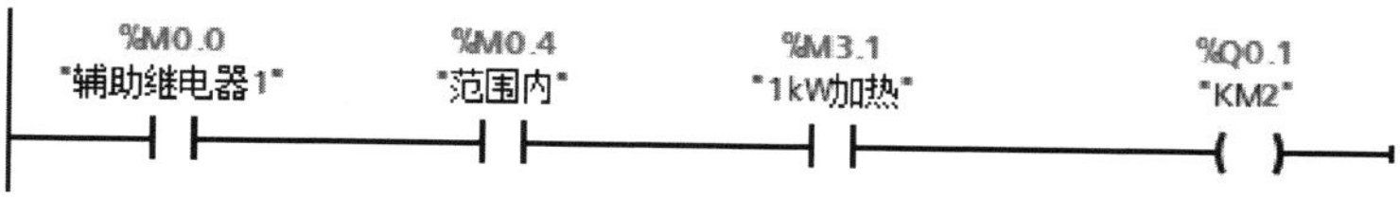
程序段 9	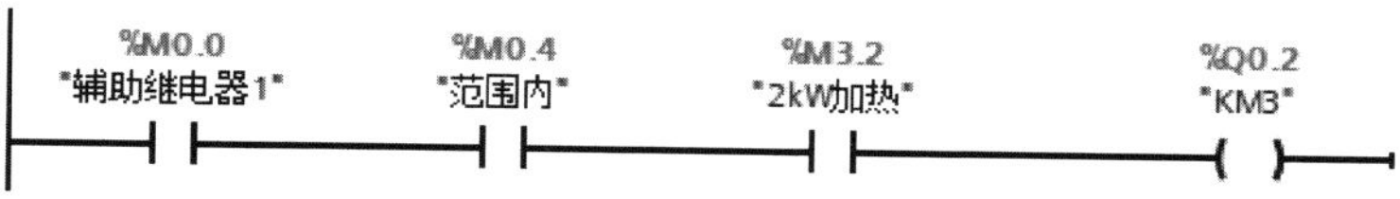

（5）程序仿真

① 启动 TIA Portal 软件，创建一个新的项目，并进行硬件组态，然后按照表 5-102 所示输入 LAD（梯形图）程序。

② 执行菜单命令"在线"→"仿真"→"启动"，即可开启 S7-PLCSIM 仿真。在弹出的"扩展的下载到设备"对话框中将"接口/子网的连接"选择为"PN/IE_1"处的方向，再单击"开始搜索"按钮，TIA Portal 软件开始搜索可以连接的设备，并显示相应的在线状态信息，然后单击"下载"按钮，完成程序的装载。

③ 在主程序窗口，单击全部监视图标 ，同时使 S7-PLCSIM 处于"RUN"状态，即可观看程序的运行情况。

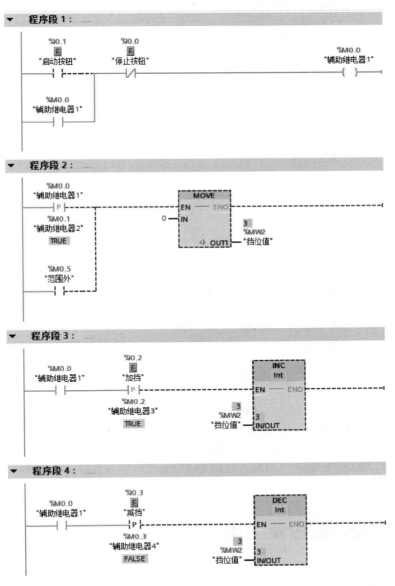

图 5-41

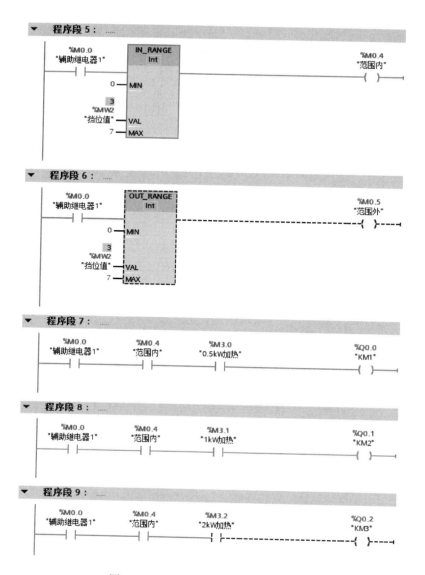

图 5-41　7 挡加热控制的仿真效果图

④ 刚进入在线仿真状态时，各线圈均处于失电状态，表示系统没有工作。当 I0.1 强制为 ON 后，表示系统开始工作。此时，每一次强制 I0.2 为 ON 时，MW2 中的值加 1；每一次强制 I0.3 为 ON 时，MW2 中的值减 1。MW2 中的值只能是 0~7，否则 MW2 将会复位为 0。根据 MW2 中的值，可使 Q0.0~Q0.2 有效输出，例如 MW2 中的值为 3 时，Q0.0 和 Q0.1 线圈得电输出，而 Q0.2 线圈处于失电状态，表示进行 1.5kW 加热，其仿真效果如图 5-41 所示。

5.8　程序控制指令及应用

　　程序控制指令主要控制程序结构和程序的执行。在 LAD 中，程序控制类指令主要包括 JMP 跳转、JMPN 若非跳转、LABLE 跳转标号、JMP_LIST 定义跳转、SWITCH 跳转分支、RET 返回等指令。

5.8.1　跳转与标号指令

（1）标号指令

指令符号：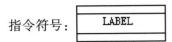

使用说明：LABEL 是一个跳转指令目的地的标识符。第一个字符必须是字母表中的一个字母，其他字符可以是字母，也可以是数字（例如 LP1）。对于每一个−−（JMP)或−−（JMPN），必须有一个跳转标号（LABEL）。S7-1200 PLC 最多可以声明 32 个跳转标号，一个程序段中只能设置一个跳转标号。

（2）跳转指令

跳转指令有两条：JMP 跳转和 JMPN 跳转。

指令符号：〈标号名〉　　　　〈标号名〉
　　　　　−−（JMP）　　　　−−（JMPN）

使用说明：

① 如果 JMP 跳转指令输入的逻辑运算结果 RLO 为"1"，可以中断正在执行的程序段，跳

表 5-103　跳转与标号指令在数据传送中的使用

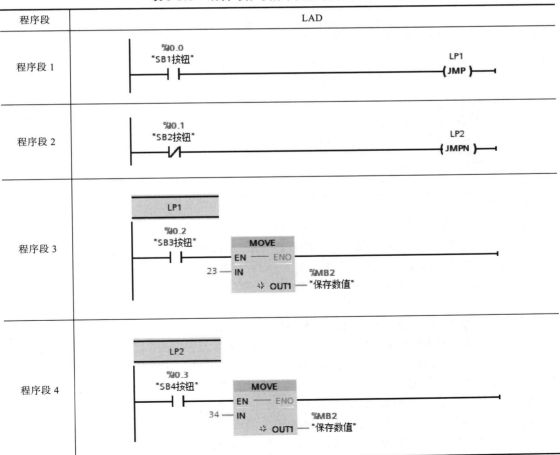

转到同一程序 LABEL 指定的标号处执行，否则将继续执行下一个程序段。

② 如果 JMPN 跳转指令输入的逻辑运算结果 RLO 为 "0"，可以中断正在执行的程序段，跳转到同一程序 LABEL 指定的标号处执行，否则将继续执行下一个程序段。

③ 每个跳转指令必须有一个目的标号，且指定的目的标号与执行的指令必须位于同一数据块中。指定的名称在块中只能出现一次，一个程序段中只能使用一个跳转线圈。

例 5-57：跳转与标号指令在数据传送中的使用。当 I0.0 和 I0.2 常开触点闭合时，将整数 23 送入 MB2 中；当 I0.1 常闭触点断开，并且 I0.3 常开触点闭合时，将整数 34 送入 MB2 中，编写程序如表 5-103 所示。

在程序段 1 中当 I0.0 常开触点闭合时，执行 JMP 跳转到标号为 LP1 处。在程序段 2 中，当 I0.1 常闭触点断开时，执行 JMPN 跳转到标号为 LP2 处。程序段 3 为 LP1 的跳转目的地，在此目的地，常开触点 I0.2 闭合时，执行 MOVE 指令，将整数 23 送入 MB2。程序段 4 为 LP2 的跳转目的地，在此目的地，常开触点 I0.3 闭合时，执行 MOVE 指令，将整数 34 送入 MB2。

5.8.2 定义跳转到列表指令

使用 JMP_LIST 指令可以定义多个有条件跳转，并继续执行由参数 K 值指定的程序段中的程序，该指令有 EN、K、DEST0、DEST1、DESTn 等参数，各参数说明如表 5-104 所示。

表 5-104　JMP_LIST 定义跳转列表指令参数

LAD	参数	数据类型	说明
	EN	BOOL	使能输入
JMP_LIST EN DEST0 K DEST1 ※ DEST2	K	UINT	指定输出的编号及要执行的跳转
	DEST0	—	第 1 个跳转标号
	DEST1	—	第 2 个跳转标号
	DESTn	—	第 n+1 个跳转标号

使用说明：

① 可以使用跳转标号（LABEL）来定义跳转，跳转标号可以在指令框的输出指定，例如在指令中点击星号即可添加跳转（DEST），S7-1200 PLC 最多可以声明 32 个跳转。

② EN 使能端的信号状态为 "1" 时，才能执行该指令。

③ 参数 K 指定输出编号，程序将从跳转标号处继续执行，如果 K 值大于可用的输出编号，则继续执行块中下一个程序段中的程序。

例 5-58：JMP_LIST 指令的使用如表 5-105 所示。PLC 一上电，将根据 MW2 的内容进行相应的跳转。如果 MW2 中的值等于 0，则跳转到 LP1 标号的程序段（即程序段 2），将整数 10 送入 MW4 中；如果 MW2 中的值等于 1，则跳转到 LP2 标号的程序段（即程序段 3），将整数 20 送入 MW4 中；如果 MW2 中的值等于 2，则跳转到 LP3 标号的程序段（即程序段 4），将整数 30 送入 MW4 中；如果 MW2 中的值是 3，则跳转到 LP4 标号的程序段（即程序段 5），将整数 40 送入 MW4 中；如果 MW2 中的值是 4 或以上的数值，由于 JMP_LIST 指令中只设置了 4 个标号，所以将跳过程序段 2~5，继续往下顺序执行其他程序段。

表 5-105   JMP_LIST 指令的使用程序

程序段	LAD
程序段 1	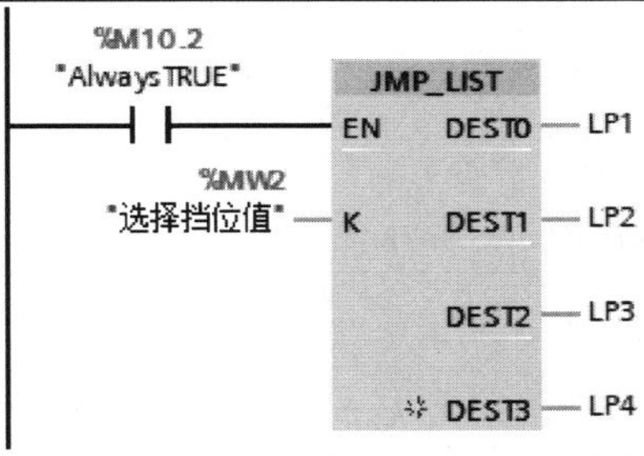
程序段 2	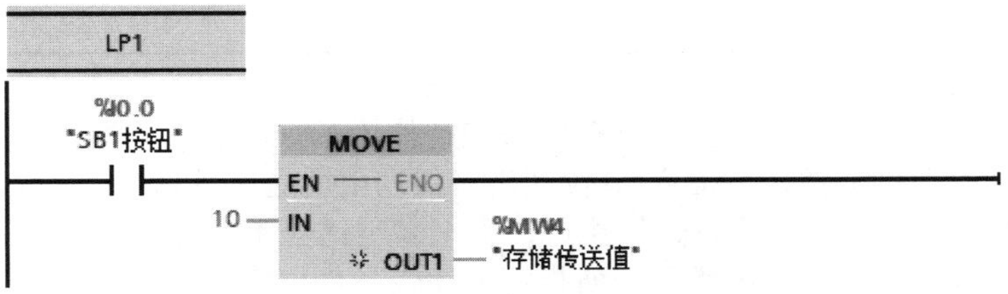
程序段 3	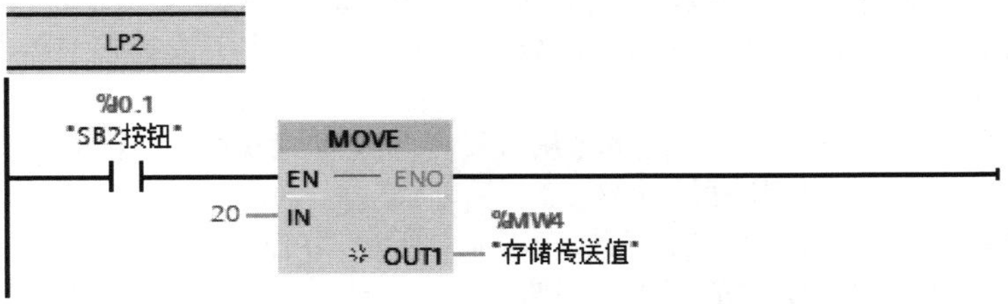
程序段 4	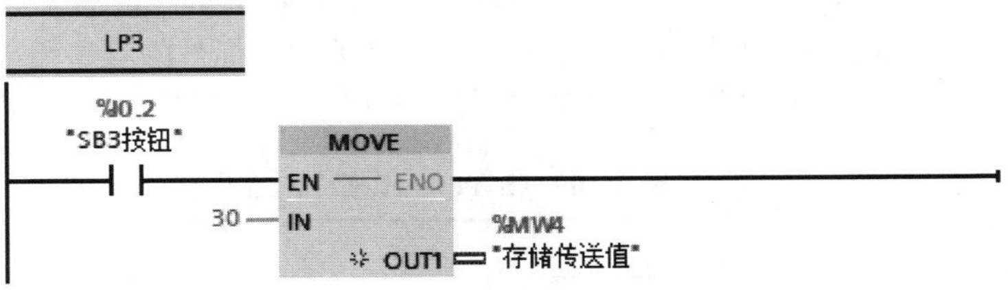
程序段 5	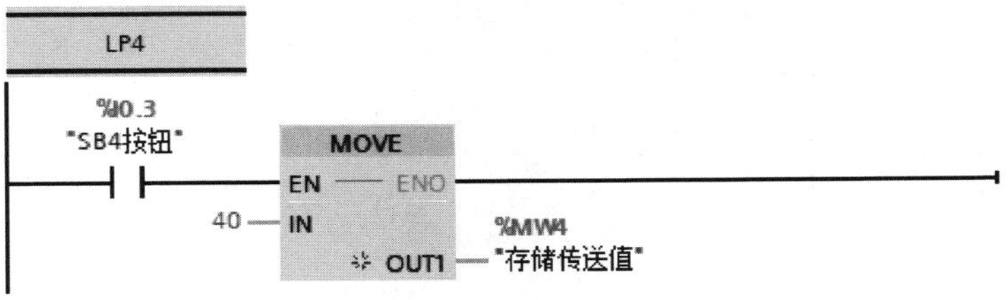

5.8.3   跳转分支指令

使用跳转分支指令 SWITCH，可以根据一个或多个比较指令的结果，定义要执行的多个程序跳转。该指令有 EN、K、<比较值>、DEST0、DEST1、DESTn、ELSE 等参数，各参数说明如表 5-106 所示。

表 5-106   SWITCH 跳转分支指令参数

LAD	参数	数据类型	说明
	EN	BOOL	使能输入
	K	UINT	指定输出的编号及要执行的跳转
	<比较值>	位、字符串、整数、浮点数、TIME、DATE 等	要与参数 K 的值比较的输入值
	DEST0	—	第 1 个跳转标号
	DEST1	—	第 2 个跳转标号
	DESTn	—	第 n+1 个跳转标号（n 的范围为 0~31）
	ELSE	—	不满足任何比较条件时，执行的程序跳转

使用说明：

① 可以从指令框的 "???" 下拉列表中选择该指令的数据类型，如果选择了比较指令而尚未定义指令的数据类型，"???" 下拉列表将仅列出所选比较指令允许的那些数据类型。

② 该指令从第 1 个比较开始执行，直至满足比较条件为止。如果满足比较条件，则将不考虑后续比较条件。如果未满足任何指定的比较条件，将在输出 ELSE 处执行跳转。如果输出 ELSE 中未定义程序跳转，则程序从下一个程序段继续执行。

③ <比较值>可以根据实际情况设置为等于（==）、小于或等于（<=）、大于或等于（>=）、不等于（<>）、小于（<）、大于（>）。

④ 参数 K 指定输出编号，程序将从跳转标号处继续执行，如果 K 值大于可用的输出编号，则继续执行块中下一个程序段中的程序。

例 5-59：SWITCH 指令的使用如表 5-107 所示。PLC 一上电，将根据 MW2 的内容选择相应的跳转。如果 MW2 中的值等于 5，则跳转到 LP1 标号的程序段（即程序段 2），将整数 10 送入 MW4 中；如果 MW2 中的值小于 4，则跳转到 LP2 标号的程序段（即程序段 3），将整数 20 送入 MW4 中；如果 MW2 中的值大于 6，则跳转到 LP3 标号的程序段（即程序段 4），将整数 30 送入 MW4 中；否则，将跳转到 LP4 标号的程序段，将整数 40 送入 MW4 中。

表 5-107   SWITCH 指令的使用程序

程序段	LAD
程序段 1	
程序段 2	

程序段	LAD

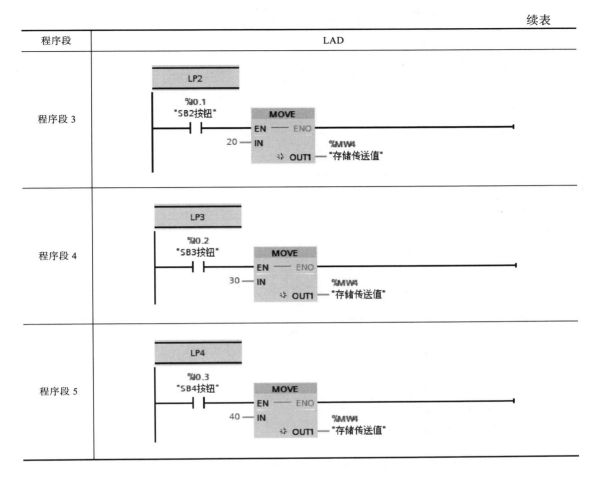

5.8.4   程序控制指令的应用

例 5-60：程序控制指令在 3 台电动机控制中的应用。

（1）控制要求

某控制系统中有 3 台电动机 M1~M3，具有手动和自动操作两种启停控制方式。在手动操作方式下，这 3 台电动机由各自的启停按钮控制它们的启停状态；在自动操作方式下，按下启动按钮，M1~M3 每隔 10s 依次启动，按下停止按钮，则 M1~M3 同时停止。要求使用程序控制指令实现此功能。

（2）控制分析

从控制要求可以看出，需要在程序中体现两种可以任意选择的控制方式，所以运用跳转与标号指令可完成任务操作。当操作方式选择开关闭合时，I0.2 常开触点为 ON，跳过手动程序不执行；I0.2 常闭触点断开，选择自动方式的程序段执行。而操作方式选择开关断开时的情况与此相反，跳过自动方式程序段不执行，选择手动方式程序段执行。

（3）I/O 端子资源分配及接线

根据控制要求及控制分析可知，需要 9 个输入点和 3 个输出点，输入/输出分配如表 5-108 所示，因此 CPU 模块可选用 CPU 1215C DC/DC/RLY（产品编号 6ES7 215-1HG40-0XB0），使用 CPU 模块集成的 I/O 端子即可，对应的 I/O 接线图，如图 5-42 所示。

表 5-108　　3 台电动机控制的输入/输出分配表

输入			输出		
功能	元件	PLC 地址	功能	元件	PLC 地址
自动停止按钮	SB1	I0.0	接触器 1, 控制 M1	KM1	Q0.0
自动启动按钮	SB2	I0.1	接触器 2, 控制 M2	KM2	Q0.1
操作方式选择	SB3	I0.2	接触器 3, 控制 M3	KM3	Q0.2
M1 手动停止按钮	SB4	I0.3			
M1 手动启动按钮	SB5	I0.4			
M2 手动停止按钮	SB6	I0.5			
M2 手动启动按钮	SB7	I0.6			
M3 手动停止按钮	SB8	I0.7			
M3 手动启动按钮	SB9	I1.0			

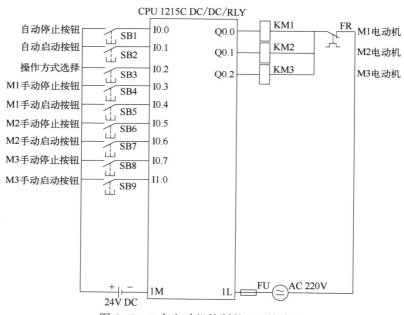

图 5-42　3 台电动机控制的 I/O 接线图

（4）编写 PLC 控制程序

通过对 3 台电动机控制分析和 PLC 资源配置，编写程序如表 5-109 所示。PLC 一上电，SB3 按钮未按下，I0.2 触点未发生改变，则程序段 2 将 M1.0 线圈置位，选择手动模式。程序段 3~5 为手动操作控制。SB3 按钮按下，程序段 1 中 I0.2 常开触点闭合，执行 JMP 指令，直接跳转到程序段 6，选择自动模式。程序段 6~9 为 3 台电动机每隔 10s 按顺序启动的自动操作控制。程序段 10~12 为手动或自动模式下，直接驱动 3 台电动机的输出控制。

（5）程序仿真

① 启动 TIA Portal 软件，创建一个新的项目，并进行硬件组态，然后按照表 5-109 所示输

入 LAD 程序。

② 执行菜单命令"在线"→"仿真"→"启动",即可开启 S7-PLCSIM 仿真。在弹出的"扩展的下载到设备"对话框中将"接口/子网的连接"选择为"PN/IE_1"处的方向,再单击"开始搜索"按钮,TIA Portal 软件开始搜索可以连接的设备,并显示相应的在线状态信息,然后单击"下载"按钮,完成程序的装载。

表 5-109　3 台电动机控制程序

程序段	LAD
程序段 1	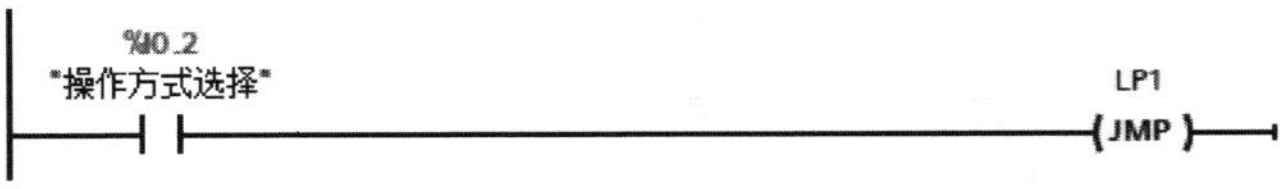 %I0.2 "操作方式选择" ——┤ ├————————————————————— LP1 ——(JMP)—
程序段 2	%I0.2 "操作方式选择" ——┤/├————————————————————— %M1.0 "选择手动" ——(S)—
程序段 3	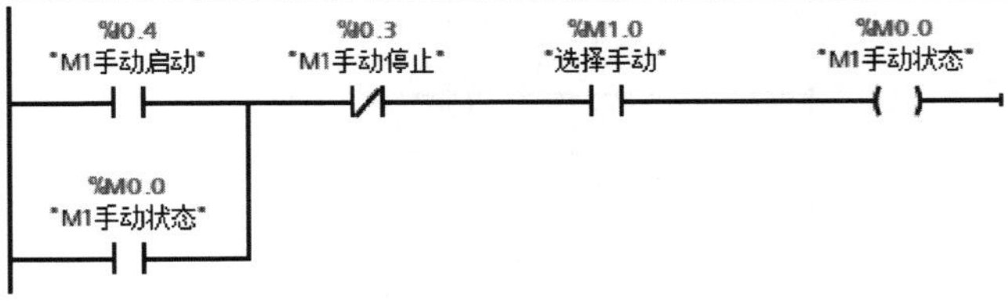 %I0.4 "M1手动启动" ——┤ ├——┬——%I0.3 "M1手动停止" ┤/├——%M1.0 "选择手动" ┤ ├——%M0.0 "M1手动状态" ——( )— / %M0.0 "M1手动状态" └——┤ ├——
程序段 4	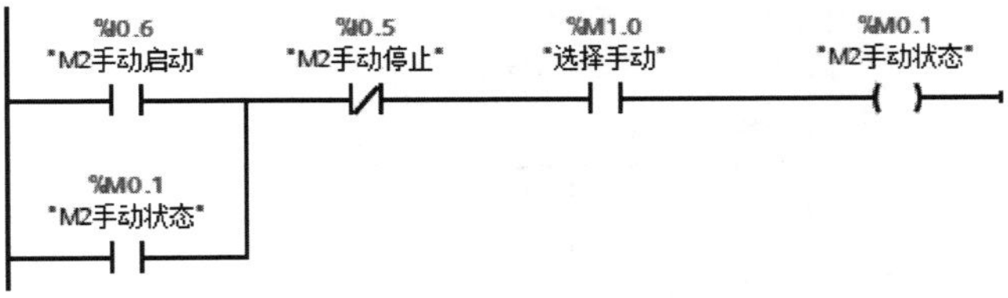 %I0.6 "M2手动启动" ——┤ ├——┬——%I0.5 "M2手动停止" ┤/├——%M1.0 "选择手动" ┤ ├——%M0.1 "M2手动状态" ——( )— / %M0.1 "M2手动状态" └——┤ ├——
程序段 5	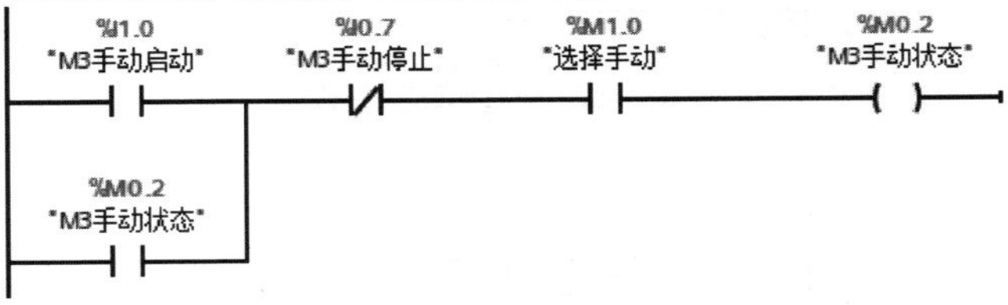 %I1.0 "M3手动启动" ——┤ ├——┬——%I0.7 "M3手动停止" ┤/├——%M1.0 "选择手动" ┤ ├——%M0.2 "M3手动状态" ——( )— / %M0.2 "M3手动状态" └——┤ ├——
程序段 6	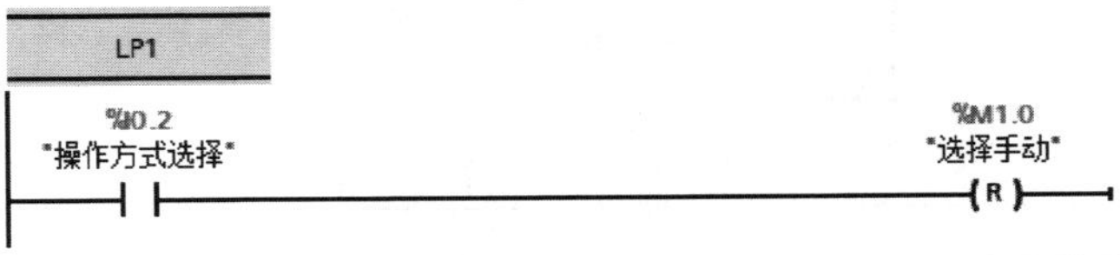 LP1 %I0.2 "操作方式选择" ——┤ ├————————————————————— %M1.0 "选择手动" ——(R)—
程序段 7	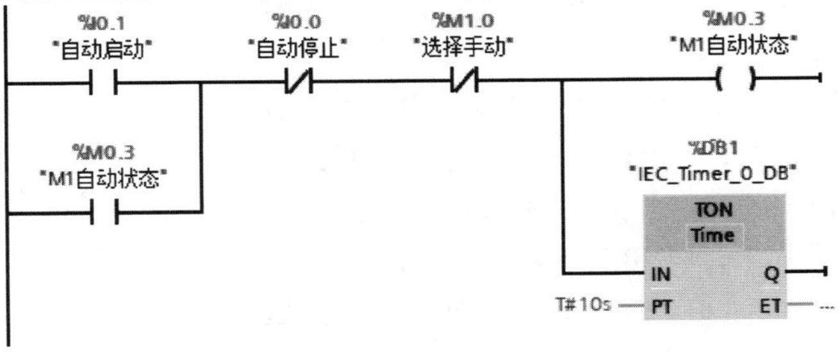 %I0.1 "自动启动" ——┤ ├——┬——%I0.0 "自动停止" ┤/├——%M1.0 "选择手动" ┤/├——%M0.3 "M1自动状态" ——( )— / %M0.3 "M1自动状态" └——┤ ├—— %DB1 "IEC_Timer_0_DB" TON Time — IN Q — T#10s — PT ET — ...

程序段	LAD
程序段 8	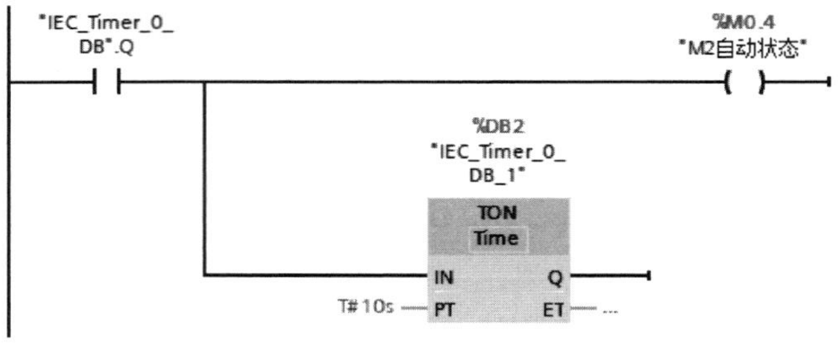 "IEC_Timer_0_DB".Q ─┤ ├─ ... %M0.4 "M2自动状态" ─( )─ %DB2 "IEC_Timer_0_DB_1" TON Time IN ... Q T#10s ─ PT ET ─ ...
程序段 9	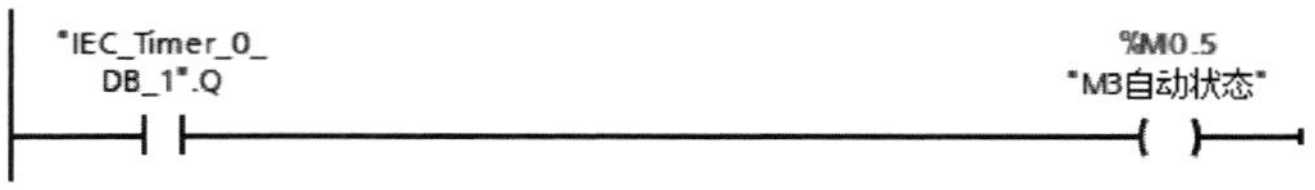 "IEC_Timer_0_DB_1".Q ─┤ ├─ %M0.5 "M3自动状态" ─( )─
程序段 10	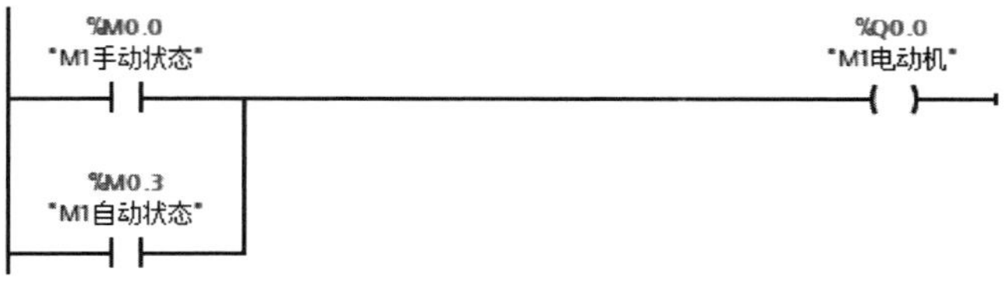 %M0.0 "M1手动状态" ─┤ ├─ %Q0.0 "M1电动机" ─( )─ %M0.3 "M1自动状态" ─┤ ├─
程序段 11	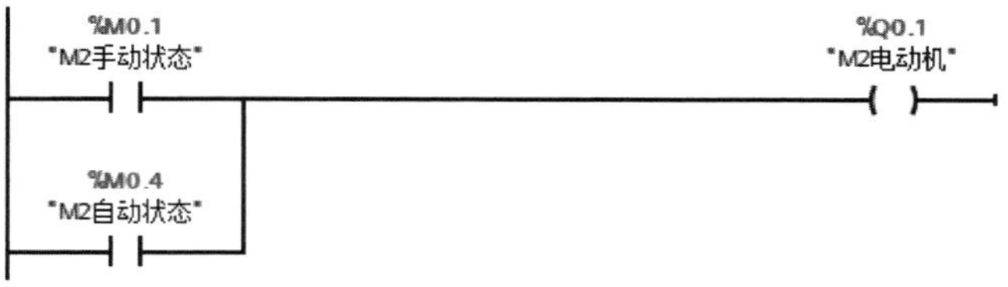 %M0.1 "M2手动状态" ─┤ ├─ %Q0.1 "M2电动机" ─( )─ %M0.4 "M2自动状态" ─┤ ├─
程序段 12	 %M0.2 "M3手动状态" ─┤ ├─ %Q0.2 "M3电动机" ─( )─ %M0.5 "M3自动状态" ─┤ ├─

③ 在主程序窗口，单击全部监视图标，同时使 S7-PLCSIM 处于"RUN"状态，即可观看程序的运行情况。

④ 刚进入在线仿真状态时，各线圈均处于失电状态，表示系统没有工作。I0.2 为 OFF 状态时，选择手动模式，在此模式下，将 I0.4、I0.6 或 I1.0 强制为 ON，可手动启动 3 台电动机运行；将 I0.3、I0.5 或 I0.7 强制为 ON 时可手动停止 3 台电动机的运行。I0.2 为 ON 时，选择自动模式，在此模式下，将 I0.1 强制为 ON 后，3 台电动机在定时器的控制下，可先后启动，其仿真效果如图 5-43 所示。按下停止按钮，3 台电动机同时停止运行。

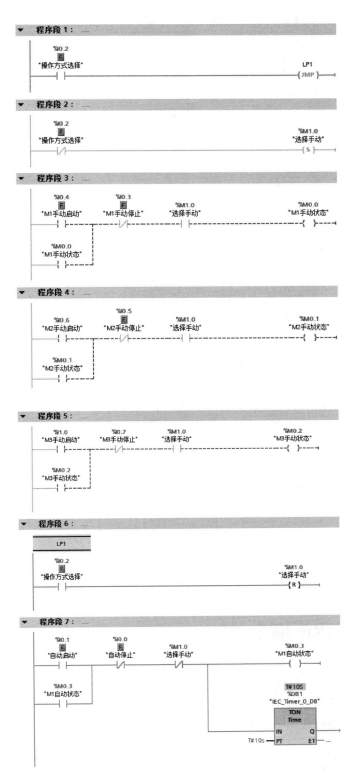

图 5-43

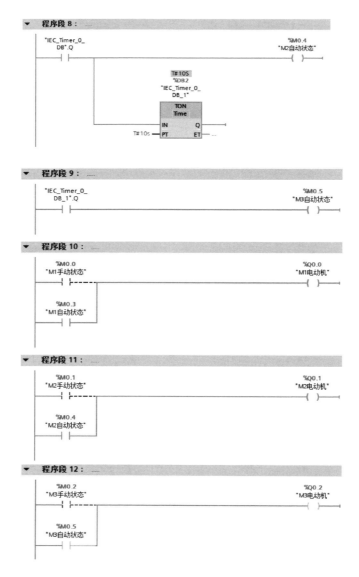

图 5-43　3 台电动机运行的仿真效果图

5.9　字逻辑运算指令

字逻辑运算类指令是对指定的数或单元中的内容逐位进行逻辑"取反""与""或""异或""编码""译码"等操作。S7-1200 PLC 的字逻辑运算类指令可以对字节（BYTE）、字（WORD）或双字（DWORD）进行逻辑运算操作。

5.9.1　逻辑"取反"指令

逻辑"取反"（Invert）指令 INV，是对输入数据 IN 按位取反，产生结果 OUT，也就是对输入 IN 中的二进制数逐位取反，由 0 变 1，由 1 变 0，其指令参数如表 5-110 所示。

表 5-110　逻辑“取反”指令参数

梯形图指令符号	参数	数据类型	说明
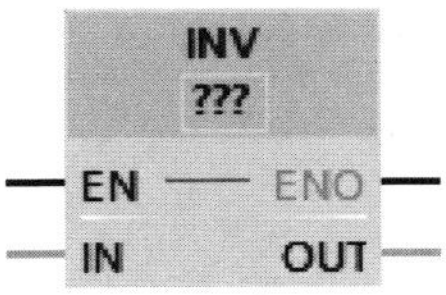	EN	BOOL	允许输入
	ENO	BOOL	允许输出
	IN	位字符串、整数	输入值
	OUT	位字符串、整数	输出 IN 值的反码

使用说明：

① 可以从指令框的“???”下拉列表中选择该指令的数据类型。

② 可以对字节、字或双字进行逻辑取反操作。

例 5-61：逻辑“取反”指令的使用程序如表 5-111 所示。PLC 一上电，分别将十六进制数 16#45、16#A4B6 和 16#9C6B8A4E 分别送入 MB2、MW4 和 MD12 中。当 I0.0 闭合时，将 MB2 中的数值“取反”后得到 16#BA，将其结果送入 MB3 中；I0.1 闭合时，将 MW4 中的数值“取反”后得到 16#5B49，将其结果送入 MW6 中；当 I0.2 闭合时，将 MD12 中的数值“取反”后得到 16#639475B1，将其结果送入 MD16 中。表中“~”为逻辑“取反”运算符号。

表 5-111　逻辑“取反”指令的使用程序

程序段	LAD
程序段 1	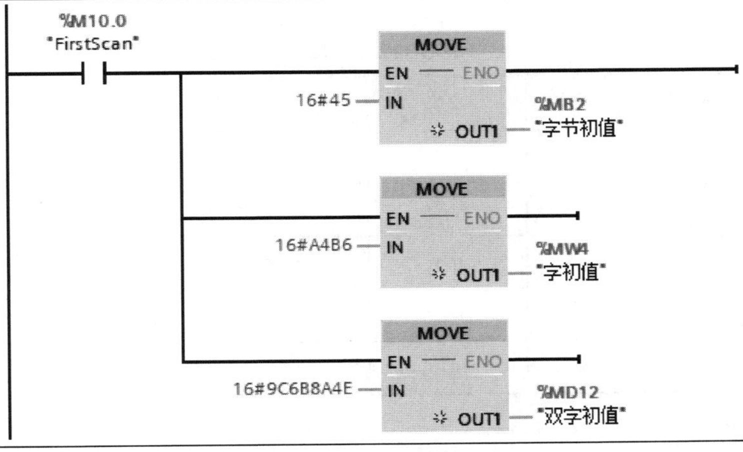
程序段 2	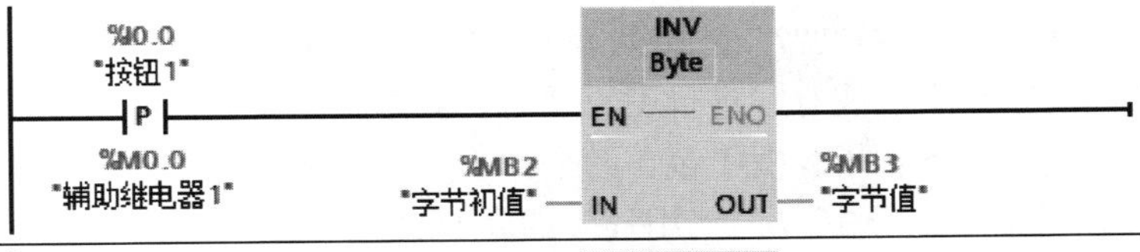
程序段 3	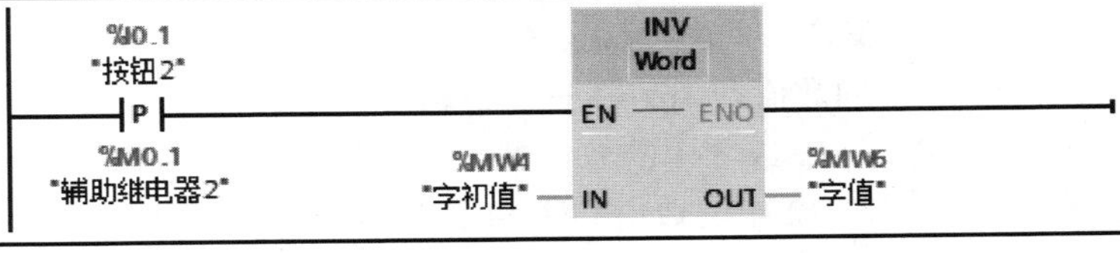

续表

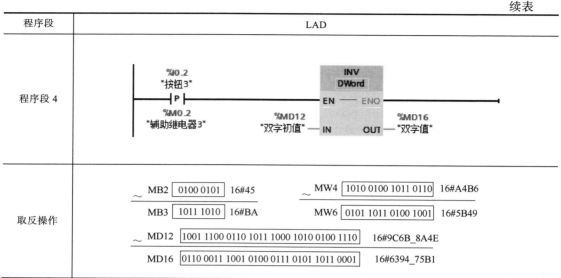

程序段	LAD
程序段 4	
取反操作	

5.9.2 逻辑"与"指令

逻辑"与"（Logic And）指令 AND，是对两个输入数据 IN1、IN2 按位进行"与"操作，产生结果 OUT。逻辑"与"时，若两个操作数的同一位都为 1，则该位逻辑结果为 1，否则为 0。其指令参数如表 5-112 所示。

表 5-112　逻辑"与"指令参数

梯形图指令符号	参数	数据类型	说明
	EN	BOOL	允许输入
	ENO	BOOL	允许输出
	IN1	位字符串、整数	逻辑运算的第 1 个值
	IN2	位字符串、整数	逻辑运算的第 2 个值
	OUT	位字符串、整数	逻辑"与"运算结果

使用说明：

① 可以从指令框的"???"下拉列表中选择该指令的数据类型。

② 可以对字节、字或双字进行逻辑"与"操作。

③ 在初始状态下，指令框中包含两个输入，点击指令框中的星号可以扩展输入数目。

例 5-62：逻辑"与"指令的使用程序如表 5-113 所示。PLC 一上电时，分别将十六进制数 16#45、16#A4B6、16#B6C4 和 16#9C6B8A4E 分别送入 MB2、MW4、MW6 和 MD12 中。当 I0.0 闭合时，将 MB2 中的数值和 16#6B 进行逻辑"与"后得到 16#41，将其结果送入 MB3 中；当 I0.1 闭合时，将 MW4 和 MW6 中的数值进行逻辑"与"后得到 16#A484，将其结果送入 MW8 中；当 I0.2 闭合时，将 MD12 中的数值和 16#8C9B7A42 进行逻辑"与"后得到 16#8C0B0A42，将其结果送入 MD16 中。表中"&"为逻辑"与"的运算符号。

表 5-113　逻辑"与"指令的使用程序

程序段	LAD
程序段 1	**%M10.0** "FirstScan" ├┤├── **MOVE** EN — ENO ／　16#45 — IN　OUT1 — %MB2 "字节初值" **MOVE** EN — ENO　16#A4B6 — IN　OUT1 — %MW4 "字初值1" **MOVE** EN — ENO　16#B6C4 — IN　OUT1 — %MW6 "字初值2" **MOVE** EN — ENO　16#9C6B8A4E — IN　OUT1 — %MD12 "双字初值"
程序段 2	**%I0.0** "按钮1" ─┤P├─　**%M0.0** "辅助继电器1"　　**AND Byte** EN — ENO %MB2 "字节初值" — IN1　OUT — %MB3 "字节值" 16#6B — IN2
程序段 3	**%I0.1** "按钮2" ─┤P├─　**%M0.1** "辅助继电器2"　　**AND Word** EN — ENO %MW4 "字初值1" — IN1　OUT — %MW8 "字值" %MW6 "字初值2" — IN2
程序段 4	**%I0.2** "按钮3" ─┤P├─　**%M0.2** "辅助继电器3"　　**AND DWord** EN — ENO %MD12 "双字初值" — IN1　OUT — %MD16 "双字值" 16#8C9B7A42 — IN2
逻辑"与"操作	MB2 `0100 0101` 16#45　　　　　　MW4 `1010 0100 1011 0110` 16#A4B6 &　　`0110 1011` 16#6B　　　 &　MW6 `1011 0110 1100 0100` 16#B6C4 MB3 `0100 0001` 16#41　　　　　　MW8 `1010 0100 1000 0100` 16#A484 MD12 `1001 1100 0110 1011 1000 1010 0100 1110` 16#9C6B_8A4E &　　`1000 1100 1001 1011 0111 1010 0100 0010` 16#8C9B_7A42 MD16 `1000 1100 0000 1011 0000 1010 0100 0010` 16#8C0B_0A42

5.9.3　逻辑"或"指令

逻辑"或"（Logic Or）指令 OR，是对两个输入数据 IN1、IN2 按位进行"或"操作，产生结果 OUT。逻辑"或"时，只需两个操作数的同一位中有 1 位为 1，则该位逻辑结果为 1。其指令参数如表 5-114 所示。

表 5-114　逻辑"或"指令参数

梯形图指令符号	参数	数据类型	说明
	EN	BOOL	允许输入
	ENO	BOOL	允许输出
	IN1	位字符串、整数	逻辑运算的第 1 个值
	IN2	位字符串、整数	逻辑运算的第 2 个值
	OUT	位字符串、整数	逻辑"或"运算结果

使用说明：

① 可以从指令框的"???"下拉列表中选择该指令的数据类型。

② 可以对字节、字或双字进行逻辑"或"操作。

③ 在初始状态下，指令框中包含两个输入，点击指令框中的星号可以扩展输入数目。

例 5-63：逻辑"或"指令的使用程序如表 5-115 所示。PLC 一上电时，分别将十六进制数 16#45、16#A4B6、16#B6C4 和 16#9C6B8A4E 分别送入 MB2、MW4、MW6 和 MD12 中。当 I0.0 闭合时，将 MB2 中的数值和 16#6B 进行逻辑"或"后得到 16#6F，将其结果送入 MB3 中；当 I0.1 闭合时，将 MW4 和 MW6 中的数值进行逻辑"或"后得到 16#B6F6，将其结果送入 MW8 中；当 I0.2 闭合时，将 MD12 中的数值和 16#8C9B7A42 进行逻辑"或"后得到 16#9CFBFA4E，将其结果送入 MD16 中。表中"|"为逻辑"或"的运算符号。

表 5-115　逻辑"或"指令的使用程序

程序段	LAD
程序段 1	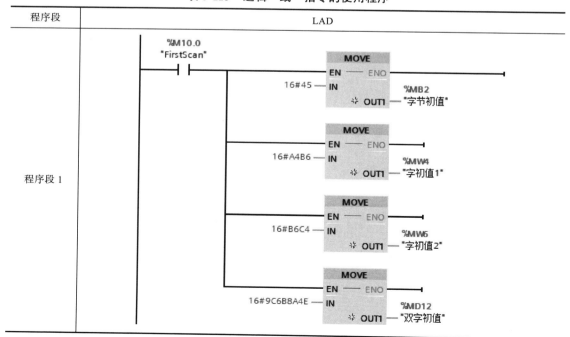

续表

程序段	LAD
程序段 2	%I0.0 "按钮1" ─┤P├─ %M0.0 "辅助继电器1"　　OR Byte　EN　ENO　%MB2 "字节初值"─IN1　OUT─%MB3 "字节值"　16#6B─IN2
程序段 3	%I0.1 "按钮2" ─┤P├─ %M0.1 "辅助继电器2"　　OR Word　EN　ENO　%MW4 "字初值1"─IN1　OUT─%MW8 "字值"　%MW6 "字初值2"─IN2
程序段 4	%I0.2 "按钮3" ─┤P├─ %M0.2 "辅助继电器3"　　OR DWord　EN　ENO　%MD12 "双字初值"─IN1　OUT─%MD16 "双字值"　16#8C9B7A42─IN2
逻辑"或"操作	MB2 `0100 0101` 16#45　　MW4 `1010 0100 1011 0110` 16#A4B6 | `0110 1011` 16#6B　　MW6 `1011 0110 1100 0100` 16#B6C4 MB3 `0110 1111` 16#6F　　MW8 `1011 0110 1111 0110` 16#B6F6 MD12 `1001 1100 0110 1011 1000 1010 0100 1110` 16#9C6B_8A4E | `1000 1100 1001 1011 0111 1010 0100 0010` 16#8C9B_7A42 MD16 `1001 1100 1111 1011 1111 1010 0100 1110` 16#9CFBFA4E

5.9.4　逻辑"异或"指令

逻辑"异或"（Logic Exclusive Or）指令 XOR，是对两个输入数据 IN1、IN2 按位进行"异或"操作，产生结果 OUT。逻辑"异或"时，两个操作数的同一位不相同，则该位逻辑结果为"1"。其指令参数如表 5-116 所示。

表 5-116　逻辑"异或"指令参数

梯形图指令符号	参数	数据类型	说明
XOR ??? EN　ENO IN1　OUT IN2	EN	BOOL	允许输入
	ENO	BOOL	允许输出
	IN1	位字符串、整数	逻辑运算的第 1 个值
	IN2	位字符串、整数	逻辑运算的第 2 个值
	OUT	位字符串、整数	逻辑"异或"运算结果

使用说明：

① 可以从指令框的 "???" 下拉列表中选择该指令的数据类型。

② 可以对字节、字或双字进行逻辑 "异或" 操作。

③ 在初始状态下，指令框中包含两个输入，点击指令框中的星号可以扩展输入数目。

例 5-64：逻辑 "异或" 指令的使用程序如表 5-117 所示。PLC 一上电，分别将十六进制数 16#45、16#A4B6、16#B6C4 和 16#9C6B8A4E 分别送入 MB2、MW4、MW6 和 MD12 中。当 I0.0 闭合时，将 MB2 中的数值和 16#6B 进行逻辑 "异或" 后得到 16#2E，将其结果送入 MB3 中；当 I0.1 闭合时，将 MW4 和 MW6 中的数值进行逻辑 "异或" 后得到 16#1272，将其结果送入 MW8 中；当 I0.2 闭合时，将 MD12 中的数值和 16#8C9B7A42 进行逻辑 "异或" 后得到 16#10F0F00C，将其结果送入 MD16 中。表中 "^" 为逻辑 "异或" 的运算符号。

表 5-117　逻辑 "异或" 指令的使用程序

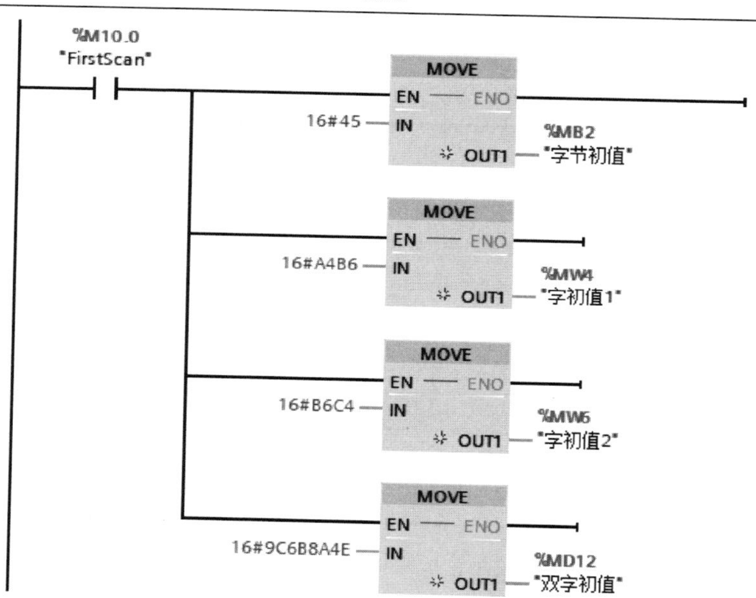

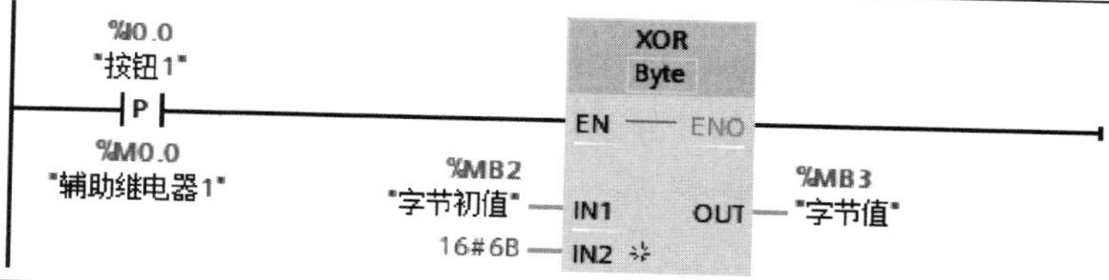

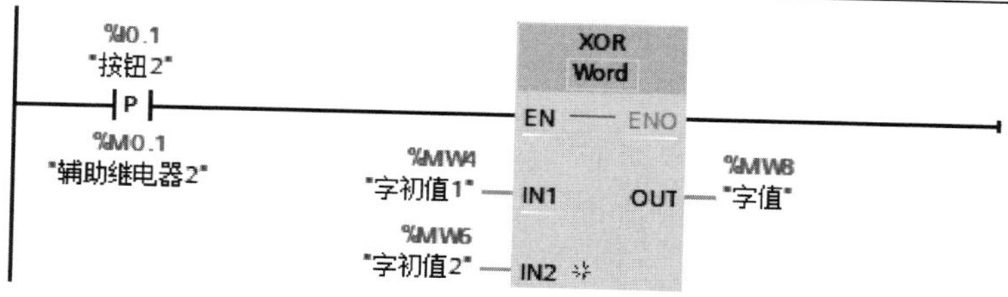

续表

程序段	LAD
程序段 4	%I0.2 "按钮3" ─┤P├─ %M0.2 "辅助继电器3" %MD12 "双字初值" ─ IN1 16#8C9B7A42 ─ IN2 XOR DWord EN ─ ENO OUT ─ %MD16 "双字值"
逻辑"异或"操作	MB2 `0100 0101` 16#45 ∧ `0110 1011` 16#6B MB3 `0010 1110` 16#2E MW4 `1010 0100 1011 0110` 16#A4B6 ∧ MW6 `1011 0110 1100 0100` 16#B6C4 MW8 `0001 0010 0111 0010` 16#1272 MD12 `1001 1100 0110 1011 1000 1010 0100 1110` 16#9C6B_8A4E ∧ `1000 1100 1001 1011 0111 1010 0100 0010` 16#8C9B_7A42 MD16 `0001 0000 1111 0000 1111 0000 0000 1100` 16#10F0_F00C

5.9.5　编码与译码指令

（1）编码指令

编码指令 ENCO（Encode）是将输入的字型数据 IN 中为 1 的最低有效位的位号写入输出 OUT 中，其指令参数如表 5-118 所示。

表 5-118　编码指令参数

梯形图指令符号	参数	数据类型	说明
ENCO ??? EN ─ ENO IN ─ OUT	EN	BOOL	允许输入
	ENO	BOOL	允许输出
	IN	位字符串	输入值
	OUT	INT	输出编码结果

使用说明：可以从指令框的"???"下拉列表中选择该指令的数据类型。

（2）译码指令

译码指令 DECO（Decode）是将输入 IN 的位号输出到 OUT 所指定单元对应的位置 1，而其他位清 0，指令参数如表 5-119 所示。

表 5-119　译码指令参数

梯形图指令符号	参数	数据类型	说明
DECO UInt to ??? EN ─ ENO IN ─ OUT	EN	BOOL	允许输入
	ENO	BOOL	允许输出
	IN	UINT	输入值
	OUT	位字符串	输出译码结果

使用说明：可以从指令框的"???"下拉列表中选择该指令译码后输出的数据类型。

例 5-65： 编码与译码指令的使用程序如表 5-120 所示。PLC 一上电，将立即数 16#A89C 和 5 分别送入 MW2 和 MW4 中。若 I0.0 触点闭合 1 次，执行 ENCO 指令进行编码操作，由于 16#A89C 相应的二进制码为 1010_1000_1001_1100，该二进制码中最低为 1 的位号为 2，所以执行 ENCO 后 MW6 中的值为 2；若 I0.1 触点闭合 1 次，执行 DECO 指令进行译码操作，由于指定最低为 1 的位号为 5，所以执行 DECO 后，MW8 中的二进制码为 0000_0000_0010_0000，即 MW8 的值为 16#0020。

表 5-120　编码与译码指令的使用程序

程序段	LAD
程序段 1	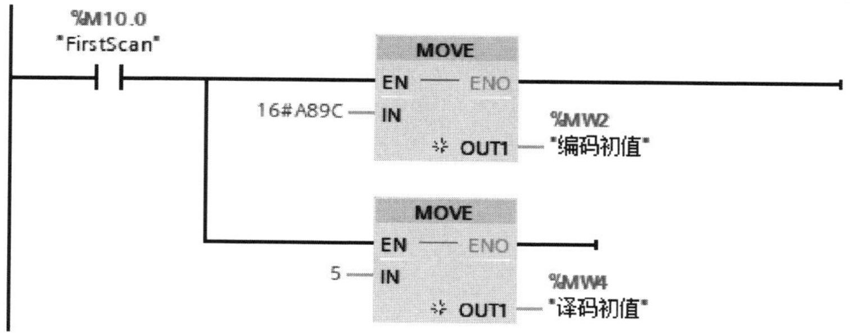 %M10.0 "FirstScan" MOVE EN ENO 16#A89C IN %MW2 OUT1 "编码初值" MOVE EN ENO 5 IN %MW4 OUT1 "译码初值"
程序段 2	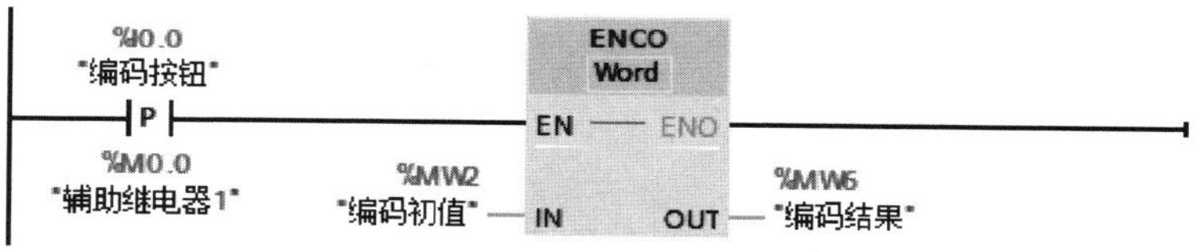 %I0.0 "编码按钮" —P— %M0.0 "辅助继电器1" ENCO Word EN ENO %MW2 "编码初值" IN OUT %MW6 "编码结果"
程序段 3	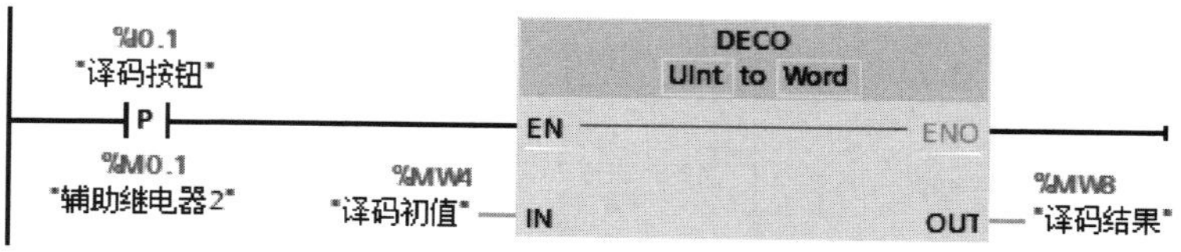 %I0.1 "译码按钮" —P— %M0.1 "辅助继电器2" DECO UInt to Word EN ENO %MW4 "译码初值" IN OUT %MW8 "译码结果"
指令执行过程	 MW2 │1010 1000 1001 1100│ 16#A89C （15 9 2 0）　执行ENCO指令↓　MW6 │2│　　MW4 │5│　执行DECO指令↓　MW8 │0000 0000 0010 0000│ 16#0020 （15 9 5 0）

5.9.6　字逻辑运算指令的应用

例 5-66： 字逻辑运算指令在 8 只彩灯控制中的应用。

（1）控制要求

某系统有 8 只彩灯，当按下启动按钮时，8 只彩灯进行闪烁显示；按下选择按钮 1 时，8 只彩灯中奇数灯和偶数灯交替闪烁显示；按下选择按钮 2 时，8 只彩灯的高 4 位与低 4 位灯交替闪烁显示，试用字逻辑运行指令实现。

（2）控制分析

从控制要求可以看出，8 只彩灯可由 QB0 输出控制。按下启动按钮，CPU 送给 QB0 中的数值为 16#FF（全亮）与 16#00（全灭），这样实现了 8 只彩灯的闪烁显示。按下选择按钮 1 时，送入 QB0 中的数值为 16#AA（奇数灯亮）与 16#55（偶数灯亮），这样实现了 8 只彩灯的奇数灯和偶数灯交替闪烁。按下选择按钮 2 时，送入 QB0 中的数值为 16#F0（高 4 位灯亮）与 16#0F（低 4 位灯亮），这样实现了 8 只彩灯的高 4 位与低 4 位灯交替闪烁显示。16#00 与 16#FF、16#AA 与 16#55、16#F0 与 16#0F 这 3 对数值互为取反值，可将 3 对数值各取 1 个数值，送入 MB2，再在系统时钟的控制下进行取反，并将它们送入 QB0 中，即可实现任务操作。由于按下启动按钮系统才工作，同时 MB2 中的初值为 16#00，因此只需传送 2 个数值给 MB2 即可。

（3）I/O 端子资源分配及接线

根据控制要求及控制分析可知，需要 4 个输入点和 8 个输出点，输入/输出分配表如表 5-121 所示，因此 CPU 模块可选用 CPU 1215C DC/DC/DC（产品编号 6ES7 215-1AG40-0XB0），使用 CPU 模块集成的 I/O 端子即可，对应的 I/O 接线如图 5-44 所示。

表 5-121　8 只彩灯控制的 I/O 分配表

输入（I）			输出（O）		
功能	元件	PLC 地址	功能	元件	PLC 地址
停止按钮	SB1	I0.0	彩灯 1	HL1	Q0.0
启动按钮	SB2	I0.1	彩灯 2	HL2	Q0.1
选择按钮 1	SB3	I0.2	彩灯 3	HL3	Q0.2
选择按钮 2	SB4	I0.3	彩灯 4	HL4	Q0.3
			彩灯 5	HL5	Q0.4
			彩灯 6	HL6	Q0.5
			彩灯 7	HL7	Q0.6
			彩灯 8	HL8	Q0.7

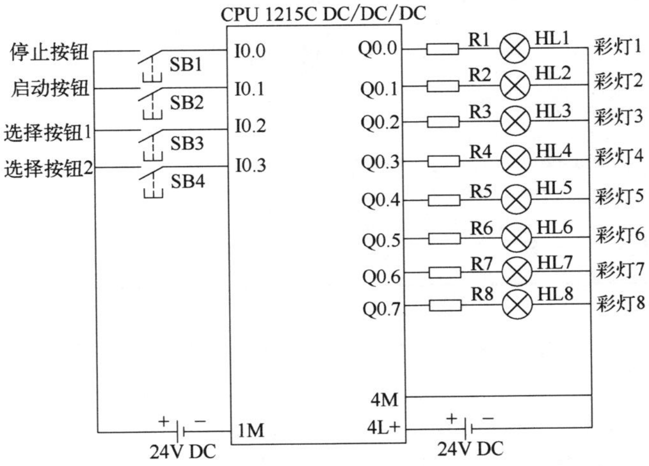

图 5-44　8 只彩灯的 I/O 接线图

（4）编写 PLC 控制程序

使用字逻辑运算指令实现此功能，编写的程序如表 5-122 所示。在程序段 1 中，每次按下启动按钮 SB2 时，M0.0 线圈得电并自锁。MB2 初始状态下，其内容为 16#00。按下选择按钮 1，程序段 2 将奇偶交替显示初值送入 MB2；按下选择按钮 2，程序段 3 将高低 4 位交替显示初值送入 MB2。程序段 4，在系统时钟脉冲下（M20.5）将 MB2 的内容每隔 1s 进行取反。程序段 5 是将 MB2 中的值传送给 QB0，使 8 只彩灯进行显示。

表 5-122　8 只彩灯控制程序

程序段	LAD
程序段 1	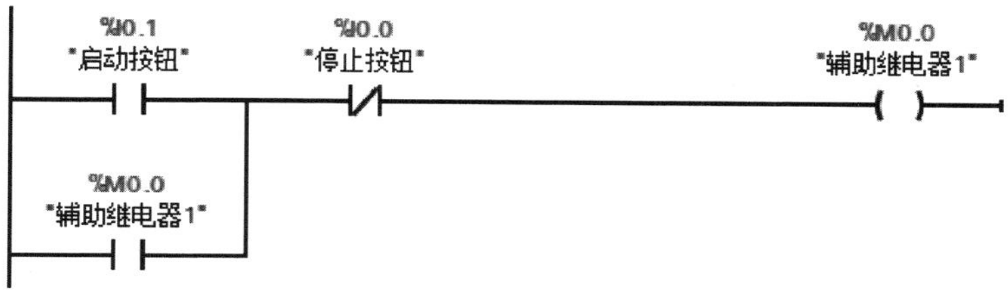
程序段 2	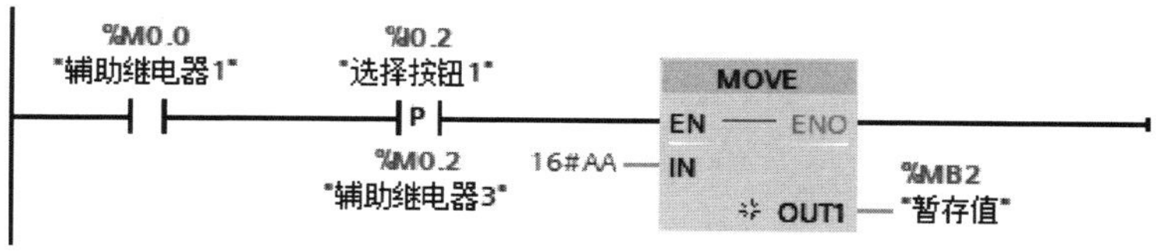
程序段 3	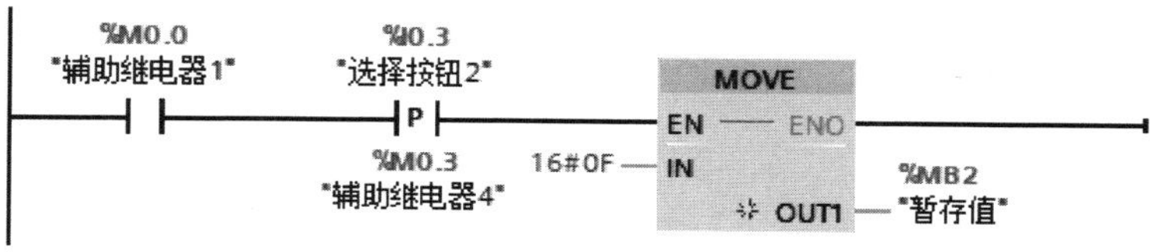
程序段 4	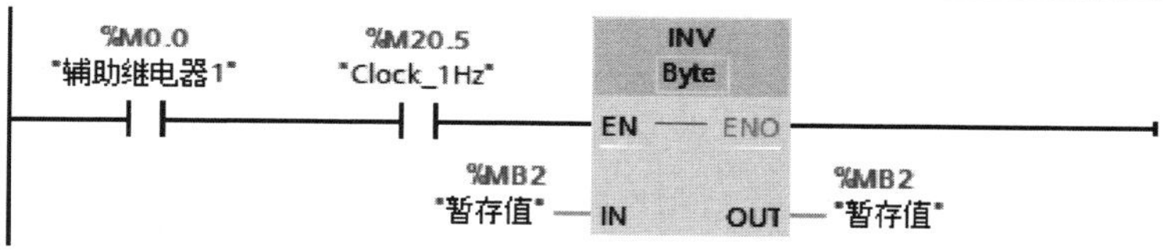
程序段 5	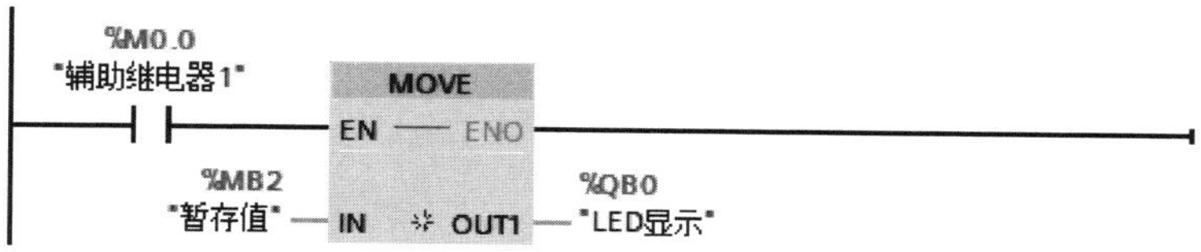

（5）程序仿真

① 启动 TIA Portal 软件，创建一个新的项目，并进行硬件组态，然后按照表 5-122 所示输入 LAD 程序。

② 执行菜单命令"在线"→"仿真"→"启动"，即可开启 S7-PLCSIM 仿真。在弹出的"扩展的下载到设备"对话框中将"接口/子网的连接"选择为"PN/IE_1"处的方向，再单击"开始搜索"按钮，TIA Portal 软件开始搜索可以连接的设备，并显示相应的在线状态信息，然后单击"下载"按钮，完成程序的装载。

③ 在主程序窗口，单击全部监视图标 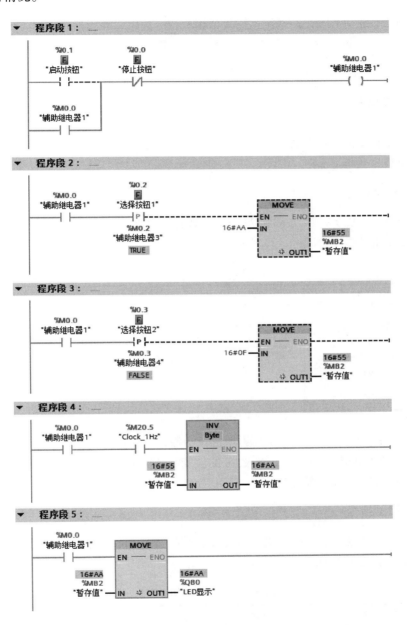，同时使 S7-PLCSIM 处于 "RUN" 状态，即可观看程序的运行情况。

图 5-45　8 只彩灯控制的仿真效果图

④ 刚进入在线仿真状态时，QB0 输出为 16#00，系统没有工作。强制 I0.2 为 ON 时，未按下选择按钮 1 或选择按钮 2，QB0 每隔 1s 进行 16#FF 与 16#00 的交替输出，实现 8 只灯的亮与灭闪烁显示。按下选择按钮 1 时，QB0 每隔 1s 进行 16#AA 与 16#55 的交替输出，实现奇数灯与偶数灯的交替闪烁显示，仿真效果如图 5-45 所示。按下选择按钮 2 时，QB0 每隔 1s 进行 16#F0 与 16#0F 的交替输出，实现高 4 位灯与低 4 位灯的交替闪烁显示。

5.10　移位和循环移位指令及应用

移位控制指令是 PLC 控制系统中比较常用的指令之一，在程序中可以方便地实现某些运算，也可以用于取出数据中的有效位数字。S7-1200 PLC 的移位控制类指令主要有移位指令和循环移位指令。

5.10.1　移位指令

移位指令是将输入 IN 中的数据向左或向右逐位移动，根据移位方向的不同可分为左移位指令和右移位指令。

（1）左移位指令

左移位指令（SHL）是将输入端 IN 指定的数据左移 N 位，结果存入 OUT 中，左移 N 位相当于乘以 2^N，指令参数如表 5-123 所示。

表 5-123　左移位指令参数

梯形图指令符号	参数	数据类型	说明
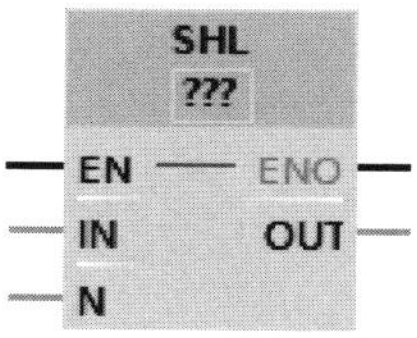 SHL ??? EN ENO IN OUT N	EN	BOOL	允许输入
	ENO	BOOL	允许输出
	IN	位字符串、整数	要移位的值
	N	正整数	待移位的位数
	OUT	位字符串、整数	左移位输出

使用说明：

① 可以从指令框的"???"下拉列表中选择该指令的数据类型。

② 如果参数 N 的值为 0，则将输入 IN 的值复制到输出 OUT 的操作数中。

③ 执行指令时，左侧移出位舍弃，右侧空出的位用"0"进行填充。

（2）右移位指令

右移位指令（SHR）是将输入端 IN 指定的数据右移 N 位，结果存入 OUT 中，右移 N 位相当于除以 2^N，指令参数如表 5-124 所示。

表 5-124　右移位指令参数

梯形图指令符号	参数	数据类型	说明
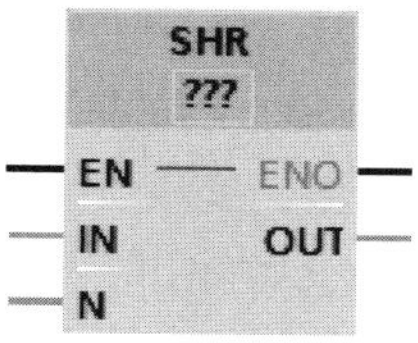 SHR ??? EN ENO IN OUT N	EN	BOOL	允许输入
	ENO	BOOL	允许输出
	IN	位字符串、整数	要移位的值
	N	正整数	待移位的位数
	OUT	位字符串、整数	右移位输出

使用说明：

① 可以从指令框的"???"下拉列表中选择该指令的数据类型。

② 如果参数 N 的值为 0，则将输入 IN 的值复制到输出 OUT 的操作数中。

③ 执行指令时，若 IN 为无符号数值，左侧空出的位用"0"进行填充；若 IN 为有符号数值，左侧空出的位用"符号位"进行填充。

例 5-67：移位指令的使用如表 5-125 所示。在程序段 1 中，当 PLC 一上电时，分别将两个 8 位的字节数值送入 MB2 和 MB3 中，两个 16 位的数值送入 MW4 和 MW6 中。在程序段 2 中，I0.0 常开触点每闭合 1 次时，执行 1 次左移指令，将 MB2 中的内容左移 2 位，MW4 中的内容左移 3 位；在程序段 3 中，I0.1 常开触点每闭合 1 次时，执行 1 次右移指令，将 MB3 中的内容右移 3 位，MW6 中的内容右移 2 位。每执行 1 次左移指令时，MB2 中数值的高 2 位先舍去，其余位向左移 2 位，然后最低 2 位用 0 填充；MW4 中数值的高 3 位先舍去，其余位向左移 3

表 5-125　移位指令的使用程序

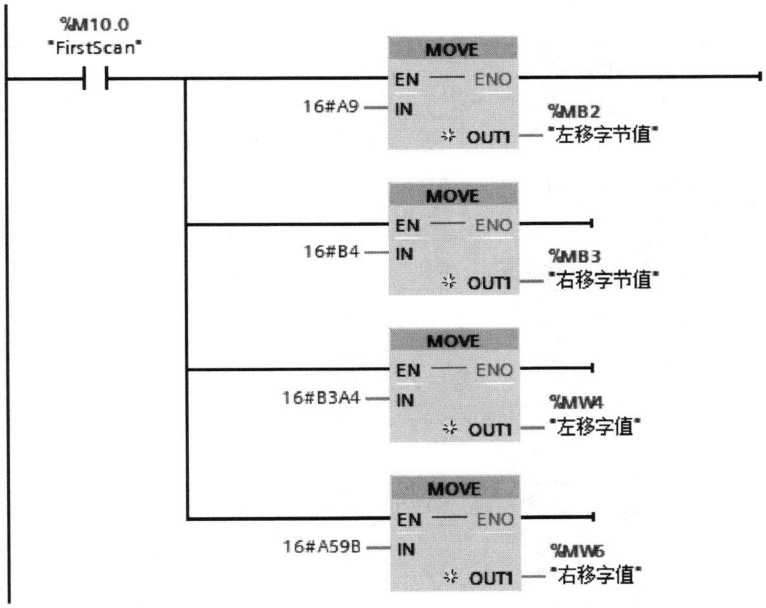

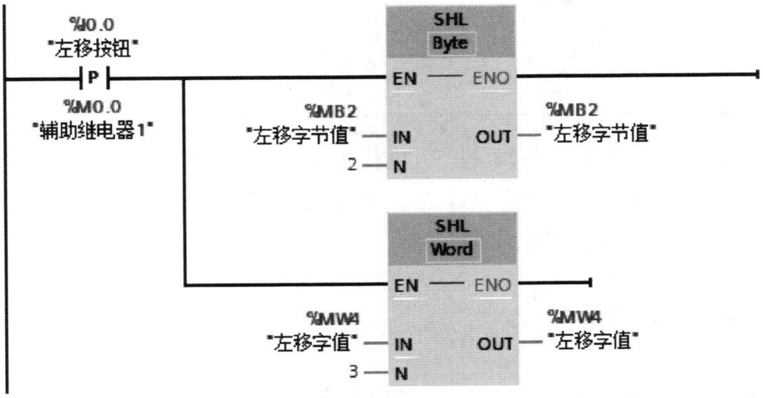

续表

程序段	LAD
程序段 3	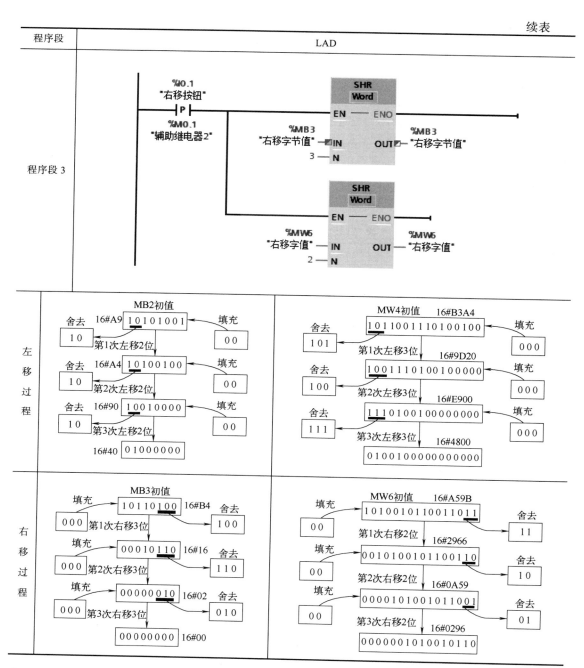

位,然后最低的 3 位用 0 进行填充。每执行 1 次右移指令时,MB3 中数值的低 3 位先舍去,其余位向右移 3 位,最高的 3 位用 0 填充;MW6 中的数值的低 2 位先舍去,其余位向右移 2 位,然后最高的 2 位用 0 进行填充。

5.10.2 循环移位指令

循环移位指令是将输入 IN 中的全部内容循环地逐位左移或右移,空出的位用输入 IN 移出位的信号状态填充，根据移位方向的不同可分为循环左移指令和循环右移指令。

（1）循环左移指令

循环左移位指令（ROL）是将输入端 IN 指定的数据循环左移 N 位，并用移出的位填充因循环移位而空出的位，结果存入 OUT，指令参数如表 5-126 所示。

表 5-126　循环左移位指令参数

梯形图指令符号	参数	数据类型	说明
	EN	BOOL	允许输入
	ENO	BOOL	允许输出
	IN	位字符串、整数	要循环移位的值
	N	正整数	待移位的位数
	OUT	位字符串、整数	循环左移位输出

使用说明：

① 可以从指令框的"???"下拉列表中选择该指令的数据类型。

② 如果参数 N 的值为 0，则将输入 IN 的值复制到输出 OUT 的操作数中。

③ 如果参数 N 的值大于可用位数，则输入 IN 中的操作数仍会循环移动指定位数。

（2）循环右移指令

循环右移位指令（ROR）是将输入端 IN 指定的数据循环右移 N 位，并用移出的位填充因循环移位而空出的位，结果存入 OUT，指令参数如表 5-127 所示。

表 5-127　循环右移位指令参数

梯形图指令符号	参数	数据类型	说明
	EN	BOOL	允许输入
	ENO	BOOL	允许输出
	IN	位字符串、整数	要循环移位的值
	N	正整数	待移位的位数
	OUT	位字符串、整数	循环右移位输出

使用说明：

① 可以从指令框的"???"下拉列表中选择该指令的数据类型。

② 如果参数 N 的值为 0，则将输入 IN 的值复制到输出 OUT 的操作数中。

③ 如果参数 N 的值大于可用位数，则输入 IN 中的操作数仍会循环移动指定位数。

例 5-68：循环移位指令的使用如表 5-128 所示。在程序段 1 中，当 PLC 一上电时，分别将两个 8 位的字节数值送入 MB2 和 MB3 中，两个 16 位的数值送入 MW4 和 MW6 中。在程序段 2 中，I0.0 常开触点每闭合 1 次，执行 1 次循环左移指令，将 MB2 中的内容循环左移 2 位，MW4 中的内容循环左移 3 位；在程序段 3 中，I0.1 常开触点每闭合 1 次，执行 1 次循环右移指令，将 MB3 中的内容循环右移 3 位，MW6 中的内容循环右移 2 位。每执行 1 次循环左移指令时，MB2 中数值的高 2 位先移出并添加到 MB2 的最低 2 位，然后其余位向左移 2 位；MW4 中数值的高 3 位先移出并添加到 MW4 的最低 3 位，然后其余位向左移 3 位。每执行 1 次循环右移指令时,MB3 中数值的低 3 位先移出并添加到 MB3 的最高 3 位,然后其余位向右移 3 位;MW6 中的数值的低 2 位先移出并添加到 MW6 的最高 2 位，然后其余位向右移 2 位。

表 5-128　循环移位指令的使用程序

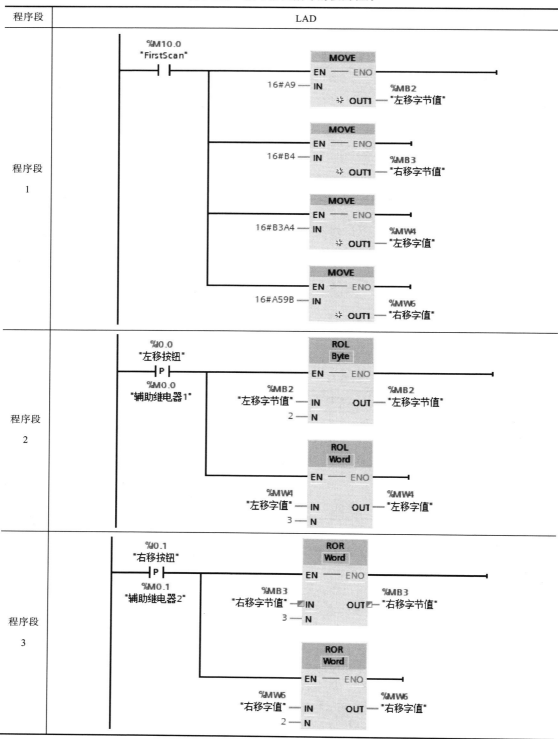

程序段	LAD
程序段 1	
程序段 2	
程序段 3	

续表

程序段	LAD
循环左移过程	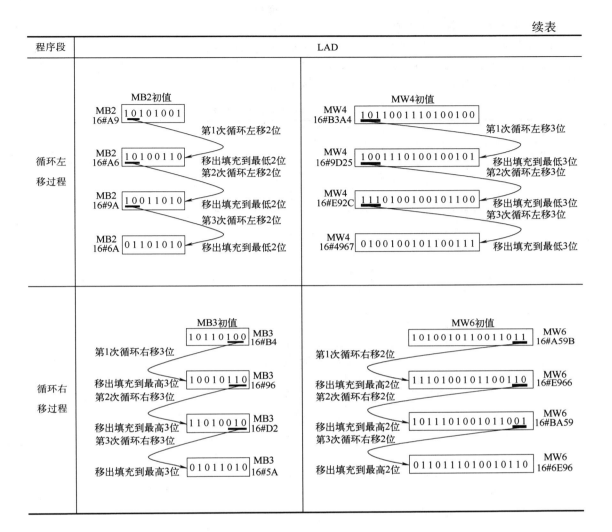
循环右移过程	

5.10.3　移位和循环移位指令的应用

例 5-69： 移位指令在流水灯控制系统中的应用。

（1）控制要求

假设 PLC 的输入端子 I0.0 和 I0.1 分别外接停止和启动按钮；PLC 的输出端子 QB0 外接流水灯 HL1~HL8。要求按下启动按钮后，流水灯开始从 Q0.0~Q0.7 每隔 1s 依次左移点亮，当 Q0.7 点亮后，流水灯又开始从 Q0.0~Q0.7 每隔 1s 依次左移点亮，循环进行。

（2）控制分析

流水灯的停止和启动由 I0.0、I0.1 控制，当 I0.0 为 ON 时，M0.0 线圈得电，其触点自锁，这样即使 I0.0 松开 M0.0 线圈仍然保持得电状态。M0.0 线圈得电后，执行一次传送指令，将初始值 1 送入 MW4 为左移赋初值。MW4 赋初值 1 后，由系统时钟（M20.5）控制每隔 1s，执行左移指令使 MW4 中的内容左移 1 次。左移时，MW4 的左移规律为 M5.0→M5.7→M4.0→M4.7。由于每个循环只需移位 8 次，因此当移位到 M4.0 时应将 MW4 重新赋值，为下轮左移做好准备。最后，将 MB5 中的值送入 QB0 即控制相应的灯进行点亮。

（3）I/O 端子资源分配及接线

根据控制要求及控制分析可知，需要 2 个输入点和 8 个输出点，输入/输出分配表如表 5-129 所示，因此 CPU 模块可选用 CPU 1215C DC/DC/DC（产品编号 6ES7 215-1AG40-0XB0），使用 CPU 模块集成的 I/O 端子即可，对应的 I/O 接线如图 5-46 所示。

表 5-129　流水灯控制的 I/O 分配表

输入（I）			输出（O）		
功能	元件	PLC 地址	功能	元件	PLC 地址
停止按钮	SB1	I0.0	流水灯 1	HL1	Q0.0
启动按钮	SB2	I0.1	流水灯 2	HL2	Q0.1
			流水灯 3	HL3	Q0.2
			流水灯 4	HL4	Q0.3
			流水灯 5	HL5	Q0.4
			流水灯 6	HL6	Q0.5
			流水灯 7	HL7	Q0.6
			流水灯 8	HL8	Q0.7

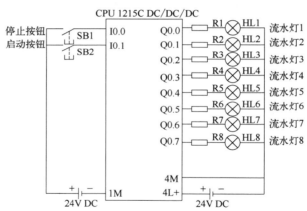

图 5-46　流水灯控制系统的 I/O 接线图

（4）编写 PLC 控制程序

使用移位指令实现此功能，编写的程序如表 5-130 所示。程序段 1 为启动控制，按下启动

表 5-130　流水灯控制程序

程序段	LAD
程序段 1	%I0.1 "启动按钮" — %I0.0 "停止按钮" — %M0.0 "辅助继电器1"（）; %M0.0 "辅助继电器1"

续表

程序段	LAD
程序段 2	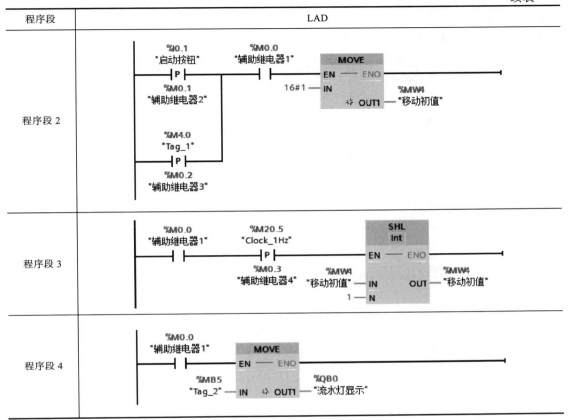
程序段 3	
程序段 4	

按钮时，I0.1 常开触点闭合，M0.0 线圈得电并自锁。按下启动按钮或移到 M4.0 位时，在程序段 2 中将 MW4 的内容复位为 1，为下轮移位做好准备。程序段 3 为移位控制，在系统时钟脉冲下，将 MW4 中的内容进行左移。程序段 4 是将 MB5 中的内容实时传送给 QB0，以控制 8 只流水灯进行显示。

（5）程序仿真

① 启动 TIA Portal 软件，创建一个新的项目，并进行硬件组态，然后按照表 5-130 所示输入 LAD 程序。

② 执行菜单命令"在线"→"仿真"→"启动"，即可开启 S7-PLCSIM 仿真。在弹出的"扩展的下载到设备"对话框中将"接口/子网的连接"选择为"PN/IE_1"处的方向，再单击"开始搜索"按钮，TIA Portal 软件开始搜索可以连接的设备，并显示相应的在线状态信息，然后单击"下载"按钮，完成程序的装载。

③ 在主程序窗口，单击全部监视图标，同时使 S7-PLCSIM 处于"RUN"状态，即可观看程序的运行情况。

④ 刚进入在线仿真状态时，QB0 输出为 00，系统没有工作。强制 I0.1 为 ON，再将其强制为 OFF（模拟按下 SB2 后再松开该按钮）后，8 只指示灯每隔 1s 进行左移显示，当移到最高位 Q0.7 时，又从 Q0.0 开始左移，仿真效果如图 5-47 所示。

例 5-70：循环移位指令在节日彩灯控制系统中的应用。

（1）控制要求

假设 PLC 的输入端子 I0.0 和 I0.1 分别外接停止和启动按钮；PLC 的输出端子 QB0 外接彩

灯 HL1~HL8。要求按下启动按钮后，彩灯显示顺序规律为：①8 只彩灯依次左移点亮；②8 只彩灯依次右移点亮；③HL1、HL3、HL5、HL7 亮 1s 熄灭，HL2、HL4、HL6、HL8 亮 1s 熄灭，再 HL1、HL3、HL5、HL7 亮 1s 熄灭……循环 2 次；④HL1～HL4 亮 1s 熄灭，HL5～HL8 亮 1s 熄灭，再 HL1~HL4 亮 1s 熄灭……循环 2 次；⑤HL3、HL4、HL7、HL8 亮 1s 熄灭，HL1、HL2、HL5、HL6 亮 1s 熄灭，再 HL3、HL4、HL7、HL8 亮 1s 熄灭……循环 2 次，然后再从①进行循环。

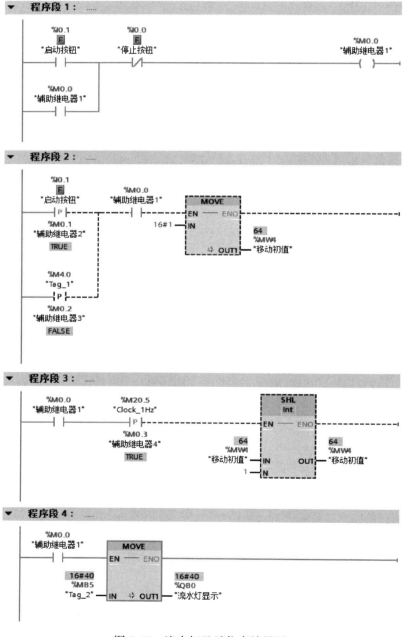

图 5-47　流水灯显示仿真效果图

（2）控制分析

本例的节日彩灯显示较复杂，可将其按时间顺序建立一个显示时序表格，如表 5-131 所示。表中"√"表示该彩灯处于显示状态，空白表示处于熄灭状态。可以使用循环移位指令（如 ROL）来控制彩灯，在循环前将其赋初值为 1，循环指令每执行 1 次使 MD4 中的内容左移 1 次。执行 ROL 指令左移时，MD4 的左移规律为：M7.0→M7.7→M6.0→M6.7→M5.0→M5.7→M4.0→M4.7。由于本例只需移位 27 次，即移位到 M4.2，所以移位到 M4.3 时需强制将初值 1 重新赋给 MD4，为下轮循环左移做好准备。最后，将 MD4 中的某些常开触点控制相应的彩灯点亮即可。例如移位到 M6.7 时，HL7、HL5、HL3 和 HL1 点亮，所以应将 M6.7 常开触点分别与 Q0.6、Q0.4、Q0.2 和 Q0.0 连接。

表 5-131　节日彩灯显示时序表

时序	HL8 (Q0.7)	HL7 (Q0.6)	HL6 (Q0.5)	HL5 (Q0.4)	HL4 (Q0.3)	HL3 (Q0.2)	HL2 (Q0.1)	HL1 (Q0.0)
1 (M7.0)								√
2 (M7.1)							√	
3 (M7.2)						√		
4 (M7.3)					√			
5 (M7.4)				√				
6 (M7.5)			√					
7 (M7.6)		√						
8 (M7.7)	√							
9 (M6.0)		√						
10 (M6.1)			√					
11 (M6.2)				√				
12 (M6.3)					√			
13 (M6.4)						√		

续表

时序	HL8 (Q0.7)	HL7 (Q0.6)	HL6 (Q0.5)	HL5 (Q0.4)	HL4 (Q0.3)	HL3 (Q0.2)	HL2 (Q0.1)	HL1 (Q0.0)
14 (M6.5)							√	
15 (M6.6)								√
16 (M6.7)		√		√		√		√
17 (M5.0)	√		√		√		√	
18 (M5.1)		√		√		√		√
19 (M5.2)	√		√		√		√	
20 (M5.3)					√	√	√	√
21 (M5.4)	√	√	√	√				
22 (M5.5)					√	√	√	√
23 (M5.6)	√	√	√	√				
24 (M5.7)	√	√			√	√		
25 (M4.0)			√	√			√	√
26 (M4.1)	√	√			√	√		
27 (M4.2)			√	√			√	√

（3）I/O 端子资源分配及接线

根据控制要求及控制分析可知，需要 2 个输入点和 8 个输出点，CPU 模块可选用 CPU 1215C DC/DC/DC（产品编号 6ES7 215-1AG40-0XB0），其输入/输出分配表和 I/O 接线图可以参照例 5-69。

（4）编写 PLC 控制程序

使用移位指令实现此功能，编写的程序如表 5-132 所示。程序段 1 为启动控制，按下启动按钮时，I0.1 常开触点闭合，M0.0 线圈得电并自锁。按下启动按钮或移到 M4.3 位时，在程序段 2 中将 MD4 的内容复位为 1，为下轮移位做好准备。程序段 3 为移位控制，在系统时钟脉冲下,将 MD4 中的内容进行循环左移。程序段 4~11 是将 MD4 中相关位的内容实时传送给 QB0,以控制 8 只节日彩灯进行显示。

表 5-132　节日彩灯显示程序

程序段	LAD
程序段 1	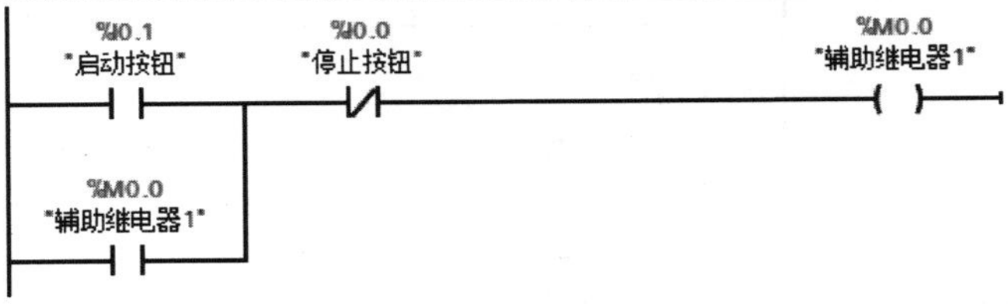 %I0.1 "启动按钮" —┤├— %I0.0 "停止按钮" —┤/├— %M0.0 "辅助继电器1" —( )— %M0.0 "辅助继电器1" —┤├—
程序段 2	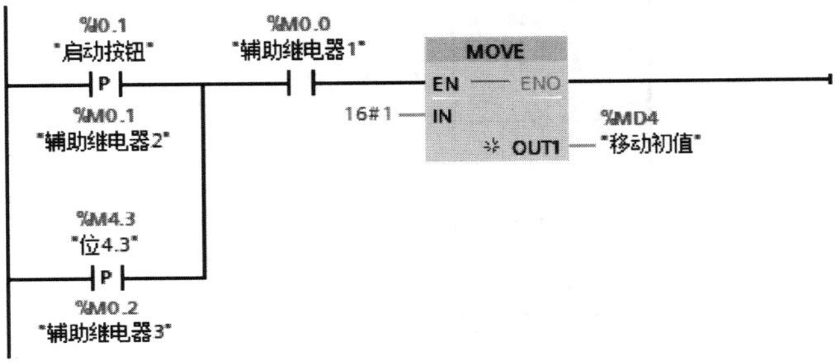 %I0.1 "启动按钮" —┤P├—　%M0.1 "辅助继电器2" %M4.3 "位4.3" —┤P├—　%M0.2 "辅助继电器3" %M0.0 "辅助继电器1" —┤├—　MOVE EN — ENO 16#1 — IN ❋ OUT1 — %MD4 "移动初值"
程序段 3	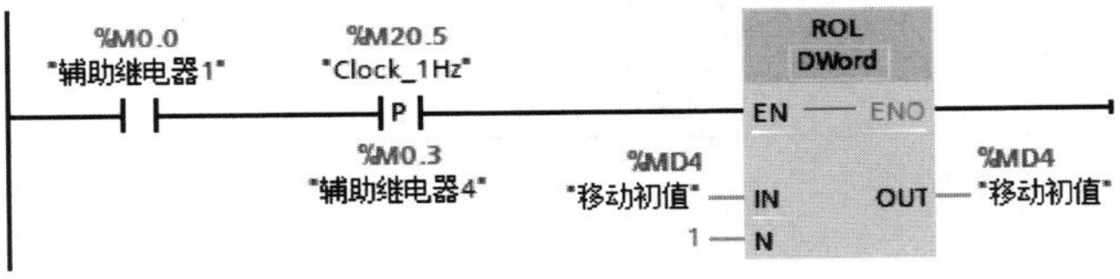 %M0.0 "辅助继电器1" —┤├—　%M20.5 "Clock_1Hz" —┤P├—　%M0.3 "辅助继电器4" ROL DWord EN — ENO %MD4 "移动初值" — IN　OUT — %MD4 "移动初值" 1 — N
程序段 4	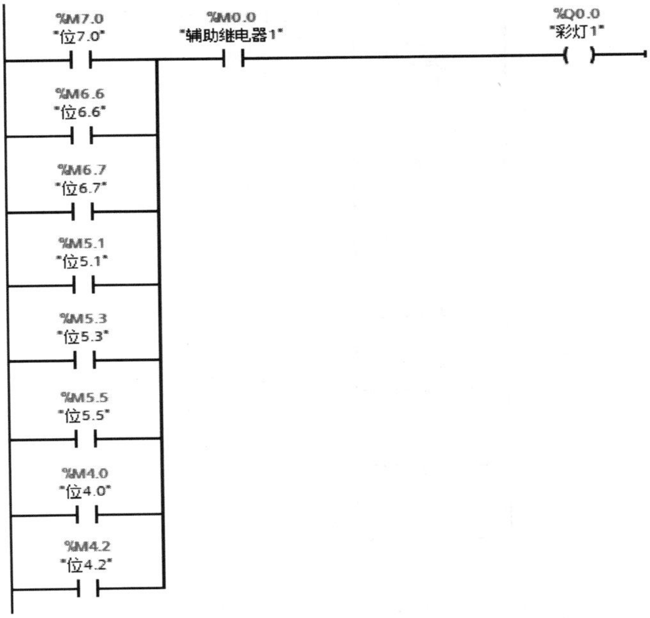 %M7.0 "位7.0" —┤├—　%M0.0 "辅助继电器1" —┤├—　%Q0.0 "彩灯1" —( )— %M6.6 "位6.6" —┤├— %M6.7 "位6.7" —┤├— %M5.1 "位5.1" —┤├— %M5.3 "位5.3" —┤├— %M5.5 "位5.5" —┤├— %M4.0 "位4.0" —┤├— %M4.2 "位4.2" —┤├—

程序段	LAD
程序段 5	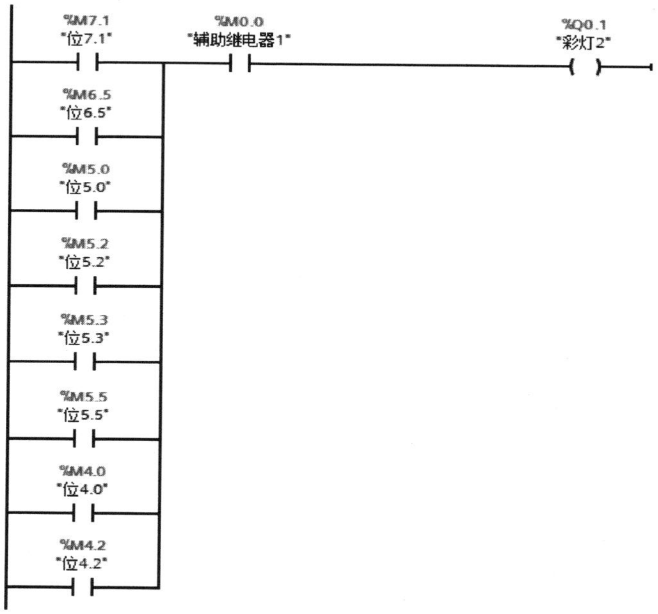
程序段 6	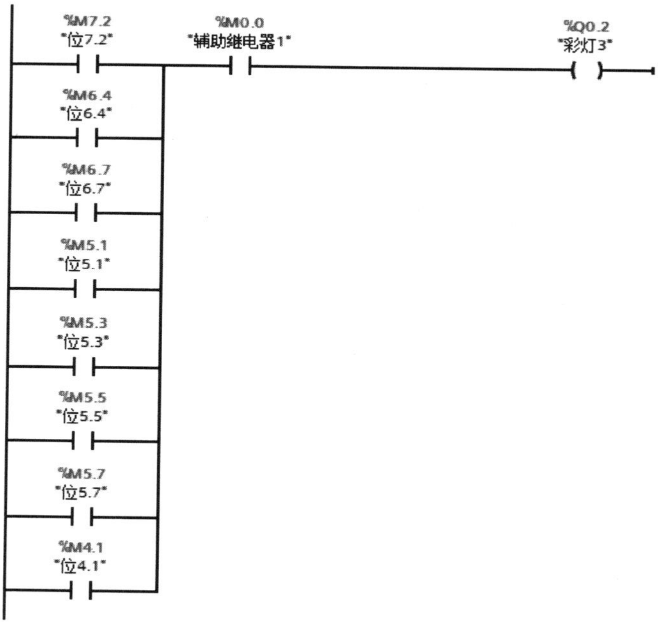

程序段	LAD
程序段 7	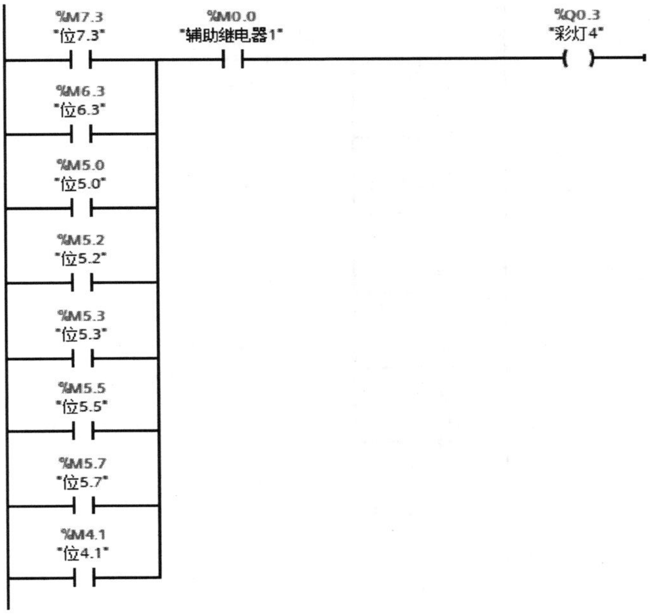
程序段 8	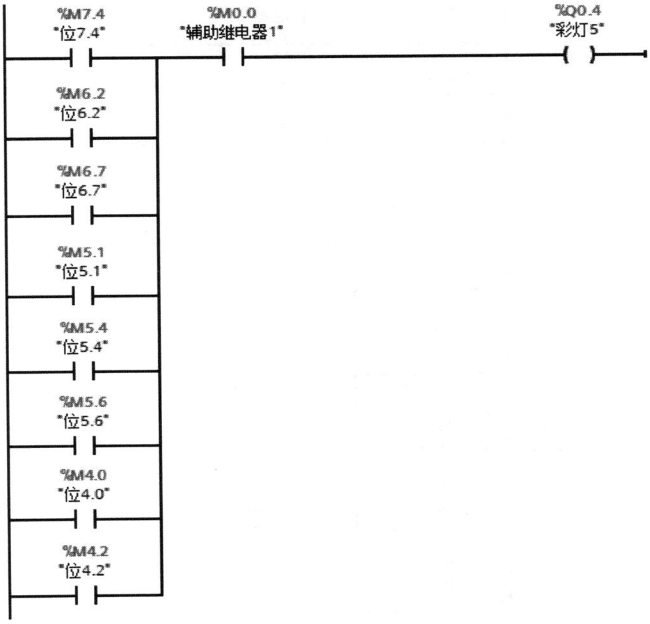

程序段 7 触点（从上到下）：

%M7.3 "位7.3"、%M6.3 "位6.3"、%M5.0 "位5.0"、%M5.2 "位5.2"、%M5.3 "位5.3"、%M5.5 "位5.5"、%M5.7 "位5.7"、%M4.1 "位4.1"

%M0.0 "辅助继电器1" ——( ) %Q0.3 "彩灯4"

程序段 8 触点（从上到下）：

%M7.4 "位7.4"、%M6.2 "位6.2"、%M6.7 "位6.7"、%M5.1 "位5.1"、%M5.4 "位5.4"、%M5.6 "位5.6"、%M4.0 "位4.0"、%M4.2 "位4.2"

%M0.0 "辅助继电器1" ——( ) %Q0.4 "彩灯5"

续表

程序段	LAD
程序段 9	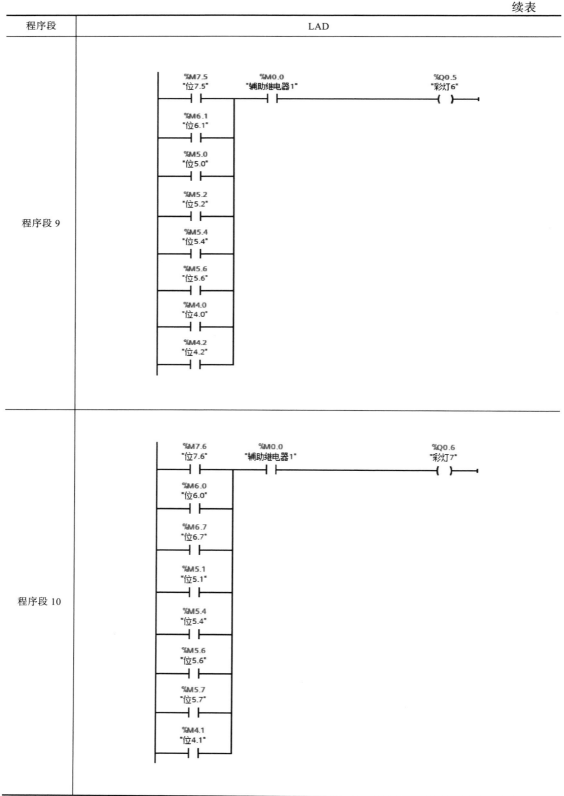
程序段 10	

续表

程序段	LAD
程序段 11	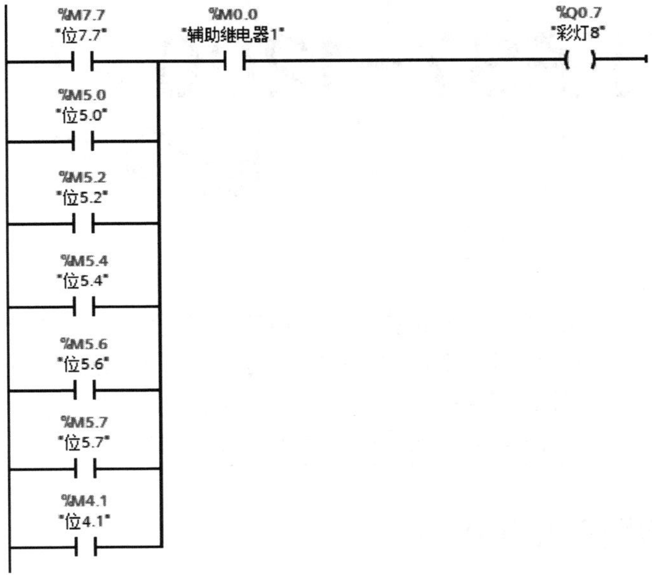

（5）程序仿真

① 启动 TIA Portal 软件，创建一个新的项目，并进行硬件组态，然后按照表 5-132 所示输入 LAD 程序。

② 执行菜单命令"在线"→"仿真"→"启动"，即可开启 S7-PLCSIM 仿真。在弹出的"扩展的下载到设备"对话框中将"接口/子网的连接"选择为"PN/IE_1"处的方向，再单击"开始搜索"按钮，TIA Portal 软件开始搜索可以连接的设备，并显示相应的在线状态信息，然后单击"下载"按钮，完成程序的装载。

③ 在主程序窗口，单击全部监视图标 ，同时使 S7-PLCSIM 处于"RUN"状态，即可观看程序的运行情况。

④ 刚进入在线仿真状态时，QB0 输出为 00，系统没有工作。强制 I0.1 为 ON 再将其强制为 OFF（模拟按下 SB2 后再松开该按钮）后，8 只彩灯每隔 1s 按任务要求进行显示，其运行监控效果如图 5-48 所示。

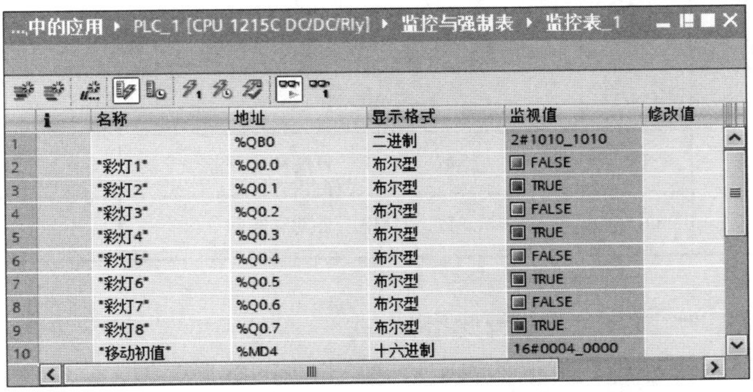

图 5-48　节日彩灯的运行监控效果图

第6章

西门子S7-1200 PLC的扩展 指令与工艺功能

西门子 S7-1200 PLC 的扩展指令包括日期和时间指令、字符与字符串指令、高速脉冲输出、中断指令、诊断指令等，工艺功能主要包括高速计数、运动控制、PID 控制等。本章只讲述日期和时间指令、字符与字符串指令、高速脉冲输出扩展指令以及高速计数、运动控制工艺功能，其余部分指令和工艺功能在后续章节中进行讲述。

6.1 日期和时间指令

在 CPU 断电时，使用超级电容保证实时时钟的运行。S7-1200 PLC 的保持时间通常为 20 天，40℃时最少为 12 天。在 TIA Portal 中，打开在线与诊断视图，可以设置实时时钟的时间值，也可以使用日期和时间指令来读、写实时时钟以及完成时间比较、时间运算等操作。

6.1.1 时间转换指令

时间转换指令 T_CONV 用于将 IN 输入参数的数据类型转换为设定的数据类型，并由 OUT 输出，指令参数如表 6-1 所示。

表 6-1   时间转换指令参数表

梯形图指令符号	参数	数据类型	说明
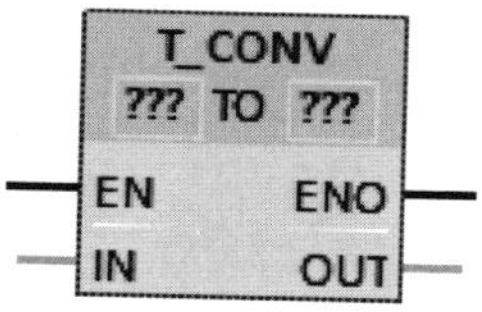 T_CONV ??? TO ??? EN ENO IN OUT	EN	BOOL	允许输入
	ENO	BOOL	允许输出
	IN	整数、TIME、日期和时间	要转换的值
	OUT	整数、TIME、日期和时间	返回比较结果

使用说明：

① 当 EN 的状态为"1"时，执行此指令。

② 可以从指令框的"???"下拉列表中选择该指令的数据类型，其中左侧的"???"可选择输入参数 IN 的数据类型；右侧的"???"可选择输出参数 OUT 的数据类型。

③ 指令支持的数据类型范围取决于 CPU。

表 6-2　时间转换指令的使用

程序段	LAD
程序段 1	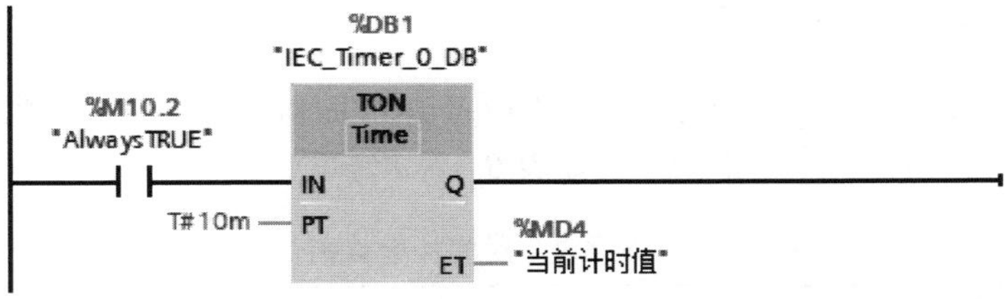
程序段 2	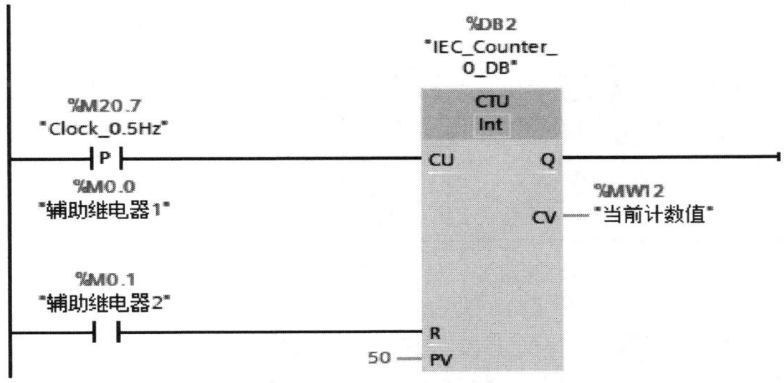
程序段 3	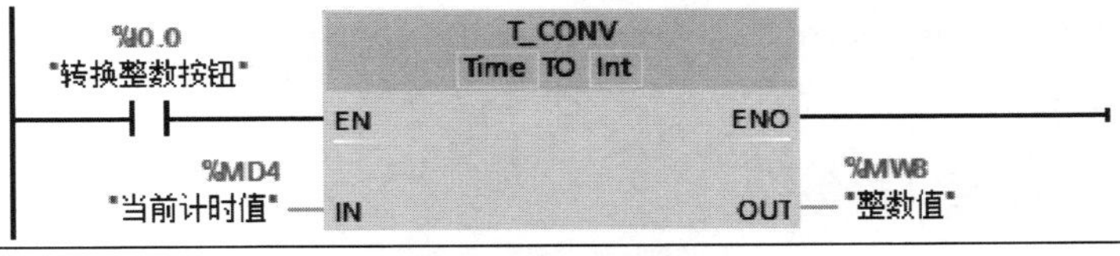
程序段 4	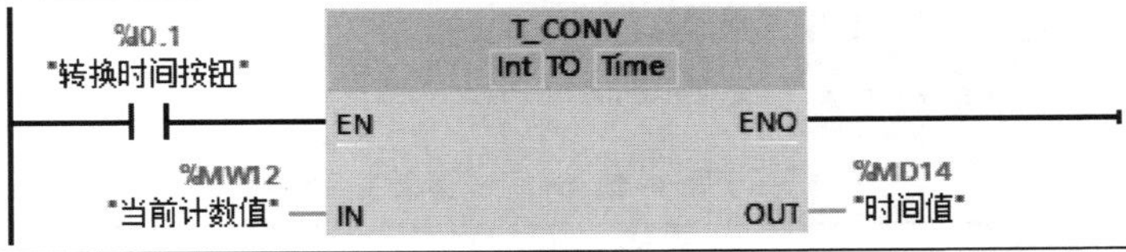
程序段 5	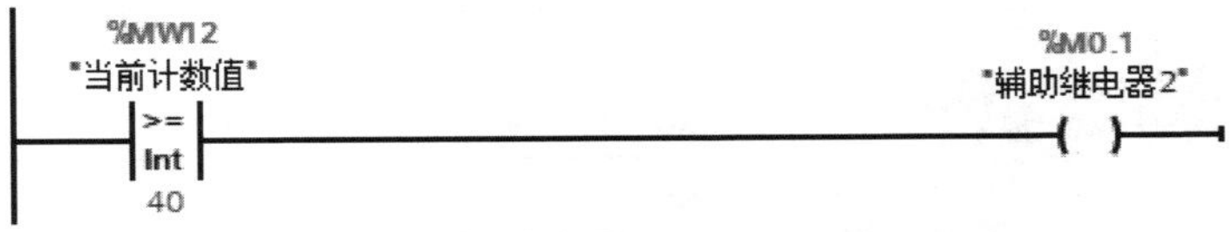

　　例 6-1：时间转换指令的使用如表 6-2 所示。PLC 一上电，在程序段 1 中，执行 TON 指令进行计时操作，当前计时值暂存 MD4 中。在程序段 2 中，执行 CTU 指令进行加计数操作，当前计数值暂存 MW12 中。在程序段 3 中，当 I0.0 常开触点闭合时执行时间转换指令，将 MD4 中的当前计时值转换为整数，暂存 MW8 中。在程序段 4 中，当 I0.1 常开触点闭合时执行时间转换指令，将 MW12 中的当前计数值转换为 Time 数，暂存 MD14 中。在程序段 5 中，当 MW12 的当前计时值达到 40 时，M0.1 线圈得电，程序段 2 中的 M0.1 常开触点闭合，使 CTU 指令复位。

6.1.2　时间运算指令

　　为支持 S7-1200 PLC 进行时间运算操作，在扩展指令中提供了一些时间运算指令，如时间加运算指令 T_ADD、时间减运算指令 T_SUB、时间值相减指令 T_DIFF 和组合时间指令 T_COMBINE 等。

（1）时间加运算指令

时间加运算指令 T_ADD 是将 IN1 输入中的时间信息加到 IN2 输入中的时间信息上，然后由 OUT 输出其运算结果，指令参数如表 6-3 所示。

表 6-3　时间加运算指令参数表

梯形图指令符号	参数	数据类型	说明
T_ADD ??? PLUS Time EN　　　ENO IN1　　　OUT IN2	EN	BOOL	允许输入
	ENO	BOOL	允许输出
	IN1	TIME	要相加的第 1 个数
	IN2	TIME	要相加的第 2 个数
	OUT	DINT、DWORD、TIME、TOD	返回相加的结果

使用说明：

① 当 EN 的状态为"1"时，执行此指令。

② 可以从指令框的"???"下拉列表中选择该指令的输出数据类型。

③ 本指令可以将一个时间段加到另一个时间段上，如将一个 TIME 数据类型加到另一个 TIME 数据类型上，也可以将一个时间段加到某个时间上，如将一个 TIME 数据类型加到 DTL 长日期时间数据类型上。

（2）时间减运算指令

时间减运算指令 T_SUB 是将 IN1 输入中的时间值减去 IN2 输入中的时间值，然后由 OUT 输出其运算结果，指令参数如表 6-4 所示。

表 6-4　时间减运算指令参数表

梯形图指令符号	参数	数据类型	说明
T_SUB ??? MINUS Time EN　　　ENO IN1　　　OUT IN2	EN	BOOL	允许输入
	ENO	BOOL	允许输出
	IN1	TIME	被减数
	IN2	TIME	减数
	OUT	DINT、DWORD、TIME、TOD、UDINT	返回相减的结果

使用说明：

① 当 EN 的状态为"1"时，执行此指令。

② 可以从指令框的"???"下拉列表中选择该指令的输出数据类型。

③ 本指令可以将一个时间段减去另一个时间段，如将一个 TIME 数据类型减去另一个 TIME 数据类型，也可以从某个时间段中减去时间段，如将一个 TIME 数据类型的时间段减去 DTL 数据类型的时间。

（3）时间值相减运算指令

时间值相减运算指令 T_DIFF 是将 IN1 输入参数中的时间值减去 IN2 输入参数中的时间

值，然后由 OUT 输出其运算结果，指令参数如表 6-5 所示。

表 6-5　时间值相减运算指令参数表

梯形图指令符号	参数	数据类型	说明
T_DIFF ??? TO ??? EN ENO IN1 OUT IN2	EN	BOOL	允许输入
	ENO	BOOL	允许输出
	IN1	DTL、DATE、TOD	被减数
	IN2		减数
	OUT	TIME、INT	返回相减的结果

使用说明：

① 当 EN 的状态为"1"时，执行此指令。

② 可以从指令框的"???"下拉列表中选择该指令的数据类型，其中左侧的"???"可选择输入参数 IN1 和 IN2 的数据类型；右侧的"???"可选择输出参数 OUT 的数据类型。

③ 如果 IN2 输入参数中的时间值大于 IN1 输入参数中的时间值，则 OUT 输出参数中将输出一个负数结果。

④ 如果减法运算的结果超出 TIME 值范围，则使能输出 ENO 的值为"0"。

（4）组合时间指令

组合时间指令 T_COMBINE 用于合并日期值和时间值，并生成一个合并日期时间值，其指令参数如表 6-6 所示。

表 6-6　组合时间指令参数表

LAD	参数	数据类型	说明
T_COMBINE ??? TO ??? EN ENO IN1 OUT IN2	EN	BOOL	允许输入
	ENO	BOOL	允许输出
	IN1	DATE	日期的输入变量
	IN2	TOD、LTOD	时间的输入变量
	OUT	DT、DTL、LDT	日期和时间的返回值

使用说明：

① 当 EN 的状态为"1"时，执行此指令。

② 可以从指令框的"???"下拉列表中选择该指令的数据类型，其中左侧的"???"可选择输入参数 IN1 和 IN2 的数据类型；右侧的"???"可选择输出参数 OUT 的数据类型。

例 6-2：时间运算指令的使用程序如表 6-7 所示。在程序段 1 中，按下启动按钮时 I0.1 触点闭合，M0.0 线圈得电并自锁。M0.0 线圈得电，程序段 2 中的 M0.0 触点闭合，系统开始计时，并将当前计时值存入 MD4 中。如果计时超过 10min，则 Q0.0 线圈得电。在程序段 3 中，将 TON 的当前计时值 MD4 与 T#15s 进行时间加运算操作，结果送入 MD12 中。在程序段 4 中，将 TON 的当前计时值 MD4 减去 T#8M_25s，结果送入 MD16 中。在程序段 5 中，将 TOD#12:48:43 减去 TOD#2:16:43，求得时间差值送入 MD22 中。

表 6-7　时间运算指令的使用程序

程序段	LAD
程序段 1	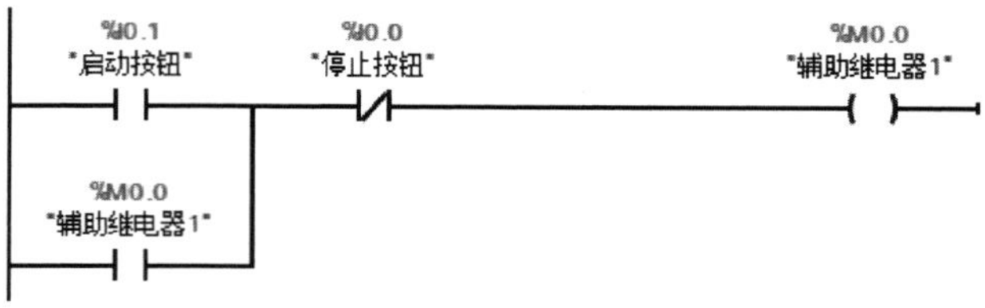
程序段 2	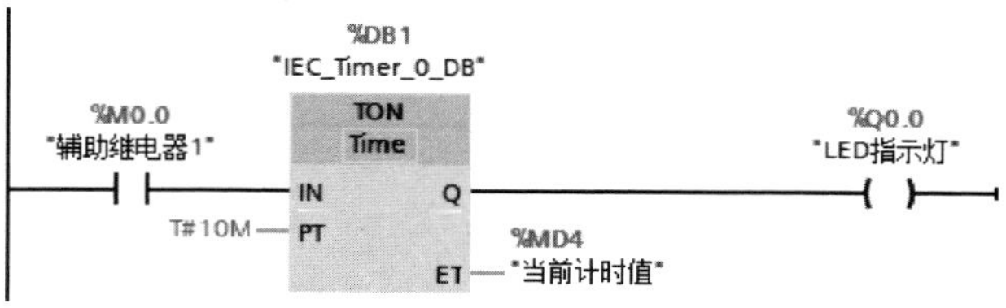
程序段 3	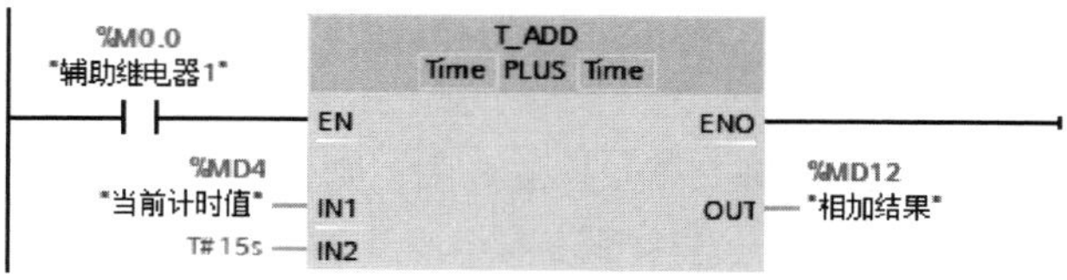
程序段 4	
程序段 5	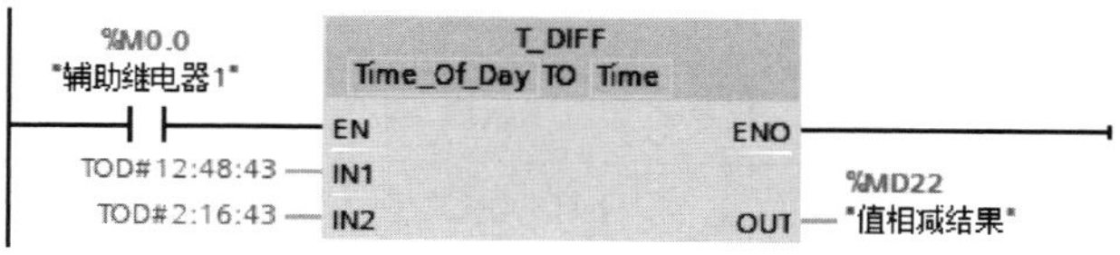

6.1.3　时钟功能指令

时钟功能指令包括设置系统时间指令 WR_SYS_T、读取系统时间指令 RD_SYS_T、设置本地时间指令 WR_LOC_T、读取本地时间指令 RD_LOC_T 等。系统时间是指格林尼治标准时间；本地时间是根据 S7-1200 CPU 所处时区设置的本地标准时间。

（1）设置系统时间指令

使用设置系统时间指令 WR_SYS_T 可以设置 CPU 模块中 CPU 时钟的日期和时间，指令参数如表 6-8 所示。

表 6-8　设置系统时间指令参数表

梯形图指令符号	参数	数据类型	说明
WR_SYS_T DTL / EN ENO / IN RET_VAL	EN	BOOL	允许输入
	ENO	BOOL	允许输出
	IN	DTL	日期和时间
	RET_VAL	INT	指令的状态

使用说明：

① 当 EN 的状态为 "1" 时，执行此指令。

② IN 的输入范围为 DTL#1970-01-01-00:00:00.0~DTL#2200-12-31-23:59:59.999999999。

（2）读取系统时间指令

使用读取系统时间指令 RD_SYS_T 可以读取 CPU 模块中 CPU 时钟的当前日期和当前时间，指令参数如表 6-9 所示。

表 6-9　读取系统时间指令参数表

梯形图指令符号	参数	数据类型	说明
RD_SYS_T DTL / EN ENO / RET_VAL / OUT	EN	BOOL	允许输入
	ENO	BOOL	允许输出
	RET_VAL	INT	指令的状态
	OUT	DTL	CPU 的日期和时间

使用说明：

① 当 EN 的状态为 "1" 时，执行此指令。

② OUT 输出 CPU 的日期和时间信息中不包含有关本地时区或夏令时的信息。

（3）设置本地时间指令

使用设置本地时间指令 WR_LOC_T，可以通过 LOCTIME 参数输入 CPU 时钟的日期和时间以作为本地时间，指令参数如表 6-10 所示。

表 6-10　设置本地时间指令参数表

梯形图指令符号	参数	数据类型	说明
WR_LOC_T DTL / EN ENO / LOCTIME RET_VAL / DST	EN	BOOL	允许输入
	ENO	BOOL	允许输出
	LOCTIME	DTL，LDT	本地时间
	DST	BOOL	TURE（夏令时）或 FALSE（标准时间）
	RET_VAL	INT	指令的状态

使用说明：

① 当 EN 的状态为 "1" 时，执行此指令。

② LOCTIME 输入值的范围为 DTL#1970-01-01-0:0:0~DTL#2200-12-31-23:59:59.999999999。

（4）读取本地时间指令

使用读取本地时间指令 RD_LOC_T，可以从 CPU 时钟读取当前本地时间，并将此时间在 OUT 中输出，指令参数如表 6-11 所示。

表 6-11　读取本地时间指令参数表

梯形图指令符号	参数	数据类型	说明
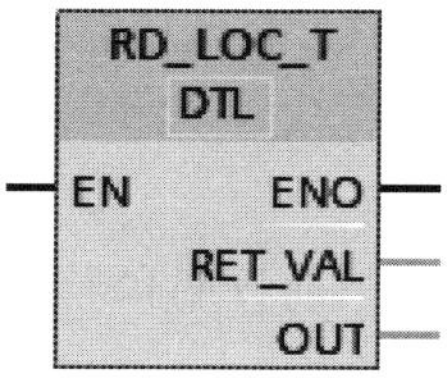 RD_LOC_T DTL EN　ENO RET_VAL OUT	EN	BOOL	允许输入
	ENO	BOOL	允许输出
	RET_VAL	INT	指令的状态
	OUT	DTL	输出本地时间

使用说明：

① 当 EN 的状态为"1"时，执行此指令。

② 在输出本地时间时，会用到夏令时和标准时间的时区和开始时间（已在 CPU 时钟的组态中设置）的相关信息。

例 6-3：时钟功能指令的使用。使用功能指令设置本地时间、读取系统时间和本地时间。

解：使用 WR_LOC_T 指令可以设置本地时间，使用 RD_SYS_T 指令可以读取系统时间，使用 RD_LOC_T 指令读取本地时间。在使用这些指令前，先在 TIA Portal 中定义 3 个全局数据变量 DT0、DT1 和 DT2（全局数据块的相关知识可参考本书第 7.2.1 节），它们的数据类型都定义为 DTL。DT0 中的内容用于设置本地时间；读取的系统时间和本地时间数据分别存储到 DT1 和 DT2。具体操作步骤是：首先在 TIA Portal 的项目树中执行"PLC_1"→"程序块"→"添加新块"，在弹出的"添加新块"对话框中选择"数据块"，类型为"全局 DB"，然后单击"确定"按钮，将弹出"数据块_1"的接口区定义界面，在此界面中"名称"列分别输入 DT0、DT1 和 DT2，数据类型都选择为"DTL"；最后将 DT0 的起始值设置为"DTL#2022-05-06-12:23:00"点击"DT0"左侧的下拉三角形，可展示其详细信息，如图 6-1 所示。输入表 6-12 所示的程序，程序段 1 用于设置本地时间；程序段 2 是读取系统时间；程序段 3 是读取本地时间。程序运行后，先只将 I0.0 强制为 ON，在"数据块_1"中可以看到 DT0 的监视值为"DTL#2022-05-06-12:23:00"，与起始值相同，如图 6-2（a）所示，表示已设置好了本地时间，再将 I0.1 和 I0.2 强制为 ON 后，在"数据块_1"中可以看到 DT1 和 DT2 的监视值发生了改变，如图 6-2（b）所示，表示已读取了系统时间与本地时间。

表 6-12　时钟功能指令的使用程序

程序段	LAD
程序段 1	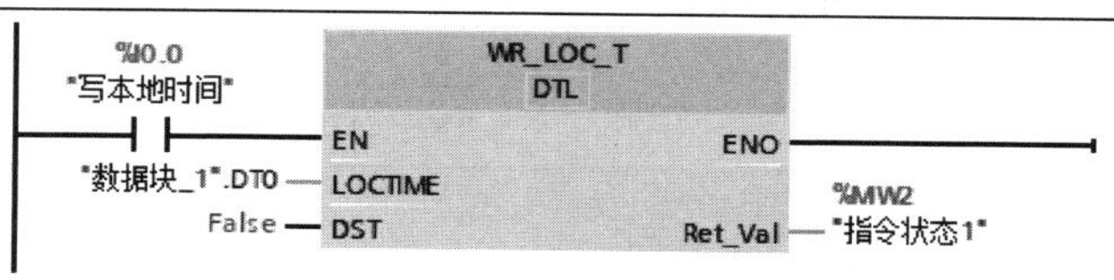 %I0.0 "写本地时间" 　　　WR_LOC_T 　　　DTL EN　　　　ENO "数据块_1".DT0 — LOCTIME False — DST Ret_Val — %MW2 "指令状态1"

续表

程序段	LAD
程序段 2	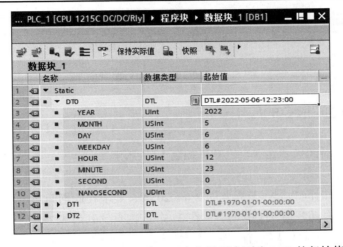
程序段 3	

图 6-1　在"数据块_1"的接口区定义界面中更改 DT0 的起始值

(a) 写入本地时间后的监视值

图 6-2

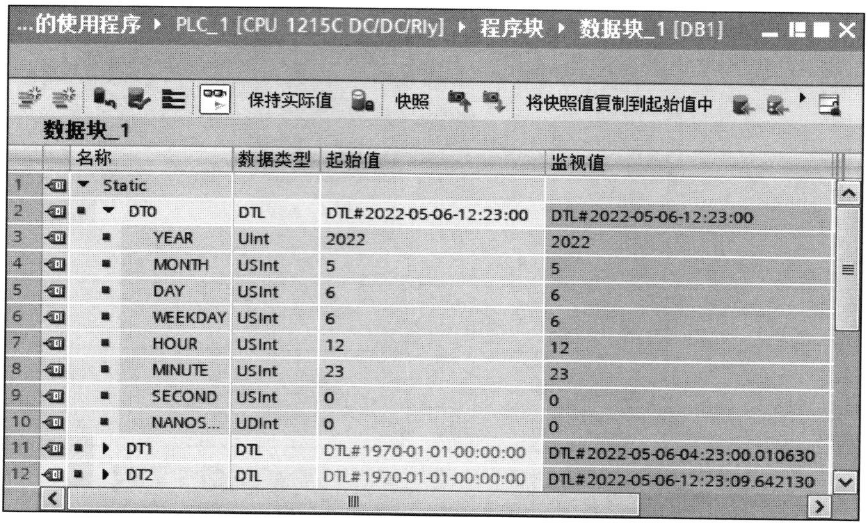

(b) 读取系统时间和本地时间的监视值

图 6-2 数据块_1 的运行监视值

6.1.4 日期和时间指令的应用

例 6-4：日期和时间指令在 3 台电动机控制中的应用。

（1）控制要求

某车间正常工作时间为周一至周六的 8:00~20:00，要求在此期间在生产线上按下启动按钮 SB2 后，在 2min 内自动开启 M1 电动机；在 3~6min 内自动开启 M2 电动机；在 8~10min 内自动开启 M3 电动机，且 M3 指示灯闪烁。若在正常工作时间外，或按下停止按钮时，3 台电动机同时停止运行。特殊情况下，如需加班，按下加班按钮 SB3 后，再按下 SB2，仍可按顺序启动 3 台电动机运行。使用日期和时间指令实现此功能。

（2）控制分析

可以使用 RD_LOC_T 指令读取本地时间，并将读取的时间和要求的星期与时间进行比较，若满足条件，则 Q0.0 线圈得电输出。Q0.0 线圈得电，再按时间顺序启动 3 台电动机。

（3）I/O 端子资源分配与接线

根据控制要求及控制分析可知，需要 3 个输入点和 5 个输出点，输入/输出分配如表 6-13 所示，因此 CPU 模块可选用 CPU 1215C DC/DC/RLY（产品编号 6ES7 215-1HG40-0XB0），使用 CPU 模块集成的 I/O 端子即可，对应的 I/O 接线，如图 6-3 所示。

表 6-13 3 台电动机控制的 I/O 分配表

输入（I）			输出（O）		
功能	元件	PLC 地址	功能	元件	PLC 地址
停止按钮	SB1	I0.0	工作指示灯	LED1	Q0.0
启动按钮	SB2	I0.1	M3 启动指示灯	LED2	Q0.1

续表

输入（I）			输出（O）		
功能	元件	PLC 地址	功能	元件	PLC 地址
加班按钮	SB3	I0.2	M1 电动机	KM1	Q0.2
			M2 电动机	KM2	Q0.3
			M3 电动机	KM3	Q0.4

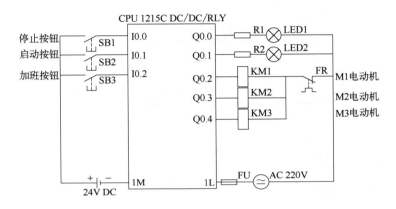

图 6-3　3 台电动机控制的 I/O 接线图

（4）编写 PLC 控制程序

使用日期和时间指令实现此功能，编写的程序如表 6-14 所示。在编写程序前，参照例 6-3 新建 1 个数据块，并在该数据块中新建全局变量 DT0，其数据类型为"DTL"。PLC 一上电，程序段 1 获取 CPU 的本地日期和时间，并将获取的数据存储到 DT0 中。程序段 2 先判断当前是否为周一至周六以及当前时间是否为 8:00~20:00，若是则 Q0.0 线圈得电，使 LED 工作指示灯点亮。如需加班，按下加班按钮 SB3，Q0.0 线圈也得电。程序段 3 为启动控制，若 Q0.0 线圈得电，按下启动按钮 SB2，则 M0.0 线圈得电，同时启动定时器进行延时。程序段 4 为 M1 电动机启动控制，当前计时值小于 2min 时，将 Q0.2 线圈置位，使 M1 电动机启动。程序段 5 为 M2 电动机启动控制，当前计时值大于 3min 且小于 6min 时，将 Q0.3 线圈置位，使 M2 电动机启动。程序段 6 为 M3 电动机启动控制，当前计时值大于等于 8min 且小于 10min 时，将 Q0.4 线圈置位，使 M3 电动机启动。程序段 7 为复位停机控制，当按下停止按钮 SB1 或未检测到有效时间段时，3 台电动机停止运行。

表 6-14　3 台电动机控制程序

程序段	LAD
程序段 1	```RD_LOC_T``` DTL EN　　ENO 　　　%MW2 RET_VAL — "指令状态" OUT — "数据块_1".DT0

续表

程序段　LAD

程序段 2

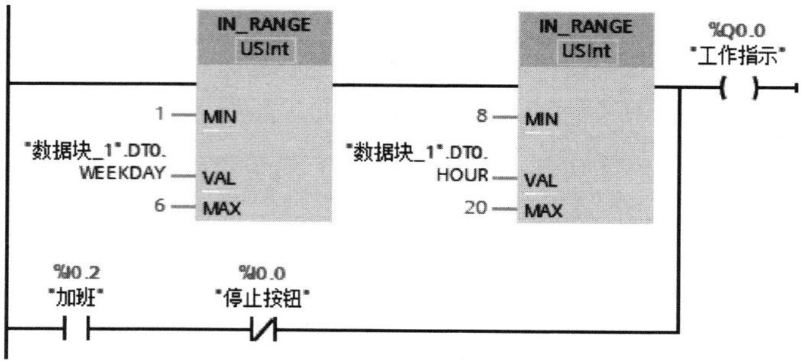

程序段 3

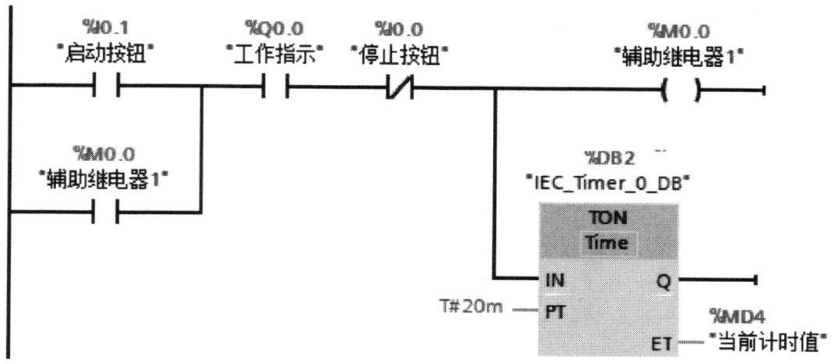

程序段 4

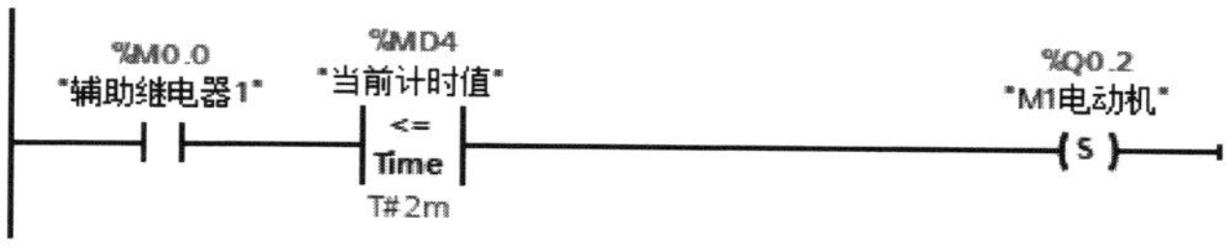

程序段 5

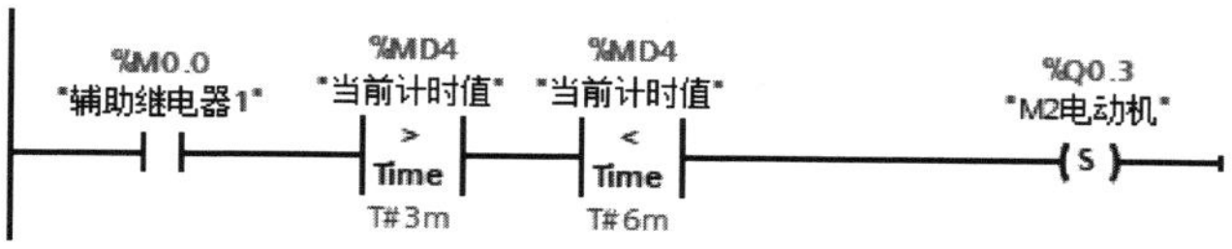

程序段 6

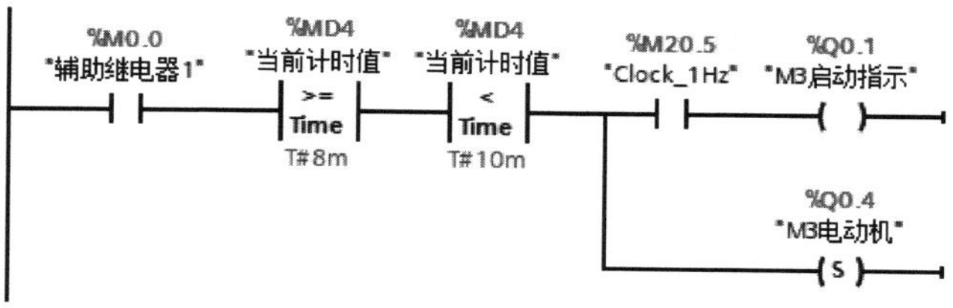

程序段 7

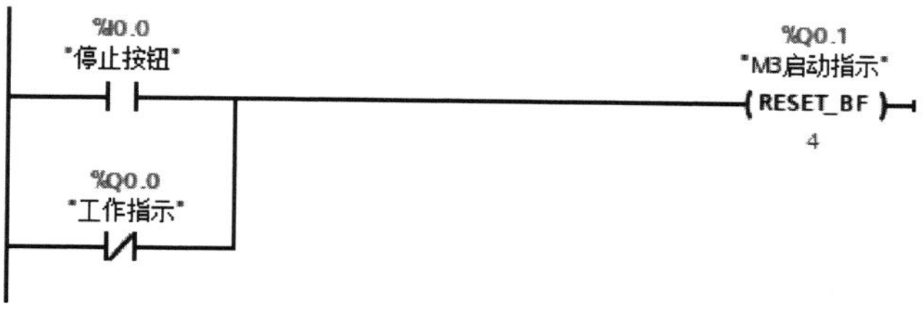

（5）程序仿真

① 启动 TIA Portal 软件，创建一个新的项目，并进行硬件组态，然后按照表 6-14 所示输入 LAD 程序。

② 执行菜单命令 "在线" → "仿真" → "启动"，即可开启 S7-PLCSIM 仿真。在弹出的 "扩展的下载到设备" 对话框中将 "接口/子网的连接" 选择为 "PN/IE_1" 处的方向，再单击 "开始搜索" 按钮，TIA Portal 软件开始搜索可以连接的设备，并显示相应的在线状态信息，然后单击 "下载" 按钮，完成程序的装载。

③ 在主程序窗口，单击全部监视图标 ，同时使 S7-PLCSIM 处于 "RUN" 状态，即可观看程序的运行情况。

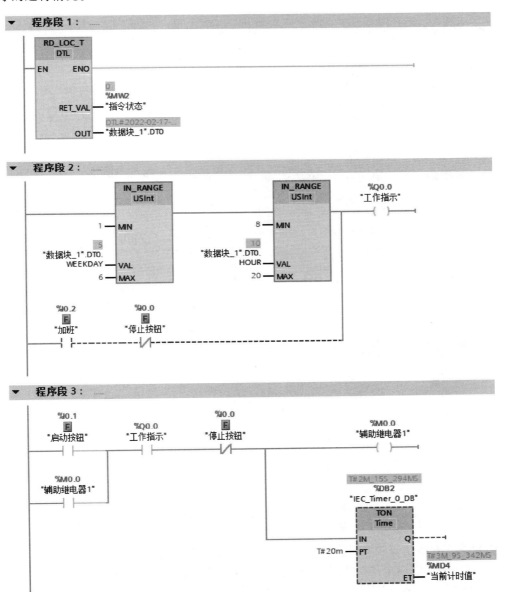

图 6-4

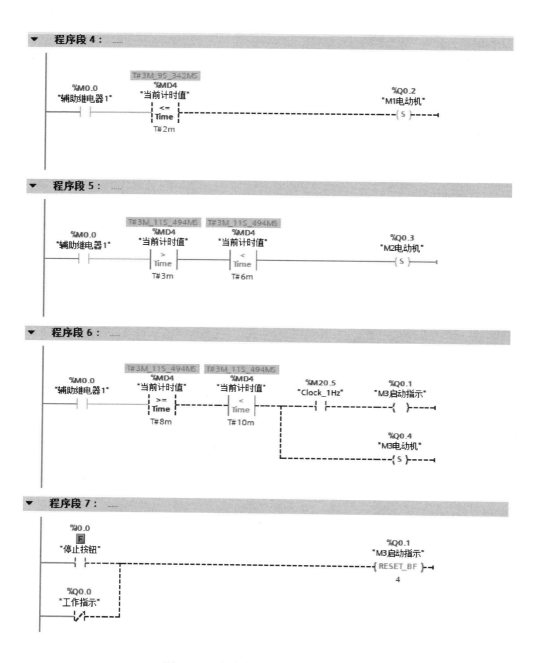

图 6-4　3 台电动机控制的仿真效果图

④ 刚进入在线仿真状态时，若检测到当前为有效星期及时间段，则 Q0.0 线圈得电。再强制 I0.1 为 ON 时，3 台电动机按时间顺序进行启动，仿真效果如图 6-4 所示。强制 I0.0 为 ON 时，3 台电动机同时停止运行。若检测到当前无效时间段，强制 I0.2 为 ON，3 台电动机也可以启动。

6.2　字符与字符串指令

与字符和字符串相关的函数及函数块，包括字符串移动、字符串比较、字符串转换、字符串读取、字符串的查找与替换等相关操作。

6.2.1　字符串移动指令

使用字符串移动指令 S_MOVE，可以将参数 IN 中字符串的内容传送到 OUT 所指定的存储单元中，指令参数如表 6-15 所示。

表 6-15　S_MOVE 指令参数表

LAD	参数	数据类型	说明
S_MOVE EN — ENO IN — OUT	EN	BOOL	允许输入
	ENO	BOOL	允许输出
	IN	STRING、WSTRING	源字符串
	OUT		目的字符串

使用说明：

① 当 EN 的状态为"1"时，执行此指令。

② 若要传送数据类型为 ARRAY 的字符串变量，应使用"MOVE_BLK"或"UMOVE_BLK"指令。

例 6-5：字符串移动指令的使用。首先在 TIA Portal 中添加全局数据块，并在块中创建 4 个用于存储数据的 String 类型变量，如图 6-5 所示。其中前两个变量定义了初始值，而后两个变量的初始值为空。编写程序如表 6-16 所示，在程序段 1 中将两个字符串分别移动到所定

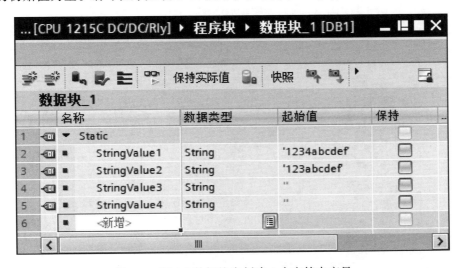

图 6-5　例 6-5 数据块中创建 4 个字符串变量

义的两个变量"数据块_1".StringValue3 和"数据块_1".StringValue4 中。在程序段 2~4 分别进行字符串的比较操作,其中程序段 2 比较"数据块_1".StringValue1 和"数据块_1".StringValue3 中的字符串是否相等;程序段 3 比较"数据块_1".StringValue2 中的字符串是否大于或等于"数据块_1".StringValue4 中的字符串;程序段 4 比较"数据块_1".StringValue3 中的字符串是否小于或等于"数据块_1".StringValue4 中的字符串。在仿真状态下,执行程序后,数据块的监视值如图 6-6 所示。

表 6-16　字符串移动指令的使用程序

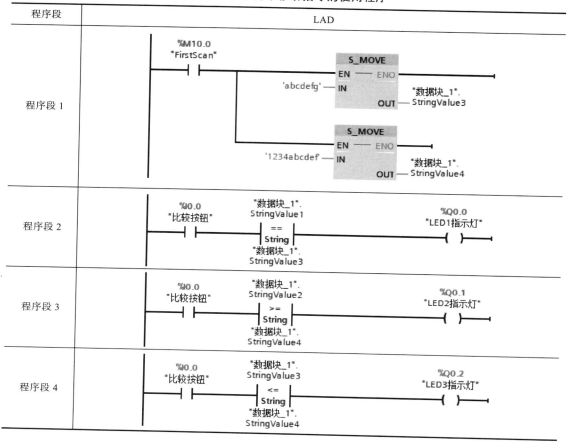

程序段	LAD
程序段 1	
程序段 2	
程序段 3	
程序段 4	

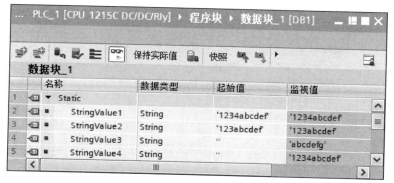

图 6-6　例 6-5 数据块的监视值

6.2.2　字符串转换指令

在扩展指令中，有多条指令与字符串的转换有关，如转换字符串指令 S_CONV、将字符串转换为数字值指令 STRG_VAL、将数字值转换为字符串指令 VAL_STRG、将字符串转换为字符指令 Strg_TO_Chars、将字符转换为字符串指令 Chars_TO_Strg。

（1）转换字符串指令 S_CONV

使用 S_CONV 指令，可将输入 IN 的值转换成在输出 OUT 中指定的数据格式。S_CONV 可实现字符串转换为数字值、数字值转换为字符串、字符转换为字符。

① 字符串转换为数字值　将 IN 输入参数中指定字符串的所有字符进行转换。允许的字符为数字 0~9、小数点以及加减号。字符串的第 1 个字符可以是有效数字或符号，而前导空格和指数表示将被忽略。无效字符可能会中断字符转换，此时，使能输出 ENO 将设置为"0"。

② 数字值转换为字符串　通过选择 IN 输入参数的数据类型来决定要转换的数字值格式。必须在输出 OUT 中指定一个有效的 STRING 数据类型的变量。转换后的字符串长度取决于输入 IN 的值。由于第 1 个字节包含字符串的最大长度，第 2 个字节包含字符串的实际长度，所以转换的结果从字符串的第 3 个字节开始存储。

③ 字符转换为字符　如果在指令的输入端和输出端都输入 CHAR（字符）或 WCHAR（宽字符）数据类型，则该字符将写入字符串的第 1 个位置处。

例 6-6：转换字符串指令的使用。首先在 TIA Portal 中添加全局数据块，并在块中创建 4 个用于存储数据的变量，如图 6-7 所示。编写程序如表 6-17 所示，在程序段 1 中，将数字值字符串转换为整数，结果 0 存放到变量 ResultOUT 变量中；在程序段 2 中，将整数 8543 转换为字符串，结果' 8543'存放到 StringValueOUT 变量中；在程序段 3 中，将 CharIn 中的宽字符（WChar）转换为字符（Char），结果'a'存放到 CharOUT 变量中。在仿真状态下，执行程序后，数据块的监视值如图 6-8 所示。

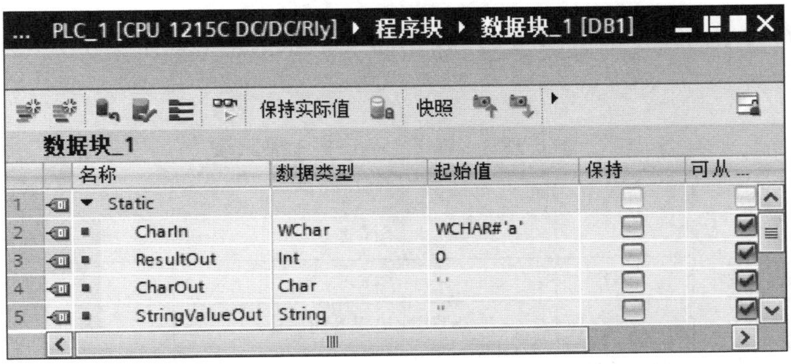

图 6-7　例 6-6 数据块中创建参数变量

表 6-17　转换字符串指令的使用程序

程序段	LAD
程序段 1	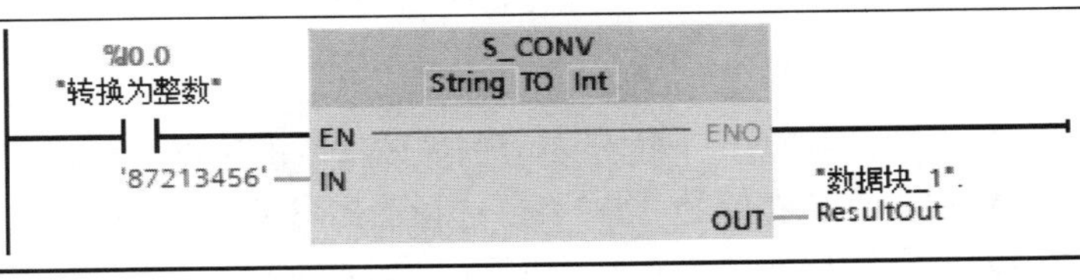

续表

程序段	LAD
程序段 2	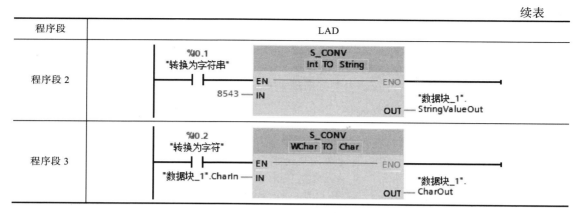
程序段 3	

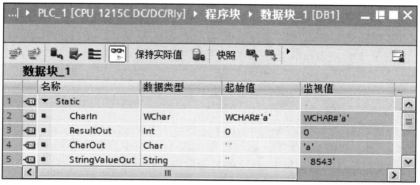

图 6-8 例 6-6 数据块的监视值

（2）将字符串转换为数字值指令 STRG_VAL

使用 STRG_VAL 指令,可将 IN 中输入的字符串转换为整数或浮点数,并由 OUT 输出,指令格式如表 6-18 所示。

表 6-18 STRG_VAL 指令参数表

LAD	参数	数据类型	说明
STRG_VAL ??? TO ??? EN ENO IN OUT FORMAT P	EN	BOOL	允许输入
	ENO	BOOL	允许输出
	IN	STRING、WSTRING	要转换的数字字符串
	FORMAT	WORD	字符的输入格式（见表 6-19）
	P	UINT	要转换的第 1 个字符的引用
	OUT	USINT、SINT、UINT、INT、UDINT、DINT、REAL、LREAL	输出转换结果

使用说明:

① 当 EN 的状态为 "1" 时，执行此指令。

② 可以从指令框的 "???" 下拉列表中选择该指令的数据类型，其中左侧的 "???" 可选择输入参数 IN 的数据类型；右侧的 "???" 可选择输出参数 OUT 的数据类型。

③ 允许转换的字符包括数字 0~9、小数点、计数制 "E" 和 "e" 以及加减号字符，如果是

无效字符，将取消转换过程。

④ 转换是从 P 参数中指定位置处的字符开始。例如，P 参数为 "1"，则转换从指定字符串的第 1 个字符开始。

表 6-19　STRG_VAL 指令中 FORMAT 参数值的含义

W#16#（....）	表示法	小数点表示法	W#16#（....）	表示法	小数点表示法
0000	小数	"."	0003	指数	","
0001	小数	","	0004~FFFF	无效值	
0002	指数	"."			

（3）将数字值转换为字符串指令 VAL_STRG

使用 VAL_STRG 指令，可以将整数值、无符号整数值或浮点值转换为相应的字符串，指令参数如表 6-20 所示。

表 6-20　VAL_STRG 指令参数表

LAD	参数	数据类型	说明
VAL_STRG ??? TO ??? EN　　　ENO IN　　　OUT SIZE PREC FORMAT P	EN	BOOL	允许输入
	ENO	BOOL	允许输出
	IN	USINT、SINT、UINT、INT、 UDINT、DINT、REAL、LREAL	要转换的数字字符串
	SIZE	USINT	字符位数
	PREC	USINT	小数位数
	FORMAT	WORD	字符的输出格式（见表 6-21）
	P	UINT	开始写入结果的字符
	OUT	STRING、WSTRING	输出转换结果

使用说明：

① 当 EN 的状态为 "1" 时，执行此指令。

② 可以从指令框的 "???" 下拉列表中选择该指令的数据类型，其中左侧的 "???" 可选择输入参数 IN 的数据类型；右侧的 "???" 可选择输出参数 OUT 的数据类型。

③ P 参数指定从字符串中的哪个字符开始写入结果，例如，P 参数为 "2"，则从字符串的第 2 个字符开始保存转换值。

④ SIZE 参数指定待写入字符串的字符数，如果输出值比指定长度短，则结果将以右对齐方式写入字符串。

⑤ PREC 参数定义转换浮点数时保留的小数位数。

表 6-21　VAL_STRG 指令中 FORMAT 参数值的含义

W#16#（....）	表示法	符号	小数点表示法
0000	小数	"-"	"."
0001	小数	"-"	","
0002	指数	"-"	"."

W#16# (....)	表示法	符号	小数点表示法
0003	指数	"—"	","
0004	小数	"+"和"—"	"."
0005	小数	"+"和"—"	","
0006	指数	"+"和"—"	"."
0007	指数	"+"和"—"	","

例 6-7：STRG_VAL 与 VAL_STRG 指令的使用。首先在 TIA Portal 中添加全局数据块，并在块中创建 4 个用于存储数据的变量，如图 6-9 所示。编写如表 6-22 所示的 STRG_VAL 与 VAL_STRG 的使用程序。在程序段 1 中执行 STRG_VAL 指令，将字符串 ' 2356.21 ' 转换为实数，结果 35621.0 存放到变量 RealOut 变量中；在程序段 2 中执行 VAL_STRG 指令，将整数−563.78 转换为字符串，结果 '−563.780 '存放到 StringOut 变量中。在仿真状态下，执行程序后，数据块的监视值如图 6-10 所示。

表 6-22　STRG_VAL 与 VAL_STRG 指令的使用程序

程序段	LAD
程序段 1	%I0.0 "转换为实数" STRG_VAL String TO Real EN ENO "数据块_1".StringValueIn — IN OUT — "数据块_1".RealOut 16#1 — FORMAT 2 — P
程序段 2	%I0.1 "转换为字符串" VAL_STRG Real TO String EN ENO "数据块_1".ValueStringIn — IN OUT — "数据块_1".StringOut 10 — SIZE 3 — PREC 16#4 — FORMAT 3 — P

图 6-9　例 6-7 数据块中创建参数变量

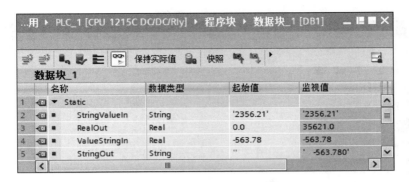

图 6-10　例 6-7 数据块的监视值

（4）将字符串转换为字符数组指令 Strg_TO_Chars

使用 Strg_TO_Chars 指令，可将数据类型为 STRING 的字符串复制到数组（Array of CHAR 或 Array of BYTE）中；或将数据类型为 WSTRING 的字符串复制到数组（Array of WCHAR 或 Array of WORD）中。该操作只能复制 ASCII 字符，指令参数如表 6-23 所示。

表 6-23　Strg_TO_Chars 指令参数表

LAD	参数	数据类型	说明
Strg_TO_Chars ??? EN ENO Strg Cnt pChars Chars	EN	BOOL	允许输入
	ENO	BOOL	允许输出
	Strg	STRING、WSTRING	要复制的字符串对象
	pChars	DINT	指定存入数组中的起始位置
	Chars	VARIANT	将字符复制到指定数组中
	Cnt	UINT	指定复制的字符数

使用说明：

① 当 EN 的状态为"1"时，执行此指令。

② 可以从指令框的"???"下拉列表中选择该指令的数据类型。

③ pChars 参数指定存入数组中的起始位置，若从第 4 个位置开始写入数组中，则 pChars 应设置为 3。

④ Cnt 参数指定要复制的字符数，若为 0 表示复制所有字符。

⑤ 如果字符串中包含了"$00"或 W#16#0000 字符，不会影响复制操作的执行。

例 6-8：Strg_TO_Chars 指令的使用。首先在 TIA Portal 中添加全局数据块，并在块中创建 4 个参数变量，其中字符数组 MyArrayChars 定义 14 个字符元素，如图 6-11 所示。编写程序如表 6-24 所示，在程序段 1 中执行 Strg_TO_Chars 指令，将数据块预置变量 StringValueIn 中的字符串'helloworld123'复制到字符数组 MyArrayChars 中。指定字符数组从第 4 个字符位置（PointerChars=3）开始存储。在仿真状态下，执行指令后，数据块的监视值如图 6-12 所示。

（5）将字符数组转换为字符串指令 Chars_TO_Strg

使用 Chars_TO_Strg 指令，可以将字符串从数组（Array of CHAR 或 Array of BYTE）中复制到数据类型为 STRING 的字符串中；或将字符串从数组（Array of WCHAR 或 Array of WORD）中复制到数据类型为 WSTRING 的字符串中。该操作只能复制 ASCII 字符，指令参数如表 6-25 所示。

	名称	数据类型	起始值	保持
1	▼ Static			
2	StringValueIn	String	'helloworld123'	
3	PointerChars	DInt	3	
4	▼ MyArrayChars	Array[0..13] of Char		
5	MyArrayChars[0]	Char	' '	
6	MyArrayChars[1]	Char	' '	
7	MyArrayChars[2]	Char	' '	
8	MyArrayChars[3]	Char	' '	
9	MyArrayChars[4]	Char	' '	
10	MyArrayChars[5]	Char	' '	
11	MyArrayChars[6]	Char	' '	
12	MyArrayChars[7]	Char	' '	
13	MyArrayChars[8]	Char	' '	
14	MyArrayChars[9]	Char	' '	
15	MyArrayChars[10]	Char	' '	
16	MyArrayChars[11]	Char	' '	
17	MyArrayChars[12]	Char	' '	
18	MyArrayChars[13]	Char	' '	
19	CountChars	UInt	0	

图 6-11　例 6-8 数据块中创建参数变量

	名称	数据类型	起始值	监视值
1	▼ Static			
2	StringValueIn	String	'helloworld123'	'helloworld123'
3	PointerChars	DInt	3	3
4	▼ MyArrayChars	Array[0..13] of Char		
5	MyArrayChars[0]	Char	' '	' '
6	MyArrayChars[1]	Char	' '	' '
7	MyArrayChars[2]	Char	' '	' '
8	MyArrayChars[3]	Char	' '	'h'
9	MyArrayChars[4]	Char	' '	'e'
10	MyArrayChars[5]	Char	' '	'l'
11	MyArrayChars[6]	Char	' '	'l'
12	MyArrayChars[7]	Char	' '	'o'
13	MyArrayChars[8]	Char	' '	'w'
14	MyArrayChars[9]	Char	' '	'o'
15	MyArrayChars[10]	Char	' '	'r'
16	MyArrayChars[11]	Char	' '	'l'
17	MyArrayChars[12]	Char	' '	'd'
18	MyArrayChars[13]	Char	' '	'1'
19	CountChars	UInt	0	11

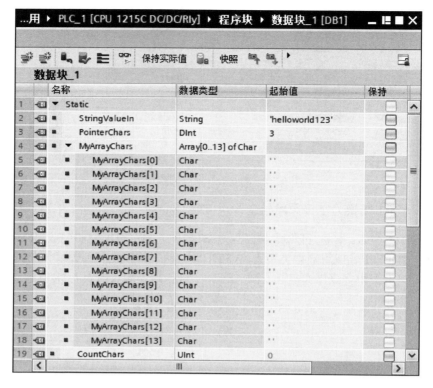

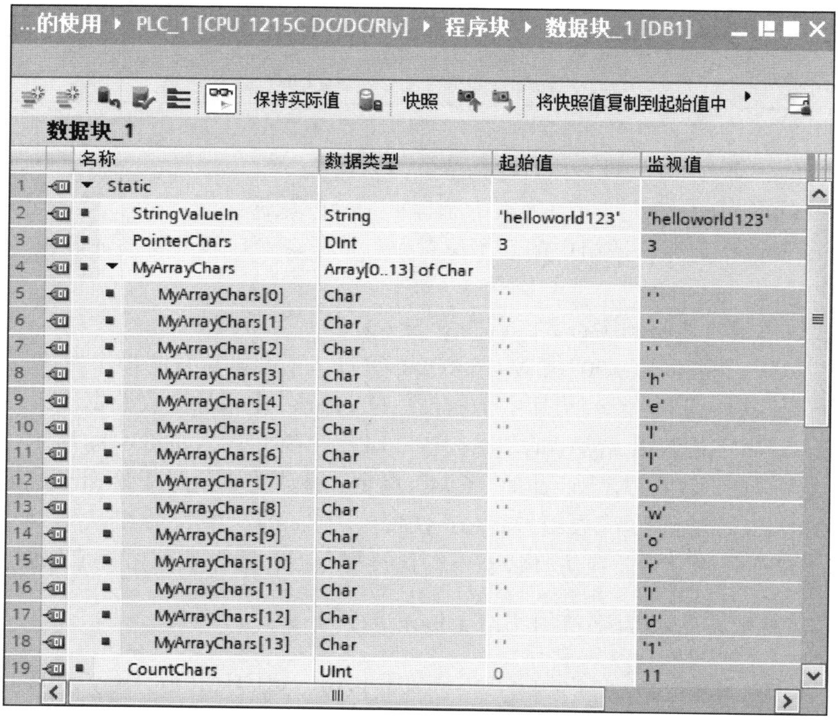

图 6-12　例 6-8 数据块的监视值

表 6-24　Strg_TO_Chars 指令的使用程序

程序段	LAD
程序段 1	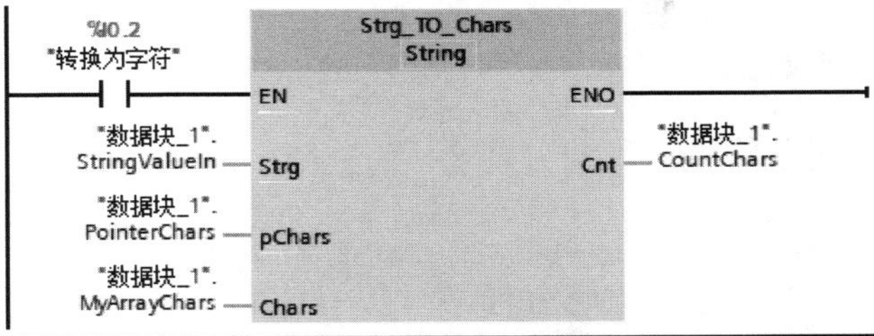

表 6-25　Chars_TO_Strg 指令参数表

LAD	参数	数据类型	说明
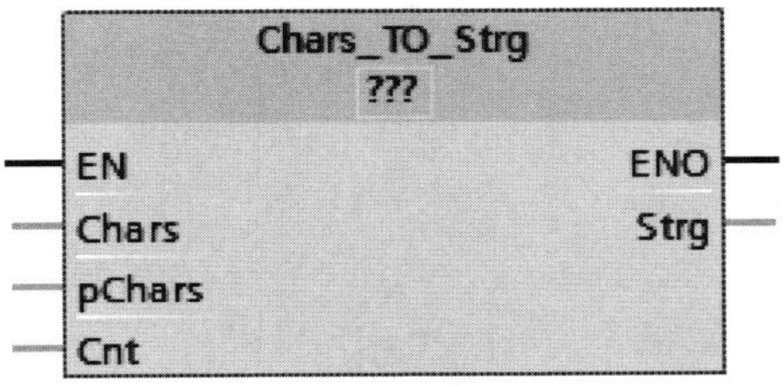	EN	BOOL	允许输入
	ENO	BOOL	允许输出
	Chars	VARIANT	要复制的字符数组对象
	pChars	DINT	指定从字符数组中复制字符的起始位置
	Cnt	UINT	指定复制的字符数
	Strg	STRING、WSTRING	将字符数组复制到指定字符串中

使用说明：

① 当 EN 的状态为"1"时，执行此指令。

② 可以从指令框的"???"下拉列表中选择该指令的数据类型。

③ pChars 参数指定从字符数组中复制字符的起始位置，若从第 4 个位置开始复制数组中的字符，则 pChars 应设置为 3。

④ Cnt 参数指定要复制的字符数，若为 0 表示复制所有字符。

例 6-9：Chars_TO_Strg 指令的使用。首先在 TIA Portal 中添加全局数据块，并在块中创建 4 个参数变量，其中字符数组 InputArrayCHARS 定义字符串'Hello SIMATIC.'，如图 6-13 所示。编写如表 6-26 所示的程序，在程序段 1 中执行 Chars_TO_Strg 指令，将数据块字符数组变量 InputArrayChars 中的字符串' Hello SIMATIC.'复制到字符串 StringOutput 中。指定字符数组从第 4 个字符位置（PointerChars=3）开始复制。在仿真状态下，执行指令后，数据块的监视值如图 6-14 所示。

表 6-26　Chars_TO_Strg 指令的使用程序

程序段	LAD
程序段 1	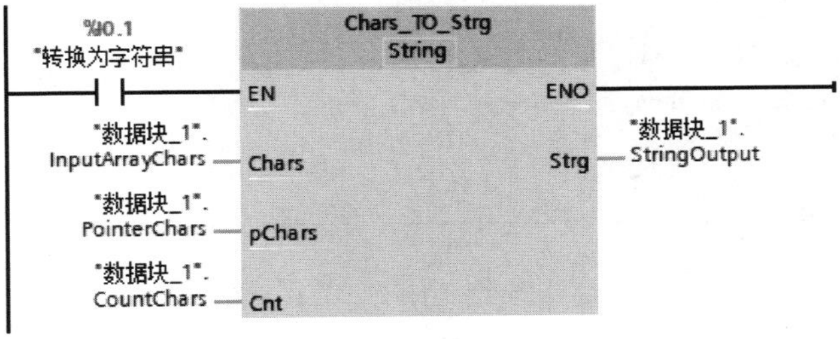

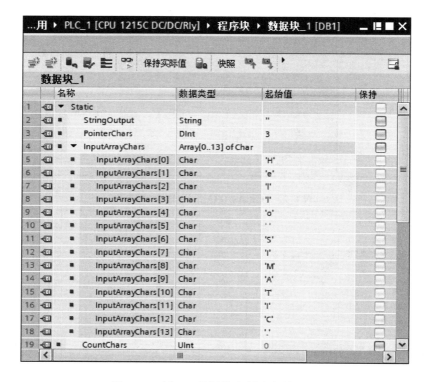

图 6-13　例 6-9 数据块中创建参数变量

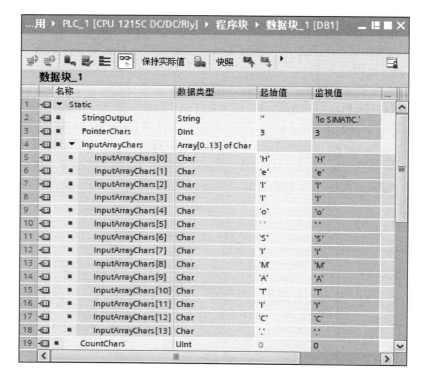

图 6-14　例 6-9 数据块的监视值

6.2.3　字符串与十六进制数的转换指令

在扩展指令中，有两条 ASCII 码字符串与十六进制数间的转换指令，分别是将 ASCII 码字符串转换成十六进制数指令 ATH 和将十六进制数转换成 ASCII 码字符串指令 HTA。

（1）将 ASCII 码字符串转换成十六进制数指令 ATH

使用 ATH 指令可以将 IN 输入参数中指定的 ASCII 字符串转换为十六进制数，转换结果输出到 OUT 中，其指令参数如表 6-27 所示。

表 6-27　ATH 指令参数表

LAD	参数	数据类型	说明
ATH EN　ENO IN　RET_VAL N　OUT	EN	BOOL	允许输入
	ENO	BOOL	允许输出
	IN	VARIANT	指向 ASCII 字符串的指针
	N	INT	待转换的 ASCII 字符数
	RET_VAL	WORD	指令的状态
	OUT	VARIANT	保存十六进制数结果

使用说明：

① 当 EN 的状态为"1"时，执行此指令。

② 通过参数 N，可指定待转换 ASCII 字符的数量。

③ 只能将数字 0~9、大写字母 A~F 以及小写字母 a~f 相应 ASCII 码字符转换为十六进制数，其他字符的 ASCII 码都转换为 0。

④ 由于 ASCII 字符为 8 位，而十六进制数只有 4 位，所以输出字长度仅为输入字长度的一半。ASCII 字符将按照读取时的顺序转换并保存在输出中。如果 ASCII 字符数为奇数，则最后转换的十六进制数右侧的半个字节将以"0"进行填充。

（2）将十六进制数转换成 ASCII 码字符串指令 HTA

使用 HTA 指令，可以将 IN 输入中指定的十六进制数转换为 ASCII 字符串，转换结果存储在 OUT 参数指定的地址中，其指令参数如表 6-28 所示。

表 6-28　HTA 指令参数表

LAD	参数	数据类型	说明
HTA EN　ENO IN　RET_VAL N　OUT	EN	BOOL	允许输入
	ENO	BOOL	允许输出
	IN	VARIANT	十六进制数的起始地址
	N	INT	待转换的十六进制字节数
	RET_VAL	WORD	指令的状态
	OUT	VARIANT	结果的存储地址

表 6-29　字符串与十六进制数的转换指令的使用程序

程序段	LAD
程序段 1	%I0.0 "转换为HEX" —ATH— EN ENO "数据块_1". ATH_In1 — IN RET_VAL — "数据块_1". ATH_Ret1 "数据块_1". ATH_N1 — N OUT — "数据块_1". ATH_Out1
程序段 2	%I0.0 "转换为HEX" —ATH— EN ENO "数据块_1". ATH_In2 — IN RET_VAL — "数据块_1". ATH_Ret2 "数据块_1". ATH_N2 — N OUT — "数据块_1". ATH_Out2
程序段 3	%I0.1 "转换为ASCII" —HTA— EN ENO "数据块_1". HTA_In1 — IN RET_VAL — "数据块_1". HTA_Ret1 "数据块_1". HTA_N1 — N OUT — "数据块_1". HTA_Out1
程序段 4	%I0.1 "转换为ASCII" —HTA— EN ENO "数据块_1". HTA_In2 — IN RET_VAL — "数据块_1". HTA_Ret2 "数据块_1". HTA_N2 — N OUT — "数据块_1". HTA_Out2

使用说明：

① 当 EN 的状态为"1"时，执行此指令。

② 通过参数 N，可指定待转换十六进制字节的数量。

③ 转换内容由数字 0~9、大写字母 A~F 构成。

④ 由于 ASCII 字符为 8 位，而十六进制数只有 4 位，所以输出字长度为输入字长度的两倍。在保持原始顺序的情况下，将十六进制数的每个半位元组转换为一个字符。

例 6-10：字符串与十六进制数的转换指令的使用。首先在 TIA Portal 中添加全局数据块，并在块中创建多个参数变量，并设置相应的起始值，如图 6-15 所示。编写如表 6-29 所示的程序，在程序段 1 中执行 ATH 指令后，将数据块字符串变量 ATH_In1 中的字符串'09A342'转换 4 个（ATH_N1=4）ASCII 字符，结果以字符串的形式存入 ATH_Out1。在程序段 2 中执行 ATH 指令后，将数据块数组 ATH_In2 中的字节内容 16#35、16#98、16#5A 转换 3 个（ATH_N2=3）ASCII 字符，结果以字的形式存入 ATH_Out2 中。程序段 3 中执行 HTA 指令后，将以字符数组为单位的十六进制数 16#2345 转换为相应ASCII字符,结果以字符数组形式存入 HTA_Out1 中。

在程序段 4 中执行 HTA 指令后，将以字符数组为单位的 ASCII 字符转换为十六进制数，结果以字符串形式存入 HTA_Out2 中。在仿真状态下，执行指令后，数据块的监视值如图 6-16 所示。

图 6-15　例 6-10 数据块中创建参数变量　　　　图 6-16　例 6-10 数据块的监视值

6.2.4　字符串读取指令

字符串读取指令有 3 条，分别是读取字符串中的左侧字符指令 LEFT、读取字符串中的右侧字符指令 RIGHT 和读取字符串中的中间字符指令 MID。

使用 LEFT 指令读取输入参数 IN 中字符串的第 1 个字符开始的部分字符串，其读取字符个数由参数 L 决定，读取的字符以字符串格式由 OUT 输出。

使用 RIGHT 指令读取输入参数 IN 中字符串的右侧开始的部分字符串，其读取字符个数由参数 L 决定，读取的字符以字符串格式由 OUT 输出。

使用 MID 指令读取输入参数 IN 中部分字符串，由参数 P 指定要读取第 1 个字符开始位置，读取字符个数由参数 L 决定，读取的字符以字符串格式由 OUT 输出。

字符串读取指令的主要参数如表 6-30 所示。

表 6-30　字符串读取指令的主要参数

参数	声明	数据类型	说明
IN	Input	STRING、WSTRING	要读取的字符串
L	Input	BYTE、INT、SINT、USINT	要读取的字符个数
P	Input	BYTE、INT、SINT、USINT	要读取的第 1 个字符的位置
OUT	Return	STRING、WSTRING	存储读取部分的字符串

使用说明：

① LEFT 和 RIGHT 指令没有参数 P，其余参数这 3 条指令均有。

② 对于 LEFT 和 RIGHT 指令而言，如果要读取的字符数大于字符串的当前长度，则 OUT 将 IN 中的字符串作为输出结果。如果 L 参数包含 "0" 或输入值为空字符串，则 OUT 输出空字符串；如果 L 中的值为负数，则 OUT 也输出空字符串。

③ 对于 MID 指令而言，如果要读取的字符数量超过 IN 输入参数中字符串的当前长度，则读取以 P 字符串开始直到字符串结尾处的字符串；如果 P 参数中指定的字符位置超出 IN 字符串的当前长度，则 OUT 将输出空字符串；如果 P 或 L 中的值为负数，则 OUT 也输出空字符串。

④ 字符串读取的 3 条指令在执行过程中，若发生错误而且可写入 OUT 输出参数，则输出空字符串。

例 6-11：字符串读取指令的使用。首先在 TIA Portal 中添加全局数据块，并在块中创建多个参数变量,并设置相应的起始值，如图 6-17 所示。编写如表 6-31 所示的程序，在程序段 1 中执行 LEFT 指令，将数据块字符串变量 InString 中字符串'Hello S7-1200'从左侧开始读取连续的 2（Left_L=2）个字符，结果'He'送入 Left_Out 中；在程序段 2 中执行 RIGHT 指令，将数据块字符串变量 InString 中字符串'Hello S7-1200'从右侧开始读取连续的 4（Right_L=4）个字符，结果'1200'送入 Right_Out 中；在程序段 3 中执行 MID 指令，将数据块字符串变量 InString 中字符串'Hello S7-1200'从左侧开始第 7（Mid_P=7）个字符开始连续读取 2（Mid_L=2）个字符，结果'S7 '送入 Mid_OUT 中。程序指令执行后，数组块中的运行结果如图 6-18 所示。

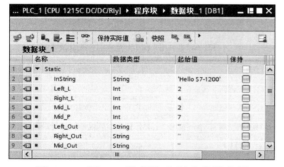

图 6-17　例 6-11 数据块中创建参数变量

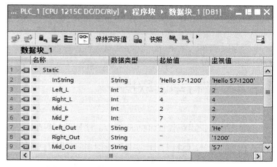

图 6-18　例 6-11 数据块的监视值

表 6-31　字符串读取指令的使用程序

程序段	LAD
程序段 1	%M10.2 "AlwaysTRUE" — LEFT String EN — ENO "数据块_1".InString — IN　OUT — "数据块_1".Left_Out "数据块_1".Left_L — L
程序段 2	%M10.2 "AlwaysTRUE" — RIGHT String EN — ENO "数据块_1".InString — IN　OUT — "数据块_1".Right_Out "数据块_1".Right_L — L

续表

程序段	LAD
程序段 3	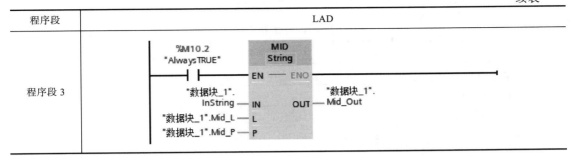

6.2.5　字符串查找、插入、删除与替换指令

在 S7-1200 PLC 中，使用扩展指令 FIND、INSERT、DELETE、REPLACE 可实现对字符串的查找、插入、删除与替换等操作。

（1）在字符串中查找字符指令 FIND

使用 FIND 指令，可以在输入参数 IN1 中的字符串中查找 IN2 指定的字符串第 1 次出现的所在位置值，然后由 OUT 输出该值的位置，指令参数如表 6-32 所示。

表 6-32　FIND 指令参数表

梯形图指令符号	参数	数据类型	说明
FIND ??? EN — ENO IN1 OUT IN2	EN	BOOL	允许输入
	ENO	BOOL	允许输出
	IN1	STRING、WSTRING	被查找的字符串
	IN2	STRING、WSTRING	要查找的字符串
	OUT	INT	字符位置

使用说明：

① 在 IN1 字符串中是从左向右开始查找参数 IN2 指定的字符串。

② 若在 IN1 中查找到了 IN2 指定的字符串，OUT 将输出第 1 次出现该字符串的位置值。如果没有查找到，则 OUT 输出为 0。

（2）在字符串中插入字符指令 INSERT

使用 INSERT 指令，将输入参数 IN2 中的字符串插入 IN1 的字符串中，插入的字符串的起始位置由参数 P 指定，插入后形成新的字符串通过 OUT 输出，指令参数如表 6-33 所示。

使用说明：

① 如果参数 P 中的值超出了 IN1 字符串的当前长度，则 IN2 的字符串将直接添加到 IN1 字符串后。

② 如果参数 P 中的值为负数，则 OUT 输出空字符串。

③ 如果生成的字符串的长度大于 OUT 的变量长度，则将生成的字符串限制到可用长度。

（3）删除字符串中的字符指令 DELETE

使用 DELETE 指令，将输入参数 IN 中的字符串删除 L 个字符数，删除字符的起始位置由

P 指定，剩余的部分字符串由 OUT 输出，指令参数如表 6-34 所示。

表 6-33　INSERT 指令参数表

梯形图指令符号	参数	数据类型	说明
INSERT ??? EN ENO IN1 OUT IN2 P	EN	BOOL	允许输入
	ENO	BOOL	允许输出
	IN1	STRING、WSTRING	字符串
	IN2	STRING、WSTRING	要插入的字符串
	P	BYTE、INT、SINT、USINT	指定插入起始位置
	OUT	STRING、WSTRING	输出生成的字符串

表 6-34　DELETE 指令参数表

梯形图指令符号	参数	数据类型	说明
DELETE ??? EN ENO IN OUT L P	EN	BOOL	允许输入
	ENO	BOOL	允许输出
	IN	STRING、WSTRING	字符串
	L	BYTE、INT、SINT、USINT	指定要删除的字符数
	P	BYTE、INT、SINT、USINT	指定删除的第 1 个字符位置
	OUT	STRING、WSTRING	生成的字符串

使用说明：

① 如果参数 P 中的值为负数或等于零，则 OUT 输出空字符串。

② 如果参数 P 中的值超出了 IN 字符串的当前长度值或参数 L 的值为 0，则 OUT 输出 IN 中的字符串。

③ 如果参数 L 中的值超出了 IN 字符串的当前长度值，则将删除从 P 指定位置开始的字符。

④ 如果参数 L 中的值为负数，则将输出空字符串。

（4）替换字符串的字符指令 REPLACE

使用 REPLACE 指令，可将 IN1 中的部分字符串由 IN2 中的字符串替换，参数 P 指定要替换的字符起始位置，参数 L 指定要替换的字符个数，替换后生成的新字符串由 OUT 输出，指令参数如表 6-35 所示。

表 6-35　REPLACE 指令参数表

梯形图指令符号	参数	数据类型	说明
REPLACE ??? EN ENO IN1 OUT IN2 L P	EN	BOOL	允许输入
	ENO	BOOL	允许输出
	IN1	STRING、WSTRING	要替换其中字符的字符串
	IN2	STRING、WSTRING	要替换的字符
	L	BYTE、INT、SINT、USINT	要替换的字符数
	P	BYTE、INT、SINT、USINT	要替换的第 1 个字符的位置
	OUT	STRING、WSTRING	生成的字符串

使用说明：

① 如果参数 P 中的值为负数或等于 0，则 OUT 输出空字符串。

② 如果参数 P 中的值超出了 IN1 字符串的当前长度值，则 IN2 的字符串将直接添加到 IN1 字符串后。

③ 如果参数 P 中的值为 1，则 IN 中的字符串将从第 1 个字符开始被替换。

④ 如果生成的字符串的长度大于 OUT 的变量长度，则将生成的字符串限制到可用长度。

⑤ 如果参数 L 中的值为负数，则 OUT 输出空字符串。

⑥ 如果参数 L 中的值为 0，则将插入而不是更换字符。

例 6-12： 字符串查找、插入、删除与替换指令的使用。首先在 TIA Portal 中添加全局数据块，并在块中创建多个参数变量，设置相应的起始值，如图 6-19 所示。编写如表 6-36 所示字符串查找、插入、删除与替换指令的使用程序。

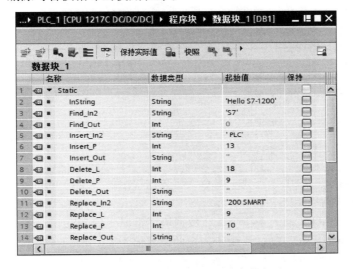

图 6-19　例 6-12 数据块中创建参数变量

表 6-36　字符串查找、插入、删除与替换指令的使用程序

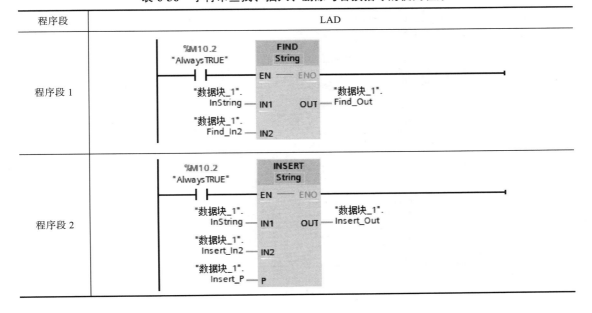

续表

程序段	LAD
程序段3	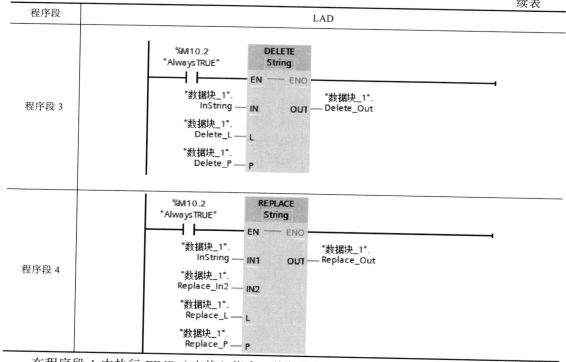
程序段4	

在程序段 1 中执行 FIND（查找）指令，将数据块字符串变量 InString 中字符串'Hello S7-1200'从左侧开始查找字符串'S7'（Find_In2='S7'），将第 1 次找到位置值 7 送入 Find_Out 中；在程序段 2 中执行 INSERT（插入）指令，在数据块字符串变量 InString 中字符串'Hello S7-1200'插入字符串'PLC'（Insert_In2='PLC'），由于指定的位置值为 13（Insert_P=13），所以将字符串'PLC'直接添加到'Hello S7-1200'的右侧，形成新的字符串为'Hello S7-1200 PLC'，并将其由 Insert_Out 输出；在程序段 3 中执行 DELETE（删除）指令，将数据块字符串变量 InString 中字符串'Hello S7-1200'从第 9 个字符（Delete_P=9）开始连续删除 18 个字符（Delete_L=18），由于字符串'Hello

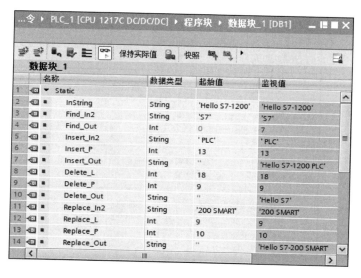

图 6-20   例 6-12 数据块的监视值

S7-1200'本身的字符个数就少于 18 个，所以执行此指令后，直接将该字符串从左侧开始连续 8 个字符串保留，从第 9 个字符开始剩余的字符串全部删除，保留的字符串结果'Hello S7'由 Delete_Out 输出；在程序段 4 中执行 REPLACE（替换）指令，将数据块字符串变量 InString 中字符串'Hello S7-1200'从第 10 个字符（Replace_P=10）开始连续 9 个字符（Replace_L=9）替换成字符串'200 SMART'（Replace_In2='200 SMART'），形成新的字符串'Hello S7-200 SMART'，并将其由 Replace_Out 输出。程序指令执行后，数组块中的运行结果如图 6-20 所示。

6.3　高速脉冲输出

高速脉冲输出功能是指在可编程控制器的某些输出端有高速脉冲输出，用来驱动负载以实现精确控制。

6.3.1　高速脉冲输出的基础知识

S7-1200 PLC 提供了 4 种脉冲发生器用于高速脉冲输出，分别可组态为 PWM（Pulse Width Modulation）或 PTO（Pulse Train Output），但不能指定为既是 PWM 又是 PTO。

（1）高速脉冲输出

脉冲宽度与脉冲周期之比称为占空比，PTO 提供占空比为 50%的方波脉冲列输出；PWM 是一种周期固定、脉宽可调节的脉冲输出。PWM 功能使用的是数字量输出，但其在很多方面类似于模拟量，比如它可以控制电动机的转换、阀门的位置等。

S7-1200 PLC 的 4 种脉冲发生器使用特定的输出点用于 PWM 或 PTO 输出，如表 6-37 所示。用户可以用 CPU 模块内置的 Q0.0~Q0.7 或信号板上的 Q4.0~Q4.3 输出 PWM 或 PTO 脉冲，表 6-37 所列为默认情况下的地址分配，可以更改输出地址。无论输出点的地址是如何变化，PTO1/PWM1 总是使用第 1 组输出，PTO2/PWM2 使用紧接着第 1 组输出，其他组类似，对于 CPU 模块内置输出点或信号板上的输出点都是如此。PTO 在使用脉冲输出时，一般占用两个输出点，一个作为脉冲输出，另一个作为方向输出；而 PWM 只使用一个点作为脉冲输出，另一个没有使用的点可用于其他功能。

表 6-37　脉冲功能输出点

描述	默认的输出分配	脉冲	方向
PTO1	CPU 模块内置 I/O	Q0.0	Q0.1
	SB 信号板 I/O	Q4.0	Q4.1
PWM1	CPU 模块内置 I/O	Q0.0	—
	SB 信号板 I/O	Q4.0	—
PTO2	CPU 模块内置 I/O	Q0.2	Q0.3
	SB 信号板 I/O	Q4.2	Q4.3
PWM2	CPU 模块内置 I/O	Q0.2	—
	SB 信号板 I/O	Q4.2	—

续表

描述	默认的输出分配	脉冲	方向
PTO3	CPU 模块内置 I/O	Q0.4	Q0.5
	SB 信号板 I/O	Q4.0	Q4.1
PWM3	CPU 模块内置 I/O	Q0.4	—
	SB 信号板 I/O	Q4.1	—
PTO4	CPU 模块内置 I/O	Q0.6	Q0.7
	SB 信号板 I/O	Q4.2	Q4.3
PWM4	CPU 模块内置 I/O	Q0.6	—
	SB 信号板 I/O	Q4.3	—

表 6-37 适用于 CPU 1211C、CPU 1212C、CPU 1214C、CPU 1215C 以及 CPU 1217C 的 PTO/PWM 功能。由于 CPU 1211C 没有 Q0.4~Q0.7 输出，所以 CPU 1211C 只有 PTO1/PWM1 与 PTO2/PWM2 的功能；CPU 1212C 没有 Q0.6、Q0.7 输出，所以 CPU 1212C 没有 PTO4/PWM4 功能。

（2）脉冲发生器的组态

在用户程序使用 PWM 或 PTO 功能之前，应先对脉冲发生器进行组态。使用 PWM 功能时，由于继电器的机械特性，在输出频率较快的脉冲时会影响继电器的寿命，所以最好采用 DC/DC/DC 类型的 CPU 模块。若采用继电器输出类型的 S7-1200 CPU 模块，最好通过扩展 SB 信号板来实现 PWM 功能。在此以 CPU 1215C DC/DC/DC（6ES7 215-1AG40-0XB0）为例，讲述脉冲发生器组态为 PWM 功能的方法，具体步骤如下所述。

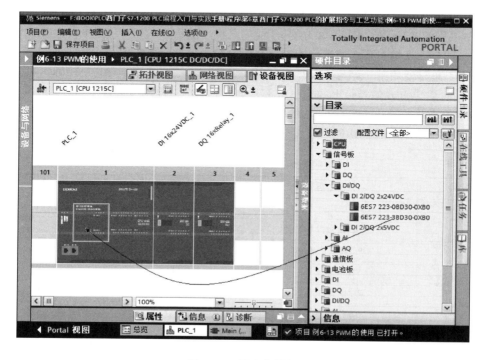

图 6-21　插入信号板

① 将 DI 2/DQ 2×24VDC 的信号板插入 CPU 模块　在 TIA Portal 的设备视图下，将信号板 DI 2/DQ 2×24VDC（6ES7 223-3BD30-0×B0）直接拖曳到 CPU 模块中间的方框内，将信号板插入到 CPU 模块，如图 6-21 所示。

② 启用脉冲发生器　在设备视图下，双击 CPU 模块，在"属性"→"常规"→"脉冲发生器"中可以看到该 CPU 模块支持 4 种脉冲发生器 PTO1/PWM1~ PTO4/PWM4。选中"PTO1/PWM1"下的"常规"，然后在其右边窗口的复选框中启用该脉冲发生器，如图 6-22 所示。

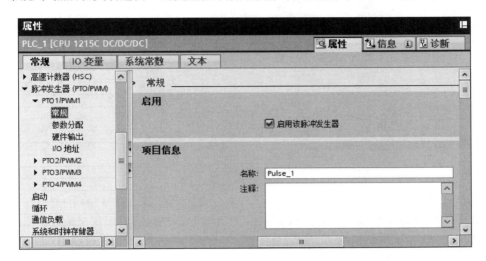

图 6-22　启用脉冲发生器

③ 参数分配　选中"PTO1/PWM1"下的"参数分配"，在右边的窗口用下拉式列表设置"信号类型"为"PWM"或"PTO"（在此选择为 PWM）；"时基"（时间基准，仅适用于 PWM）可选毫秒或微秒；"脉宽格式"可选百分之一、千分之一、万分之一和 S7 模拟量格式（0~27648）；"循环时间"（仅适用于 PWM）用于分配完成一次脉冲需要的持续时间；"初始脉冲宽度"（仅适用于 PWM）分配第一次脉冲的脉冲持续时间；"允许对循环时间进行运行时修改"（仅适用于 PWM）可以使程序在运行时修改 PWM 信号的循环时间。参数分配界面如图 6-23 所示。

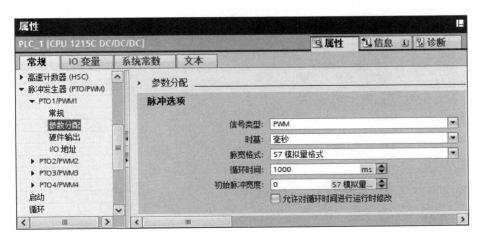

图 6-23　参数分配

④ 硬件输出　选中"PTO1/PWM1"下的"硬件输出",在右边的窗口"脉冲输出"中选用信号板上的 Q4.0 输出脉冲,如图 6-24 所示。

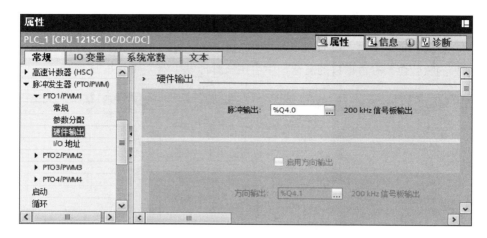

图 6-24　硬件输出

⑤ I/O 地址　选中"PTO1/PWM1"下的"I/O 地址",可以看到 PWM1 的起始地址和结束地址。此 I/O 地址为 WORD 类型,可以修改其起始地址,在运行时用这个地址来修改脉冲宽度,如图 6-25 所示。默认情况下,PWM1 地址为 QW1000,PWM2 为 QW1002,PWM3 为QW1004,PWM4 为 QW1006。

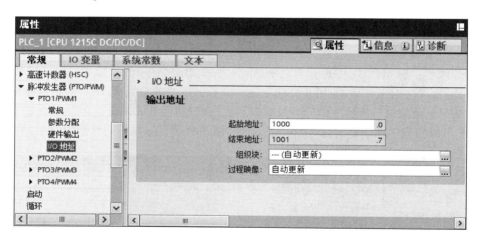

图 6-25　I/O 地址

6.3.2　高速脉冲输出指令

在 S7-1200 PLC 中,有两条高速脉冲输出指令,分别为 CTRL_PWM 和 CTRL_PTO。

（1）CTRL_PWM 指令

在 S7-1200 PLC 中使用 CTRL_PWM 指令实现 PWM 输出,在使用该指令时,需要添加背景数据块,用于存储参数信息。CTRL_PWM 指令参数如表 6-38 所示。

表 6-38　CTRL_PWM 指令参数表

梯形图指令符号	参数	数据类型	说明
	EN	BOOL	允许输入
	ENO	BOOL	允许输出
	PWM	WORD	硬件标识符，即组态参数中的 HW ID
	ENABLE	BOOL	为 TRUE 时启用脉冲输出，为 FALSE 时禁用脉冲输出
	BUSY	BOOL	处理状态（默认值为 0）
	STATUS	WORD	指令状态指示，0 表示无错误；16#80A1 表示脉冲发生器的硬件 ID 无效；16#80D0 表示具有指定硬件 ID 有脉冲发生器未激活

使用说明：

① 插入该指令后，TIA Portal 显示用于创建相关数据块的"调用选项"对话框，用户需为其添加背景数据块。

② EN 输入为 TRUE 时，CTRL_PWM 指令根据 ENABLE 输入值启动或停止所标识的 PWM，脉冲宽度由相关 Q 字输出地址中的值指定。

③ 由于 CPU 在 CTRL_PWM 指令执行后处理请求，所以参数 BUSY 总是报告 FALSE。如果检测到错误，则 ENO 设置为 FALSE 且参数 STATUS 包含条件代码。

（2）CTRL_PTO 指令

使用 CTRL_PTO 指令将以既定频率生成一个脉冲序列，在使用该指令时，需要添加背景数据块，用于存储参数信息。CTRL_PTO 指令参数如表 6-39 所示。

表 6-39　CTRL_PTO 指令参数表

梯形图指令符号	参数	数据类型	说明
	EN	BOOL	允许输入
	ENO	BOOL	允许输出
	REQ	WORD	为 TRUE 时将 PTO 输出频率设置为 FREQUENCY 中的输出值，为 FALSE 时 PTO 无修改
	PTO	WORD	硬件标识符，即组态参数中的 HW ID
	FREQUENCY	UDINT	PTO 所需频率（Hz），此值仅适用于当 REQ 为 TRUE 时（默认值为 0）
	DONE	BOOL	指令已成功执行，未发生任何错误
	BUSY	BOOL	处理状态（默认值为 0）
	ERROR	WORD	检测到错误（默认值为 0）
	STATUS	WORD	执行条件代码（默认值为 0）

使用说明：

① 插入该指令后，TIA Portal 显示用于创建相关数据块的"调用选项"对话框，用户需为其添加背景数据块。

② EN 输入为 TRUE 时，CTRL_PTO 指令根据 ENABLE 输入值启动或停止所标识的 PTO，EN 为 FALSE 时，不执行 CTRL_PTO 指令且 PTO 保留其当前状态。

③ 当将 REQ 输入设置为 TRUE 时，FREQUENCY 值生效，如果 REQ 为 FALSE，则无法修改 PTO 的输出频率，且 PTO 会继续输出脉冲。图 6-26 所示为 REQ 为 1（TRUE）或 0（FALSE）时，PTO 输出频率示意图。

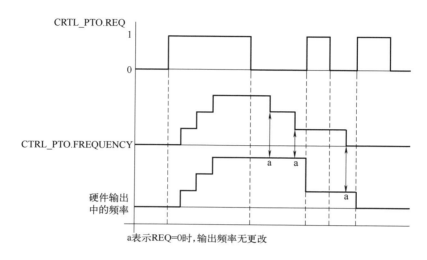

图 6-26　PTO 输出频率示意图

④ 当用户使用给定的频率激活 CTRL_PTO 指令时，S7-1200 将以给定的频率输出脉冲串，用户可随时更改所需频率。例如，如果所需频率为 1Hz（用时 1000ms 完成），并且在 500ms 后用户将频率修改为 10Hz，频率将会在 1000ms 时间周期结束时被修改，如图 6-27 所示。

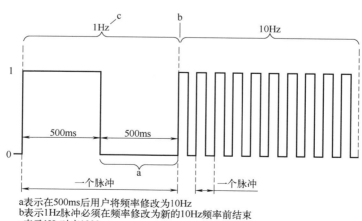

图 6-27　更改频率示意图

6.3.3　高速脉冲输出的应用

例 6-13：PWM 功能在鼓风机中的应用。

（1）控制要求

使用模拟量控制数字量输出，当模拟量发生变化时，CPU 输出的脉冲宽度也发生改变，但周期保持不变，通过脉冲宽度的改变来实现鼓风机风量的大小。要求使用 PWM 功能实现，脉冲周期为 1s，模拟量值在 0~27648 之间变化。

（2）控制分析

此应用的模拟量输入可通过集成的模拟量输入通道 0 来实现，其默认模拟量输入地址为 IW64，脉冲输出通过数字量输出信号板 Q4.0 输出。在编写程序前，需先对脉冲发生的 PWM 进行硬件组态。

（3）硬件组态

本例的 CPU 模块可选用 CPU 1215C DC/DC/RLY（产品编号 6ES7 215-1HG40-0XB0），使用 CPU 模块集成的模拟量输入端子，将 DI 2/DQ 2×24VDC 的信号板插入 CPU 模块。

① 组态模拟量输入　在设备视图下，双击 CPU 模块，在"属性"→"常规"→"AI 2/AQ 2"→"模拟量输入"→"通道 0"中定义通道地址为 IW64，测量类型为电压，电压范围为 0~10V，如图 6-28 所示。

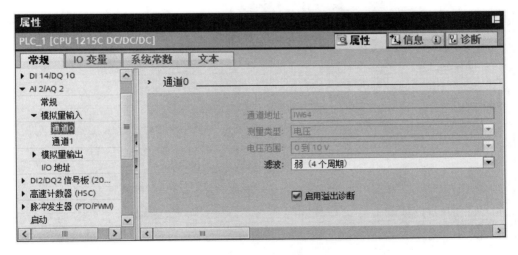

图 6-28　组态模拟量输入

② 组态 PWM1。在设备视图下，双击 CPU 模块，在"属性"→"常规"→"脉冲发生器"→"PTO1/PWM1"，对 PWM1 进行组态，将"脉宽格式"设置为"S7 模拟量格式"，"循环时间"设置为"1000ms"，"初始脉冲宽度"设置为"0"，如图 6-29 所示。

（4）编写 PLC 控制程序

将 CTRL_PWM 指令拖入 OB1 中，编写的程序如表 6-40 所示。在程序段 1 中用 I0.0 来启动或停止脉冲发生器；在程序段 2 中添加了模拟量赋值功能，将模拟量输入赋值到 QW1000 中，随着外部模拟量信号的变化，脉冲宽度也发生改变，从而实现了鼓风机风量大小的控制。

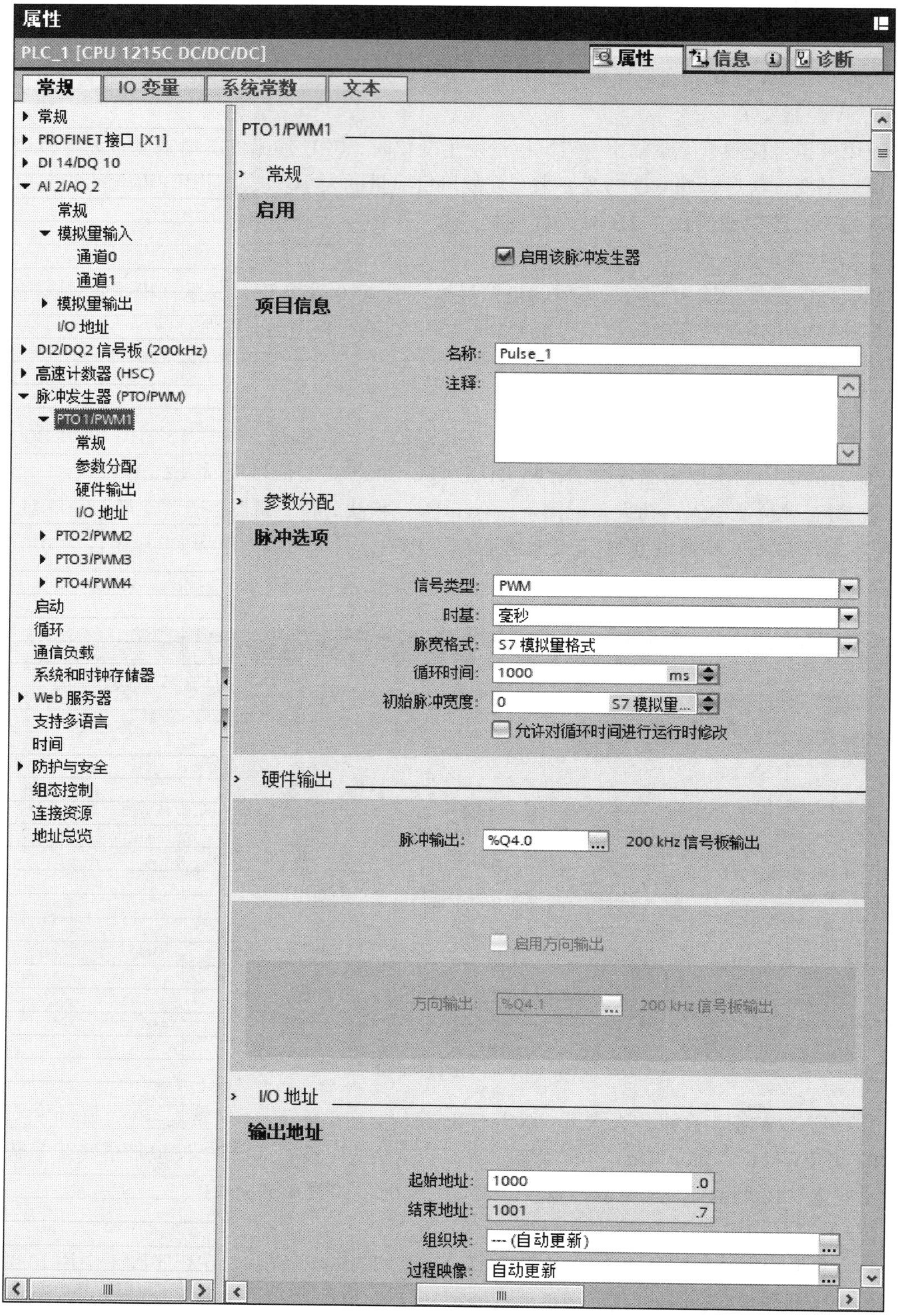
属性
PLC_1 [CPU 1215C DC/DC/DC]
属性
信息
诊断
常规
IO 变量
系统常数
文本
常规
PROFINET接口 [X1]
DI 14/DQ 10
AI 2/AQ 2
常规
模拟量输入
通道0
通道1
模拟量输出
I/O 地址
DI2/DQ2 信号板 (200kHz)
高速计数器 (HSC)
脉冲发生器 (PTO/PWM)
PTO1/PWM1
常规
参数分配
硬件输出
I/O 地址
PTO2/PWM2
PTO3/PWM3
PTO4/PWM4
启动
循环
通信负载
系统和时钟存储器
Web 服务器
支持多语言
时间
防护与安全
组态控制
连接资源
地址总览
PTO1/PWM1
常规
启用
启用该脉冲发生器
项目信息
名称: Pulse_1
注释:
参数分配
脉冲选项
信号类型: PWM
时基: 毫秒
脉宽格式: S7 模拟量格式
循环时间: 1000 ms
初始脉冲宽度: 0 S7 模拟量...
允许对循环时间进行运行时修改
硬件输出
脉冲输出: %Q4.0 200 kHz 信号板输出
启用方向输出
方向输出: %Q4.1 200 kHz 信号板输出
I/O 地址
输出地址
起始地址: 1000 .0
结束地址: 1001 .7
组织块: --- (自动更新)
过程映像: 自动更新

图 6-29　组态 PWM1

表 6-40　PWM 功能在鼓风机中的应用程序

程序段	LAD
程序段 1	%M10.2 "AlwaysTRUE"　　　%DB1 "CTRL_PWM_DB"　CTRL_PWM EN　　ENO 265 "Local~Pulse_1" — PWM　　BUSY — %M0.0 "PWM忙" %I0.0 "PWM使能" — ENABLE　　STATUS — %MW2 "PWM状态"
程序段 2	%M10.2 "AlwaysTRUE"　MOVE EN — ENO %IW64 "模拟量输入" — IN　* OUT1 — %QW1000 "脉冲宽度"

6.4　高速计数器

PLC 的普通计数器的计数过程与扫描工作方式有关,CPU 通过每一个扫描周期读取一次被测信号的方法来捕捉被测信号的上升沿,被测信号的频率较高时,会丢失计数脉冲,因此普通计数器的最高工作频率一般只有几十赫兹。而在生产实践中,经常会遇到需要检测高频脉冲场合,例如检测步进电动机的运动距离、计算异步电动机的转速等,这些操作普通计数器是无法胜任的,为此 S7-1200 PLC 提供了高速计数器(HSC)来完成计数操作。

6.4.1　高速计数器的基础知识

S7-1200 PLC 提供了 6 个高速计数器 HSC1~HSC6,以响应快速脉冲输入信号。它们独立于 CPU 的扫描周期进行计算,可测量的单相脉冲频率最高为 100kHz,双相或 A/B 相频率最高为 30kHz。高速计数器可用于连接增量型旋转编码器,通过对硬件组态和调用相关指令来使用此功能。

（1）高速计数器的工作模式

高速计数器有 5 种工作模式:①内部方向控制的单相计数;②外部方向控制的单相计数;③双脉冲输入的加/减计数;④两路脉冲输入的双相正交计数;⑤监控 PTO 输出。

每个计数器都有时钟、方向控制、复位启动等特定输入。对于两个相位计数器,两个时钟都可以运行在最高频率,高速计数器的最高计数频率取决于 CPU 的类型和信号板的类型。在正交模式下,可选择 1 倍速、2 倍速或者 4 倍速输入频率的内部计数频率。

① 内部方向控制的单相计数　单相计数的原理如图 6-30 所示,计数器采集记录时钟信号的个数,当内部方向信号为高电平时,计数的当前数值增加;当内部方向信号为低电平时,计数的当前数值减小。

② 外部方向控制的单相计数　计数器采集记录时钟信号的个数,当外部方向信号（如外部按钮信号）为高电平时,计数的当前数值增加;当外部方向信号为低电平时,计数的当前数

值减小。

③ 双脉冲输入的加/减计数　加减两相计数原理如图 6-31 所示，计数器采集并记录时钟信号的个数，加计数信号和减计数信号计数分开。当加计数有效时，计数的当前数值增加；当减计数有效时，计数的当前数值减小。

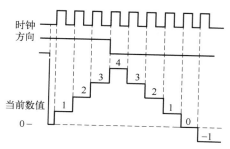

图 6-30　单相计数器原理

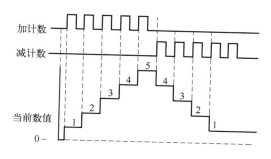

图 6-31　加减两相计数原理

④ 两路脉冲输入的双相正交计数　两路脉冲输入的双相正交计数原理如图 6-32 所示，该模式下有两个脉冲输入端，一个是 A 相，另一个是 B 相。两路输入脉冲 A 相和 B 相的相位相差 90°（正交），A 相超前 B 相 90°时，加计数；A 相滞后 B 相 90°时，减计数。S7-1200 PLC 支持 1 倍速（1 个时钟脉冲计 1 个数）、2 倍速（1 个时钟脉冲计 2 个数）和 4 倍速（1 个时钟脉冲计 4 个数）输入脉冲频率。图 6-32（a）为 1 倍速双相正交计数原理；图 6-32（b）为 4 倍速双相正交计数原理。

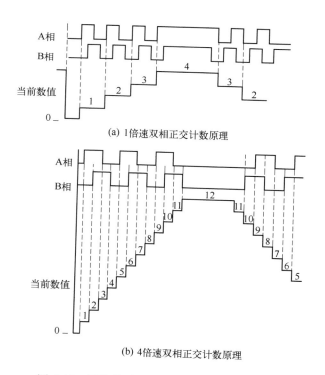

(a) 1倍速双相正交计数原理

(b) 4倍速双相正交计数原理

图 6-32　两路脉冲输入的双相正交计数原理

⑤ 监控 PTO 输出　HSC1 和 HSC2 支持此工作模式，在此工作模式下，不需要外部接线，用于检测 PTO 功能发出的脉冲。如用 PTO 功能控制步进驱动系统或者伺服驱动系统，可利用此模式监控步进电动机或者伺服电动机的位置和速度。

（2）高速计数器的硬件输入

并不是所有的 S7-1200 CPU 模块都支持 6 个高速计数器，不同型号略有差别，例如 CPU 1211 只有 6 个集成输入点，在使用信号板的情况下，最多只能支持 4 个高速计数器。S7-1200 CPU 高速计数器的性能如表 6-41 所示。

表 6-41　高速计数器的性能

CPU/信号板	CPU 输入通道	1 相或 2 相位模式最大频率	A/B 相正交相位模式最大频率
CPU 1211C	Ia.0~Ia.5	100kHz	80kHz
CPU 1212C	Ia.0~Ia.5	100kHz	80kHz
	Ia.6~Ia.7	30kHz	20kHz
CPU 1214C 和 CPU 1215C	Ia.0~Ia.5	100kHz	80kHz
	Ia.6~Ib.1	30kHz	20kHz
CPU 1217C	Ia.0~Ia.5	100kHz	80kHz
	Ia.6~Ib.1	30kHz	20kHz
	Ib.2~Ib.5	1MHz	1MHz
SB 1221，200kHz	Ie.0~Ie.3	200kHz	160kHz
SB 1223，200kHz	Ie.0~Ie.1	200kHz	160kHz
SB 1223	Ie.0~Ie.1	30kHz	20kHz

由于不同计数器在不同的模式下，同一个物理点会有不同的定义，在使用多个计数器时需要注意不是所有计数器都可以同时定义为任意工作模式。高速计数器的硬件输入接口与普通数字量接口使用相同的地址，当某个输入已定义为高速计数器的输入时，就不能再应用于其他功能，但在某个模式下，没有用到的输入点还可以用于其他功能的输入。表 6-42 列出了高速计数器的工作模式和硬件输入定义。

表 6-42　高速计数器硬件输入与工作模式

描述		输入点定义			功能
HSC	HSC1	使用 CPU 集成 I/O 或信号板或监控 PTO0	I0.0 I4.0 PTO0	I0.1 I4.1 PTO0 方向	I0.3	
	HSC2	使用 CPU 集成 I/O 或监控 PTO1	I0.2 PTO1	I0.3 PTO1 方向	I0.1	
	HSC3	使用 CPU 集成 I/O	I0.4	I0.5	I0.7	
	HSC4	使用 CPU 集成 I/O	I0.6	I0.7	I0.5	
	HSC5	使用 CPU 集成 I/O 或信号板	I1.0 I4.0	I1.1 I4.1	I1.2	
	HSC6	使用 CPU 集成 I/O	I1.3	I1.4	I1.5	

续表

描述		输入点定义			功能
模式	内部方向控制的单相计数	时钟			
				复位	
	外部方向控制的单相计数	时钟	方向		计数或频率
				复位	计数
	双脉冲输入的加/减计数	加时钟	减时钟		计数或频率
				复位	计数
	两路脉冲输入的双相正交计数	A 相	B 相		计数或频率
				Z 相	计数
	监控 PTO 输出	时钟	方向		计数

S7-1200 PLC 除了提供技术功能外，还提供了频率测量功能，有 3 种不同的频率测量周期：1.0s、0.1s 和 0.01s。频率测量返回的频率值是上一个测量周期中所有测量值的平均值，无论测量周期如何选择，测量出的频率值总是以 Hz 为单位。

（3）高速计数器的寻址

S7-1200 CPU 将每个高速计数器的测量值以 32 位双整型有符号数的形式存储在输入过程映像区内，在程序中可直接访问这些地址，可以在设备组态中修改这些存储地址。由于过程映像区受扫描周期的影响，在一个扫描周期内高速计数器的测量数值不会发生变化，但高速计数器中的实际值有可能会在一个扫描周期内发生变化，所以可以通过直接读取外设地址的方式读取到当前时刻的实际值。例如 ID 1000，其外设地址为“ID 1000：P”。表 6-43 为高速计数器的默认地址列表。

表 6-43　高速计数器默认地址

高速计数器编号	数据类型	默认地址	高速计数器编号	数据类型	默认地址
HSC1	DINT	ID 1000	HSC4	DINT	ID 1012
HSC2	DINT	ID 1004	HSC5	DINT	ID 1016
HSC3	DINT	ID 1008	HSC6	DINT	ID 1020

（4）高速计数器的组态

在用户程序使用高速计数器之前，应先对 HSC 进行组态，设置 HSC 的计数模式。某些 HSC 的参数在设备组态中初始化，以后可以用程序来修改。在此以 CPU 1215C DC/DC/RLY（6ES7 215-1HG40-0XB0）为例，讲述 HSC1 的组态，具体步骤如下所述。

① 启用高速计数器　在设备视图下，双击 CPU 模块，在“属性”→“常规”→“高速计数器”中可以看到该 CPU 模块支持 6 种高速计数器 HSC1~HSC6。选中“HSC1”下的“常规”，然后在其右边窗口的复选框中启用该 HSC1，如图 6-33 所示。

② 功能的设置　选中“HSC1”下的“功能”，在右边窗口设置“计数类型”“工作模式”等相关内容，如图 6-34 所示。

点击“计数类型”下拉列表，可选择“计数”“周期”“频率”或“Motion Control（运动控制）”。如果选择“周期”或“频率”，使用“频率测量周期”下拉列表，可以选择 0.01s、0.1s 和 1.0s。

图 6-33　启动高速计数器 HSC1

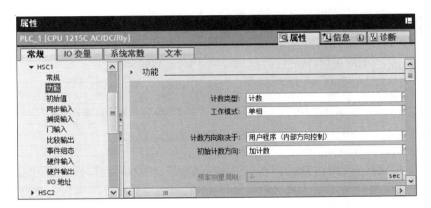

图 6-34　"功能"的设置

　　点击"工作模式"下拉列表，可选"单相""两相位""A/B 计数器"或"AB 计数器四倍频"。点击"计数方向取决于"下拉列表，可选"用户程序（内部方向控制）"或"输入（外部方向控制）"。点击"初始计数方向"下拉列表，可选择"加计数"或"减计数"。

　　③ 设置初始值　选中"HSC1"下的"初始值"，在右边窗口设置初始值，如图 6-35 所示。"初始计数器值"是指当复位后，计数器重新计数的起始数值；"初始参考值"是指当计数值达到此值时，可以激发一个硬件中断。

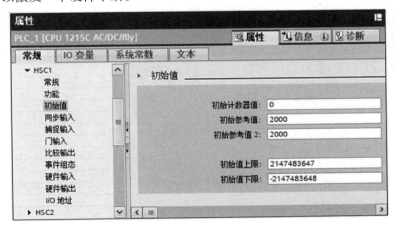

图 6-35　"初始值"的设置

④ 设置同步输入　选中"HSC1"下的"同步输入"，在右边窗口设置同步输入功能，如图6-36 所示。选中"使用外部同步输入"，则可以通过外部输入信号给计数器设置起始值，这样用户可以使当前计数值与所需的外部输入信号实现值同步。点击"同步输入的信号电平"下拉列表，可选择"高电平有效""低电平有效""上升沿""下降沿"或"上升沿和下降沿"。

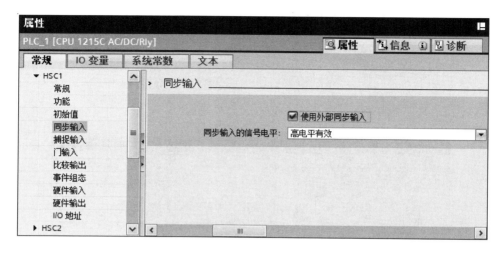

图 6-36　"同步输入"的设置

⑤ 设置捕捉输入　选中"HSC1"下的"捕捉输入"，在右边窗口设置捕捉输入功能，如图6-37 所示。选中"使用外部输入捕获电流计数"，捕捉功能会在外部输入边沿出现的位置捕获当前计数值。点击"记录输入的启动条件"下拉列表，可选择"上升沿""下降沿"或"上升沿和下降沿"。

⑥ 设置门输入　许多应用需要根据其他事件的情况来开启或关闭计数程序，此时需要通过内部门功能来开启或关闭计数。每个 HSC 通道有两个门：软件门和硬件门。如果软件门和硬件门都处于打开状态或尚未进行组态，则内部门会打开。内部门打开，则开始计数。如果内部门关闭，则会忽略其他所有计数脉冲，并且停止计数。选中"HSC1"下的"门输入"，在右边窗口设置门输入功能，如图 6-38 所示。选中"使用外部门输入"，可通过外部硬件方式来开启或关闭 HSC 计数程序。点击"硬件门的信号电平"下拉列表，可选择"高电平有效"或"低电平有效"。

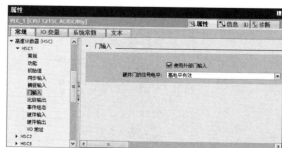

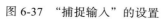

图 6-37　"捕捉输入"的设置　　　　图 6-38　"门输入"的设置

　　⑦ 设置比较输出　启用"比较输出"功能会生成一个可组态脉冲,每次发生组态的事件时便会产生脉冲。选中"HSC1"下的"比较输出",在右边窗口设置比较输出功能,如图 6-39 所示。在"计数事件"下拉列表中选择相应的计数事件,则可比较输出生成一个脉冲。在"输出脉冲的周期时间"中设置 1~500ms 的循环周期范围内组态输出脉冲,默认值为 10ms。"输出的脉冲宽度"也就是设置输出脉冲宽度的占空比,默认为 50%。

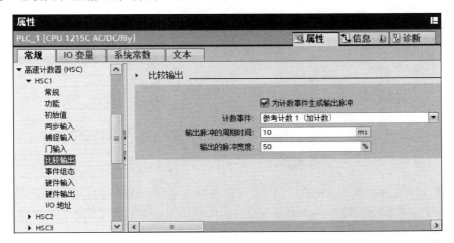

图 6-39　"比较输出"的设置

　　⑧ 设置事件组态　选中"HSC1"下的"事件组态",在右边窗口的事件组态区,可通过下拉列表选择硬件中断 OB,然后将其连接到 HSC 事件,如图 6-40 所示。中断的优先级取值范围为 2~26,其中 2 为最低级,26 为最高级。

　　⑨ 设置硬件输入　选中"HSC1"下的"硬件输入",在右边窗口的硬件输入区可设置各硬件输入端子,如图 6-41 所示。

　　⑩ 设置硬件输出　启用了"比较输出"时,应选择可用的输出点。选中"HSC1"下的"硬件输出",在右边窗口的硬件输出区可设置比较输出端子,如图 6-42 所示。

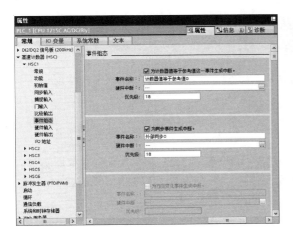

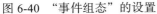

图 6-40　"事件组态"的设置

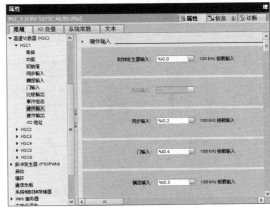

图 6-41　"硬件输入"的设置

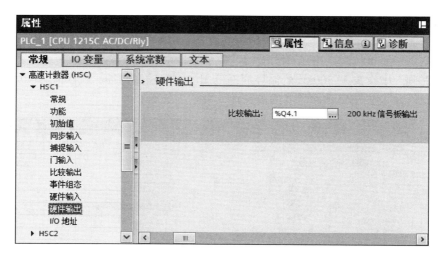

图 6-42　"硬件输出"的设置

⑪ 设置 I/O 地址　选中"HSC1"下的"I/O 地址",在右边窗口的 I/O 地址区可设置 HSC1 输入的起始与结束地址,如图 6-43 所示。通常采用默认值,起始与结束地址不更改。本例占用了 IB1000~IB1003,共 4 个字节,实际就是 ID1000。

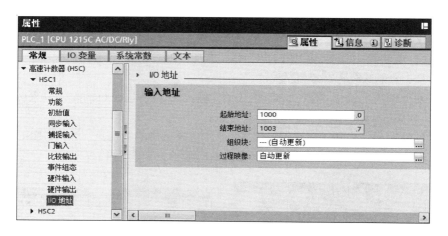

图 6-43　"I/O 地址"的设置

6.4.2　高速计数器指令

TIA Portal 软件在"工艺"→"计数"指令中为 S7-1200 PLC 提供了两条高速计数器指令,分别是控制高速计数器指令 CTRL_HSC 和控制高速计数器扩展指令 CTRL_HSC_EXT。

（1）控制高速计数器指令 CTRL_HSC

使用 CTRL_HSC 指令,可以对参数进行设置并通过将新值加载到计数器来控制 CPU 支持的高速计数器,其指令参数如表 6-44 所示。

表 6-44　CTRL_HSC 指令参数表

梯形图指令符号	参数	数据类型	说明
	EN	BOOL	允许输入
	ENO	BOOL	允许输出
	HSC	HW_HSC	硬件标识符，即 HSC 的硬件地址
	DIR	BOOL	启用新的计数方向
	CV	BOOL	启用新的计数值
	RV	BOOL	启用新的参考值
	PERIOD	BOOL	启用新的频率测量周期
	NEW_DIR	INT	DIR 为 TRUE 时装载的计数方向
	NEW_CV	DINT	CV 为 TRUE 时装载的计数值
	NEW_RV	INT	RV 为 TRUE 时装载的参考值
	NEW_PERIOD	INT	PERIOD 为 TRUE 时装载的频率测量周期
	BUSY	BOOL	处理状态
	STATUS	WORD	运行状态

使用说明：

① 指令的执行需要启用待控制的高速计数器。对于指定的高速计数器，无法在程序中同时执行多个 CTRL_HSC 指令。

② 计数方向（NEW_DIR）定义高速计数器是加计数还是减计数，NEW_DIR 为"1"时，加计数；NEW_DIR 为"0"时，减计数。输入 NEW_DIR 指定的计数方向将在置位输入 DIR 位时装载到高速计数器。

③ 计数值（NEW_CV）是高速计数器开始计数时使用的初始值，其范围为-2147483648~2147483647。输入 NEW_CV 指定的计数值将在置位输入 CV 位时装载到高速计数器。

④ 可以通过比较参考值（NEW_RV）和当前计数的值，以便触发一个报警。参考值的范围为-2147483648~2147483647。输入 NEW_RV 指定的参考值将在置位输入 RV 位时加载到高速计数器。

⑤ 频率测量周期（NEW_PERIOD）通过输入以下值来指定：10=0.01s，100=0.1s，1000=1s。

⑥ 插入 CTRL_HSC 指令时，系统将创建一个用于保存操作数据的背景数据块。

（2）控制高速计数器扩展指令 CTRL_HSC_EXT

使用 CTRL_HSC_EXT 指令，可以通过将新值加载到计数器来进行参数分配和控制 CPU 支持的高速计数器，其指令参数如表 6-45 所示。

表 6-45　CTRL_HSC_EXT 指令参数表

梯形图指令符号	参数	数据类型	说明
	EN	BOOL	允许输入
	ENO	BOOL	允许输出
	HSC	HW_HSC	硬件标识符，即 HSC 的硬件地址
	CTRL	VARIANT	使用系统数据类型（SDT）
	DONE	BOOL	成功处理指令后的反馈
	BUSY	BOOL	处理状态
	ERROR	BOOL	错误处理指令的反馈
	STATUS	WORD	运行状态

梯形图指令符号栏：

```
        CTRL_HSC_EXT
── EN              ENO ──
── HSC            DONE ──
── CTRL           BUSY ──
                 ERROR ──
                STATUS ──
```

使用说明：

① 指令的执行需要启用待控制的高速计数器。对于指定的高速计数器，无法在程序中同时执行多个 CTRL_HSC_EXT 指令。

② 只有输入 EN 的信号状态为"1"时，才执行 CTRL_HSC_EXT 指令。只要该指令在执行，输出 BUSY 的位就会被置位，该指令执行完后，输出 BUSY 的位立即复位。

③ 对于周期测量，CTRL 支持的系统数据类型与"周期"操作模式下组态的 HSC 相对应。

④ 插入 CTRL_HSC_EXT 指令时，系统将创建一个用于保存操作数据的背景数据块。

6.4.3　高速计数器的应用

例 6-14： 高速计数器的单相计数。

（1）控制要求

使用高速计数器 HSC1 对输入端 I0.0 的脉冲信号进行计数，当计数值达到 100~500 时，与输出端 Q0.0 连接的指示灯点亮。

（2）控制分析

本例 CPU 模块选择 CPU 1215C DC/DC/RLY，高速计数器为 HSC1，模式为单相计数，内部方向控制，无外部复位。LED 指示灯与 Q0.0 连接，外部脉冲接入 I0.0，使用 HSC1 的预置值中断（CV=RV）功能实现此应用。

（3）硬件组态

① 在设备视图下，双击 CPU 模块，执行"属性"→"常规"→"高速计数器"，然后选中"HSC1"下的"常规"，并启用该高速计数器。

② 选中"HSC1"下的"功能"，设置计数类型为"计数"，工作模式为"单相"，计数方向取决于"用户程序（内部方向控制）"，初始方向为"加计数"。

③ 选中"HSC1"下的"初始值"，初始计数器值设置为 0，初始参数值为"100"。

④ 选中"HSC1"下的"事件组态"，启用"为计数器值等于参数值这一事件生成中断"，事件名称为"计数器值等于参数值 0"，硬件中断选择"Hardware interrupt"。

⑤ 选中"HSC1"下的"硬件输入"，选择时钟发生器输入为"I0.0"。

⑥ 选中 "HSC1" 下的 "I/O 地址"，采用默认值，起始与结束地址不更改。

（4）编写 PLC 控制程序

在项目树的 "程序块" 中添加 "硬件中断组织块"，在中断组织块中编写如表 6-46 所示程序。在程序段 1 中，每次进入硬件中断，使 Q0.0 的状态发生改变，例如第 1 次进入中断时，Q0.0 置位，下一次进入 Q0.0 复位。在程序段 2 中，第 1 次进入中断时 Q0.0 置位，使预设值更改为 500，再次进入时预设值更改为 100，MD4 用于存储预设值。在程序段 3 中，高速计数器硬件识别号为 257，使能更新初始值和预设值，DB1 为背景数据块。

表 6-46　在 OB40 中输入的高速计数器单相计数程序

程序段	LAD
程序段 1	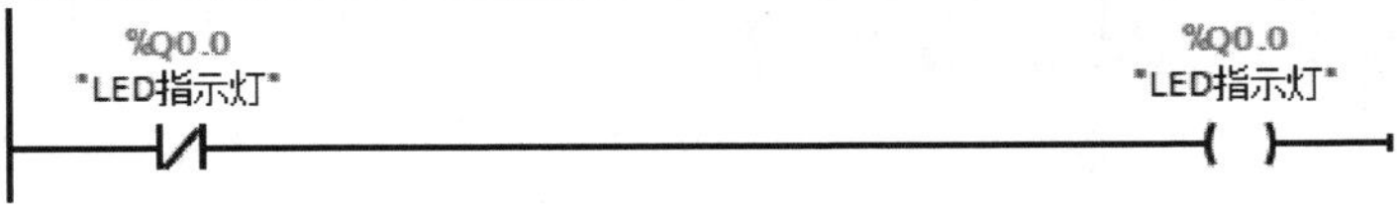 %Q0.0 "LED指示灯" —|/|— ... %Q0.0 "LED指示灯" —( )—
程序段 2	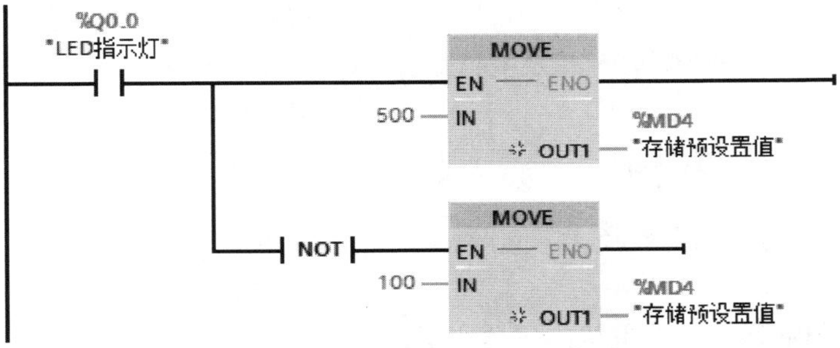 %Q0.0 "LED指示灯" —| |— MOVE EN ENO 500 — IN OUT1 — %MD4 "存储预设置值" ; —| NOT |— MOVE EN ENO 100 — IN OUT1 — %MD4 "存储预设置值"
程序段 3	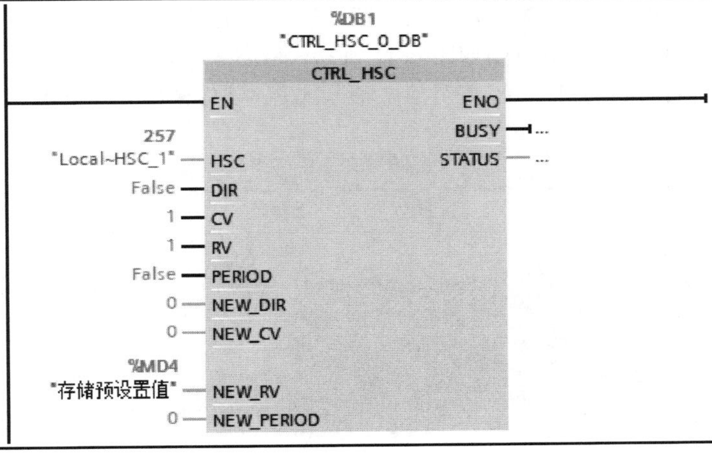 %DB1 "CTRL_HSC_0_DB" CTRL_HSC EN ENO 257 "Local~HSC_1" — HSC BUSY — ... False — DIR STATUS — ... 1 — CV 1 — RV False — PERIOD 0 — NEW_DIR 0 — NEW_CV %MD4 "存储预设置值" — NEW_RV 0 — NEW_PERIOD

6.5　运动控制

运动控制是自动化的一个分支，它使用伺服机构的一些设备，如液压泵、线性执行机构或电动机来控制机器的位置或速度。运动控制被广泛应用于机器人、数控机床、包装、印刷、纺织和装配工业中。

6.5.1 运动控制的基础知识

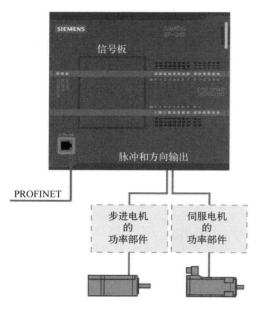

图 6-44   S7-1200 运动控制示意图

S7-1200 PLC 集成了工艺功能，它通过脉冲接口为步进电机和伺服电机的运行提供运动控制功能。S7-1200 在运动控制中使用了"轴"的概念，用户在 TIA Portal 中，通过对"轴"的组态（如硬件接口、位置定义、动态特性、机械特性等）与相关的"命令表"组合使用，可控制步进电机和伺服电机的脉冲和方向输出。

（1）运动控制功能的原理

S7-1200 PLC 输出脉冲和方向信号至驱动器（如步进电机的功率部件、伺服电机的功率部件），驱动器再将从 CPU 输入的给定值经过处理后输出到步进电机或伺服电机，控制步进电机或伺服电机加速/减速和移动到指定位置，如图 6-44 所示。

步进电机或伺服电机的编码器提供"轴"的闭环控制的实际位置。编码器信号输入到驱动器，用于计算速度和当前位置，而 S7-1200 PLC 内部的高速计数器测量 CPU 上的脉冲输出，计算速度与位置，但此数值并非电机编码器所反馈的实际速度与位置。S7-1200 PLC 在运行过程中，可以修改电机的速度和位置，使运动系统在停止的情况下，实时改变目标速度和位置。

运动控制功能原理示意图如图 6-45 所示，从图中可以看出，S7-1200 PLC 运动控制功能的实现主要包括：用户程序、工艺对象"轴"、CPU 硬件输出、驱动器。

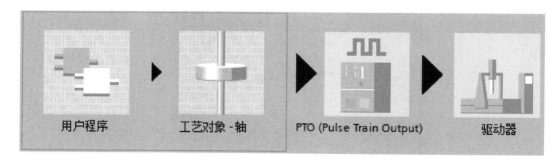

图 6-45   运动控制功能原理示意图

驱动器主要包括伺服电机的功率部件和步进电机的功率部件，CPU 通过硬件脉冲输出（PTO），给出脉冲与方向信号，用于控制伺服电机或步进电机的运转。

CPU 模块由 CPU 本体集成输出点或 SB 信号板上的硬件输出点，输出一串占空比为 50%的脉冲串（PTO），并可以通过改变脉冲串的频率实现伺服电机或步进电机加减速控制。

CPU 本体集成输出点的最高频率为 100kHz，SB 信号板输出的最高频率为 20kHz，CPU 模块在启用 PTO 功能时将占用集成点 Qa.0、Qa.2 或信号板的 Q4.0、Q4.2 作为脉冲输出点，Qa.1、

Qa.3 和 Q4.3 作为方向信号输出点。虽然使用了过程映像区的地址，但这些点会被 PTO 功能占用，不会受扫描周期的影响，其作为普通输出点的功能被禁止。

"轴"表示驱动的工艺对象，它是用户程序与驱动的接口。工艺对象从用户程序中接收到运动控制命令后，在运行时执行并监视执行状态。

（2）工艺对象的组态

例 6-15：运动控制中工艺对象的组态。

进行运动控制前需先对工艺对象进行组态才能应用运动控制指令，工艺对象的组态包括 3 部分的内容：工艺对象"轴"的参数配置、轴控制面板的设置以及诊断面板的设置。下面，详细讲解其操作方法。

1）工艺对象"轴"的参数配置　工艺对象"轴"的参数配置主要定义了工程单位（如脉冲/s，转/分）、软硬件限位、启动/停止速度、参考点定义等。其配置步骤如下。

① 插入工艺对象　在 TIA Portal 软件项目视图下，双击项目树"PLC_1"设备下"工艺对象"的"新增对象"，如图 6-46 所示，弹出如图 6-47 所示的界面。在图 6-47 中，选 择 "运动控制" → "Motion Control" → TO_PositioningAxis"，然后单击"确定"按钮，将弹出如图 6-48 所示的界面。

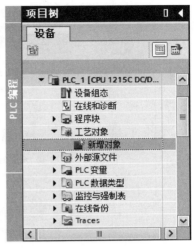

图 6-46　插入工艺对象

图 6-47　新增"轴"对象

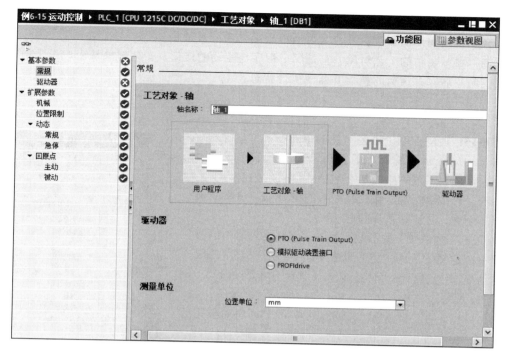

图 6-48　配置常规参数

②　配置常规参数　图 6-48 显示的是"功能图"→"基本参数"→"常规"设置界面，在此界面中可以设置"轴"名称、选择相应的驱动器以及设置测量单位。"驱动器"项目中可选择 PTO（表示运动控制由脉冲控制）、模拟驱动装置接口（表示运动控制由模拟量控制）和 PROFIdrive（表示运动控制由通信控制）。测量单位可以根据实际情况进行选择。

③　配置驱动器参数　点击"功能图"→"基本参数"→"驱动器"，将弹出如图 6-49 所示的驱动器设置界面。在此界面中可以进行"硬件接口"和"驱动装置的使能和反馈"的相关设置。在"硬件接口"中，为轴控制选择 PTO 脉冲发生器输出（Pulse_1、Pulse_2、Pulse_3、Pulse_4），设置其对应的脉冲输出点和信号类型以及方向输出。"驱动装置的使能和反馈"在工程中经常用到，当 PLC 准备就绪，输出一个信号到驱动器的使能端子上，通知驱动器，PLC 已经准备就绪。当驱动器准备就绪后发出一个信号到 PLC 的输入端，通知 PLC，驱动器已经准备就绪。

④　配置机械参数　点击"功能图"→"扩展参数"→机械，将弹出如图 6-50 所示的机械参数设置界面。"电机每转的脉冲数"可输入电机（伺服电机或步进电机）旋转一周所需有脉冲个数，这取决于电机自带编码器的参数。"电机每转的负载位移"可设置电机旋转一周生产机械所产生的位置，这取决于机械结构，如伺服电机与丝杆直接相连接，则此参数就是丝杆的螺距。"所允许的旋转方向"可设置电机的旋转方向为双向、正方向或反方向。

⑤　配置位置限制参数　点击"功能图"→"扩展参数"→"位置限制"，将弹出如图 6-51 所示的位置限制参数设置界面。在此界面中，选择"启用硬限位开关"复选框，使能机械系统的硬件限位功能，在轴到达硬件限位开关时，它将使用急停减速斜坡停止。选择"启用软限位开关"复选框，使能机械系统的软件限位功能，此功能通过程序或组态定义系统的极限位置。在轴达到软限位位置时，激活的运动停止。

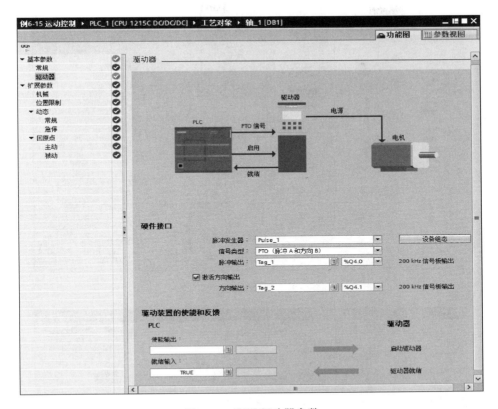

图 6-49　配置驱动器参数

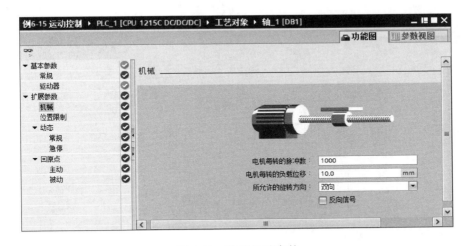

图 6-50　配置机械参数

⑥ 配置动态常规参数　点击"功能图"→"扩展参数"→"动态"→"常规",将弹出如图 6-52 所示的动态常规参数设置界面。在此界面"速度限值的单位"项可以选择速度限制值的单位为脉冲/s、转/分或 mm/s（位移单位/秒）；"最大转速"项可以定义系统的最大运行速度,系统自动运算以 mm/s 为单位的最大速度；"启动/停止速度"项可以定义系统的启动/停止速度,考虑到电机的转矩等机械特性,其启动/停止速度不能为 0,系统自动运算以 mm/s 为单位的启动/停止速度；可以设置加速度、减速度和加速时间、减速时间。

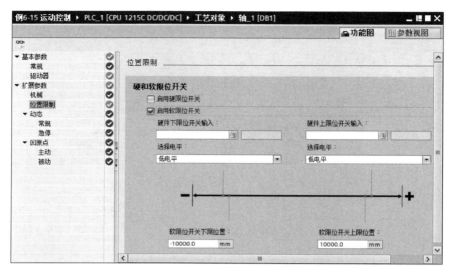

图 6-51　配置位置限制参数

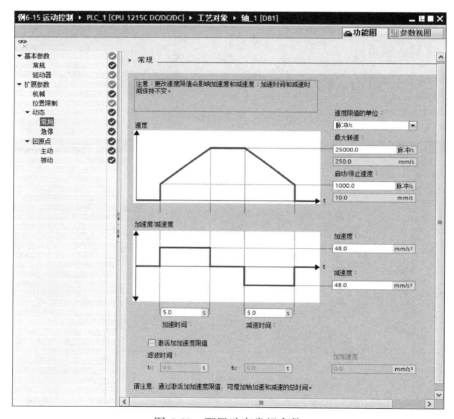

图 6-52　配置动态常规参数

⑦ 配置动态急停参数　点击"功能图"→"扩展参数"→"动态"→"急停",将弹出如图 6-53 所示的动态急停参数设置界面。在此界面中"紧急减速度"可以设置从最大速度急停减速到启动/停止速度的减速度;"急停减速时间"可以设置从最大速度急停减速到启动/停止速度的减速时间。

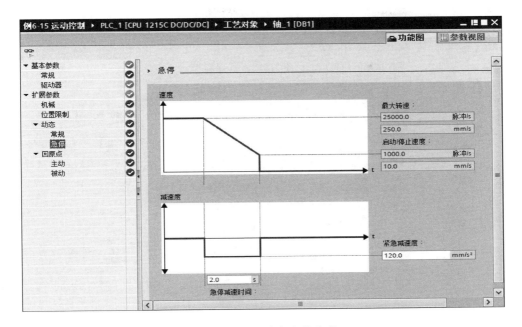

图 6-53　配置动态急停参数

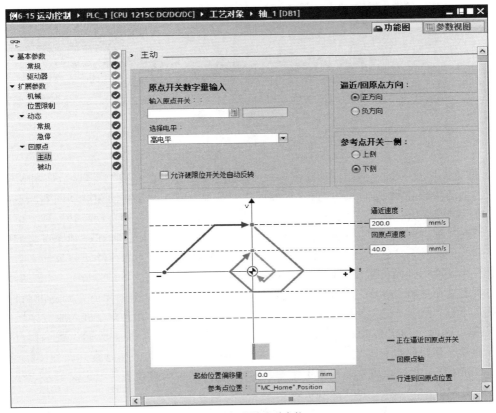

(a) 配置回原点主动参数

图 6-54

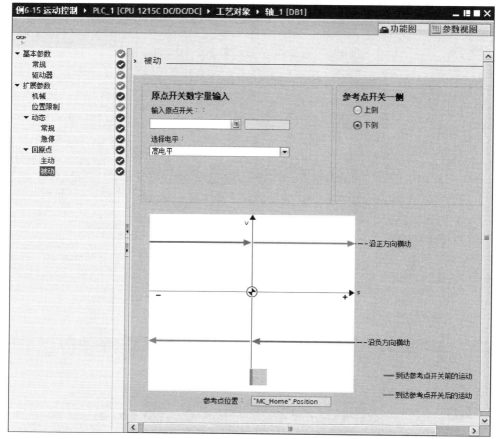

(b) 配置回原点被动参数

图 6-54 配置回原点参数

⑧ 配置回原点参数　　点击"功能图"→"扩展参数"→"回原点"，将显示如图 6-54 所示的回原点主动参数和回原点被动参数设置界面。在界面中可以设置主动和被动回到原点的数字量开关以及数字量开关的电平状态。选择复选框"允许硬限位开关处自动反转"项，可以使能在寻找原点过程中碰到硬件限位点自动反向。在激活回原点功能后，轴在碰到原点之前碰到了硬件限位点，此时系统认为原点在反方向，会按组态好的斜坡减速曲线停止并反转。若该功能没有激活并且轴达到硬件限位，则回原点过程会因为错误被取消，并紧急停止。"逼近/回原点方向"项定义在执行寻找原点的过程中的初始方向，包括正方向逼近和负方向逼近两种方式。"参考点开关一侧"项定义使用参考点上侧或下侧。"逼近速度"项定义在进入原点区域时的速度。"回原点速度"项定义进入原点区域后，到达原点位置时的速度。"起始位置偏移量"项是用于当参考点开关位置有差别时，在此输入距离参考点的偏移量，轴已到达，速度接近零位。在 MC_Home 语句的"位置"参数指定绝对参考点坐标。"参考点位置"项定义参考点坐标，参考点坐标由 MC_Home 指令的 Position 参数确定。

　　2）轴控制面板的设置　　在 TIA Portal 软件中，用户可以使用轴控制面板调试驱动设备、测试轴和驱动的功能。轴控制面板允许用户在手动方式下实现参考点定位、绝对位置运动、相对位置运动和点动等功能。例如在 TIA Portal 软件项目视图下，双击项目树中已添加的"轴"工

艺对象下的"调试",如图 6-55 所示,将弹出如图
6-56 所示的轴控制面板设置对话框,在图 6-56 中,单
击"激活"和"启用"按钮,再选中"点动"选项,之
后单击"正向"或者"反向"按钮,电机将以设定的速
度正向或反向运行,并在轴控制面板中,实时显示当
前位置和速度。

3)诊断面板的设置　诊断面板用于显示轴的关键
状态和错误信息。当轴激活时,在 TIA Portal 软件项目
视图下,双击项目树中已添加的"轴"工艺对象下的
"诊断",将打开诊断面板设置界面。该界面包括了状
态和错误位、运动状态、动态设置等。

① 状态和错误位　单击"诊断"→"状态和错误
位",将显示如图 6-57 所示的界面。在此界面中将显
示轴、驱动器、运动、运动类型的状态消息,以及限位
开关状态消息和错误消息。

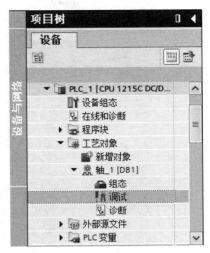

图 6-55　打开轴控制面板

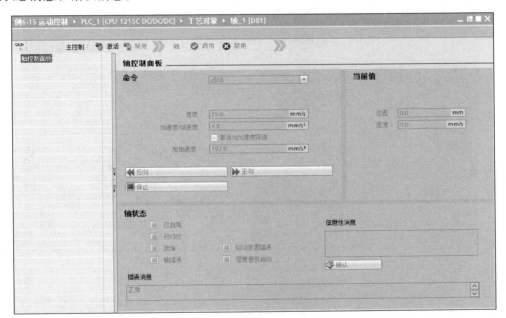

图 6-56　轴控制面板设置

② 运动状态　点击"诊断"→"运动状态",将显示如图 6-58 所示的界面。在此界面将显
示位置设定值、速度设定值、目标位置和剩余行进距离等参数。

③ 动态设置　点击"诊断"→"动态设置",将显示如图 6-59 所示的界面。在此界面中包
含了加速度、减速度、紧急减速度、加加速度等参数。

6.5.2　运动控制指令

S7-1200 的运动控制指令包括:MC_Power、MC_Reset、MC_Home、MC_Halt、MC_MoveAbsolute、

图 6-57　状态和错误位

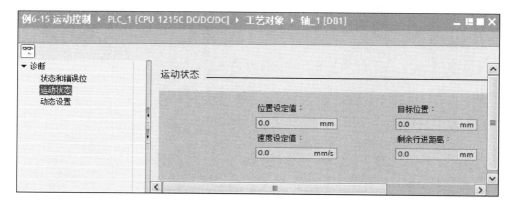

图 6-58　运动状态

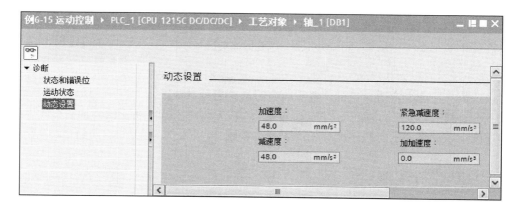

图 6-59　动态设置

MC_MoveRelative、MC_MoveVelocity 和 MC_MoveJog 等。这些指令块在调用时，需指定背景数据块。

（1）MC_Power 系统使能指令块

轴在运动之前，必须先使用 MC_Power 指令将其使能，MC_Power 的指令参数如表 6-47 所示。在用户程序中，针对每个轴只能调用 1 次 MC_Power 指令。

表 6-47　MC_Power 指令参数表

梯形图指令符号	参数	数据类型	说明
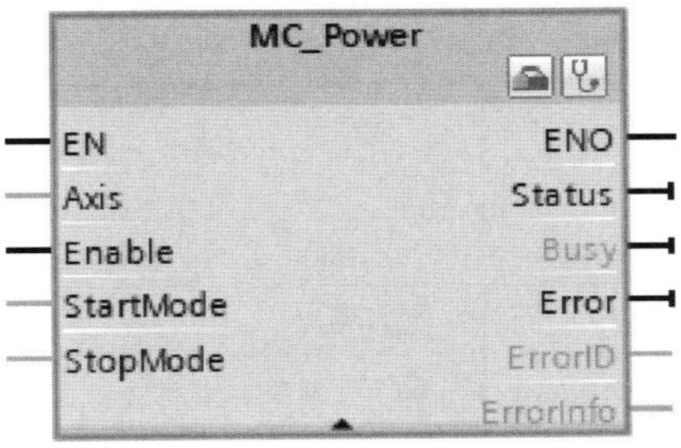	EN	BOOL	允许输入
	ENO	BOOL	允许输出
	Axis	TO_Axis	轴工艺对象
	Enable	BOOL	使能端，为 1 时启用轴，为 0 时紧急停止轴
	StartMode	INT	启用模式，"0"表示启用位置不受控的定位轴，"1"表示启用位置受控的定位轴
	StopMode	INT	停止模式，"0"表示紧急停止，"1"表示立即停止，"2"表示带有加速度变化率控制的紧急停止
	Status	BOOL	轴的使能状态，FALSE 表示禁止轴，TRUE 表示轴已启用
	Busy	BOOL	TRUE 表示命令正在执行
	Error	BOOL	TRUE 表示命令启动过程出错
	ErrorID	WORD	错误 ID
	ErrorInfo	WORD	错误信息

（2）MC_Reset 错误确认指令块

如果存在"伴随轴停止出现的运行错误"和"组态错误"时，需调用 MC_Reset 错误确认指令块进行复位，其指令参数如表 6-48 所示。

（3）MC_Home 回原点/设置原点指令块

参考点在系统中有时作为坐标原点，对于运动控制系统是非常重要的。MC_Home 指令可以将轴坐标与实际物理驱动器位置匹配，其指令参数如表 6-49 所示。

（4）MC_Halt 停止轴指令块

使用 MC_Halt 指令，可以停止所有运动并已组态的减速度停止轴，指令参数如表 6-50 所示。

表 6-48　MC_Reset 指令参数表

梯形图指令符号	参数	数据类型	说明
	EN	BOOL	允许输入
	ENO	BOOL	允许输出
	Axis	TO_Axis	轴工艺对象
	Execute	BOOL	执行端，在上升沿启动指令
	Restart	BOOL	TRUE 将轴组态从装载存储器下载到工作存储器；FALSE 确认待决的错误
	Done	BOOL	TRUE 表示错误已确认
	Busy	BOOL	TRUE 表示命令正在执行
	Error	BOOL	TRUE 表示执行命令期间出错
	ErrorID	WORD	错误 ID
	ErrorInfo	WORD	错误信息

表 6-49　MC_Home 指令参数表

梯形图指令符号	参数	数据类型	说明
	EN	BOOL	允许输入
	ENO	BOOL	允许输出
	Axis	TO_Axis	轴工艺对象
	Execute	BOOL	执行端，在上升沿启动指令
	Position	REAL	当轴到达参考输入点时的绝对位置（Mode=0、2 或 3）；对当前轴位置的修正值（Mode=1）
	Mode	INT	为 0 表示绝对式直接归位；为 1 表示相对式直接归位；为 2 表示被动回原点；为 3 表示主动回原点；为 6 表示绝对编码器相对调节；为 7 表示绝对编码器绝对调节
	Done	BOOL	TRUE 表示命令已完成
	Busy	BOOL	TRUE 表示命令正在执行
	CommandAbort	BOOL	TRUE 表示命令在执行过程中被另一命令中止
	Error	BOOL	TRUE 表示执行命令期间出错
	ErrorID	WORD	错误 ID
	ErrorInfo	WORD	错误信息
	ReferenceMarkPosition	REAL	显示工艺对象归位位置

表 6-50　MC_Halt 指令参数表

梯形图指令符号	参数	数据类型	说明
	EN	BOOL	允许输入
	ENO	BOOL	允许输出
	Axis	TO_Axis	轴工艺对象
	Execute	BOOL	执行端，在上升沿启动指令
	Done	BOOL	TRUE 表示速度达到零
	Busy	BOOL	TRUE 表示命令正在执行
	CommandAborted	BOOL	TRUE 表示命令在执行过程中被另一命令中止
	Error	BOOL	TRUE 表示执行命令期间出错
	ErrorID	WORD	错误 ID
	ErrorInfo	WORD	错误信息

（5）MC_MoveAbsolute 绝对位移指令块

使用 MC_MoveAbsolute 指令启动轴定位运动，将轴移动到某个绝对位置，指令参数如表6-51 所示。该指令需要在定义好参考点，建立起坐标系统后才能使用，通过指定参数可达到机械限位内的任意一点。当上升沿使能调用选项后，系统会自动计算当前位置与目标位置之间的脉冲数，并加速到指定速度，在到达目标位置时减速到启动/停止速度。

表 6-51　MC_MoveAbsolute 指令参数表

梯形图指令符号	参数	数据类型	说明
	EN	BOOL	允许输入
	ENO	BOOL	允许输出
	Axis	TO_Axis	轴工艺对象
	Execute	BOOL	执行端，在上升沿启动指令
	Position	REAL	绝对目标位置
	Velocity	REAL	用户定义的运行速度，必须大于或等于组态的启动/停止速度
	Direction	INT	轴的运动方向，0 为速度的符号，1 为从正方向逼近目标位置，2 为从负方向逼近目标位置，3 为最短距离
	Done	BOOL	TRUE 表示达到绝对目标位置
	Busy	BOOL	TRUE 表示命令正在执行
	CommandAborted	BOOL	TRUE 表示命令在执行过程中被另一命令中止
	Error	BOOL	TRUE 表示执行命令期间出错
	ErrorID	WORD	错误 ID
	ErrorInfo	WORD	错误信息

（6）MC_MoveRelative 相对位移指令块

使用 MC_MoveRelative 指令启动轴定位运动，将轴移动到某个相对位置，指令参数如表 6-52 所示。该指令不需要建立参考点，只需定义运行距离、方向及速度。

表 6-52　MC_MoveRelative 指令参数表

梯形图指令符号	参数	数据类型	说明
	EN	BOOL	允许输入
	ENO	BOOL	允许输出
	Axis	TO_Axis	轴工艺对象
	Execute	BOOL	执行端，在上升沿启动指令
	Distance	REAL	定位操作的移动距离
	Velocity	REAL	用户定义的运行速度，必须大于或等于组态的启动/停止速度
	Done	BOOL	TRUE 表示达到相对目标位置
	Busy	BOOL	TRUE 表示命令正在执行
	CommandAborted	BOOL	TRUE 表示命令在执行过程中被另一命令中止
	Error	BOOL	TRUE 表示执行命令期间出错
	ErrorID	WORD	错误 ID
	ErrorInfo	WORD	错误信息

（7）MC_MoveVelocity 以设定速度移动轴指令块

使用 MC_MoveVelocity 指令，将根据指定的速度连续移动轴，指令参数如表 6-53 所示。

（8）MC_MoveJog 点动指令块

使用 MC_MoveJog 指令可以让轴运动在点动模式，指令参数如表 6-54 所示。使用指令时，首先要在 Velocity 端设置好点动速度，然后置位向前点动或向后点动端，当 JogForward 或 JogBackward 端复位时点动停止。

6.5.3　运动控制的应用

例 6-16：步进电动机的运动控制。

（1）控制要求

某控制系统中要求使用运动控制以实现步进电动机的点动正反转控制、角度控制和速度控制。在点动模式下，若按下逆时针旋转按钮，电动机实现逆时针旋转；按下顺时针旋转按钮，电动机实现顺时针旋转；松开旋转按钮，电动机停止运行。在自动模式下，启动轴定位运动，根据输入的旋转角度将轴移动到相对位置。

表 6-53　MC_MoveVelocity 指令参数表

梯形图指令符号	参数	数据类型	说明
	EN	BOOL	允许输入
	ENO	BOOL	允许输出
	Axis	TO_Axis	轴工艺对象
	Execute	BOOL	执行端，在上升沿启动指令
	Velocity	REAL	用户定义的运行速度，必须大于或等于组态的启动/停止速度
	Direction	INT	指定方向，0 表示旋转方向取决于参数 "Velocity" 值的符号，1 为正方向旋转，2 为负方向旋转
	Current	BOOL	TRUE 表示 "保持当前速度" 已启用，不考虑参数 Velocity 和 Direction
	PositionControlled	BOOL	TRUE 表示位置控制操作；FALSE 表示非位置控制操作
	InVelocity	BOOL	速度指示，当 Current 为 0，InVelocity=1 表示预定速度已达到；当 Current 为 1，InVelocity=1 表示速度已被保持
	Busy	BOOL	TRUE 表示命令正在执行保持
	CommandAborted	BOOL	TRUE 表示命令在执行过程中被另一命令中止
	Error	BOOL	TRUE 表示执行命令期间出错
	ErrorID	WORD	错误 ID
	ErrorInfo	WORD	错误信息

（2）控制分析

可指定 CPU 模块（CPU 1215C DC/DC/DC）的 PTO1 高速脉冲输出以控制步进电动机的转速。设置运动控制 "轴" 的相关参数，并由运动控制指令来实现步进电动机的点动正反转控制、角度控制和速度控制。

（3）硬件组态

1）组态 CPU 脉冲输出

① 在设备视图下，双击 CPU 模块，执行 "属性" → "常规" → "脉冲发生器"，然后选中 "PTO1/PWM1" 下的 "常规"，并启用该脉冲发生器。

② 在 "参数分配" 中的 "脉冲选项" 下，将 "信号类型" 设置为 "PTO（脉冲 A 和方向 B）"。"硬件输出" 中的 "脉冲输出" 设置为 Q0.0；"方向输出" 设置为 Q0.1，如图 6-60 所示。

2）工艺对象 "轴" 的参数配置

表 6-54　MC_MoveJog 指令参数表

梯形图指令符号	参数	数据类型	说明
	EN	BOOL	允许输入
	ENO	BOOL	允许输出
	Axis	TO_Axis	轴工艺对象
	JogForward	BOOL	为 1 轴正向移动
	JogBackward	BOOL	为 1 轴反向移动
	Velocity	REAL	点动模式下预设速度
	PositionControlled	BOOL	TRUE 表示位置控制操作；FALSE 表示非位置控制操作
	InVelocity	BOOL	点动模式下的运行速度
	Busy	BOOL	TRUE 表示命令正在执行保持
	CommandAborted	BOOL	TRUE 表示命令在执行过程中被另一命令中止
	Error	BOOL	TRUE 表示执行命令期间出错
	ErrorID	WORD	错误 ID
	ErrorInfo	WORD	错误信息

梯形图指令符号（左侧方框）:

```
        MC_MoveJog
EN                      ENO
Axis               InVelocity
JogForward              Busy
JogBackward    CommandAborted
Velocity               Error
PositionControll     ErrorID
ed                   ErrorInfo
```

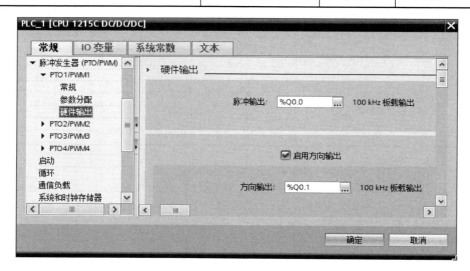

图 6-60　PTO1/PWM1 硬件输出的配置

① 插入工艺对象。在 TIA Portal 软件项目视图下，双击项目树"PLC_1"设备下"工艺对象"的"新增对象"，选择"运动控制"→"Motion Control"→"TO_PositioningAxis"。

② 配置基本参数。在"常规"选项卡中，将"驱动器"项目选择为 PTO，测量单位设置为"。"。在"驱动器"选项卡下的"硬件接口"中，为轴控制选择脉冲发生器为"Pulse_1"，信

号类型设置为"PTO（脉冲 A 和方向 B）"，脉冲输出为"Q0.0"，方向输出为"Q0.1"。

3）配置扩展参数　在"机械"选项卡中，将"电机每转的脉冲数"设置为4000，"电机每转的负载位移"设置为360，"所允许的旋转方向"设置为双向。在"位置限位"选项卡中，设置"软限位开关下限位置"为−1.0E+6，"软限位开关上限位置"为1.0E+6。在"动态"选项卡下的"常规"选项中，将"速度限值的单位"设置为"转/分钟"，最大转速为"1000 转/分钟"，"启动/停止速度"设置为"1 转/分钟"，"加速时间"和"减速时间"均设置为"0.5s"。在"动态"选项卡下的"急停"选项中，"急停减速时间"设置为"0.1s"，其余内容采用默认值。在"回原点"选项卡下的"主动"选项中，将"逼近速度"设置为"20000°/s"，回原点速度设置为"4000°/s"，其余内容采用默认值。

（4）编写 PLC 控制程序

① 在 OB1 中编写程序。在 OB1 中编写程序如表 6-55 所示。程序段 1 为启动控制；程序段 2 为停止指示。在程序段 3 中，当按下启动按钮时，M0.0 常开触点闭合，通过 MC_Power 指令使 CPU 按照工艺对象（轴_1）中组态好的方式使能步进电动机。在程序段 4 中，当按下"顺时按钮"或"逆时按钮"时，工艺对象（轴_1）将根据 MD100 中的预设速度，控制步进电动机点动运行，松开"顺时按钮""逆时按钮"这两个按钮时，步进电动机立即停止。在程序段 5 中，若没有按下"顺时按钮""逆时按钮"这两个按钮，且预设速度值大于 0 时，按下"执行按钮"，则 M0.1 线圈闭合。在程序段 6 中，工艺对象（轴_1）将根据 MD100 中的预设速度和 MD104 中的预设距离（角度），控制步进电动机自动运行。在程序段 7 中，进行运行指示。

表 6-55　在 OB1 中输入步进电动机控制程序

程序段	LAD
程序段 1	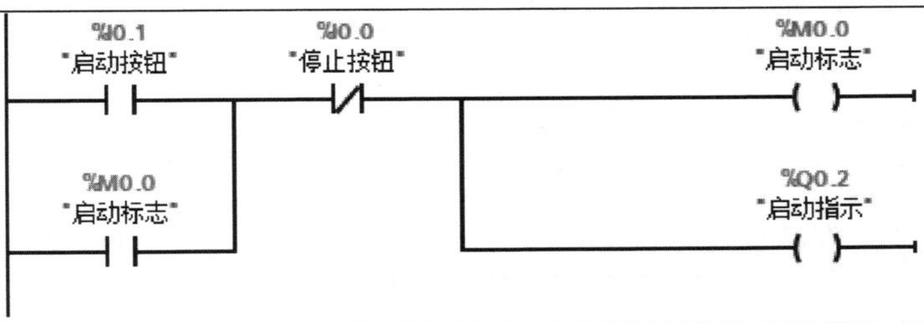
程序段 2	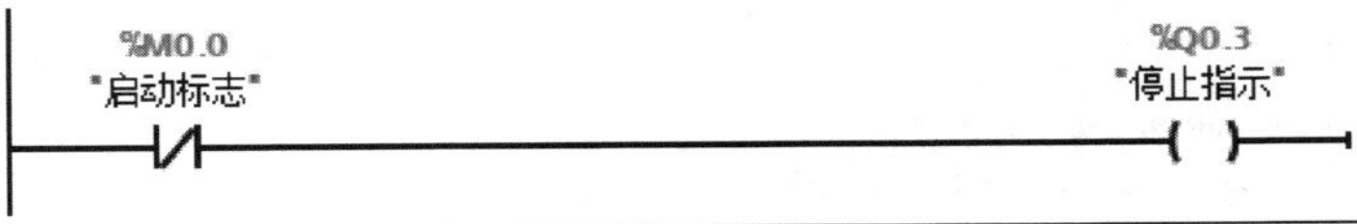
程序段 3	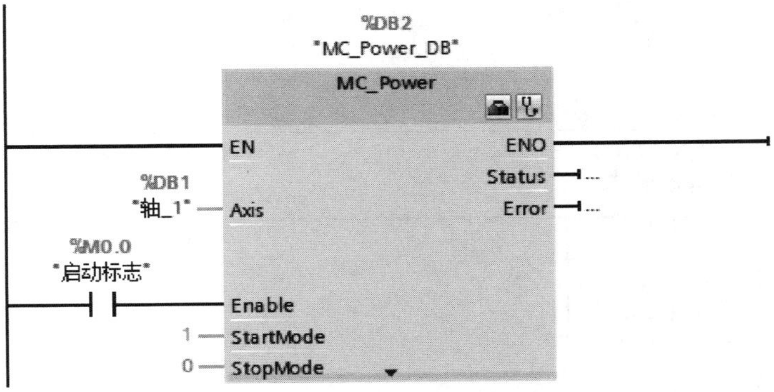

续表

程序段	LAD
程序段 4	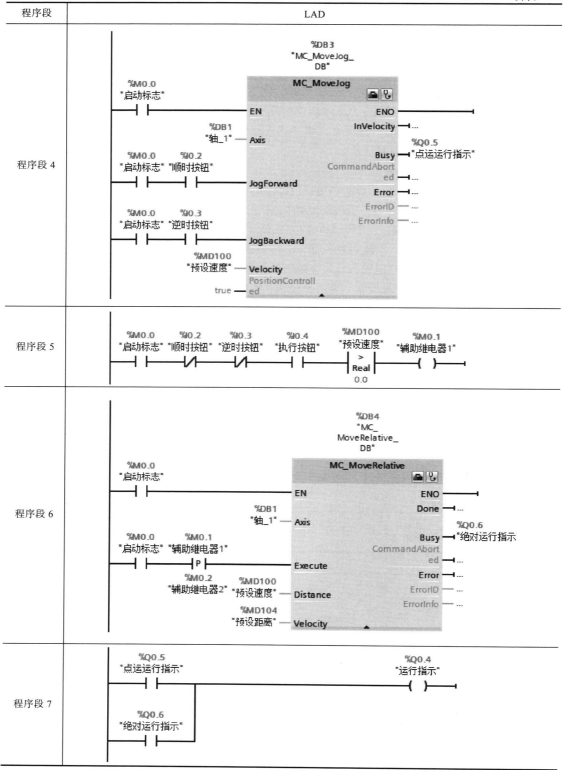
程序段 5	
程序段 6	
程序段 7	

② 在 OB100 中编写程序。在项目树的"程序块"中添加"启动组织块",在启动组织块中编写如表 6-56 所示的预设值程序。

表 6-56　在 OB100 中输入步进电动机预设值程序

程序段	LAD
程序段 1	

第7章

西门子S7-1200 PLC的用户程序结构

西门子 S7-1200 PLC 的 CPU 除了运行程序外,还执行操作系统程序。操作系统包含在每个 CPU 中,处理底层系统级任务,并提供一套程序的调用机制。S7-1200 PLC 程序由不同的程序块构成,如组织块 OB、函数块 FB、函数 FC、数据块 DB 等。

7.1 西门子 S7-1200 PLC 的用户程序

PLC 的用户程序是由用户使用 PLC 编程语言,根据控制要求而编写的可工作在操作系统平台上,完成用户自己特定任务的程序。

7.1.1 程序分类

系统程序是固化在 CPU 中的程序,它提供了一套系统运行和调试的机制,用于协调 PLC 内部事务,与控制对象特定的任务无关。系统程序主要完成以下工作:处理 PLC 的启动(如暖启动)、刷新输入的过程映像表和输出的过程映像表、调用用户程序、检测并处理错误、检测中断并调用中断程序、管理存储区域、与编程设备和其他通信设备的通信等。

用户程序是为了完成特定的自动化任务,由用户在编程软件中(如 STEP 7)编写的程序,然后下载到 CPU 中。用户程序可以完成以下工作:暖启动的初始化工作、处理过程数据(数字信号、模拟信号)、对中断的响应、对异常和错误的处理。小型 PLC(如 S7-200 SMART)的用户程序比较简单,不需要分段,采用顺序编制。大中型 PLC(如 S7-1200/1500)的用户程序很长,也比较复杂,为使用户程序编制简单清晰,可按功能结构或使用目的将用户程序划分成各个程序模块。按模块结构组成用户程序,每个模块用来解决一个确定的技术功能,使很长的程序编制得易于理解,还使得程序的调试和修改变得容易。

系统程序处理的是底层的系统级任务,它为 PLC 应用搭建了一个平台,提供了一套用户程序的机制;而用户程序则在这个平台上,完成用户自己的自动化任务。

7.1.2 用户程序中的块

在 TIA Portal 软件中,用户编写的程序和程序所需的数据均放置在块中,使单个程序部件标准化。块是一些独立的程序或者数据单元,通过在块内或块之间类似子程序的调用,可以显著增加 PLC 程序的组织透明性、可理解性，使程序易于修改、查错调试。在 S7-1200 PLC 中，程序可由组织块 OB（Organization Block）、函数块 FB（Function Block）、函数 FC（Function）、背景数据块 DI（Instance Data Block）和共享数据块 DB（Shared Data Block，又称为全局数据块）等组成，如图 7-1 所示。各块均有相应的功能，如表 7-1 所示。

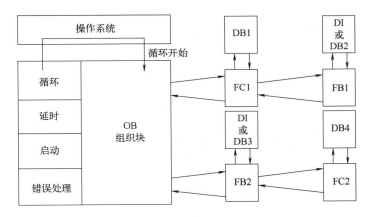

图 7-1　块结构

表 7-1　用户程序块

块名称	功能简介	举例	块分类
组织块 OB	操作系统与用户程序的接口，决定用户程序的结构，只能被操作系统调用	OB1,OB100	逻辑块
函数块 FB	由用户编写的包含经常使用的功能的子程序，有专用的存储区（即背景数据块）	FB2	逻辑块
函数 FC	由用户编写的包含经常使用的功能的子程序，没有专用的存储区	FC4	逻辑块
背景数据块 DI	用于保存 FB 的输入、输出参数和静态变量，其数据在编译时自动生成	DI10	数据块
共享数据块 DB	用于存储用户数据,除分配给功能块的数据外,还可以供给任何一个块来定义和使用	DB1	数据块

OB1 相当于 S7-200 SMART PLC 用户程序的主程序，除 OB1 外其他的 OB 相当于 S7-200 PLC 用户程序的中断程序。在 STEP 7 V5.5 中将函数 FC 和函数块 FB 翻译为功能和功能块，它们相当于 S7-200 SMARTPLC 用户程序的子程序；DB 和 DI 相当于 S7-200 SMART PLC 用户程序的 V 区。

在这些块中，组织块 OB、函数块 FB、函数 FC 都包含有由用户程序根据特定的控制任务而编写的程序代码和各程序需要的数据，因此它们称为程序块或逻辑块。背景数据块 DI 和共享数据块 DB 不包含 SIMATIC S7 的指令，用于存放用户数据，因此它们可统称为数据块。

7.1.3　用户程序的编程方法

组织块 OB 是用户和 PLC 之间的程序接口，由 PLC 来调用，而函数 FC 和函数块 FB 则可以作为子程序由用户来调用。FC 或 FB 被调用时，可以与调用块之间没有参数传递，实现模块化编程，也可以存在参数传递，实现参数化编程（又称结构化编程）。所以，在西门子 S7-1200 PLC 中，用户程序可采用 3 种编程方法，即线性化编程、模块化编程和结构化编程，如图 7-2 所示。

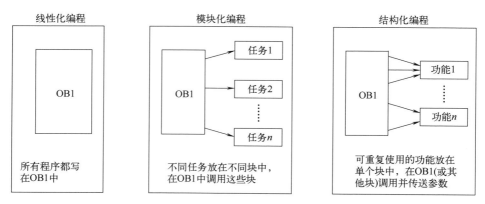

图 7-2　S7-1200 PLC 用户程序的 3 种编程方法

（1）线性化编程

线性化编程是将整个用户程序放在循环控制组织块 OB1（主程序）中，处理器线性地或顺序地扫描程序的每条指令。这种方法是 PLC 最初所模拟的硬连线继电器梯形逻辑图模式，使得这种方式的程序结构简单，不涉及函数块、函数、数据块、局部变量和中断等比较复杂的概念，容易入门。对于许多初学者来说，建议大家在此编写简单的程序。

由于所有的指令都在一个块中，即使程序中的某些部分在大多数时候不需要执行，但每个扫描周期都要执行所有的指令，因此没有有效地利用 CPU。此外，如果要求多次执行相同或类似的操作，需要重复编写程序。

（2）模块化编程

模块化编程是将用户程序分别写在一些块中，通常这些块都是不含参数的 FB 或 FC，每个块中包含完成一部分任务的程序，然后在主程序循环组织块 OB1 中按照顺序调用这些 FB 或 FC。

模块化编程的程序被划分为若干个块，易于几个人同时对一个项目编程。由于只是在需要时才调用有关的程序块，所以提高了 CPU 的利用效率。

（3）结构化编程

结构化编程将复杂的自动化任务分解为能够反映过程的工艺、功能或可以反复使用的小任务，将这些小任务通过用户程序编写一些具有相同控制过程，但控制参数不一致的程序段写在某个可分配参数的 FB 或 FC 中，然后在主程序循环组织块中重复调用该程序块，且调用时可赋予不同的控制参数。

使用结构化编程的方法较前面两种编程方法先进，适合复杂的控制任务，并支持多人协同编写大型用户程序。结构化编程具有以下优点：

① 程序的可读性更好，更容易理解；

② 简化了程序的组织；

③ 有利于对常用功能进行标准化，减少重复劳动；

④ 由于可以分别测试各个程序块，因此查错、修改和调试都更容易。

7.2　数据块及应用

数据块 DB（Data Block）用来分类存储设备或生产线中变量的值，它也是用来实现各逻辑块之间的数据交换、数据传递和共享数据的重要途径。数据块丰富的数据结构便于提高程序的执行效率和进行数据管理。

新建数据块时，默认状态下是优化的存储方式，且数据块中存储变量的属性是非保持的。数据块占用 CPU 的装载存储区和工作存储区，与标志存储区（M）相比，使用功能相类似，都是全局变量。不同的是，M 数据区的大小在 CPU 技术规范中已经定义，且不可扩展，而数据块存储区由用户定义，最大不能超过数据工作存储区或装载存储区（只存储于装载存储区）。

按功能分，数据块 DB 可以分为全局数据块、背景数据块和基于用户数据类型（用户定义数据类型、系统数据类型或数组类型）的数据块。

7.2.1　全局数据块及其应用

全局数据块（Global Data Block）是为用户提供一个保存程序数据的区域，它不附属于任何逻辑块，所以数据块包含用户程序使用的变量数据。用户可以根据需要设定数据块的大小和数据块内部的数据类型等。在 CPU 允许的条件下，一个程序可创建任意多个 DB，每个 DB 的最大容量为 64KB。

全局数据块必须事先定义才可以在程序中使用，现以一个实例来说明全局数据块的应用。

例 7-1：使用全局数据块实现两台电动机的顺序启动控制。

解：要实现本例操作，首先在 TIA Portal 中建立项目，接着生成一个全局数据块和变量表，然后在 OB1 中编写两台电动机的顺序启动控制程序，最后通过修改变量来监控电动机的运行情况，具体步骤如下所述。

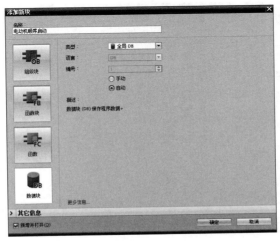

图 7-3　添加全局数据块 DB1

步骤一：建立项目，完成硬件组态。

首先在 TIA Portal 中新建一个项目，并添加好电源模块、CPU 模块、数字输入模块和数字输出模块。

步骤二：生成一个全局数据块和变量表。

① 在 TIA Portal 项目结构窗口的"程序块"中双击"添加新块"，在弹出的添加新块中点击"数据块"，输入数据块名称，并设置数据块类型为"全局 DB"及数据块编号，如图 7-3 所示，然后按下"确定"键即可生成一个"电动机顺序启动"的全局数据块。

② 生成了全局数据块后，在 TIA Portal 项目结构窗口的"程序块"中双击"电动机顺序启动［DB1］"，然后在全局数据块的接口数据区中输入"启动按钮""停止按钮""M1 电动机""M2 电动机""设置延时"等变量，其中前四个变量的数据类型都为 Bool，最后一个变量的数据类型为 Time，如图 7-4 所示。

图 7-4　"电动机顺序启动"数据块接口区的定义

③ 在 TIA Portal 项目结构窗口的"程序块"中右击"电动机顺序启动［DB1］"，在弹出的右键菜单中选择"属性"将弹出"电动机顺序启动"的设置对话框。在此对话中选择"常规"选项卡中的"属性"，可以设置全局数据块的存储方式，如图 7-5 所示。如果不选择"优化的块访问"复选框，则可以使用绝对方式访问该全局数据块中的变量（如 DB1.DBX0.0）。本例勾选"优化的块访问"复选框，则只能使用符号方式访问本全局数据块中的变量（如 DBX0.0）。例如变量"启动按钮"其地址是"电动机顺序启动".启动按钮。

图 7-5　"电动机顺序启动"数据块的"属性"设置

步骤三：在 OB1 中编写电动机顺序启动控制程序。

在 OB1 中编写程序如表 7-2 所示。程序段 1 是 M1 电动机的启动控制；程序段 2 是 M1 电动机启动的同时，进行延时控制；当延时达到设定值时，程序段 3 将启动 M2 电动机运行。

表 7-2　例 7-1 中 OB1 的程序

程序段	LAD
程序段 1	"电动机顺序启动". 启动按钮 —┤├— "电动机顺序启动". 停止按钮 —┤/├— "电动机顺序启动". M1电动机 —( )— ; "电动机顺序启动". M1电动机 —┤├—
程序段 2	"电动机顺序启动". M1电动机 —┤├— %DB2 "IEC_Timer_0_DB" TON Time — IN Q — ; "电动机顺序启动". 设置延时 — PT ET — ... ; %M0.0 "辅助继电器1" —( )—
程序段 3	%M0.0 "辅助继电器1" —┤├— "电动机顺序启动". M2电动机 —( )—

步骤四：监控电动机的运行情况。

① 启动 TIA Portal 软件，创建一个新的项目，并进行硬件组态，然后按照表 7-2 所示输入 LAD（梯形图）程序。

② 执行菜单命令"在线"→"仿真"→"启动"，即可开启 S7-PLCSIM 仿真。在弹出的"扩展的下载到设备"对话框中将"接口/子网的连接"选择为"PN/IE_1"处的方向，再单击"开始搜索"按钮，TIA Portal 软件开始搜索可以连接的设备，并显示相应的在线状态信息，然后单击"下载"按钮，完成程序的装载。

③ 在主程序窗口，单击全部监视图标 ，同时使 S7-PLCSIM 处于"RUN"状态。

④ 在"电动机顺序启动"[DB1]数据块接口区窗口，单击全部监视图标 ，再双击"设置延时"的监视值 T#0MS，将弹出"修改"对话框，将其修改值设为"T#10S"，如图 7-6 所示。

图 7-6　修改"设置延时"值

⑤ 在"电动机顺序启动"[DB1]数据块接口区窗口，双击"启动按钮"的监视值，弹出

如图 7-7 所示的"切换值"对话框，点击"是"按钮，将其状态切换为 TRUE，启动 M1 电动机，同时定时器开始延时，OB1 中程序的运行效果如图 7-8 所示。当定时器延时达到修改值 10s 后，将启动 M2 电动机运行。M1 或 M2 电动机启动运行后，双击"停止按钮"的监视值，将其状态切换为 TRUE，两台电动机将同时停止运行。

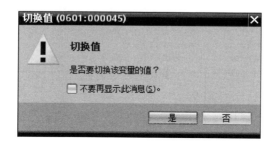

图 7-7   "切换值"对话框

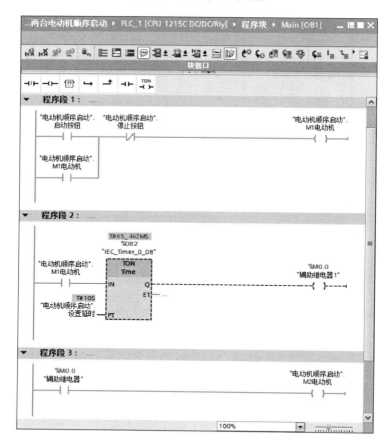

图 7-8   两台电动机顺序启动的仿真效果图

7.2.2   背景数据块

背景数据块 DI（Instance Data Block）是专门指定给某个函数块（FB）使用的数据块，它

是 FB 运行时的工作存储区。背景数据块 DI 与函数块 FB 相关联，在创建背景数据块时，必须
指定它所属的函数块，而且该函数块必须已经存在，如图 7-9 所示。

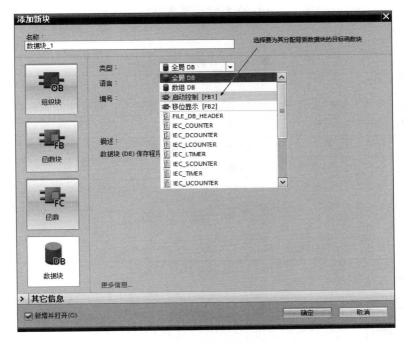

图 7-9　创建背景数据块

在调用一个函数块时，既可以为它分配一个已经创建的背景数据块，也可以直接定义一个
新的数据块，该数据块将自动生成并作为背景数据块。背景数据块与全局数据块相比，只存储
函数块接口数据区相关的数据。函数块的接口数据区决定了它的背景数据块的结构和变量。不
能直接修改背景数据块，只能通过对应函数块的接口数据区来修改它。数据块格式随着接口数
据区的变化而变化。

7.3　西门子 S7-1200 PLC 的组织块

在 S7-1200 PLC 的 CPU 中，用户程序是由启动程序、主程序和各种中断响应程序等不同
的程序模块构成，这些模块在 TIA Portal 中的实现形式就是组织块 OB。OB 是系统操作程序与
用户应用程序在各种条件下的接口界面，它由系统程序直接调用，用于控制扫描循环和中断程
序的执行、PLC 的启动和错误处理等，有的 CPU 只能使用部分组织块。

7.3.1　组织块概述

（1）组织块的构成

组织块由变量声明表和用户程序组成。由于组织块 OB 没有背景数据块，也不能为组织块
OB 声明静态变量，因此 OB 的变量声明表中只有临时变量。组织块的临时变量可以是基本数

据类型、复合数据类型或 ANY 数据类型。

当操作系统调用时，每个 OB 提供 20 字节的变量声明表。声明表中变量的具体内容与组织块的类型有关，用户可以通过 OB 的变量声明表获得与启动 OB 的原因有关的信息。OB 的变量声明表如表 7-3 所示。

表 7-3　OB 的变量声明表

地址（字节）	内容
0	事件级别与标识符，例如硬件中断组织块 OB40 为 B#16#11，表示硬件中断被激活
1	用代码表示与启动 OB 事件有关的信息
2	优先级，如循环中断组织块 OB30 的中断优先级为 8
3	OB 块号，例如编程错误组织块 OB20 的块号为 20
4~11	附加信息，例如硬件中断组织块 OB40 的第 5 字节为产生中断的模块的类型，16#54 为输入模块，16#55 为输出模块；第 6、7 字节组成的字为产生中断的模块的起始地址；第 8~11 字节组成的双字为产生中断的通道号
12~19	启动 OB 的日期和时间（年、月、日、时、分、秒、毫秒与星期）

（2）事件和组织块

事件是 S7-1200 PLC 操作系统的基础，有能够启动 OB 和无法启动 OB 两种类型的事件。能够启动 OB 的事件会调用已分配给该事件的 OB 或按照事件的优先级将其输入队列，如果没有为该事件分配 OB，则会触发默认系统响应。无法启动 OB 的事件会触发相关事件类型的默认系统响应。因此，用户程序循环取决于事件和这些事件分配的 OB，以及包含在 OB 中的程序代码或在 OB 中调用的程序代码。

表 7-4 所示为能够启动 OB 的事件，其中包括相关的事件类别。无法启动 OB 的事件如表 7-5 所示，其中包括操作系统的相应响应。

表 7-4　能够启动 OB 的事件

事件类别	OB 号	OB 数目	启动事件	中断优先级
循环程序	1，≥123	≥1	启动或结束上一个程序循环 OB	1
启动	100，≥123	≥0	STOP 到 RUN 的转换	1
时间中断	≥10	最多 2 个	已达到启动时间	2
延时中断	≥20	最多 4 个	延时时间结束	3
循环中断	≥30	最多 4 个	等长总线循环时间结束	8
硬件中断	≥40	最多 50 个（通过 DETACH 和 ATTACH 指令可使用更多）	上升沿（最多 16 个） 下降沿（最多 16 个）	18
			HSC：计数值=参考值（最多 6 次） HSC：计数方向变化（最多 6 次） HSC：外部复位（最多 6 次）	18
状态中断	55	0 或 1	CPU 已接收到状态中断	4
更新中断	56	0 或 1	CPU 已接收到更新中断	4

续表

事件类别	OB 号	OB 数目	启动事件	中断优先级
制造商或配置文件特定中断	57	0 或 1	CPU 已接收到制造商或配置文件特定的中断	4
诊断错误中断	82	0 或 1	模块检测到错误	5
拉出/插入中断	83	0 或 1	删除/插入分布式 I/O 模块	6
机架错误	86	0 或 1	分布式 I/O 的 I/O 系统错误	6
时间错误	80	0 或 1	超出最大循环时间 仍在执行被调用 OB 错过时间中断 STOP 期间将丢失时间中断 队列溢出 因中断负载过高而导致中断丢失	22

表 7-5   无法启动 OB 的事件

事件类别	事件	事件优先级	系统响应
插入/卸下模块	插入/卸下模块	21	STOP
过程映像更新期间出现 I/O 访问错误	过程映像更新期间出现 I/O 访问错误	22	忽略
编程错误	块中的编程错误（向其使用操作系统提供的系统响应）。如果激活了本地错误处理，则会执行程序块中的错误处理程序	23	RUN
I/O 访问错误	块中的 I/O 访问错误（向其使用操作系统提供的系统响应）。如果激活了本地错误处理，则会执行程序块中的错误处理程序	24	RUN
超出最大循环时间两倍	超出最大循环时间两倍	27	STOP

7.3.2   主程序循环组织块

打开电源或 CPU 前面板上的模式选择开关置于 RUN 时，CPU 首先启动程序，在启动组织块处理完毕后，CPU 开始处理主程序。

主程序位于主程序循环组织块 OB1 中，通常，在许多应用中，整个用户程序仅存于 OB1 中。在 OB1 中可调用函数块 FB 或使用函数 FC。

OB1 中的程序处理完毕后，操作系统传送过程映像输出表到输出模板，然后，CPU 立即重新调用 OB1，即 CPU 循环处理 OB1。在 OB1 再开始前，操作系统通过读取当前的输入 I/O 信号状态来更新过程映像输入表以及接收 CPU 的任何全局数据。

SIMATIC S7 专门有监视运行 OB1 的扫描时间的时间监视器，最大扫描时间的默认为150ms。如果用户程序超出了 OB1 的最大扫描时间，则操作系统将调用 OB80，如果没有发现 OB80，则 CPU 将进入 STOP 模式。

除了监视最大扫描时间外，还可以保证最小扫描时间。可以为主程序设置合适的处理时间，从而保留一些时间做后台处理。如果已设置最小循环时间，则操作系统将延迟，达到此时间后才开始另一次 OB1。

　　OB1 的循环时间可以在 CPU 模块组态时进行设置。启动 TIA Portal 软件，在"项目树"的"PLC_1"中双击"设备组态"，进入 PLC_1 的组态界面，然后双击 CPU 模块，或者点选模块之后执行菜单"编辑"→"属性"，在弹出的"属性"对话框中选择"常规"选项卡，最后点击"循环"，可设置最大循环时间和最小循环时间参数。

7.3.3　启动组织块

　　接通 CPU 后，S7-1200 PLC 在开始执行循环用户程序之前首先执行启动程序。通过适当编写启动组织块程序，可以在启动程序中为循环程序指定一些初始化变量。对启动组织块的数量没有要求，即可以在用户程序中创建一个或多个启动 OB，或者一个也不创建。启动程序由一个或多个启动 OB（OB 编号为 100 或大于等于 123）组成。

　　（1）启动模式

　　S7-1200 PLC 支持三种启动模式：不重新启动模式、暖启动-RUN 模式和暖启动-POWER OFF 前的模式。不管选择哪种启动模式，已编写的所有启动 OB 都会执行。

　　S7-1200 PLC 暖启动期间，所有非保持性位存储内容都将删除并且非保持性数据块内容将复位为来自装载存储器的起始值。保持性位存储器和数据块内容将保留。

　　启动程序在从"STOP"模式切换到"RUN"模式期间执行 1 次。输入过程映像中的当前值对于启动程序不能使用，也不能设置。启动组织块 OB 执行完毕后，将读入过程映像并启动循环程序。启动程序的执行没有时间限制。

　　（2）启动组织块的变量声明表

　　当启动组织块 OB 被操作系统调用时，用户可以在局部数据堆栈中获得规范化的启动信息。启动组织块的临时变量如表 7-6 所示。可以利用声明表中的符号名来访问启动信息，用户还可以补充 OB 的临时变量表。

表 7-6　启动 OB 声明表中变量的含义

变量	类型	含义
LostRetentive	BOOL	为 1，表示保持性数据存储区已丢失
LostRTC	BOOL	为 1，表示实时时钟已丢失

　　（3）OB100 启动组织块的使用

　　例 7-2：使用启动组织块 OB100，在 S7-1200 PLC 启动运行时，CPU 检测到保持性数据存储区丢失时，警示灯 LED1（LED1 与 Q0.0 相连）亮；检测到实时时钟丢失时，则警示灯 LED2（LED2 与 Q0.1 相连）闪烁。

　　解：首先在 TIA Portal 中建立项目，再在启动组织块 OB100 中分别编写程序检测实时时钟是否丢失，具体操作步骤如下所述。

　　步骤一：建立项目。

首先在 TIA Portal 中新建一个项目，并添加好 CPU 模块、数字输入模块和数字输出模块。

步骤二：添加启动组织块 OB100，并书写程序。

① 在 TIA Portal 项目结构窗口的"程序块"中双击"添加新块"，在弹出的添加新块中单击"组织块"，先选择"Startup"，并设置编号为"100"，然后按下"确定"键，如图 7-10 所示。

图 7-10　添加启动组织块 OB100

② 在 TIA Portal 项目结构窗口的"程序块"中双击"Startup ［OB100］"，在 OB100 中编写如表 7-7 所示程序，并保存。程序段 1 中的"LostRetentive"为保持性数据存储区检测变量，当 S7-1200 PLC 从 STOP 转到 RUN 时，如果 CPU 检测到保持性数据存储区丢失，则与 Q0.0 连接的指示灯 LED1 点亮。程序段 2 中的"LostRTC"为实时时钟检测变量，当 S7-1200 PLC 从 STOP 转到 RUN 时，如果 CPU 检测到实时时钟丢失，则与 Q0.1 连接的指示灯 LED2 闪烁。

表 7-7　例 7-2 中 OB100 的程序

程序段	LAD
程序段 1	#LostRetentive ———————————————————————— %Q0.0 "LED1"
程序段 2	#LostRTC ——— %M20.3 "Clock_2Hz" ——————————— %Q0.1 "LED2"

7.3.4　延时中断组织块

PLC 中普通定时器的定时工作与扫描工作方式有关，其定时精度要受到不断变化的扫描周期的影响，使用延时中断组织块可以达到以 ms 为单位的高精度延时。在 S7-1200 PLC 中，提供了 4 个延时中断组织块 OB20~OB23。在用户程序中最多可使用 4 个延时中断组织块 OB 或循环组织块 OB（OB 编号大于等于 123）。如果已使用 2 个循环中断组织块 OB，则在用户程序中最多可以使用 2 个延时中断组织块 OB。

（1）延时中断组织块的启动

每个延时中断组织块(OB)都可以通过调用 SRT_DINT 指令来启动，延时时间在 SRT_DINT 指令中进行设置。当用户程序调用 SRT_DINT 指令时，需要提供 OB 编号、延时时间和用户专用的标识符。经过指定的延时时间后，相应的 OB 将会启动。

只有当该中断设置了参数，并且在相应的组织块中有用户程序存在时，延时中断才被执行，否则操作系统会在诊断缓冲区中输入一个错误信息，并执行异步错误处理。

（2）延时中断组织块的查询

若想知道究竟哪些延时中断组织块已经启动，可以通过调用 QRY_DINT 指令访问延时中断组织块状态。QRY_DINT 指令输出的状态字节 STATUS 如表 7-8 所示。

表 7-8　QRY_DINT 指令输出的状态字节 STATUS

位	取值	含义
0	0	取值为 "0"，表示处于运行模式；取值为 "1"，表示处于启动模块
1	0	取值为 "0"，表示已启用延时中断；取值为 "1"，表示已禁用延时中断
2	0	取值为 "0"，表示延时中断未被激活或已完成；取值为 "1"，表示已启用延时中断
3	0	—
4	0	取值为 "0"，表示具有在参数 OB_NR 中指定的 OB 编号的 OB 不存在；取值为 "1"，表示存在编号 OB_NR 参数所指定的 OB
其他位	0	始终为 "0"

（3）延时中断扩展指令参数

用户可以使用 SRT_DINT、CAN_DINT 和 QRY_DINT 等延时中断扩展指令来启用、终止和查询延时中断，这些指令的参数如表 7-9 所示。

表 7-9　延时中断扩展指令的参数表

参数	声明	数据类型	存储区间	参数说明
OB_NR	INPUT	OB_TOD	I、Q、M、D、L 或常量	延时中断 OB 的编号（20~23）
SDT	INPUT	DT	D、L 或常量	开始日期和开始时间
DTIME	INPUT	TIME	I、Q、M、D、L 或常量	延时值（1~60000ms）
SIGN	INPUT	WORD	I、Q、M、D、L 或常量	调用延时中断 OB 时 OB 的启动事件信息中出现的标识符

续表

参数	声明	数据类型	存储区间	参数说明
RET_VAL	RETURN	INT	I、Q、M、D、L	如果发生错误，则 RET_VAL 的实际参数将包含错误代码
STATUS	OUTPUT	WORD	I、Q、M、D、L	延时中断的状态

（4）延时中断组织块的变量声明表

在 OB20~OB23 中系统定义了延时中断 OB 的临时（TEMP）变量，例如 OB20 中的变量 SIGN 为用户 ID，调用"SRT_DINT"指令的输入参数 SIGN。

（5）OB20 延时中断组织块的使用

例 7-3： 在主程序循环块 OB1 中，当 I0.0 的上升沿到来时，通过调用 SRT_DINT 启动延时中断 OB20，15s 后 OB20 被调用，在 OB20 中将 Q0.0 置 1，并立即输出。在延时过程中如果 I0.1 由 0 变为 1，则在 OB1 中用 CAN_DINT 终止延时中断，OB20 不会再被调用，Q0.0 将被复位。

解： 首先在 TIA Portal 中建立项目，再在 OB1 中编写相关设置程序，最后在 OB20 中编写中断程序，具体操作步骤如下所述。

步骤一：建立项目。

首先在 TIA Portal 中新建一个项目，并添加 CPU 模块、数字输入模块和数字输出模块。

步骤二：在 OB1 中编写程序。

在 OB1 中编写程序如表 7-10 所示。程序段 1 是在 I0.0 发生上升沿跳变时通过 SRT_DINT 指令来启动延时中断组织块 OB20。SRT_DINT 指令的 OB_NR 输入端为 20，表示延时启动的中断组织块为 OB20，DTIME 输入端为 T#15s 表示延时启动设置为 15s。

程序段 2 中使用系统功能 QRY_DINT 指令来查询延时中断组织块 OB20 的状态，并将查询的结果通过 STATUS 端送到 MW12 中。

表 7-10　例 7-3 中 OB1 的程序

程序段	LAD
程序段 1	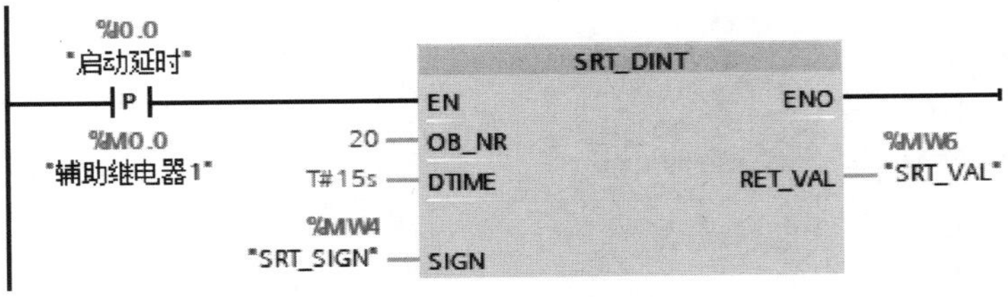
程序段 2	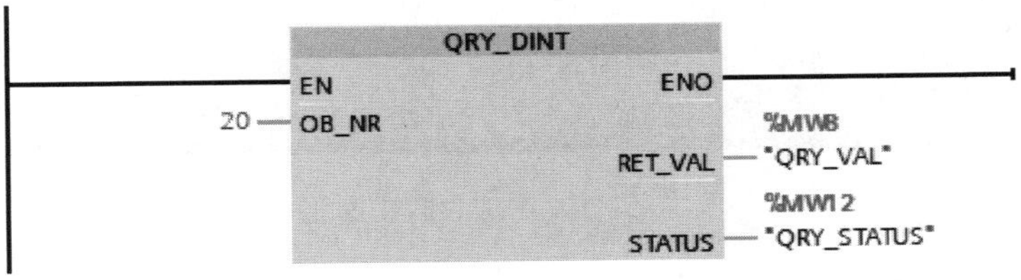

续表

程序段	LAD
程序段 3	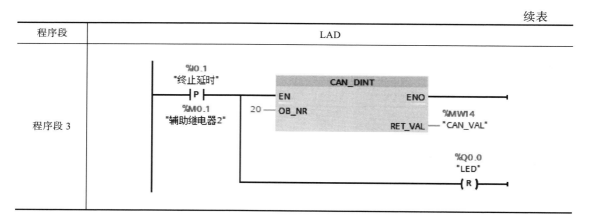

程序段 3 中，当 I0.1 发生上升沿跳变时，取消延时中断组织块 OB20 的延时中断，同时将 Q0.0 线圈复位。

步骤三：添加延时中断组织块 OB20，并书写程序。

① 在 TIA Portal 项目结构窗口的"程序块"中双击"添加新块"，在弹出的添加新块中单击"组织块"，然后选择"Time delay interrupt"并按下"确定"键，如图 7-11 所示。

图 7-11　添加延时中断组织块 OB20

② 在 TIA Portal 项目结构窗口的"程序块"中双击"Time delay interrupt［OB20］"，在 OB20 中编写如表 7-11 所示程序，并保存。OB20 每发生 1 次中断时，Q0.0 线圈将置为 1。

表 7-11　例 7-3 中 OB20 的程序

程序段	LAD
程序段 1	%M10.2 "AlwaysTRUE" ─┤/├─　　　　　　　　　　　　　　　　%Q0.0 "LED" ─(S)─

7.3.5　循环中断组织块

所谓循环中断就是经过一段固定的时间间隔启动用户程序，而无须执行循环程序。循环中断组织块用于按一定时间间隔循环执行中断程序，例如周期性地定时执行闭环控制系统的 PID 运行程序等。在 S7-1200 PLC 中，提供了 4 个循环中断组织块 OB30~OB33，可用于按一定时间间隔循环执行中断程序。

在用户程序中最多可使用 4 个循环中断组织块 OB 或延时组织块 OB(OB 编号大于等于 123)。如果已使用 2 个延时中断组织块 OB，则在用户程序中最多可以使用 2 个循环中断组织块 OB。

循环中断组织块的启动时间通过循环时间基数和相位偏移量来指定，其中循环时间基数定义循环中断组织块启动的时间间隔，其设定时间范围为 1~60000ms；相位偏移量是与基本时钟周期相比启动时间所偏移的时间。

（1）循环中断相关指令参数

用户可以使用 SET_CINT 指令设置循环中断参数，使用 QRY_CINT 指令查询循环中断参数，它们的指令参数如表 7-12 所示。

表 7-12　SET_CINT 和 QRY_CINT 的指令参数表

参数	数据类型	存储区间	参数说明
OB_NR	OB_CYCLIC	I、Q、M、D、L 或常量	循环中断 OB 的编号
CYCLE	UDINT	I、Q、M、D、L 或常量	时间间隔（毫秒）
PHASE	UDINT	I、Q、M、D、L 或常量	相位偏移
STATUS	WORD	I、Q、M、D、L	循环中断的状态
RET_VAL	INT	I、Q、M、D、L	指令的状态

（2）循环中断组织块的变量声明表

在 OB30~OB33 中系统定义了循环中断 OB 的临时（TEMP）变量表，如表 7-13 所示。

表 7-13　循环中断 OB 临时变量的含义

变量	类型	含义
Initial_Call	BOOL	为 1，在下列情况下第 1 次调用此 OB 时 •从 STOP 或 HOLD 切换到 RUN •重新加载后
Event_Count	INT	自上次启动该 OB 之后丢失的启动事件数

（3）OB30 循环中断组织块的使用

例 7-4：OB30 在跑马灯控制中的应用实例。PLC 一上电时，按下 SB2 或 SB3 按钮，启动跑马灯每隔 1s 进行移位显示，当 SB2（SB2 与 I0.2 相连）按下时，控制 16 位跑马灯左移；SB3（SB3 与 I0.3 相连）按下时，控制 16 位跑马灯右移。若按下 SB1 按钮（SB1 与 I0.0 相连），改变间隔时间为 2s。

解：对于 S7-1200 PLC 而言，要实现跑马灯移位显示，可使用字循环移位指令（ROL 和 ROR）每隔 1s 或 2s 将 MW2 中的内容进行移位，然后将 MW2 中的内容送入 QW0 即可。MW2 由 MB2 和 MB3 构成，MB2 是 MW2 的高字节，MB3 为 MW2 中的低字节。为实现 MW2 的循环左移，即 M2.0→M2.7→M3.0→M3.7→M2.0，其左移初值可设置为 16#0080；为实现 MW2 的循环右移，即 M3.7→M3.0→M2.7→M2.0→M3.7，其右移初值可设置为 16#0100。

在本例中，首先在 TIA Portal 中建立项目，并进行循环中断设置，再在 OB1 中编写相关程序，然后在 OB30 中编写循环中断程序，具体操作步骤如下所述。

步骤一：建立项目。

首先在 TIA Portal 中新建一个项目，并添加好 CPU 模块、数字输入模块和数字输出模块。

步骤二：在 OB1 中编写程序。

在 OB1 中编写程序如表 7-14 所示。程序段 1 是在 I0.0（SB1 按下）执行 SET_CINT 指令，设置循环间隔时间为 2s（CYCLE 为 2000）；循环 QRY_CINT 指令，查询循环中断状态。由于这两条指令的 OB_NR 端输入为 30，表示系统执行循环中断组织块 OB30。

表 7-14　例 7-4 中 OB1 的程序

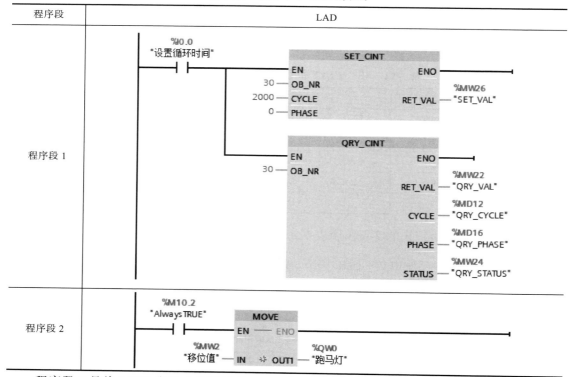

程序段 2 是将 MW2 中的内容传送给 QW0（QB0 和 QB1），进行跑马灯显示。

步骤三：添加循环中断组织块 OB30，并书写程序。

① 在 TIA Portal 项目结构窗口的"程序块"中双击"添加新块"，在弹出的添加新块中单击"组织块"，然后选择"Cyclic interrupt"，并设置循环时间为 1000ms（即 1s），最后按下"确定"键，如图 7-12 所示。

图 7-12　添加循环中断组织块 OB30

② 在 TIA Portal 项目结构窗口的"程序块"中双击"Cyclic interrupt［OB30］"，在 OB30 中编写如表 7-15 所示程序，并保存。SB2 闭合时程序段 1 中的 M0.0 线圈得电并自锁；SB3 闭合时程序段 2 中的 M0.1 线圈得电并自锁；程序段 3 和程序段 5 分别为循环左移和循环右移赋移位初值；SB2 闭合，则每隔 1s 或 2s 程序段 4 控制 MW2 中的内容循环左移；SB3 闭合，则每隔 1s 或 2s 程序段 6 控制 MW2 中的内容循环右移。

表 7-15　例 7-4 中 OB30 的程序

程序段	LAD
程序段 1	%I0.2 "跑马灯左移" ┤├　　%I0.3 "跑马灯右移" ┤/├　　%M0.1 "辅助继电器2" ┤/├　　%M0.0 "辅助继电器1" ( ) %M0.0 "辅助继电器1" ┤├
程序段 2	%I0.3 "跑马灯右移" ┤├　　%I0.2 "跑马灯左移" ┤/├　　%M0.0 "辅助继电器1" ┤/├　　%M0.1 "辅助继电器2" ( ) %M0.1 "辅助继电器2" ┤├

续表

程序段	LAD
程序段 3	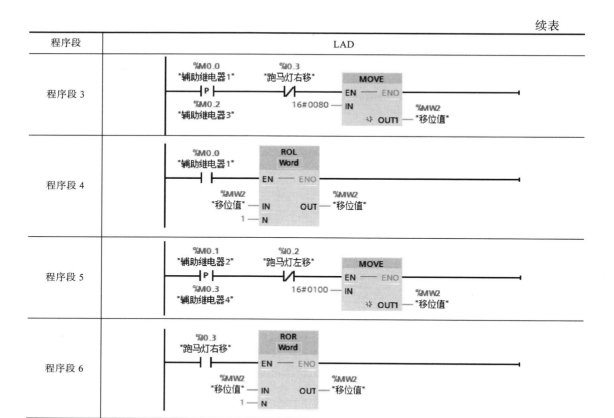
程序段 4	
程序段 5	
程序段 6	

步骤四：监控跑马灯的运行情况。

① 启动 TIA Portal 软件，创建一个新的项目，并进行硬件组态，然后按照表 7-14 和表 7-15 所示输入 LAD 程序。

② 执行菜单命令"在线"→"仿真"→"启动"，即可开启 S7-PLCSIM 仿真。在弹出的"扩展的下载到设备"对话框中将"接口/子网的连接"选择为"PN/IE_1"处的方向，再单击"开始搜索"按钮，TIA Portal 软件开始搜索可以连接的设备，并显示相应的在线状态信息，然后单击"下载"按钮，完成程序的装载。

③ 在主程序窗口和循环中断窗口，单击全部监视图标 ，同时使 S7-PLCSIM 处于"RUN"状态。

④ 在 I0.0 为 OFF 时，将 I0.2 强制为 ON，跑马灯每隔 1s 左移 1 位；将 I0.3 强制为 ON 时，跑马灯每隔 1s 右移 1 位。将 I0.0 强制为 ON 时，再将 I0.2 强制为 ON，跑马灯每隔 2s 左移 1 位；将 I0.3 强制为 ON 时，跑马灯每隔 2s 右移 1 位，其运行监控如图 7-13 所示。

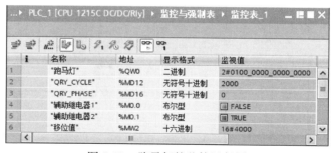

图 7-13　跑马灯的监控运行图

7.3.6　硬件中断组织块

硬件中断组织块用于处理需要快速响应的过程事件。出现硬件中断事件时，立即中止当前正在执行的程序，改为执行对应的硬件中断组织块。

（1）硬件中断事件与硬件中断组织块

在用户程序中，S7-1200 PLC 最多使用 50 个硬件中断组织块，它们互相独立。硬件中断组织块的编号为 OB40~OB47，或大于等于 OB123。

S7-1200 PLC 的高速计数器（HSC）和输入通道可以触发硬件中断。对于将触发硬件中断的各高速计数器和输入通道，需要组态以下属性：将触发硬件中断的过程事件（例如高速计数器的计数方向改变）和分配给该过程事件的硬件中断组织块的编号。

触发硬件中断后，操作系统将识别输入通道或高速计数器并确定所分配的硬件中断组织块。如果没有其他中断组织块激活，则调用所确定的硬件中断组织块。如果已经在执行其他中断组织块，硬件中断将被置于与其同优先等级的队列中。所分配的硬件中断组织块完成执行后，即确认了该硬件中断，如果在对硬件中断进行标识和确认的这段时间内，在同一模块中发生了另一个硬件中断，只有确认当前硬件中断后，才能触发其他硬件中断，否则若该事件发生在另一个通道中，将触发硬件中断。

（2）硬件中断事件的处理方法

① 给一个事件指定一个硬件中断组织块，这种方法简单方便，应优先采用。

② 多个硬件中断组织块分时处理一个硬件中断事件，需要使用 DETACH 指令取消原有的组织块与事件的连接，用 ATTACH 指令将一个新的硬件中断组织块分配给中断事件。

（3）中断连接与分离指令

ATTACH 为中断连接指令，可以为硬件中断事件指定一个组织块；DETACH 为中断分离指令，可以取消组织块一个或多个硬件中断事件的现有分配，指令参数如表 7-16 所示。

表 7-16　ATTACH 和 DETACH 的指令参数表

参数	数据类型	存储区间	参数说明
OB_NR	OB_ATT	I、Q、M、D、L 或常量	组织块 OB 的编号
EVENT	EVENT_ATT	I、Q、M、D、L 或常量	要分配或取消连接的 OB 硬件中断事件
ADD	BOOL	I、Q、M、D、L 或常量	对先前分配的影响。ADD=0，该事件将取代先前此 OB 分配的所有事件；ADD=1，该事件将添加到此 OB 之前的事件分配中
RET_VAL	INT	I、Q、M、D、L	指令的状态

（4）硬件中断组织块的变量声明表

在 OB40~OB47 中系统定义了硬件中断 OB 的临时（TEMP）变量，如表 7-17 所示。

表 7-17 硬件中断 OB 临时变量的含义

变量	类型	含义
Laddr	HW_IO	触发硬件中断的模块的硬件标识符
USI	WORD	将来扩展的标识符
IChanel	USINT	触发硬件中断的通道编号
EventType	BYTE	与触发中断的事件相关的事件类型标识符（如上升沿）

（5）硬件中断组织块的使用

例 7-5：使用硬件中断事件的处理方法①，实现硬件中断操作。当 I0.0 发生上升沿跳变时通过硬件中断将 Q0.0 置位；在 I0.1 发生上升沿跳变时通过硬件中断将 Q0.0 复位。

解：CPU 1215C DC/DC/RLY 集成的输入点可以逐点设置中断特性。新建中断组织块 OB40，通过硬件中断在 I0.0 上升沿时将 Q0.0 置位，使 LED 指示灯点亮；新建中断组织块 OB41，通过硬件中断在 I0.1 上升沿时将 Q0.0 复位，使 LED 指示灯熄灭。首先在 TIA Portal 中建立项目并组态硬件中断事件，再在 OB40 和 OB41 中编写硬件中断程序，具体操作步骤如下所述。

步骤一：建立项目并组态硬件中断事件。

① 首先在 TIA Portal 中新建一个项目，并添加好 CPU 模块、数字量输入模块和数字量输出模块。

② 添加硬件中断组织块 OB40。在 TIA Portal 项目结构窗口的"程序块"中双击"添加新块"，在弹出的添加新块中单击"组织块"，然后选择"Hardware interrupt"并按下"确定"键，如图 7-14 所示。

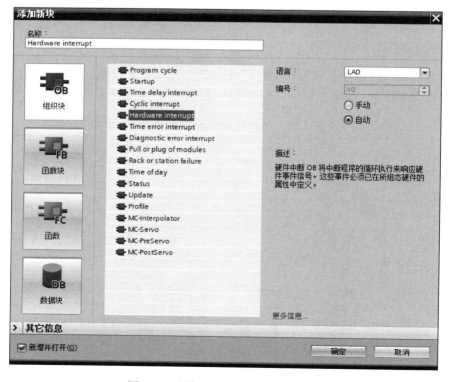

图 7-14 添加硬件中断组织块 OB40

③ 启用 I0.0 上升沿检测，硬件中断事件设置为 OB40。在 TIA Portal 的"设备组态"界面中单击 CPU 模块，将输入通道 0 的硬件中断进行设置，如图 7-15 所示。

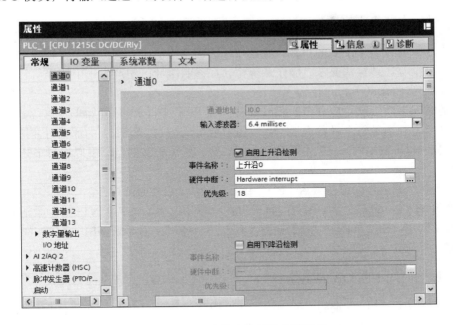

图 7-15　输入通道 0 的硬件中断设置

④ 参照本步骤中的②和③，再添加 OB41，并将输入通道 1 的硬件中断事件设置为 OB41。

步骤二：编写硬件中断程序。

在 OB40 中编写的程序如表 7-18 所示，PLC 上电后，若按下 I0.0 时，Q0.0 线圈置位，使得 LED 指示灯点亮。在 OB41 中编写的程序如表 7-19 所示，PLC 上电后，若按下 I0.1 时，Q0.0 线圈复位，使得 LED 指示灯熄灭。

表 7-18　例 7-5 中 OB40 的程序

程序段	LAD
程序段 1	%M10.2 "Always TRUE" ┤├ —— %Q0.0 "LED指示灯" ─(S)

表 7-19　例 7-5 中 OB41 的程序

程序段	LAD
程序段 1	%M10.2 "Always TRUE" ┤├ —— %Q0.0 "LED指示灯" ─(R)

7.3.7　时间中断组织块

时间中断又称为"日时钟中断"，在 S7-1200 PLC 中提供了 2 个时间中断组织块 OB10、

OB11。这些块允许用户通过 TIA Portal 编程，在特定日期、时间（如每分钟、每小时、每天、每周、每月、每年）执行一次中断，也可以从设定的日期时间开始，周期性地重复执行中断操作。

（1）时间中断组织块的启动

时间中断只有设置了中断的参数，并且在相应的组织块中有用户程序存在，时间中断才能被执行。如果没有达到这些要求，操作系统将会在诊断缓冲区中产生一个错误信息，并执行时间错误中断处理（OB80）。

周期的时间中断必须对应一个实际日期,例如设置从 1 月 31 日开始每月执行一次 OB10 是不可能的，因为并不是每个月都有 31 天，在此情况下，只在有 31 天的那些月才能启动它。

为了启动日期时间中断，首先要设置中断参数，然后再激活它。可以通过下述 3 种方法启动时间中断。

① 使用 TIA Portal 设置并激活了时间中断，即自动启动时间中断。

② 使用 TIA Portal 设置时间中断,再通过在程序中调用"ACT_TINT"指令激活时间中断。

③ 通过调用"SET_TINT"指令设置参数，然后通过在程序中调用"ACT_TINT"指令激活时间中断。

（2）影响时间中断 OB 的条件

由于时间中断只能以指定的时间间隔发生，因此在执行用户程序期间，某些条件可能影响OB 操作。表 7-20 列出了一些条件对执行时间中断的影响。

表 7-20　影响时间中断 OB 的条件

条件	影响结果
用户程序调用"CAN_TINT"指令并取消时间中断	操作系统清除了时间中断的启动事件（日期和时间），如果需要执行 OB，必须再次设置启动事件并在再次调用 OB 之前激活它
通过对 CPU 系统时钟进行同步或修正，将日时钟设置得快一些。这样就会忽略时间中断 OB 的启动时间	操作系统调用时间错误中断 OB(OB80)，并在启动信息中记录第一个忽略的时间中断 OB 的启动事件、编号和优先级。在处理完 OB80 之后，操作系统仅运行一次刚才忽略的时间中断 OB
通过对 CPU 系统时钟进行同步或修正，将日时钟设置得慢一些。修正后的时钟时间较已运行的时间中断 OB 的启动时间要早	重复执行该时间中断 OB
下次启动事件开始时还在继续执行该时间中断 OB	操作系统将调用时间错误中断 OB80。只有在当前时间中断 OB 的运行和后续执行完毕后，才会处理请求的 OB

（3）时间中断组织块的查询

如果要查询设置了哪些日期时间中断，以及这些中断什么时间发生，用户可以调用"QRY_TINT"指令来进行。QRY_TINT 指令输出的状态字节 STATUS 如表 7-21 所示。

表 7-21　QRY_TINT 指令输出的状态字节 STATUS

位	含义
0	始终为"0"

位	含义
1	取值为 "0"，表示已启用时间中断；取值为 "1"，表示已禁用时间中断
2	取值为 "0"，表示时间中断未激活；取值为 "1"，表示已激活时间中断
3	始终为 "0"
4	取值为 "0"，表示具有在参数 OB_NR 中指定的 OB 编号的 OB 不存在；取值为 "1"，表示存在编号 OB_NR 参数所指定的 OB
5	始终为 "0"
6	取值为 "0"，表示时间中断基于系统时间；取值为 "1"，表示时间中断基于本地时间
7	始终为 "0"

（4）时间中断扩展指令参数

用户可以使用 SET_TINTL、CAN_TINT、ACT_TINT 和 QRY_TINT 等时间中断扩展指令来设置、终止、激活和查询时间中断，这些指令的参数如表 7-22 所示。

表 7-22　时间中断扩展指令的参数表

参数	声明	数据类型	存储区间	参数说明
OB_NR	INPUT	OB_TOD	I、Q、M、D、L 或常量	时间中断 OB 的编号
SDT	INPUT	DT	D、L 或常量	开始日期和开始时间
LOCAL	INPUT	BOOL	I、Q、M、D、L 或常量	为 "1" 表示使用本地时间；为 "0" 表示使用系统时间
PERIOD	INPUT	WORD	I、Q、M、D、L 或常量	从 SDT 开始计时的执行时间间隔 W#16#0000：单次 W#16#0201：每分钟一次 W#16#0401：每小时一次 W#16#1001：每天一次 W#16#1201：每周一次 W#16#1401：每月一次 W#16#1801：每年一次 W#16#2001：月末
ACTIVATE	INPUT	BOOL	I、Q、M、D、L 或常量	为 "1" 表示设置并激活时间中断；为 "0" 表示设置时间中断，并在调用 "ACT_TINT" 时激活
RET_VAL	RETURN	INT	I、Q、M、D、L	如果发生错误，则 RET_VAL 的实际参数将包含错误代码
STATUS	OUTPUT	WORD	I、Q、M、D、L	时间中断的状态

（5）时间中断组织块的变量声明表

在 OB10、OB11 中系统定义了时间中断 OB 的临时（TEMP）变量，如表 7-23 所示。

表 7-23　时间中断 OB 临时变量的含义

变量	类型	含义
CaughtUp	BOOL	将时钟向前调整而执行了 OB 调用时，该位为"1"
SecondTime	BOOL	将时钟时间向后调整而再次调用该 OB 时，该位为"1"

（6）时间中断组织块的使用

例 7-6： 从 2022 年 3 月 25 日 14 时 08 分 18.28 秒起，在 I0.0 的上升沿时启动时间中断 OB10，在 I0.1 为 1 时禁止日期时间中断，每分钟中断 1 次。

解： 首先在 TIA Portal 中建立项目，再在 Main［OB1］中编写相关设置程序，然后在 OB10 中编写中断程序，具体操作步骤如下所述。

步骤一：建立项目。

首先在 TIA Portal 中新建一个项目，并添加好 CPU 模块、数字输入模块和数字输出模块。

步骤二：在 OB1 中编写程序。

在 OB1 中编写程序如表 7-24 所示。程序段 1，通过 QRY_TINT 指令查询输入端为"10"（表示 OB10）的中断状态，其查询的结果送入 MW4 中，而 MW2 中保存执行时可能出现的错误代码。

表 7-24　例 7-6 中 OB1 的程序

程序段	LAD
程序段 1	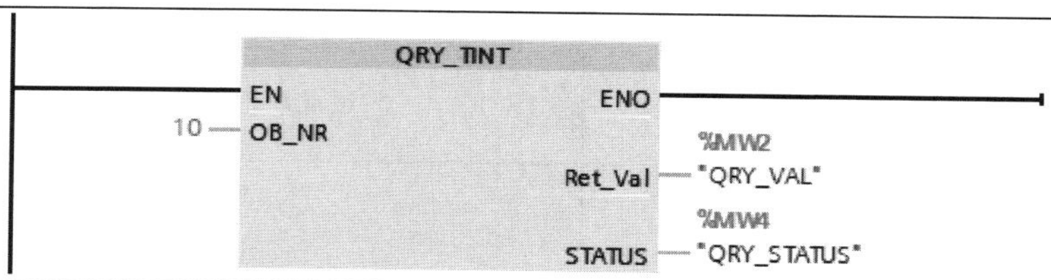
程序段 2	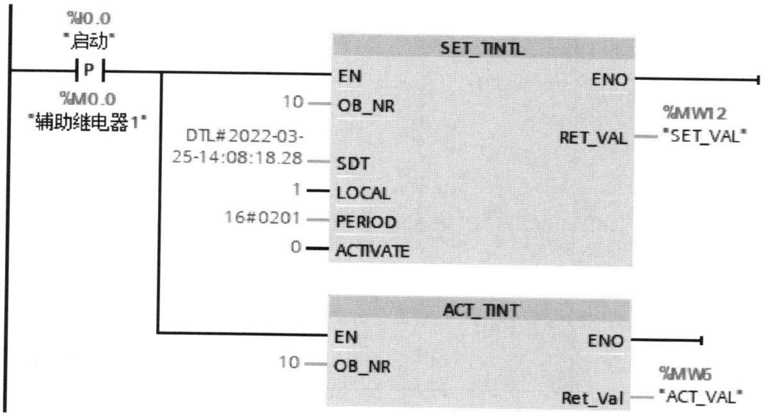
程序段 3	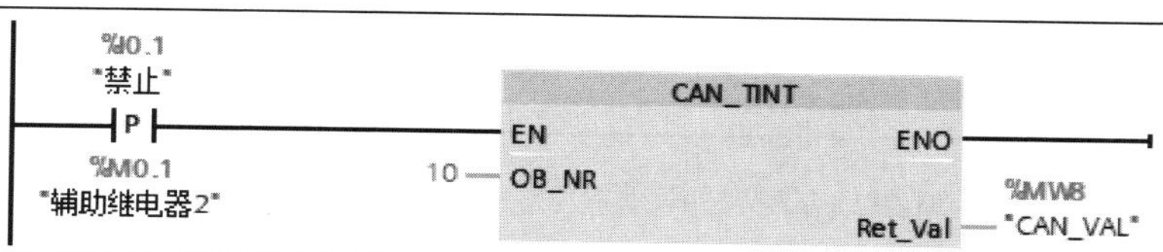

程序段 2，通过 SET_TINTL 和 ACT_TINT 指令来设置和激活时间中断。SET_TINTL 指令

中的 SDT 端装载所设置的开始日期和时间值；LOCAL 为 1 表示使用本地时间；PERIOD 装载 W#16#0201 表示中断的执行时间为每分钟；ACTIVATE 为 0，仅设置时间中断，需要调用 ACT_TINT 来激活时间中断；RET_VAL 将系统处于激活状态时的出错代码保存到 MW12 中。ACT_TINT 指令用于激活时间中断，OB_NR 端输入为常数 10，表示激活 OB10 的时间中断块，RET_VAL 端将系统处于激活状态时的出错代码保存到 MW6 中。

　　程序段 3 是 I0.1 发生上升沿跳变时，终止时间中断。CAN_TINT 指令用于终止时间中断，其 OB_NR 端外接常数 10 表示取消的时间中断组织块为 OB10。

　　步骤三：添加时间中断组织块 OB10，并书写程序。

　　① 在 TIA Portal 项目结构窗口的"程序块"中双击"添加新块"，在弹出的添加新块中单击"组织块"，然后选择"Time of day"并按下"确定"键，如图 7-16 所示。

图 7-16　添加时间中断组织块 OB10

　　② 在 TIA Portal 项目结构窗口的"程序块"中双击"Time of day［OB10］"，在 OB10 中编写如表 7-25 所示程序，并保存。OB10 每发生 1 次中断时，MW14 中的内容将加 1。

表 7-25　例 7-6 中 OB10 的程序

程序段	LAD
程序段 1	INC Int EN — ENO %MW14 "计数值" — IN/OUT

7.4　西门子 S7-1200 PLC 函数及其应用

　　函数 FC（Function）是用户编写的程序块，是不带"存储器"的代码块，常用于对一组输入值执行特定运算。由于函数没有相关的背景数据块，没有可以存储块参数值的数据存储器，在调用函数时，必须给所有形参分配实参。

　　用户在函数中编写的程序，在其他代码块中调用该函数时将执行此程序。函数 FC 既可以作为子程序使用，也可以在程序的不同位置被多次调用。作为子程序使用时，是将相互独立的控制设备分成不同的 FC 编写，统一由 OB 块调用，这样就实现了对整个程序进行结构化划分，便于程序调试及修改，使整个程序的条理性和易读性增强。函数中通常带有形参，通过在程序的不同位置中被多次调用，并对形参赋值的实参，可实现对功能类似的设备统一编程和控制。

7.4.1　函数的接口区

　　每个函数的前部都有一个如图 7-17 所示的接口区，该接口区中包含了函数中所用局部变量和局部常量的声明。这些声明实质上可分为在程序中调用时构成块接口的块参数和用于存储中间结果的局部数据。

图 7-17　函数的接口区

　　函数中块参数的类型主要包括 Input（输入参数）、Output（输出参数）、InOut（输入/输出参数）和 Return（返回值）。Input 将数据传递到被调用的块中进行处理；Output 将函数执行的结果传递到调用的块中；InOut 将数据传递到被调用的块中进行处理，在被调用的块中处理数据后，再将被调用的块中发送的结果存储在相同的变量中；Return 返回到调用块的值 RET_VAL。

　　函数中局部数据的类型主要包括 Temp（临时局部数据）和 Constant（常量）。Temp 用于存储临时中间结果的变量，只能用于函数内部作为中间变量。临时变量在函数调用时生效，函数执行完成后临时变量区被释放，所以临时变量不能存储中间结果。Constant 声明常量符号名后，程序中可以使用符号代替常量，这使得程序具有可读性且易于维护。

7.4.2　函数的生成及调用

　　函数 FC 类似于 C 语言中的函数，用户可以将具有相同控制过程的代码编写在 FC 中，然后在主程序 Main［OB1］中调用。

（1）函数的生成

如果控制功能不需要保存它自己的数据，可以用函数 FC 来编程。在函数的变量接口区中，可以使用的类型为 Input、Output、InOut、Temp、Constant 和 Return。

在 TIA Portal 项目结构窗口的"程序块"中双击"添加新块"，在弹出的添加新块中单击"函数"，输入函数名称，并设置函数编号，然后按下"确定"键，即可生成函数。然后双击生成的函数，就可进入函数的编辑窗口，在此窗口中可以进行用户程序的编写。

（2）函数的调用

函数的调用分为条件调用和无条件调用。用梯形图调用函数时，函数的 EN（Enable，使能）输入端有能流流入时执行块，否则不执行。条件调用时，EN 端受到触点电路的控制。函数被正确执行时 ENO（Enable Output，使能输出端）为 1，否则为 0。

函数没有背景数据块，不能给函数的局部变量分配初值，所以必须给函数分配实参。TIA Portal 为函数提供了一个特殊的输出参数 Return（RET_VAL），调用函数时，可以指定一个地址作为实参来存储返回值。

7.4.3　函数的应用

例 7-7： 不使用参数传递的 FC 函数的应用。在 S7-1200 PLC 系统中，使用 FC 函数编写小车自动往返控制程序，要求不使用参数传递。

解： 不使用参数传递的 FC 函数，也就是在函数的接口数据区中不定义形参变量，使得调用程序与函数之间没有数据交换，只是运行函数中的程序，这样的函数可作为子程序调用。使用子程序可将整个控制程序进行结构化划分，清晰明了，便于设备的调试与维护。

本例不使用参数传递的 FC 函数被调用到 OB1 中时，该 FC 函数只有 EN 和 ENO 端，不能进行参数的传递。为完成任务操作，首先在 TIA Portal 中建立项目、完成硬件组态，然后添加函数 FC 并书写小车自动往返控制程序，最后在组织块 OB1 中调用这个 FC 即可实现控制要求，具体操作步骤如下所述。

步骤一：建立项目，完成硬件组态。

首先在 TIA Portal 中新建一个项目，并添加好 CPU 模块、数字输入模块和数字输出模块。

步骤二：添加函数 FC，并书写小车自动往返控制程序。

① 在 TIA Portal 项目结构窗口的"程序块"中双击"添加新块"，在弹出的添加新块中单击"函数"，输入函数名称为"小车自动往返"，并设置函数编号为1、编程语言为 LAD，然后按下"确定"键，如图 7-18 所示。

② 添加函数 FC1 后，在 TIA Portal 项目结构窗口的"程序块"中双击"小车自动往返［FC1］"，在 FC1 中编写如表 7-26 所示程序，并保存。程序段 1 用于小车正向运行控制；程序段 2 为小车反向运行控制。注意，程序中的绝对地址（例如"正向启动"）等是在 PLC 变量的默认变量表中对其进行了设置。

步骤三：在 OB1 中编写主控制程序。

在 OB1 中，拖曳 FC1 到程序段 1 中，其程序如表 7-27 所示。该程序段中直接调用用户自定义的函数 FC1，而此处 FC1 是不带参数传递的。

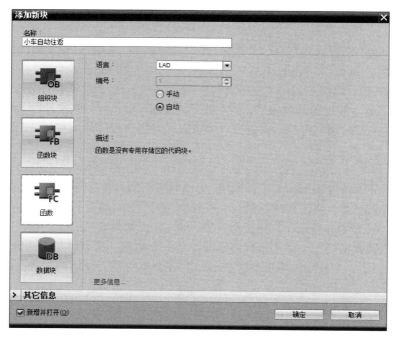

图 7-18　添加函数 FC1

表 7-26　例 7-7 中 FC1 的程序

程序段	LAD
程序段 1	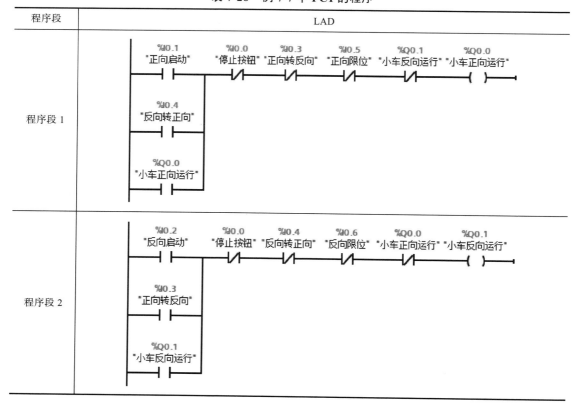
程序段 2	

表 7-27 　 例 7-7 中 OB1 的程序

程序段	LAD
程序段 1	%M10.2 "Always TRUE"　　　 %FC1 "小车自动往返" EN　　　　　　　ENO

步骤四：小车自动往返的模拟运行情况。

① 启动 TIA Portal 软件，创建一个新的项目，并进行硬件组态，然后按照表 7-26 和表 7-27 所示输入 LAD 程序。

② 执行菜单命令"在线"→"仿真"→"启动"，即可开启 S7-PLCSIM 仿真。在弹出的"扩展的下载到设备"对话框中将"接口/子网的连接"选择为"PN/IE_1"处的方向，再单击"开始搜索"按钮，TIA Portal 软件开始搜索可以连接的设备，并显示相应的在线状态信息，然后单击"下载"按钮，完成程序的装载。

③ 在主程序窗口和"小车自动往返[FC1]"窗口，单击全部监视图标，同时使 S7-PLCSIM 处于"RUN"状态。

④ 在 I0.0 为 OFF 时，将 I0.1 强制为 ON，Q0.0 线圈得电并自锁，控制 KM1 线圈闭合，从而使小车正向前进；将 I0.1 强制为 OFF，I0.3 强制为 ON 时，Q0.0 线圈失电，Q0.1 线圈得

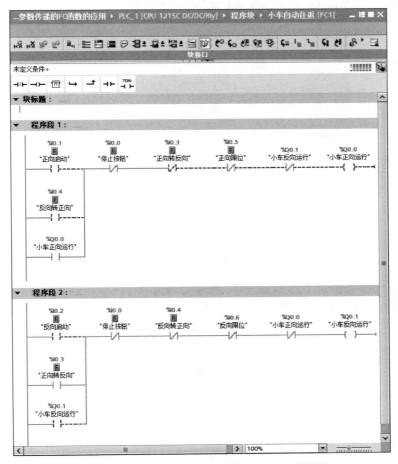

图 7-19 　 在 FC1 中小车自动往返的运行效果图

电，控制 KM2 线圈闭合，从而使小车反向后退，在 FC1 中的仿真效果如图 7-19 所示。若强制 I0.0 为 ON 时，Q0.0 和 Q0.1 线圈将失电，使小车停止运行。

例 7-8：使用参数传递的 FC 函数的应用。在 S7-1200 PLC 系统中，通过参数传递方法使用 3 个 FC 函数调用实现 LED 闪烁控制，要求用 FC1 编写按钮启停控制程序，FC2 编写延时值选择程序，FC3 编写闪烁控制程序。

解：使用参数传递的 FC 函数，也就是在函数的接口数据区中定义形参变量，使得调用程序与函数之间有相关数据的交换。

为实现本例操作，在 TIA Portal 中编写程序时，需编写 3 个函数 FC1、FC2 和 FC3，然后在组织块 OB1 中调用这三个模块即可实现控制要求。具体步骤如下所述。

步骤一：建立项目，完成硬件组态。

首先在 TIA Portal 中新建一个项目，并添加好 CPU 模块、数字输入模块和数字输出模块。

步骤二：添加函数 FC1，并书写启停控制程序。

① 在 TIA Portal 项目结构窗口的"程序块"中双击"添加新块"，在弹出的添加新块中单击"函数"，输入函数名称为"启停控制"，并设置函数编号为 1、编程语言为 LAD，然后按下"确定"键。

② 添加函数 FC1 后，在 TIA Portal 项目结构窗口的"程序块"中双击"启停控制［FC1］"，然后在函数的接口数据区 Input 变量类型下分别输入两个变量"启动"和"停止"、Out 变量类型下输入变量"输出"，InOut 变量类型下输入变量"自锁"，这些变量的数据类型均为 Bool，Return 变量类型下的返回值"启停控制"（RET_VAL）数据类型设置为 Void，如图 7-20 所示。

	名称		数据类型	默认值	注释
1	▼	Input			
2	■	启动	Bool		
3	■	停止	Bool		
4	■	<新增>			
5	▼	Output			
6	■	输出	Bool		
7	■	<新增>			
8	▼	InOut			
9	■	自锁	Bool		
10	■	<新增>			
11	▼	Temp			
12	■	<新增>			
13	▼	Constant			
14	■	<新增>			
15	▼	Return			
16	■	启停控制	Void		

图 7-20　FC1 函数接口区的定义

③ 在 FC1 中编写如表 7-28 所示程序，并保存。从程序段中可以看出，变量"自锁"具有触点与线圈特性，即具有输入/输出的特性，所以"自锁"应定义为 InOut 变量。

表 7-28　例 7-8 中 FC1 的程序

程序段	LAD
程序段 1	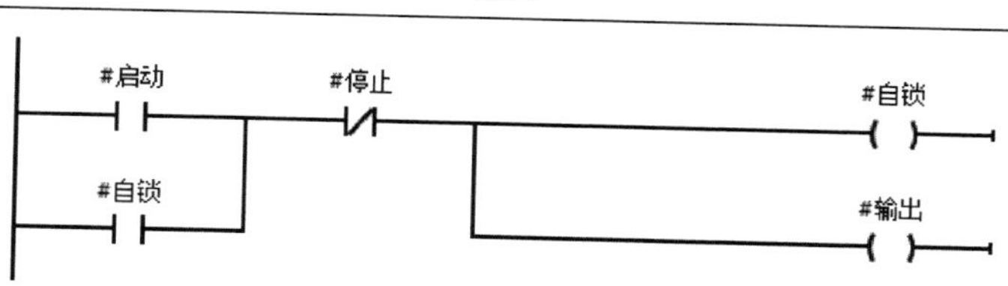 #启动　　　#停止　　　　　　　　　　　　　　#自锁 ─┤├──┤/├──────────────( )─ #自锁　　　　　　　　　　　　　　　　　#输出 ─┤├─　　　　　　　　　　　　　　　　( )─

步骤三：添加 FC2 函数，并书写延时值选择程序。

① 在 TIA Portal 项目结构窗口的"程序块"中双击"添加新块"，在弹出的添加新块中单击"函数"，输入函数名称为"延时值选择"，并设置函数编号为2、编程语言为 LAD，然后按下"确定"键。

② 添加函数 FC2 后，在 TIA Portal 项目结构窗口的"程序块"中双击"延时值选择[FC2]"，然后在函数的接口数据区 Input 变量类型下输入变量"启动""选择 2s""选择 5s"，Output 变量类型下输入变量"延时值"，InOut 变量类型下输入变量"选择 1""选择 2"，Temp 变量类型输入变量"暂存 1""暂存 2"，除了"延时值"变量的数据类型为 Time 外，其余变量的数据类型均为 Bool，再在 Return 变量类型下的返回值"延时值选择"(RET_VAL)数据类型设置为 Void，如图 7-21 所示。

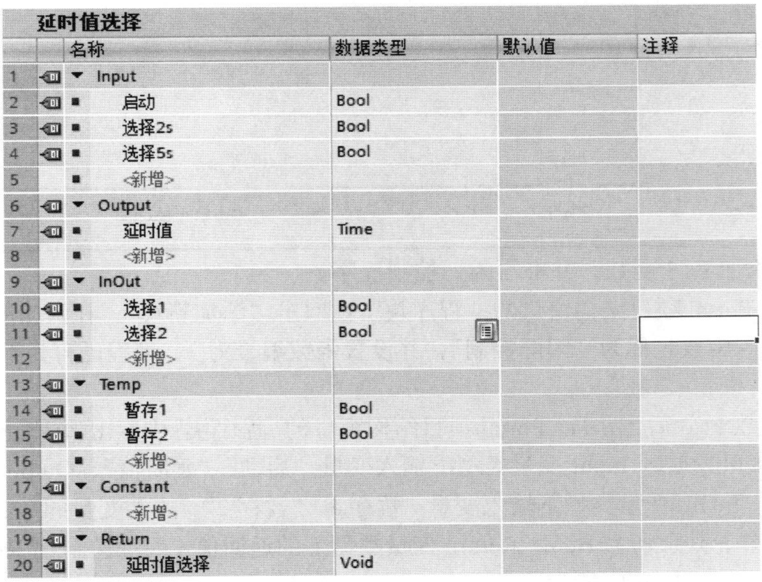

	名称		数据类型	默认值	注释
	延时值选择				
1	▼ Input				
2		启动	Bool		
3		选择2s	Bool		
4		选择5s	Bool		
5		<新增>			
6	▼ Output				
7		延时值	Time		
8		<新增>			
9	▼ InOut				
10		选择1	Bool		
11		选择2	Bool		
12		<新增>			
13	▼ Temp				
14		暂存1	Bool		
15		暂存2	Bool		
16		<新增>			
17	▼ Constant				
18		<新增>			
19	▼ Return				
20		延时值选择	Void		

图 7-21　FC2 函数接口区的定义

③ 在 FC2 的代码窗口中输入表 7-29 所示程序段并保存。当 PLC 一上电时，在程序段 1 中将"延时值"复位；在程序段 2 和程序段 3 中实现选择控制；程序段 4 中，当程序段 3 中的变量"选择 1"为 ON 时，执行 1 次数据传送，将 T#2s 送入"延时值"中；程序段 5 中，当程序段 4 中的变量"选择 2"为 ON 时，执行 1 次数据传送，将 T#5s 送入"延时值"中。从程序段 2 和 3 中可以看出，变量"选择 1"和"选择 2"具有输入/输出特性，需定义为 InOut 变量。

表 7-29　例 7-8 中 FC2 的程序

程序段	LAD
程序段 1	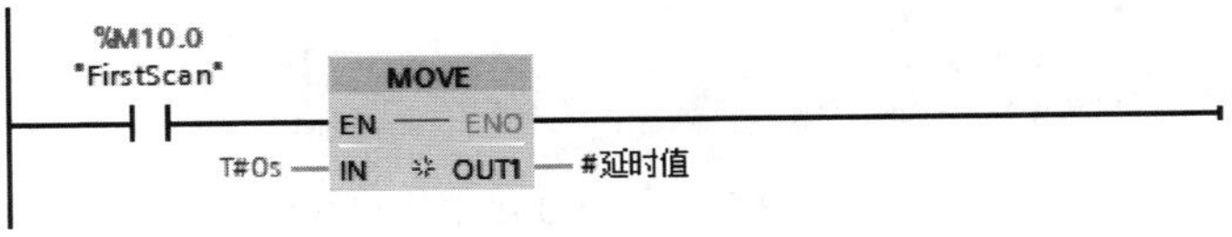 %M10.0 "FirstScan" ┤├ — MOVE (EN — ENO, T#0s — IN — OUT1 — #延时值)

续表

程序段	LAD
程序段 2	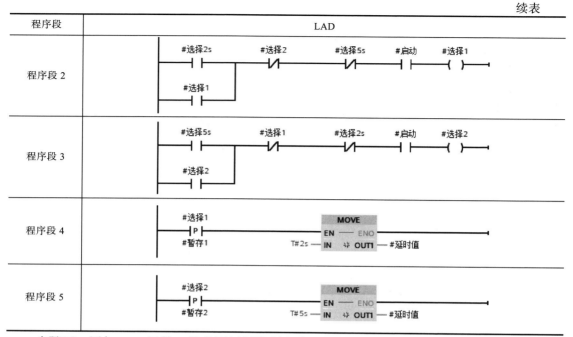
程序段 3	
程序段 4	
程序段 5	

步骤四：添加 FC3 函数，并书写闪烁控制程序。

① 在 TIA Portal 项目结构窗口的"程序块"中双击"添加新块"，在弹出的添加新块中单击"函数"，输入函数名称为"闪烁控制"，并设置函数编号为 3、编程语言为 LAD，然后按下"确定"键。

② 添加函数 FC3 后，在 TIA Portal 项目结构窗口的"程序块"中双击"闪烁控制［FC3］"，然后在函数的接口数据区 Input 变量类型下输入变量"启动""延时值"、Output 变量类型下输入变量"LED"，InOut 变量类型下输入变量"暂存 1""暂存 2"，这些变量的数据类型除了"延时值"为 Time 外，其余均为 Bool，Return 变量类型下的返回值"闪烁控制"（RET_VAL）数据类型设置为 Void，如图 7-22 所示。

图 7-22 FC3 函数接口区的定义

③ 在 FC3 的代码窗口中输入表 7-30 所示程序段并保存。

表 7-30　例 7-8 中 FC3 的程序

程序段	LAD
程序段 1	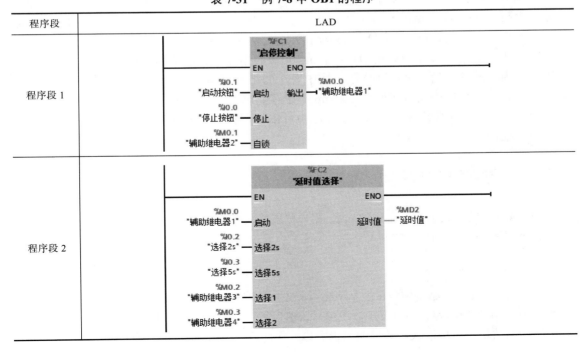
程序段 2	

步骤五：在 OB1 中编写主控制程序。

在 OB1 中，分别拖曳 FC1、FC2 和 FC3 到程序段 1、程序段 2 和程序段 3 中，并进行相应的参数设置，其程序如表 7-31 所示。该程序段中直接调用用户自定义的函数 FC1~FC3，而此处 FC1 ~ FC3 是带参数传递的。在程序段 1 中，由于 FC1 中的"自锁"变量不需要外接输入/输出量，因此可以直接将其分配一个辅助继电器触点（例如 M0.1），同样，程序段 2 中的变量"选择 1"和"选择 2"以及程序段 3 中的变量"暂存 1"和"暂存 2"，各分配一个触点即可。

表 7-31　例 7-8 中 OB1 的程序

程序段	LAD
程序段 1	
程序段 2	

程序段	LAD
程序段 3	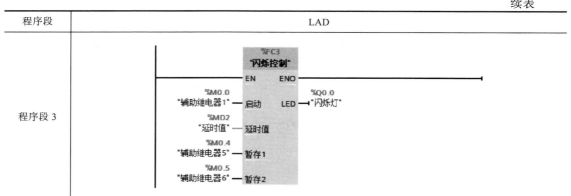

7.5　西门子 S7-1200 PLC 函数块及其应用

函数块 FB 属于编程者自己编程的块，也是一种带内存的块，块内分配有存储器，并存有变量。与函数 FC 相比，调用函数块 FB 时必须为它分配背景数据块。FB 的输入参数、输出参数、输入/输出参数及静态变量存储在背景数据块中，在执行完函数块后，这些值仍然有效。一个数据块既可以作为一个函数块的背景数据块，也可以作为多个函数块的背景数据块（多重背景数据块）。函数块也可以使用临时变量，临时变量并不存储在背景数据块中。

7.5.1　函数块的接口区

与函数 FC 相同，函数块 FB 也有一个接口区，该接口区中参数的类型主要包括 Input（输入参数）、Output（输出参数）、InOut（输入/输出参数）、Static（静态变量）、Temp（临时局部数据）和 Constant（常量）。Input 将数据传递到被调用的函数块中进行处理；Output 将函数块执行的结果传递到调用的块中；InOut 将数据传递到被调用的块中进行处理，在被调用的块中处理数据后，再将被调用的块中发送的结果存储在相同的变量中；Static 不参与参数传递，用于存储中间过程的值；Temp 用于存储临时中间结果的变量，不占用背景数据块空间；Constant 声明常量符号名后，程序中可以使用符号代替常量，这使得程序具有可读性且易于维护。

7.5.2　函数块的生成及调用

函数块 FB 也类似于 C 语言中的函数，用户可以将具有相同控制过程的代码编写在 FC 中，然后在主程序 Main［OB1］中调用。

（1）函数块的生成

在 TIA Portal 项目结构窗口的"程序块"中双击"添加新块"，在弹出的添加新块中单击"函数块"，输入函数块名称，并设置函数块编号，然后按下"确定"键，即可生成函数块。然后双击生成的函数块，就可进入函数块的编辑窗口，在此窗口中可以进行用户程序的编写。

（2）函数块的调用

函数块的调用分为条件调用和无条件调用。用梯形图调用函数块时，函数块的 EN（Enable，使能）输入端有能流流入时执行块，否则不执行。条件调用时，EN 端受到触点电路的控制。函数块被正确执行时 ENO（Enable Output，使能输出端）为 1，否则为 0。

调用函数块之前，应为它生成一个背景数据块，调用时应指定背景数据块的名称。生成背景数据块时应选择数据块的类型为背景数据块，并设置调用它的函数块的名称。

7.5.3　函数块的应用

例 7-9：不使用参数传递的 FB 函数块的应用。在 S7-1200 PLC 系统中，使用不带参数传递的 FB 函数块编写 3 台电动机的顺启顺停控制程序。要求用 1 个按钮控制 3 台电动机，每按 1 次按钮启动 1 台电动机，全部启动后，每按 1 次按钮停止 1 台电动机，先启动的电动机先停止。

解：不使用参数传递的 FB 函数块被调用到 OB1 中时，该 FB 函数块只有 EN 和 ENO 端，不能进行参数的传递。为完成任务操作，首先在 TIA Portal 中建立项目、完成硬件组态，然后添加函数块 FB 并书写电动机启停控制程序，最后在组织块 OB1 中调用这个 FB 即可实现控制要求，具体操作步骤如下所述。

步骤一：建立项目，完成硬件组态。

首先在 TIA Portal 中新建一个项目，并添加好 CPU 模块、数字输入模块和数字输出模块。

步骤二：添加函数块 FB，并书写电动机启停控制程序。

① 在 TIA Portal 项目结构窗口的"程序块"中双击"添加新块"，在弹出的添加新块中单击"函数块"，输入函数块名称为"电动机启停控制"，并设置函数块编号为 1、编程语言为 LAD，然后按下"确定"键，如图 7-23 所示。

图 7-23　添加函数块 FB1

② 添加函数块 FB1 后，在 TIA Portal 项目结构窗口的"程序块"中双击"电动机启停控制［FB1］"，在 FB1 中编写如表 7-32 所示程序，并保存。注意，程序中的绝对地址（例如"启停按钮"）等是在 PLC 变量的默认变量表中对其进行了设置。

表 7-32　例 7-9 中 FB1 的程序

程序段	LAD
程序段 1	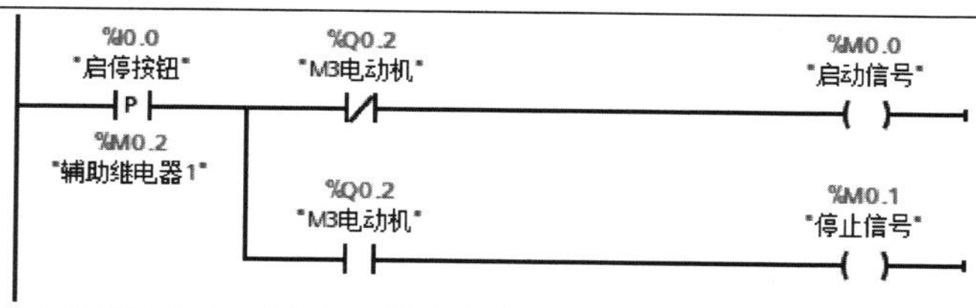 %I0.0 "启停按钮" ─┤P├─ %M0.2 "辅助继电器1"　%Q0.2 "M3电动机" ─┤/├─　%M0.0 "启动信号" ─( )─；%Q0.2 "M3电动机" ─┤├─　%M0.1 "停止信号" ─( )─
程序段 2	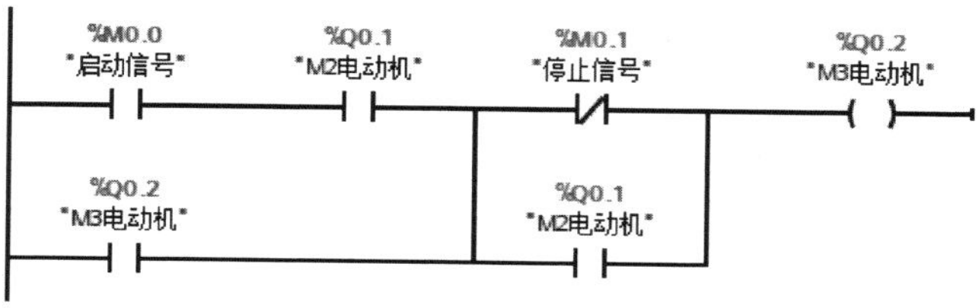 %M0.0 "启动信号" ─┤├─ %Q0.2 "M3电动机" ─┤├─　%Q0.1 "M2电动机" ─┤├─　%M0.1 "停止信号" ─┤/├─ %Q0.1 "M2电动机" ─┤├─　%Q0.2 "M3电动机" ─( )─
程序段 3	%M0.0 "启动信号" ─┤├─ %Q0.1 "M2电动机" ─┤├─　%Q0.0 "M1电动机" ─┤├─　%M0.1 "停止信号" ─┤/├─ %Q0.0 "M1电动机" ─┤├─　%Q0.1 "M2电动机" ─( )─
程序段 4	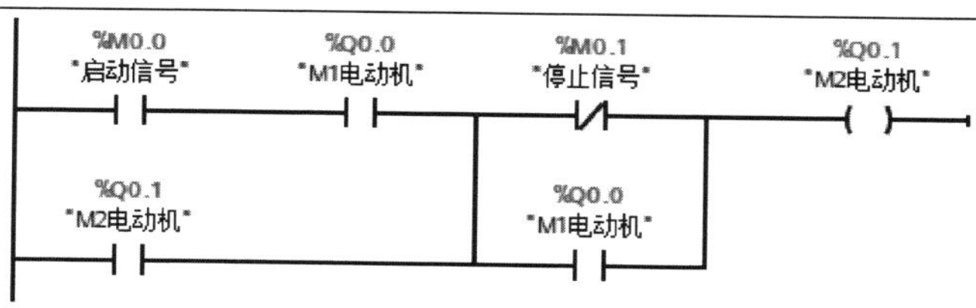 %M0.0 "启动信号" ─┤├─ %Q0.0 "M1电动机" ─┤├─　%M0.1 "停止信号" ─┤/├─　%Q0.0 "M1电动机" ─( )─

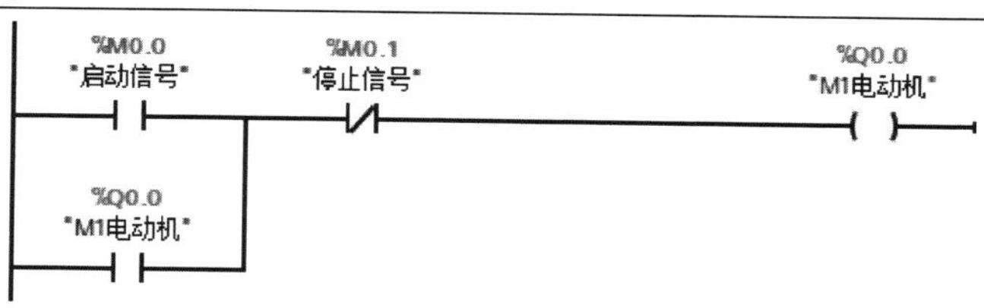

步骤三：在 OB1 中编写主控制程序。

在 OB1 中，拖曳 FB1 到程序段 1 中，其程序如表 7-33 所示。该程序段中直接调用用户自定义的函数块 FB1，而此处 FB1 是不带参数传递的。在拖曳时会弹出图 7-24 所示对话框，在此对话框中输入数据块名称及设置数据块编号，即可生成 FB1 对应的背景数据块。

表 7-33　例 7-9 中 OB1 的程序

程序段	LAD
程序段 1	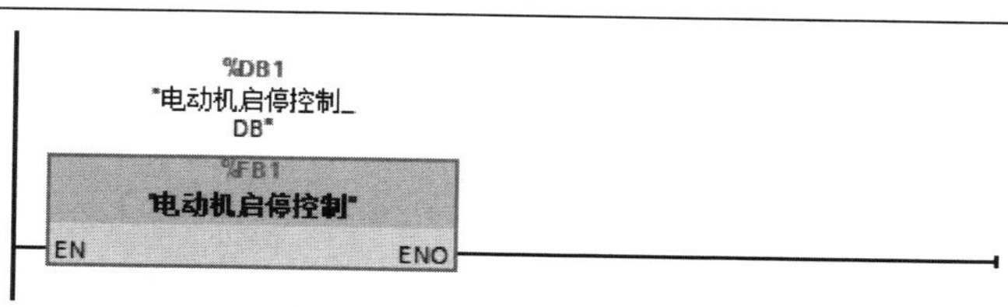 %DB1 "电动机启停控制_DB"　%FB1 "电动机启停控制"　EN　ENO

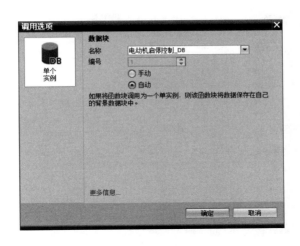

图 7-24　生成 DB 背景数据块对话框

步骤四：电动机启停控制的模拟运行情况。

① 启动 TIA Portal 软件，创建一个新的项目，并进行硬件组态，然后按照表 7-32 和表 7-33 所示输入 LAD 程序。

② 执行菜单命令"在线"→"仿真"→"启动"，即可开启 S7-PLCSIM 仿真。在弹出的"扩展的下载到设备"对话框中将"接口/子网的连接"选择为"PN/IE_1"处的方向，再单击"开始搜索"按钮，TIA Portal 软件开始搜索可以连接的设备，并显示相应的在线状态信息，然后单击"下载"按钮，完成程序的装载。

③ 在主程序窗口和"电动机启停控制［FB1］"窗口，单击全部监视图标🔍，同时使 S7-PLCSIM 处于"RUN"状态。

④ PLC 一上电 I0.0 为 OFF，Q0.0～Q0.2 线圈均处于失电状态，表示电动机未启动。第 1 次强制 I0.0 为 ON，I0.0 的上升沿脉冲使程序段 1 的 M0.0 线圈得电，程序段 4 的 M0.0 常开触点闭合，Q0.0 线圈得电并自锁，启动第 1 台电动机运行，同时程序段 3 中的 Q0.0 常开触点闭合，为第 2 台电动机启动做好准备。第 2 次强制 I0.0 为 ON，使程序段 3 的 M0.0 常开触点闭合，Q0.1 线圈得电并自锁，启动第 2 台电动机运行，同时程序段 2 中的 Q0.1 常开触点闭合，为第 3 台电动机启动做好准备，其仿真效果如图 7-25 所示。第 3 次强制 I0.0 为 ON，使程序段

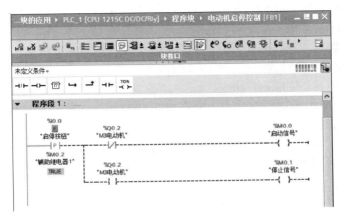

图 7-25

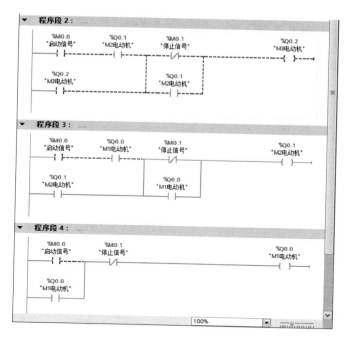

图 7-25　电动机启停控制的仿真运行效果图

2 的 M0.0 线圈得电,启动第 3 台电动机运行,同时程序段 1 中的 Q0.2 常闭触点断开,Q0.2 常开触点闭合,为电动机停止做好准备。第 4 次强制 I0.0 为 ON,程序段 1 的 M0.1 线圈得电,使程序段 4 中的 M0.1 常闭触点断开,Q0.0 线圈失电,第 1 台电动机停止运行,同时程序段 3 中的 Q0.0 常开触点断开,为第 2 台电动机的停止做好准备。第 5 次强制 I0.0 为 ON,程序段 1 的 M0.1 线圈得电,使程序段 3 中的 M0.1 常闭触点断开,Q0.1 线圈失电,第 2 台电动机停止运行,同时程序段 2 中的 Q0.1 常开触点断开,为第 3 台电动机的停止做好准备。第 6 次强制 I0.0 为 ON,程序段 1 的 M0.1 线圈得电,使程序段 2 中的 M0.1 常闭触点断开,Q0.2 线圈失电,第 3 台电动机停止运行。

例 7-10:带参数传递的 FB 函数块在流水灯中的应用。假设 PLC 的输入端子 I0.0 和 I0.1 分别外接停止和启动按钮;PLC 的输出端子 QB1 外接流水灯 HL1~HL8。要求通过参数传递方式使用两个 FB 函数块在按下启动按钮后,流水灯开始从 Q1.0~Q1.7 每隔 1s 依次循环左移点亮。

解:在 TIA Portal 中编写程序时,需编写两个函数块 FB1 和 FB2,然后在组织块 OB1 中调用这两个函数块即可实现控制要求。调用时,需生成相应的背景数据块。生成背景数据块后,再在 OB1 中进行相应参数设置即可。具体步骤如下所述。

步骤一:建立项目,完成硬件组态。

首先在 TIA Portal 中新建一个项目,并添加好 CPU 模块、数字输入模块和数字输出模块。

步骤二:添加 FB1 函数块,并书写启动控制程序。

① 在 TIA Portal 项目结构窗口的"程序块"中双击"添加新块",在弹出的添加新块中单击"函数块",输入函数块名称为"启动控制",并设置函数块编号为 1、编程语言为 LAD,然后按下"确定"键。

② 添加函数块 FB1 后,在 TIA Portal 项目结构窗口的"程序块"中双击"启动控制[FB1]",然后在函数块的接口数据区 Input 变量类型下分别输入变量"启动"和"停止",Output 变量类型下输入变量"驱动",这些变量的数据类型均为 Bool,如图 7-26 所示。

图 7-26   FB1 函数块接口区的定义

③ 在 FB1 的代码窗口中输入表 7-34 所示程序段并保存。

表 7-34   例 7-10 中 FB1 的程序

程序段	LAD
程序段 1	![LAD 程序段 1]

步骤三：添加 FB2 函数块，并书写移位显示程序。

① 在 TIA Portal 项目结构窗口的"程序块"中双击"添加新块"，在弹出的添加新块中单击"函数块"，输入函数名称为"移位显示"，并设置函数块编号为 2、编程语言为 LAD，然后按下"确定"键。

② 添加函数块 FB2 后，在 TIA Portal 项目结构窗口的"程序块"中双击"移位显示[FB2]"，然后在函数块的接口数据区 Input 变量类型下输入变量"使能"，数据类型为 Bool；Output 变量类型下输入变量"显示"，数据类型为 Byte；Static 变量类型下输入静态变量"延时值"，数据类型为 Time，初始值为 T#500ms，如图 7-27 所示。

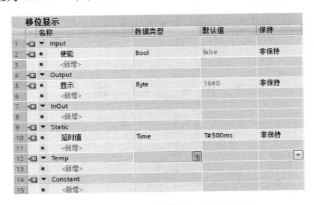

图 7-27   FB2 函数块接口区的定义

③ 在 FB2 的代码窗口中输入表 7-35 所示程序段并保存。

表 7-35   例 7-10 中 FB2 的程序

程序段	LAD
程序段 1	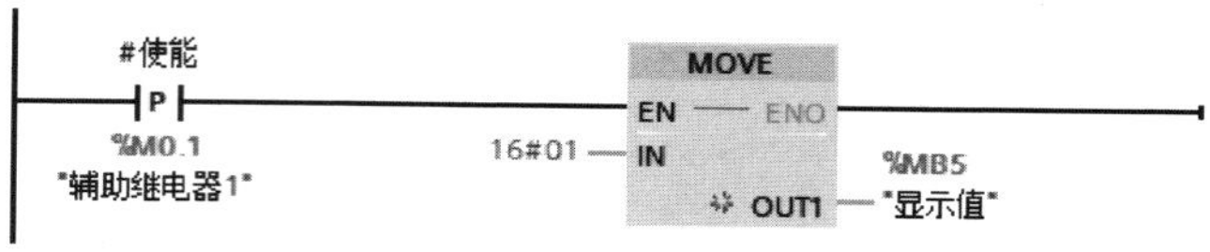
程序段 2	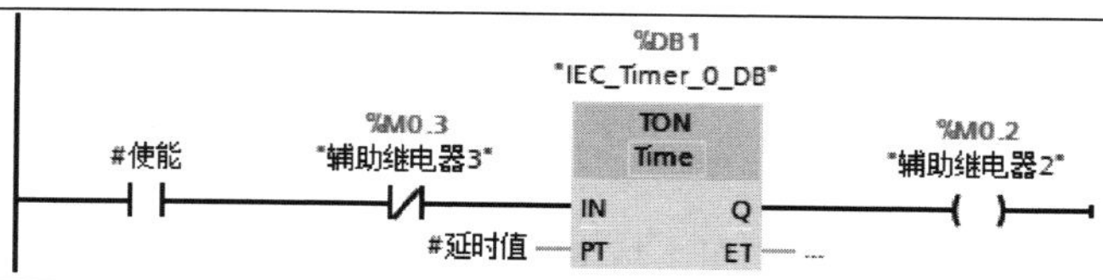
程序段 3	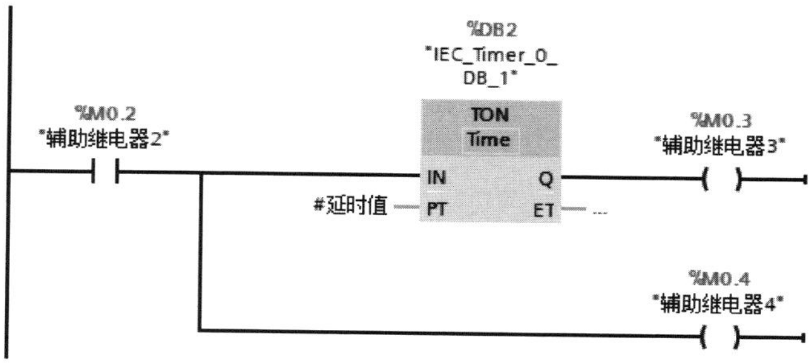
程序段 4	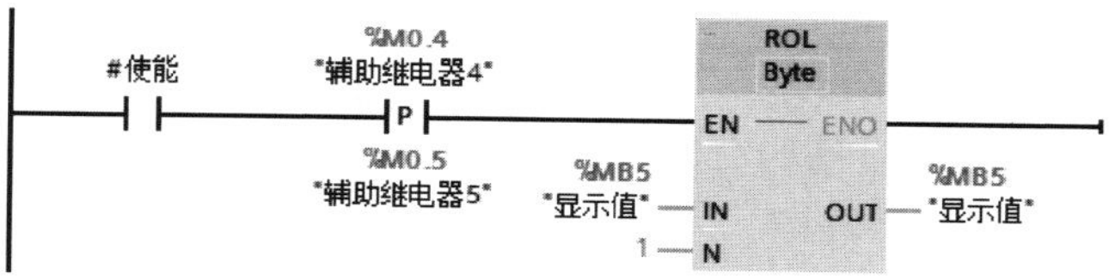
程序段 5	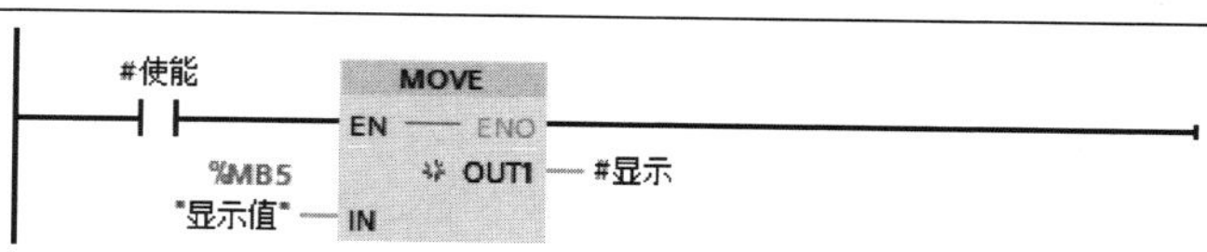

步骤四：在 OB1 中编写主控制程序。

① 在 OB1 中，分别拖曳 FB1 和 FB2 到程序段 1 和程序段 2 中，并进行相应的参数设置，其程序如表 7-36 所示。该程序段中直接调用用户自定义的函数块 FB1 和 FB2，而此处 FB1 和 FB2 是带参数传递的。

表 7-36   例 7-10 中 OB1 的程序

程序段	LAD
程序段 1	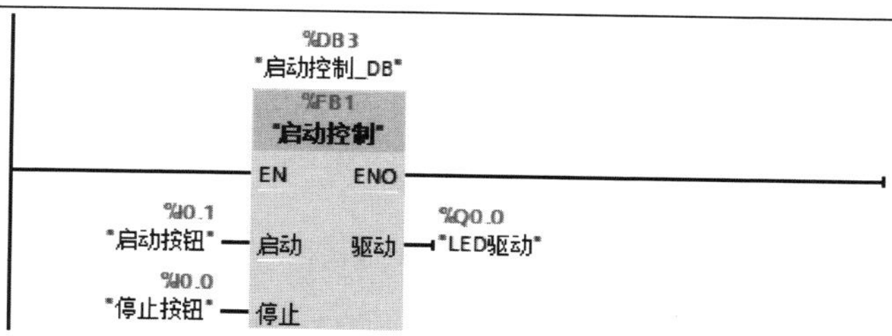

续表

程序段	LAD
程序段 2	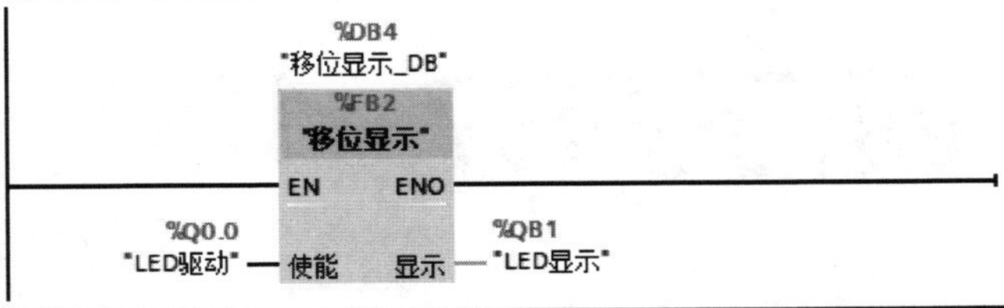

② 在拖曳 FB1 和 FB2 过程中，将分别生成“启动控制_DB［DB1］”和“移位显示__DB［DB2］”这两个背景数据块。双击背景数据块，可查看详细信息，例如“启动控制_DB［DB1］”的详细信息如图 7-28 所示。

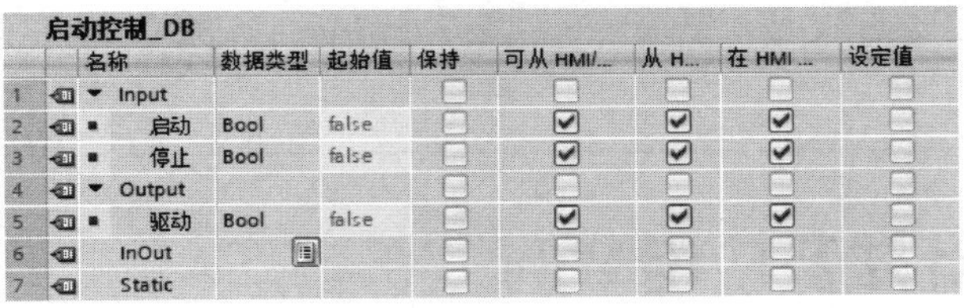

启动控制_DB

	名称	数据类型	起始值	保持	可从 HMI/...	从 H...	在 HMI ...	设定值
1	▼ Input			☐	☐	☐	☐	☐
2	■ 启动	Bool	false	☐	☑	☑	☑	☐
3	■ 停止	Bool	false	☐	☑	☑	☑	☐
4	▼ Output			☐	☐	☐	☐	☐
5	■ 驱动	Bool	false	☐	☑	☑	☑	☐
6	InOut			☐	☐	☐	☐	☐
7	Static			☐	☐	☐	☐	☐

图 7-28　查看“启动控制_DB［DB1］”的详细信息

第8章

西门子S7-1200 PLC的数字量控制

数字量控制系统又称为开关量控制系统，传统的继电-接触器控制系统就是典型的数字量控制系统。数字量控制程序的设计包括 3 种方法，分别是翻译设计法、经验设计法和顺序控制设计法。

8.1 翻译设计法及应用举例

8.1.1 翻译设计法简述

PLC 使用与继电-接触器电路极为相似的语言，如果将继电-接触器控制改为 PLC 控制，根据继电-接触器电路设计梯形图是一条捷径。原有的继电-接触器控制系统经长期的使用和考验，已有一套自己的完整方案。鉴于继电-接触器电路图与梯形图有很多相似之处，因此可以将经过验证的继电-接触器电路直接转换为梯形图，这种方法被称为翻译设计法。

翻译设计法的基本思路是：根据表 8-1 所示的继电-接触器控制电路符号与梯形图电路符号的对应情况，将原有继电-接触器控制系统的输入信号及输出信号作为 PLC 的 I/O 点，原来由继电-接触器硬件完成的逻辑控制功能由 PLC 的软件-梯形图及程序替代完成。

表 8-1　继电-接触器控制电路符号与梯形图电路符号的对应情况

梯形图电路			继电-接触器电路	
元件	符号	常用地址	元件	符号
常开触点	┤├	I、Q、M、T、C	按钮、接触器、时间继电器、中间继电器的常开触点	
常闭触点	┤/├	I、Q、M、T、C	按钮、接触器、时间继电器、中间继电器的常闭触点	
线圈	─( )	Q、M	接触器、中间继电器线圈	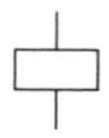
功能框　定时器	Txxx　IN TON　PT ???ms	T	时间继电器	

续表

梯形图电路			继电-接触器电路	
元件	符号	常用地址	元件	符号
功能框 计数器	Cxxx CU　CTU R PV	C	无	无

8.1.2　翻译设计法实例

例 8-1： PLC 在按电流原则组成的绕线式异步电动机启动控制中的应用。

（1）按电流原则组成的绕线式异步电动机启动控制原理图分析

按电流原则组成的传统继电-接触器绕线式异步电动机启动控制线路如图 8-1 所示，该线路是利用电流继电器根据电动机转子电流大小的变化来控制电阻的分级切除。

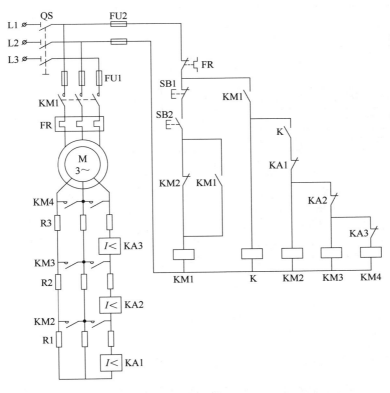

图 8-1　按电流原则组成的传统继电-接触器绕线式异步电动机启动控制线路原理图

合上电源开关 QS，按下启动按钮 SB2，KM1 线圈得电，主触点闭合，KM1 常开辅助触点闭合，其中一路常开辅助触点闭合形成自锁，另一路常开辅助触点闭合，使中间继电器 K 线圈得电。由于刚启动时，冲击电流很大，KA1、KA2、KA3 的线圈都吸合，使 KM2、KM3、KM4 线圈处于断电状态，使启动电阻全部串接在转子上，起到限流作用。随着电动机转速的升高，

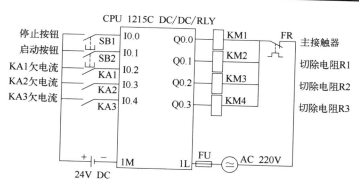

转子电流逐渐减少。当转子的启动电流减小到 KA1 的释放电流时，KA1 释放，其常闭触点闭合，使 KM2 线圈得电。KM2 线圈得电，其主触点闭合，将启动电阻 R1 短接，减小启动电阻。由于启动电阻减小，转子电流上升，启动转矩进一步加大，电动机转速上升，导致转子电流又下降。当转子启动电流降至 KA2 释放电流时，KA2 释放，其常闭触点闭合，使 KM3 线圈得电。KM3 线圈得电，其主触点闭合，将启动电阻 R2 短接，进一步减小启动电阻。如此下去，直到将转子全部电阻短接，电动机启动完毕，进入全电压运行状态。当按下停止按钮 SB1 时，KM1 线圈失电，使电动机停止运行。

（2）用翻译法实现按电流原则组成的绕线式异步电动机启动控制

用 PLC 实现对按电流原则组成的绕线式异步电动机启动控制时，其设计步骤如下。

① 将继电-接触器式绕线式异步电动机启动控制辅助电路的输入开关逐一改接到 PLC 的相应输入端；辅助电路的线圈逐一改接到 PLC 的相应输出端，中间继电器（K）使用 M0.0 进行替代，在 PLC 控制电路中 KA1~KA3 欠电流继电器的触点作为 PLC 输入信号，因此本实例需要 5 个输入点和 4 个输出点，使用 CPU 模块集成的数字 I/O 即可，其 I/O 分配如表 8-2 所示，因此 CPU 模块可选用 CPU 1215C DC/DC/Rly，PLC 外部接线如图 8-2 所示。

表 8-2 　按电流原则组成的绕线式异步电动机启动控制的 I/O 分配表

输入			输出		
功能	元件	PLC 地址	功能	元件	PLC 地址
停止按钮	SB1	I0.0	主接触器	KM1	Q0.0
启动按钮	SB2	I0.1	切除电阻 R1	KM2	Q0.1
KA1 欠电流继电器触点	KA1	I0.2	切除电阻 R2	KM3	Q0.2
KA2 欠电流继电器触点	KA2	I0.3	切除电阻 R3	KM4	Q0.3
KA3 欠电流继电器触点	KA3	I0.4			

图 8-2 　按电流原则组成的绕线式异步电动机启动控制的 PLC 外部接线图

② 参照表 8-1 所示，将按电流原则组成的继电-接触器绕线式异步电动机启动控制辅助电路中的触点、线圈逐一转换成 PLC 梯形图虚拟电路中的触点、线圈，并保持连接顺序不变，但要将线圈右边的触点改接到线圈左边。

③ 检查所得 PLC 梯形图是否满足要求，如果不满足应作局部修改。使用翻译法编写的程序如表 8-3 所示。

表 8-3　翻译法编写的按电流原则组成的绕线式异步电动机启动控制程序

程序段	LAD
程序段 1	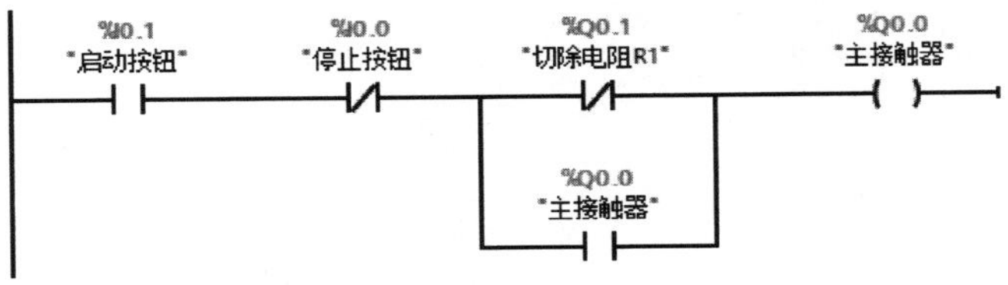 %I0.1 "启动按钮" ──┤ ├── %I0.0 "停止按钮" ──┤/├── %Q0.1 "切除电阻R1" ──┤/├── %Q0.0 "主接触器" ──( )── ／ %Q0.0 "主接触器" ──┤ ├──
程序段 2	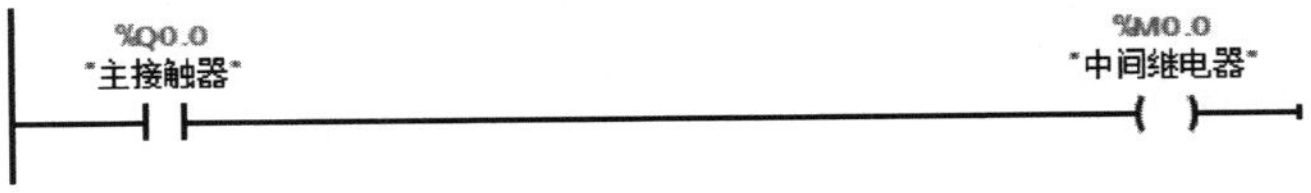 %Q0.0 "主接触器" ──┤ ├── %M0.0 "中间继电器" ──( )──
程序段 3	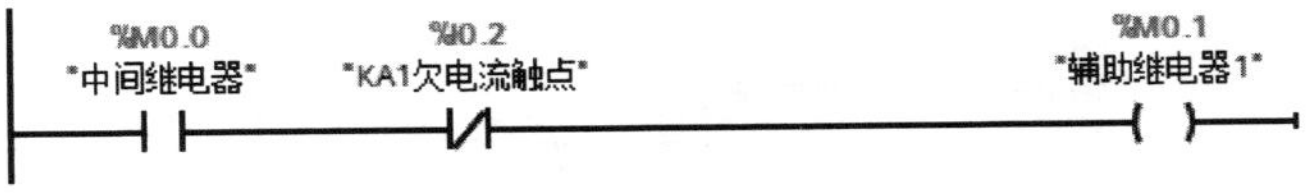 %M0.0 "中间继电器" ──┤ ├── %I0.2 "KA1欠电流触点" ──┤/├── %M0.1 "辅助继电器1" ──( )──
程序段 4	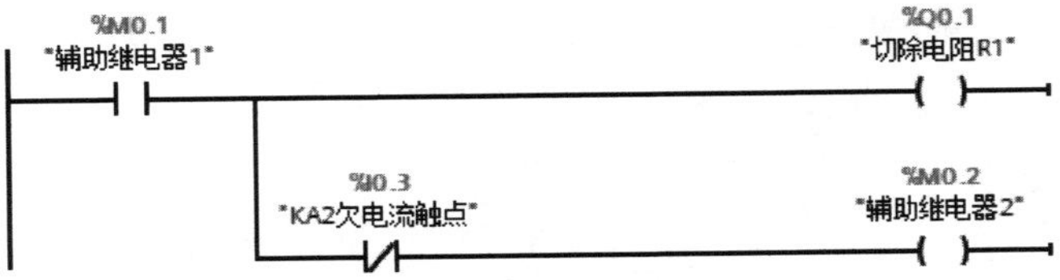 %M0.1 "辅助继电器1" ──┤ ├── %Q0.1 "切除电阻R1" ──( )── ／ %I0.3 "KA2欠电流触点" ──┤/├── %M0.2 "辅助继电器2" ──( )──
程序段 5	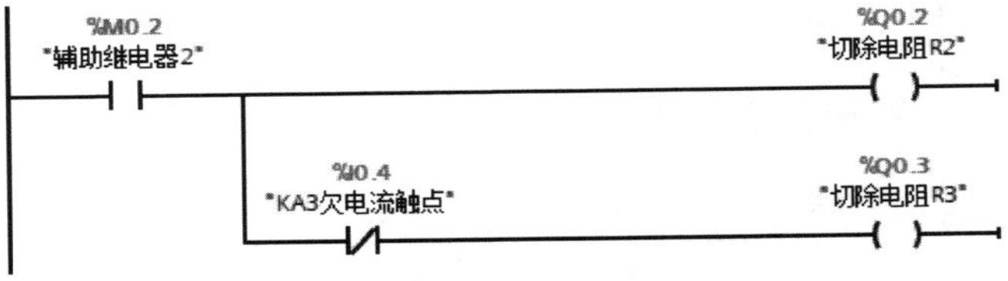 %M0.2 "辅助继电器2" ──┤ ├── %Q0.2 "切除电阻R2" ──( )── ／ %I0.4 "KA3欠电流触点" ──┤/├── %Q0.3 "切除电阻R3" ──( )──

（3）程序仿真

① 启动 TIA Portal 软件，创建一个新的项目，输入表 8-3 所示的程序后，开启 S7-PLCSIM 仿真。

② 刚进入在线仿真状态时，M0.0、Q0.0~Q0.3 线圈均处于 OFF 状态，表示电动机还没有启动。强制 I0.1 为 ON（模拟按下启动按钮 SB2），同时强制 I0.2、I0.3 和 I0.4 为 ON（模拟启动时冲击电流大，3 个欠电流线圈吸合），Q0.0~Q0.3 线圈仍处于 OFF 状态，使启动电阻全部串接在转子上，电动机开始启动。当转子的启动电流减小到 KA1 的释放电流时，KA1 释放，强制 I0.2 为 OFF，使得 Q0.1 线圈输出为 ON，KM2 的主触点闭合，R1 电阻短接，其运行仿真效果如图 8-3 所示。当转子的启动电流减小到 KA2 的释放电流时，KA2 释放，强制 I0.3 为 OFF，使得 Q0.2 线圈输出为 ON，KM3 的主触点闭合，R2 电阻短接。当转子的启动电流减小到 KA3 的释放电流时，KA3 释放，强制 I0.4 为 OFF，使得 Q0.3 线圈输出为 ON，KM4 的主触点闭合，R3 电阻短接。至此 3 个电阻全部短接，电动机启动完毕，进入全电压运行状态。

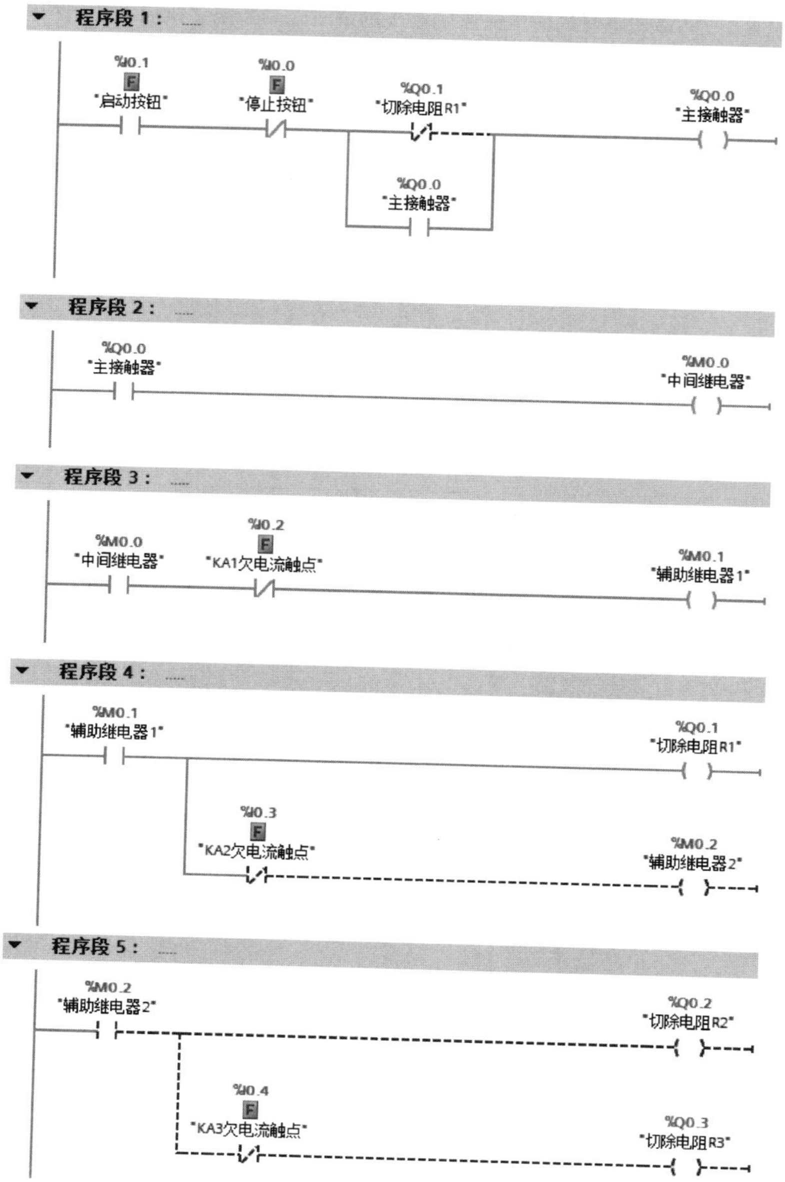

程序段 1:

```
   %I0.1          %I0.0         %Q0.1                          %Q0.0
  "启动按钮"      "停止按钮"    "切除电阻R1"                   "主接触器"
    ─┤F├──────────┤/├──────┬───┤/├────────────────────────────( )──
                           │   %Q0.0
                           └───"主接触器"
                               ─┤├──
```

程序段 2:

```
   %Q0.0                                                    %M0.0
  "主接触器"                                              "中间继电器"
    ─┤├───────────────────────────────────────────────────( )──
```

程序段 3:

```
   %M0.0           %I0.2                                    %M0.1
  "中间继电器"    "KA1欠电流触点"                          "辅助继电器1"
    ─┤├───────────┤F/├─────────────────────────────────────( )──
```

程序段 4:

```
   %M0.1                                                    %Q0.1
  "辅助继电器1"                                            "切除电阻R1"
    ─┤├─────────┬──────────────────────────────────────────( )──
                │   %I0.3                                   %M0.2
                │  "KA2欠电流触点"                          "辅助继电器2"
                └───┤F/├────────────────────────────────────( )──
```

程序段 5:

```
   %M0.2                                                    %Q0.2
  "辅助继电器2"                                            "切除电阻R2"
    ─┤├─────────┬──────────────────────────────────────────( )──
                │   %I0.4                                   %Q0.3
                │  "KA3欠电流触点"                          "切除电阻R3"
                └───┤F/├────────────────────────────────────( )──
```

图 8-3 按电流原则组成的绕线式异步电动机启动控制的仿真运行图

8.2 经验设计法及应用举例

8.2.1 经验设计法简述

在 PLC 发展的初期，沿用了设计继电器电路图的方法来设计梯形图程序，即在已有的典型梯形图上，根据被控对象对控制的要求，不断修改和完善梯形图。有时需要多次反复地调试和修改梯形图，不断地增加中间编程元件的触点，最后才能得到一个较为满意的结果。这种方法没有普遍的规律可以遵循，设计所用的时间、设计的质量与编程者的经验有很大的关系，所以有人将这种设计方法称为经验设计法。

经验设计法要求设计者具有一定的实践经验，掌握较多的典型应用程序的基本环节。根据被控对象对控制系统的具体要求，凭经验选择基本环节，并把它们有机地组合起来。其设计过程是逐步完善的，一般不易获得最佳方案，程序初步设计后，还需反复调度、修改完善，直至满足被控对象的控制要求。

8.2.2　经验设计法实例

例 8-2：三相异步电动机的串电阻降压启动控制。

（1）继电-接触器的串电阻降压启动控制原理图分析

传统继电-接触器的正反转控制电路原理图如图 8-4 所示。在左侧的主电路中，KM1 为降压接触器，KM2 为全压接触器，KT 为降压启动时间继电器。

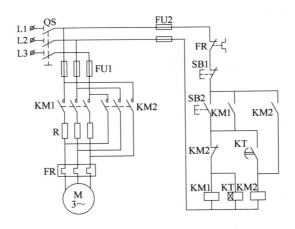

图 8-4　传统继电-接触器的串电阻降压启动控制电路原理图

在右侧的辅助控制电路中，按下启动按钮 SB2，KM1 和 KT 线圈同时得电。KM1 线圈得电，主触点闭合，主电路的电流通过降压电阻流入电动机，使电动机降压启动，同时 KM1 的

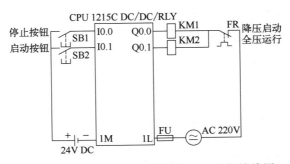

图 8-5　串电阻降压启动控制的 PLC 外部接线图

辅助触点闭合，形成自锁。KT 线圈得电开始延时，当延时到一定的时候，KT 延时闭合动合触点闭合，使 KM2 线圈得电。KM2 线圈得电，其辅助常开触点闭合，形成自锁，辅助常闭触点打开，切断了 KM1 和 KT 线圈的电源，KM2 主触点闭合，使电动机全电压运行。同样，当按下 SB1 时，KM2 线圈失电，电动机停止运转。

（2）用经验法实现三相异步电动机的串电阻降压启动控制

为实现串电阻降压启动控制，KT 延时继电器在 PLC 中可以使用定时器来替代，本例 PLC 需要 2 个输入点和 2 个输出点，I/O 分配如表 8-4 所示，PLC 外部接线如图 8-5 所示。

表 8-4　串电阻降压启动控制的 I/O 分配表

输入			输出		
功能	元件	PLC 地址	功能	元件	PLC 地址
停止按钮	SB1	I0.0	串电阻降压启动接触器	KM1	Q0.0
启动按钮	SB2	I0.1	切除串电阻全压运行接触器	KM2	Q0.1

根据表 8-1，将继电-接触器的串电阻降压启动控制电路翻译成梯形图，程序如表 8-5 所示。

表 8-5　串电阻降压启动控制程序

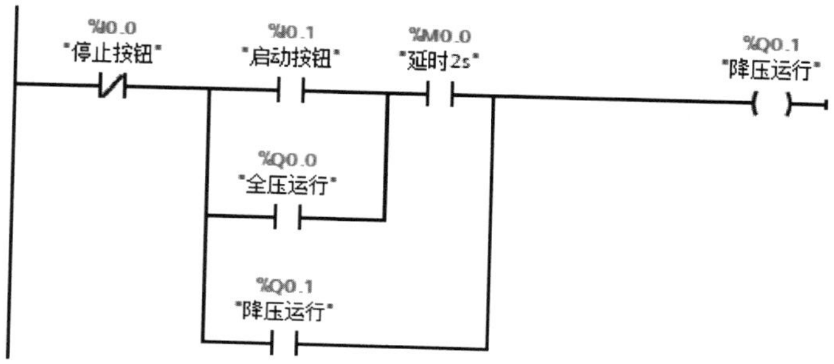

从表 8-5 中可以看出，在程序段 1 和程序段 2 中均有 I0.1 常开触点与 Q0.0 常开触点并联后再与 I0.0 常闭触点进行串联的电路，因此可以将其进行优化，形成一个公共的程序段，因此最终程序如表 8-6 所示。

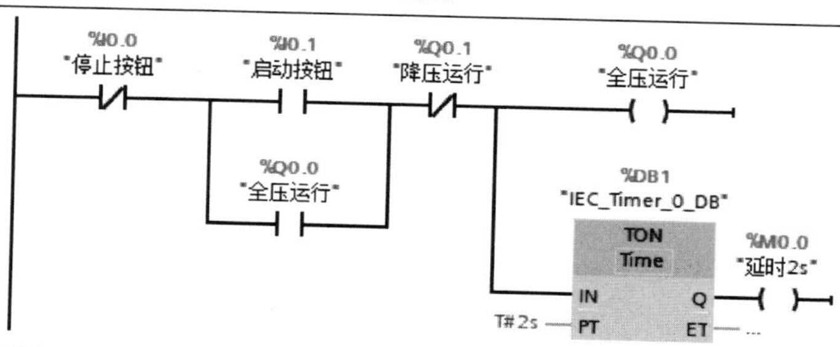

按下启动按钮 SB2 时，程序段 1 的 I0.1 常开触点闭合，辅助继电器线圈 M0.1 得电，以控制程序段 2 和程序段 3。程序段 2 的 M0.1 常开触点闭合时，Q0.0 线圈得电，使 KM1 主触点闭合，控制电动机串电阻 R 进行降压启动，同时定时器开始延时。定时器延时 2s 时，M0.0 线圈得电，使得程序段 3 中 M0.0 常开触点闭合，Q0.1 线圈得电，从而使 KM2 主触点闭合，同时程序段 2 中的 Q0.1 常闭触点断开，KM1 恢复初态，控制电动机全电压运行。

表 8-6　串电阻降压启动控制最终程序

程序段	LAD
程序段 1	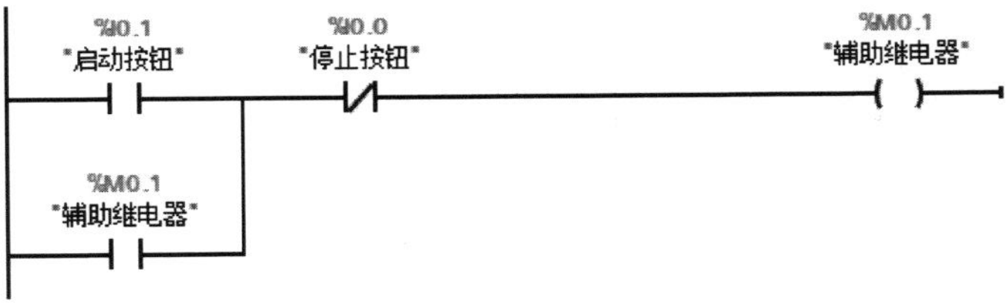
程序段 2	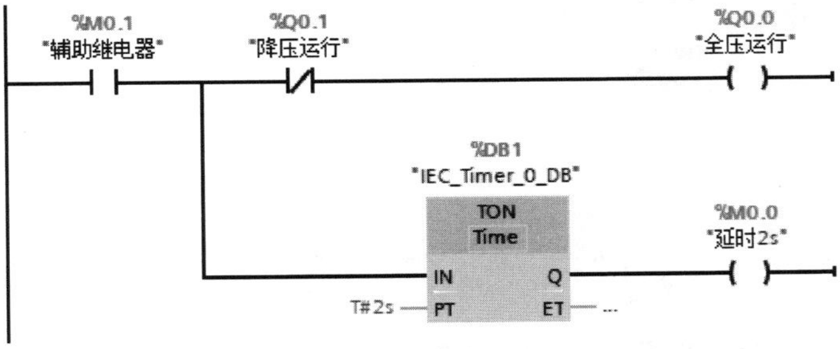
程序段 3	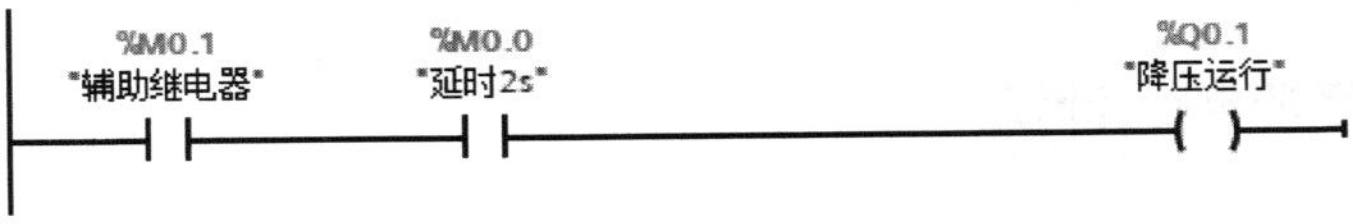

（3）程序仿真

① 启动 TIA Portal 软件，创建一个新的项目，输入表 8-6 所示的程序后，开启 S7-PLCSIM 仿真。

② 刚进入在线仿真状态时，M0.0、M0.1、Q0.0、Q0.1 线圈均处于 OFF 状态，表示电动机还没有启动。强制 I0.1 为 ON（模拟按下启动按钮 SB2），M0.1 和 Q0.0 线圈处于得电状态，同时定时器进行延时，电动机串电阻降压启动。当定时器延时达到设定值时，M0.0 线圈得电，使得 Q0.0 线圈失电，而 Q0.1 线圈得电，电动机全电压启动，其仿真效果如图 8-6 所示。

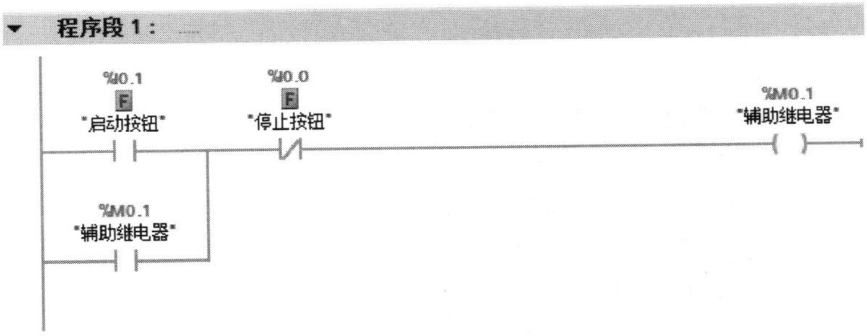

图 8-6

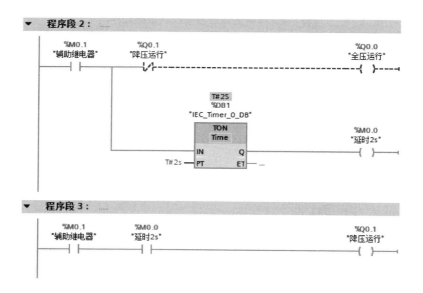

图 8-6　串电阻降压启动控制的仿真运行图

8.3　顺序控制设计法与顺序功能图

8.3.1　顺序控制设计法

在工业控制中存在着大量的顺序控制，如机床的自动加工、自动生产线的自动运行、机械手的动作等，它们都是按照固定的顺序进行动作的。在顺序控制系统中，对于复杂顺序控制程序仅靠基本指令系统编程会感到很不方便，其梯形图复杂且不直观。针对此种情况，可以使用顺序控制设计法进行相关程序的编写。

所谓顺序控制，就是按照生产工艺预先规定的顺序，在各个输入信号的作用下，根据内部状态和时间的顺序，在生产过程中各个执行机构自动地、有秩序地进行操作。使用顺序控制设计法首先根据系统的工艺过程，画出顺序功能图，然后根据顺序功能图编写程序。有的 PLC 编程软件为用户提供了顺序功能图（Sequential Function Chart，简称 SFC）语言，在编程软件中生成顺序功能图后便完成了编程工作。例如西门子 S7-1200 PLC 为用户提供了顺序功能图语言，用于编制复杂的顺序控制程序。利用这种编程方法能够较容易地编写出复杂的顺序控制程序，从而提高工作效率。

顺序控制设计法是一种先进的设计方法，很容易被初学者接受，对于有经验的工程师，也会提高其设计的效率，程序的调试、修改和阅读也很方便。其设计思想是将系统的一个工作周期划分为若干个顺序相连的阶段，这些阶段称为"步"（Step），并明确每一"步"所要执行的输出，"步"与"步"之间通过指定的条件进行转换，在程序中只需要通过正确连接进行"步"与"步"之间的转换，便可以完成系统的全部工作。

顺序控制程序与其他 PLC 程序在执行过程中的最大区别是：顺序控制程序在执行程序过程中始终只有处于工作状态的"步"（称为"有效状态"或"活动步"）才能进行逻辑处理与状态输出，而其他状态的步（称为"无效状态"或"非活动步"）的全部逻辑指令与输出状态均无效。因此，使用 SFC 进行程序设计时，设计者只需要分别考虑每一"步"所需要确定的输出，以及"步"与"步"之间的转换条件，并通过简单的逻辑运算指令就可完成程序的设计。

顺序控制设计法有多种，用户可以使用不同的方式编写顺序控制程序。但是，如果使用的 PLC 类型及型号不同，编写顺序控制程序的方式也不完全一样。比如日本三菱公司的 FX$_{2N}$ PLC 可以使用启保停、步进指令、移位寄存器和置位/复位指令这 4 种编写方式；西门子 S7-200、S7-200 SMART PLC 可以使用启保停、置位/复位指令和 SFC 顺控指令这 3 种编写方式；西门子 S7-300/400/1200/1500 PLC 可以使用启保停、置位/复位指令和 S7 Graph 这 3 种编写方式；欧姆龙 CP1H PLC 可以使用启保停、置位/复位指令和顺控指令（步启动/步开始）这 3 种编写方式。

8.3.2　顺序功能图的组成

顺序功能图又称为流程图，它是描述控制系统的控制过程、功能和特性的一种图形，也是设计 PLC 的顺序控制程序的有力工具。顺序功能图并不涉及所描述的控制功能的具体技术，它是一种通用的技术语言，可以供进一步设计和不同专业的人员之间进行技术交流之用。

各个 PLC 厂家都开发了相应的顺序功能图，各国家也都制定了顺序功能图的国家标准，我国于 1986 年颁布了顺序功能图的国家标准（GB 6988.6—1986）。顺序功能图主要由步、有向连线、转换、转换条件和动作（或命令）组成，如图 8-7 所示。

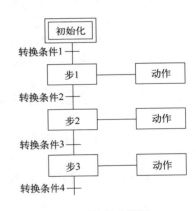

图 8-7　顺序功能图

（1）步

在顺序控制中"步"又称为状态，它是指控制对象的某一特定的工作情况。为了区分不同的状态，同时使得 PLC 能够控制这些状态，需要对每一状态赋予一定的标记，这一标记称为"状态元件"。在 S7-1200 PLC 中，使用启保停、置位/复位指令时状态元件通常用辅助寄存器 M 来表示（如 M0.0）。

步主要分为初始步、活动步和非活动步。

初始状态一般是系统等待启动命令的相对静止的状态。系统在开始进行自动控制之前，首先应进入规定的初始状态。与系统的初始状态相对应的步称为初始步，初始步用双线框表示，每一个顺序控制功能图至少应该有 1 个初始步。

当系统处于某一步所在的阶段时，该步处于活动状态，称为"活动步"。步处于活动状态时，相应的动作被执行。处于不活动状态的步称为"非活动步"，其相应的非存储型动作被停止执行。

（2）动作

可以将一个控制系统划分为施控系统和被控系统。对于被控系统，动作是某一步所要完成的操作；对于施控系统，在某一步中要向被控系统发出某些"命令"，这些命令也可称为动作。

（3）有向连线

有向连线就是状态间的连接线，它决定了状态的转换方向与转换途径。在顺序控制功能图程序中的状态一般需要 2 条以上的有向连线进行连接，其中一条为输入线，表示转换到本状态的上一级"源状态"，另一条为输出线，表示本状态执行转换时的下一级"目标状态"。在顺序功能图程序设计中，对于自上而下的正常转换方向，其连接线一般不需标记箭头，但是对于自下而上的转换或是向其他方向的转换，必须以箭头标明转换方向。

（4）转换

步的活动状态的进展是由转换的实现来完成的，并与控制过程的发展相对应。转换用有向连线上与有向连线垂直的短划线来表示，将相邻两步分隔开。

（5）转换条件

所谓转换条件是指用于改变 PLC 状态的控制信号，它可以是外部的输入信号，如按钮、主令开关、限位开关的接通/断开等；也可以是 PLC 内部产生的信号，如定时器、计数器常开触点的接通等；转换条件还可能是若干个信号的与、或、非逻辑组合。不同状态间的转换条件可以不同也可以相同。当转换条件各不相同时，顺序控制功能图程序每次只能选择其中的一种工作状态（称为选择分支）。当若干个状态的转换条件完全相同时，顺序控制功能图程序一次可以选择多个状态同时工作（称为并行分支）。只有满足条件的状态，才能进行逻辑处理与输出，因此，转换条件是顺序功能图程序选择工作状态的开关。

在顺序控制功能图程序中，转换条件通过与有向连线垂直的短横线进行标记，并在短横线旁边标上相应的控制信号地址。

8.3.3　顺序功能图的基本结构

在顺序控制功能图程序中，由于控制要求或设计思路的不同，步与步之间的连接形式也不同，从而形成了顺序控制功能图程序的 3 种不同的基本结构形式：①单序列；②选择序列；③并行序列。这 3 种序列结构如图 8-8 所示。

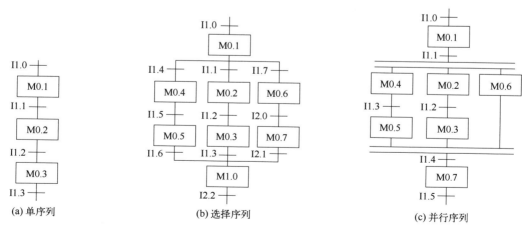

图 8-8　SFC 的 3 种序列结构图

（1）单序列

单序列由一系列相继激活的步组成，每一步的后面仅有一个转换，每一个转换的后面只有一个步，如图 8-8（a）所示。单序列结构的特点如下：

　　① 步与步之间采用自上而下的串联连接方式；

　　② 状态的转换方向始终是自上而下且固定不变（起始状态与结束状态除外）；

　　③ 除转换瞬间外，通常仅有 1 个步处于活动状态，基于此，在单序列中可以使用"重复线圈"（如输出线圈、内部辅助继电器等）；

　　④ 在状态转换的瞬间，存在一个 PLC 循环周期时间的相邻两状态同时工作的情况，因此对于需要进行"互锁"的动作，应在程序中加入"互锁"触点；

　　⑤ 在单序列结构的顺序控制功能图程序中，原则上定时器也可以重复使用，但不能在相邻两状态里使用同一定时器；

　　⑥ 在单序列结构的顺序控制功能图程序中，只能有一个初始状态。

（2）选择序列

　　选择序列的开始称为分支，如图 8-8（b）所示，转换符号只能在标在水平连线之下。在图 8-8（b）中，如果步 M0.1 为活动步且转换条件 I1.1 有效，则发生由步 M0.1→步 M0.2 的进展；如果步 M0.1 为活动步且转换条件 I1.4 有效时，则发生由步 M0.1→步 M0.4 的进展；如果步 M0.1 为活动步且转换条件 I1.7 有效时，则发生由步 M0.1→步 M0.6 的进展。在步 M0.1 之后选择序列的分支处，每次只允许选择一个序列。

　　选择序列的结束称为合并，几个选择序列合并到一个公共序列时，用与需要重新组合的序列相同数量的转换符号和水平连线来表示，转换符号只允许标在连线之上。

　　允许选择序列的某一条分支上没有步，但是必须有一个转换，这种结构的选择序列称为跳步序列。跳步序列是一种特殊的选择序列。

（3）并行序列

　　并行序列的开始称为分支，如图 8-8（c）所示，当转换的实现导致几个序列同时激活时，这些序列称为并行序列。在图 8-8（c）中，当步 M0.1 为活动步时，若转换条件 I1.1 有效，则步 M0.2、步 M0.4 和步 M0.6 均同时变为活动步，同时步 M0.1 变为不活动步。为了强调转换的同步实现，水平连线用双线表示。步 M0.2、步 M0.4 和步 M0.6 被同时激活后，每个序列中活动步的进展将是独立的。在表示同步的水平双线上，只允许有一个转换符号。并行序列用来表示系统的几个同时工作的独立部分的工作情况。

8.4　启保停方式的顺序控制

　　启保停电路即启动保持停止电路，它是梯形图设计中应用比较广泛的一种电路。其工作原理是：如果输入信号的常开触点接通，则输出信号的线圈得电，同时对输入信号进行"自锁"或"自保持"，这样输入信号的常开触点在接通后可以断开。

8.4.1　单序列启保停方式的顺序控制

（1）单序列启保停方式的顺序功能图与梯形图的对应关系

　　单序列启保停方式的顺序功能图与梯形图的对应关系，如图 8-9 所示。在图中，M_{i-1}、M_i、

M_{i+1} 是顺序功能图中的连续 3 步，I_i 和 I_{i+1} 为转换条件。对于 M_i 步来说，它的前级步为 M_{i-1}，转换条件为 I_i，所以 M_i 的启动条件为辅助继电器的常开触点 M_{i-1} 与转换条件常开触点 I_i 的串联组合。M_i 的后续步为 M_{i+1}，因此 M_i 的停止条件为 M_{i+1} 的常闭触点。

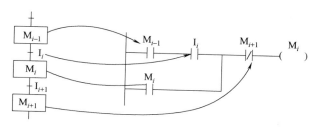

图 8-9　单序列启保停方式的顺序功能图与梯形图的对应关系

（2）单序列启保停方式的顺序控制应用实例

例 8-3：单序列启保停方式在某回转工作台控制钻孔中的应用。

1）控制过程　某 PLC 控制的回转工作台控制钻孔的过程是：当回转工作台不转且钻头回转时，如果传感器工件到位，则 I0.1 信号为 1，Q0.0 线圈控制钻头向下工进。当钻到一定深度使钻头套筒压到下接近开关时，I0.2 信号为 1，控制定时器计时。当定时器延时 5s 后，Q0.1 线圈控制钻头快退。当快退到上接近开关时，I0.3 信号为 1，就回到原位。

2）单序列启保停方式实现某回转工作台控制钻孔　根据控制过程可知，需要 3 个输入点和 2 个输出点，I/O 分配如表 8-7 所示，PLC 外部接线如图 8-10 所示。

表 8-7　某回转工作台控制钻孔的 I/O 分配表

输入			输出		
功能	元件	PLC 地址	功能	元件	PLC 地址
停止按钮	SB1	I0.0	工进电动机	KM1	Q0.0
启动按钮	SB2	I0.1	钻头电动机	KM2	Q0.1
下接近开关	SQ1	I0.2			
上接近开关	SQ2	I0.3			

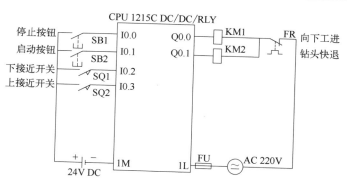

图 8-10　某回转工作台控制钻孔的 PLC 外部接线图

根据某回转工作台控制钻孔的控制过程，画出顺序控制功能图如图 8-11 所示。现以 M0.0

步为例，讲述启保停方式的梯形图程序编写。从图中看出，M0.0 的一个启动条件为 M0.3 的常开触点和转换条件 I0.3 的常开触点组成的串联电路；此外 PLC 刚运行时应将初始步 M0.0 激活，否则系统无法工作，所以首次扫描 M10.0（FisrtScan）触点闭合 1 次作为 M0.0 的另一个启动条件，这两个启动条件应并联。为了保证活动状态能持续到下一步活动为止，还需要并上 M0.0 的自锁触点。当 M0.0、I0.1 的常开触点同时为 1 时，步 M0.1 变为活动步，M0.0 变为不活动步，因此将 M0.1 的常闭触点串入 M0.0 的回路中作为停止条件。此后 M0.1~M0.3 步的梯形图转换与 M0.0 步梯形图的转换一致，其程序编写如表 8-8 所示。

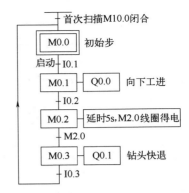

图 8-11　某回转工作台控制钻孔的顺序控制功能图

3）程序仿真

① 启动 TIA Portal 软件，创建一个新的项目，输入表 8-8 所示的程序后，开启 S7-PLCSIM 仿真。

表 8-8　单序列启保停方式编写某回转工作台控制钻孔的应用程序

程序段	LAD
程序段 1	%M0.3 "步3"　%I0.3 "上接近开关"　%M0.1 "步1"　%I0.0 "停止按钮"　%M0.0 "初始步" %M10.0 "FirstScan" %M0.0 "初始步"
程序段 2	%M0.0 "初始步"　%I0.1 "启动按钮"　%M0.2 "步2"　%I0.0 "停止按钮"　%Q0.0 "向下工进" %M0.1 "步1"　　%M0.1 "步1"
程序段 3	%M0.1 "步1"　%I0.2 "下接近开关"　%M0.3 "步3"　%I0.0 "停止按钮"　%DB1 "IEC_Timer_0_DB" TON Time　%M2.0 "计时5s" IN　Q T#5s — PT　ET … %M0.2 "步2"　　%M0.2 "步2"

续表

程序段	LAD

程序段 4

②　刚进入在线仿真状态时，闭合 1 次，使 M0.0 线圈得电自锁。先强制 I0.1 为 ON，M0.1 和 Q0.0 线圈得电，模拟钻头向下工进，其仿真效果如图 8-12 所示。再将 I0.1 强制为 OFF，I0.2 强制为 ON，M0.1 和 Q0.0 线圈失电，同时 M0.2 线圈得电、定时器进行延时。当定时器延时达 5s 时，M2.0 线圈得电，使 Q0.1 和 M0.3 线圈得电，而 M0.2 线圈失电，模拟钻头快退。然后将 I0.2 强制为 OFF，I0.3 强制为 ON，M0.3 和 Q0.1 线圈失电，同时 M0.0 线圈得电，又回到初始步状态。

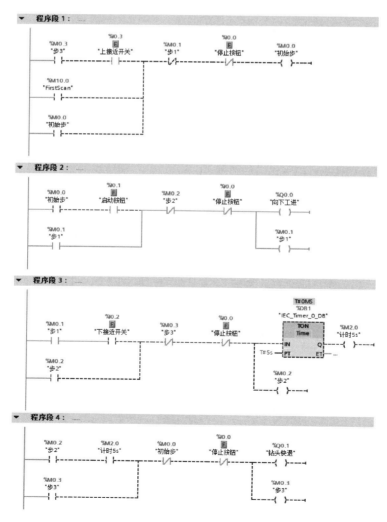

图 8-12　单序列启保停方式的某回转工作台控制钻孔的仿真效果图

8.4.2　选择序列启保停方式的顺序控制

（1）选择序列启保停方式的顺序功能图与梯形图的转换

选择序列启保停方式的顺序功能图转换为梯形图的关键点在于分支处和合并处程序的处理，其余与单序列的处理方法一致。

① 分支处编程　若某步后有一个由 N 条分支组成的选择程序，该步可能转换到不同的 N 步去，则应将这 N 个后续步对应的辅助继电器的常闭触点与该步线圈串联，作为该步的停止条件。启保停方式的分支序列分支处顺序功能图与梯形图的转换，如图 8-13 所示。图中 M_i 后有 1 个选择程序分支，M_i 的后续步分别为 M_{i+1}、M_{i+2}、M_{i+3}，当这 3 步有 1 个步为活动步时，M_i 就变为不活动步，所以将 M_{i+1}、M_{i+2}、M_{i+3} 的常闭触点与 M_i 线圈串联，作为活动步的停止条件。

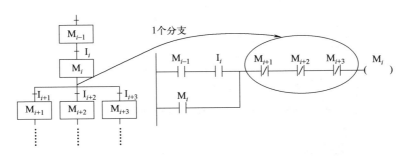

图 8-13　选择序列启保停方式的分支处顺序功能图与梯形图的转换

② 合并处编程　对于选择程序的合并，若某步之前有 N 个转换，即有 N 条分支进入该步，则控制代表该步的辅助继电器的启动电路由 N 条支路并联而成，每条支路都由前级步辅助继电器的常开触点与转换条件的常开触点构成的串联电路组成。启保停方式的选择序列合并处顺序功能图与梯形图的转换，如图 8-14 所示。图中 M_i 前有 1 个程序选择分支，M_i 的前级步分别为 M_{i-1}、M_{i-2}、M_{i-3}，当这 3 步有 1 步为活动步，且对应的转换条件 I_{i-1} 或 I_{i-2} 或 I_{i-3} 为 1，M_i 变为活动步，所以将 M_{i-1}、M_{i-2}、M_{i-3} 的常开触点分别与转换条件 I_{i-1}、I_{i-2}、I_{i-3} 常开触点串联，作为该步的启动条件。

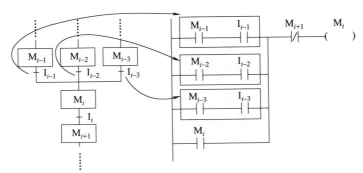

图 8-14　选择序列启保停方式的合并处顺序功能图与梯形图的转换

（2）选择序列启保停方式的顺序控制应用实例

例 8-4：选择序列启保停方式在某加工系统中的应用。

解：1）控制要求　某加工系统中有 2 台电动机 M0、M1，由 SB1~SB3、SQ1 和 SQ2 进行控制。系统刚通电时，如果按下 SB1（I0.0）向下工进按钮时，M0 电动机工作控制钻头向下工进；如果按下 SB2（I0.1）向上工进按钮时，M0 电动机工作控制钻头向上工进。当 M0 向下工进压到 SQ1（I0.3）下接近开关，或 M0 向上工进压到 SQ2（I0.4）上接近开关时，M1 电动机才能启动以进行零件加工操作。M1 运行时，若按下 SB3（I0.2）停止按钮，则 M1 立即停止运行，系统恢复到刚通电时的状态。

2）选择序列启保停方式实现某加工系统的控制　根据控制过程可知，需要 5 个输入点和 3 个输出点，I/O 分配如表 8-9 所示，PLC 外部接线如图 8-15 所示。

表 8-9　某加工系统的 I/O 分配表

输入			输出		
功能	元件	PLC 地址	功能	元件	PLC 地址
向下工进按钮	SB1	I0.0	M0 向下工进	KM1	Q0.0
向上工进按钮	SB2	I0.1	M0 向上工进	KM2	Q0.1
停止按钮	SB3	I0.2	M1 零件加工	KM3	Q0.2
下接近开关	SQ1	I0.3			
上接近开关	SQ2	I0.4			

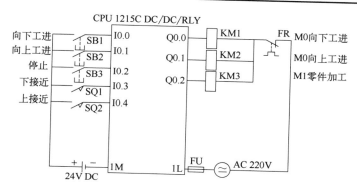

图 8-15　某加工系统的 PLC 外部接线图

根据某加工系统的控制要求，画出顺序控制功能图如图 8-16 所示。从图中可看出，M0.0 步后有 1 个选择程序分支，M0.0 后续步分别为 M0.1 和 M0.2，当这 2 步只要有 1 步为活动步，M0.0 步应变为不活动步，所以 M0.1 和 M0.2 的常闭触点与 M0.0 线圈串联，作为该步的停止条件。而 M0.0 的一个启动条件为 M0.3 的常开触点和转换条件 I0.2 的常开触点组成的串联电路；此外 PLC 刚运行时应将初始步 M0.0 激活，否则系统无法工作，所以初始化脉冲 M10.0（FirstScan）为 M0.0 的另一个启动条件，这两个启动条件应并联。为了保证活动状态能持续到下一步活动为止，还需并联 M0.0 的自锁触点。

M0.1 步的一个启动条件为 M0.0 的常开触点和转换条件 I0.0 的常开触点组成的串联电路；为了保证活动状态能持续到下一步活动为止，还需并联 M0.1 的自锁触点。此外，M0.3 的常闭触点串入 M0.1 的回路中作为停止条件。

M0.2 步的一个启动条件为 M0.0 的常开触点和转换条件 I0.1 的常开触点组成的串联电路；为了保证活动状态能持续到下一步活动为止，还需并联 M0.2 的自锁触点。此外，M0.3 的常闭触点串入 M0.2 的回路中作为停止条件。

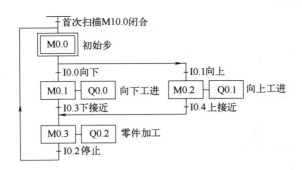

图 8-16   某加工系统的顺序控制功能图

M0.3 步前有 1 个选择程序合并，M0.3 的前级步分别为 M0.1 和 M0.2，当这 2 步有 1 步为活动步，且对应的转换条件 I0.3 或 I0.4 为 1，M0.3 变为活动步，所以将 M0.1、M0.2 常开触点与转换条件 I0.3、I0.4 的常开触点串联，作为该步的启动条件。综合上述，其程序编写如表 8-10 所示。

3）程序仿真

① 启动 TIA Portal 软件，创建一个新的项目，输入表 8-10 所示的程序后，开启 S7-PLCSIM 仿真。

表 8-10   选择序列启保停方式在某加工系统中的应用程序

程序段	LAD
程序段 1	%M0.3 "步3" — %M0.2 "停止按钮" — %M0.1 "步1" —/— %M0.2 "步2" —/— %M0.0 "初始步" —( ) %M10.0 "FirstScan" — %M0.0 "初始步" —
程序段 2	%M0.0 "初始步" — %I0.0 "向下工进按钮" — %M0.3 "步3" —/— %M0.1 "步1" —( ) %M0.1 "步1" — %Q0.0 "M0向下工进" —( )
程序段 3	%M0.0 "初始步" — %I0.1 "向上工进按钮" — %M0.3 "步3" —/— %M0.2 "步2" —( ) %M0.2 "步2" — %Q0.1 "M0向上工进" —( )

续表

程序段	LAD
程序段 4	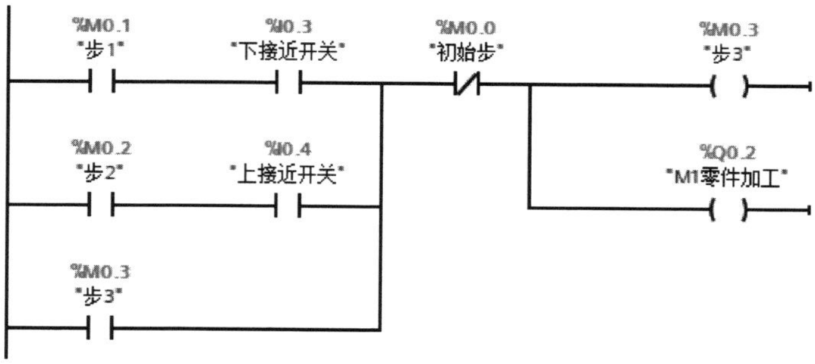 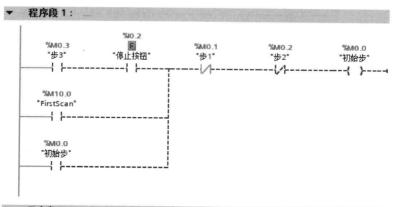

② 刚进入在线仿真状态时，闭合 1 次，使 M0.0 线圈得电自锁。强制 I0.0 为 ON，M0.1 和 Q0.0 线圈得电，模拟 M0 电动机向下工进。再将 I0.0 强制为 OFF，I0.3 强制为 ON，M0.1 和 Q0.0 线圈失电，同时 M0.3、Q0.2 线圈得电，模拟 M1 电动机零件加工。将 I0.3 强制为 OFF，I0.2 强制为 ON，M0.3 和 Q0.2 线圈失电，同时 M0.0 线圈得电，又回到初始步状态。强制 I0.1 为 ON，M0.2 和 Q0.1 线圈得电，模拟 M0 电动机向上工进。M0.2 线圈得电，M0.2 常开触点闭合，此时若将 I0.1 强制为 OFF，M0.2 和 Q0.1 线圈仍然得电，其仿真效果如图 8-17 所示。再将 I0.4 强制为 ON，M0.2 和 Q0.1 线圈失电，同时 M0.3、Q0.2 线圈得电，模拟 M1 电动机零件加工。将 I0.4 强制为 OFF，I0.2 强制为 ON，M0.3 和 Q0.2 线圈失电，同时 M0.0 线圈得电，又回到初始步状态。

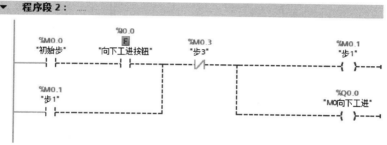

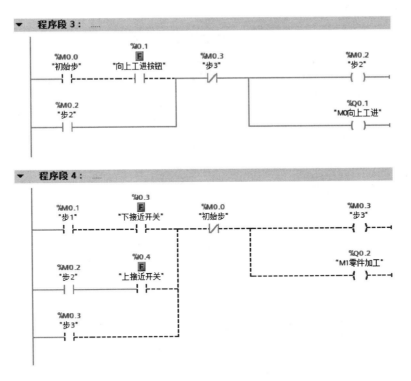

图 8-17　选择序列启保停方式的某加工系统控制仿真效果图

8.4.3　并行序列启保停方式的顺序控制

（1）并行序列启保停方式的顺序功能图与梯形图的转换

并行序列启保停方式的顺序功能图转换为梯形图的关键点也在于分支处和合并处程序的处理，其余与单序列的处理方法一致。

① 分支处编程　若并行程序某步后有 N 条并行分支，如果转换条件满足，则并行分支的第 1 步同时被激活。这些并行分支的第 1 步的启动条件均相同，都是前级步的常开触点与转换条件的常开触点组成的串联电路，不同的是各个并列分支的停止条件。串入各自后续步的常闭触点作为停止条件。启保停方式的并行序列分支处顺序功能图与梯形图的转换，如图 8-18 所示。

② 合并处编程　对于并行程序的合并，若某步之前有 N 条分支，即有 N 条分支进入到该步，则并行分支的最后一步同时为 1，且转换条件满足时，方能完成合并。因此合并处的启动电路为所有并列分支最后一步的常开触点和转换条件的常开触点的串联组合；停止条件仍为后续步的常闭触点。启保停方式的并行序列合并处顺序功能图与梯形图的转换，如图 8-18 所示。

（2）并行序列启保停方式的顺序控制应用实例

例 8-5：并行序列启保停方式在十字路口信号灯控制中的应用。

1）控制要求　某十字路口信号灯的控制示意如图 8-19 所示。按下启动按钮 SB2，东西方向绿灯点亮，绿灯亮 25s 后闪烁 3s，然后东西黄灯亮 2s 后熄灭，紧接着东西红灯亮 30s 后再熄灭，再接着东西绿灯亮……，如此循环。在东西绿灯亮的同时，南北红灯亮 30s，接着南北绿灯点亮，绿灯亮 25s 后闪烁 3s，然后南北黄灯亮 2s 后熄灭，南北红灯亮……，如此循环。

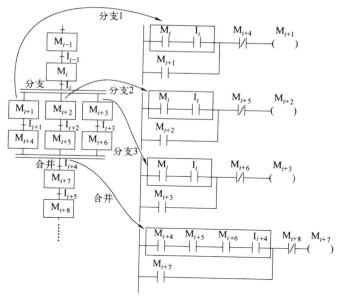

图 8-18　启保停方式的并行序列分支处和合并处顺序功能图与梯形图的转换

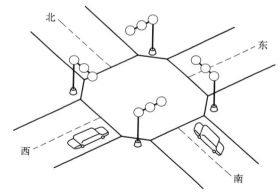

图 8-19　十字路口信号灯控制示意图

2）并行序列启保停方式实现十字路口信号灯控制　从控制过程中可以看出，十字路口信号灯是按一定的顺序交替变化，变化时序如图 8-20 所示。本任务需要 2 个输入点和 6 个输出点，I/O 分配如表 8-11 所示，PLC 外部接线如图 8-21 所示。

表 8-11　十字路口信号灯控制的 I/O 分配表

输入			输出		
功能	元件	PLC 地址	功能	元件	PLC 地址
停止按钮	SB1	I0.0	东西绿灯	HL0	Q0.0
启动按钮	SB2	I0.1	东西黄灯	HL1	Q0.1
			东西红灯	HL2	Q0.2
			南北绿灯	HL3	Q0.3
			南北黄灯	HL4	Q0.4
			南北红灯	HL5	Q0.5

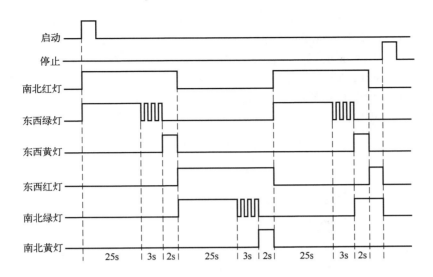

图 8-20　十字路口信号灯变化时序图

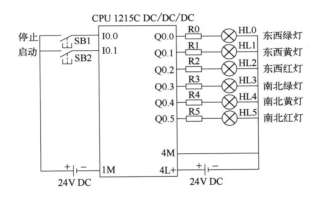

图 8-21　十字路口信号灯控制的 PLC 外部接线图

　　根据十字路口信号灯的控制要求，画出顺序功能图如图 8-22 所示。从图中看出，在 M0.0 后有 1 个并列分支。若 M0.0 为活动步且 I0.1 为 1 时，则 M0.1、M0.5 步同时激活，所以 M0.1、M0.5 步的启动条件相同，都为 M0.0 和 I0.1 常开触点的串联，但是它们的停止条件不同，其中 M0.1 步的停止条件为串联 M0.2 常闭触点；M0.5 步的停止条件为串联 M0.6 常闭触点。

　　在 M1.1 之前有 1 个并行序列的合并，当 M0.4、M1.0 同时为活动步且转换条件 T4 和 T8 常开触点闭合时，M1.1 步应变为活动步，即 M1.1 的启动条件为 M0.4、M1.0、T4 和 T8 常开触点串联，停止条件为 M0.1 和 M0.5 的常闭触点串联。综合上述，其程序编写如表 8-12 所示。

　　当 PLC 一上电时，程序段 1 中 M10.0 触点闭合 1 次，将各步复位。程序段 2 为初始步控制，当按下启动按钮 SB2 时，I0.1 常开触点闭合，M0.0 线圈得电并自锁，系统进入十字路口信号灯控制。当按下停止按钮 SB1 时，十字路口信号灯要停止工作，所以 M0.1~M1.1 步的停止条件中都串入 I0.0 常闭触点。程序段 3 为东西方向绿灯点亮 25s 控制；程序段 4 为东西方向绿灯闪烁 3s 控制；程序段 5 为东西方向黄灯点亮 2s 控制；程序段 6 为东西方向红灯亮 30s 控制；程序段 7 为南北方向红灯亮 30s 控制；程序段 8 为南北方向绿灯亮 25s 控制；程序段 9 为南北方向绿灯闪烁 3s 控制；程序段 10 为南北方向黄灯亮 2s 控制；程序段 11 出于编程方便而编写，

T9 的时间仅为 0.1s，不影响程序的整体；程序段 12 为东西方向绿灯输出控制，M0.2 常开触点串入 M20.3 常开触点以实现东西方向的绿灯闪烁，并联 M0.1 常开触点实现东西方向的绿灯常亮控制；程序段 13 为东西方向黄灯输出控制；程序段 14 为东西方向红灯输出控制；程序段 15 为南北方向绿灯输出控制，M0.7 常开触点串入 M20.3 常开触点以实现南北方向的绿灯闪烁，并联 M0.6 常开触点实现南北方向的绿灯常亮控制；程序段 16 为南北方向黄灯输出控制；程序段 17 为南北方向红灯输出控制。

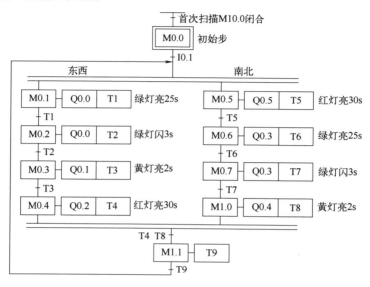

图 8-22　十字路口信号灯的顺序控制功能图

3）程序仿真

① 启动 TIA Portal 软件，创建一个新的项目，输入表 8-12 所示的程序后，开启 S7-PLCSIM 仿真。

表 8-12　并行序列启保停方式在十字路口信号灯控制中的应用程序

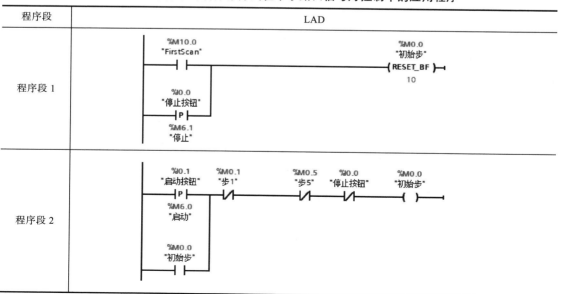

续表

程序段	LAD
程序段 3	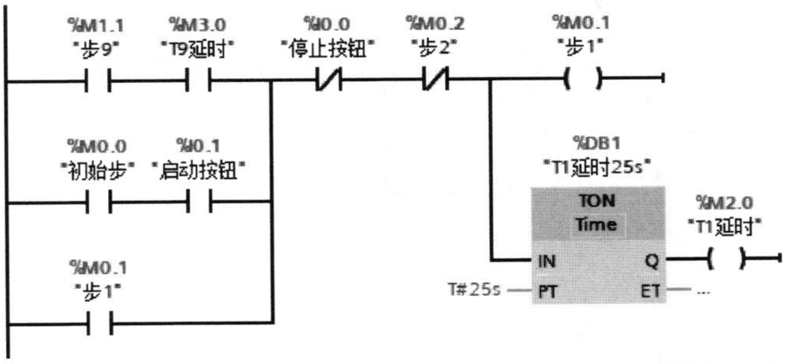 %M1.1 "步9" — %M3.0 "T9延时" — %I0.0 "停止按钮" — %M0.2 "步2" — %M0.1 "步1"( ) %M0.0 "初始步" — %I0.1 "启动按钮" %M0.1 "步1" %DB1 "T1延时25s" TON Time　IN　Q — %M2.0 "T1延时"( )　T#25s — PT　ET …
程序段 4	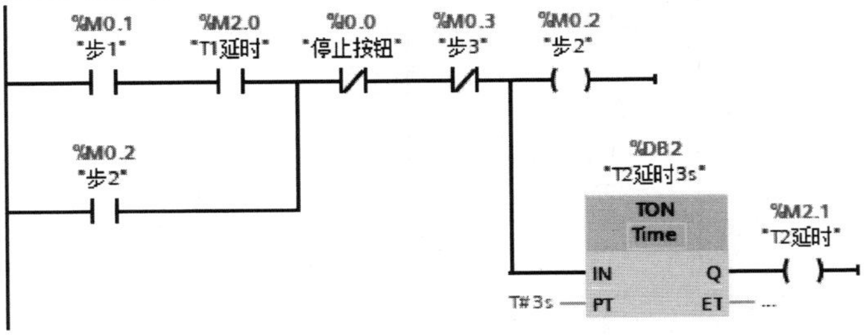 %M0.1 "步1" — %M2.0 "T1延时" — %I0.0 "停止按钮" — %M0.3 "步3" — %M0.2 "步2"( ) %M0.2 "步2" %DB2 "T2延时3s" TON Time　IN　Q — %M2.1 "T2延时"( )　T#3s — PT　ET …
程序段 5	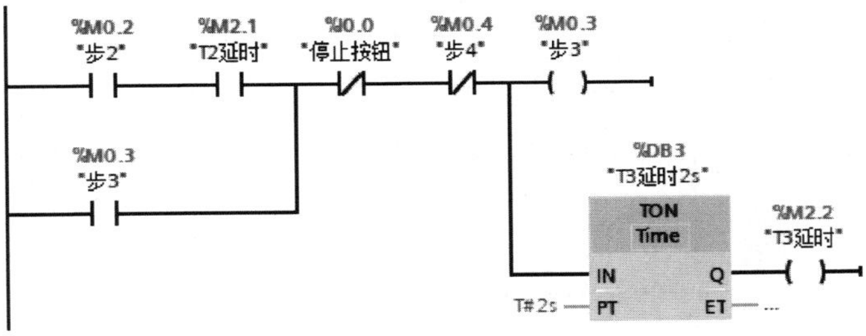 %M0.2 "步2" — %M2.1 "T2延时" — %I0.0 "停止按钮" — %M0.4 "步4" — %M0.3 "步3"( ) %M0.3 "步3" %DB3 "T3延时2s" TON Time　IN　Q — %M2.2 "T3延时"( )　T#2s — PT　ET …
程序段 6	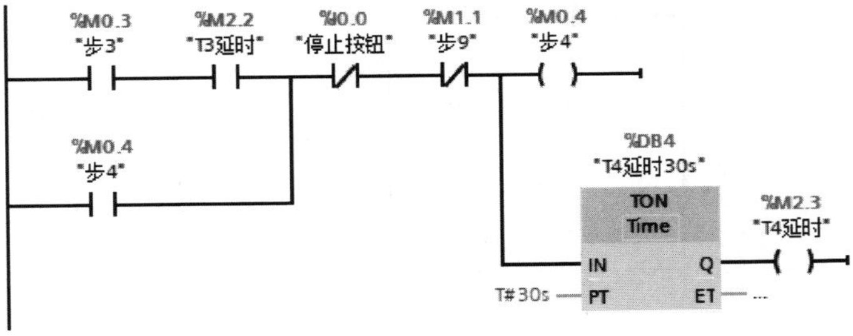 %M0.3 "步3" — %M2.2 "T3延时" — %I0.0 "停止按钮" — %M1.1 "步9" — %M0.4 "步4"( ) %M0.4 "步4" %DB4 "T4延时30s" TON Time　IN　Q — %M2.3 "T4延时"( )　T#30s — PT　ET …
程序段 7	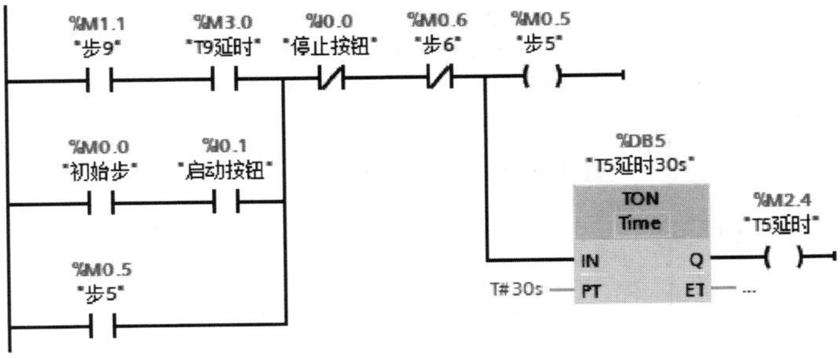 %M1.1 "步9" — %M3.0 "T9延时" — %I0.0 "停止按钮" — %M0.6 "步6" — %M0.5 "步5"( ) %M0.0 "初始步" — %I0.1 "启动按钮" %M0.5 "步5" %DB5 "T5延时30s" TON Time　IN　Q — %M2.4 "T5延时"( )　T#30s — PT　ET …

续表

程序段	LAD
程序段 8	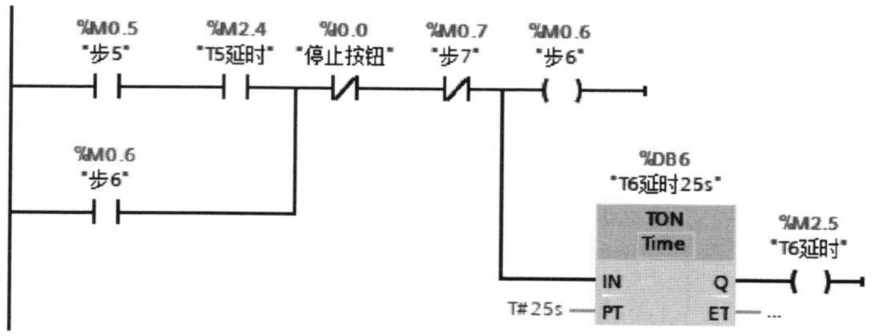
程序段 9	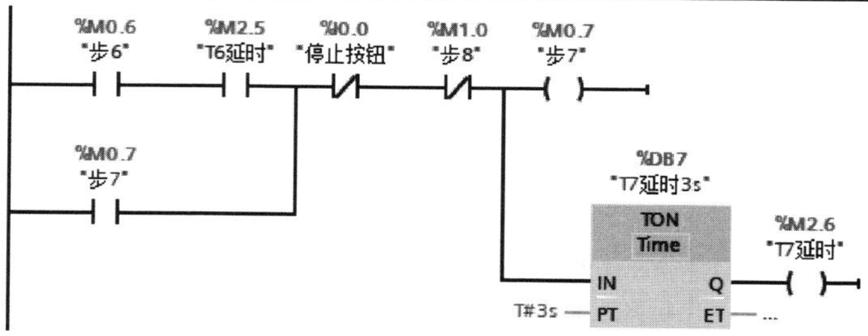
程序段 10	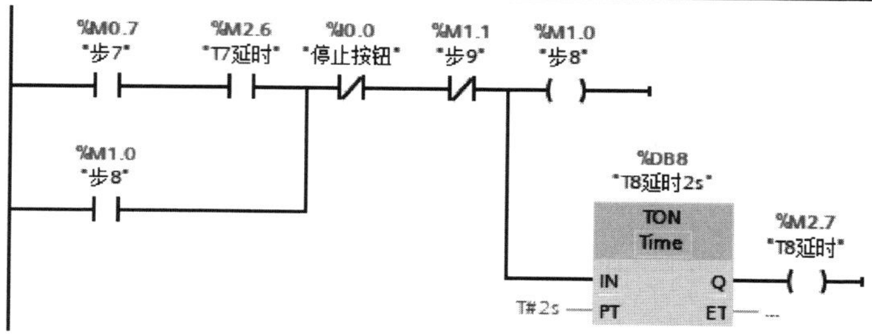
程序段 11	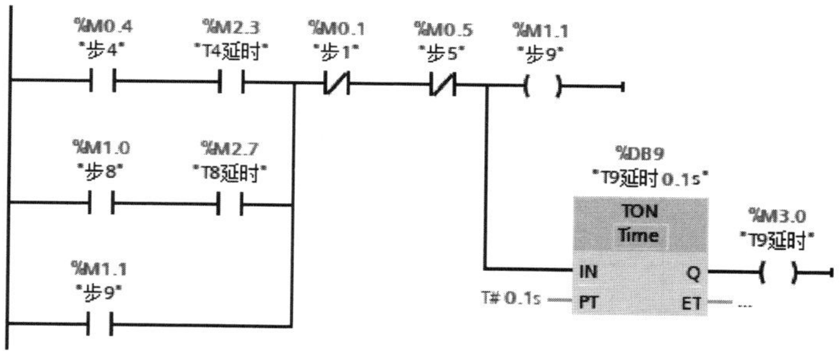
程序段 12	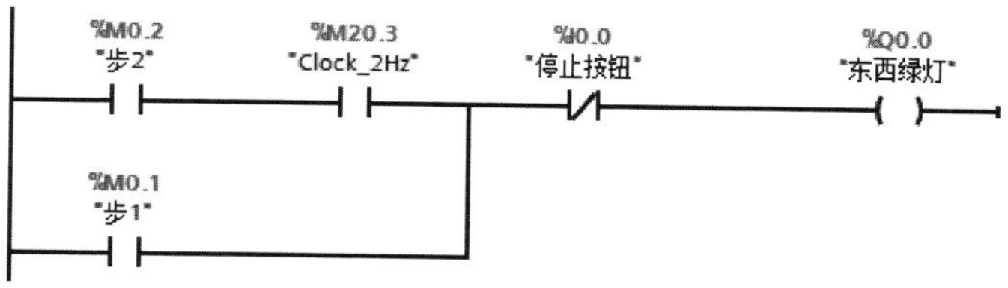
程序段 13	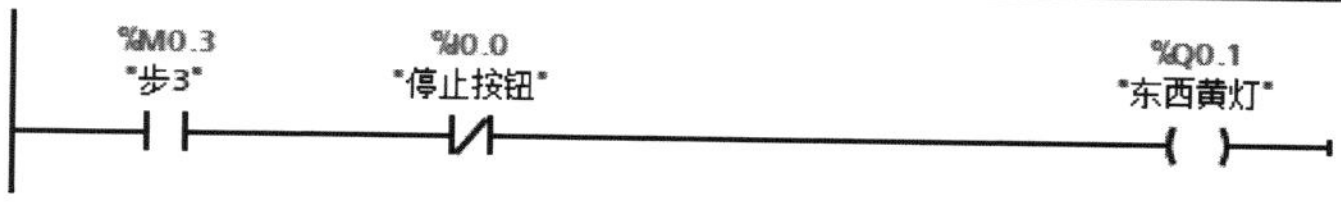

续表

程序段	LAD
程序段 14	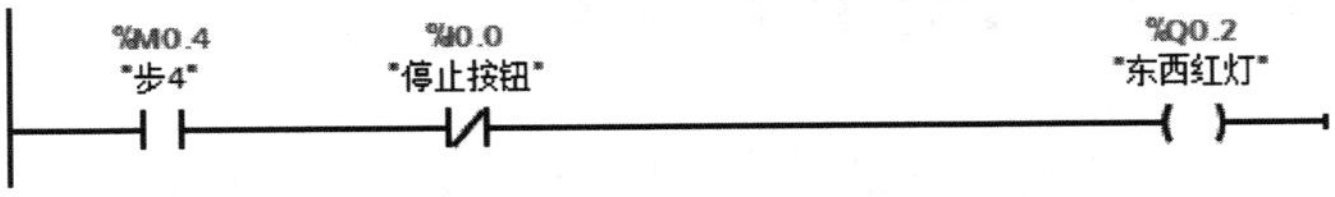 %M0.4 "步4"　%I0.0 "停止按钮"　%Q0.2 "东西红灯"
程序段 15	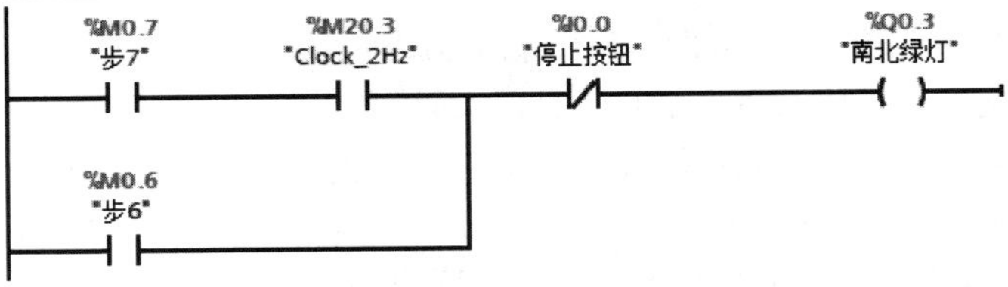 %M0.7 "步7"　%M20.3 "Clock_2Hz"　%I0.0 "停止按钮"　%Q0.3 "南北绿灯" %M0.6 "步6"
程序段 16	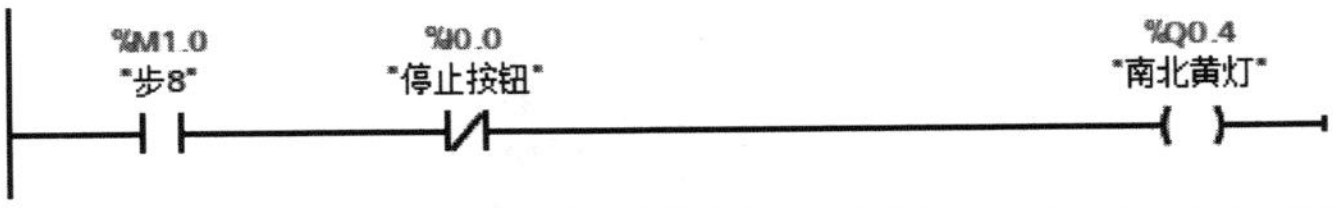 %M1.0 "步8"　%I0.0 "停止按钮"　%Q0.4 "南北黄灯"
程序段 17	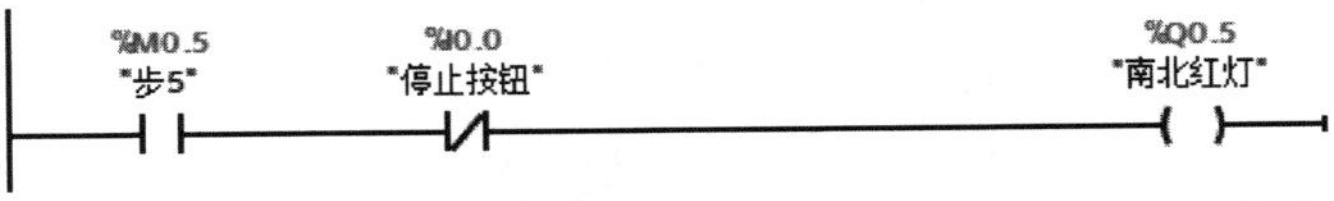 %M0.5 "步5"　%I0.0 "停止按钮"　%Q0.5 "南北红灯"

② 刚进入在线仿真状态时，闭合 1 次，使 M0.0~M1.1 各步复位。强制 I0.1 为 ON，M0.1 和 M0.5 线圈得电，然后东西方向和南北方向的各步根据时间顺序执行相应操作。图 8-23 为 M0.4 步和 M0.6 步处于活动步时的监控运行图，此时东西方向红灯亮，南北方向绿灯亮，即允许南北方向的车通行。

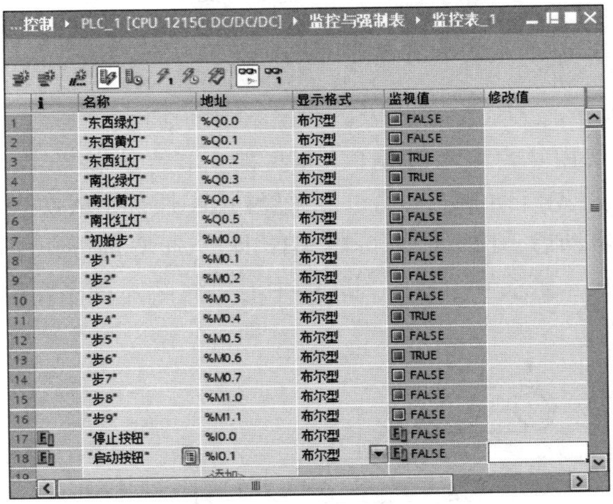

图 8-23　并行序列启保停方式的十字路口信号灯控制的监控运行图

8.5　转换中心方式的顺序控制

使用置位/复位指令的顺序控制功能梯形图的编写方法又称为以转换为中心的编写方法，它是用某一转换所有前级步对应的辅助继电器的常开触点与转换对应的触点或电路串联，作为使用所有后续步对应的辅助继电器置位和使所有前级步对应的辅助继电器复位的条件。

8.5.1 单序列转换中心方式的顺序控制

（1）单序列转换中心方式的顺序功能图与梯形图的对应关系

单序列转换中心方式的顺序功能图与梯形图的对应关系，如图 8-24 所示。图中，M_{i-1}、M_i、M_{i+1} 是顺序功能图中的连续 3 步，I_i 和 I_{i+1} 为转换条件。M_{i-1} 为活动步，且转换条件 I_i 满足，M_i 被置位，同时 M_{i-1} 被复位，因此将 M_{i-1} 和 I_i 的常开触点组成的串联电路作为 M_i 步的启动条件，同时它也作为 M_{i-1} 步的停止条件。M_i 为活动步，且转换条件 I_{i+1} 满足，M_{i+1} 被置位，同时 M_i 被复位，因此将 M_i 和 I_{i+1} 的常开触点组成的串联电路作为 M_{i+1} 步的启动条件，同时它也作为 M_i 步的停止条件。

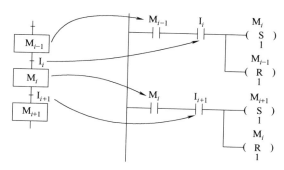

图 8-24 单序列转换中心方式的顺序功能图与梯形图的对应关系

（2）单序列转换中心方式的顺序控制应用实例

例 8-6：单序列转换中心方式在 4 节传送带控制中的应用。

1）控制要求　某系统由 4 台电动机 M1~M4 实现 4 节传送带控制，其示意如图 8-25 所示。按下启动按钮 SB2 时，首先启动 M4 电动机，每经过 5s 延时，依次启动 M3、M2 和 M1 电动机。当 4 台电动机全部启动后，按下停止按钮 SB1 时，M1 立即停止，每经过 2s 延时，依次停止电动机 M2、M3 和 M4。要求使用单序列转换中心方式编写程序实现此功能。

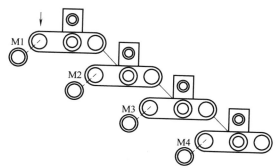

图 8-25 4 节传送带控制示意图

2）单序列转换中心方式实现 4 节传送带控制　根据控制要求可知，该应用需要 2 个输入点和 4 个输出点，I/O 分配如表 8-13 所示，PLC 外部接线如图 8-26 所示。

表 8-13　　4 节传送带控制的 I/O 分配表

输入			输出		
功能	元件	PLC 地址	功能	元件	PLC 地址
停止按钮	SB1	I0.0	控制 M1 电动机	KM1	Q0.0
启动按钮	SB2	I0.1	控制 M2 电动机	KM2	Q0.1
			控制 M3 电动机	KM3	Q0.2
			控制 M4 电动机	KM4	Q0.3

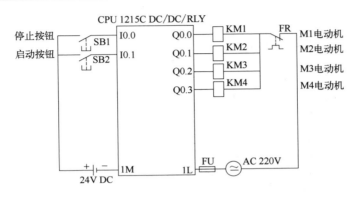

图 8-26　　4 节传送带控制的 I/O 接线图

　　根据 4 节传送带控制要求，画出顺序功能图如图 8-27 所示。从图中可以看出，PLC 一上电时，M10.0 常开触点闭合 1 次，或者 M1.0 常开触点闭合时，M0.0 被置位，则 M0.0 步变为活动步，将各电动机复位以及 M0.1~M1.0 步复位。M0.0 为活动步，且转换条件 I0.1 常开触点闭合时，M0.0 被复位，M0.1 被置位，则 M0.1 步变为活动步，将 Q0.3 置位启动 M4 电动机，同时 T1 延时。T1 延时 5s 后，T1 常开触点闭合，使 M0.1 被复位，M0.2 被置位，则 M0.2 步变为活动步，此时 Q0.2 置位启动 M3 电动机，同时 T2 延时。T2 延时 5s 后，T2 常开触点闭合，使 M0.2 被复位，M0.3 被置位，则 M0.3 步变为活动步，此时 Q0.1 置位启动 M2 电动机，同时 T3 延时。T3 延时 5s 后，T3 常开触点闭合，使 M0.3 被复位，M0.4 被置位，则 M0.4 步变为活动步，此时 Q0.0 置位启动 M1 电动机，至此 4 节传送带的电动机全部启动。

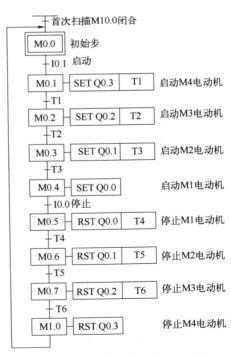

图 8-27　　4 节传送带控制的功能图

　　M0.4 为活动步，且转换条件 I0.0 常开触点闭合时，M0.4 被复位，M0.5 被置位，则 M0.5 步变为活动步，此时将 Q0.0 复位使 M1 电动机立即停止，同时 T4 延时。T4 延时 2s 后，T4 常开触点闭合，使 M0.5 被复位，M0.6 被置位，则 M0.6 步变为活动步，此时将 Q0.1 复位使 M2 电动机停止，同时 T5 延时。T5 延时 2s 后，T5 常开触点闭合，使 M0.6 被复位，M0.7

被置位，则 M0.7 步变为活动步，此时将 Q0.2 复位使 M3 电动机停止，同时 T6 延时。T6 延时 2s 后，T6 常开触点闭合，使 M0.7 被复位，M1.0 被置位，则 M1.0 步变为活动步，此时将 Q0.3 复位使 M4 电动机停止，至此 4 台电动机全部停止。程序编写如表 8-14 所示。

表 8-14   单序列转换中心方式在 4 节传送带控制中的应用程序

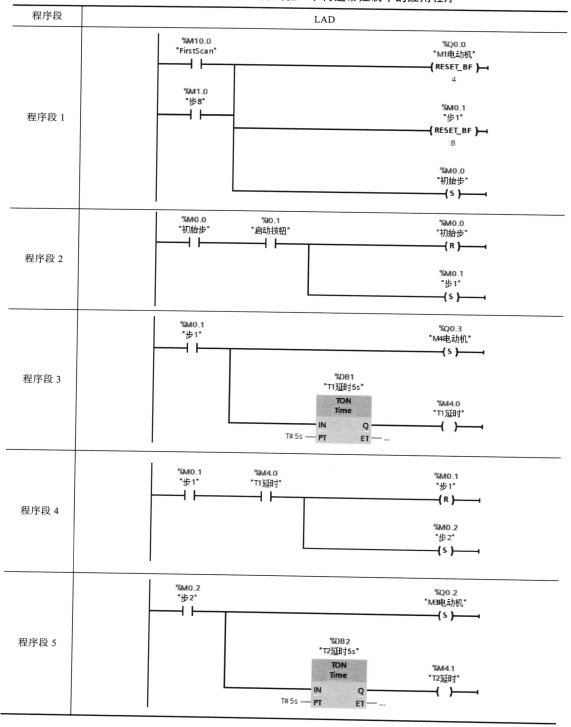

续表

程序段	LAD
程序段 6	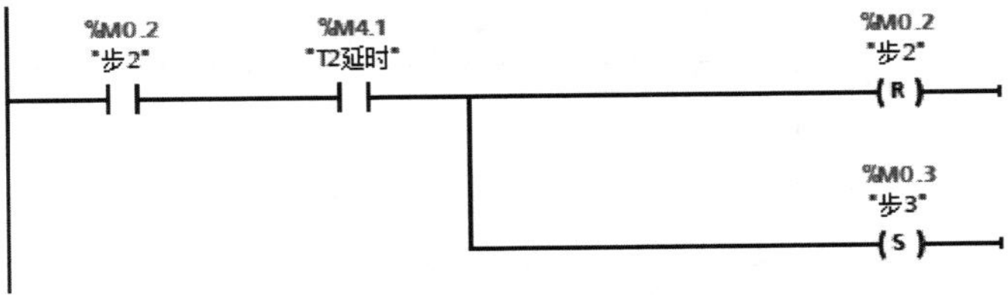
程序段 7	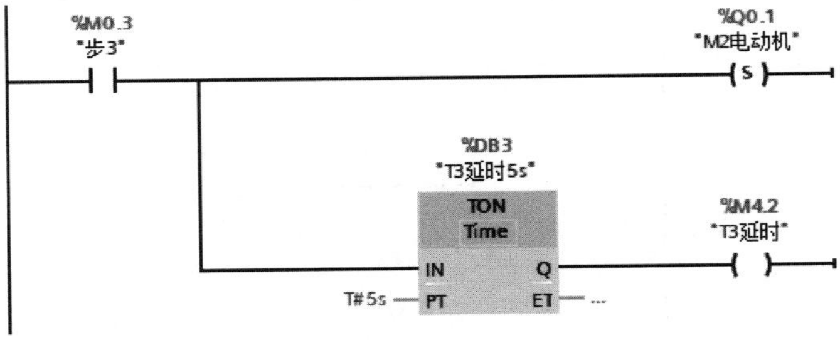
程序段 8	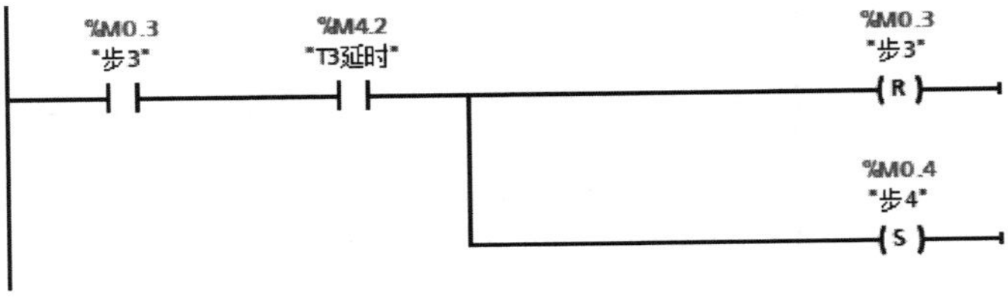
程序段 9	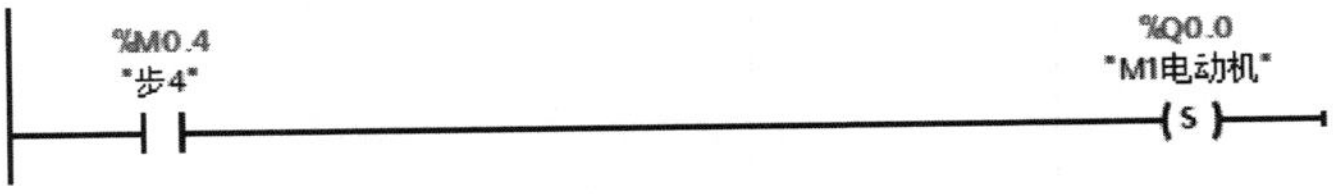
程序段 10	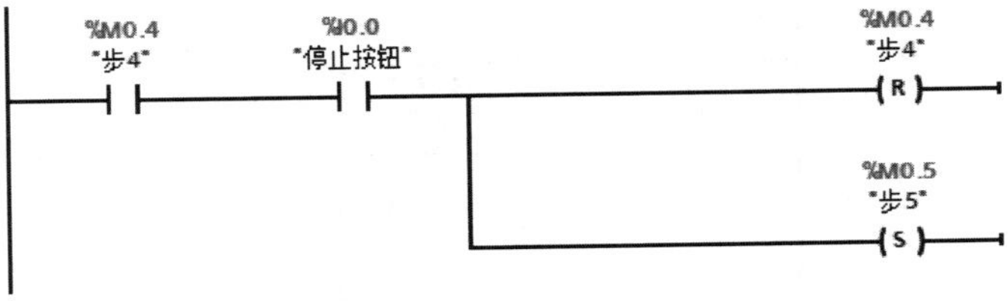
程序段 11	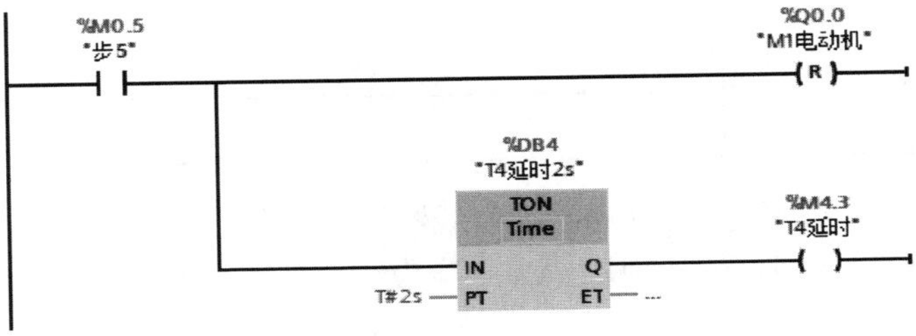

续表

程序段	LAD
程序段 12	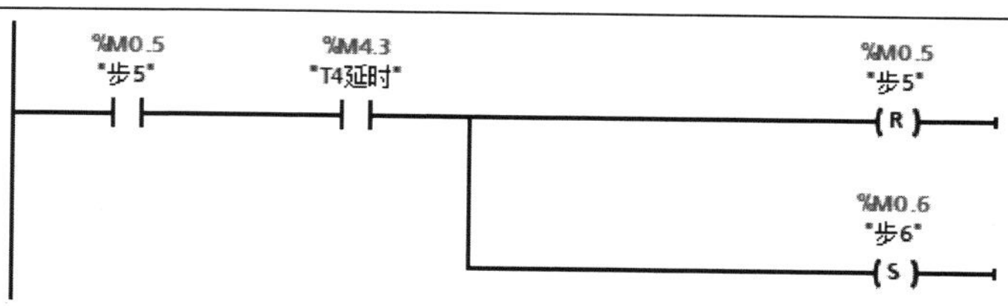 %M0.5 "步5" ⊣⊢ %M4.3 "T4延时" ⊣⊢ —— %M0.5 "步5" —(R)— %M0.6 "步6" —(S)—
程序段 13	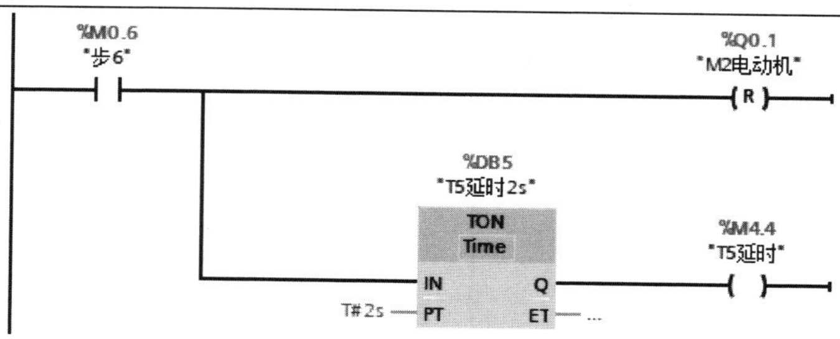 %M0.6 "步6" ⊣⊢ —— %Q0.1 "M2电动机" —(R)— %DB5 "T5延时2s" TON Time　IN　Q　　%M4.4 "T5延时" —( )— T#2s—PT　ET—…
程序段 14	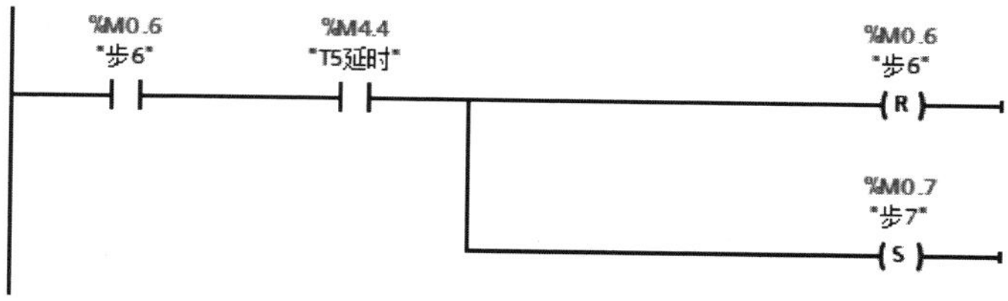 %M0.6 "步6" ⊣⊢　%M4.4 "T5延时" ⊣⊢ —— %M0.6 "步6" —(R)— %M0.7 "步7" —(S)—
程序段 15	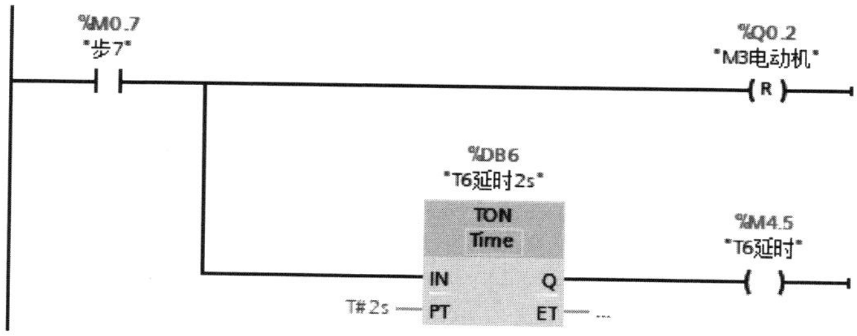 %M0.7 "步7" ⊣⊢ —— %Q0.2 "M3电动机" —(R)— %DB6 "T6延时2s" TON Time　IN　Q　　%M4.5 "T6延时" —( )— T#2s—PT　ET—…
程序段 16	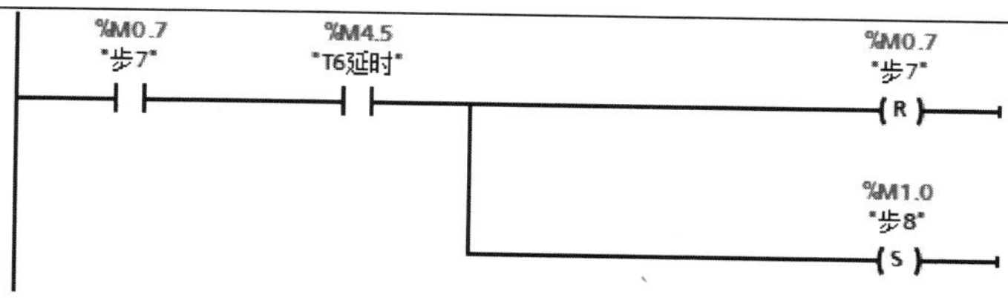 %M0.7 "步7" ⊣⊢　%M4.5 "T6延时" ⊣⊢ —— %M0.7 "步7" —(R)— %M1.0 "步8" —(S)—
程序段 17	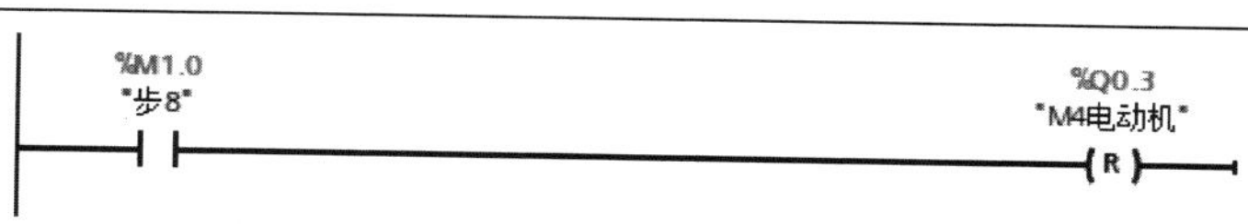 %M1.0 "步8" ⊣⊢ —— %Q0.3 "M4电动机" —(R)—

　　当 PLC 一上电，程序段 1 中的 M0.0 线圈置位，激活 M0.0 步，同时 Q0.0～Q0.3 线圈复位，M0.1～M1.0 复位。在程序段 2 中，M0.0 步为活动步时，按下启动按钮 SB2（I0.1 常开触点闭合），M0.1 步变为活动步，而 M0.0 变为非活动步。在程序段 3 中，M0.1 为活动步时，Q0.3 线圈置位，立即启动 M4 电动机，同时 T1 延时。在程序段 4 中，M0.1 为活动步，且 T1 延时达

到 5s 时，M0.2 步变为活动步，而 M0.1 变为非活动步。在程序段 5 中，M0.2 为活动步时，Q0.2 线圈置位，启动 M3 电动机，同时 T2 延时。在程序段 6 中，M0.2 为活动步，且 T2 延时达到 5s 时，M0.3 步变为活动步，而 M0.2 变为非活动步。在程序段 7 中，M0.3 为活动步时，Q0.1 线圈置位，启动 M2 电动机，同时 T3 延时。在程序段 8 中，M0.3 为活动步，且 T3 延时达到 5s 时，M0.4 步变为活动步，而 M0.3 变为非活动步。在程序段 9 中，M0.4 为活动步时，Q0.0 线圈置位，启动 M1 电动机，至此 4 节传送带上的电动机全部启动完成。在程序段 10 中，M0.4 为活动步，按下停止按钮 SB1 时（I0.0 常开触点闭合），M0.5 步变为活动步，而 M0.4 变为非活动步。在程序段 11 中，M0.5 为活动步时，Q0.0 线圈复位，M1 电动机停止运行，同时 T4 延时。在程序段 12 中，M0.5 为活动步，且 T4 延时达到 2s 时，M0.6 步变为活动步，而 M0.5 变为非活动步。在程序段 13 中，M0.6 为活动步时，Q0.1 线圈复位，M2 电动机停止运行，同时 T5 延时。在程序段 14 中，M0.6 为活动步，且 T5 延时达到 2s 时，M0.7 步变为活动步，而 M0.6 变为非活动步。在程序段 15 中，M0.7 为活动步时，Q0.2 线圈复位，M3 电动机停止运行，同时 T6 延时。在程序段 16 中，M0.7 为活动步，且 T6 延时达到 2s 时，M1.0 步变为活动步，而 M0.7 变为非活动步。在程序段 17 中，M1.0 为活动步时，Q0.3 线圈复位，M4 电动机停止运行，至此 4 节传送带上的电动机全部停止运行。

　　3）程序仿真

　　① 启动 TIA Portal 软件，创建一个新的项目，输入表 8-14 所示的程序后，开启 S7-PLCSIM 仿真。

　　② 刚进入在线仿真状态时，M10.0 触点闭合 1 次，使 M0.1~M1.0 各步复位。强制 I0.1 为 ON，M4 电动机立即得电运行，而后每隔 5s 其余 3 台电动机（M3~M1）按顺序启动运行，其监控运行如图 8-28 所示。4 台电动机全部启动后，强制 I0.0 为 ON，则 M1 电动机立即停止，而后每隔 2s 其余 3 台电动机（M2~M4）按顺序停止运行。

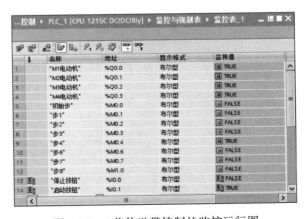

图 8-28　4 节传送带控制的监控运行图

8.5.2　选择序列转换中心方式的顺序控制

　　选择序列转换中心方式的顺序功能图转换为梯形图的关键点在于分支处和合并处的程序处理，它不需要考虑多个前级步和后续步的问题，只考虑转换即可。

　　例 8-7：选择序列转换中心方式在搅拌机控制中的应用。

　　1）控制要求　某搅拌机可工作在自动运行方式或手动控制方式。若选择自动运行方式，搅拌机先正转 1min，再停止 5s，然后反转 1min，接着停止 5s，又再返回正转。如果选择手动方式，其正、反转由按钮控制，按下正向启动按钮，搅拌机正转运行 1min；按下反向启动按钮，搅拌机反转运行 1min。按下停止按钮，不管是在自动运行方式还是手动控制方式下，搅拌机立即停止运行。要求使用选择序列转换中心方式编写程序实现此功能。

2）选择序列转换中心方式实现搅拌机控制　　根据控制要求可知，需要 4 个输入点和 2 个输出点，I/O 分配如表 8-15 所示，PLC 外部接线如图 8-29 所示。

表 8-15　搅拌机控制的 I/O 分配表

输入			输出		
功能	元件	PLC 地址	功能	元件	PLC 地址
停止按钮	SB1	I0.0	控制电动机正转	KM1	Q0.0
启动按钮	SB2	I0.1	控制电动机反转	KM2	Q0.1
自动/手动选择按钮	SB3	I0.2			
正向启动按钮	SB4	I0.3			
反向启动按钮	SB5	I0.4			

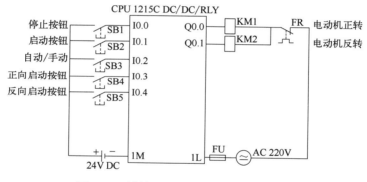

图 8-29　搅拌机控制的 PLC 外部接线图

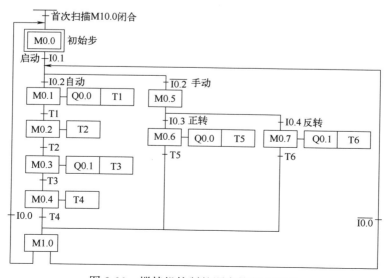

图 8-30　搅拌机控制的顺序控制功能图

根据搅拌机控制系统的工作过程，由于"手动"和"自动"工作方式只能选择其一，因此使用选择分支来实现，其顺序功能图如图 8-30 所示。

从图中可以看出，PLC 一上电，M10.0 常开触点闭合 1 次，或者 I0.0 常开触点闭合 1 次，M0.0 为活动步，将其余各操作步复位，使搅拌机处于停止状态。M0.0 为初始步，且转换条件 I0.1 常开触点闭合时，M0.0 复位，此时若 I0.2 常开触点闭合，则 M0.1 步变为活动步；此时若 I0.2 常闭触点闭合，则 M0.5 步变为活动步。M0.1 为活动步，将 Q0.0 置位启动搅拌机正转运行，同时 T1 延时。T1 延时达到 1min 后，T1 常开触点闭合，使 M0.1 被复位，M0.2 被置位，则 M0.2 步变为活动步，将 Q0.0 复位，搅拌机停止，同时 T2 延时。T2 延时达到 5s 后，T2 常开触点闭合，使 M0.2 被复位，M0.3 被置位，则 M0.3 步变为活动步，将 Q0.1 置位，搅拌机反转，同时 T3 延时。T3 延时达到 1min 后，T3 常开触点闭合，使 M0.3 被复位，M0.4 被置位，则 M0.4 步变为活动步，将 Q0.1 复位，搅拌机停止，同时 T4 延时。T4 延时达到 5s 后，T4 常开触点闭合，使 M0.4 被复位，M1.0 被置位，则 M1.0 步变为活动步。由此，实现了搅拌机的自动运行。

M0.5 为活动步时，若转换条件 I0.3 常开触点闭合，使 M0.5 复位，M0.6 被置位，则 M0.6 步变为活动步，将 Q0.0 置位，启动搅拌机正转运行，同时 T5 延时。T5 延时达到 1min 后，T5 常开触点闭合，使 M0.6 复位，M1.0 被置位，则 M1.0 步变为活动步。这样实现了手动方式下搅拌机的正转运行。

M0.5 为活动步时，若转换条件 I0.4 常开触点闭合，使 M0.5 复位，M0.7 被置位，则 M0.7 步变为活动步，将 Q0.1 置位，启动搅拌机反转运行，同时 T6 延时。T6 延时达到 1min 后，T6 常开触点闭合，使 M0.7 复位，M1.0 被置位，则 M1.0 步变为活动步。这样实现了手动方式下搅拌机的反转运行。

M1.0 为活动步时，若转换条件 I0.0 常开触点闭合，意味着搅拌机停止运行，此时将 M0.0 置位，M1.0 复位。搅拌机要启动运行，则必须再次按下启动按钮才可以。M1.0 为活动步时，若转换条件 I0.0 常闭触点闭合，意味着搅拌机可以继续选择自动还是手动运行。程序编写如表 8-16 所示。

表 8-16　选择序列转换中心方式在搅拌机控制中的应用程序

程序段	LAD
程序段 1	%M10.0 "FirstScan" ┤├ ─── %M0.1 "步1" ─(RESET_BF)─ 9 %I0.0 "停止按钮" ┤├ ─── %M0.0 "初始步" ─(S)─ %M2.4 "辅助继电器1" ┤├
程序段 2	%M2.4 "辅助继电器1" ┤├ ─── %M1.0 "步8" ─(R)─ %M2.5 "辅助继电器2" ┤├

续表

程序段	LAD
程序段 3	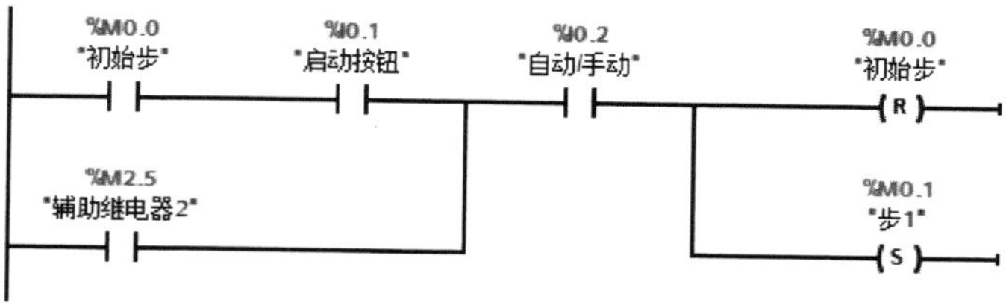
程序段 4	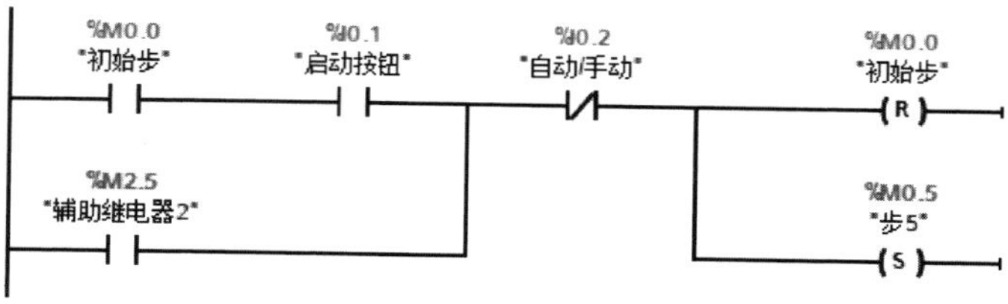
程序段 5	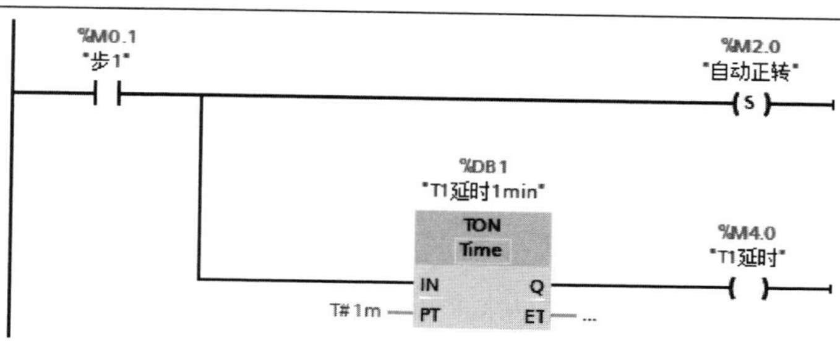
程序段 6	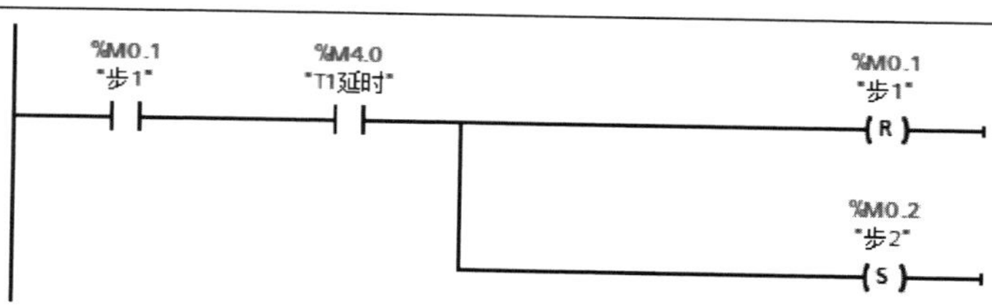
程序段 7	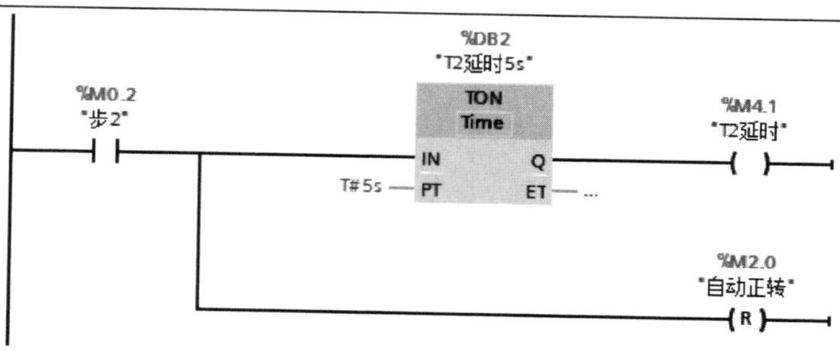
程序段 8	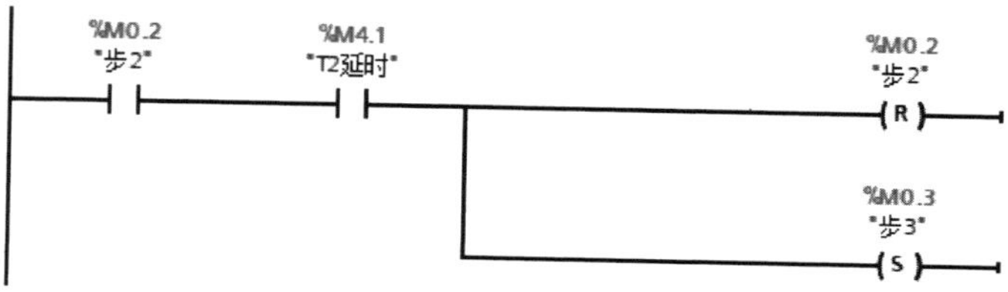

程序段	LAD
程序段 9	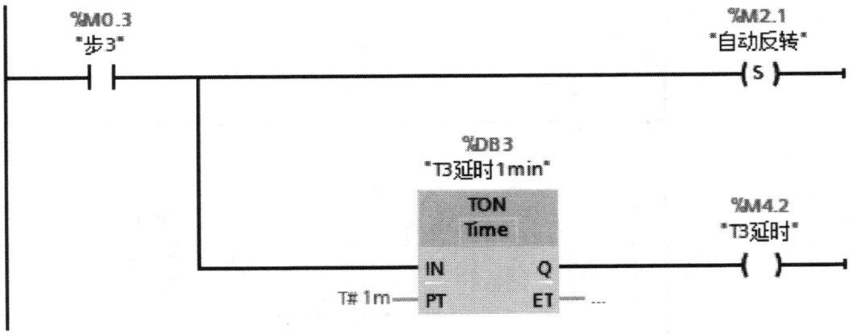 %M0.3 "步3" ─┤ ├─ %M2.1 "自动反转" ─(S)─ %DB3 "T3延时1min" TON Time　IN　Q %M4.2 "T3延时" ─( )─　T#1m─PT　ET ─…
程序段 10	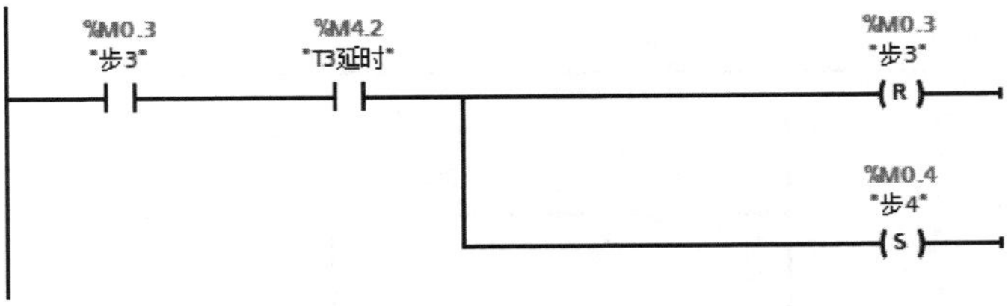 %M0.3 "步3" ─┤ ├─ %M4.2 "T3延时" ─┤ ├─ %M0.3 "步3" ─(R)─ %M0.4 "步4" ─(S)─
程序段 11	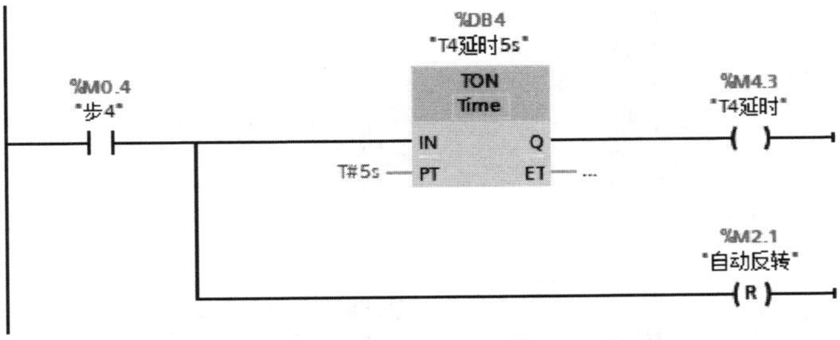 %M0.4 "步4" ─┤ ├─ %DB4 "T4延时5s" TON Time　IN　Q %M4.3 "T4延时" ─( )─　T#5s─PT　ET ─… %M2.1 "自动反转" ─(R)─
程序段 12	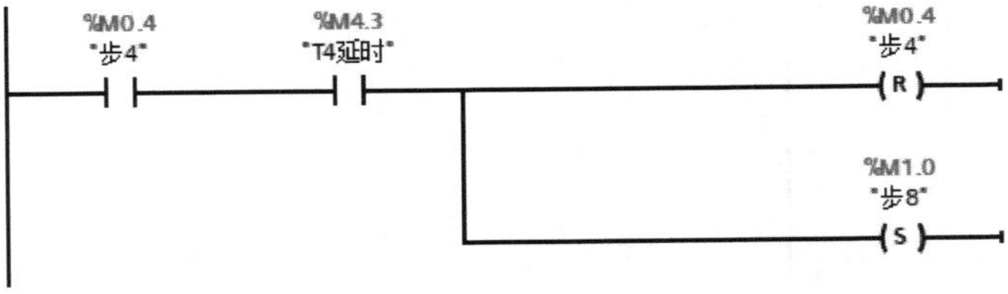 %M0.4 "步4" ─┤ ├─ %M4.3 "T4延时" ─┤ ├─ %M0.4 "步4" ─(R)─ %M1.0 "步8" ─(S)─
程序段 13	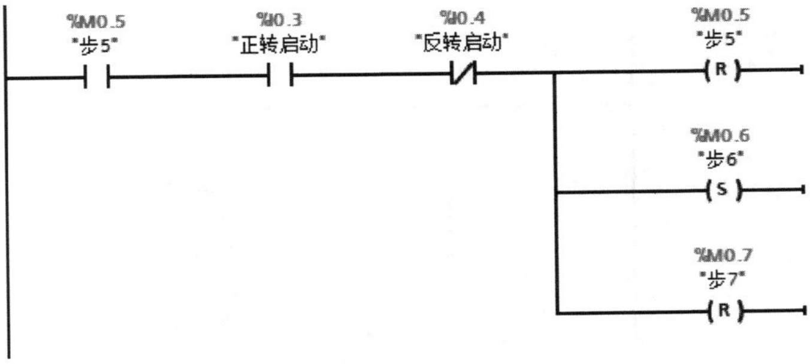 %M0.5 "步5" ─┤ ├─ %I0.3 "正转启动" ─┤ ├─ %I0.4 "反转启动" ─┤/├─ %M0.5 "步5" ─(R)─ %M0.6 "步6" ─(S)─ %M0.7 "步7" ─(R)─

续表

程序段	LAD
程序段 14	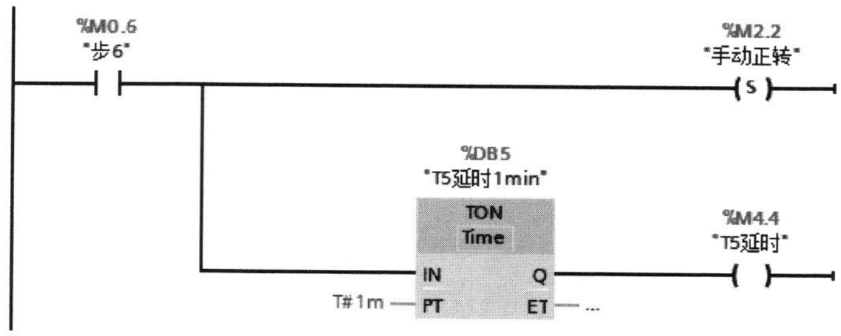 %M0.6 "步6" → %M2.2 "手动正转" (S) %DB5 "T5延时1min" TON Time IN Q → %M4.4 "T5延时" ( ); T#1m — PT ET
程序段 15	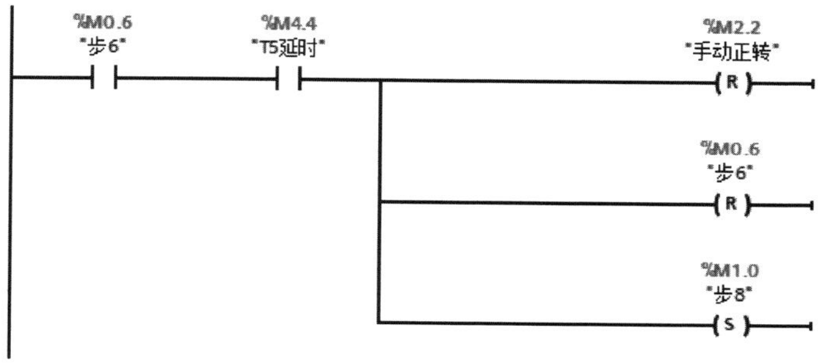 %M0.6 "步6" — %M4.4 "T5延时" → %M2.2 "手动正转" (R) %M0.6 "步6" (R) %M1.0 "步8" (S)
程序段 16	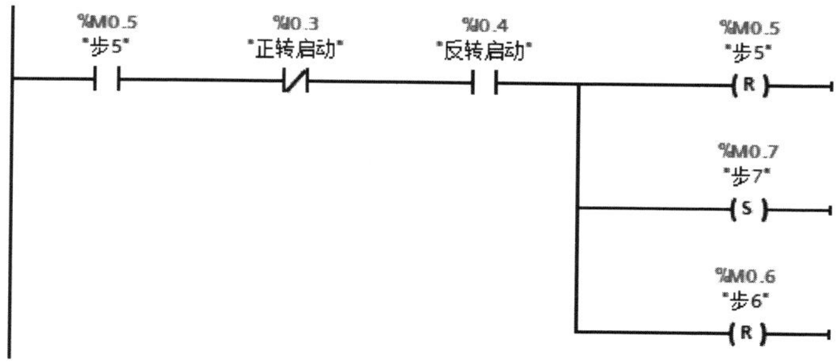 %M0.5 "步5" — %I0.3 "正转启动" (/) — %I0.4 "反转启动" → %M0.5 "步5" (R) %M0.7 "步7" (S) %M0.6 "步6" (R)
程序段 17	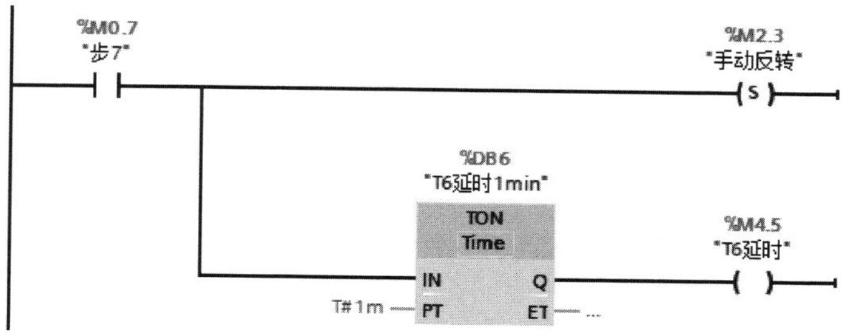 %M0.7 "步7" → %M2.3 "手动反转" (S) %DB6 "T6延时1min" TON Time IN Q → %M4.5 "T6延时" ( ); T#1m — PT ET

续表

程序段	LAD
程序段 18	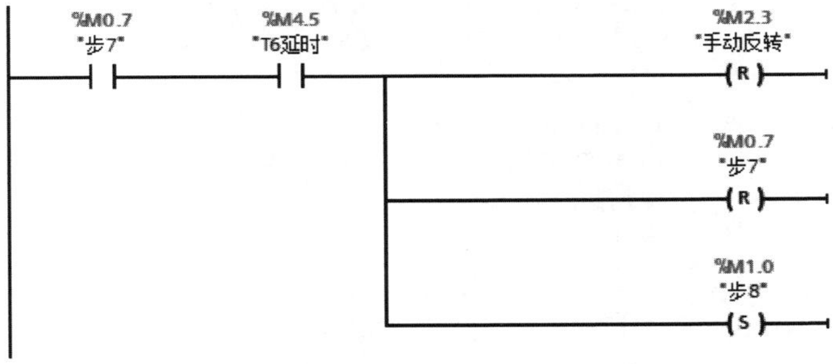
程序段 19	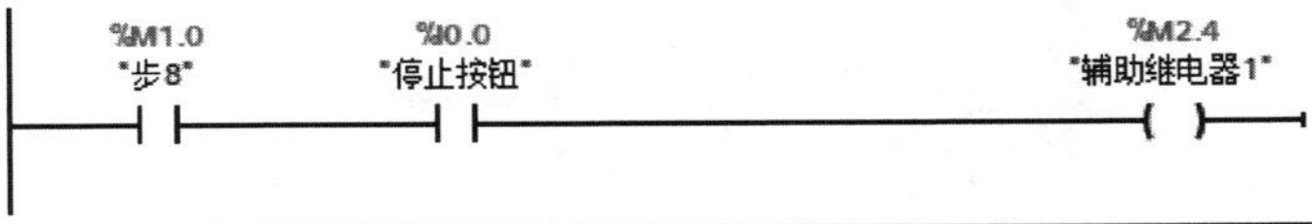
程序段 20	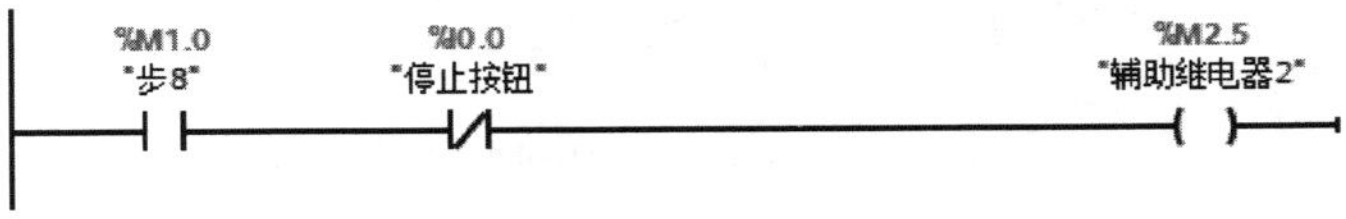
程序段 21	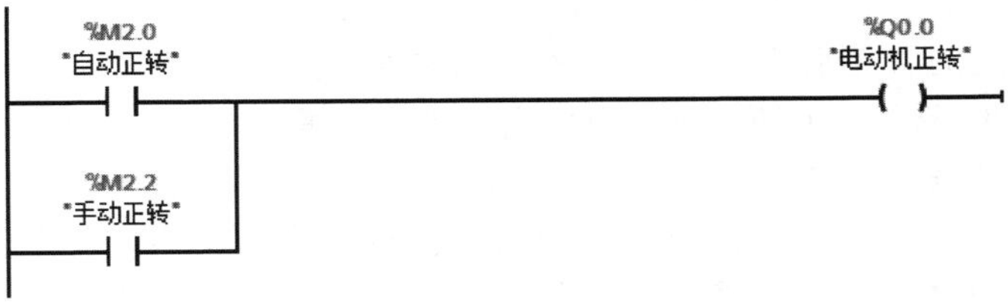
程序段 22	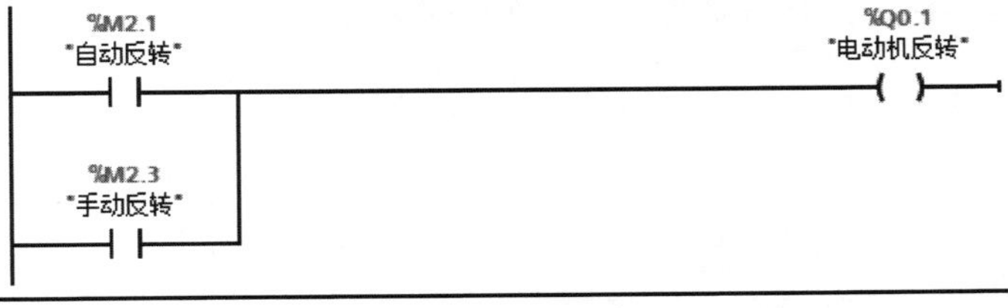

3）程序仿真

① 启动 TIA Portal 软件，创建一个新的项目，输入表 8-16 所示的程序后，开启 S7-PLCSIM 仿真。

② 刚进入在线仿真状态时，M10.0 触点闭合 1 次，使 M0.1~M1.0 各步复位。强制 I0.1 为 ON，若按下 SB3 按钮使 I0.2 强制为 ON，则搅拌机进入自动运行方式，其监控运行如图 8-31 所示。若未按下 SB3 按钮，I0.2 处于 OFF 状态，则搅拌机进入手动运行方式。在自动运行方式下，首先搅拌机正转运行 1min 后停止 5s，再反转运行 1min 后停止 5s。在手动运行方式下，强制 I0.3 为 ON，则搅拌机正转运行 1min；强制 I0.4 为 ON，则搅拌机反转运行 1min。

8.5.3　并行序列转换中心方式的顺序控制

（1）并行序列转换中心方式的顺序功能图与梯形图的转换

并行序列转换中心方式的顺序功能图转换为梯形图的关键点也在于分支处和合并处程序

的处理，其余与单序列的处理方法一致。

...控制 ▸ PLC_1 [CPU 1215C DC/DC/Rly] ▸ 监控与强制表 ▸ 监控表_1

	i	名称	地址	显示格式	监视值
1		"电动机正转"	%Q0.0	布尔型	TRUE
2		"电动机反转"	%Q0.1	布尔型	FALSE
3		"初始步"	%M0.0	布尔型	FALSE
4		"步1"	%M0.1	布尔型	TRUE
5		"步2"	%M0.2	布尔型	FALSE
6		"步3"	%M0.3	布尔型	FALSE
7		"步4"	%M0.4	布尔型	FALSE
8		"步6"	%M0.6	布尔型	FALSE
9		"步7"	%M0.7	布尔型	FALSE
10		"步8"	%M1.0	布尔型	FALSE
11		"停止按钮"	%I0.0	布尔型	FALSE
12		"启动按钮"	%I0.1	布尔型	TRUE
13		"自动正转"	%M2.0	布尔型	TRUE
14		"自动反转"	%M2.1	布尔型	FALSE
15		"手动正转"	%M2.2	布尔型	FALSE
16		"手动反转"	%M2.3	布尔型	FALSE

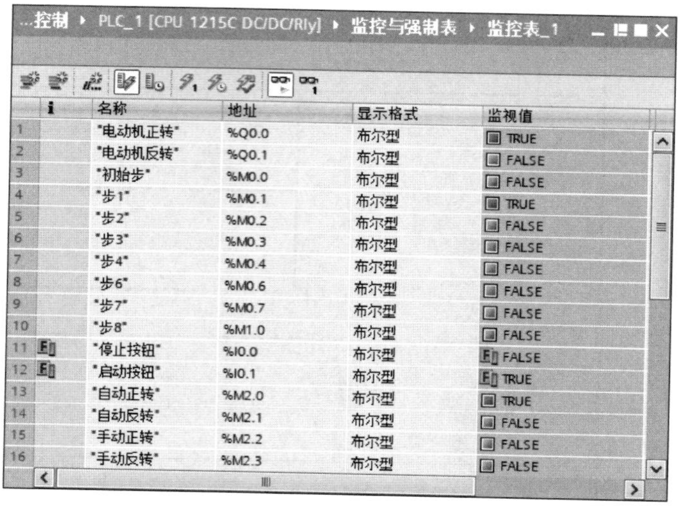

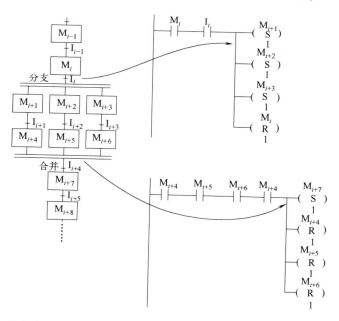

图 8-31　搅拌机的监控运行图

① 分支处编程　若并行程序某步 M_i 后有 N 条并行分支，如果 M_i 为活动步且转换条件满足，则并行分支的 N 个后续步同时被激活，所以 M_i 与转换条件的常开触点串联来置位后 N 步，同时复位 M_i 步。转换中心方式的并行序列分支处顺序功能图与梯形图的转换，如图 8-32 所示。

② 合并处编程　对于合并程序的合并，若某步之前有 N 条分支，即有 N 条分支进入到该步，则并行分支的最后一步同时为 1，且转换条件满足时，方能完成合并。因此合并处的 N 个分支最后一步常开触点与转换条件的常开触点串联，置位 M_i 同时复位 M_i 所有前级步。转换中心方式的并行序列合并处顺序功能图与梯形图的转换，如图 8-32 所示。

图 8-32　转换中心方式的并行序列分支处和合并处顺序功能图与梯形图的转换

（2）并行序列转换中心方式的顺序控制应用实例

例 8-8： 并行序列转换中心方式在某专用钻床控制中的应用。

1）控制要求　某专用钻床用两只钻头同时钻两个孔，这两只钻头分别由 M1 和 M2 电动机驱动，其工作示意图如图 8-33 所示。操作人员放好工件后，按下启动按钮 SB2，工件被夹紧后，两只钻头同时开始工作。钻到由限位开关 SQ1 和 SQ3 设定的深度时，回到由限位开关 SQ2 和 SQ4 设定的起始位置时停止上行。两个都到位后，工件被松开，松开到位后，加工结束，系统返回到初始状态。

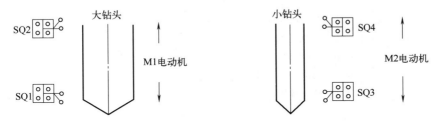

图 8-33　某专用钻床工作示意图

2）并行序列转换中心方式实现钻床控制　根据控制要求可知，需要 8 个输入点和 6 个输出点，I/O 分配如表 8-17 所示，PLC 外部接线如图 8-34 所示。

表 8-17　某专用钻床控制的 I/O 分配表

输入			输出		
功能	元件	PLC 地址	功能	元件	PLC 地址
停止按钮	SB1	I0.0	工件夹紧电磁阀	KV1	Q0.0
启动按钮	SB2	I0.1	M1 电动机下降控制	KM1	Q0.1
压力继电器触点	KA	I0.2	M1 电动机上升控制	KM2	Q0.2
大钻头下降限位	SQ1	I0.3	M2 电动机下降控制	KM3	Q0.3
大钻头上升限位	SQ2	I0.4	M2 电动机上升控制	KM4	Q0.4
小钻头下降限位	SQ3	I0.5	工件松开电磁阀	KV2	Q0.5
小钻头上升限位	SQ4	I0.6			
工件松开按钮	SB3	I0.7			

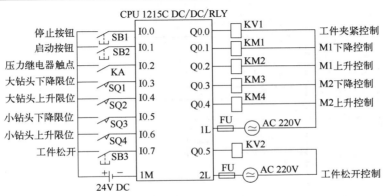

图 8-34　某专用钻床控制的 PLC 外部接线图

根据钻床的控制过程，画出顺序控制功能图如图 8-35 所示。两只钻头和各自的限位开关组成了两个子系统。这两个子系统在钻孔过程中并行工作，因此用并行序列中的两个子序列来分别表示这两个子系统的内部工作情况。

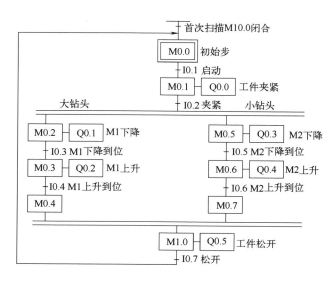

图 8-35　某专用钻床控制的顺序控制功能图

M0.1 为活动步时，Q0.0 为 1，夹紧电磁阀的线圈（Q0.0）通电，工件被夹紧后，压力继电器常开触点（I0.2）闭合，使 M0.1 步变为非活动步，而 M0.2 和 M0.5 步同时变为活动步，Q0.1和 Q0.3 线圈得电，M1 和 M2 电动机执行下降操作，控制两个钻头向下进给，开始钻孔。当大、小孔分别钻完了，Q0.2 和 Q0.4 线圈得电，M1 和 M2 电动机执行上升操作，控制两个钻头向上运动，返回初始位置后，触碰到限位开关 SQ2 和 SQ4，I0.4 和 I0.6 常开触点闭合，　等待 M0.4和 M0.7 分别变为活动步。

只要 M0.4 和 M0.7 都变为活动步，M1.0 将直接变为活动步，Q0.5 线圈得电，工件电磁阀控制工件松开。工件被松开后，按钮 SB3 闭合，使得 I0.7 常开触点闭合，系统返回初始步 M0.0。程序编写如表 8-18 所示。

表 8-18　并行序列转换中心方式在某专用钻床控制中的应用程序

程序段	LAD
程序段 1	%M10.0 "FirstScan" —— %M0.1 "步1" —(RESET_BF)— 8 %I0.0 "停止按钮" —— %M0.0 "初始步" —(S)—
程序段 2	%M0.0 "初始步" —— %I0.1 "启动按钮" —— %M0.1 "步1" —(S)— %M0.0 "初始步" —(R)—

续表

程序段	LAD
程序段 3	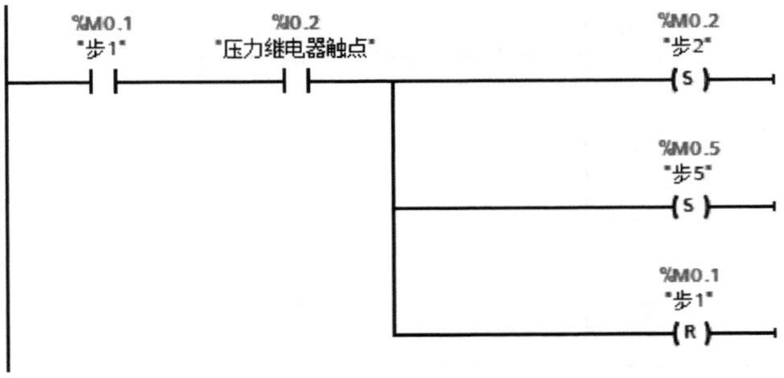
程序段 4	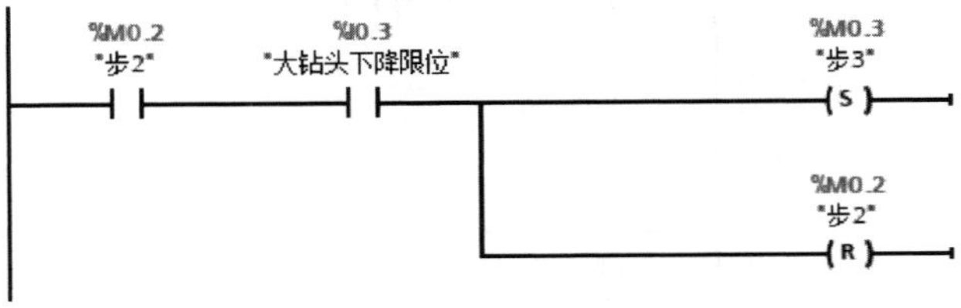
程序段 5	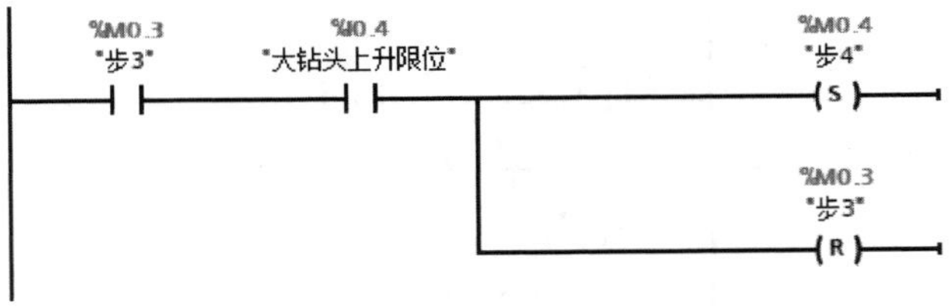
程序段 6	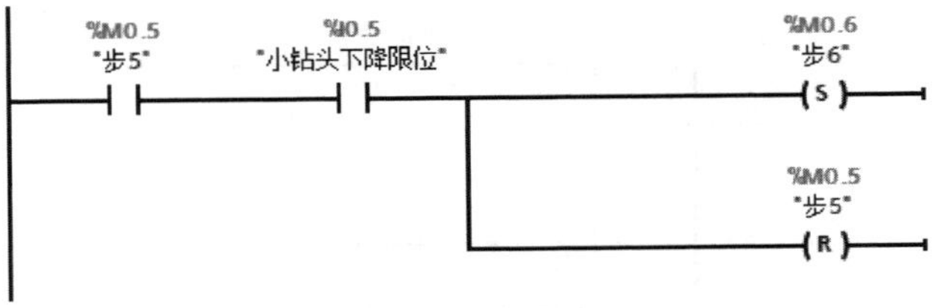
程序段 7	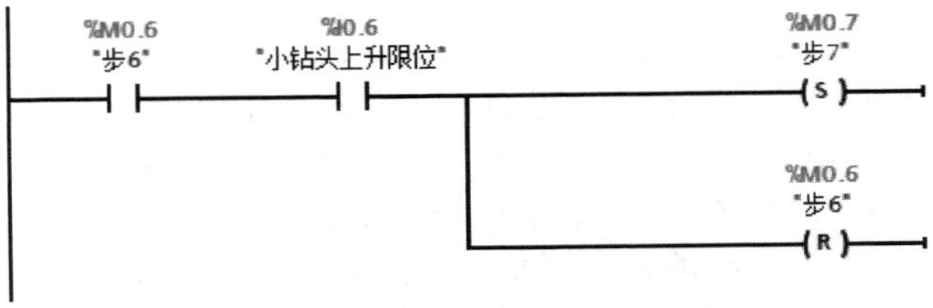

续表

程序段	LAD
程序段 8	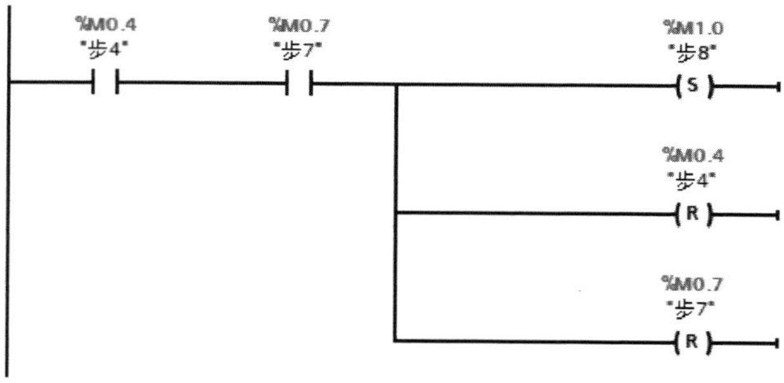
程序段 9	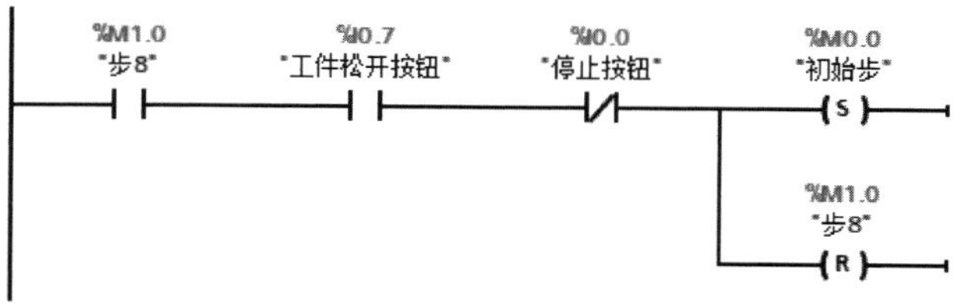
程序段 10	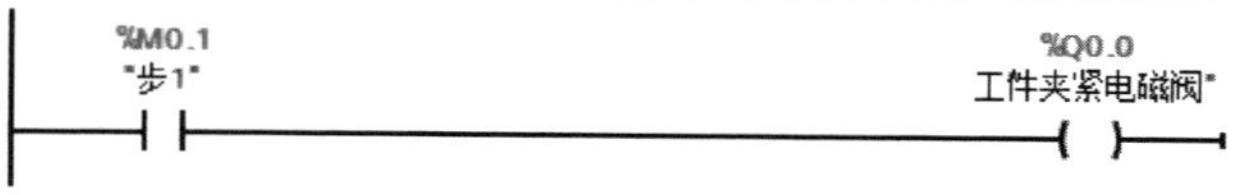
程序段 11	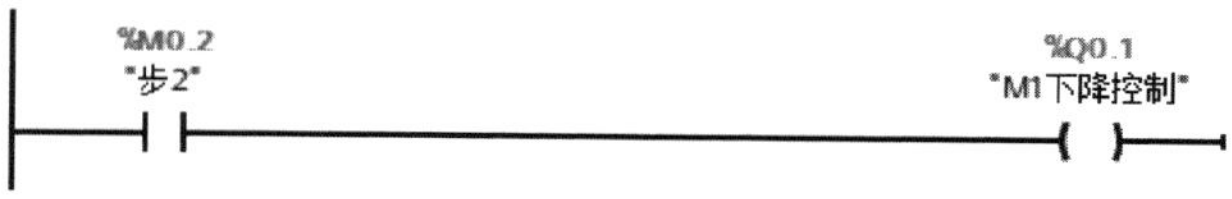
程序段 12	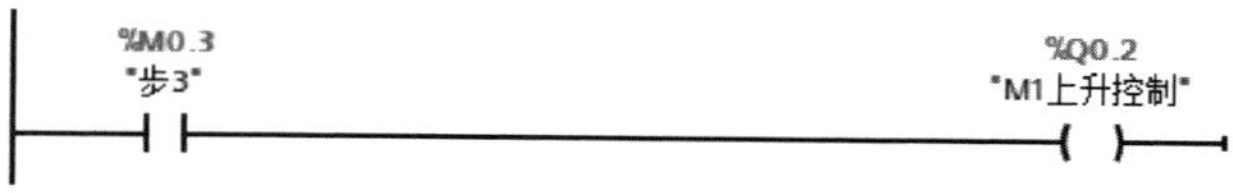
程序段 13	
程序段 14	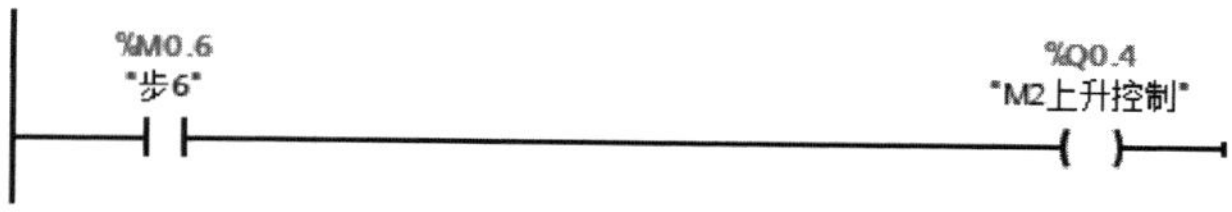
程序段 15	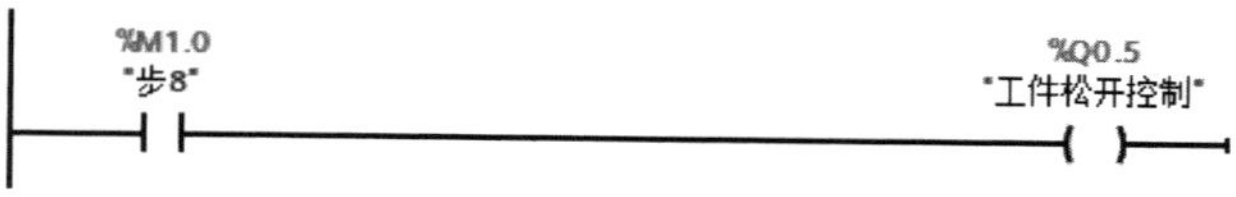

　　当 PLC 一上电或按下停止按钮 SB1 时，程序段 1 中的 M0.0 步被激活。程序段 2 中，若按下启动按钮 SB2，I0.1 常开触点闭合，使 M0.1 步变为活动步，而 M0.0 变为非活动步，Q0.0 线圈得电，工件被夹紧。程序段 3 中，工作被夹紧后 I0.2 常开触点闭合，使得 M0.2 和 M0.5 步变为活动步，实现了并行序列的分支控制。程序段 4~5 为大钻头的钻孔控制；程序段 6~7 为小钻头的钻孔控制；程序段 8 为并行序列的合并控制；程序段 9 为工件松开控制；程序段 10~15 为电动机及电磁阀控制。

3）程序仿真

① 启动 TIA Portal 软件，创建一个新的项目，输入表 8-18 所示的程序后，开启 S7-PLCSIM 仿真。

② 刚进入在线仿真状态时，M10.0 触点闭合 1 次，使 M0.1~M1.0 各步复位。强制 I0.1 为 ON，Q0.0 线圈得电，表示系统已启动，正执行工件夹紧操作。强制 I0.2 为 ON，Q0.1 和 Q0.3 线圈得电，两个钻头向下工进，执行钻孔操作。强制 I0.3 和 I0.5 为 ON，Q0.2 和 Q0.4 线圈得电，钻孔完成，两个钻头向上返回，其监控效果如图 8-36 所示。强制 I0.4 和 I0.6 为 ON，Q0.5 线圈得电，工件电磁阀控制工件松开。强制 I0.7 为 ON，返回到初始步。在模拟运行过程中，不管执行到哪一步，如果 I0.0 强制为“ON”，系统恢复为初始步，所有输出都被复位。

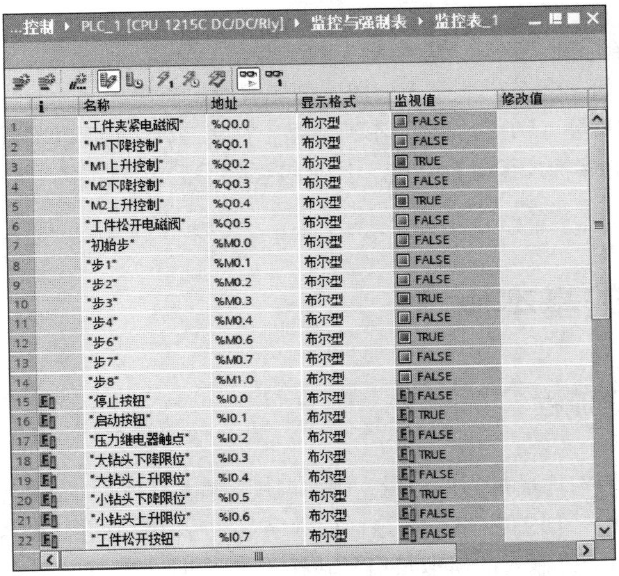

	i	名称	地址	显示格式	监视值	修改值
1		"工件夹紧电磁阀"	%Q0.0	布尔型	FALSE	
2		"M1下降控制"	%Q0.1	布尔型	FALSE	
3		"M1上升控制"	%Q0.2	布尔型	TRUE	
4		"M2下降控制"	%Q0.3	布尔型	FALSE	
5		"M2上升控制"	%Q0.4	布尔型	TRUE	
6		"工件松开电磁阀"	%Q0.5	布尔型	FALSE	
7		"初始步"	%M0.0	布尔型	FALSE	
8		"步1"	%M0.1	布尔型	FALSE	
9		"步2"	%M0.2	布尔型	FALSE	
10		"步3"	%M0.3	布尔型	TRUE	
11		"步4"	%M0.4	布尔型	FALSE	
12		"步6"	%M0.6	布尔型	TRUE	
13		"步7"	%M0.7	布尔型	FALSE	
14		"步8"	%M1.0	布尔型	FALSE	
15		"停止按钮"	%I0.0	布尔型	FALSE	
16		"启动按钮"	%I0.1	布尔型	TRUE	
17		"压力继电器触点"	%I0.2	布尔型	FALSE	
18		"大钻头下降限位"	%I0.3	布尔型	TRUE	
19		"大钻头上升限位"	%I0.4	布尔型	FALSE	
20		"小钻头下降限位"	%I0.5	布尔型	TRUE	
21		"小钻头上升限位"	%I0.6	布尔型	FALSE	
22		"工件松开按钮"	%I0.7	布尔型	FALSE	

图 8-36　某专用钻床控制的监控运行图

第9章

西门子S7-1200 PLC的
模拟量与PID闭环控制

 PLC 是在数字量控制的基础上发展起来的工业控制装置，但是在许多工业控制系统中，其控制对象除了是数字量，还有可能是模拟量，例如温度、流量、压力等均是模拟量。为了适应现代工业控制系统的需要，PLC 的功能不断增强，在第二代 PLC 就实现了模拟控制。当今第五代 PLC 已增加了许多模拟量处理功能，具有较强的 PID 控制能力，完全可以胜任各种较复杂的模拟控制。

9.1 模拟量的基本概念

9.1.1 模拟量处理流程

 随时间连续变化的物理量称为模拟量，例如温度、流量、压力、速度、物位等。在 S7-1200 PLC 系统中，CPU 只能处理"0"和"1"这样的数字量，所以需要进行模-数转换或数-模转换。模拟量输入模块 AI 用于将输入的模拟量信号转换成为 CPU 内部处理的数字信号；模拟量输出模块 AO 用于将 CPU 送给它的数字信号转换为成比例的电压信号或电流信号，对执行机构进行调节或控制。模拟量处理流程如图 9-1 所示。

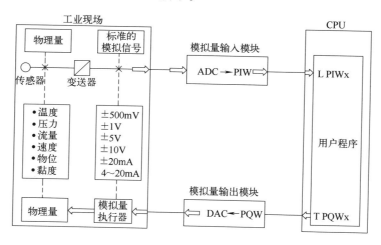

图 9-1 模拟量处理流程

 若需将外界信号传送到 CPU 时，首先通过传感器采集所需的外界信号并将其转换为电信号, 该电信号可能是离散性的电信号, 需通过变送器将它转换为标准的模拟量电压或电流信号。模拟量输入模块接收到这些标准模拟信号后, 通过 ADC 转换为与模拟量成比例的数字量信号, 并存放在缓冲器 (PIW) 中。CPU 通过 "L PIWx" 指令读取模拟量输入模块缓冲器中数字量信号, 并传送到 CPU 指定的存储区中。

若 CPU 需控制外部相关设备时, 首先 CPU 通过 "T PQWx" 指令将指定的数字量信号传送到模拟量输出模块的缓冲器 (PQW) 中。这些数字量信号在模拟量输出模块中通过 DAC 转换后, 转换为成比例的标准模拟电压或电流信号。标准模拟电压或电流信号驱动相应的模拟量执行器进行相应动作, 从而实现 PLC 的模拟量输出控制。

9.1.2　模拟值的表示及精度

(1) 模拟值的精度

分辨率是 A/D 模拟量转换芯片的转换精度, 即用多少位的数值来表示模拟量。S7-1200 模拟量模块的转换分辨率为 12 位, 能够反映模拟量变化的最小单位是满量程的 1/4096。

S7-1200 模拟值的表示如表 9-1 所示, 当转换精度小于 16 位时, 相应的位左侧对齐, 最小变化位为 16 减去该模块分辨率, 未使用的最低位补 "0"。例如表中 12 分辨率的模块则是从 16-12=4, 即低字节的第 4 位 bit3 开始变化, 为其最小变化单位 $2^3=8$, bit0~bit2 则补 "0", 则 12 位模块 A/D 模拟量转换芯片的转换精度为 $2^3/2^{15}=1/4096$。

表 9-1　S7-1200 模拟值的表示

分辨率	模拟值															
位	15	14	13	12	11	10	9	8	7	6	5	4	3	2	1	0
位值	2^{15}	2^{14}	2^{13}	2^{12}	2^{11}	2^{10}	2^9	2^8	2^7	2^6	2^5	2^4	2^3	2^2	2^1	2^0
16 位	0	1	0	0	0	1	1	0	0	1	0	1	1	1	1	1
12 位	0	1	0	0	0	1	1	0	0	1	0	1	1	0	0	0

(2) 输入量程的模拟值表示

① 对于电压测量范围, S7-1200 模拟量模块的电压输入值与模块通道显示数值对应关系如表 9-2 所示。

表 9-2　S7-1200 模拟量模块的电压输入值与模块通道显示数值的关系

项目	电压测量范围				模拟值	
	±10V	±5V	±2.5V	±1.25V	十进制	十六进制
所测电压						
上溢	11.85V	5.92V	2.963V	1.481V	32 767	0x7FFF
					32 512	0x7F00
上溢警告	11.759V	5.879V	2.940V	1.470V	32 511	0x7EFF
					27 649	0x6C01
正常范围	10V	5V	2.5V	1.250V	27 648	0x6C00
	7.5V	3.75V	1.875V	0.938V	20 736	0x5100
	361.7μV	180.8μV	90.4μV	45.2μV	1	0x1

续表

项目	电压测量范围				模拟值	
所测电压	±10V	±5V	±2.5V	±1.25V	十进制	十六进制
正常范围	0V	0V	0V	0V	0	0x0
					−1	0xFFFF
	−7.5V	−3.75V	−1.875V	−0.938V	−20 736	0xAF00
	−10V	−5V	−2.5V	−1.250V	−27 648	0x9400
下溢警告					−27 649	0x93FF
	−11.759V	−5.879V	−2.940V	−1.470V	−32 512	0x8100
下溢					−32 513	0x80FF
	−11.85V	−5.92V	−2.963V	−1.481V	−32 768	0x8000

② 对于电流测量范围，S7-1200 模拟量模块的电流输入值与模块通道显示数值对应关系如表 9-3 所示。

表 9-3　S7-1200 模拟量模块的电流输入值与模块通道显示数值的关系

项目	电流测量范围		模拟值	
所测电流	0~20mA	4~20mA	十进制	十六进制
上溢	23.7mA	22.96mA	32 767	0x7FFF
			32 512	0x7F00
上溢警告	23.52mA	22.81mA	32 511	0x7EFF
			27 649	0x6C01
正常范围	20mA	20mA	27 648	0x6C00
	15mA	16mA	20 736	0x5100
	723.4nA	4mA+578.7nA	1	0x1
	0mA	4mA	0	0x0
			−1	0xFFFF
			−20 736	0xAF00
			−27 648	0x9400
下溢警告			−27 649	0x93FF
			−32 512	0x8100
	−3.52mA	1.185mA	−4864	0xED00
下溢			−32 513	0x80FF
			−32 768	0x8000

9.1.3　模拟量输入方法

模拟量的输入有两种方法：用模拟量输入模块输入模拟量、用采集脉冲输入模拟量。

（1）用模拟量输入模块输入模拟量

模拟量输入模块是将模拟过程信号转换为数字格式，其处理流程可参见图 9-1。使用模拟量输入模块时，要了解其性能，主要的性能如下所述。

① 模拟量规格：指可接收或可输出的标准电流或标准电压的规格，一般多些好，便于选用。

② 数字量位数：指转换后的数字量，用多少位二进制数表达。位越多，精度越高。

③ 转换时间：指实现一次模拟量转换的时间，其越短越好。

④ 转换路数：指可实现多少路的模拟量的转换，路数越多越好，可处理多路信号。

⑤ 功能：指除了实现数-模转换之外的一些附加功能，有的还有标定、平均峰值及开方功能。

（2）用采集脉冲输入模拟量

PLC可采集脉冲信号，可用高速计数单元或特定输入点采集，也可用输入中断的方法采集。而把物理量转换为电脉冲信号也很方便。

9.1.4　模拟量输出方法

模拟量输出的方法有3种：用模拟量输出模块控制输出、用开关量ON/OFF比值控制输出、用可调制脉冲宽度的脉冲量控制输出。

（1）用模拟量输出模块控制输出

为使控制的模拟量能连续、无波动地变化，最好采用模拟量输出模块。模拟量输出模块是将数字输出值转换为模拟信号，其处理流程可参见图 9-1。模拟量输出模块的参数包括诊断中断、组诊断、输出类型选择（电压、电流或禁用）、输出范围选择及对 CPU STOP 模式的响应。使用模拟量输出模块时应按以下步骤进行。

① 选用。确定是选用 CPU 单元的内置模拟量输入/输出模块，还是选用外扩的模拟量输出模块。在选择外扩时，要选性能合适的模块输出模块，既要与 PLC 型号相当，规格、功能也要一致，而且配套的附件或装置也要选好。

② 接线。模拟量输出模块可为负载和执行器提供电源。模拟量输出模块使用屏蔽双绞线电缆连接模拟量信号至执行器。电缆两端的任何电位差都可能导致在屏蔽层产生等电位电流，进行干扰模拟信号。为防止发生这种情况，应只将电缆的一端的屏蔽层接地。

③ 设定。有硬设定及软设定。硬设定用 DIP 开关，软设定用存储区或运行相当的初始化 PLC 程序。做了设定，才能确定要使用哪些功能，选用什么样的数据转换，数据存储于什么单元，等等。总之，没有进行必要的设定，如同没有接好线一样，模块也是不能使用的。

（2）用开关量 ON/OFF 比值控制输出

改变开关量 ON/OFF 比例，进而用这个开关量去控制模拟量，是模拟量控制输出最简单的办法。这个方法不用模拟量输出模块，即可实现模拟量控制输出。其缺点是，这个方法的控制输出是断续的，系统接收的功率有波动，不是很均匀。当系统惯性较大，或要求不高，允许不大的波动时可用。为了减少波动，可缩短工作周期。

（3）用可调制脉冲宽度的脉冲量控制输出

有的 PLC 有半导体输出的输出点，可缩短工作周期，提高模拟量输出的平稳性。用其控制模拟量，则是既简单又平稳的方法。

9.2　西门子 S7-1200 PLC 模拟量模块的使用

在 S7-1200 PLC 系统中，有些型号的 CPU 本身集成了 AI/AQ（如 CPU 1215C DC/DC/Rly、CPU 1217C DC/DC/DC），具有模拟量输入/输出功能，而没有集成 AI 或 AQ 的 CPU，需通过配置相应的模拟量输入或输出模块才可以很好地实现模拟量输入/输出控制。

9.2.1　模拟量模块简介

S7-1200 PLC 的模拟量模块包括模拟量输入模块 SM 1231、模拟量输出模块 SM 1232 和模拟量输入/输出混合模块 SM 1234。

（1）模拟量输入模块 SM 1231

模拟量输入模块可以测量电压类型、电流类型、电阻类型（RTD）和热电偶类型（TC）的模拟量信号。目前，S7-1200 PLC 的模拟量输入模块型号有：SM 1231 AI 4×13 位、SM 1231 AI 4×16 位、SM 1231 AI 8×13 位、SM 1231 AI 4×16 位 TC、SM 1231 AI 8×16 位 TC、SM 1231 AI 4×16 位 RTD、SM 1231 AI 8×16 位 RTD。

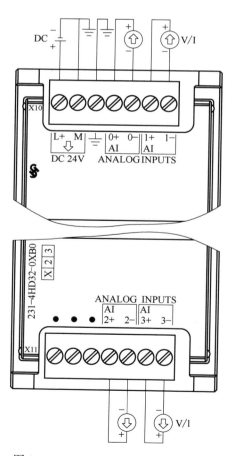

图 9-2　SM 1231 AI 4×13 位的接线图

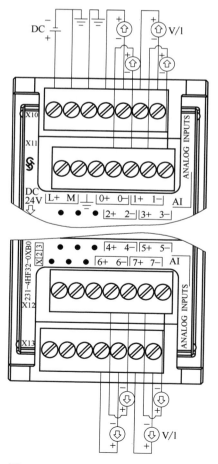

图 9-3　SM 1231 AI 8×13 位的接线图

（2）模拟量输出模块 SM 1232

模拟量输出模块可以输出电压或电流类型的模拟量信号，所以可以连接电压类型或电流类型的模拟量输出设备。目前，S7-1200 PLC 的模拟量输出模块型号有：SM 1232 AQ 2×14 位、SM 1232 AQ 4×14 位。

（3）模拟量输入/输出混合模块 SM 1234

模拟量输入/输出混合模块就是在一个模块上既有模拟量输入通道，又有模拟量输出通道。目前，S7-1200 PLC 的模拟量输入/输出混合模块仅有 SM 1234 AI 4×13 位/AQ 2×14 位一款产品。

9.2.2　模拟量模块的接线

（1）模拟量输入模块 SM 1231 的接线

SM 1231 AI 4×13 位模拟量输入模块的接线方式如图 9-2 所示，它有 4 组模拟量输入通道，每组通道可以输入电压或电流，L+接 DC 24V 电源端，M 端接地。SM 1231 AI 4×16 位模拟量输入模块的接线方式与 SM 1231 AI 4×13 位相同。SM 1231 AI 8×13 位模拟量输入模块的接线方式如图 9-3 所示，它有 8 组模拟量输入通道，每组通道可以输入电压或电流，L+接 DC 24V 电源端，M 端接地。

SM 1231 接线电流变送器（传感器），可以用作二线制变送器或四线制变送器。二线制变送器的接线方式如图 9-4 所示，两根线既传输电源又传输信号，也就是传感器输出的负载和电源是串联在一起的，电源是从外部引入，和负载串联在一起来驱动负载。四线制变送器的接线方式如图 9-5 所示，它有两根电源线和两根信号线，电源线和信号线分开工作。

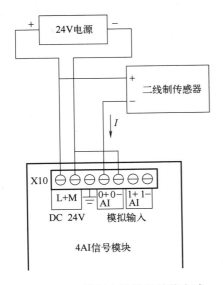

图 9-4　二线制变送器的接线方式

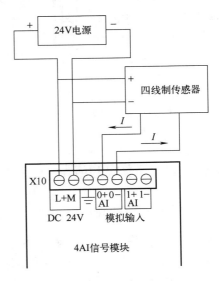

图 9-5　四线制变送器的接线方式

（2）模拟量输出模块 SM 1232 的接线

SM 1232 AQ 2×14 位模拟量输出模块的接线如图 9-6 所示，它有 2 组模拟量输出通道，每组输出通道可以连接负载，L+接 DC 24V 电源端，M 端接地。SM 1232 AQ 4×14 位模拟量输出模块的接线如图 9-7 所示，它有 4 组模拟量输出通道，每组输出通道可以连接负载，L+接 DC 24V 电源端，M 端接地。

（3）模拟量输入/输出模块 SM 1234 AI 4×13 位/AQ 2×14 位的接线

SM 1234 AI 4×13 位/AQ 2×14 位模拟量输入/输出模块的接线如图 9-8 所示，它有 4 组模拟量输入通道，每组通道可以输入电压或电流；有 2 组模拟量输出通道，每组通道可以连接负载。

同样，SM 1234 的输入侧接线电流变送器（传感器），可以用作二线制变送器或四线制变送器。

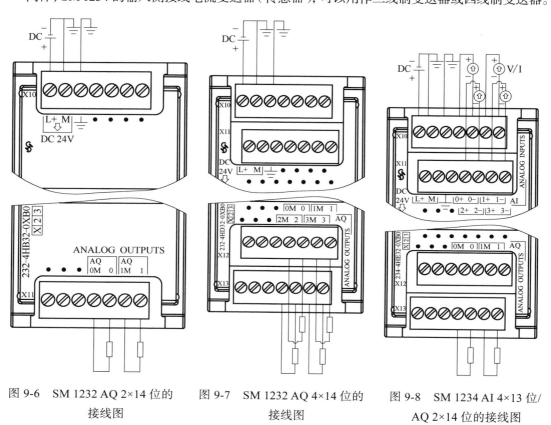

图 9-6　SM 1232 AQ 2×14 位的　　　图 9-7　SM 1232 AQ 4×14 位的　　　图 9-8　SM 1234 AI 4×13 位/
　　　　　接线图　　　　　　　　　　　　　接线图　　　　　　　　　　AQ 2×14 位的接线图

9.2.3　模拟量模块的应用

（1）模拟量值的规范化

现场的过程信号是具有物理单位的工程量值，模-数转换后输入通道得到的是 –27648~+27648 的数字量，这些数字量不具有工程量值的单位，在程序处理时带来不方便。因此，需要将数字量–27648~+27648 转化为实际的工程量值，这一过程称为模拟量输入值的"规范化"；反之，将实际工程量值转化为对应的数字量的过程称为模拟量输出值的"规范化"。

对于 S7-1200 PLC 可以使用"缩放"指令 SCALE_X 和"标准化"指令 NORM_X 来解决工程量值"规范化"的问题。这 2 条指令的使用在第 5.6.3 节和第 5.6.4 节中已讲述，在此以这两条指令为例讲解其在模拟量模块的应用。

（2）S7-1200 PLC 模拟量模块的应用实例

例 9-1： 模拟量输入模块在压力检测中的应用。量程为 0~20MPa 的压力变送器的输出信号为直流 4~20mA，由 IW128 单元输出相应测量的压力值。实测压力值大于 18MPa 时，LED0 指示灯亮；小于 2MPa 时，LED2 指示灯亮；当压力介于 2~18MPa 区间时，LED1 指示灯亮。

解： 假设压力变送器与模拟量输入模块 AI 4×13BIT（6SE7 231-4HD32-0XB0）相连接，AI 4×13BIT 可以将 4~20mA 的模拟电流信号转换为 0~27648 的整数送入 CPU 中。CPU 首先使用 NORM_X 指令将 0~27648 的整数值归一化为 0.0~1.0 之间的浮点数 MD30，然后用 SCALE_X 指令将归一化后的数字 MD30 转换为 0~20MPa（20000000）的浮点压力值，用变量 MD34 存储。最后根据所测压力值的大小与设定值进行比较，从而控制相应的指示灯是否点亮。

在 TIA Portal 中进行硬件组态及编写相关程序即可，具体操作步骤如下。

步骤一：建立项目，设置模拟量输入模块。

① 启动 TIA 博途软件，创建一个新的项目，并添加相应的硬件模块。

② 双击 AI 4×13BIT（6SE7 231-4HD32-0XB0）模块，进行相应的模拟量输入设置。在"通道 0"中将其测量类型设置为"电流"，测量范围为 4~20mA，如图 9-9（a）所示；在"I/O 地址"中将起始地址设置为 128，如图 9-9（b）所示。

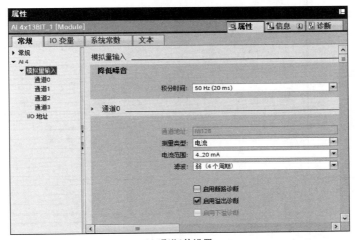

(a) 通道0的设置

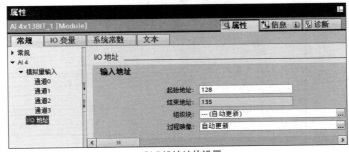

(b) I/O地址的设置

图 9-9　AI 4×13BIT 模块的设置

步骤二：在 OB1 中编写程序。

在 OB1 中编写程序如表 9-4 所示。程序段 1 是启停控制，当按下启动按钮时 M0.0 线圈得电后自锁。程序段 2 是将 AI 4×13BIT 模块通过 A/D 转换后的数值由 IW128 输入，通过 NORM_X 指令将 IW128 中的数值（对应数值范围为 0~27648）转换为 0.0~1.0 之间的浮点数存入 MD30。程序段 3 是通过 SCALE_X 指令将 MD30 中的数字转换为 0~20000000（20MPa）的浮点数压力值，由 MD34 存储。程序段 4~6 是将 MD34 中的数值与设置压力值进行比较，如果 MD34 中的实测压力值大于 18MPa（即 18000000）时，Q0.0 输出为 1；实测压力值介于 2MPa（即 2000000）~18MPa（即 18000000）时，Q0.1 输出为 1；若实测压力值小于 2MPa（即 2000000）时，Q0.2 输出为 1。

表 9-4   例 9-1 OB1 中的程序

程序段	LAD
程序段 1	%I0.1 "启动" —| |— %I0.0 "停止" —|/|— %M0.0 "辅助继电器" —( )—；%M0.0 "辅助继电器" —| |—
程序段 2	%M0.0 "辅助继电器" —| |— NORM_X Int to Real EN ENO；0 — MIN；%IW128 "模拟量输入" — VALUE OUT — %MD30 "转换值"；27648 — MAX
程序段 3	%M0.0 "辅助继电器" —| |— SCALE_X Real to Dint EN ENO；0 — MIN；%MD30 "转换值" — VALUE OUT — %MD34 "压力值"；20000000 — MAX
程序段 4	%MD34 "压力值" —| > Dint |— DINT#18000000 %Q0.0 "大于18MPa" —( )—
程序段 5	IN_RANGE Dint；DINT#2000000 — MIN；%MD34 "压力值" — VAL；DINT#18000000 — MAX %Q0.1 "介于 2~18MPa" —( )—
程序段 6	%MD34 "压力值" —| < Dint |— DINT#2000000 %Q0.2 "小于2MPa" —( )—

9.3 西门子 S7-1200 PLC 的 PID 闭环控制

闭环控制是根据控制对象输出反馈来进行校正的控制方式，它是在测量出实际与计划发生偏差时，按定额或标准来进行纠正的。

9.3.1　模拟量处理

典型的模拟量闭环控制系统结构如图 9-10 所示，图中虚线部分可由 PLC 的基本单元加上模拟量输入/输出扩展单元来承担。即由 PLC 自动采样来自检测元件或变送器的模拟输入信号，同时将采样的信号转换为数字量，存在指定的数据寄存器中，经过 PLC 运算处理后输出给执行机构去执行。

图 9-10 中 c（t）为被控量，该被控量是连续变化的模拟量，如压力、温度、流量、物位、转速等。mv（t）为模拟量输出信号，大多数执行机构（如电磁阀、变频器等）要求 PLC 输出模拟量信号。PLC 采样到的被控量 c(t)需转换为标准量程的直流电流或直流电压信号 pv(t)，例如 4~20mA 和 0~10V 的信号。sp（n）是给定值，pv（n）为 A/D 转换后的反馈量。ev（n）为误差，误差 ev（n）=sp（n）−pv（n）。sp（n）、pv（n）、ev（n）、mv（n）分别为模拟量 sp（t）、pv（t）、ev（t）、mv（t）第 n 次采样计算时的数字量。

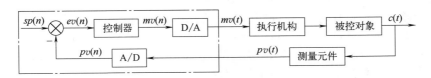

图 9-10　PLC 模拟量闭环控制系统结构框图

要将 PLC 应用于模拟量闭环控制系统中，首先要求 PLC 必须具有 A/D 和 D/A 转换功能，能对现场的模拟量信号与 PLC 内部的数字量信号进行转换；其次 PLC 必须具有数据处理能力，特别是应具有较强的算术运算功能，能根据控制算法对数据进行处理，以实现控制目的；同时还要求 PLC 有较高的运行速度和较大的用户程序存储容量。现在的 PLC 一般都有 A/D 和 D/A 模块，许多 PLC 还设有 PID 功能指令，在 S7-300/400 PLC 中还配有专门的 PID 控制器。

9.3.2　PID 控制器的基础知识

（1）PID 控制的基本概念

PID（Proportional-Integral-Derivative）即比例（P）-积分（I）-微分（D），其用以实现有模拟量的自动控制领域中需要按照 PID 控制规律进行自动调节的控制任务。PID 是根据被控制输入的模拟物理量的实际数值与用户设定的调节目标值的相对差值，按照 PID 算法计算出结果，输出到执行机构进行调节，以达到自动维持被控的量跟随用户设定的调节目标值变化的目的。

当被控对象的结构和参数不能完全掌握，或者得不到精确的数学模型，并且难以采用控制理论的其他技术，系统控制器的结构和参数必须依靠经验和现场调试来确定，在这种情况下，可以使用 PID 控制技术。PID 控制技术包含了比例控制、微分控制和积分控制等。

① 比例控制（Proportional）　比例控制是一种最简单的控制方式。其控制器的输出与输入误差信号成比例关系，增大比例系数使系统反应灵敏，调节速度加快，并且可以减小稳态误差。但是，比例系数过大会使超调量增大，振荡次数增加，调节时间加长，动态性能变坏，比例系

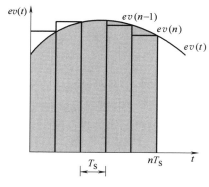

图9-11　积分的近似计算

数太大甚至会使闭环系统不稳定。当仅有比例控制时系统输出存在稳态误差（steady-state error）。

② 积分控制（Integral）　在 PID 中的积分对应于图 9-11 中的误差曲线 $ev(t)$ 与坐标轴包围的面积，图中的 T_S 为采样周期。通常情况下，用图中各矩形面积之和来近似精确积分。

在积分控制中，PID 的输出与输入误差信号的积分成正比关系。每次 PID 运算时，在原来的积分值基础上，增加一个与当前的误差值 $ev(n)$ 成正比的微小部分。误差为负值时，积分的增量为负。

对一个自动控制系统，如果在进入稳态后存在稳态误差，则称这个控制系统为有稳态误差系统，或简称有差系统（system with steady-state error）。为了消除稳态误差，在控制器中必须引入"积分项"。积分项对误差的运算取决于积分时间 T_I，T_I 在积分项的分母中。T_I 越小，积分项变化的速度越快，积分作用越强。

③ 比例积分控制　PID 输出中的积分项与输入误差的积分成正比。输入误差包含当前误差及以前的误差，它会随时间增加而累积，因此积分作用本身具有严重的滞后特性，对系统的稳定性不利。如果积分项的系数设置得不好，其负面作用很难通过积分作用本身迅速地修正。而比例项没有延迟，只要误差一出现，比例部分就会立即起作用。因此积分作用很少单独使用，它一般与比例和微分联合使用，组成 PI 或 PID 控制器。

PI 和 PID 控制器既克服了单纯的比例调节有稳态误差的缺点，又避免了单纯的积分调节响应慢、动态性能不好的缺点，因此被广泛使用。

如果控制器有积分作用（例如采用 PI 或 PID 控制），积分能消除阶跃输入的稳态误差，这时可以将比例系数调得小一些。如果积分作用太强（即积分时间太小），其累积的作用会使系统输出的动态性能变差，有可能使系统不稳定。积分作用太弱（即积分时间太大），则消除稳态误差的速度太慢，所以要取合适的积分时间值。

④ 微分控制　在微分控制中,控制器的输出与输入误差信号的微分（即误差的变化率）成正比关系，误差变化越快，其微分绝对值越大。误差增大时，其微分为正；误差减小时，其微分为负。由于在自动控制系统中存在较大的惯性组件（环节）或有滞后（delay）组件，具有抑制误差的作用，其变化总是落后于误差的变化，因此，自动控制系统在克服误差的调节过程中可能会出现振荡甚至失稳。在这种情况下，可以使抑制误差的作用的变化"超前"，即在误差接近零时，抑制误差的作用就应该是零。也就是说，在控制器中仅引入"比例"项往往是不够的，比例项的作用仅是放大误差的幅值，而目前需要增加的是"微分项"，它能预测误差变化的趋势，这样，具有比例+微分的控制器就能够提前使抑制误差的控制作用等于零，甚至为负值，从而避免被控量的严重超调。所以对有较大惯性或滞后的被控对象,比例+微分（PD）控制器能改善系统在调节过程中的动态特性。

（2）PID 控制器的主要优点

PID 控制器成为广泛应用的控制器，它具有以下优点。

① 不需要知道被控对象的数学模型。实际上大多数工业对象准确的数学模型是无法获得的，对于这一类系统，使用 PID 控制可以得到比较满意的效果。

② PID 控制器具有典型的结构，其算法简单明了，各个控制参数相对较为独立，参数的选定较为简单，形成了完整的设计参数调整方法，很容易为工程技术人员所掌握。

③ 有较强的灵活性和适应性，对各种工业应用场合，都可在不同程度上应用，特别适用于"一阶惯性环节+纯滞后"和"二阶惯性环节+纯滞后"的过程控制对象。

④ PID 控制根据被控对象的具体情况，可以采用各种 PID 控制的变种和改进的控制方式，如 PI、PD、带死区的 PID、积分分离式 PID、变速积分 PID 等。

（3）S7-1200 PLC 支持的 PID 指令

S7-1200 PLC 支持的 PID 指令为 Compact PID，Compact PID 是集成 PID 指令，包括集成了调节功能的通用 PID 控制器指令 PID_Compact 和集成了阀门调节功能的 PID 控制指令 PID_3Step 以及对温度进行集成调节的 PID 控制指令 PID_Temp。在此，以 PID_Compact 指令为例，讲解其指令的功能、算法及使用。

1）PID_Compact 指令参数　　PID_Compact 指令提供了一种可对具有比例作用的执行器进行集成调节的 PID 控制器。该指令存在多种工作模式，如未激活、预调节、精确调节、自动模式、手动模式和带错误监视的替代输出值等。

表 9-5　PID_Compact 的指令参数

LAD	参数	数据类型	说明
	EN	BOOL	允许输入
	Setpoint	REAL	自动模式下的给定值
	Input	REAL	实数类型反馈
	Input_PER	INT	整数类型反馈
	Disturbance	REAL	扰动变量或预控制值
	ManualEnable	BOOL	上升沿为手动模式；下降沿为自动模式
	ManualValue	REAL	手动模式下的输出值
	ErrorAck	BOOL	上升沿复位 ErrorBits 和 Warrings
	Reset	BOOL	重新启动控制器
	ModeActivate	BOOL	上升沿时，切换到保存在 Mode 参数中的工作模式
	Mode	INT	指定 PID_Compact 将转换到的工作模式
	ScaledInput	REAL	标定的过程值
	Output	REAL	实数类型的输出值
	Output_PER	INT	模拟量输出值
	Output_PWM	BOOL	脉宽调制输出值
	SetpointLimit_H	BOOL	等于 1 表示已达设定值上限
	SetpointLimit_L	BOOL	等于 1 表示已达设定值下限
	InputWarning_H	BOOL	等于1表示过程值已达到或超出警告上限
	InputWarning_L	BOOL	等于1表示过程值已达到或低于警告下限
	State	INT	PID 控制器的当前工作模式
	Error	BOOL	等于 1 表示有错误信息处于未决状态
	ErrorBits	DWORD	显示处于未决状态的错误消息

PID_Compact

EN　　　　　　　　ENO
Setpoint　　　ScaledInput
Input　　　　　　　Output
Input_PER　　Output_PER
Disturbance　Output_PWM
ManualEnable　SetpointLimit_H
ManualValue　SetpointLimit_L
ErrorAck　　InputWarning_H
Reset　　　InputWarning_L
ModeActivate　　　　State
Mode　　　　　　　　Error
　　　　　　　　ErrorBits

PID_Compact 的指令参数如表 9-5 所示，该指令分为输入参数和输出参数，其中梯形图指令的左侧为输入参数，右侧为输出参数。指令的视图分为扩展视图和集成视图，单击指令框底部的 <img> 或 <img>，可以进行选择。不同的视图中所看到的参数不一样，表 9-5 中的 PID_Compact 指令为扩展视图，在该视图中所展示的参数多，它包含了亮色和灰色字迹的所有参数，而集成视图中可见的参数较少，只能看到亮色的参数，灰色的参数不可见。

2）PID_Compact 指令算法　　PID_Compact 指令算法是一种具有抗积分饱和功能并且能够对比例作用和微分作用进行加权运算的 PID 控制器，算法公式如下：

$$y = K_P \left[bwx + \frac{1}{T_I s}(w - x) + \frac{T_D s}{aT_D s}(cw - x) \right] \tag{9-1}$$

式（9-1）中的符号及说明如表 9-6 所示。

表 9-6　PID_Compact 指令算法公式中的符号及含义

符号	说明	符号	说明
y	PID 算法的输出值	x	过程值
K_P	比例增益	T_I	积分作用时间
s	拉普拉斯运算符	T_D	微分作用时间
b	比例作用权重	a	微分作用延迟系数（微分延迟 $T_I = aT_D$）
w	设定值	c	微分作用权重

PID_Compact 指令算法的框图表示如图 9-12 所示，带抗积分饱和的 PIDTI 方框图如图 9-13 所示。

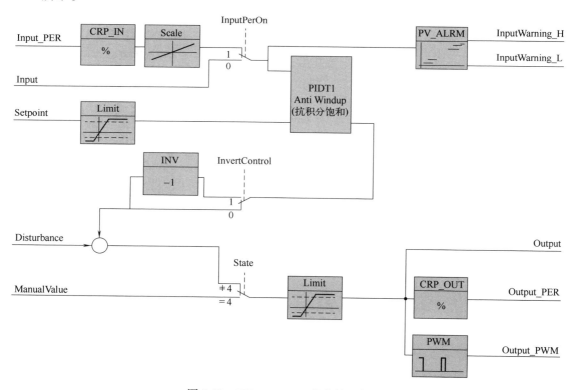

图 9-12　PID_Compact 指令算法框图

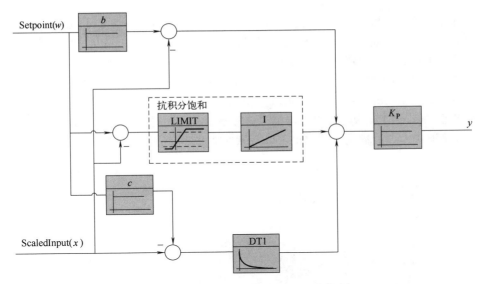

图 9-13　带抗积分饱和的 PIDTI 方框图

所谓抗饱和现象是指如果 PID 控制系统误差的符号不变，PID 控制器的输出 y 和绝对值由于积分作用的不断累加而增大，从而导致执行机构达到极限位置。若控制器输出 y 继续增大，执行器开度不可能再增大，此时 PID 控制器的输出量 y 超出了正常运行的范围而进入饱和区。一旦系统出现反向偏差，y 逐渐从饱和区退出。进入饱和区越深则退出饱和区的时间越长。在这段时间里，执行机构仍然停留在极限位置，而不是随偏差反向立即做出相应的改变，所以系统处于失控状态，造成控制性能恶化，响应曲线的超调量增大，这种现象称为积分饱和现象。

防止积分饱和的方法之一是抗积分饱和法，其思路是在计算控制器输出 $y(n)$ 时，首先判断上一时刻的控制器输出 $y(n-1)$ 的绝对值是否已经超出了极限范围。如果 $y(n-1)$ 大于上限值 y_{max}，则只累加负偏差；如果 $y(n-1)$ 小于下限值 y_{min}，则只累加正偏差，从而避免了控制器输出长时间停留在饱和区造成滞后的负面影响。

注意，PID 控制指令需要固定的采样周期，所以指令调用时，需要在循环中断 OB 中进行调用。该 OB 的循环中断时间就是采样周期。此外，若将 PID_Compact 作为多重背景数据块调用，将没有参数分配接口或调试接口可用，必须直接在多重背景数据块中为 PID_Compact 分配参数，并通过监视表格进行调试。

3）PID 组态　若为 PID_Compact 指令分配了背景数据块，单击指令框右上角的 🖳 图标，即可打开 PID_Compact 指令的组态编辑器。组态编辑器有两种视图：功能视图（在 TIA Portal 中称为功能视野）和参数视图。

在 PID_Compact 指令组态编辑器的参数视图中，用户可以对当前 PID 指令的所有参数进行查看，并根据需要直接对部分参数的起始值等离线数据进行修改，也可以对在线的参数数据进行监视和修改。

PID_Compact 指令组态编辑器的功能视图包括基本设置、过程值设置和高级设置等内容。在该视图中，采用向导的方式对 PID 控制器进行设置。

① 基本设置　"基本设置"选项页面如图 9-14 所示，主要包括控制器类型和输入/输出参数的设置。在"控制器类型"中可以通过下拉列表选择常规、温度、压力、长度、流量、亮度、照明度、力、力矩、质量、电流、电压等。如果希望随着控制偏差的增大而输出值减小，可在

该页面中勾选"反转控制逻辑"复选框。如果勾选了"CPU 重启后激活 Mode"复选框，则在 CPU 重启后将 Mode 设置为该复选框下方的设置选项。在"Input/Output 参数"中，可以组态设定值、过程值和输出值的源值。例如 Input 过程值中的"Input"项表示过程值来自程序中经过处理的变量；而"Input_PER（模拟量）"项表示过程值来自未经处理的模拟量输入值。同样，Output 输出值的"Output"项表示输出值需使用用户程序来进行处理，也可以用于程序中其他地方作为参考，如串级 PID 等；输出值与模拟量转换值相匹配时，选择"Output_PER（模拟量）"项，可以直接连接模拟量输出；输出也可以是脉冲宽度调制信号"Output_PWM"。

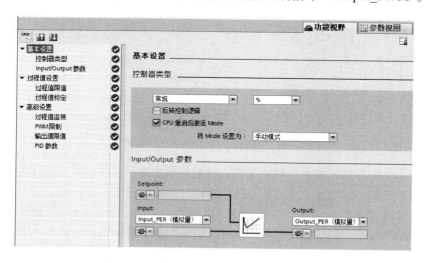

图 9-14　功能视图下的"基本设置"界面

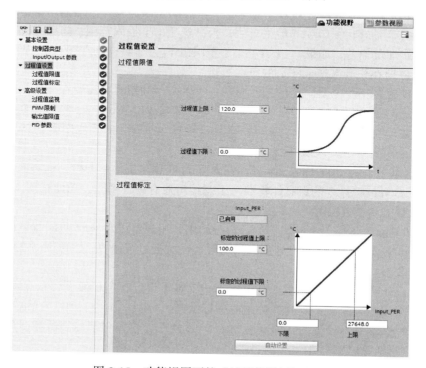

图 9-15　功能视图下的"过程值设置"界面

　　"过程值设置"包括过程值限值的设置和过程值标定（规范化）的量程设置，如图 9-15 所示。如果过程值超出了这些限值，PID_Compact 指令将立即报错（ErrorBits=0001H），并取消调节操作。如果在"基本设置"中将过程值设置为"Input_PER（模拟量）"，由于它来自一个模拟量输入地址，所以必须将模拟量值转换为过程值的物理量。

　　② 高级设置　　"高级设置"包括过程值监视、PWM 限制、输出值限值和 PID 参数的设置。在"过程值监视"中，可以设置过程值的警告上限和警告下限。如果过程值超出警告上限，PID_Compact 指令的输出参数 InputWarring_H 为 TURE；如果过程值低于警告下限，PID_Compact 指令的输出参数 InputWarring_L 为 TURE；警告限值必须处于过程值的限值范围内。如果没有输入警告限值，将使用过程值的上限和下限。

　　在"PWM 限制"中，可以设置 PID_Compact 控制器脉冲输出 Output_PWM 的最短接通时间和最短关闭时间。如果已选择 Output_PWM 作为输出值，则将执行器的最小开启时间和最小关闭时间作为 Output_PWM 的最短接通时间和最短关闭时间；如果已选择 Output 或 Output_PER 作为输出值，则必须将最短接通时间和最短关闭时间设置为 0.0s。

　　在"输出值限值"中，以百分比形式组态输出值的限值，无论是在手动模式还是自动模式下，输出值都不会超出该限值。如果在手动模式下，指定了一个超出限值范围的输出值，则 CPU 会将有效值限制为组态的限值。

　　在"PID 参数"中，如果不想通过控制器自动调节得出 PID 参数，可以勾选"启用手动输入"，通过手动方式输入适用于受控系统的 PID 参数，如图 9-16 所示。

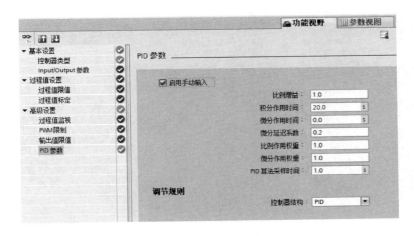

图 9-16　功能视图下"高级设置"中的"PID 参数"界面

（4）PID 调试

　　将项目下载到 CPU 后，就可以开始对 PID 控制器进行优化调试。单击 PID_Compact 指令框右上角的🎚图标，即可进入如图 9-17 所示调试界面。调试界面的控制区包含了测量的启动（Start）和采样时间的设置、调节模式的设置及启动。PID 调试分为预调节和精确调节两种模式，通常 PID 调试时先进行预调节，然后再根据需要进行精确调节。

　　预调节可确定输出值对阶跃的过程响应，并搜索拐点。根据受控系统的最大上升速率与死区时间计算 PID 参数。过程值越稳定，PID 参数就越容易计算。

　　若经过预调节后，过程值振荡且不稳定，此时需要进行精确调节，使过程值出现恒定受限的振荡。PID 控制器将根据此振荡的幅度和频率为操作点调节 PID 参数。所有 PID 参数都根据结果重新计算。精确调节得出的 PID 参数通常比预调节得出的 PID 参数具有更好的主控和抗扰动特性。

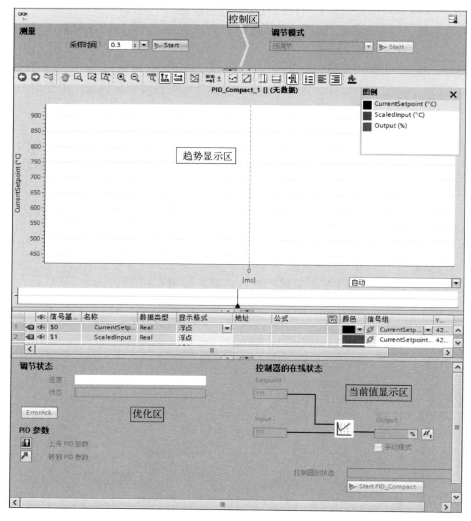

图 9-17　调试界面

趋势显示区以曲线方式显示设定值、反馈值、输出值。优化区显示 PID 调节状态。当前值显示区可监视给定值、反馈值、输出值，并可手动强制输出值，勾选"手动模式"项，可以在"Output"栏内输入百分比形式的输出值。

9.3.3　PID 控制实例

例 9-2：PID 控制在马弗炉中的应用。某马弗炉（即电炉），由电热丝加热，干扰源采用电位计控制的风扇，使用温度传感器测量系统的温度。其控制要求是：设定马弗炉的温度后，PLC经过 PID 运算后由 Q0.0 端口输出一个脉冲控制信号送到固态继电器，固态继电器根据信号（弱电信号）的大小控制电热丝的加热电压（强电信号）的大小（甚至断开）。风扇运转时，可给传感器周围降温，设定值为 0~10V 的电压信号送入 PLC。温度传感器作为反馈接入到 PLC 中，干扰源给定直接输出至风扇。

解： 首先添加相应的模拟量输入模块和模拟量输出模块，进行硬件组态，然后编写程序，并进行 PID 调试即可，具体步骤如下。

步骤一：建立项目，设置模拟量模块。

① 启动 TIA Portal 软件，创建一个新的项目，并添加相应的硬件模块。

② 双击模拟量输入模块（AI 4×13BIT），进行相应的模拟量输入设置。在“通道模板”中将其测量类型设置为“电压”，测量范围为+/−10V；在“I/O 地址”中将起始地址设置为 128。

③ 双击模拟量输出模块（AQ 4×14BIT），进行相应的模拟量输出设置。在“通道模板”中将其输出类型设置为“电流”，输出范围为 4~20mA；在“I/O 地址”中将起始地址设置为 144。

步骤二：定义全局变量。

在 TIA Portal 项目结构窗口的“PLC 变量”中双击“默认变量表”,进行全局变量表的定义，如图 9-18 所示。由于本项目组态时添加了数字量扩展模块（DI 16×24VDC），其“I/O 地址”中起始地址为 8，所以“给定温度”的地址设置为 IW8。

PLC 变量

	名称	变量表	数据类型	地址	保持
1	System_Byte	默认变量表	Byte	%MB10	
2	FirstScan	默认变量表	Bool	%M10.0	
3	DiagStatusUpdate	默认变量表	Bool	%M10.1	
4	AlwaysTRUE	默认变量表	Bool	%M10.2	
5	AlwaysFALSE	默认变量表	Bool	%M10.3	
6	Clock_Byte	默认变量表	Byte	%MB20	
7	Clock_10Hz	默认变量表	Bool	%M20.0	
8	Clock_5Hz	默认变量表	Bool	%M20.1	
9	Clock_2.5Hz	默认变量表	Bool	%M20.2	
10	Clock_2Hz	默认变量表	Bool	%M20.3	
11	Clock_1.25Hz	默认变量表	Bool	%M20.4	
12	Clock_1Hz	默认变量表	Bool	%M20.5	
13	Clock_0.625Hz	默认变量表	Bool	%M20.6	
14	Clock_0.5Hz	默认变量表	Bool	%M20.7	
15	测量温度	默认变量表	Int	%IW128	
16	给定温度	默认变量表	Int	%IW8	
17	给定实数温度	默认变量表	Real	%MD30	
18	20MPa	默认变量表	Real	%MD80	
19	手动	默认变量表	Bool	%I0.0	
20	PWM输出	默认变量表	Bool	%Q0.0	
21	风扇控制	默认变量表	Int	%QW144	
22	PID错误	默认变量表	DInt	%MD34	
23	PID_state	默认变量表	Word	%MW4	

图 9-18　定义马弗炉的全局变量

步骤三：PID 组态。

① 添加循环中断组织块。在 TIA Portal 项目结构窗口的“程序块”中双击“添加新块”，在弹出的添加新块中点击“组织块”，然后选择“Cyclic interrupt”，设置循环时间为 20ms，并按下“确定”键。

② 在新添加的循环中断组织块 OB30 中添加 PID_Compact 指令，并编写如表 9-7 所示程序。

表 9-7　例 9-2 OB30 中的程序

程序段	LAD
程序段 1	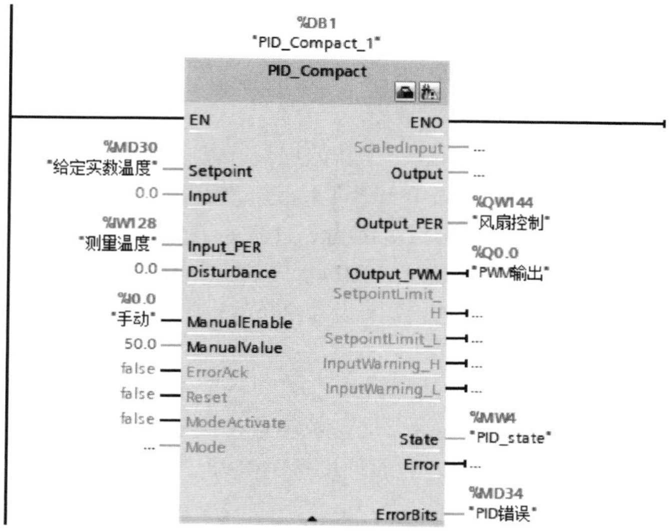
程序段 2	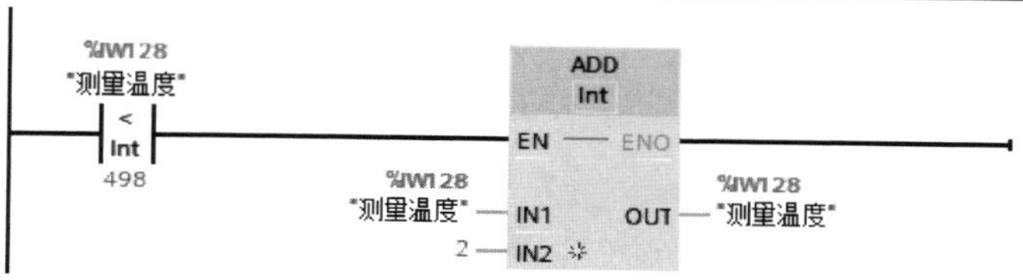
程序段 3	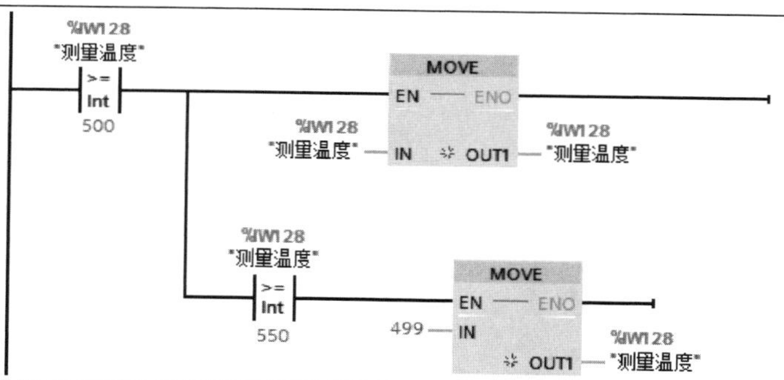

③ 单击 PID_Compact 指令框右上角的 图标，打开 PID_Compact 指令的组态编辑器，在"功能视野"视图下进行 PID 组态。基本设置如图 9-19 所示，将控制器类型选择为"温度"，在输入值（即反馈值 IW2）中选择为"Input_PER（模拟量）"，输出值（即脉宽调制输出值 Q0.0）中选择为"Output_PWM"。过程值即反馈值量程化的设置如图 9-20 所示，将过程值的下限值设置为 0.0，上限设置为传感器的上限值 500.0，此为温度传感器的量程。在高级设置中，过程值监视设置如图 9-21 所示，当测量值高于此数值时，会产生报警。在高级设置中，PWM 设置如图 9-22 所示，代表输出接通和断开的最短时间,如固态继电器的导通和断开切换时间为 0.5s。在高级设置中，"输出值限值"采用默认值，不进行修改，如图 9-23 所示。在高级设置中，PID 参数的"启用手动输入"不勾选，使用系统自整定参数；调节规则使用"PID"控制器，如图 9-24 所示。

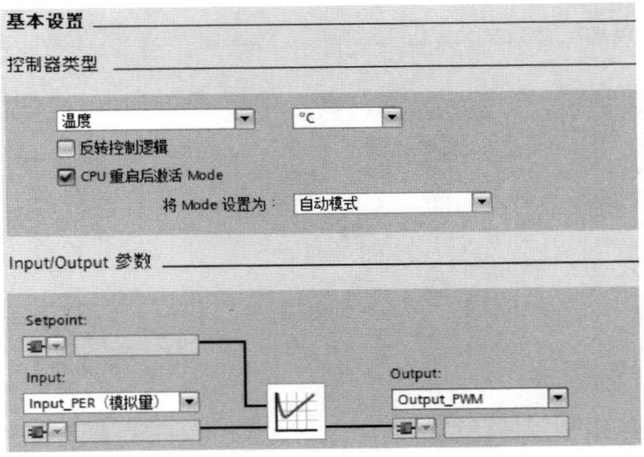

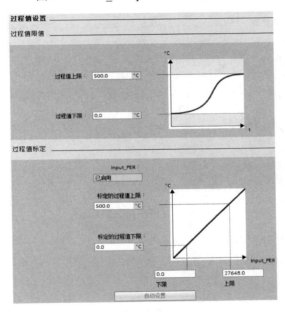

图 9-19　PID_Compact 指令的基本设置

图 9-20　PID_Compact 指令的过程值设置

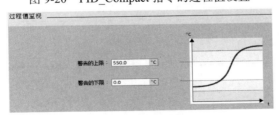

图 9-21　过程值监视的设置

图 9-22　PWM 限值的设置

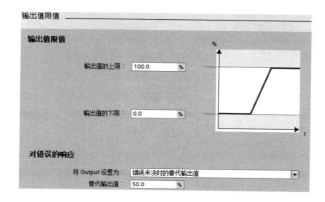

图 9-23　输出值限值的设置

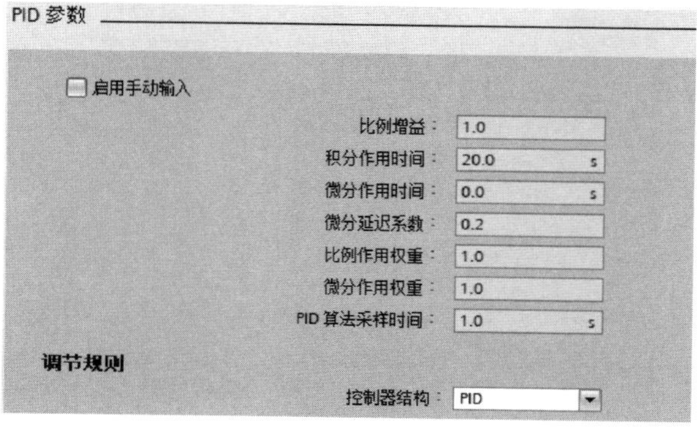

图 9-24　PID 参数的设置

步骤四：在 OB1 中编写程序。

在主程序 Main（OB1）中将给定值模拟量输入，量程化为 0.0~100.0 之间的实数，并将量程化后的数值赋给 MD30，其程序如表 9-8 所示。

表 9-8　例 9-2 OB1 中的程序

程序段	LAD
程序段 1	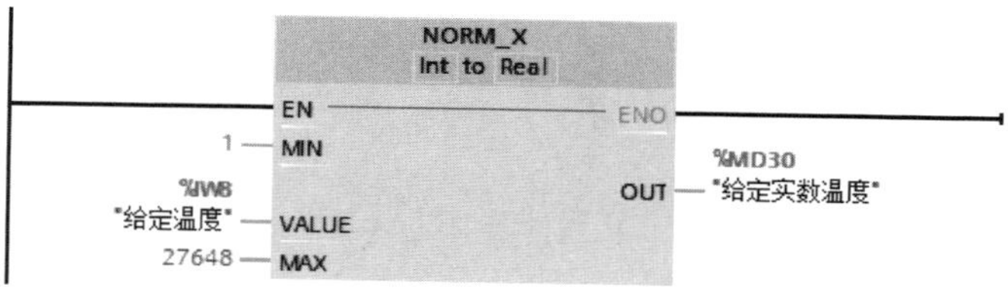 NORM_X Int to Real EN —— ENO 1 — MIN %IW8 "给定温度" — VALUE　　OUT — %MD30 "给定实数温度" 27648 — MAX
程序段 2	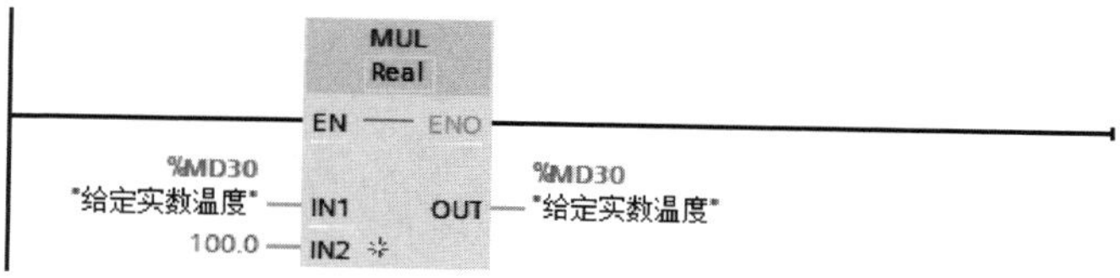 MUL Real EN —— ENO %MD30 "给定实数温度" — IN1　　OUT — %MD30 "给定实数温度" 100.0 — IN2 ✳

步骤五：PID 调试。

将项目编译成功并下载到 CPU 后，就可以开始对 PID 控制器进行优化调试。单击 PID_Compact 指令框右上角的 图标，进入 PID 调试界面。在此界面的控制区，点击采样时间 Start 按钮，开始测量在线值，在"调节模式"下选择"预调节"，先进行预调节。当预调节完成后，在"调节模式"下再选择"精确调节"。之后将设定值"给定温度"设为 250℃，随着加热丝的加热，系统将进行温度的自整定过程，如图 9-25 所示。

步骤六：上传参数和下载参数。

由于 PID 自整定是在 CPU 内部进行的，整定后的参数并不一定在项目中，所以需要上传参数到项目。

① 当 PID 自整定完成后，单击图 9-25 所示左下角的"上传 PID 参数"按钮，参数从 CPU 上传到在线项目中。

② 单击"转到 PID 参数"，弹出如图 9-26 所示界面，在此界面单击"监控所有"图标 ，勾选"启用手动输入"选项，再单击"下载"图标 ，将修正后的 PID 参数下载到 CPU 中去。

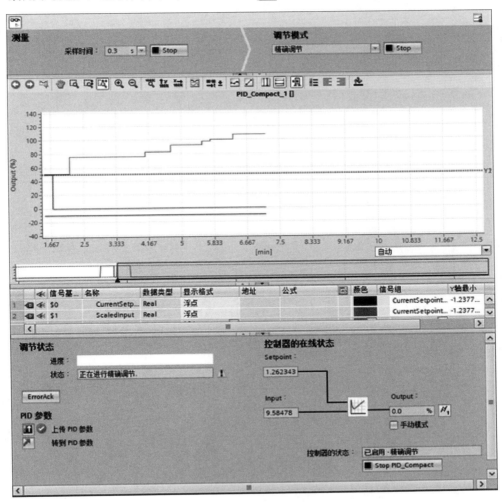

图 9-25　PID 自整定

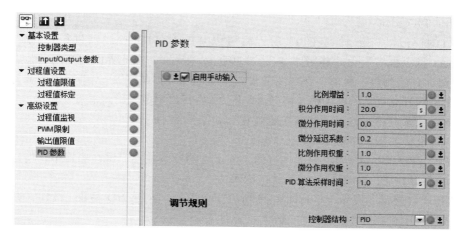

图 9-26　下载 PID 参数界面

第10章

西门子S7-1200 PLC的网络通信功能

网络是将分布在不同物理位置上的具有独立工作能力的计算机、终端及其附属设备用通信设备和通信线路连接起来，并配置网络软件，以实现计算机资源共享的系统。随着计算机网络技术的发展，自动控制系统也从传统的集中式控制向多级分布式控制方向发展。为适应形式的发展，许多 PLC 生产企业加强了 PLC 的网络通信能力，并研制开发出自己的 PLC 网络系统。

10.1　通信基础知识

通信是计算机网络的基础，没有通信技术的发展，就没有计算机网络的今天，也就没有 PLC 的应用基础。PLC 的通信包括 PLC 与 PLC 之间的通信、PLC 与上位计算机之间的通信以及 PLC 和其他智能设备间的通信。

10.1.1　通信的基本概念

（1）串行通信与并行通信

CPU 与外部数据的传送方式有两种：并行数据传送和串行数据传送。

并行数据传送方式，即多个数据的各位同时传送，它的特点是传送速度快，效率高，但占用的数据线较多，成本高，仅适用于短距离的数据传送。

串行数据传送方式，即每个数据是一位一位地按顺序传送，它的特点是数据传送的速度受到限制，但成本较低，只需两根线就可传送数据，主要用于传送距离较远，数据传送速度要求不高的场合。

通常将 CPU 与外部数据的传送称为通信。因此，通信方式分为并行通信和串行通信，如图 10-1 所示。并行数据通信是以字节或字为单位的数据传输方式，除了 8 根或 16 根数据线和 1 根公共线外，还需要双方联络用的控制线。串行数据通信是以二进制的位为单位进行数据传输，每次只传送 1 位。串行通信适用于传输距离较远的场合，所以在工业控制领域中 PLC 一般采用串行通信。

（2）异步通信与同步通信

按照串行数据的时钟控制方式，将串行通信分为异步通信和同步通信两种方式。

异步通信（asynchronous communication）中的数据是以字符（或字节）为单位组成字符帧

（character frame）进行传送的。这些字符帧在发送端是一帧一帧地发送，在接收端通过数据线一帧一帧地接收字符或字节。发送端和接收端可以由各自的时钟控制数据的发送和接收，这两个时钟彼此独立，互不同步。

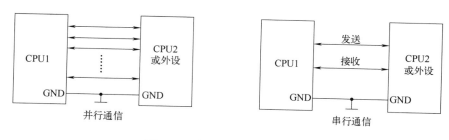

图 10-1　数据传输方式示意图

同步通信（synchronous communication）是一种连续串行传送数据的通信方式，一次通信可传送若干字符信息。在传递数据的同时，也传输时钟同步信号，并始终按照给定的时基采集数据。其传输数据效率高，硬件复杂，成本高，一般用于传输速率高于 20Kbit/s 的数据通信。

（3）数据通路形式

在串行通信中，数据的传输是在两个站之间进行的，按照数据传送方向的不同，串行通信的数据通路有单工、半双工和全双工三种形式。

① 单工（simplex）　在单工形式下数据传送是单向的。通信双方中一方固定为发送端，另一方固定为接收端，数据只能从发送端传送到接收端，因此只需一根数据线。

② 半双工（half duplex）　在半双工形式下数据传送是双向的，但任何时刻只能由其中的一方发送数据，另一方接收数据。即数据从 A 站发送到 B 站时，B 站只能接收数据；数据从 B 站发送到 A 站时，A 站只能接收数据，如图 10-2 所示。

③ 全双工（full duplex）　在全双工形式下数据传送也是双向的，允许双方同时进行数据双向传送，即可以同时发送和接收数据，如图 10-3 所示。

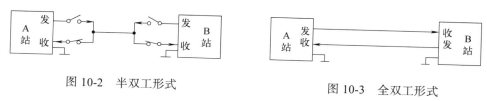

图 10-2　半双工形式　　　　　　　　　图 10-3　全双工形式

由于半双工和全双工可实现双向数据传输，所以在 PLC 中使用比较广泛。

10.1.2　PLC 的网络术语

PLC 网络中的名词、术语很多，现介绍一些常用的术语。

（1）传输速率

数据传输的速率称为波特率，即每秒传送二进制代码的位数，也称为比特数，单位为 bps（bit per second）即位/秒（bit/s）。波特率是串行通信中的一个重要性能指标，用来表示数据传输的速度。波特率越高，数据传输速度越快。波特率和字符实际的传输速率不同，字符的实际传输速率是指每秒内所传字符帧的帧数，它和字符帧格式有关。

例如，波特率为 1200bps，若采用 10 个代码位的字符帧（1 个起始位，1 个停止位，8 个数据位），则字符的实际传送速率为：1200÷10=120 帧/秒。

每一位代码的传送时间 T_d 为波特率的倒数。例如波特率为 2400bps 的通信系统，每位的传送时间为：

$$T_d = \frac{1}{2400} = 0.4167 \ (\text{ms})$$

波特率与信道的频带有关，波特率越高，信道频带越宽。因此，波特率也是衡量通道频宽的重要指标。

（2）站及相关术语

在 PLC 网络系统中，将一种可以进行数据通信、连接外部输入/输出的物理设备称为"站"。例如，由 PLC 组成的网络系统中，每台 PLC 可以是一个"站"。PLC 网络系统中，所有物理设备（站）所占用的"内存站数"的总和，称为站数。

在通信网络中，站可分为主站、从站、本地站和远程设备站。

主站：在整个 PLC 网络系统中，能进行数据连接的系统控制站，将其认定为整个 PLC 网的主站。主站上设置了控制整个网络的参数，每个网络系统只有一个主站，主站号固定为"0"，站号实际就是 PLC 在网络中的地址。

从站：PLC 网络系统中，除主站外的其他站均为"从站"。

远程设备站：PLC 网络系统中能同时处理二进制位、字的从站。

本地站：PLC 网络系统中，带有 CPU 模块并可以与主站以及其他本地站进行循环传输的站。

（3）网关

网关又称网间连接器、协议转换器。网关在传输层上用以实现网络互联互通，是最复杂的网络互联设备，仅用于两个高层协议不同的网络互联。如图 10-4 所示，CPU 1215C 通过工业以太网，把信息传送到 IE/PB LINK 模块，再传送到 PROFIBUS 网络上的 S7-1200 station 模块，IE/PB LINK 通信模块用于不同协议的互联，它就是实际意义上的网关。

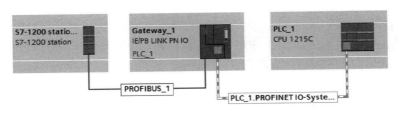

图 10-4　网关应用案例

（4）中继器

中继器用于网络信号放大、调整的网络互联设备，能有效延长网络的连接长度。例如，PPI 的正常传送距离不大于 50m，经过中继器放大后，传输可超过 1km。

（5）路由器

所谓路由就是指通过相互连接的网络把信息从源地点移动到目标地点的活动。一般来说，在路由过程中，信息至少会经过一个或多个中间节点。路由器是互联网的主要节点设备。如图 10-5 所示，如果要把 PG/PC 的程序从 CPU 1215C 下载到 CPU 313C-2 DP 中，必然要经过 CPU 1516-3 PN/DP 这个节点，这实际就用到了 CPU 1516-3 PN/DP 的路由功能。

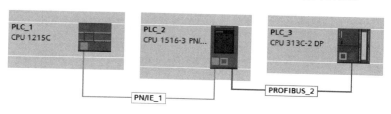

图 10-5　路由功能应用案例

（6）交换机

交换机是为了解决通信阻塞而设计的，它是一种基于 MAC 地址识别，能完成封装转发数据包功能的网络设备。交换机可以"学习" MAC 地址，并把其存放在内部地址表中，通过在数据帧的始发者和目标接收者之间建立临时的交换路径，使数据帧直接由源地址到达目的地地址。

（7）网桥

网桥也叫桥接器，是连接两个局域网的一种存储/转发设备，它能将一个大的 LAN 分割为多个网段，或者将两个以上的 LAN 互联为一个逻辑 LAN，使 LAN 上的所有用户都可以访问服务器。

10.1.3　网络通信标准

在工业局域网中，由于各节点的设备型号、通信线路类型、连接方式不同，同步方式、通信方式有可能不同，这样会给网络中各节点的通信带来不便，有时会影响整个网络的正常运行，因此在网络系统中，必须有相应通信标准来规定各部件在通信过程中的操作。

（1）OSI 参考模型

国际标准化组织 ISO（International Standards Organization）于 1978 年提出了开放系统互联 OSI（Open Systems Interconnection）模型，作为通信网络国际标准化的参考模型。该模型所用的通信协议一般为 7 层，如图 10-6 所示。

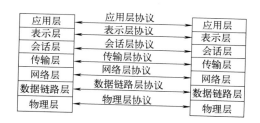

图 10-6　OSI 开放系统互联模型

在 OSI 模型中，最底层为物理层，物理层的下面是物理互连媒介，如双绞线、同轴电缆等。实际通信就是通过物理层在物理互连媒介上进行的，如 RS-232C、RS-422/RS-485 就是在物理层进行通信的。通信过程中 OSI 模型其余层都以物理层为基础，对等层之间可以实现开放系统互联。

在通信过程中，数据是以帧为单位进行传送，每一帧包含一定数量的数据和必要的控制信息，如同步信息、地址信息、差错控制和流量控制等。数据链路层就是在两个相邻节点间进行差错控制、数据成帧、同步控制等操作。

网络层用来对报文包进行分段，当报文包阻塞时进行相关处理，在通信子网中选择合适的路径。

传输层用来对报文进行流量控制、差错控制，还向上一层提供一个可靠的端到端的数据传输服务。

会话层的功能是运行通信管理和实现最终用户应用进程之间的同步，按正确的顺序收发数据，进行各种对话。

表示层用于应用层信息内容的形式变换，如数据加密/解密、信息压缩/解压和数据兼容，把应用层提供的信息变成能够共同理解的形式。

应用层为用户的应用服务提供信息交换，为应用接口提供操作标准。

（2）IEEE 802 通信标准

IEEE 是英文 Institute of Electrical and Electronics Engineers 的简称，其中文译名是电气电子工程师学会。IEEE 的 802 委员会成立于 1980 年初，专门从事局域网标准的制定工作，于 1982 年颁布了一系列计算机局域网分层通信协议标准草案，总称为 IEEE 802 标准。

IEEE 802 是一个局域网标准系列，其现有标准包括：IEEE 802.1A（局域网体系结构）、IEEE 802.1B（寻址、网络互联与网络管理）、IEEE 802.2（逻辑链路控制 LLC）、IEEE 802.3（CSMA/CD 访问控制方法与物理层规范，CSMA/CD 为 Carrier Sense Multiple Access with Collision Detection，即载波监听多路访问冲突检测的简称）、IEEE 802.3i（10Base-T 访问控制方法与物理层规范）、IEEE 802.3u（100Base-T 访问控制方法与物理层规范）、IEEE 802.3ab（1000Base-T 访问控制方法与物理层规范）、IEEE 802.3z（1000Base-SX 和 1000Base-LX 访问控制方法与物理层规范）、IEEE 802.4（Token-Bus 访问控制方法与物理层规范）、IEEE 802.5（Token-Ring 访问控制方法）、IEEE 802.6（城域网访问控制方法与物理层规范）、IEEE 802.7（宽带局域网访问控制方法与物理层规范）、IEEE 802.8（FDDI 访问控制方法与物理层规范）、IEEE 802.9（综合数据话音网络）、IEEE 802.10（网络安全与保密）、IEEE 802.11（无线局域网访问控制方法与物理层规范）、IEEE 802.12（100VG-AnyLAN 访问控制方法与物理层规范）等。

IEEE 802 标准定义了 ISO/OSI 的物理层和数据链路层，它将 OSI 参考模型的底部两层（物理层、数据链路层）分解为介质访问控制子层（Media Access Control，MAC）和逻辑链路控制子层（Logic Link Control，LLC）。

介质访问控制子层 MAC 的主要功能是控制对传输介质的访问，实现帧的寻址和识别，并检测传输媒体的异常情况。逻辑链路控制子层 LLC 用于在节点间对帧的发送、接收信号进行控制，同时检验传输中的差错。MAC 层包括带冲突检测的载波监听多路访问（CSMA/CD）通信协议、令牌总线（token bus）和令牌环（token ring）。

① CSMA/CD　CSMA/CD 通信协议的基础是 Xerox 等公司研制的以太网（Ethernet），早期的 IEEE 802.3 标准规定的传输速率为 10Mbps，后来发布了 100Mbps 的快速以太网 IEEE 802.3u、1000Mbps 的千兆以太网 IEEE 802.3z，以及 10Gbps 的 IEEE 802.3ae。

CSMA/CD 各站共享一条广播式的传输总线，每个站都是平等的，采用竞争方式发送信息到传输线上，也就是说，任何一个站都可以随时发送广播报文，并被其他各站接收。当某个站识别到报文中的接收站名与本站名相同时，便将报文接收下来。由于没有专门的控制站，两个或多个站可能会因为同时发送信息而发生冲突，造成报文作废。

为了防止冲突，发送站在发送报文之前，先监听一下总线是否处于空闲状态。如果空闲，则发送报文到总线上，即"先听后讲"。但是，这样仍然有可能发生冲突，因为从组织报文到报文在总线上传输需要一定的时间，在这段时间内，另一个站通过监听也可以会认为总线处于空闲，并将报文发送到总线上，这样就造成了两个站因同时发送数据而产生冲突。

为了解决这一问题，在发送报文开始的一段时间，仍然监听总线，采用边发送边接收的方法，将接收到的信息与自己发送的信息进行比较，如果相同则继续发送，即"边听边讲"；如果不相同，则说明发生了冲突，立即停止发送报文，并发送一段简短的冲突标志（阻塞码序列），来通知总线上的其他站点。为了避免产生冲突的站同时重发它们的帧，采用专门的算法来计算重发的延迟时间，通常将这种"先听后讲"和"边听边讲"相结合的方法称为 CSMA/CD（带冲突检测的载波监听多路访问技术），其控制策略是竞争发送、广播式传送、载体监听、冲突检测、冲突后退和再试发送。

以太网首先在个人计算机网络系统，例如办公自动化系统和管理信息系统（MIS）中得到了极为广泛的应用。在以太网发展的初期，通信速率较低。如果网络中的设备较多，信息交换比较频繁，可能会经常出现竞争和冲突，影响信息传输的实时性。随着以太网传输速率的提高（100~1000Mbps）和采用了相应的措施，这一问题已经解决。大型工业控制系统最上层的网络几乎全部采用以太网，使用以太网很容易实现管理网络和控制网络的一体化。以太网已经越来越多地在控制网络的底层使用。

以太网仅仅是一个通信平台，它包括 OSI 的 7 层模块模型中的底部两层，即物理层和数据链路层，即使增加上面两层的 TCP 和 IP，也不是可以互操作的通信协议。

② 令牌总线　　IEEE 802 标准的工厂媒体访问技术是令牌总线，其编号为 802.4。在令牌总线中，媒体访问控制是通过传输一种称为令牌的控制帧来实现的。按照逻辑顺序，令牌从一个装置传递到另一个装置，传递到最后一个装置后，再传递给第一个装置，如此周而复始，形成一个逻辑环。令牌有"空"和"忙"两个状态，令牌网开始运行时，由指定的站产生一个空令牌沿逻辑环传送。任何一个要发送信息的站都要等到令牌传给自己，判断为空令牌时才能发送信息。发送站首先把令牌置为"忙"，并写入要传送的信息、发送站名和接收站名，然后将载有信息的令牌送入环网传输。令牌沿环网循环一周后返回发送站时，如果信息已经被接收站复制，发送站将令牌置为"空"，送上环网继续传送，以供其他站使用。如果在传送过程中令牌丢失，则由监控站向网内注入一个新的令牌。

令牌传递式总线能在很重的负荷下提供实时同步操作，传输效率高，适用于频繁、少量的数据传送，因此它最适合于需要实时通信和工业控制网络系统。例如 PROFIBUS-DP 主站之间的通信就采用令牌方式。

（3）现场总线及其国际标准

在传统的自动化控制中，生产现场的许多设备和装置（如传感器、调节器、变送器、执行器等）都是通过信号电缆与计算机、PLC 相连的。当这些装置和设备相隔的距离较远，并且分布较广时，就会使电缆线的用量和铺设费用大大增加，造成了整个项目的投资成本增加、系统连线复杂、可靠性下降、维护工作量增大、系统进一步扩展困难等问题。因此人们迫切需要一种可靠、快速，能经受工业现场环境，并且成本低廉的通信总线，通过这种总线将分散的设备连接起来，对其实施监控，基于此，现场总线（Field Bus）产生了。

现场总线始于20世纪80年代，20世纪90年代技术日趋成熟。国际电工委员会 IEC 对现场总线的定义是"安装在制造和过程区域的现场设备、仪表与控制室内的自动控制装置系统之间的一种串行、数字式、多点通信的数据总线"。随着计算机技术、通信技术、集成电路技术的发展，以标准、开放、独立、全数字式现场总线为代表的互联规范，正在迅猛发展和扩大。现场总线 I/O 集检测、数据处理、通信为一体，可以代替变送器、调节器、记录仪等模拟仪表，它不需要框架、机柜，能够直接安装在现场导轨槽上。现场总线 I/O 的连线极为简单，只需要用电缆，从主机开始沿数据链从一个现场总线 I/O 连接到下一个现场总线 I/O。这样使用现场总线后，还可以减少自控系统的配线、安装、调试等方面的费用。

采用现场总线将使控制系统结构简单，系统安装费用减少并且易于维护。用户可以自由选择不同厂商、不同品牌的现场设备，达到最佳的系统集成等一系列的优点，现场总线技术越来越受到人们的重视，很多公司推出其各自的现场总线技术。1999 年底现场总线国际标准（IEC 61158）通过了 8 种互不兼容的协议，这 8 种协议在 IEC 61158 中分别为 8 种现场总线类型：TS61158、ControlNet、PROFIBUS、P-Net、FF HSE、SwiftNet、WorldFIP 和 INTERBUS。2001年 8 月制定出由 10 种类型现场总线组成的第 2 版现场总线标准，在原来 8 种现场总线基础上增加了 FF H1 和 PROFINET。

2007 年 4 月，IEC 61158 Ed.4（现场总线标准第 4 版）正式成为国际标准。IEC 61158 Ed.4现场总线采纳了经过市场考验的 20 种主要类型的现场总线、工业以太网和实时以太网，具体类型如表 10-1 所示。

表 10-1　IEC 61158 Ed.4 现场总线类型

类型编号	技术名称	发起的公司或来源
Type1	TS61158 现场总线	原来的技术报告
Type2	ControlNet 和 Ethernet/IP 现场总线	美国罗克韦尔（Rockwell）
Type3	PROFIBUS 现场总线	德国西门子（Siemens）
Type4	P-NET 现场总线	丹麦 Process Data
Type5	FF HSE 现场总线	美国罗斯蒙特（Rosemount）
Type6	SwiftNet 现场总线	美国波音
Type7	WorldFIP 现场总线	法国阿尔斯通（Alstom）
Type8	INTERBUS 现场总线	德国菲尼克斯（Phenix Contact）
Type9	FF H1 现场总线	现场总线基金会（FF）
Type10	PROFINET 现场总线	德国西门子（Siemens）
Type11	Tcnet 实时以太网	
Type12	EtherCAT 实时以太网	德国倍福（Beckhoff）
Type13	Ethernet Powerlink 实时以太网	ABB
Type14	EPA 实时以太网	中国浙江大学等
Type15	Modbus RTPS 实时以太网	法国施耐德（Schneider）
Type16	SERCOS I 、II 现场总线	德国 Rexroth
Type17	VNET/IP 实时以太网	法国阿尔斯通（Alstom）

类型编号	技术名称	发起的公司或来源
Type18	CC_Link 现场总线	日本三菱电机（Mitsubishi）
Type19	SERCOSⅢ 现场总线	德国 Rexroth
Type20	HART 现场总线	美国罗斯蒙特（Rosemount）

现场总线发展的种类较多，当前已有 40 余种，主要有基金会现场总线 FF（Foundation Field Bus）、过程现场总线 PROFIBUS（Process Field Bus）、WorldFIP、ControlNet/DeviceNet、CAN、PROFINET 等。下面简单介绍部分现场总线。

① 基金会现场总线 FF　现场总线基金会包含 100 多个成员单位，负责制定一个综合 IEC/ISA 标准的国际现场总线。它的前身是可互操作系统协议 ISP（Interoperable System Protocol）——基于德国的 ProfiBis 标准和工厂仪表世界协议 WorldFIP（World Factory Instrumentation Protocol）——基于法国的 FIP 标准。ISP 和 WorldFIP 于 1994 年 6 月合并成立了现场总线基金会。

基金会现场总线 FF 采用国际标准化组织 ISO 的开放系统互联 OSI 的简化模型（物理层、数据链路层和应用层），另外增加了用户层。基金会现场总线 FF 标准无专利许可要求，可供所有的生产厂家使用。

② 过程现场总线 PROFIBUS　PROFIBUS 是一种国际化、开放式、不依赖于设备生产商的现场总线标准，广泛适用于制造业自动化、流程工业自动化和楼宇、交通、电力等其他领域自动化。

③ WorldFIP　WorldFIP 协会成立于 1987 年 3 月，以法国 CEGELEC、SCHNEIDER 等公司为基础开发了 FIP（工厂仪表协议）现场总线系列产品。产品适用于发电与输配电、加工自动化、铁路运输、地铁和过程自动化等领域。1996 年 6 月 WorldFIP 被采纳为欧洲标准 EN50170。WorldFIP 是一个开放系统，不同系统、不同厂家生产的装置都可以使用 WorldFIP，应用结构可以是集中型、分散型和主站-从站型。WorldFIP 现场总线构成的系统可分为三级——过程级、控制级和监控级，这样用单一的 WorldFIP 总线就可以满足过程控制、工厂制造加工系统和各种驱动系统的需要了。

WorldFIP 协议由物理层、数据链路层和应用层组成。应用层定义为两种：MPS 定义和 SubMMS 定义。MPS 是工厂周期/非周期服务，SubMMS 是工厂报文的子集。

物理层的作用能够确保连接到总线上的装置间进行位信息的传递。介质是屏蔽双绞线或光纤。传输速度有 31.25Kbps、1Mbps 和 2.5Mbps，标准速度是 1Mbps，使用光纤时最高可达 5Mbps。

WorldFIP 的帧由三部分组成，即帧起始定界符（FSS）、数据和检验字段，以及帧结束定界符。

应用层服务有三个不同的组：BAAS（Bus Arbitrator Application Services）、MPS（Manufacturing Periodical / a Periodical Services）、SubMMS（Subset of Messaging Services）。MPS 服务提供给用户本地读/写服务、远方读/写服务、参数传输/接收指示、使用信息的刷新等。

处理单元通过 WorldFIP 的通信装置（由通信数据库和通信芯片组成）挂到现场总线上。通信芯片包括通信控制器和线驱动器，通信控制器有 FIPIU2、FIPCO1、FULLFIP2、MICROFIP 等，线驱动器用于连接电缆（FIELDRIVE、CREOL）或光纤（FIPOPTIC/FIPOPTIC-TS）。通信数据库用于在通信控制器和用户应用之间建立链接。

④ ControlNet/DeviceNet　ControlNet 的基础技术由 Rockwell Automation 于 1995 年 10 月公布。1997 年 7 月成立了 ControlNet International 组织，Rockwell 转让此项技术给该组织。

传统的工厂级的控制体系结构由五层（即工厂层、车间层、单元层、工作站层、设备层）

组成，而 Rockwell 自动化系统简化为三层结构模式：信息层（Ethernet 以太网）、控制层（ControlNet 控制网）、设备层（DeviceNet 设备网）。ControlNet 层通常传输大量的 I/O 和对等通信信息，具有确定性和可重复性的，紧密联系控制器和 I/O 设备的要求。ControlNet 主要应用于过程控制、自动化制造等领域。

　　⑤ CAN　CAN（Controller Area Network）称为控制局域网，属于总线式通信网络。CAN 总线规范了任意两个 CAN 节点之间的兼容性，包括电气特性及数据解释协议，CAN 协议分为二层：物理层和数据链路层。物理层决定了实际位传送过程中的电气特性，在同一网络中，所有节点的物理层必须保持一致，但可以采用不同方式的物理层。CAN 的数据链路层功能包括帧组织形式、总线裁决和检错、错误报告及处理等。CAN 网络具有如下特点：CANBUS 网络上任意一个节点均可在任意时刻主动向网络上的其他节点发送信息，而不分主从。通信灵活，可方便地构成多机备份系统及分布式监测、控制系统。网络上的节点可分成不同的优先级以满足不同的实时要求。采用非破坏性总线裁决技术，当两个节点同时向网络上传送信息时，优先级低的节点主动停止数据发送，而优先级高的节点可不受影响地继续传输数据。具有点对点、一点对多点及全局广播传送接收数据的功能。通信距离最远可达 10km/5Kbps，通信速率最高可达 1Mbps/40m。网络节点数实际可达 110 个。每一帧的有效字节数为 8 个，这样传输时间短，受干扰的概率低。每帧信息都有 CRC 校验及其他检错措施，数据出错率极低，可靠性极高。通信介质采用廉价的双绞线即可，无特殊要求。在传输信息出错严重时，节点可自动切断它与总线的联系，以使总线上的其他操作不受影响。

10.1.4　通信传输介质

　　通信传输介质一般有 3 种，分别为双绞线、同轴电缆和光纤电缆，如图 10-7 所示。

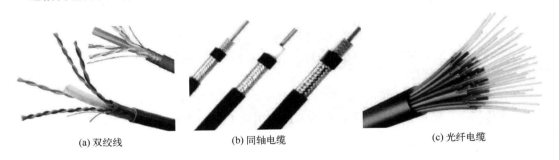

(a) 双绞线　　　　　　　　　　(b) 同轴电缆　　　　　　　　　　(c) 光纤电缆

图 10-7　通信传输介质

　　双绞线是将两根导线扭绞在一起，以减少外部电磁干扰。如果使用金属网加以屏蔽时，其抗干扰能力更强。双绞线具有成本低、安装简单等特点，RS-485 接口通常采用双绞线进行通信。

　　同轴电缆有 4 层，最内层为中心导体，中心导体的外层为绝缘层，包着中心导体。绝缘外层为屏蔽层，同轴电缆的最外层为表面的保护皮。同轴电缆可用于基带传输也可用于宽带数据传输，与双绞线相比，具有传输速率高、距离远、抗干扰能力强等优点，但是其成本比双绞线要高。

　　光纤电缆有全塑光纤电缆、塑料护套光纤电缆、硬塑料护套光纤电缆等类型，其中硬塑料护套光纤电缆的数据传输距离最远，全塑光纤电缆的数据传输距离最短。光纤电缆与同轴电缆相比具有抗干扰能力强、传输距离远等优点，但是其价格高、维修复杂。同轴电缆、双绞线和光纤电缆的性能比较如表 10-2 所示。

表 10-2　同轴电缆、双绞线和光纤电缆的性能比较

性能	双绞线	同轴电缆	光纤电缆
传输速率	9.6Kb/s~2Mb/s	1~450Mb/s	10~500Mb/s
连接方法	点到点 多点 1.5km 不用中继器	点到点 多点 10km 不用中继器（宽带） 1~3km 不用中继器（宽带）	点到点 50km 不用中继器
传送信号	数字、调制信号、纯模拟信号（基带）	调制信号、数字（基带）、数字、声音、图像（宽带）	调制信号（基带）、数字、声音、图像（宽带）
支持网络	星型、环型、小型交换机	总线型、环型	总线型、环型
抗干扰	好（需要屏蔽）	很好	极好
抗恶劣环境	好	好,但必须将同轴电缆与腐蚀物隔开	极好，耐高温与其他恶劣环境

10.2　西门子通信网络

西门子公司按照相应的行业标准，以 ISO/OSI 为参考模型，提供了各种开放的、应用不同的控制级别，并支持现场总线或以太网的工业通信网络系统，统称为 SIMATIC NET。

10.2.1　西门子的网络层次

PLC 的网络技术实质上是计算机网络技术在工业控制领域的应用，系统硬件一般为 3~4 级结构。例如西门子 S7-1500 PLC 的 SIMATIC NET 总体结构如图 10-8 所示，S7-1200 PLC 的网络层次与其类似。

从信息管理的角度 SIMATIC NET 可以分为 4 级网络结构：执行器/传感器层（图 10-8 中未绘制）、现场层、控制层和管理层。这些网络结构组成了图 10-9 所示的"金字塔"形状。

（1）执行器/传感器层

执行器/传感器层处于 SIMATIC NET 的最底层，可直接与设备中的执行元件、检测元件（通常为数字量输入/输出）进行连接，通过专用的连接器 AS-I（Actuator-Sensor Interface）从站进行汇总，并且通过总线与 SIMATIC NET 的接口模块（AS-I 主站模块）相连接，以实现对 I/O 的控制。

（2）现场层

现场层的主要功能是连接现场设备，例如分布式 I/O、传感器、驱动器、执行机构和开关设备等，完成现场设备控制及设备联锁控制。现场层是通过 PROFIBUS 或 MPI 总线来进行控制的，可以用开放的、可扩展的、全数字的双向多变量通信与高速、高可靠性的应答来代替传统的设备间所需要的复杂连线，以拓展 PLC 的应用范围。

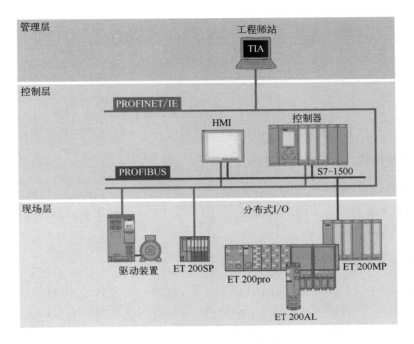

图 10-8　SIMATIC NET 的组成

图 10-9　SIMATIC NET 网络结构

（3）控制层

控制层又称为车间监控层，它是用于完成车间生产设备（例如各种 PLC、上位控制机等）之间的连接，实现车间设备的监控。单元级监控包括生产设备状态的在线监控、设备故障报警及维护等。

（4）管理层

管理层为 SIMATIC NET 的最高层，通常采用符合 IEEE 802.3 标准的 Industrial Ethernet（工业以太网）局域网来传送工厂的生产管理信息，以对工厂各生产现场的数据进行收集、整理，使用户能对生产计划进行统一的管理与调度。

10.2.2　西门子的通信网络形式

从图 10-9 中可以看出，SIMATIC NET 主要采用了 AS-I、PROFIBUS/MPI 和 PROFINET 这几种通信网络形式。

（1）AS-I

AS-I 是执行器-传感器接口（Actuator-Sensor Interface）的简称，位于 SIMATIC NET 的最底层，通过 AS-I 总线电缆连接最底层的现场二进制设备，将信号传输到控制器。

（2）PROFIBUS

工业现场总线 PROFIBUS（Process Field Bus）是依据 EN 50170-1-2 或 IEC 61158-2 标准建立的、应用于控制层和现场层的控制网络。应用了混合介质传输技术以及令牌和主从的逻辑拓扑，可以同时在双绞线或光纤上进行传输。

（3）MPI

MPI 是多点接口（Multi Point Interface）的简称，它是一种适用于小范围、少数站点间通信的网络，主要应用于单元级和现场级。S7-300/400 CPU 都集成了 MPI 通信协议，MPI 的物理层是 RS-485，最大传输速率为 12Mbps。PLC 通过 MPI 能同时连接运行 STEP7 的编程器、计算机、人机界面（HMI）以及 SIMATIC S7、M7 和 C7。

（4）PROFINET

工业以太网也可简称为 IE 网络，它是依据 IEEE 802.3 标准建立的单元级和管理级的控制网络。PROFINET 是基于工业以太网的开放的现场总线，可以将分布式 I/O 设备直接连接到工业以太网，实现从公司管理层到现场层的直接的、透明的访问。

通过代理服务器（例如 IE/PB 链接器），PROFINET 可以透明地集成现有的 PROFIBUS 设备，保护对现有系统的投资，实现现场总线系统的无缝集成。

使用 PROFINET IO，现场设备可以直接连接到以太网，与 PLC 进行高速数据交换。PROFIBUS 各种丰富的设备诊断功能同样也适用于 PROFINET。

PROFINET 使用以太网和 TCP/IP/UDP 协议作为通信基础，对快速性没有严格要求的数据使用 TCP/IP 协议，响应时间在 100ms 数量级，可以满足工厂控制层的应用。

10.3　西门子 S7-1200 PLC 的串行通信

串行通信主要用于连接调制解调器、扫描仪和条形阅读器等带有串行通信接口的设备。西门子传动装置的 USS 协议通信、Modbus RTU 协议通信和自由口协议通信等属于串行通信。

10.3.1　串行通信接口类型及连接方式

S7-1200 PLC 的串行通信接口类型有 2 种：RS-232C 和 RS-422/485。

（1）RS-232C

RS-232C 是使用最早、应用最广的一种串行异步通信总线标准，是美国电子工业协会 EIA（Electronic Industry Association）的推荐标准。RS 表示 Recommended Standard，232 为该标准的标识号，C 表示修订次数。

该标准定义了数据终端设备 DTE（Data Terminal Equipment）和数据通信设备 DCE（Data Communication Equipment）间按位串行传输的接口信息，合理安排了接口的电气信号和机械要求。DTE 是所传送数据的源或宿主，它可以是一台计算机或一个数据终端或一个外围设备；DCE 是一种数据通信设备，它可以是一台计算机或一个外围设备。例如编程器与 CPU 之间的通信采用 RS-232C 接口。

RS-232C 标准规定的数据传输速率为 50bps、75bps、100bps、150bps、300bps、600bps、1200bps、2400bps、4800bps、9600bps、19200bps。由于它采用单端驱动非差分接收电路，因此存在传输距离不太远（最大传输距离 15m），传送速率不太高（最大位速率为 20Kbps）的问题。

RS-232C 标准总线有 25 针和 9 针两种"D"形连接器，在工业控制领域中 PLC 一般使用 9 针的"D"形连接器，其引脚功能如表 10-3 所示。

表 10-3　RS-232C 的 9 针的"D"形连接器

针脚	功能说明	连接器	针脚	功能说明
1 DCD	数据载波检测：输入		6 DSR	数据设备就绪：输入
2 RXD	从 DCE 接收数据：输入		7 RTS	请求发送：输出
3 TXD	传送数据到 DCE：输出		8 CTS	允许发送：输入
4 DTR	数据终端就绪：输出		9 RI	振铃指示器（未使用）
5 GND	逻辑地		SHELL	机壳接地

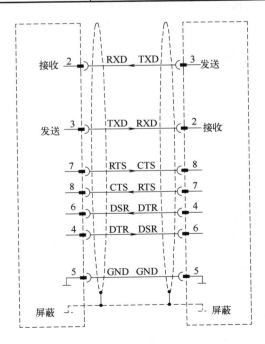

图 10-10　RS-232C 电缆连接方式

RS-232C 接口的最大通信距离为 15m，通过屏蔽电缆可实现两个设备的连接，其连接方式如图 10-10 所示。如果没有数据流等控制，通常只使用引脚 2、3 和 5 即可。

（2）RS-422/485

RS-422/485 是在 RS-232 的基础上发展起来的，最大通信距离可达 1200m。RS-422/485 为非标准串行接口，有的使用 9 针接口，有的使用 15 针接口，每个设备接口引脚定义不同。9 针接口的引脚功能如表 10-4 所示。

表 10-4　RS-422/485 的 9 针的连接器接口功能

针脚	功能说明	连接器	针脚	功能说明
1	逻辑接地或通信接地		6 PWR	+5V 与 100Ω 串联电阻：输出
2 T（A）	RS 422 发送数据 A，不适用于 RS-485		7	未连接
3 R（B）/T（B）	RS-422 用于接收数据 B，RS-485 用于接收/发送数据 B		8 R（A）/T（A）	RS-422 用于接收数据 A，RS-485 用于接收/发送数据 A
4 RTS	请求发送（TTL 电平）输出		9 T（B）	RS-422 发送数据 B，不适用于 RS-485
5 GND	逻辑接地或通信接地		SHELL	机壳接地

RS-422 使用差分信号，而 RS-232C 使用非平衡参考地的信号。差分传输使用两根线发送和接收信号，对比 RS-232C，它具有更好的抗噪声和更远的传输距离。RS-422 采用四线制全双工模式通信，每个通道要用两条信号线，如果一条是逻辑"1"状态，另一条为逻辑"0"，其接线方式如图 10-11（a）所示。引脚 2、9 为发送端，连接通信方的接收端即 T（A）-R（A）、T（B）-R（B）；引脚 3、8 为接收端，连接通信方的发送端即 R（A）-T（A）、R（B）-T（B）。

RS-485 是 RS-422 的改进，它增加了设备的个数，从 10 个增加到 32 个，同时定义了在最大设备个数情况下的电气特性，以保证足够的信号电压。RS-485 采用二线制半双工模式通信，其连接方式如图 10-11（b）所示。引脚 2、9 与 3、8 内部短接，不需要外部短接。引脚 8 为 R（A），引脚 3 为 R（B）。通信双方的连线为 R（A）-T（A）、R（B）-T（B）。在通信过程中发送和接收工作不可以同时进行，为半双工通信制。

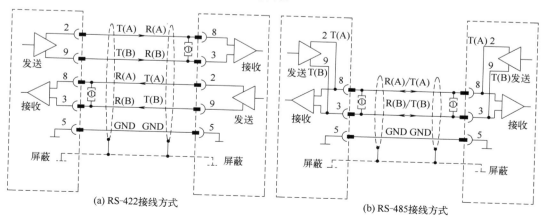

(a) RS-422接线方式　　　　　　　　　(b) RS-485接线方式

图 10-11　RS-422/485 电缆连接方式

10.3.2　自由口协议通信

自由口协议通信是西门子 PLC 一个很有特色的点对点（Point-to-Point，PtP）通信，它没有标准的通信协议，用户通过用户程序对通信口进行操作，自己定义通信协议（如 ASCII 协议）。

用户自行定义协议使 PLC 可通信的范围增大，控制系统的配置更加灵活、方便。应用此种通信协议，使 S7-1200 PLC 可以与任何通信协议兼容，并使串口的智能设备和控制器进行通信，如打印机、条形码阅读器、调制解调器、变频器和上位 PC 机等。当然这种协议也可以使两个CPU 之间进行简单的数据交换。当连接的智能设备具有 RS-485 接口，可以通过双绞线进行连接；如果连接的智能设备具有 RS-232C 接口，可以通过 RS-232C/PPI 电缆连接起来进行自由口通信，此时通信口支持的速率为 1200~115200bit/s。

下面以 CM 1241（RS-485）通信模块为例，介绍该串行通信模块自由口协议参数的设置、通信函数以及自由口协议通信的应用实例。

（1）自由口协议参数设置

启动 TIA 博途软件，创建"自由口协议通信"项目，并添加点到点通信模块"CM 1241（RS-485）"（6ES7 241-1CH30-0XB0）到 CPU 模块左边的 101 号插槽上，然后双击该通信模块，即可进行自由口协议的参数设置。

在"属性"-"常规"选项卡中，单击"RS-485 接口"下的"IO-Link"标签栏，可以设置通信接口的参数，如图 10-12 所示。除了波特率，图中的其他参数均采用默认值。奇偶校验的默认值为"无"，可以选择"偶校验""奇校验""Mark 校验"和"Space 校验"。

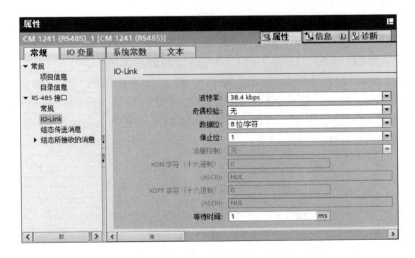

图 10-12　串行通信模块端口组态

在图 10-12 左边窗口的"组态传送消息"和"组态所接收的消息"，可以组态发送报文和接收报文的属性。

（2）串行通信模块的通信函数

串行通信模块支持的点到点通信函数如表 10-5 所示。

表 10-5　串行通信模块支持的点到点通信函数

函数	函数名称	功能描述
动态参数分配函数	PORT_CFG	通过用户程序动态设置"端口组态"中的参数,例如传输率、奇偶校验和数据流控制,参考图 10-12 中的参数
	SEND_CFG	通过用户程序动态设置"组态消息传送"中的参数,例如 RTS 接通延时、RTS 关断延时等
	RCV_CFG	通过用户程序动态设置"组态所接收的消息"中的参数
通信函数	SEND_PTP	启动发送数据,但不执行数据的实际传输
	RCV_PTP	启用已发送消息的接收
	RCV_RST	删除接收缓冲区
RS-232 信号操作函数	SGN_GET	读取 RS-232 信号的当前状态
	SGN_SET	设置 RS-232 信号 DTR 和 RTS 的状态

（3）串行口通信模块自由口协议通信举例

例 10-1：使用 CM 1241 （RS-485）模块实现甲乙两台 S7-1200 系列 PLC（CPU 1215C DC/DC/RLY）之间的自由口通信,要求甲机 PLC 控制乙机 PLC 设备上的电动机正反转。

1）控制分析　两台 S7-1200 PLC 间进行自由口通信时,甲机 PLC 作为发送数据方,将电机停止、电机正转启动和电机反转启动这些信号发送给乙机 PLC;乙机 PLC 作为数据接收方,根据接收到的信号决定电机的状态。因此,两台 S7-1200 PLC 可以选择 RS-485 通信方式进行数据的传输。要实现自由口通信,首先应进行硬件配置及 I/O 分配,然后进行硬件组态为每台 PLC 定义变量、添加数据块并划定某些区域为发送或接收缓冲区,接着分别编写 S7-1200 PLC 程序实现任务操作即可。

2）硬件配置及 I/O 分配　这两台 PLC 设备的硬件配置如图 10-13 所示,其硬件主要包括 1 根双绞线、2 台 CM 1241 （RS-485）、2 台 CPU 1215C DC/DC/RLY 等。甲机 PLC 的 I0.0 外接停止运行按钮 SB1,I0.1 外接正向启动按钮 SB2,I0.2 外接反向启动按钮 SB3;乙机 PLC 的 Q0.0 外接电机停止运行指示灯 HL1,Q0.1 外接 KM1 以实现电机正向运行控制,Q0.2 外接 KM2 以实现电机反向运行控制。

图 10-13　两台 CPU 1215C DC/DC/RLY 之间的自由口通信配置图

3）硬件组态

① 新建项目　在 TIA Portal 中新建项目,添加两台 CPU 模块、CM 1241（RS-485）通信模块等,如图 10-14 所示。注意,这两个 CPU 模块可以添加在同一项目中,不需要新建两个项目。

② CM 1241 （RS-485）模块的设置　双击甲机 PLC 中的 CM 1241 （RS-485）模块,在 RS-485 接口的"IO-Link"中参照图 10-12 设置波特率。用同样的方法,对乙机 PLC 中的 CM 1241（RS-485）模块进行设置。

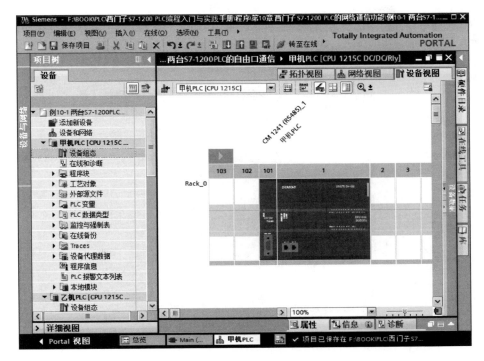

图 10-14　新建项目

③ 启用系统时钟　双击甲机 PLC 中的 CPU 模块，在其"属性"→"常规"选项卡中选择"系统和时钟存储器"，勾选"启用系统存储器字节"，在后面的方框中输入 10，则 CPU 上电后，M10.2 位始终处于闭合状态，相当于 S7-200 SMART 中的 SM0.0；勾选"启用时钟存储器字节"，在后面的方框中输入 20，将 M20.5 设置成 1Hz 的周期脉冲。用同样的方法，双击乙机 PLC 中的 CPU 模块，勾选"启用系统存储器字节"，在后面的方框中输入 10。

④ 定义变量　在 TIA Portal 项目树中，选择"甲机 PLC"→"PLC 变量"下的"默认变量表"，定义甲机 PLC 的默认变量表，如图 10-15 所示；用同样的方法，定义乙机 PLC 的默认变量表，如图 10-16 所示。

PLC 变量

		名称	变量表	数据类型	地址	保持
1		System_Byte	默认变量表	Byte	%MB10	
2		FirstScan	默认变量表	Bool	%M10.0	
3		DiagStatusUpdate	默认变量表	Bool	%M10.1	
4		AlwaysTRUE	默认变量表	Bool	%M10.2	
5		AlwaysFALSE	默认变量表	Bool	%M10.3	
6		Clock_Byte	默认变量表	Byte	%MB20	
7		Clock_10Hz	默认变量表	Bool	%M20.0	
8		Clock_5Hz	默认变量表	Bool	%M20.1	
9		Clock_2.5Hz	默认变量表	Bool	%M20.2	
10		Clock_2Hz	默认变量表	Bool	%M20.3	
11		Clock_1.25Hz	默认变量表	Bool	%M20.4	
12		Clock_1Hz	默认变量表	Bool	%M20.5	
13		Clock_0.625Hz	默认变量表	Bool	%M20.6	
14		Clock_0.5Hz	默认变量表	Bool	%M20.7	
15		停止运行	默认变量表	Bool	%I0.0	
16		正向启动	默认变量表	Bool	%I0.1	
17		反向启动	默认变量表	Bool	%I0.2	
18		停止指示	默认变量表	Bool	%M0.1	
19		正向运行指示	默认变量表	Bool	%M0.2	
20		反向运行指示	默认变量表	Bool	%M0.2	
21		辅助继电器	默认变量表	Bool	%M1.0	

默认变量表

		名称	数据类型	地址	保持
1		System_Byte	Byte	%MB10	
2		FirstScan	Bool	%M10.0	
3		DiagStatusUpdate	Bool	%M10.1	
4		AlwaysTRUE	Bool	%M10.2	
5		AlwaysFALSE	Bool	%M10.3	
6		Clock_Byte	Byte	%MB20	
7		Clock_10Hz	Bool	%M20.0	
8		Clock_5Hz	Bool	%M20.1	
9		Clock_2.5Hz	Bool	%M20.2	
10		Clock_2Hz	Bool	%M20.3	
11		Clock_1.25Hz	Bool	%M20.4	
12		Clock_1Hz	Bool	%M20.5	
13		Clock_0.625Hz	Bool	%M20.6	
14		Clock_0.5Hz	Bool	%M20.7	
15		电机停止指示	Bool	%Q0.0	
16		电机正向运行	Bool	%Q0.1	
17		电机反向运行	Bool	%Q0.2	

图 10-15　自由口通信甲机 PLC 默认变量表的定义　　图 10-16　自由口通信乙机 PLC 默认变量表的定义

⑤ 添加数据块　在 TIA Portal 项目树中，双击"甲机 PLC"→"程序块"下的"添加新块"，弹出 "添加新块"界面，在此选择"数据块"，类型为"全局 DB"，以添加甲机 PLC 的数据块，如图 10-17 所示。用同样的方法，在乙机 PLC 中添加数据块。

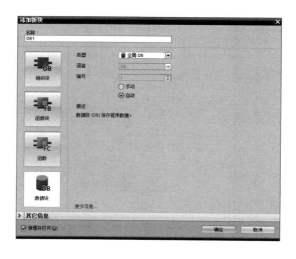

图 10-17　添加数据块

⑥ 创建数组　在 TIA Portal 项目树中，双击"甲机 PLC"→"程序块"下的"DB1"数据块，创建甲机 PLC 的数组 Send，其类型为"Array［0..2］of Bool"，数组 Send 中有 3 个位，如图 10-18 所示。用同样的方法，创建乙机 PLC 的数组 Receive，如图 10-19 所示。

DB1

	名称	数据类型	起始值	保持
1	▼ Static			
2	▼ Send	Array[0..2] of Bool		
3	Send[0]	Bool	false	
4	Send[1]	Bool	false	
5	Send[2]	Bool	false	

图 10-18　甲机 PLC 数组的创建

DB1

	名称	数据类型	起始值	保持
1	▼ Static			
2	▼ Receive	Array[0..2] of Bool		
3	Receive[0]	Bool	false	
4	Receive[1]	Bool	false	
5	Receive[2]	Bool	false	

图 10-19　乙机 PLC 数组的创建

4）编写 S7-1200 PLC 程序

① 指令简介　在本项目中，两台 PLC 进行自由口通信时，甲机 PLC 主要负责数据的发送，乙机 PLC 主要负责数据的接收。SEND_PTP 为自由口通信的发送指令，RCV_PTP 为自由口通信的接收指令。SEND_PTP 指令参数如表 10-6 所示，当 REQ 端为上升沿时，通信模块发送数据，数据传送到数据存储区 BUFFER 中，PORT 中指定通信模块的地址。RCV_PTP 指令参数如表 10-7 所示，PORT 中指定通信模块的地址，BUFFER 为接收数据缓冲区，NDR 为帧

错误检测。

表 10-6　SEND_PTP 指令参数

LAD	参数	数据类型	说明
	EN	BOOL	使能
	REQ	BOOL	发送请求信号，每次上升沿发送一帧数据
	PORT	PORT	通信模块的标识符，符号端口名称可在 PLC 变量表的"系统常数"选项卡中指定
	BUFFER	VARIANT	发送缓冲区的存储区
"SEND_PTP_DB" SEND_PTP EN ENO REQ DONE PORT ERROR BUFFER STATUS LENGTH PTRCL	LENGTH	UINT	要发送的数据字长（字节）
	PTRCL	BOOL	选择使用正常的点对点通信缓冲区还是在连接的 CM 中执行的特定 Siemens 协议缓冲区，为 FALSE 表示由用户程序控制的点对点操作
	ENO	BOOL	输出使能
	DONE	BOOL	状态参数，为"0"表示传送尚未启动或仍在执行；为"1"表示传送已执行，且无任何错误
	ERROR	BOOL	状态参数，为"0"表示无错误；为"1"表示出现错误
	STATUS	Word	指令的状态

表 10-7　RCV_PTP 指令参数

LAD	参数	数据类型	说明
	EN	BOOL	使能
	EN_R	BOOL	在上升沿启用接收
	PORT	PORT	通信模块的标识符，符号端口名称可在 PLC 变量表的"系统常数"选项卡中指定
"RCV_PTP_DB" RCV_PTP EN ENO EN_R NDR PORT ERROR BUFFER STATUS LENGTH	BUFFER	VARIANT	接收缓冲区的存储区
	ENO	BOOL	输出使能
	NDR	BOOL	状态参数，为"0"表示接收尚未启动或仍在执行；为"1"表示接收已执行，且无任何错误
	ERROR	BOOL	状态参数，为"0"表示无错误；为"1"表示出现错误
	STATUS	Word	指令的状态
	LENGTH	UINT	要接收的数据字长（字节）

② 编写程序　甲机 PLC 程序编写如表 10-8 所示，乙机 PLC 程序编写如表 10-9 所示。

表 10-8　甲机 PLC 程序

程序段	LAD
程序段 1	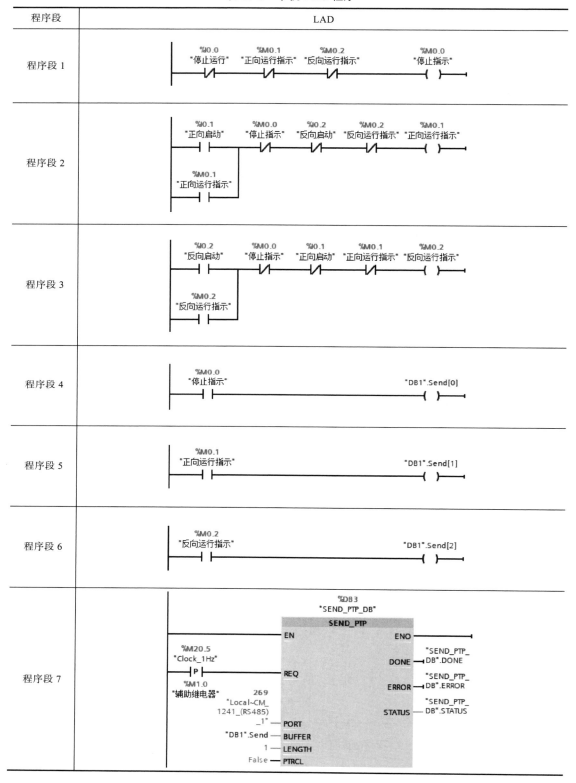
程序段 2	
程序段 3	
程序段 4	
程序段 5	
程序段 6	
程序段 7	

表 10-9　乙机 PLC 程序

程序段	LAD
程序段 1	%DB2 "RCV_PTP_DB" RCV_PTP EN — ENO NDR — "RCV_PTP_DB".NDR %M10.2 "AlwaysTRUE" — EN_R ERROR — "RCV_PTP_DB".ERROR STATUS — "RCV_PTP_DB".STATUS 269 "Local~CM_1241_(RS485)_1" — PORT LENGTH — "RCV_PTP_DB".LENGTH "DB1".Receive — BUFFER
程序段 2	"DB1".Receive[0] ——| |—— %Q0.0 "电机停止指示" —( )—
程序段 3	"DB1".Receive[1] ——| |—— %Q0.1 "电机正向运行" —( )—
程序段 4	"DB1".Receive[2] ——| |—— %Q0.2 "电机反向运行" —( )—

例 10-2: S7-1200 PLC 与 S7-200 SMART PLC 间的自由口通信。CPU ST30 模块控制电动机 M1,CPU 1215 DC/DC/RLY 模块控制电动机 M2。要求使用自由口通信,由 CPU ST30、CPU 1215 DC/DC/RLY 实现电动机 M1 和 M2 的启停控制。

1)控制分析　本例 S7-1200 PLC 与 S7-200 SMART PLC 间进行自由口通信时,CPU ST30 除了控制与本机连接的 M1 电机的启动与停止外,还作为数据的发送方,控制与 CPU 1215C DC/DC/RLY 连接的 M2 电机的启动与停止。两台 PLC 可以选择 RS-485 通信方式进行数据的传输。要实现自由口通信,首先应进行硬件配置及 I/O 分配,然后进行硬件组态。CPU ST30 通过专用的自由口控制寄存器来设置自由口通信参数。

2)硬件配置　S7-200 SMART PLC 与 S7-1200 PLC 的硬件配置如图 10-20 所示,其硬件主要包括 1 根 PC/PPI 电缆、1 台 CPU ST30、1 台 CPU 1215C、1 根 PROFIBUS 网络电缆、1 台 CM1241(RS-485)。CPU ST30 的 I0.0 外接停止按钮 SB0,I0.1 外接启动按钮 SB1,Q0.0 外接 KM1 控制电动机 M1 的运行。CPU 1215C 本身集成了 14 个数字量输入、10 个数字量输出,所以本例中不需要外扩数字量输入/输出模块。CPU 1215C 的 Q0.1 外接 KM2 控制电动机 M2 的运行。

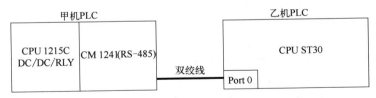

图 10-20　S7-1200 PLC 与 S7-200 SMART PLC 间的自由口通信配置图

3）S7-1200 PLC 硬件组态

① 在 TIA Portal 中新建项目，添加 CPU 模块、CM 1241（RS-485）通信模块等。

② 双击 CM 1241 （RS-485）模块，在 RS-485 接口的"IO-Link"中参照图 10-12 设置波特率。

③ 启用系统时钟。先选中 CPU 1215C DC/DC/RLY，再在"属性"的"常规"选项卡中选中"系统和时钟存储器"，将"系统存储器位"的"启用系统存储器字节"勾选，并在"系统存储器字节的地址"中输入 10，则 M10.2 位表示始终为 1。

④ 添加数据块。在 TIA Portal 项目树中，双击"甲机 PLC"→"程序块"下的"添加新块"，弹出 "添加新块"界面，在此选择"数据块"，类型为"全局 DB"，以添加甲机 PLC 的数据块 DB1。再在数据块 DB1 中创建数组 Receive，其类型为"Array［0..1］of Bool"。

4）S7-200 SMART PLC 自由口通信设置　S7-200 SMART PLC 可以通过自由口通信模式控制串口通信。自由口通信实现的关键是特殊寄存器及相应的指令。

① S7-200 SMART PLC 自由口控制寄存器　在 S7-200 SMART PLC 中，使用 SMB30（对于端口 0，即 CPU 本身集成的 RS-485 口）和 SMB130（对于端口 1，即通信信号板 SB CM01）控制寄存器定义自由端口或 PPI 通信协议的工作模式，该控制寄存器各位的定义如表 10-10 所示。

表 10-10　S7-200 SMART PLC 自由端口控制寄存器各位定义

位号	7 6	5	4 3 2	1 0
标志符	pp	d	bbb	mm
标志	pp=00，不校验 pp=01，奇校验 pp=10，不校验 pp=11，偶校验	d=0，每字符 8 位数据 d=1，每字符 7 位数据	bbb=000，38400bit/s bbb=001，19200bit/s bbb=010，9600bit/s bbb=011，4800bit/s bbb=100，2400bit/s bbb=101，1200bit/s bbb=110，600bit/s bbb=111，300bit/s	mm=00，PPI/从站模式 mm=01，自由端口模式 mm=10，PPI/主站模式 mm=11，保留

在自由端口模式下，通信协议完全由用户程序来控制，对 S7-200 SMART PLC 端口 0 和端口 1 分别通过 SMB30 和 SMB130 来设置波特率及奇偶校验。在执行连接到接收字符中断程序之前，接收到的字符存储在自由端口模式的接收字符缓冲区 SMB2 中，奇偶状态存储在自由端口模式的奇偶校验错误标志 SM3.0 中。奇偶校验出错时丢弃接收到的信息或产生一个出错的返回信息。S7-200 SMART PLC 的端口 0 和端口 1 共用 SMB2 和 SMB3。

② S7-200 SMART PLC 自由口发送和接收数据指令　XMT/RCV 指令常用于 S7-200 SMART PLC 自由口通信模式，控制通信端口发送或接收数据，其指令格式如表 10-11 所示。

在自由口模式下，发送指令 XMT 激活时，数据缓冲区 TBL 中的数据（1~255 个字符）通过指令指定的通信端口发送出去，发送完时端口 0 将产生一个中断事件 9，端口 1 产生一个中断事件 26，数据缓冲区的第一个数据指明了要发送的字节数。

如果将字符数设置为 0，然后执行 XMT 指令时，以当前的波特率在线路上产生一个 16 位的间断条件。SM4.5 或 SM4.6 反映 XMT 的当前状态。

在自由口模式下，接收指令 RCV 激活时，通过指令指定的通信端口接收信息（最多可接收 255 个字符),并存放于接收数据缓冲区 TBL 中,发送完成时端口 0 将产生一个中断事件 23,端口 1 产生一个中断事件 24,数据缓冲区的第一个数据指明了接收的字节数。

表 10-11　S7-200 SMART PLC 自由口发送和接收指令格式

指令	LAD	STL	TABLE 操作数	PORT 操作数
发送	XMT EN　ENO TBL PORT	XMT　TBL, PORT	VB, IB, QB, MB, SMB, SB, *VD, *AC, *LD	常数（0 或 1）
接收	RCV EN　ENO TBL PORT	RCV　TBL, PORT	VB, IB, QB, MB, SMB, SB, *VD, *AC, *LD	常数（0 或 1）

当然,也可以不通过中断,而通过监控 SMB86(对于端口 0)或者 SMB186(对于端口 1)的状态来判断发送是否完成,如果状态为非零,说明完成。通过监控 SMB87(对于端口 0)或者 SMB187(对于端口 1)的状态来判断接收是否完成,如果状态为非零,说明完成。SMB86 和 SMB186 的各位含义如表 10-12 所示;SMB87 和 SMB187 的各位含义如表 10-13 所示。

表 10-12　SMB86 和 SMB186 的各位含义

对于端口 0	对于端口 1	控制字节各位的含义
SM86.0	SM186.0	由于奇偶校验出错而终止接收信息,1 有效
SM86.1	SM186.1	因已达到最大字符数而终止接收信息,1 有效
SM86.2	SM186.2	因已超过规定时间而终止接收信息,1 有效
SM86.3	SM186.3	为 0
SM86.4	SM186.4	为 0
SM86.5	SM186.5	收到信息的结束符
SM86.6	SM186.6	由于输入参数错误或缺少起始和结束条件而终止接收信息,1 有效
SM86.7	SM186.7	由于用户使用禁止命令而终止接收信息,1 有效

表 10-13　SMB87 和 SMB187 的各位含义

对于端口 0	对于端口 1	控制字节各位的含义
SM87.0	SM187.0	为 0
SM87.1	SM187.1	使用中断条件为 1;不使用中断条件为 0
SM87.2	SM187.2	0 与 SMW92 无关;1 为若超出 SMW92 确定的时间而终止接收信息
SM87.3	SM187.3	0 为字符间定时器;1 为信息间定时器
SM87.4	SM187.4	0 与 SMW90 无关;1 由 SMW90 中的值来检测空闲状态
SM87.5	SM187.5	0 与 SMB89 无关;1 为结束符由 SMB89 设定
SM87.6	SM187.6	0 与 SMB88 无关;1 为起始符由 SMB88 设定
SM87.7	SM187.7	0 禁止接收信息;1 允许接收信息

与自由口通信相关的其他重要特殊控制字/字节如表 10-14 所示。

表 10-14　其他重要特殊控制字/字节

对于端口 0	对于端口 1	控制字节或控制字的含义
SMB88	SMB188	起始符
SMB89	SMB189	结束符
SMW90	SMW190	空闲时间间隔的毫秒数
SMW92	SMW192	字符间/信息间定时器超时值（毫秒数）
SMW94	SMW194	接收字符的最大数（1~255）

5）编写 S7-200 SMART PLC 的程序　在 STEP 7 Micro/WIN SMART 中编写 CPU ST30 的程序如表 10-15 所示。

表 10-15　CPU ST30 的自由口通信程序

程序段		LAD	STL

主程序（MAIN）	程序段 1	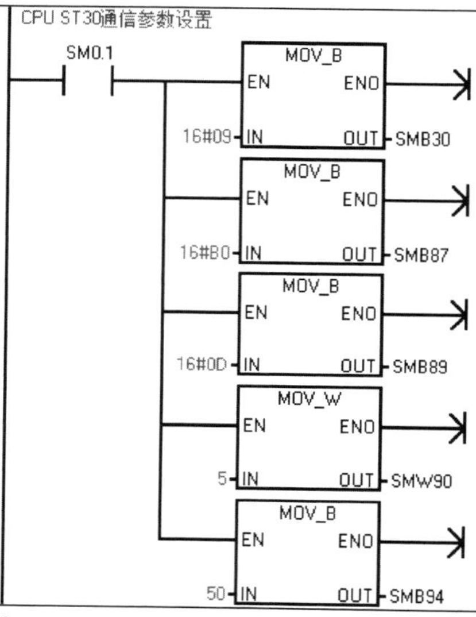 CPU ST30通信参数设置
		
			//CPU ST30 通信参数设置
			LD　　SM0.1
			//设置自由口模式 SMB30
			MOVB　16#09, SMB30
			//设置接收参数 SMB87
			MOVB　16#B0, SMB87
			//定义 SMB89 结束字符为"0D"
			MOVB　16#0D, SMB89
			//定义 SMW90 的空闲时间 5ms
			MOVW　5, SMW90
			//定义 SMB94 最多接收 50 个字符
			MOVB　50, SMB94

	程序段 2	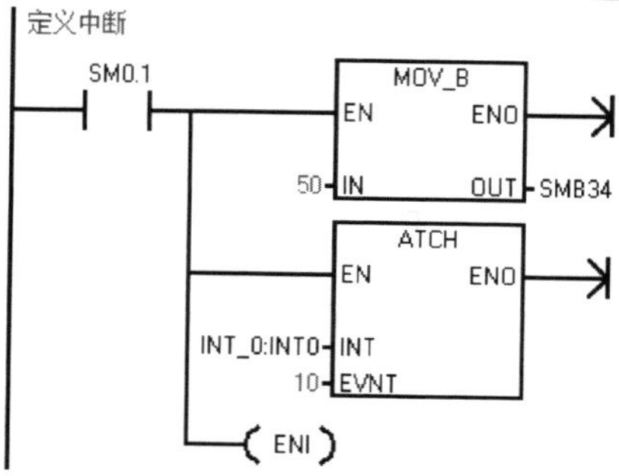 定义中断
		
			//定义中断
			LD　　SM0.1
			//设置中断 0 的间隔时间为 50ms
			MOVB　50, SMB34
			//设置为定时中断 0（中断号为 10）
			ATCH　INT_0:INT0, 10
			//启用中断
			ENI

	程序段 3	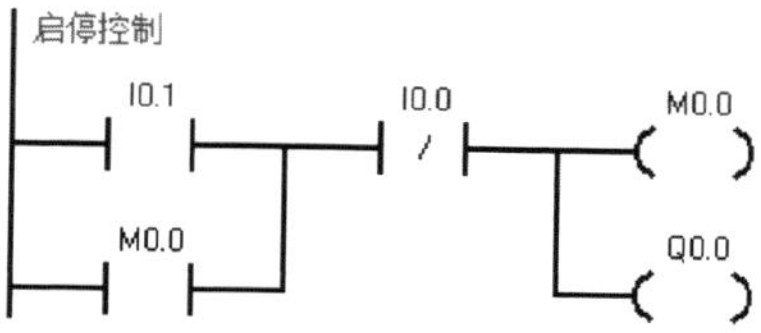 启停控制 	LD　　I0.1 O　　　M0.0 AN　　I0.0 =　　　M0.0 =　　　Q0.0

续表

程序段		LAD	STL

中断子程序（INT_0）	程序段 1	发送
		SM0.0
		MOV_B
		EN ENO
		2—IN OUT—MB0
		MOV_B
		EN ENO
		16#0D—IN OUT—MB2
		XMT
		EN ENO
		MB0—TBL
		0—PORT
			//发送控制
			LD　　SM0.0
			//设置接收字节长度为2
			MOVB　　2, MB0
			//结束字符为")D"
			MOVB　　16#0D, MB2
			// 通过端口 0 发送 MB0 中的信息
			XMT　　MB0, 0

6）编写 S7-1200 PLC 的程序　S7-1200 PLC 的程序编写如表 10-16 所示。在程序段 1 中，将接收到的消息存储到"DB1.Receive"数组中。在程序段 2 中，根据接收到的消息状态决定 Q0.1 线圈是否得电输出。

表 10-16　S7-1200 PLC 的自由口通信程序

程序段	LAD
程序段 1	%DB3 "RCV_PTP_DB"　RCV_PTP EN　　　ENO %M10.2 "AlwaysTRUE" EN_R　　　NDR— "RCV_PTP_DB".NDR ERROR— "RCV_PTP_DB".ERROR 269 "Local~CM_1241_(RS485)_1"—PORT STATUS— "RCV_PTP_DB".STATUS "DB1".Receive—BUFFER　LENGTH— "RCV_PTP_DB".LENGTH
程序段 2	"DB1".Receive[0]　　　　%Q0.1 "M2电机运行" —| |—　　　　—( )—

10.3.3　Modbus RTU 协议通信

Modbus 是一种应用于电子控制器上的通信协议，于 1979 年由 Modicon 公司（现为施耐德公司旗下品牌）发明，并公开推向市场。由于 Modbus 是制造业、基础设施环境下真正的开放协议，所以得到了工业界的广泛支持，是事实上的工业标准。还由于其协议简单、容易实施和高性价比等特点，得到全球超过 400 个厂家的支持，使用的设备节点超过 700 万个，有多达 250 个硬件厂商提供 Modbus 的兼容产品。PLC、变频器、人机界面、DCS 和自动化仪表等都广泛使用 Modbus 协议。

（1）Modbus 通信协议

Modbus 协议现为一通用工业标准协议，通过此协议，控制器相互之间、控制器通过网络

（例如以太网）和其他设备之间可以通信。它已经成为一通用工业标准，有了它，不同厂商生产的控制设备可以连成工业网络，进行集中监控。

　　Modbus 协议定义了一个控制器能认识使用的消息结构,而不管它们是经过何种网络进行通信的。它描述了控制器请求访问其他设备的过程，如何回应来自其他设备的请求，以及怎样侦测错误并记录。它制定了消息域格式和内容的公共格式。

　　在 Modbus 网络上通信时，协议规定对于每个控制器必须要知道它们的设备地址、能够识别按地址发来的消息及决定要产生何种操作。如果需要回应，控制器将生成反馈信息并用 Modbus 协议发出。在其他网络上，包含了 Modbus 协议的消息转换为在此网络上使用的帧或包结构。这种转换也扩展了根据具体的网络解决节地址、路由路径及错误检测的方法。

　　Modbus 通信协议具有多个变种，其具有支持串口和以太网多个版本，其中最著名的是 Modbus RTU、Modbus ASCII 和 Modbus TCP 三种。其中 Modbus RTU 与 Modbus ASCII 均为支持 RS-485 总线的通信协议。Modbus RTU 由于其采用二进制表现形式以及紧凑数据结构，通信效率较高，应用比较广泛。Modbus ASCII 由于采用 ASCII 码传输，并且利用特殊字符作为其字节的开始与结束标识，其传输效率要远远低于 Modbus RTU 协议，一般只有在通信数据量较小的情况下才考虑使用 Modbus ASCII 通信协议，在工业现场一般都是采用 Modbus RTU 协议。通常基于串口通信的 Modbus 通信协议都是指 Modbus RTU 通信协议。

　　① Modbus 协议网络选择　在 Modbus 网络上传输时，标准的 Modbus 口是使用 RS-232C 或 RS-422/485 串行接口，它定义了连接口的针脚、电缆、信号位、传输波特率、奇偶校验。控制器能直接或通过 Modem 进行组网。

　　控制器通信使用主-从技术，即仅一个主站设备能初始化传输（查询），其他从站设备根据主站设备查询提供的数据做出相应反应。典型的主站设备，如主机和可编程仪表。典型的从站设备，如可编程控制器等。

　　主站设备可单独与从站设备进行通信，也能以广播方式和所有从站设备通信。如果单独通信，从站设备返回一消息作为回应，如果是以广播方式查询的，则不作任何回应。Modbus 协议建立了主站设备查询的格式：设备（或广播）地址、功能代码、所有要发送的数据、一错误检测域。

　　从站设备回应消息也由 Modbus 协议构成，包括确认要行动的域、任何要返回的数据、和一错误检测域。如果在消息接收过程中发生一错误，或从站设备不能执行其命令，从站设备将建立一错误消息并把它作为回应发送出去。

　　在其他网络上，控制器使用对等技术通信，故任何控制都能初始化并和其他控制器通信。这样在单独的通信过程中，控制器既可作为主站设备也可作为从站设备。提供的多个内部通道可允许同时发生的传输进程。

　　在消息位，Modbus 协议仍提供了主-从原则，尽管网络通信方法是"对等"。如果一控制器发送一消息，它只是作为主站设备，并期望从从站设备得到回应。同样，当控制器接收到一消息，它将建立一从站设备回应格式并返回给发送的控制器。

　　② Modbus 协议的查询-回应周期　Modbus 协议的主-从式查询-回应周期如图 10-21 所示。

　　查询消息中的功能代码告知被选中的从站设备要执行何种功能。数据段包含了从站设备要执行功能的任何附加信息。例如功能代码 03 是要求从站设备读保持寄存器并返回它们的内容。数据段必须包含要告知从站设备的信息：从何寄存器开始读及要读的寄存器数量。错误检测域为从站设备提供了一种验证消息内容是否正确的方法。

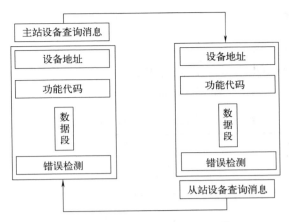

图 10-21   主-从式查询-回应周期

如果从站设备产生正常的回应，在回应消息中的功能代码是在查询消息中的功能代码的回应。数据段包括了从站设备收集的数据。如果有错误发生，功能代码将被修改并指出回应消息是错误的，同时数据段包含了描述此错误信息的代码。错误检测域允许主站设备确认消息内容是否可用。

③ Modbus 的报文传输方式   Modbus 网络通信协议有两种报文传输方式：ASCII（美国信息交换标准码）和 RTU（远程终端单元）。Modbus 网络上以 ASCII 模式通信，在消息中的每个 8Bit 字节都作为两个 ASCII 字符发送。这种方式的主要优点是字符发送的时间间隔可达到 1s 而不产生错误。

Modbus 网络上以 RTU 模式通信，在消息中的每个 8Bit 字节包含两个 4Bit 的十六进制字符。这种方式的主要优点是：在同样的波特率下，其传输的字符的密度高于 ASCII 模式，每个信息必须连续传输。

（2）Modbus 通信帧结构

在 Modbus 网络通信中，无论是 ASCII 模式还是 RTU 模式，Modbus 信息是以帧的方式传输，每帧有确定的起始位和停止位，使接收设备在信息的起始位开始读地址，并确定要寻址的设备以及信息传输的结束时间。

① Modbus ASCII 通信帧结构   在 ASCII 模式中，以 "："号（ASCII 的 3AH）表示信息开始，以换行键（CRLF）（ASCII 的 ODH 和 OAH）表示信息结束。

对其他的区，允许发送的字符为十六进制字符 0~9 和 A~F。网络中设备连续检测并接收一个冒号（:）时，每台设备对地址区解码，找出要寻址的设备。

② Modbus RTU 通信帧结构   Modbus RTU 通信帧结构如图10-22所示，从站地址为0~247，它和功能码各占一个字节，命令帧中 PLC 地址区的起始地址和 CRC 各占一个字，数据以字或字节为单位，以字为单位时高字节在前，低字节在后。但是发送时 CRC 的低字节在前，高字节在后，帧中的数据将为十六进制数。

站地址	功能码	数据1	………	数据n	CRC低字节	CRC高字节

图 10-22   Modbus RTU 通信帧结构

（3）Modbus RTU 通信指令

在 TIA Portal 中支持 S7-1200/1500 PLC 的 Modbus RTU 通信的指令有 3 条，分别是
Modbus_Comm_Load（Modbus 通信模块组态指令）、Modbus_Master（作为 Modbus 主站进行通
信指令）和 Modbus_Slave（作为 Modbus 从站进行通信指令）。

表 10-17　Modbus_Comm_Load 指令参数

LAD	参数	数据类型	说明
	EN	BOOL	使能
	REQ	BOOL	发送请求信号，每次上升沿发送一帧数据
	PORT	PORT	通信模块的标识符，符号端口名称可在 PLC 变量表的"系统常数"选项卡中指定
	BAUD	UDInt	传输速率，可选 300~115200bit/s
	PARITY	WORD	奇偶校验，0 表示无校验；1 表示奇校验；2 表示偶校验
	FLOW_CTRL	UInt	选择流控制，0 表示无流控制；1 表示硬件流控制，RTS 始终开启；2 表示硬件流控制，RTS 切换
	RTS_ON_DLY	WORD	RTS 接通延迟选择，0 表示从 RTS 激活直到发送帧的第 1 个字符之前无延迟；1~65535 表示从 RTS 激活一直到发送帧的第 1 个字符之前的延迟
	RTS_OFF_DLY	WORD	RTS 关断延迟选择，0 表示从上一个字符一直到 RTS 未激活之前无延迟；1~65535 表示从传送上一字符直到 RTS 未激活之前的延迟
	RESP_TO	WORD	响应超时，默认值为 1000ms
	MB_DB	MB_BASE	对 Modbus_Master 或 Modbus_Slave 指令的背景数据块的引用
	ENO	BOOL	输出使能
	DONE	BOOL	如果上一个请求无错完成，将变为一个 TRUE 并保持一个周期
	ERROR	BOOL	如果上一个请求有错完成，将变为一个 TRUE 并保持一个周期
	STATUS	Word	错误代码

"Modbus_Comm_Load_DB"

Modbus_Comm_Load
EN　　　　ENO
REQ　　　DONE
PORT　　 ERROR
BAUD　　 STATUS
PARITY
FLOW_CTRL
RTS_ON_DLY
RTS_OFF_DLY
RESP_TO
MB_DB

① Modbus_Comm_Load 指令　Modbus_Comm_Load 指令是将通信模块（CM 1241）的端口配置成 Modbus 通信协议的 RTU 模式，其指令参数如表 10-17 所示。表中参数 FLOW_CTRL、RTS_ON_DLY 和 RTS_OFF_DLY 用于 RS-232 接口通信，不适用于 RS-422/485 接口通信。

② Modbus_Master 指令　Modbus_Master 指令参数如表 10-18 所示，该指令可通过由 Modbus_Comm_Load 指令组态的端口作为 Modbus 主站进行通信。当在程序中添加 Modbus_Master 指令时，将自动分配背景数据块。

表 10-18　Modbus_Master 指令参数

LAD	参数	数据类型	说明
	EN	BOOL	使能
	REQ	BOOL	通信请求，0 表示无请求；1 表示有请求，上升沿有效
	MB_ADDR	UInt	Modbus RTU 从站地址（0~247）
	MODE	USInt	选择 Modbus 功能类型，见表 10-19
"Modbus_Master_DB" Modbus_Master EN　　　　ENO REQ　　　DONE MB_ADDR　BUSY MODE　　 ERROR DATA_ADDR STATUS DATA_LEN DATA_PTR	DATA_ADDR	UDInt	指定要访问的从站中数据的 Modbus 起始地址
	DATA_LEN	UInt	用于指定要访问的数据长度
	DATA_PTR	Variant	指向要进行数据写入或数据读取的标记或数据块地址
	ENO	BOOL	输出使能
	DONE	BOOL	如果上一个请求无错完成，将变为一个 TRUE 并保持一个周期
	BUSY	BOOL	0 表示 Modbus_Master 无激活命令；1 表示 Modbus_Master 命令执行中
	ERROR	BOOL	如果上一个请求有错完成，将变为一个 TRUE 并保持一个周期
	STATUS	Word	错误代码

表 10-19　Modbus 模式与功能

Mode	Modbus 功能	操作	数据长度（DATA_LEN）	Modbus 地址（DATA_ADDR）
0	01H	读取输出位	1~2000 或 1~1992 个位	1~9999
0	02H	读取输入位	1~2000 或 1~1992 个位	10001~19999
0	03H	读取保持寄存器	1~125 或 1~124 个字	40001~49999 或 400001~465535
0	04H	读取输入字	1~125 或 1~124 个字	30001~39999
1	05H	写入一个输出位	1（单个位）	1~9999
1	06H	写入一个保持寄存器	1（单个字）	40001~49999 或 400001~465535
1	15H	写入多个输出位	2~1968 或 1960 个位	1~9999
1	16H	写入多个保持寄存器	2~123 或 1~122 个字	40001~49999 或 400001~465535

续表

Mode	Modbus 功能	操作	数据长度 （DATA_LEN）	Modbus 地址（DATA_ADDR）
2	15H	写一个或多个输出位	2~1968 或 1960 个位	1~9999
2	16H	写一个或多个保持寄存器	2~123 或 1~122 个字	40001~49999 或 400001~465535
11	读取从站通信状态字和事件计数器，状态字为 0 表示指令未执行，为 0xFFFF 表示正在执行。每次成功传送一条消息时，事件计数器的值加 1。该功能忽略 Modbus_Master 指令的 DATA_ADDR 和 DATA_LEN 参数			
80	通过数据诊断代码 0x0000 检查从站状态，每个请求 1 个字			
81	通过数据诊断代码 0x000A 复位从站的事件计数器，每个请求 1 个字			

③ Modbus_Slave 指令　Modbus_ Slave 指令的功能是将串口作为 Modbus 从站，响应 Modbus 主站的请求，其指令参数如表 10-20 所示。当在程序中添加 Modbus_Slave 指令时，将自动分配背景数据块。

表 10-20　Modbus_Slave 指令参数

LAD	参数	数据类型	说明
"Modbus_Slave_DB" Modbus_Slave EN　　ENO MB_ADDR　NDR MB_HOLD_REG　DR 　　ERROR 　　STATUS	EN	BOOL	使能
	MB_ADDR	UInt	Modbus RTU 从站地址（0~247）
	MB_HOLD_REG	Variant	Modbus 保持存储器数据块的指针
	ENO	BOOL	输出使能
	NDR	BOOL	0 表示无新数据；1 表示新数据已由 Modbus 主站写入
	DR	BOOL	0 表示未读取数据；1 表示该指令已将 Modbus 主站接收到的数据存储在目标区域中
	ERROR	BOOL	如果上一个请求有错完成，将变为一个 TRUE 并保持一个周期
	STATUS	Word	错误代码

（4）串行口通信模块 Modbus RTU 协议通信举例

例 10-3：使用 CM 1241 （RS-485）模块实现甲乙两台 S7-1200 PLC（CPU 1215C DC/DC/RLY）之间的 Modbus RTU 通信，要求甲机 PLC 控制乙机 PLC 设备上的电动机启停操作。

1）控制分析　两台 S7-1200 PLC 间进行 Modbus RTU 通信时，甲机 PLC 作为发送数据方（主站），将电机停止、电机启动这些信号发送给乙机 PLC；乙机 PLC 作为数据接收方（从站），根据接收到的信号决定电机的状态。因此，两台 S7-1200 PLC 可以选择 RS-485 通信方式进行数据的传输。要实现 Modbus RTU 通信，首先应进行硬件配置及 I/O 分配，然后进行硬件组态为每台 PLC 定义变量、添加数据块并划定某些区域为发送或接收缓冲区，接着分别编写 S7-1200 PLC 程序实现任务操作即可。

2）硬件配置及 I/O 分配　这两台 PLC 设备的硬件配置如图 10-23 所示，其硬件主要包括 1 根双绞线、2 台 CM 1241（RS-485）模块、2 台 CPU 1215C DC/DC/RLY 等。甲机 PLC 的 I0.0 外接停止运行按钮 SB1，I0.1 外接启动按钮 SB2；乙机 PLC 的 Q0.0 外接电机停止运行指示灯 HL1，Q0.1 外接 KM1 以实现电机运行控制。

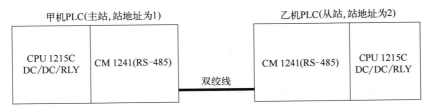

图 10-23　两台 CPU 1215C DC/DC/RLY 间的 Modbus RTU 通信配置图

3）硬件组态

① 新建项目　在 TIA Portal 中新建项目，添加两台 CPU 模块、CM 1241 （RS-485）通信模块等。甲机 PLC 作为主站，IP 地址设置为 "192.168.0.1"，乙机 PLC 作为从站，IP 地址设置为 "192.168.0.2"。注意，这两个 CPU 模块可以添加在同一项目中，不需要新建两个项目。

② CM 1241（RS-485）模块的设置　双击甲机 PLC 中的 CM 1241 （RS-485）模块，在 RS-485 接口的 "IO-Link" 中参照图 10-12 设置波特率。用同样的方法，将乙机 PLC 中的 CM 1241（RS-485）模块进行设置。

③ 启用系统时钟　双击甲机 PLC 中的 CPU 模块，在其 "属性"→"常规" 选项卡中选择 "系统和时钟存储器"，勾选 "启用系统存储器字节"，在后面的方框中输入 10，则 CPU 上电后，M10.2 位始终处于闭合状态；勾选 "启用时钟存储器字节"，在后面的方框中输入 20，将 M20.5 设置成 1Hz 的周期脉冲。用同样的方法，双击乙机 PLC 中的 CPU 模块，勾选 "启用系统存储器字节"，在后面的方框中输入 10。

④ 定义变量　在 TIA Portal 项目树中，选择 "甲机 PLC"→"PLC 变量" 下的 "默认变量表"，定义甲机 PLC 的默认变量表，如图 10-24 所示；同样的方法，定义乙机 PLC 的默认变量表，如图 10-25 所示。

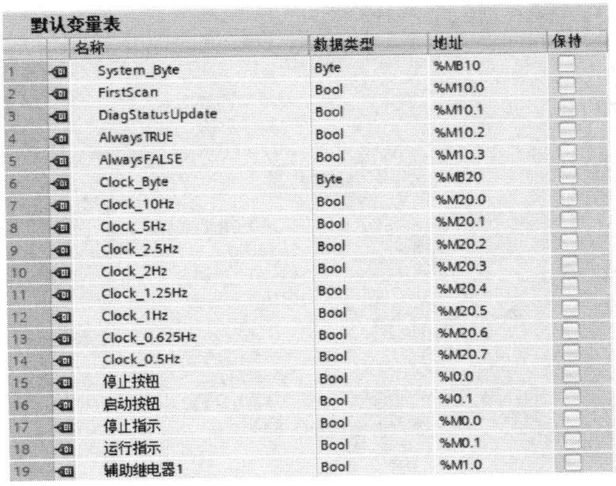

图 10-24　Modbus RTU 通信甲机
PLC 默认变量表的定义

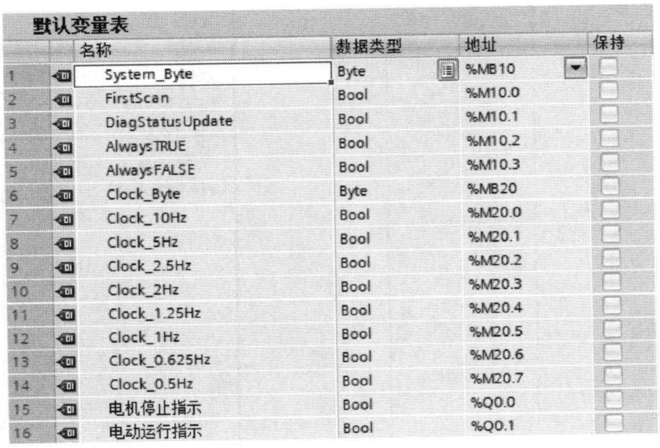

图 10-25　Modbus RTU 通信乙机
PLC 默认变量表的定义

⑤ 添加数据块　在 TIA Portal 项目树中，双击"甲机 PLC"→"程序块"下的"添加新块"，弹出"添加新块"界面，在此选择"数据块"，类型为"全局 DB"，添加甲机 PLC 的数据块。用同样的方法，在乙机 PLC 中添加数据块。

⑥ 创建数组　在 TIA Portal 项目树中，双击"甲机 PLC"→"程序块"下的"DB1"数据块，创建甲机 PLC 的数组 A，其类型为"Array［0..1］of Bool"，数组 A 中有 2 个位。用同样的方法，创建乙机 PLC 的数组 Receive，其类型为"Array［0..1］of Bool"，数组 Receive 中有 2 个位。

4）编写 S7-1200 PLC 程序

① 主站程序的编写　首先在甲机 PLC 的主程序块 OB1 中编写程序通过 Modbus_Master 指令将按钮状态发送给乙机 PLC，然后添加启动组织块 OB100，并在此块中使用 Modbus_Comm_Load 指令，对主站（甲机 PLC）进行初始化操作，程序编写如表 10-21 所示。

表 10-21　主站（甲机 PLC）程序

程序段		LAD
OB1	程序段 1	%I0.0 "停止按钮" / 　%I0.1 "启动按钮" / 　%M0.0 "停止指示" ( )
	程序段 2	%I0.1 "启动按钮" 　%I0.0 "停止按钮" / 　%M0.1 "运行指示" ( )　　%M0.1 "运行指示"
	程序段 3	%M0.0 "停止指示" 　　　"DB1".SEND[0] ( )
	程序段 4	%M0.1 "运行指示" 　　　"DB1".SEND[1] ( )
	程序段 5	

程序段5的功能块内容：

```
                          %DB4
                       "Modbus_
                       Master_DB"
                      Modbus_Master
              EN                        ENO
%M20.5
"Clock_1Hz"                            %DB4.DBX12.0
  |P|        REQ                       "Modbus_
%M1.0                                  Master_DB".
"辅助继电器1"  1  —  MB_ADDR          DONE — DONE
              0  —  MODE
          40001  —  DATA_ADDR          %DB4.DBX12.1
              2  —  DATA_LEN           "Modbus_
   "DB1".SEND —  DATA_PTR              Master_DB".
                                    BUSY — BUSY

                                       %DB4.DBX12.2
                                       "Modbus_
                                       Master_DB".
                                  ERROR — ERROR

                                       %DB4.DBW14
                                       "Modbus_
                                       Master_DB".
                                STATUS — STATUS
```

续表

程序段		LAD
OB100	程序段 1	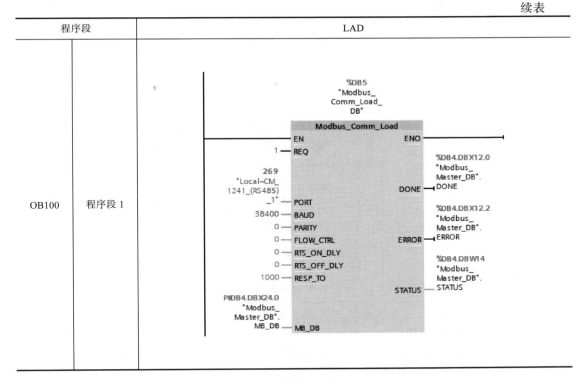

表 10-22　从站（乙机 PLC）程序

程序段		LAD
OB1	程序段 1	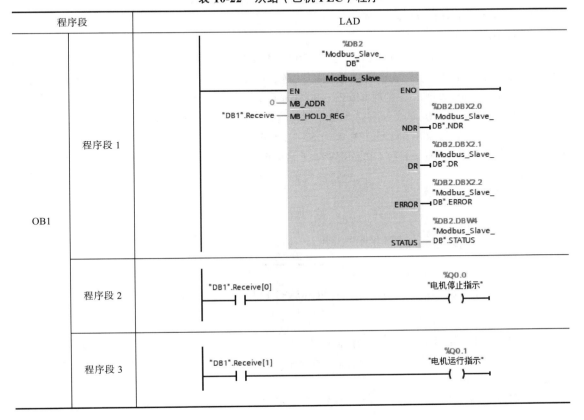
	程序段 2	"DB1".Receive[0]　%Q0.0 "电机停止指示"
	程序段 3	"DB1".Receive[1]　%Q0.1 "电机运行指示"

续表

程序段		LAD
OB100	程序段 1	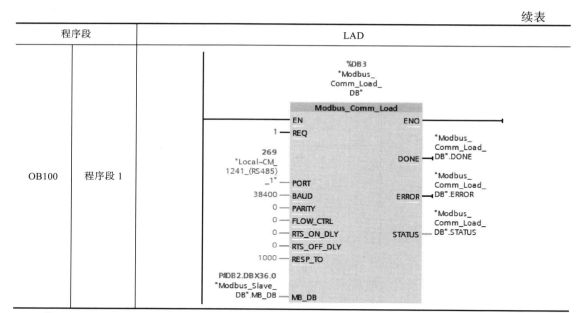

② 从站程序的编写　首先在乙机 PLC 的主程序块 OB1 中编写程序通过 Modbus_Slave 指令接收甲机发送过来的按钮状态，并根据按钮状态控制电机是否启动，然后添加启动组织块 OB100，并在此块中使用 Modbus_Comm_Load 指令，对从站（乙机 PLC）进行初始化操作，程序编写如表 10-22 所示。

例 10-4：S7-1200 PLC 与 S7-200 SMART PLC 间的 Modbus RTU 通信，其中 S7-1200 PLC 作为主站，S7-200 SMART PLC 作为从站，要求将主站上的以 I0.0 起始的连续 16 位的值传送到从站 VB10 起始的单元中。

1）控制分析　本例 S7-1200 PLC 与 S7-200 SMART PLC 间进行 Modbus RTU 通信时，CPU 1215C DC/DC/RLY 作为主站，负责数据的发送；CPU ST30 作为从站，接收从 CPU 1215C DC/DC/RLY 发出的数据。要实现 Modbus RTU 通信，首先应进行硬件配置及 I/O 分配，然后进行硬件组态。CPU ST30 通过专用的 Modbus 通信指令设置站并进行数据的交换。

2）硬件配置　S7-200 SMART PLC 与 S7-1200 PLC 的硬件配置如图 10-26 所示，其硬件主要包括 1 根 PC/PPI 电缆、1 台 CPU ST30、1 台 CPU 1215C、1 根 PROFIBUS 网络电缆、1 台 CM1241（RS-485）。

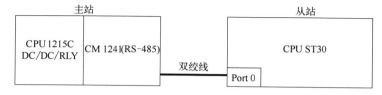

图 10-26　S7-1200 PLC 与 S7-200 SMART PLC 间的 Modbus RTU 通信配置图

3）S7-1200 PLC 硬件组态

① 在 TIA Portal 中新建项目，添加 CPU 模块、CM 1241 （RS-485）通信模块等。

② 双击 CM 1241 （RS-485）模块，在 RS-485 接口的 "IO-Link" 中参照图 10-12 设置波特率为 9600bps。

③ 启用系统时钟。先选中 CPU 1215C DC/DC/RLY，再在 "属性" 的 "常规" 选项卡中选

中"系统和时钟存储器"，将"系统存储器位"的"启用系统存储器字节"勾选，并在"系统存储器字节的地址"中输入 10，则 M10.2 位表示始终为 1。

④ 添加数据块。在 TIA Portal 项目树中，双击"主站 PLC" →"程序块"下的"添加新块"，弹出"添加新块"界面，在此选择"数据块"，类型为"全局 DB"，添加主站 PLC 的数据块 DB1。再在数据块 DB1 中创建数组 SEND，其类型为"Array［0..1］of Word"，将 SEND［0］和 SEND［1］的起始值设置为 16#FFFF。

4）S7-200 SMART PLC 的 Modbus RTU 通信指令　STEP7-Micro/WIN SMART 指令库有专为 Modbus 通信设计的预先定义的子程序和中断服务程序，使得与 Modbus 设备的通信变得更简单。通过 Modbus 协议指令，可以将 S7-200 SMART 组态为 Modbus 主站或从站设备。

S7-200 SMART PLC 的 Modbus 通信指令主要包括了 6 条指令：MBUS_CTRL、MB_CTRL2、MBUS_MSG、MB_MSG2、MBUS_INIT、MBUS_SLAVE。其中前 4 条指令与主站有关；后 2 条指令与从站有关。

① MBUS_CTRL 和 MB_CTRL2 指令　MBUS_CTRL 和 MB_CTRL2 为初始化主站指令，这两条指令具有相同的作用和参数，其中 MBUS_CTRL 用于单个 Modbus RTU 主站；MB_CTRL2 用于第二个 Modbus RTU 主站。

MBUS_CTRL 和 MB_CTRL2 指令将主站的 S7-200 SMART 通信端口使能、初始化或禁止 Modbus 通信，它们的指令格式如表 10-23 所示。在使用 MBUS_MSG 和 MB_MSG2 指令之前，必须正确执行 MBUS_CTRL 和 MB_CTRL2 指令，指令执行完成后，立即设定"完成"位，才能继续执行下一条指令。

表 10-23　MBUS_CTRL 和 MB_CTRL2 指令格式

LAD	STL	参数	数据类型	操作数
MBUS_CTRL EN Mode Baud　Done Parity　Error Port Timeout MB_CTRL2 EN Mode Baud　Done Parity　Error Port Timeout	CALL MBUS_CTRLMode,Baud,Parity, Port,Timeout,Done,Error CALL MB_CTRL2,Mode,Baud,Parity, Port,Timeout,Done,Error	Mode	BOOL	I、Q、M、S、SM、T、C、V、L
		Baud	DWORD	VD、ID、QD、MD、SD、SMD、LD、AC、常数、*VD、*AC、*LD
		Parity	BYTE	VB、IB、QB、MB、SB、SMB、LB、AC、常数、*VD、*AC、*LD
		Port	BYTE	VB、IB、QB、MB、SB、SMB、LB、AC、常数、*VD、*AC、*LD
		Timeout	WORD	VW、IW、QW、MW、SW、SMW、LW、AC、常数、*VD、*AC、*LD
		Done	BOOL	I、Q、M、S、SM、T、C、V、L
		Error	BYTE	VB、IB、QB、MB、SB、SMB、LB、AC、*VD、*AC、*LD

EN：使能控制端。必须保证每一扫描周期都被使能，可由 SM0.0 常开触点控制。

Mode：模式选择端。为 1 将 CPU 端口分配给 Modbus 协议并启用该协议；为 0 将 CPU 端口分配给 PPI 协议，并禁用 Modbus 协议。

Baud：波特率设置端。波特率可设定为 1200bps、2400bps、4800bps、9600bps、19200bps、38400bps、57600bps 或 115200bps。

Parity：校验设置端。设置奇偶校验使其与 Modbus 从站相匹配，为 0 时表示无校验；为 1 时表示奇校验；为 2 时表示偶校验。

Port：端口号。为 0 选择 CPU 模块集成的 RS-485 通信口，即选择端口 0；为 1 选择 CM01 通信信号板，即选择端口 1。

Timeout：超时。主站等待来自从站响应的毫秒时间，典型的设置值为 1000ms，允许设置的范围为 1~32767。

Done：完成位。初始化完成，此位会自动置 1。可以用该位启动 MBUS_MSG 或 MB_MSG2 读写操作。

Error：出错时返回的错误代码。0 表示无错误；1 表示校验选择非法；2 表示波特率选择非法；3 表示超时无效；4 表示模式选择非法；9 表示端口无效；10 表示 SB CM01 信号板端口 1 缺失或未组态。

② MBUS_MSG 和 MB_MSG2 指令　MBUS_MSG 和 MB_MSG2 指令具有相同的作用和参数，其中 MBUS_MSG 用于单个 Modbus RTU 主站；MB_MSG2 用于第二个 Modbus RTU 主站。

MBUS_MSG 和 MB_MSG2 指令用于启动对 Modbus 从站的请求，并处理应答，它们的指令格式如表 10-24 所示。当 EN 输入和"首次"输入打开时，MBUS_MSG、MB_MSG2 指令启动对 Modbus 从站的请求。

表 10-24　MBUS_MSG 和 MB_MSG2 指令格式

LAD	STL	参数	数据类型	操作数
MBUS_MSG EN First Slave　　Done RW　　　Error Addr Count DataPtr MB_MSG2 EN First Slave　　Done RW　　　Error Addr Count DataPtr	CALL MBUS_MSG,First,Slave,RW, Addr,Count,DataPtr,Done,Error CALL MB_MSG2,First,Slave,RW, Addr,Count,DataPtr,Done,Error	First	BOOL	I、Q、M、S、SM、T、C、V、L（受上升沿检测元素控制的能流）
		Slave	BYTE	VB、IB、QB、MB、SB、SMB、LB、AC、常数、*VD、*AC、*LD
		RW	BYTE	VB、IB、QB、MB、SB、SMB、LB、AC、常数、*VD、*AC、*LD
		Addr	DWORD	VD、ID、QD、MD、SD、SMD、LD、AC、常数、*VD、*AC、*LD
		Count	INT	VW、IW、QW、MW、SW、SMW、LW、AC、常数、*VD、*AC、*LD
		DataPtr	DWORD	&VB
		Done	BOOL	I、Q、M、S、SM、T、C、V、L
		Error	BYTE	VB、IB、QB、MB、SB、SMB、LB、AC、*VD、*AC、*LD

EN：使能控制端。同一时刻只能有一个读写功能，即 MBUS_MSG 或 MB_MSG2 使能。可以在每一个读写功能（MBUS_MSG 或 MB_MSG2）都用上一个 MBUS_MSG 或 MB_MSG2 指令的 Done 完成位来激活，以保证所有读写指令循环进行。

First：读写请求位。该参数应该在有新请求要发送时才打开，进行一次扫描。该参数应当通过一个边沿检测元素（例如上升沿）打开，以保证请求被传送一次。

Slave：Modbus 从站地址。允许的范围是 1~247。

RW：读/写操作控制位。为 0 时进行读操作；为 1 时进行写操作。

Addr：Modbus 的起始地址。S7-200 SMART 支持的地址范围是：000001~09999 为数字量输出；10001~19999 为数字量输入；30001~39999 为模拟量输入寄存器；40001~49999 和 400001~465535 为保持寄存器。Modbus 从站设备支持的地址决定了 Addr 的实际取值范围。

Count：读取或写入数据元素的个数。Modbus 主站可读写的最大数据量为 120 个字（是指每一个 MBUS_CTRL 和 MB_CTRL2 指令）。

DataPtr：数据指针。S7-200 SMART CPU 的 V 存储器中与读取或写入请求相关数据的间接地址指针。对于读请求，将 DataPtr 设置为用于存储从 Modbus 从站读取的数据的第一个 CPU 存储单元。对于写请求，将 DataPtr 设置为要发送到 Modbus 从站的数据的第一个 CPU 存储单元。

Done：读写功能完成位。

Error：出错时返回的错误代码。0 表示无错误；1 表示响应校验错误；2 表示未使用；3 表示接收超时（从站无响应）；4 表示请求参数错误，一个或多个参数（Slave、RW、Addr、Count）被设置为非法值；5 表示 Modbus/自由口未使能；6 表示 Modbus 正在忙于其他请求；7 表示响应错误（响应不是请求的操作）；8 表示响应 CRC 校验和错误；101 表示从站不支持请求的功能；102 表示从站不支持数据地址；103 表示从站不支持此种数据类型；104 表示从站设备故障；105 表示从站接收了信息，但是响应被延迟；106 表示从站忙，拒绝了该信息；107 表示从站拒绝了信息；108 表示从站存储器奇偶错误。

③ MBUS_INIT 指令 MBUS_INIT 为从站初始化指令。该指令将从站的 S7-200 SMART 通信端口使能、初始化或禁止 Modbus 通信，其指令格式如表 10-25 所示。只有在本指令执行无误后，才能执行 MBUS_SLAVE 指令。

Mode：模式选择端。为 1 将 CPU 端口分配给 Modbus 协议并启用该协议；为 0 将 CPU 端口分配给 PPI 协议，并禁用 Modbus 协议。

Addr：Modbus 从站的起始地址，允许的范围是 1~247。

Baud：波特率设置端。波特率可设定为 1200bps、2400bps、4800bps、9600bps、19200bps、38400bps、57600bps 或 115200bps，其他值无效。

Parity：校验设置端。设置奇偶校验使其与 Modbus 从站相匹配，为 0 时表示无校验；为 1 时表示奇校验；为 2 时表示偶校验。

Port：端口号。为 0 选择 CPU 模块集成的 RS-485 通信口，即选择端口 0；为 1 选择 CM01 通信信号板，即选择端口 1。

Delay：延时端。附加字符间延时，默认值为 0。

MaxIQ：最大 I/O 位。将 Modbus 地址 0xxxx 和 1xxxx 使用的 I 和 Q 点数设为 0~256 的数值。值为 0 时，将禁用所有对输入和输出的读写操作，通常 MaxIQ 值设为 256。

MaxAI：最大 AI 字数。将 Modbus 地址 3xxxx 使用的字输入（AI）寄存器数目设为 0~56 的数值。值为 0 时，将禁止读取模拟量输入。对于经济型 CPU 模块，该值应设为 0，其他类型的 CPU 模块，该值可设为 56。

表 10-25　MBUS_INIT 指令格式

LAD	STL	参数	数据类型	操作数
MBUS_INIT EN Mode　Done Addr　Error Baud Parity Port Delay MaxIQ MaxAI MaxHold HoldStart	CALL MBUS_INIT,Mode,Addr,Baud, Parity,Port,Delay,MaxIQ,MaxAI, MaxHold,HoldStart,Done,Error	Mode	BYTE	VB、IB、QB、MB、SB、SMB、LB、AC、常数、*VD、*AC、*LD
		Addr	BYTE	VB、IB、QB、MB、SB、SMB、LB、AC、常数、*VD、*AC、*LD
		Baud	DWORD	VD、ID、QD、MD、SD、SMD、LD、AC、常数、*VD、*AC、*LD
		Parity	BYTE	VB、IB、QB、MB、SB、SMB、LB、AC、常数、*VD、*AC、*LD
		Port	BYTE	VB、IB、QB、MB、SB、SMB、LB、AC、常数、*VD、*AC、*LD
		Delay	WORD	VW、IW、QW、MW、SW、SMW、LW、AC、常数、*VD、*AC、*LD
		MaxIQ	WORD	VW、IW、QW、MW、SW、SMW、LW、AC、常数、*VD、*AC、*LD
		MaxAI	WORD	VW、IW、QW、MW、SW、SMW、LW、AC、常数、*VD、*AC、*LD
		MaxHold	WORD	VW、IW、QW、MW、SW、SMW、LW、AC、常数、*VD、*AC、*LD
		HoldStart	DWORD	VD、ID、QD、MD、SD、SMD、LD、AC、常数、*VD、*AC、*LD
		Done	BOOL	I、Q、M、S、SM、T、C、V、L
		Error	BYTE	VB、IB、QB、MB、SB、SMB、LB、AC、*VD、*AC、*LD

MaxHold：最大保持寄存器区。用来指定主设备可以访问的保持寄存器（V 存储器字）的最大个数。

HoldStart：保持寄存器区起始地址。用来设置 V 存储区内保持寄存器的起始地址，一般为 VB0。

Done：完成位。初始化完成，此位会自动置 1。

Error：出错时返回的错误代码。0 表示无错误；1 表示存储器范围错误；2 表示波特率或奇偶校验错误；3 表示从站地址错误；4 表示 Modbus 参数值错误；5 表示保持寄存器与 Modbus 从站符号重叠；6 表示收到奇偶校验错误；7 表示收到 CRC 错误；8 表示功能请求错误；9 表示请求中的存储器地址非法；10 表示从站功能未启用；11 表示端口号无效；12 表示 SB CM01 通信信号板端口 1 缺失或未组态。

④ MBUS_SLAVE 指令　MBUS_SLAVE 指令用于响应 Modbus 主站发出的请求服务。该指令应该在每个扫描周期都被执行，以检查是否有主站的请求，指令格式如表 10-26 所示。

表 10-26　MBUS_SLAVE 指令格式

LAD	STL	参数	数据类型	操作数
MBUS_SLAVE EN Done Error	CALL MBUS_SLAVE,Done,Error	Done	BOOL	I、Q、M、S、SM、T、C、V、L
		Error	BYTE	VB、IB、QB、MB、SB、SMB、LB、AC、*VD、*AC、*LD

Done：完成位。当响应 Modbus 主站的请求时，Done 位有效，输出为 1。如果没有服务请求时，Done 位输出为 0。

Error：出错时返回的错误代码。0 表示无错误；1 表示存储器范围错误；2 表示波特率或奇偶校验错误；3 表示从站地址错误；4 表示 Modbus 参数值错误；5 表示保持寄存器与 Modbus 从站符号重叠；6 表示收到奇偶校验错误；7 表示收到 CRC 错误；8 表示功能请求错误；9 表示请求中的存储器地址非法；10 表示从站功能未启用；11 表示端口号无效；12 表示 SB CM01 通信信号板端口 1 缺失或未组态。

表 10-27　CPU ST30 的 Modbus RTU 从站程序

程序段	LAD
程序段 1	首次循环内初始化Modbus从站协议 SM0.1 — MBUS_INIT EN 1 – Mode　Done – M0.0 2 – Addr　Error – MB1 9600 – Baud 1 – Parity 0 – Port 0 – Delay 256 – MaxIQ 56 – MaxAI 1000 – MaxHold &VB10 – HoldSt~
程序段 2	在每个循环周期内执行Modbus从站协议 SM0.0 — MBUS_SLAVE EN Done – M0.1 Error – MB2

5）编写 S7-200 SMART PLC 从站程序   在 STEP 7 Micro/WIN SMART 中编写的从站程序如表 10-27 所示。PLC 一上电，程序段 1 执行从站 Modbus 通信初始化操作，将通信波特率设置为 9600bps（Baud=9600），进行奇校验（Parity=1），使用端口 0（Port=0），延时时间为 0s（Delay=0），最大 I/O 位为 256（MaxIQ=256），最大 AI 字数为 56（MaxAI=56），最大保持寄存器区为 1000（MaxHold=1000），数据指针为 VB10 （HoldStart=&VB10），即从站 V 存储区为 VW10 和 VW11，完成位为 M0.0，错误代码存储于 MB1 中。同时，程序段 2 在每个循环周期内执行 Modbus 从站协议。

6）编写 S7-1200 PLC 的程序   S7-1200 PLC 的程序编写如表 10-28 所示。程序中，每当

表 10-28   主站（甲机 PLC）程序

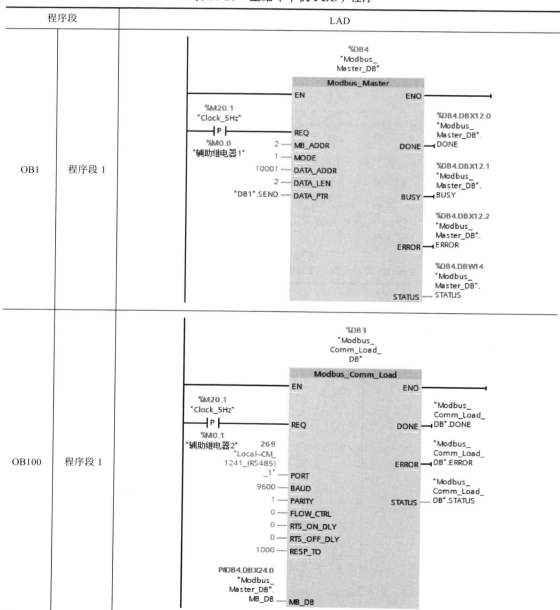

程序段		LAD
OB1	程序段 1	
OB100	程序段 1	

M20.1 发生上升沿跳变时请求将数据发送到 Modbus 从站（REQ 连接 M20.1 的上升沿）；从站地址设置为 2（MB_ADDR=2）；对从站执行写操作（MODE=1）；Modbus 从站中通信访问数据的起始地址为 10001（DATA_ADDR=10001），即将主站 S7-1200 PLC 的 I0.0 起始位状态传送到从站 S7-200 SMART PLC 中，10001 对应为数字输入量 I0.0；数据的长度为 2 字节长（DATA_LEN=2）；发送 "DB1.SEND" 数组的数据。

10.3.4　USS 协议通信

USS 协议（Universal Serial Interface Protocol，通用串行接口协议）是西门子公司所有传动产品的通用通信协议，它是一种基于串行总线进行数据通信的协议。

（1）USS 协议的基本知识

1）USS 协议简介　USS 协议是主-从结构的协议，规定了在 USS 总线上可以有 1 个主站和最多 31 个从站；总线上的每个从站都有 1 个站地址（在从站参数中设定），主站依靠它识别每个从站；每个从站也只对主站发来的报文作出响应并回送报文，从站之间不能直接进行数据通信。另外，还有一种广播通信方式，主站可以同时给所有从站发送报文，从站在接收到报文并作出相应的响应后可不回送报文。

USS 提供了一种低成本的、比较简易的通信控制途径，由于其本身的设计，USS 不能用在对通信速率和数据传输量有较高要求的场合。在这些对通信要求高的场合，应当选择实时性更好的通信方式，如 PROFIBUS-DP 等。

USS 协议的基本特点主要有：①支持多点通信（因而可以应用在 RS-485 等网络上）；②采用单主站的"主—从"访问机制；③一个网络上最多可以有 32 个节点（最多 31 个从站）；④简单可靠的报文格式，使数据传输灵活高效；⑤容易实现，成本较低；⑥对硬件设备要求低，减少了设备之间的布线；⑦无需重新连线就可以改变控制功能；⑧可通过串行接口设置或改变传动装置的参数；⑨可实时地监控传动系统。

USS 的工作机制是，通信总是由主站发起，USS 主站不断循环轮询各个从站，从站根据收到的指令，决定是否响应以及如何响应。从站永远不会主动发送数据。如果接收到的主站报文没有错误，并且本从站在接收到主站报文中被寻址时，从站将进行应答响应，否则，从站不会作任何响应。对于主站来说，从站必须在接收到主站报文之后的一定时间内发回响应，否则主站将视为出错。

2）通信报文结构　USS 通信是以报文传递信息的，其报文简洁可靠、高效灵活。USS 通信报文由一连串的字符组成，其结构如图 10-27 所示。从图中可以看出，每条报文都是以字符 STX（默认为 02H）开始，接着是报文长度的说明（LEG）和从站地址及报文类型（ADR），然后是采用的数据字符报文以数据块的检验符（BCC）结束。

图 10-27　通信报文结构

在 ADR 和 BCC 之间的数据字符，称为 USS 的净数据，或有效数据块。有效数据块分成两个区域，即 PKW 区（参数识别 ID-数值区）和 PZD 区（过程数据），有效数据字符如图 10-28 所示。

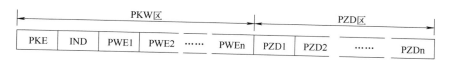

图 10-28　有效数据字符

PKW 区说明参数识别 ID-数值（PKW）接口的处理方式。PKW 接口并非物理意义上的接口，而是一种机理，这一机理确定了参数在两个通信伙伴之间（例如控制器与变频器之间）的传输方式，例如参数数值的读和写。其中，PKE 为参数识别 ID，包括代表主站指令和从站响应的信息，以及参数号等；IND 为参数索引，主要用于与 PKE 配合定位参数；PWEn 为参数值数据。

PZD 区用于在主站和从站之间传递控制和过程数据。控制参数按设定好的固定格式在主、从站之间对应往返。其中，PZD1 为主站发给从站的控制字/从站返回主站的状态字；PZD2 为主站发给从站的给定/从站返回主站的实际反馈。

根据传输的数据类型和驱动装置的不同，PKW 区和 PZD 区的数据长度都不是固定的，它们可以灵活改变以适应具体的需要。但是，在用于与控制器通信的自动控制任务时，网络上的所有节点都要按相同的设定工作，并且在整个工作过程中不能随意改变。

注意：对于不同的驱动装置和工作模式，PKW 和 PZD 的长度可以按一定规律定义。一旦确定就不能在运行中随意改变。PKW 可以访问所有对 USS 通信开放的参数；而 PZD 仅能访问特定的控制和过程数据。PKW 在许多驱动装置中是作为后台任务处理，因此 PZD 的实时性要比 PKW 好。

（2）USS 通信指令

在 TIA Portal 中支持 S7-1200/1500 PLC 的 USS 协议通信的指令有 4 条，分别是 USS_Port_Scan（通过 USS 网络进行通信）、USS_Drive_Control（准备并显示变频器数据）、USS_Read_Param（从变频器读取数据）和 USS_Write_Param（在变频器中更改数据）。

① USS_Port_Scan 指令　USS_Port_Scan 指令是用来处理 USS 网络上的通信，它是 S7-1200/1500 CPU 与变频器的通信接口。该指令可以在 OB1 或者时间中断块中调用，其指令格式如表 10-29 所示。

表 10-29　USS_Port_Scan 指令参数

LAD	参数	数据类型	说明
"USS_Port_Scan_DB"　USS_Port_Scan　EN　ENO　PORT　ERROR　BAUD　STATUS　USS_DB	EN	BOOL	使能
	PORT	PORT	通信模块的标识符，符号端口名称可在 PLC 变量表的"系统常数"选项卡中指定
	BAUD	UDInt	传输速率，可选 300~115200bit/s
	USS_DB	USS_BASE	和变频器通信时的 USS 数据块

续表

LAD	参数	数据类型	说明
"USS_Port_Scan_DB" USS_Port_Scan — EN　　　ENO — — PORT　　ERROR — — BAUD　　STATUS — — USS_DB	RESP_TO	WORD	响应超时，默认值为 1000ms
	MB_DB	MB_BASE	对 Modbus_Master 或 Modbus_Slave 指令的背景数据块的引用
	ENO	BOOL	输出使能
	ERROR	BOOL	输出错误，"0"表示无错误，"1"表示有错误
	STATUS	Word	错误代码

② USS_Drive_Control 指令　USS_Drive_Control 指令是用来与变频器进行交换数据，从而读取变频器的状态以及控制变频器的运行。它是 S7-1200/1500 CPU 与变频器的通信接口。该指令必须在 OB1 中调用，不能在循环中断块中调用，其指令格式如表 10-30 所示。

表 10-30　USS_Drive_Control 指令参数

LAD	参数	数据类型	说明
"USS_Drive_Control_DB" USS_Drive_Control — EN　　　　ENO — — RUN　　　NDR — — OFF2　　　ERROR — — OFF3　　　STATUS — — F_ACK　　RUN_EN — — DIR　　　D_DIR — — DRIVE　　INHIBIT — — PZD_LEN　FAULT — — SPEED_SP　SPEED — — CTRL3　　STATUS1 — — CTRL4　　STATUS3 — — CTRL5　　STATUS4 — — CTRL6　　STATUS5 — — CTRL7　　STATUS6 — — CTRL8　　STATUS7 — 　　　　　STATUS8 —	EN	BOOL	使能
	RUN	BOOL	变频器的起始位：该输入为"1"时，将使驱动器以预设速度运行；为"0"时，则电机滑行至静止
	OFF2	BOOL	滑行至静止，该输入为"0"，使变频器滑行至静止而不制动
	OFF3	BOOL	快速停止位，该输入为"0"，通过控制变频器产生快速停止
	F_ACK	BOOL	变频器故障确认位
	DIR	BOOL	变频器控制电机的转向
	DRIVE	USINT	变频器的 USS 站地址
	PZD_LEN	USINT	PZD 字长
	SPEED_SP	REAL	变频器的速度设定值，百分比表示
	CTRL3~CTRL8	WORD	控制字 3~控制字 8，写入变频器用户定义的参数值
	ENO	BOOL	输出使能
	NDR	BOOL	可用的新数据
	ERROR	BOOL	出现故障
	STATUS	Word	错误代码
	RUN_EN	BOOL	运行已启用
	D_DIR	BOOL	变频器的运行方向，"0"为正向，"1"为反向
	INHIBIT	BOOL	变频器的禁止状态，"0"为未禁止，"1"为已禁止
	FAULT	BOOL	变频器故障
	SPEED	REAL	变频器当前速度，百分比表示
	STATUS1~STATUS8	WORD	用户自定义的变频器状态字 1~状态字 8

③ USS_Read_Param 指令　USS_Read_Param 指令是通过 USS 通信从变频器中读取参数，其指令格式如表 10-31 所示。

表 10-31　USS_Read_Param 指令参数

LAD	参数	数据类型	说明
	EN	BOOL	使能
	REQ	BOOL	读取请求信号，每次上升沿发送一帧读取请求信号
	DRIVE	USINT	变频器的 USS 站地址
USS_Read_Param —EN　　ENO— —REQ　　DONE— —DRIVE　ERROR— —PARAM　STATUS— —INDEX　VALUE— —USS_DB	PARAM	UINT	读取变频器参数号（0~2047）
	INDEX	UINT	读取变频器参数索引号（0~255）
	USS_DB	USS_BASE	和变频器通信时的 USS 数据块
	ENO	BOOL	输出使能
	DONE	BOOL	1 表示已经读取
	ERROR	BOOL	输出错误，"0"表示无错误，"1"表示有错误
	STATUS	Word	错误代码
	VALUE	VARIANT	读取的参数值

④ USS_Write_Param 指令　USS_Write_Param 指令是通过 USS 通信设置变频器的参数，其指令格式如表 10-32 所示。

表 10-32　USS_Write_Param 指令参数

LAD	参数	数据类型	说明
	EN	BOOL	使能
	REQ	BOOL	每次上升沿发送一次写入请求
	DRIVE	USINT	变频器的 USS 站地址
	PARAM	UINT	写入变频器参数号（0~2047）
USS_Write_Param —EN　　　ENO— —REQ　　DONE— —DRIVE　ERROR— —PARAM　STATUS— —INDEX —EEPROM —VALUE —USS_DB	INDEX	UINT	写入变频器参数索引号（0~255）
	EEPROM	BOOL	是否写入 EEPROM，为"1"写入，为"0"不写入
	VALUE	VARIANT	要写入的参数值
	USS_DB	USS_BASE	和变频器通信时的 USS 数据块
	ENO	BOOL	输出使能
	DONE	BOOL	1 表示已经写入
	ERROR	BOOL	输出错误，"0"表示无错误，"1"表示有错误
	STATUS	Word	错误代码

（3）S7-1200 PLC 的 USS 通信应用举例

例 10-5：使用 CPU 1215C DC/DC/RLY 对 V20 变频器进行 USS 无级调速控制，已知电动机技术参数，功率为 0.06kW，额定转速为 1440r/min，额定电压为 380V，额定电流为 0.35A，额定功率为 50Hz。

1）控制分析　西门子的 SINAMICS 系列驱动器包括低压变频器、中压变频器和 DC 变流器（直流调速产品）。所有的 SINAMICS 驱动器均基于相同的硬件平台和软件平台。SINAMICS 低压变频器包括 SINAMICS V20 基本型变频器（简称 V20 变频器）、SINAMICS G 系列常规变频器和 SINAMICS S 型高性能变频器。

基本型变频器 SINAMICS V20 具有调试过程快捷、易于操作、稳定可靠、经济高效等特点。使用 CPU 1215C DC/DC/RLY 对 V20 变频器进行 USS 无级调速控制时，CPU 1215C DC/DC/RLY 可采用 RS-485 方式与 V20 变频器集成的 RS-485 通信端口进行连接。CPU 1215C DC/DC/RLY 将启停等信号使用 USS 协议通过 CM 1241 模块传送给 V20 变频器，再通过 V20 变频器实现电动机的启停控制。电动机的额定电压、功率、转速等相关参数可在 V20 变频器的控制面板上设置。

2）硬件配置及 I/O 分配　要实现 CPU 1215C DC/DC/RLY 对 V20 变频器进行 USS 无级调速控制，应将与 CPU 1215C DC/DC/RLY 模块连接的 CM 1241（RS-485）端口中的 3、8 引脚与 V20 的 P+、N–端子通过双绞线进行连接，如图 10-29 所示。CPU 1215C DC/DC/RLY 需要外接 7 个按钮，其 I/O 分配如表 10-33 所示，这些常开按钮分别与 I0.0~I0.6 进行连接。

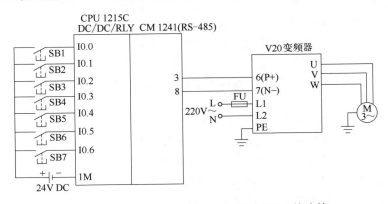

图 10-29　CPU 1215C DC/DC/RLY 与 V20 的连接

表 10-33　I/O 分配表

功能	元件	PLC 地址	功能	元件	PLC 地址
启动按钮	SB1	I0.0	改变方向按钮	SB5	I0.4
自然停止按钮	SB2	I0.1	写变频器按钮	SB6	I0.5
快速停止按钮	SB3	I0.2	读变频器按钮	SB7	I0.6
清除 V20 故障按钮	SB4	I0.3			

3）V20 变频器参数设置

① 设置电动机参数　使用 USS 协议进行通信前，应使用如图 10-30 所示的 V20 内置基本操作面板（简称 BOP）来设置变频器有关的参数。首次上电或变频器被工厂复位后，进入 50/60Hz 选择菜单，显示 "50?"（50Hz）。

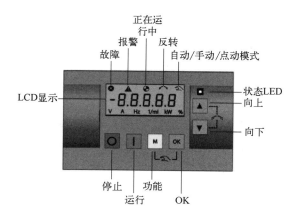

图 10-30　V20 变频器内置的基本操作面板

按 OK 键的时间小于 2s 时（以下简称单击）进入设置菜单，显示参数编号 P0304（电动机额定电压）。单击 OK 键，显示原来的电压值 400。可以用 ▲、▼ 键增减参数值，长按 ▲ 键或 ▼ 键，参数值将会快速变化。单击 OK 键确认参数值后返回参数编号显示，按 ▲ 键显示下一个参数编号 P0305。用同样方法参照表 10-34 分别设置 P0304、P0305、P0307、P0310 和 P0311（电动机的额定电压、额定电流、额定功率、额定频率和额定转速）。

② 设置连接宏、应用宏和其他参数　在连接宏设置前，应对变频器恢复出厂设置，设置 P0010=30（工厂的设定值），P0970=1（参数复位），按 OK 键将变频器恢复到工厂设定值。

V20 将变频器常用的控制方式归纳为 12 种连接宏和 5 种应用宏，可由用户进行选择。单击 M 键，显示"-Cn000"，可设置连接宏。长按 ▲ 键，直到显示"Cn010"时按 OK 键，显示"-Cn010"，表示选中了"USS 控制"连接宏 Cn010。单击 M 键显示"-AP000"，采用默认的应用宏 AP000。

在设置菜单方式长按 M 键或下一次上电时，进入显示菜单方式，显示 0.00Hz。多次单击 OK 键，将循环显示输出频率 Hz、输出电压 V、电动机电流 A、直流母线电压 V 和设定频率值。

连接宏 Cn010 预设 USS 通信参数，使调试过程更加便捷。在显示菜单方式单击 M 键，进入参数菜单方式，显示 P0003。设置 P0003=3（专家级），允许读/写所有的参数。根据表 10-34 的要求，用 OK 键和 ▲、▼ 键检查和修改参数值。

表 10-34　V20 变频器参数设定

变频器参数	出厂值	Cn010 设定值	功能说明
P0304	400	380	电动机的额定电压（380V）
P0305	1.86	0.35	电动机的额定电流（0.35A）
P0307	0.75	0.06	电动机的额定功率（0.06kW）
P0310	50.00	50.00	电动机的额定频率（50Hz）
P0311	1395	1400	电动机的额定转速（1400r/min）
P0700	2	5	选择命令源（RS-485 上的 USS）
P1000	1	5	频率设定值选择（RS-485 上的 USS+固定频率）
P2023	1	1	RS-485 协议选择
P2010	8	8	USS 波特率设为 38400bps

变频器参数	出厂值	Cn010 设定值	功能说明
P2011	1	1	变频器 USS 站点地址设置为从站 2
P2012	2	2	USS 协议的过程数据 PZD 长度
P2013	127	127	USS 协议的参数标识符 PKW 长度
P2014	500	0	USS/Modbus 报文间断时间

4）S7-1200 PLC 硬件组态

① 在 TIA Portal 中新建项目，添加 CPU 模块、CM 1241 （RS-485）通信模块等。

② 双击 CM 1241 （RS-485）模块，在 RS-485 接口的"IO-Link"中参照图 10-12 设置波特率为 9600bit/s。

③ 启用系统时钟。先选中 CPU 1215C DC/DC/RLY，再在"属性"的"常规"选项卡中选中"系统和时钟存储器"，将"系统存储器位"的"启用系统存储器字节"勾选，并在"系统存储器字节的地址"中输入 10，则 M10.2 位表示始终为 1。

表 10-35　S7-1200 PLC 的 USS 通信程序

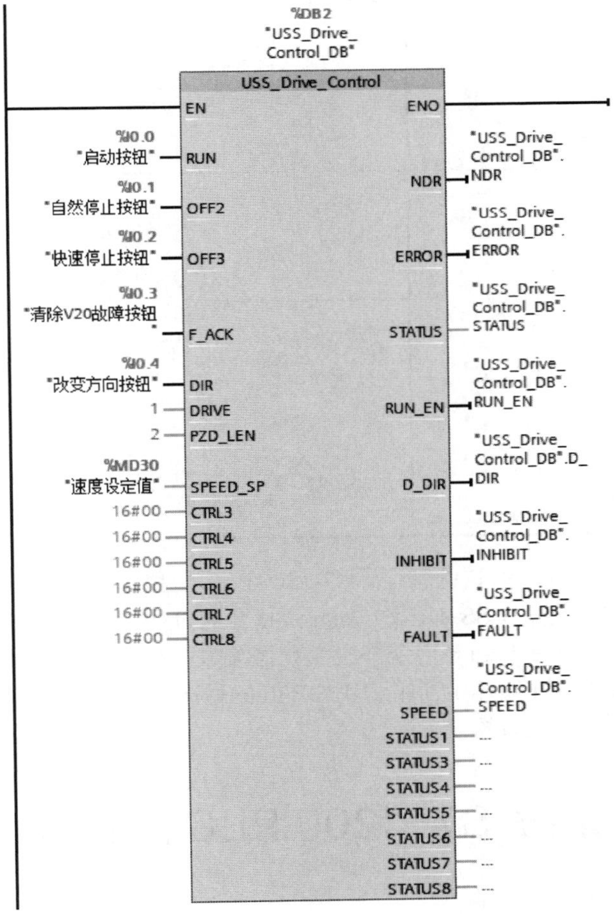

续表

程序段	LAD
OB1 程序段 2 程序段 3	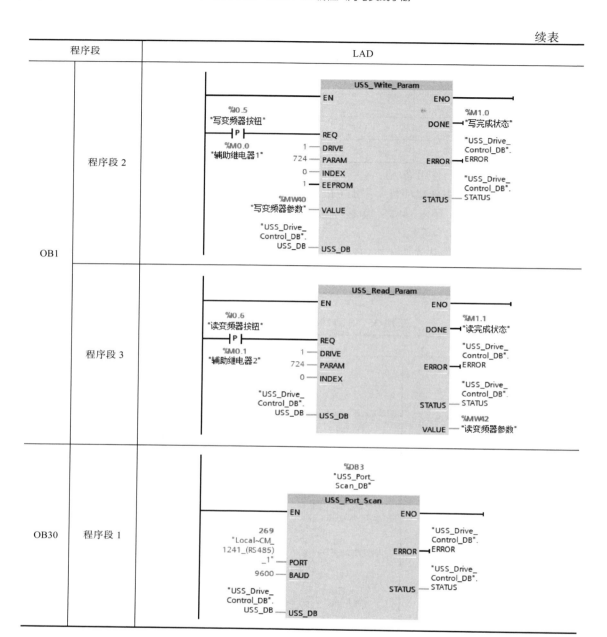
OB30 程序段 1	

5）编写 S7-1200 PLC 的程序　S7-1200 PLC 的程序编写如表 10-35 所示。在主程序块 OB1 的程序段 1 中，使用 USS_Drive_Control 指令通过变频器实现电动机的调速控制；在程序段 2 中，使用 USS_Write_Param 指令修改变频器参数；在程序段 3 中，使用 USS_Read_Param 指令读取变频器参数。在循环中断组织块 OB30 的程序段 1 中，使用 USS_Port_Scan 指令对变频器进行波特率、通信端口的设置。

10.4　西门子 S7-1200 PLC 的 PROFIBUS 通信

PROFIBUS 是在欧洲工业界得到广泛应用的一个现场总线标准，也是目前国际上通用的现场总线标准之一。

10.4.1　PROFIBUS 通信协议

工业现场总线 PROFIBUS（Process Field Bus）是依据 EN 50170-1-2 和 IEC 61158-2 标准建立的，应用于执行器/传感器层和现场层的控制网络。它应用了混合介质传输技术以及令牌和主从的逻辑拓扑，可以同时在双绞线或光纤上进行传输。

从用户的角度看，PROFIBUS 通信协议大致分为 3 类：PROFIBUS-DP、PROFIBUS-PA 和 PROFIBUS-FMS。

PROFIBUS-DP（PROFIBUS Decentralized Periphery,分布式外围设备）使用了 ISO/OSI 通信标准模型的第一层和第二层，用于自动化系统中单元级控制设备与分布式 I/O 的通信，可以取代 4~20mA 模拟信号传输。PROFIBUS-DP 的通信速率为 19.2Kbps~12Mbps，通常默认设置为 1.5Mbps，通信数据包为 244 字节。由于它的传输速度快、数据量大以及良好的可扩展性等特点，已成为目前广大用户普遍采用的通信方式。

PROFIBUS-PA（PROFIBUS Process Automation,过程自动化）用于过程自动化的现场传感器和执行器的低速数据传输，使用扩展的 PROFIBUS-DP 协议。它使用屏蔽双绞线电缆，由总线提供电源。PROFIBUS-PA 网络的数据传输速率为 31.25Mbps。

PROFIBUS-FMS（PROFIBUS Fieldbus Message Specification，现场总线报文规范）使用了 ISO/OSI 网络模型的第二层、第四层和第七层，主要用于现场级和车间级的不同供应商的自动化系统之间传输数据，处理单元级的多主站数据通信。由于配置和编程比较繁琐，目前应用较少。

10.4.2　PROFIBUS 网络组成及配置

（1）PROFIBUS 网络组成

PROFIBUS 网络系统由 PROFIBUS 主站、从站、网络部件等部分组成。

1）PROFIBUS 主站　根据作用与功能的不同，PROFIBUS 主站通常分为 1 类主站和 2 类主站。

1 类主站是 PROFIBUS 网络系统中的中央处理器，它可以在预定的周期内读取从站工作信息或向从站发送参数，并负责对总线通信进行控制与管理。无论 PROFIBUS 网络采用何种结构，1 类主站是系统所必需的。在 PROFIBUS 网络中，下列设备可作为 1 类主站的设备。

① 带有 PROFIBUS-DP 集成通信接口的 S7-1500 PLC，例如 CPU 1516-3 PN/DP 等。

② 将没有 PROFIBUS-DP 集成通信接口的 S7-1200 PLC，连接到 PROFIBUS 网络中的通信模块。例如将 S7-1200 连接到 PROFIBUS 系统中的 CM 1243-5 通信模块，可作为 1 类主站使用。

③ 插有 PROFIBUS 网卡的 PC，例如 WinAC 控制器，用软件功能选择 PC 作 1 类主站或作编程监控的 2 类主站。

2 类主站是 PROFIBUS 网络系统的辅助控制器，它可以对网络系统中的站进行编程、诊断和管理。2 类主站能够与 1 类主站进行友好通信，在进行通信的同时，可以读取从站的输入/输出数据和当前的组态数据，还可以给从站分配新的总线地址。在 PROFIBUS 网络中，下列设备可以作为 2 类主站的设备。

① PC 加 PROFIBUS 网卡可以作为 2 类主站。西门子公司为其自动化产品设计了专用的编

程设备，不过一般都用通用的 PC 和 STEP 7 编程软件来作编程设备，用 PC 和 WinCC 组态软件作监控操作站。

② SIMATIC 操作面板（OP）/触摸屏（TP）可以作为 2 类主站。操作面板用于操作人员对系统的控制和操作，例如参数的设置与修改、设备的启动和停止，以及在线监视设备的运行状态等。有触摸按键的操作面板俗称触摸屏，它们在工业控制中得到了广泛的应用。

2）PROFIBUS 从站   PROFIBUS 从站是进行输入信息采集和输出信息发送的外围设备，它只与组态它的主站交换用户数据，可以向该主站报告本地诊断中断的过程中断。例如将 S7-1200 连接到 PROFIBUS 系统中的 CM 1242-5 通信模块，可作为从站使用。

3）网络部件   凡是用于 PROFIBUS 网络进行信号传输、网络连接、接口转换的部件统称为网络部件。常用的网络部件包括通信介质（如电缆、光纤）、总线部件（如 RS-485 总线连接器、中断器、耦合器、OLM 光缆链路）和网络转换器（如 RS-232/PROFIBUS-DP 转换器、以太网/PROFIBUS 转换器、PROFIBUS-DP/AS-I 转换器、PROFIBUS-DP/EIB 转换器）。

4）网络工具   工具软件是用于 PROFIBUS 网络配置、诊断的软件与硬件，可以用于网络的安装与调试。如 PROFIBUS 网络总线监视器、PROFIBUS 诊断中继器等。

（2）PROFIBUS 网络配置方案

根据实际需求，对于简单系统，可以采用单主站结构和多主站结构这两种网络配置方案。

1）单主站结构   单主站结构是由一个主站和多个从站所组成的 PROFIBUS 网络系统。在单主站结构中，网络主站必须是 1 类主站。根据主站的不同，单主站系统又分为以下三种基本方案。

① PLC 作为 1 类主站，不设监控站。1 类主站负责对网络进行通信管理，由 PLC 完成总线的通信管理、从站数据读/写和从站远程参数设置。在调试阶段配置一台编程设备对网络进行设定和监控操作。

② PLC 作为 1 类主站，监控站（系统操作/监控的编程器）通过串口与 PLC 连接。1 类主站负责对网络进行通信管理，由 PLC 完成总线的通信管理、从站数据读/写和从站远程参数设置。监控站通过串口从 PLC 中获取所需数据，从而实现对网络的操作/监控。

③ 以配有 PROFIBUS 接口（网卡）的 PC（个人计算机）作为 1 类主站，监控站与 1 类主站合并于一体。此方案的成本较低，但是 PC 机应选用具有高可靠性、能长时间连续运行的工业级 PC，并且使用者必须花费大量的时间认真地开发总线程序和监控程序，否则 PC 机在运行过程中发生软、硬件故障时，将会导致整个系统瘫痪。

2）多主站结构   多主站结构是由多个主站和多个从站所组成的 PROFIBUS 网络系统，该网络结构能够进行远程编程和远程监控。在多主站结构中，网络主站可以是 1 类主站，也可以是 2 类主站，常见的多主站结构有以下两种基本方案。

① 多主站，单总线系统。该系统由若干个使用同一 PROFIBUS 总线与使用同一通信协议的 PROFIBUS 子网构成，各子网相对独立但可以相互通信。

② 多主站混合系统。该系统由若干个使用同一 PROFIBUS 总线，但使用不同通信协议的 PROFIBUS 子网构成，各子网相对独立但可以相互通信。

10.4.3 PROFIBUS-DP 通信的组态

一个 PROFIBUS-DP 系统由一个 PROFIBUS-DP 主站及其分配的 PROFIBUS-DP 从站组成。

S7-1200 PLC 的 DP 主站模块为 CM 1243-5，DP 从站模块为 CM 1242-5，传输速率为 9600 ~12000bit/s。

S7-1200 PLC 的 DP 主站与从站间可以自动地、周期性地进行通信。通过 CM 1243-5 主站模块，还可以进行下载和诊断等操作，它可以将 S7-1200 PLC 连接到其他 CPU、HMI 面板、编程计算机和支持 S7 通信的 SCADA 系统。

在某 S7-1200 PLC 系统中，1 个 DP 主站和 2 个 DP 从站构成的 DP 通信系统，其组态步骤如下。

① 添加 DP 主站模块。在 TIA Portal 的 Portal 视图的硬件目录中，添加 CPU 1215C DC/DC/RLY，然后在 TIA Portal 的 Portal 视图右侧的"硬件目录"中，选择"通信模块"→"PROFIBUS"→"CM 1243-5"，将 CM 1243-5 拖曳到 CPU 左侧的 101 号插槽，如图 10-31 所示。

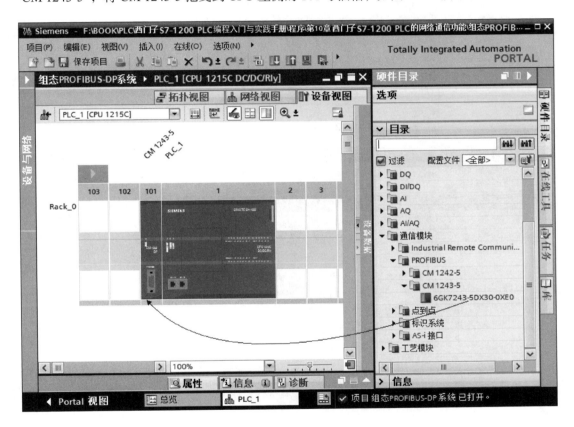

图 10-31　添加 DP 主站模块

② 设置 DP 主站模块属性。双击 DP 主站模块（CM 1243-5），选择 CM 1243-5"属性"→"常规"→"DP 接口"→"PROFIBUS 地址"，在其"接口连接到"的"子网"中点击"添加新子网"，"参数"的"地址"设置为 2，其余采用默认值，如图 10-32 所示。

③ 添加 DP 从站模块 1。打开"网络视图"，在右侧的"硬件目录"中，选择"分布式 I/O"→"ET 200S"→"接口模块"→"PROFIBUS"→"IM 151-1 标准型"，将 IM 151-1 标准型拖到网络视图的空白处，如图 10-33 所示，这样即可添加 DP 从站点。双击生成的 DP 从站点（IM 151-1），打开它的设备视图，将电源模块（PM）、DI、DQ 等相关模块插入到 1~6 号插槽。

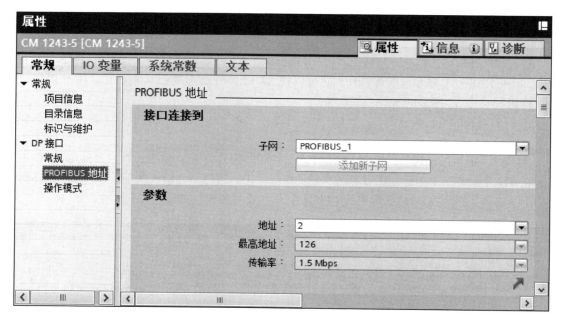

图 10-32　DP 主站模块属性的设置

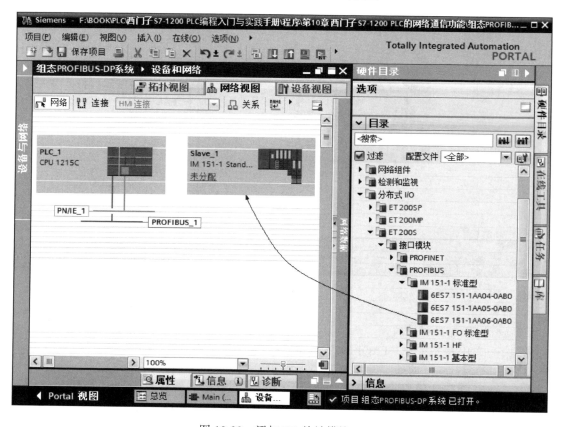

图 10-33　添加 DP 从站模块 1

④ 设置 DP 从站 1 模块属性。双击 DP 从站模块 1（IM 151-1），在 IM 151-1 "属性"→

"常规"→"PROFIBUS 地址"中,在其"接口连接到"的"子网"中点击"添加新子网","参数"的"地址"设置为 3,其余采用默认值。

⑤ DP 主站连接 DP 从站 1。在"网络视图"中,右键单击 DP 主站模块的 DP 接口(紫色),执行快捷菜单命令"添加主站系统",生成 DP 主站系统。此时 ET 200S 仍显示"未分配"。右键单击 ET 200S 的 DP 接口,执行快捷菜单命令"分配到新主站",双击出现的"选择主站"对话框中的 PLC_1 的 DP 接口(如图 10-34 所示),它被连接到 DP 主站系统。这样,实现了 DP 主站连接 DP 从站 1 的操作,其连接如图 10-35 所示。

图 10-34　选择主站

⑥ 参照步骤③~⑤,添加 DP 从站 2 (IM 151-1),设置 DP 从站 2 的"接口连接到"的"地址"为 4,并与 DP 主站进行连接。这样,实现了 DP 主站连接 2 个 DP 从站的操作,其连接如图 10-36 所示。

10.4.4　PROFIBUS 通信应用举例

例 10-6: S7-1200 PLC 与 ET 200S 间的 PROFIBUS 通信。在某 S7-1200 PLC 的 PROFIBUS 通信网络系统中,外接 CM 1243-5 的 CPU 1215C DC/DC/RLY 作为 DP 主站,从站为 ET 200S。要求主站上的按钮 I0.1 按下时,启动从站 ET 200S 上的电机正转;主站上的按钮 I0.2 按下时,启动从站 ET 200S 上的电机反转;主站上的按钮 I0.0 按下时,从站 ET 200S 上的电机停止运行。

图 10-35　DP 主站与 DP 从站 1 的连接图

图 10-36　DP 主站与 2 个 DP 从站的连接图

1）控制分析   将外接 CM 1243-5 的 CPU 1215C DC/DC/RLY 作为 DP 主站，而 ET 200S 作为从站，通过 PROFIBUS 现场总线，可以实现两者进行通信。在此设置主站地址为 2，从站地址为 3。要实现任务控制时，只需在主站中编写相应程序即可。

2）硬件配置及 I/O 分配   本例的硬件配置如图 10-37 所示，其硬件主要包括 1 根 PROFIBUS 网络电缆（含 2 个网络总线连接器）、1 台 CPU 1215C DC/DC/RLY、DP 主站模块 CM1243-5、1 台 IM 151-1（ET 200S）、1 块数字量输出模块 2DO×24VDC/0.5A ST_1（6ES7 132-4BB01-0AA0）等。主站的数字量输入模块 I0.0 外接停止运行按钮 SB1，I0.1 外接正向启动按钮 SB2，I0.2 外接反向启动按钮 SB3；从站的数字量输出模块的 Q2.0 外接 KM1 控制电机的正转，Q2.1 外接 KM2 控制电机的反转。

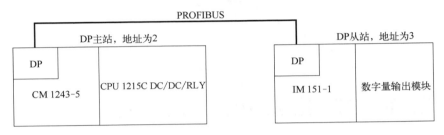

图 10-37   PROFIBUS 通信硬件配置图

3）硬件组态

① 新建项目。在 TIA Portal 中新建项目，添加 CPU 模块。

② PROFIBUS-DP 通信的组态。参照第 10.4.3 节中的内容创建 1 个 DP 主站和 1 个 DP 从站构成的 DP 通信系统。

③ 定义变量。在 TIA Portal 项目树中，选择"PLC_1"→"PLC 变量"下的"默认变量表"，定义 DP 主站 PLC 的默认变量表，如图 10-38 所示。

		名称	数据类型	地址	保持
1		停止按钮	Bool	%I0.0	
2		正向启动按钮	Bool	%I0.1	
3		反向启动按钮	Bool	%I0.2	
4		控制电机正转	Bool	%Q2.0	
5		控制电机反转	Bool	%Q2.1	

图 10-38   DP 主站 PLC 默认变量表的定义

4）编写 S7-1200 PLC 程序   只需对 DP 主站编写程序即可，而 DP 从站不需编写程序，DP 主站的梯形图程序编写如表 10-36 所示。由于 DP 从站数字量输出模块 2DO×24VDC/0.5A ST_1 在组态时其默认的起始地址为 Q2.0，所以在程序段 1 中，当主站的正向启动按钮 SB2 按下时，I0.1 触点闭合并自锁，从站 ET 200S 控制 Q2.0 线圈得电，从而使电机正转；在程序段 2 中，当主站的反向启动按钮 SB3 按下时，I0.2 触点闭合并自锁，从站 ET 200S 控制 Q2.1 线圈得电，从而使电机反转；当主站的停止按钮 SB1 按下时，I0.0 触点断开，使 Q2.0 或 Q2.1 线圈失电，电机将停止运行。

表 10-36　DP 主站程序

程序段	LAD
程序段 1	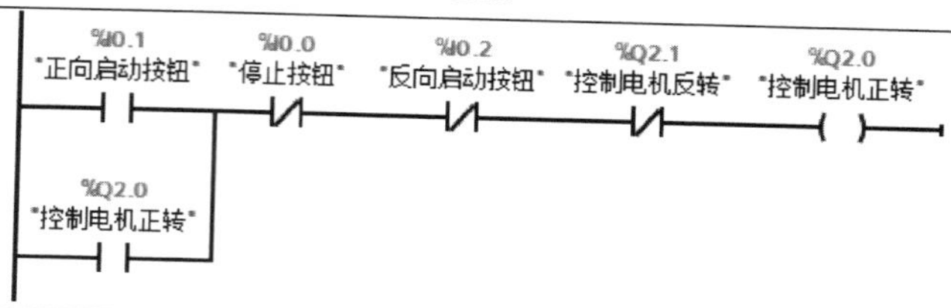
程序段 2	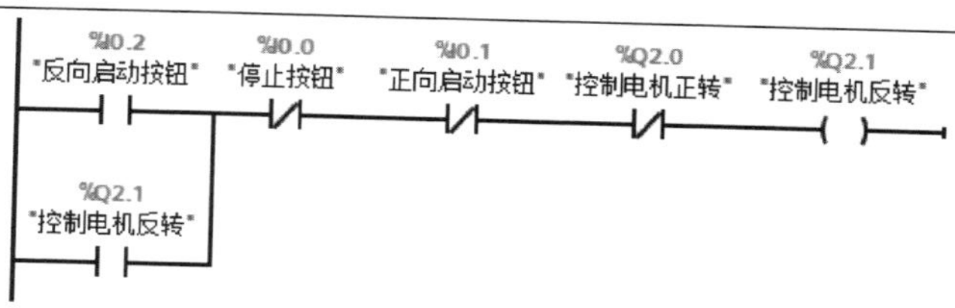

10.5　西门子 S7-1200 PLC 的以太网通信

PROFINET 是继 PROFIBUS 以后，由西门子开发并由 PROFIBUS 国际组织（PROFIBUS International，PI）支持的一种基于以太网的开放的用于自动化的工业以太网标准。

10.5.1　以太网通信概述

S7-1200 PLC 本体上集成了一个 PROFINET 通信口（CPU 1211C~CPU 1214C）或者两个 PROFINET 通信口（CPU 1215C~CPU 1217C），支持以太网和基于 TCP/IP 和 UDP 的通信标准。这个 PROFINET 物理接口是支持 10/100Mbps 的 RJ45 口，支持电缆交叉自适应，因此一个标准的或是交叉的以太网线都可以用于这个接口。

（1）S7-1200 PLC 以太网支持的通信服务

S7-1200 PLC 的 PROFINET 通信口支持的以太网通信可分为实时通信服务和非实时通信服务。

S7-1200 PLC 的非实时通信包括开放式用户通信（Open User Communication，OUC）服务和 S7 通信服务，实时通信只有 PROFINET IO。

① 开放式用户通信　开放式用户通信服务适用于 S7-1200/1500/300/400 PLC 之间的通信、S7 PLC 与 S5 PLC 间的通信，以及 PLC 与 PC 或与第三方设备进行通信。S7-1200 支持的开放式用户通信连接有 TCP、ISO on TCP、UDP、Modbus TCP 等。

TCP 是由 RFC793 描述的标准传输控制协议，可以在通信对象之间建立稳定、安全的服务连接。如果数据用 TCP 来传输，传输的形式是数据流，没有传输长度及信息帧的起始、结束信息。在以数据流的方式传输时接收方不知道一条信息的结束和下一条信息的开始。因此，发送方必须确定信息的结构让接收方能够识别。在多数情况下，TCP 应用了 TCP/IP，位于 7 层参考模型 OSI 的第 4 层。

ISO 传输协议最大的优势是通过数据包来进行数据传递。但由于网络的增加，它不支持路由功能，劣势会逐渐显现。TCP/IP 兼容了路由功能后，对以太网产生了重要的影响。为了集合两个协议的优点，在扩展的 RFC1006 "ISO on top of TCP" 作了注释，也称为 "ISO on TCP"，即在 TCP/IP 中定义了 ISO 传输的属性。ISO on TCP 也是位于 7 层参考模型 OSI 的第 4 层，并且默认的数据传输端口是 102。

UDP 为用户数据报文协议，支持简单数据传输，数据无须确认，与 TCP/IP 通信相比，UDP 没有连接，最大的通信字节数为 1472。

Modbus TCP 是简单的、中立厂商的用于管理和控制自动化设备的 MODBUS 系列通信协议的派生产品，显而易见，它覆盖了使用 TCP/IP 协议的 "Intranet" 和 "Internet" 环境中 Modbus 报文的用途。Modbus TCP 使 Modbus RTU 协议运行于以太网，Modbus TCP 使用 TCP/IP 和以太网在站点间传送 Modbus 报文，Modbus TCP 结合了以太网物理网络和网络标准 TCP/IP 以及以 Modbus 作为应用协议标准的数据表示方法。Modbus TCP 通信报文被封装于以太网 TCP/IP 数据包中。与传统的串口方式相比，Modbus TCP 插入一个标准的 Modbus 报文到 TCP 报文中，不再带有数据校验和地址位。Modbus TCP 使用服务器与客户机的通信方式，由客户机对服务器的数据进行读/写操作，服务器响应客户机。

② S7 通信　所有 SIMATIC S7 控制器都集成了用户程序可以读写数据的 S7 通信服务。不管使用哪种总线系统都可以支持 S7 通信服务，即以太网、PROFIBUS 和 MPI 网络中都可以使用 S7 通信。此外，使用恰当的硬件和软件的 PC 系统也可支持通过 S7 协议的通信。S7 通信使用了 7 层参考模型 OSI 的第 7 层，可以直接在用户程序中得到发送和接收的状态信息。

③ PROFINET IO　PROFINET IO 主要用于模块化、分布式的控制，通过以太网直接连接现场设备。PROFINET IO 通信为全双工点对点方式。一个 IO 控制器最多可以和 512 个 IO 设备进行点对点通信，按设定的更新时间双方对等发送数据。一个 IO 设备的被控对象只能被一个 IO 控制器控制。在共享 IO 设备模式下，一个 IO 站点上不同的 I/O 模块，甚至同一 I/O 模块中的通道都可以最多被 4 个 IO 控制器共享，但是输出模块只能被一个 IO 控制器控制，其他 IO 控制器可以共享信号状态信息。由于访问机制为点对点方式，西门子 S7-1200 PLC 集成的 PROFINET 接口既可以作为 IO 控制器连接现场 IO 设备，又可同时作为 IO 设备被上一级 IO 控制器控制，此功能称为智能设备功能。

（2）PROFINET 接口的连接方法

S7-1200 PLC 的 PROFINET 通信口在 V4.4 版本中，所支持的最大通信连接为：4 个连接用于 HMI（人机界面）触摸屏与 CPU 的通信；4 个连接用于编程设备（PG）与 CPU 的通信；8 个连接用于 S7 通信的客户端/服务器连接，可以实现与 S7-1500/200/300/400 PLC 的以太网 S7 通信；8 个开放式用户通信。

S7-1200 PLC 的 PROFINET 与上述设备的连接有两种方法：直接连接和网络连接。

直接连接：当一个 S7-1200 PLC 与一个编程设备，或一个 HMI 或一个 PLC 通信时，也就是说只有两个通信设备时，实现的是直接通信。直接连接不需要使用交换机，用网络直接连接两个设备即可，如图 10-39 所示。

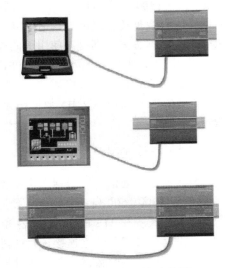

图 10-39　直接连接示意图

网络连接：当多个通信设备进行通信时，也就是说通信设备为两个以上时，实现的是网络连接。多个通信设备的网络连接需要使用以太网交换机来实现，如图 10-40 所示。例如，可以使用导轨安装的西门子 CSM1277 的 4 口交换机连接其他 CPU 及 HMI 设备。CSM1277 交换机是即插即用的，使用前不需要做任何设置。

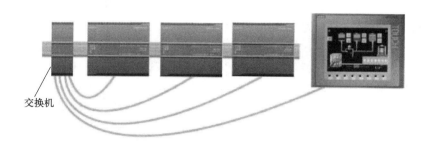

交换机

图 10-40　网络连接示意图

10.5.2　开放式用户通信

通过开放式用户通信（Open User Communication，OUC），可以使具有 PROFINET 接口或以太网接口的 CPU 模块与同一子网中具有通信能力的其他模块进行数据交换。这种通信只受用户程序的控制，可以用程序建立和断开事件驱动的通信连接，在运行期间也可修改连接。

（1）开放式用户通信的特点

开放式用户通信的主要特点是在所传送的数据结构方面具有高度的灵活性，可以允许 CPU模块与任何通信设备进行开放式数据交换，通信伙伴可以是两个 SIMATIC PLC，也可以是SIMATIC PLC 和相应的第三方设备，只要这些设备支持该集成接口可用的连接类型即可。

SIMATIC S7-1200 的 CPU 集成的以太网接口为 PROFINET 接口，采用 RJ45 接口方式连接，支持开放式用户通信、Web 服务器、Modbus TCP 协议和 S7 通信。可使用 TCP/IP（传输控制协议/网际协议）、UDP（用户数据报协议）和 ISO-on-TCP 连接类型进行开放式用户通信。

在进行数据传输之前，TCP、ISO-on-TCP 这些协议首先会建立与通信伙伴的传输连接。如果需防止数据丢失，则可以使用面向连接的协议。

采用 UDP 协议时，可以通过 CPU 集成的 PROFINET 接口向 PROFINET 上的一个设备进行单播或向所有设备进行广播。

在 Modbus TCP 协议中，数据作为 TCP/IP 数据包进行传输。只有用户程序中的相关指令才能进行控制。

（2）开放式用户通信的指令

开放式用户通信一般包括 3 个步骤：建立连接、发送接收数据和断开连接。

在 S7-1200/1500 自动化系统中要进行开放式用户通信时，可通过对通信伙伴的用户程序进行编程的方式或在 TIA Portal 的硬件和网络编辑器中组态连接的方式建立连接。

无论是通过编程建立连接还是通过组态建立连接，都需要在通信双方的用户程序中使用相应的指令发送和接收数据。如果通过编程建立连接，则需要在用户程序中使用相应的指令建立和终止连接。

在某些应用领域中，可以通过用户程序建立连接而不是通过硬件组态中的组态静态建立。这样，在需要建立连接时，只需要通过一个特定的应用程序指令即可建立连接。如果选择通过编程建立连接，则将在数据传输结束后释放连接资源。

在开放式用户通信中，S7-300/400/1200/1500 PLC 可以使用指令 TCON 来建立连接，用指令 TDISCON 来断开连接。指令 TSEND 和 TRCV 用于通过 TCP 和 ISO-on-TCP 协议发送和接收数据；指令 TUSEND 和 TURCV 用于通过 UDP 协议发送和接收数据。

S7-1200/1500 PLC 除了使用上述指令实现开放式用户通信，还可以使用指令 TSEND_C 和 TRCV_C，通过 TCP 和 ISO-on-TCP 协议发送和接收数据。这两条指令有建立和断开连接的功能，使用它们以后不需要调用 TCON 和 TDISCON 指令。以上指令均为函数块，下面简单介绍 TCON、TDISCON、TSEND、TSEND_C、TRCV 和 TRCV_C 指令的相关知识。

① TCON 指令（建立通信连接）　TCON 为异步执行指令，可设置并建立开放式用户通信连接。使用 TCON 指令设置并建立连接后，CPU 将自动持续监视该连接。TCON 的指令参数如表 10-37 所示，点击指令右上角的图标，可进行网络的组态；点击图标，可进行网络诊断。参数 CONNECT 和 ID 指定的连接数据用于通信连接，若要建立该连接，必须检测到 REQ 端发生上升沿跳变。成功建立连接后，参数 DONE 将被设置为"1"。进行 TCP 或 ISO-on-TCP 连接时，通信伙伴应都调用"TCON"指令，以设置和建立通信连接。参数分配期间，用户需要指定哪个是主动通信端点或哪个是被动通信端点。执行"TDISCON"指令或 CPU 切换到 STOP 模式时，会终止现有连接并删除所设置的相应连接。要再次设置并建立连接，需要再次执行"TCON"指令。

表 10-37　TCON 指令参数

梯形图指令符号	参数	数据类型	说明
"TCON_DB" TCON EN　　ENO REQ　　DONE ID　　BUSY CONNECT　ERROR STATUS	REQ	BOOL	在上升沿时启动相应作业,建立ID所指定的连接
	ID	CONN_OUC	指向已分配连接的引用，范围为 W#16#0001 ~ W#16#0FFF
	CONNECT	TCON_Param	指向连接描述的指针
	DONE	BOOL	状态参数，为0表示作业尚未启动或仍在执行；为1表示作业已执行，且无任何错误
	BUSY	BOOL	状态参数，为0表示作业尚未启动或已完成；为1表示作业尚未完成，无法启动新作业
	ERROR	BOOL	状态参数，0表示无错误；1表示出现错误
	STATUS	WORD	指令的状态

② TDISCON 指令（终止通信连接）　TDISCON 也为异步执行指令，可终止 CPU 与某个连接伙伴之间开放式用户通信连接，其指令参数如表 10-38 所示。成功执行 TDISCON 指令后，为 TCON 指定的 ID 不再有效，且不能用于进行发送或接收。

表 10-38　TDISCON 指令参数

梯形图指令符号	参数	数据类型	说明
	REQ	BOOL	在上升沿时启动该作业,终止 ID 所指定的连接
	ID	CONN_OUC	指向要终止连接的引用,范围为 W#16#0001 ~ W#16#0FFF
"TDISCON_DB" TDISCON EN　ENO REQ　DONE ID　BUSY ERROR STATUS	DONE	BOOL	状态参数,为 0 表示作业尚未启动或仍在执行;为 1 表示作业已执行,且无任何错误
	BUSY	BOOL	状态参数,为 1 表示作业尚未完成;为 0 表示作业已完成或尚未启动
	ERROR	BOOL	状态参数,0 表示无错误;1 表示执行过程中出现错误
	STATUS	WORD	指令的状态

　③ TSEND 指令（通过通信连接发送数据）　使用 TSEND 指令,可以通过现有通信连接发送数据,其指令参数如表 10-39 所示。指令中显示灰色的为可选参数（下同）,用户根据实际需求进行设置。参数 DATA 指定发送区,待发送的数据可以使用除 BOOL 和 Array of BOOL 外的所有数据类型。LEN 可指定发送数据的长度,使用 TCP 传送数据时,TSEND 指令不提供有关发送到 TRCV 的数据长度信息。使用 ISO-on-TCP 传送数据时,所发送数据的长度传递给 TRCV。

表 10-39　TSEND 指令参数

梯形图指令符号	参数	数据类型	说明
	REQ	BOOL	在上升沿时启动发送作业
	ID	CONN_OUC	引用由 TCON 建立的连接,范围为 W#16#0001 ~ W#16#0FFF
	LEN	UINT	要通过作业发送的最大字节数
"TSEND_DB" TSEND EN　ENO REQ　DONE ID　BUSY LEN　ERROR DATA　STATUS	DATA	VARIANT	指向发送区的指针,该发送区包含要发送数据的地址和长度
	DONE	BOOL	状态参数,为 0 表示发送尚未启动或仍在执行;为 1 表示发送已成功完成
	BUSY	BOOL	状态参数,为 0 表示发送尚未启动或已完成;为 1 表示发送未完成,无法启动新作业
	ERROR	BOOL	状态参数,0 表示无错误;1 表示执行过程中出现错误
	STATUS	WORD	指令的状态

还必须在 TRCV 接收结束时再次接收通过 TSEND 以数据包形式发送的数据量，如果接收缓冲区对于待发送数据而言过小，那么在接收结束时会发生错误；如果接收缓冲区足够大，那么在接收数据包后 TRCV 会立即返回 DONE=1。在发送作业完成前不允许编辑要发送的数据。如果成功发送完作业，则参数 DONE 将设置为 "1"。参数 DONE 的信号状态为 "1" 并不能确定通信伙伴已读取所发送的数据。

　　④ TRCV 指令（通过通信连接接收数据）　使用 TRCV 指令，可以通过现有通信连接接收数据，其指令参数如表 10-40 所示。参数 EN_R 设置为 "1" 时，启用数据接收，而接收到的数据将输入到接收区中。根据所用的协议选项，接收区长度由参数 LEN 指令，或者通过参数 DATA 的长度信息来指定。接收数据时，不能更改 DATA 参数或定义的接收区以确保接收到的数据一致。成功接收数据后，参数 NDR 设置值为 "1"。

表 10-40　TRCV 指令参数

梯形图指令符号	参数	数据类型	说明
	EN_R	BOOL	启用接收功能
	ID	CONN_OUC	引用由 TCON 建立的连接，范围为 W#16#0001~W#16#0FFF
	LEN	UDINT	接收区长度（以字节为单位），如果在 DATA 参数中使用具有优化访问权限的接收区，LEN 参数必须为 0
	ADHOC	BOOL	TCP 协议选项使用 Ad-hoc 模式
"TRCV_DB" TRCV EN ENO EN_R NDR ID BUSY LEN ERROR ADHOC STATUS DATA RCVD_LEN	DATA	VARIANT	指向接收区的指针，传送结构时，发送端和接收端的结构必须相同
	NDR	BOOL	状态参数，为 0 表示作业尚未启动或仍在执行过程中；为 1 表示接收到新数据
	BUSY	BOOL	状态参数，为 0 表示接收尚未启动或已完成；为 1 表示接收未完成，无法启动新作业
	ERROR	BOOL	状态参数，0 表示无错误；1 表示执行过程中出现错误
	STATUS	WORD	指令的状态
	RCVD_LEN	UDINT	实际接收到的数据量（以字节为单位）

　　⑤ TSEND_C（通过以太网发送数据）　在 S7-1200/1500 PLC 中，使用 TSEND_C 指令可

以设置和建立通信连接，并通过现有的以太网通信连接发送数据，CPU 会自动保持和监视该通信连接，其指令参数如表 10-41 所示。CONT 为 1 时设置并建立通信连接。CPU 进入 STOP 模式后，将终止现有连接并移除已设置的连接，要再次设置并建立该连接，需再次执行 TSEND_C 指令。在参数 REQ 中检测到上升沿时执行发送作业，使用参数 DATA 指定发送区（包括要发送数据的地址和长度）。使用参数 LEN 可指定通过一个发送作业发送的最大字节数。如果在 DATA 参数中使用具有优化访问权限的发送区，LEN 参数值必须为 0。参数 CONT 置为 0 时，即使当前进行的数据传送尚未完成，也将终止通信连接。但如果对 TSEND_C 使用了组态连接，将不会终止连接，可随时通过将参数 CON_RST 设置为 1 来重置连接。

表 10-41　TSEND_C 指令参数

梯形图指令符号	参数	数据类型	说明
"TSEND_C_DB" TSEND_C EN ENO REQ DONE CONT BUSY LEN ERROR CONNECT STATUS DATA ADDR COM_RST	REQ	BOOL	在上升沿时启动发送作业
	CONT	BOOL	控制通信连接，0 为断开通信连接；1 为建立并保持通信连接
	LEN	UINT	要通过作业发送的最大字节数
	CONNECT	VARIANT	指向连接描述结构的指针
	DATA	VARIANT	指向发送区的指针，该发送区包含要发送数据的地址和长度
	ADDR	VARIANT	UDP 需使用的隐藏参数，包含指向系统数据类型 TADDR_Param 的指针。接收方的地址信息（IP 地址和端口号）存储在 TADDR_Param 的数据块中
	COM_RST	BOOL	可重置连接，0 为不相关；1 为重置现有连接
	DONE	BOOL	状态参数，为 0 表示发送尚未启动或仍在执行；为 1 表示发送已成功完成
	BUSY	BOOL	状态参数，为 0 表示发送尚未启动或已完成；为 1 表示发送未完成，无法启动新作业
	ERROR	BOOL	状态参数，0 表示无错误；1 表示建立连接、传送数据或终止连接时出错
	STATUS	WORD	指令的状态

⑥ TRCV_C（通过以太网接收数据）　在 S7-1200/1500 PLC 中，使用 TRCV_C 指令可以设置和建立通信连接，并通过现有的以太网通信连接接收数据，CPU 会自动保持和监视该通信连接，其指令参数如表 10-42 所示。CONT 为 1 时设置并建立通信连接。CPU 进入 STOP 模式后，

将终止现有连接并移除已设置的连接，要再次设置并建立该连接，需再次执行 TRCV_C 指令。参数 CONT 置为 0 时，即使当前进行的数据传送尚未完成，也将终止通信连接。但如果使用了组态连接，将不会终止连接，可随时通过将参数 COM_RST 设置为 1 来重置连接。

表 10-42　TRCV_C 指令参数

梯形图指令符号	参数	数据类型	说明
	EN_R	BOOL	启用接收功能
	CONT	BOOL	控制通信连接，0 为断开通信连接；1 为建立并保持通信连接
	LEN	UDINT	接收区长度（以字节为单位），如果在 DATA 参数中使用具有优化访问权限的接收区，LEN 参数必须为 0
	ADHOC	BOOL	TCP 协议选项使用 Ad-hoc 模式
	CONNECT	VARIANT	指向连接描述结构的指针
	DATA	VARIANT	指向接收区的指针，传送结构时，发送端和接收端的结构必须相同
	ADDR	VARIANT	UDP 需使用的隐藏参数，包含指向系统数据类型 TADDR_Param 的指针。发送方的地址信息（IP 地址和端口号）存储在 TADDR_Param 的数据块中
	COM_RST	BOOL	可重置连接，0 为不相关；1 为重置现有连接
	DONE	BOOL	状态参数，为 0 表示接收尚未启动或仍在执行；为 1 表示接收已成功完成
	BUSY	BOOL	状态参数，为 0 表示接收尚未启动或已完成；为 1 表示接收未完成，无法启动新作业
	ERROR	BOOL	状态参数，0 表示无错误；1 表示执行过程中出现错误
	STATUS	WORD	指令的状态
	RCVD_LEN	UDINT	实际接收到的数据量（以字节为单位）

"TRCV_C_DB"
TRCV_C

EN	ENO
EN_R	DONE
CONT	BUSY
LEN	ERROR
ADHOC	STATUS
CONNECT	RCVD_LEN
DATA	
ADDR	
COM_RST	

（3）开放式用户通信的应用举例

例 10-7：两台 S7-1200 PLC 间的 ISO-on-TCP 开放式用户通信。在某 S7-1200 PLC 系统中，

有两台 CPU 1215C DC/DC/RLY 模块，分别为甲机和乙机。甲机的 I0.1 每检测到 1 个上升沿脉冲时当前计数值加 1，并将此数值采用 ISO-on-TCP 开放式用户通信的方式传送到乙机的 MB30 中。

1）控制分析　两台 S7-1200 PLC 间的 ISO-on-TCP 开放式用户通信，可以直接通过 PROFINET 端口来实现，其中甲机的 IP 地址设为 192.168.0.1，乙机的 IP 地址设为 192.168.0.2。指令 TSEND_C 和 TRCV_C 可用于通过 TCP 和 ISO_on_TCP 协议发送和接收数据，因此甲机使用 TSEND_C 指令将当前计数值发送出去，乙机通过 TRCV_C 指令接收数值，并将其存储到 MB30 中。

2）硬件配置及 I/O 分配　本例的硬件配置如图 10-41 所示，其硬件主要包括 2 根 RJ45 接头的屏蔽双绞线、2 台 CPU 1215C DC/DC/RLY、1 台交换机。甲机的 I0.0 外接复位按钮，I0.1 外接开关信号。

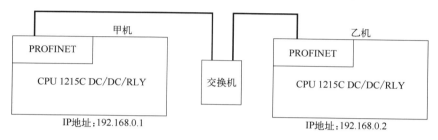

图 10-41　两台 S7-1200 PLC 间的 ISO-on-TCP 开放式用户通信的硬件配置

3）硬件组态

① 新建项目　在 TIA Portal 中新建项目，添加两个 CPU 1215C DC/DC/RLY 模块，并分别命名为甲机和乙机。

② 启用系统时钟　先选中"甲机［CPU 1215C DC/DC/RLY］"，再在"属性"的"常规"选项卡中选中"系统和时钟存储器"，将"系统存储器位"的"启用系统存储器字节"勾选，并在"系统存储器字节的地址"中输入 10，则 M10.2 位表示始终为 1。将"时钟存储器位"的"启用时钟存储器字节"勾选，并在"时钟存储器字节的地址"中输入 20。同样的方法，启用乙机的系统时钟。

③ 设置以太网地址　选中"甲机［CPU 1215C DC/DC/RLY］"，在"设备视图"下，单击 CPU 1215C DC/DC/RLY 模块的绿色的 PN 接口，选择"属性"→"常规"→"以太网地址"，在"接口连接到"的"子网"中点击"添加新子网"，生成子网为"PN/IE_1"，IP 协议中设置 IP 地址为"192.168.0.1"，如图 10-42 所示。同样的方法，设置乙机的 IP 地址为"192.168.0.2"，并选择生成子网为"PN/IE_1"。这样两台 PLC 之间就进行了以太网连接，如图 10-43 所示。

4）编写 S7-1200 PLC 程序

① 甲机 PLC 程序的编写

a. 调用函数块 TSEND_C。在 TIA Portal 项目视图的项目树中，打开"甲机"的主程序块（Main［OB1］），再选中"指令"→"通信"→"开放式用户通信"，再将"TSEND_C"拖曳到主程序块的程序段 1 中，如图 10-44 所示。

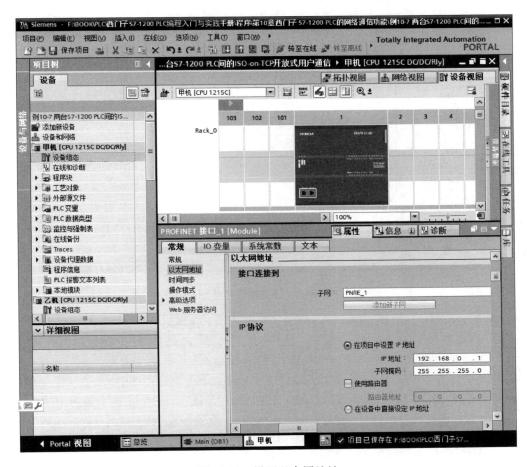

图 10-42　设置以太网地址

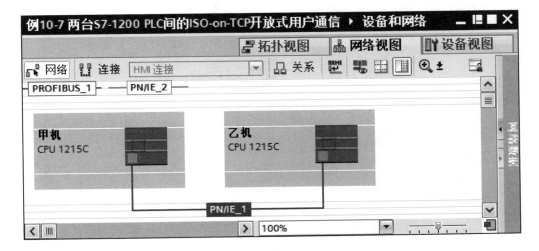

图 10-43　两台 S7-1200 PLC 的以太网连接

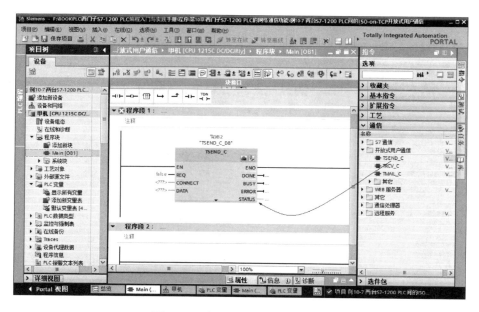

图 10-44　调用函数块 TSEND_C

　　b. 配置 TSEND_C 参数。右击"TSEND_C"函数块，在弹出的"属性"对话框中选择"组态"下的"连接参数"。在"连接参数"的"伙伴"端点选择"乙机［CPU 1215C DC/DC/RLY］"，再在"本地"侧的"连接数据"中选择"新建"后"连接数据"将自动生成为"甲机_Send_DB"，然后"连接类型"选择"ISO-on-TCP"，并将"主动建立连接"单选项选中。在"伙伴"侧的"连接数据"中选择"新建"后"连接数据"将自动生成为"乙机_Receive_DB"，如图 10-45 所示。

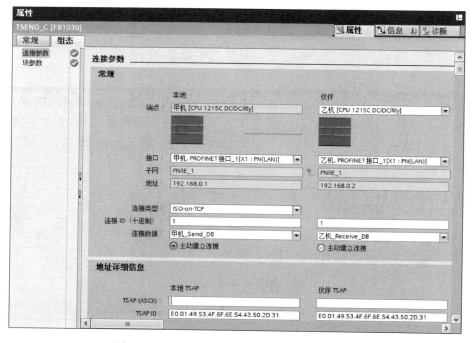

图 10-45　配置例 10-7 的 TSEND_C 连接参数

　　右击"TSEND_C"函数块，在弹出的"属性"对话框中选择"组态"下的"块参数"，其设置如图 10-46 所示。每隔 REQ 设定的时间激活 1 次发送请求，每次将 MW2 中的信息发送出去。

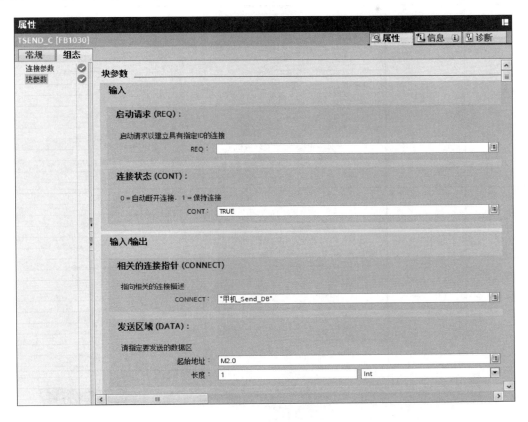

图 10-46　配置例 10-7 的 TSEND_C 块参数

　　c. 程序的编写。TSEND_C 参数配置完成后，按表 10-43 所示，完成程序段的编写。在程序段 1 中，每隔 0.1s 将 MW2 中的字节传送出去。在程序段 2 中，I0.1 每次检测到输入信号发生上升沿跳变时，MW2 中的当前计数值加 1。

　　② 乙机 PLC 程序的编写

　　a. 调用函数块 TRCV_C。在 TIA Portal 项目视图的项目树中，打开"甲机"的主程序块（Main[OB1]），再选中"指令"→"通信"→"开放式用户通信"，再将"TRCV_C"拖曳到主程序块的程序段 1 中。

　　b. 配置 TRCV_C 参数。右击"TRCV_C"函数块，在弹出的"属性"对话框中选择"组态"下的"连接参数"。在"连接参数"的"伙伴"端点选择"甲机[CPU 1215C DC/DC/RLY]"，再在"本地"侧的"连接数据"中选择"新建"后"连接数据"将自动生成为"乙机_Receive_DB"，然后"连接类型"选择"ISO-on-TCP"。在"伙伴"侧的"连接数据"中选择"新建"后"连接数据"将自动生成为"甲机_Send_DB"，并将"主动建立连接"单选项选中，如图 10-47 所示。

　　右击"TRCV_C"函数块，在弹出的"属性"对话框中选择"组态"下的"块参数"，其设置如图 10-48 所示。当 I0.0 为 ON 时，启动数据的接收，将接收到的数值存入 M30.0 起始的单元中。

表 10-43　例 10-7 的甲机程序

程序段	LAD
程序段 1	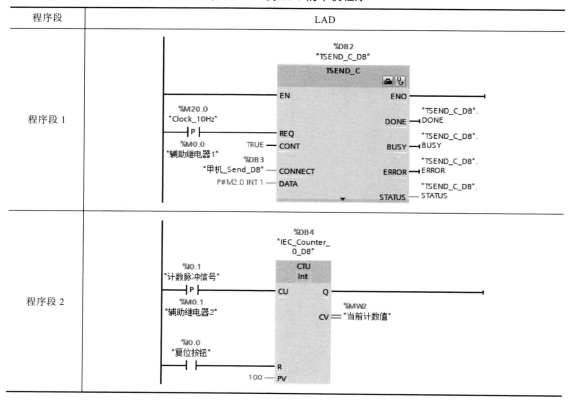
程序段 2	

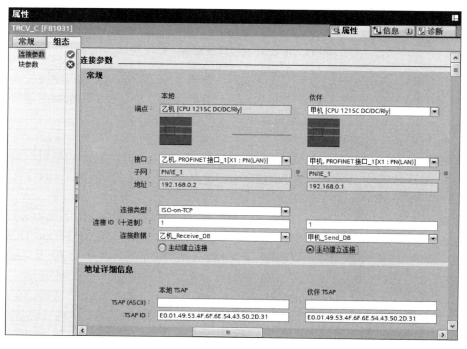

图 10-47　配置例 10-7 的 TRCV_C 连接参数

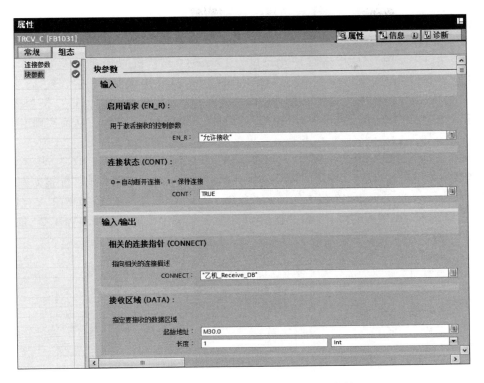

图 10-48 配置例 10-7 的 TRCV_C 块参数

c. 程序的编写。TRCV_C 参数配置完成后，按表 10-44 所示，完成程序段的编写。在程序段 1 中，当 I0.0 触点为 ON 时，执行 TRCV_C 指令，进行数据的接收操作，将接收到的数据存储到 MW30 中。

表 10-44 例 10-7 的乙机程序

程序段	LAD
程序段 1	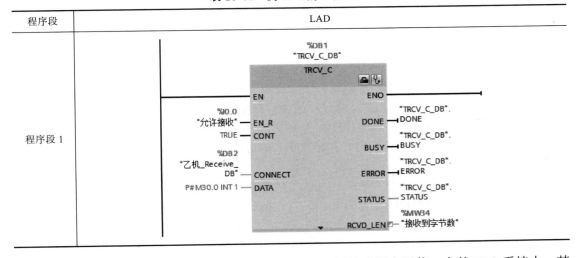

例 10-8： S7-1200 PLC 与 S7-1500 PLC 间的 TCP 开放式用户通信。在某 PLC 系统中，其中一台 S7-1200 PLC 为甲机，一台 S7-1500 PLC 为乙机。要求甲机的按钮 SB2（I0.1）按下时，乙机的电动机正向运行；甲机的按钮 SB3（I0.2）按下时，乙机的电动机反向运行；甲机的按钮

SB1（I0.0）按下时，乙机的电动机停止运行。

1）控制分析　S7-1200 PLC 与 S7-1500 PLC 间的 TCP 开放式用户通信，可以直接通过 PROFINET 端口来实现，其中甲机的 IP 地址设为 192.168.0.1，乙机的 IP 地址设为 192.168.0.2。指令 TSEND_C 和 TRCV_C 可用于通过 TCP 和 ISO_on_TCP 协议发送和接收数据，因此甲机使用 TSEND_C 指令将各按钮的状态值（MB2）发送出去，乙机通过 TRCV_C 指令接收数值，并将其存储到 MB4 中，然后再根据 MB4 相关位的状态控制 Q0.0~Q0.1，从而实现电动机的运行状态。

2）硬件配置及 I/O 分配　本例 S7-1500 PLC 的 CPU 模块采用 CPU 1516-3，由于该模块本体不集成数字量 I/O，因此，在使用时需要外接数字量输出模块。本例的硬件配置如图 10-49 所示，其硬件主要包括 2 根 RJ45 接头的屏蔽双绞线、1 台 CPU 1215C DC/DC/RLY、1 台 CPU 1516-3（6ES7 516-3AN01-0AB0）、1 台交换机、1 个数字量输出模块 DQ 8x24VDC/2A HF（6ES7 522-1BF00-0AB0）等。

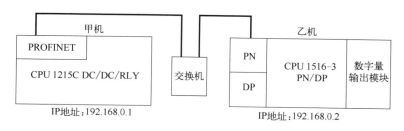

图 10-49　S7-1200 PLC 与 S7-1500 PLC 间的 TCP 开放式用户通信的硬件配置

甲机的 I0.0 外接停止运行按钮 SB1，I0.1 外接正向启动按钮 SB2，I0.2 外接反向启动按钮 SB3，Q0.0 外接停止指示灯 HL1，Q0.1 外接正向运行指示灯 HL2，Q0.2 外接反向运行指示灯 HL3；乙机的数字量输出模块的 Q0.0 与接触器 KM1 连接，控制电动机正向运行，Q0.1 与接触器 KM2 连接，控制电动机反向运行。

3）硬件组态

① 新建项目　在 TIA Portal 中新建项目，添加 CPU 1215C DC/DC/RLY 模块，并命名为甲机。再添加 CPU 1516-3（6ES7 516-3AN01-0AB0）模块，命名为乙机。然后将乙机组态并添加数字量输出模块 DQ 8×24VDC/2A HF（6ES7 522-1BF00-0AB0）。

② 启用系统时钟　先选中"甲机［CPU 1215C DC/DC/RLY］"，再在"属性"的"常规"选项卡中选中"系统和时钟存储器"，将"系统存储器位"的"启用系统存储器字节"勾选，并在"系统存储器字节的地址"中输入 10，则 M10.2 位表示始终为 1。将"时钟存储器位"的"启用时钟存储器字节"勾选，并在"时钟存储器字节的地址"中输入 20。同样的方法，启用乙机的系统时钟。

③ 设置以太网地址　选中"甲机［CPU 1215C DC/DC/RLY］"，在"设备视图"下，单击 CPU 1215C DC/DC/RLY 模块的绿色的 PN 接口，选择"属性"→"常规"→"以太网地址"，在"接口连接到"的"子网"中点击"添加新子网"，生成子网为"PN/IE_1"，IP 协议中设置 IP 地址为"192.168.0.1"。单击 CPU 1516-3 的 PROFINET 接口_1，同样的方法，设置乙机"PROFINET 接口_1"的 IP 地址为"192.168.0.2"，并选择生成子网为"PN/IE_1"。这样两台 PLC 之间就进行了以太网连接，如图 10-50 所示。

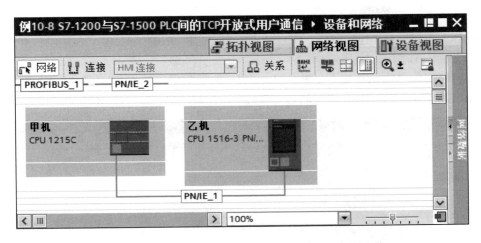

图 10-50　S7-1200 PLC 与 S7-1500 PLC 的以太网连接

4）编写 S7-1200 PLC 程序。

① 甲机 PLC 程序的编写

a. 调用函数块 TSEND_C。在 TIA Portal 项目视图的项目树中，打开"甲机"的主程序块（Main［OB1］），选中"指令"→"通信"→"开放式用户通信"，再将"TSEND_C"拖曳到主程序块的程序段 1 中。

b. 配置 TSEND_C 参数。右击"TSEND_C"函数块，在弹出的"属性"对话框中选择"组态"下的"连接参数"。在"连接参数"的"伙伴"端点选择"乙机［CPU 1516-3 PN/DP］"，再在"本地"侧的"连接数据"中选择"新建"后"连接数据"将自动生成为"甲机_Send_DB"，

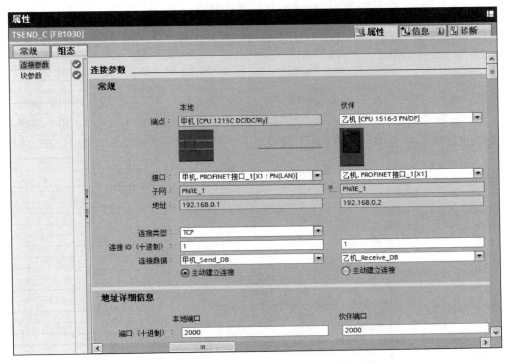

图 10-51　配置例 10-8 的 TSEND_C 连接参数

然后"连接类型"选择"TCP",并将"主动建立连接"单选项选中。在"伙伴"侧的"连接数据"中选择"新建"后"连接数据"将自动生成为"乙机_Receive_DB"。本地端口和伙伴端口均设置为2000,如图10-51所示。

右击"TSEND_C"函数块,在弹出的"属性"对话框中选择"组态"下的"块参数",其设置如图10-52所示。每隔REQ设定的时间激活1次发送请求,每次将MB2中的信息发送出去。

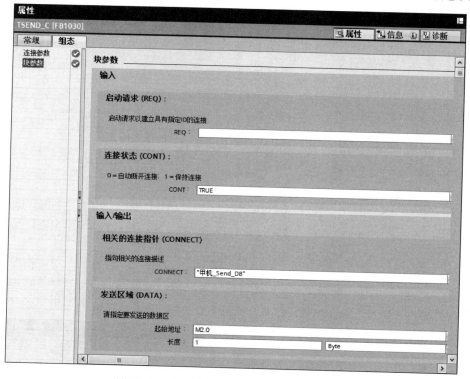

图10-52 配置例10-8的TSEND_C块参数

c. 程序的编写。TSEND_C参数配置完成后,按表10-45所示,完成程序段的编写。在程序段1中,每隔0.1s将MB2中的字节传送出去。程序段2中,按下SB2时I0.1常开触点闭合,与Q0.1连接的指示灯HL2点亮,同时M2.1位为"1"。程序段3中,按下SB3时I0.2常

表10-45 例10-8的甲机程序

程序段	LAD
程序段1	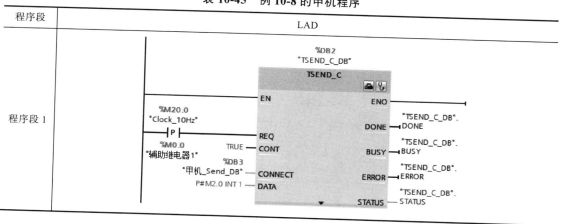

续表

程序段	LAD
程序段 2	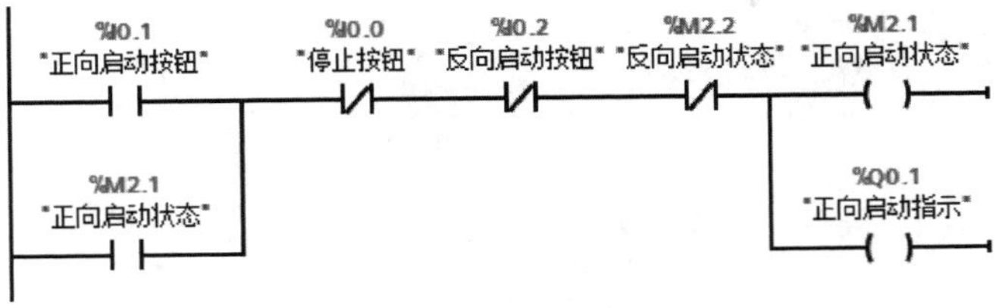 %I0.1 "正向启动按钮"　%I0.0 "停止按钮"　%I0.2 "反向启动按钮"　%M2.2 "反向启动状态"　%M2.1 "正向启动状态" %M2.1 "正向启动状态"　　　　　　　　%Q0.1 "正向启动指示"
程序段 3	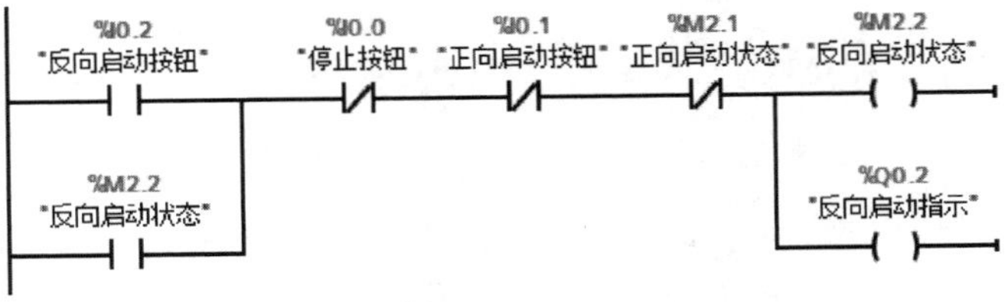 %I0.2 "反向启动按钮"　%I0.0 "停止按钮"　%I0.1 "正向启动按钮"　%M2.1 "正向启动状态"　%M2.2 "反向启动状态" %M2.2 "反向启动状态"　　　　　　　　%Q0.2 "反向启动指示"
程序段 4	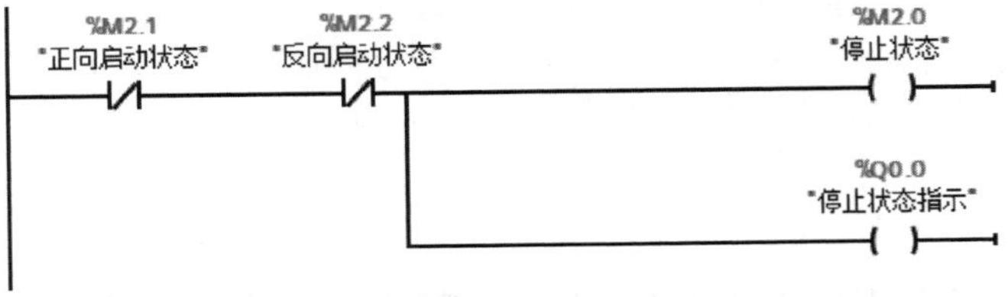 %M2.1 "正向启动状态"　%M2.2 "反向启动状态"　　　　　%M2.0 "停止状态" 　　　　　　　　　　　　　　　%Q0.0 "停止状态指示"

开触点闭合，与 Q0.2 连接的指示灯 HL3 点亮，同时 M2.2 位为 "1"。程序段 3 中，若 SB2 或 SB3 均未按下，与 Q0.0 连接的指示灯 HL1 点亮，同时 M2.0 位为 "1"

② 乙机 PLC 程序的编写

a. 调用函数块 TRCV_C。在 TIA Portal 项目视图的项目树中，打开 "甲机" 的主程序块（Main［OB1］），选中 "指令" → "通信" → "开放式用户通信"，再将 "TRCV_C" 拖曳到主程序块的程序段 1 中。

b. 配置 TRCV_C 参数。右击 "TRCV_C" 函数块，在弹出的 "属性" 对话框中选择 "组态" 下的 "连接参数"。在 "连接参数" 的 "伙伴" 端点选择 "甲机［CPU 1215C DC/DC/RLY］"，再在 "本地" 侧的 "连接数据" 中选择 "新建" 后 "连接数据" 将自动生成为 "乙机_Receive_DB"，然后 "连接类型" 选择 "TCP"。在 "伙伴" 侧的 "连接数据" 中选择 "新建" 后 "连接数据" 将自动生成为 "甲机_Send_DB"，并将 "主动建立连接" 单选项选中。本地端口和伙伴端口均设置为 2000，如图 10-53 所示。

右击 "TRCV_C" 函数块，在弹出的 "属性" 对话框中选择 "组态" 下的 "块参数"，其设置如图 10-54 所示。每隔 0.1s 激活 1 次接收操作，每次将接收到的数值存入 M4.0 起始的单元中。

c. 程序的编写。TRCV_C 参数配置完成后，按表 10-46 所示，完成程序段的编写。在程序段 1 中，每隔 0.1s 执行 1 次 TRCV_C 指令，进行数据的接收操作，将接收到的数据存储到 MB4 中。在程序段 2 中，若接收到 M4.1 位为 ON，Q0.0 线圈得电，控制电动机正向运行。在程序段 3 中，若接收到 M4.2 位为 ON，Q0.1 线圈得电，控制电动机反向运行。

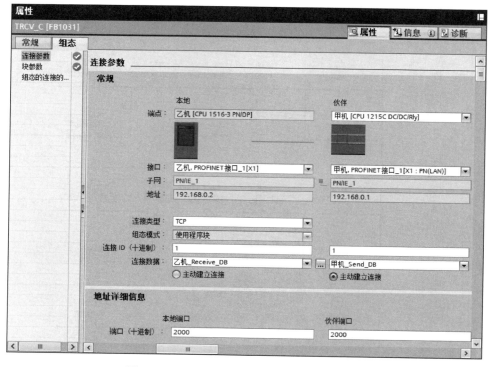

图 10-53　配置例 10-8 的 TRCV_C 连接参数

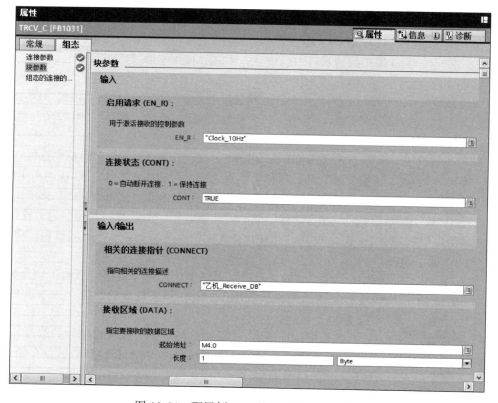

图 10-54　配置例 10-8 的 TRCV_C 块参数

表 10-46　例 10-8 的乙机程序

程序段	LAD
程序段 1	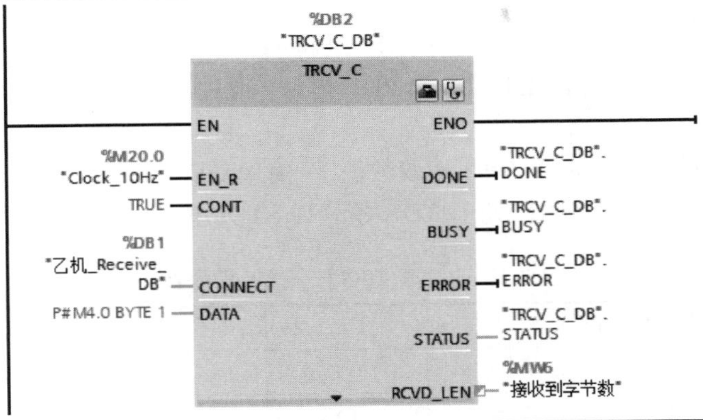
程序段 2	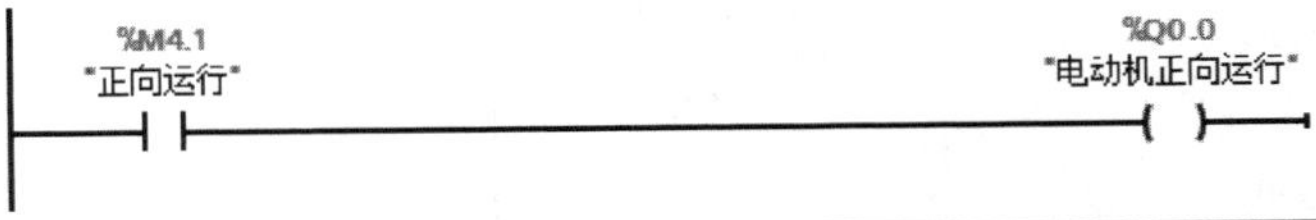
程序段 3	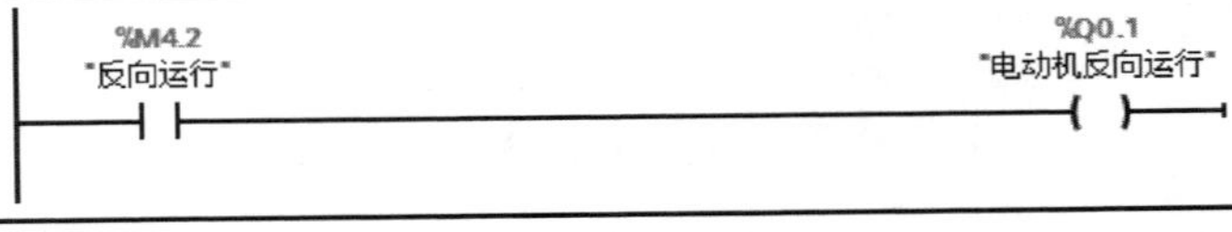

10.5.3　S7 通信

S7 通信（S7 Communication）集成在每一个 SIMATIC S7 和 C7 的系统中，属于 OSI 参考模型的应用层协议，它独立于各个网络，可以应用于多种网络。

（1）S7 通信简介

S7 协议是专门为西门子控制产品优化设计的通信协议，它主要用于 S7 CPU 之间、CPU 与西门子人机界面和编程设备之间的通信。S7-1200/1500 PLC 所有的以太网接口都支持 S7 通信。

S7 通信协议是面向连接的协议，在进行数据交换之前，必须与通信伙伴建立连接。面向连接的协议具有较高的安全性。S7 通信可以用于工业以太网和 PROFIBUS-DP。这些网络的 S7 通信的组态和编程方法基本相同。

连接是指两个通信伙伴之间为了执行通信服务对立的逻辑链路，而不是两个站之间用物理媒体（如双绞线）实现的连接。连接相当于通信伙伴之间一条虚拟的"专线"，它们随时可以用这条"专线"进行通信。一条物理线路可以建立多个连接。

S7 连接可以分为单向连接和双向连接，S7 PLC 的 CPU 集成的以太网接口都支持 S7 单向连接。单向连接中的客户端（Client）是向服务器（Server）请求服务的设备，客户端是主动的，它调用 GET/PUT 指令来读、写服务器的存储区，通信服务经客户端要求而启动。服务器是通信中的被动方，用户不用编写服务器的 S7 通信程序，S7 通信是由服务器的操作系统完成的。单向连接只需要客户端组态连接、下载组态信息和编写通信程序。

V2.0 及以上版本的 S7-1200 CPU 的 PROFINET 通信口可以作为 S7 通信的服务器或客户端。因为客户端可以读、写服务器的存储区，单向连接实际上可以双向传输数据。

双向连接的通信双方都需要下载连接组态,一方调用指令 BSEND 或 USEND 来发送数据,另一方调用指令 BRCV 或 URCV 来接收数据。S7-1200 不支持双向连接的 S7 通信。

（2）GET/PUT 指令

在 S7 PLC 中, 使用 GET 指令和 PUT 指令, 通过 PROFINET 和 PROFIBUS 连接, 创建 S7 CPU 通信。

① GET 指令（从远程 CPU 读取数据） 使用 GET 指令, 可以从远程 CPU 中读取数据。读取数据时, 远程 CPU 可以处于 RUN 模式或 STOP 模式, 其指令参数如表 10-47 所示。

表 10-47　GET 指令参数

梯形图指令符号	参数	数据类型	说明
	REQ	BOOL	在上升沿时,激活数据交换功能
	ID	WORD	S7 连接号
"GET_DB" GET Remote - Variant	ADDR_1	REMOTE	指向远程 CPU 中待读取数据的存储区
EN ENO REQ NDR ID ERROR	RD_1	VARIANT	指向本地 CPU 中存储待读取数据的存储区
ADDR_1 STATUS RD_1	NDR	BOOL	新数据就绪: 0 表示尚未启动或仍在运行; 1 表示已完成任务
	ERROR	BOOL	是否出错: 0 表示无错误; 1 表示有错误
	STATUS	WORD	故障代码

② PUT 指令（将数据写入远程 CPU） 使用 PUT 指令, 可以将本地 CPU 数据写入远程 CPU。写入数据时, 远程 CPU 可以处于 RUN 模式或 STOP 模式, 其指令参数如表 10-48 所示。

表 10-48　PUT 指令参数

梯形图指令符号	参数	数据类型	说明
	REQ	BOOL	在上升沿时, 激活数据交换功能
	ID	WORD	S7 连接号
"PUT_DB" PUT Remote - Variant	ADDR_1	REMOTE	指向远程 CPU 中用于写入数据的存储区
EN ENO REQ DONE ID ERROR	SD_1	VARIANT	指向本地 CPU 中待发送数据的存储区
ADDR_1 STATUS SD_1	DONE	BOOL	状态参数: 0 表示尚未启动或仍在运行; 1 表示已完成任务
	ERROR	BOOL	是否出错: 0 表示无错误; 1 表示有错误
	STATUS	WORD	故障代码

（3）S7 通信的应用举例

例 10-9：两台 S7-1200 PLC 间的 S7 通信。在某 S7 通信系统中有两台 S7-1200 PLC，其中 1 台 CPU 1215C DC/DC/RLY 作为客户端，另 1 台 CPU 1215C DC/DC/RLY 作为服务器，要求从客户端的 MB2 发出一个字节到服务器的 MB30，从服务器的 MB4 发出一个字节到客户端的 MB6。

1）控制分析　两台 S7-1200 PLC 间的 S7 通信，可以直接通过 PROFINET 端口来实现，其中客户端的 IP 地址设为 192.168.0.1，服务器的 IP 地址设为 192.168.0.2。指令 GET 和 PUT 可用于客户端 PLC 通过 S7 协议向服务器 PLC 读取或写入指定的数据。只需在客户端编写程序，而服务器端不需要编写程序。

2）硬件配置及 I/O 分配　本例的硬件配置如图 10-55 所示，其硬件主要包括 2 根 RJ45 接头的屏蔽双绞线、2 台 CPU 1215C DC/DC/RLY、1 台交换机。

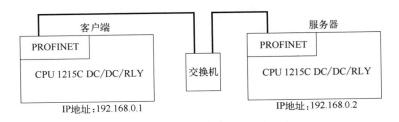

图 10-55　两台 S7-1200 PLC 间的 S7 通信的硬件配置

3）硬件组态

① 新建项目　在 TIA Portal 中新建项目，添加 2 个 CPU 1215C DC/DC/RLY 模块，并分别命名为客户端和服务器。

② 启用系统时钟　先选中"客户端［CPU 1215C DC/DC/RLY］"，再在"属性"的"常规"选项卡中选中"系统和时钟存储器"，将"系统存储器位"的"启用系统存储器字节"勾选，并在"系统存储器字节的地址"中输入 10，则 M10.2 位表示始终为 1。将"时钟存储器位"的"启用时钟存储器字节"勾选，并在"时钟存储器字节的地址"中输入 20。同样的方法，启用服务器端 PLC 的系统时钟。

③ 设置以太网地址　选中"客户端［CPU 1215C DC/DC/RLY］"，在"设备视图"下，单击 CPU 1215C DC/DC/RLY 模块的绿色的 PN 接口，选择"属性"→"常规"→"以太网地址"，在"接口连接到"的"子网"中点击"添加新子网"，生成子网为"PN/IE_1"，IP 协议中设置 IP 地址为"192.168.0.1"。同样的方法，设置服务器端 PLC 的 IP 地址为"192.168.0.2"，并选择生成子网为"PN/IE_1"。

④ 建立 S7 连接　在"网络视图下"，点击 █ 连接，然后选择"S7 连接"，再用鼠标将客户端的 PN（绿色）选中并按住不放，拖拽到服务器的 PN 口释放鼠标。这时就建立了一个 S7 连接，并呈高亮显示，如图 10-56 所示。

⑤ 设置服务器端的连接机制　使用固体版本为 V4.0 及以上的 S7-1200 CPU 作为 S7 通信的服务器时，需要设置连接机制才能保证 S7 通信正常。选中"服务器［CPU 1215C DC/DC/RLY］"，在"设备视图"下，单击 CPU 1215C DC/DC/RLY 模块，再选择"属性"→"常规"→"防护与安全"→"连接机制"，勾选"允许来自远程对象的 PUT/GET 通信访问"复选框，如图 10-57 所示。

图 10-56   建立 S7 连接

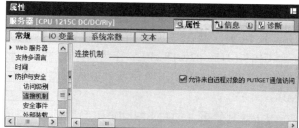

图 10-57   设置服务器端的连接机制

4）编写 S7-1200 PLC 程序   本例中，只需编写客户端 PLC 的程序，而服务器端不需要编写程序。

① 调用函数块 GET   在 TIA Portal 项目视图的项目树中，打开"客户端"的主程序块（Main［OB1］)，选中"指令"→"通信"→"S7 通信"，再将"GET"拖曳到主程序块的程序段 1 中。

② 配置 GET 参数   右击"GET"函数块，在弹出的"属性"对话框中选择"组态"下的"连接参数"。在"连接参数"的"伙伴"端点选择"服务器［CPU 1215C DC/DC/RLY］"，再在"本地"侧的"连接名称"中选择"S7_连接_1"，然后将复选框"主动建立连接"选中，如图 10-58 所示。

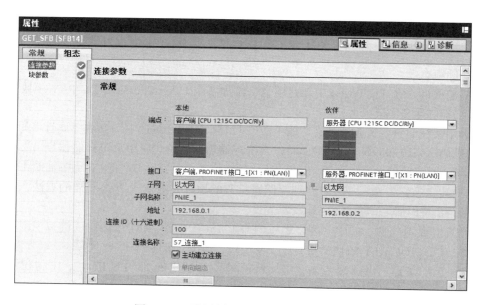

图 10-58   配置例 10-9 的 GET 连接参数

右击"GET"函数块，在弹出的"属性"对话框中选择"组态"下的"块参数"，其设置如图 10-59 所示。每隔 REQ 设定的时间激活 1 次接收请求，每次接收服务器端 MB4 中的信息并存储到客户端的 MB6。

③ 调用函数块 PUT   在 TIA Portal 项目视图的项目树中，打开"客户端"的主程序块（Main［OB1］)，选中"指令"→"通信"→"S7 通信"，再将"PUT"拖曳到主程序块的程序段 2 中。

④ 配置 PUT 参数   右击"PUT"函数块，在弹出的"属性"对话框中选择"组态"下的"连接参数"。在"连接参数"的"伙伴"端点选择"服务器［CPU 1215C DC/DC/RLY］"，再

在"本地"侧的"连接名称"中选择"S7_连接_1"，然后将复选框"主动建立连接"选中。

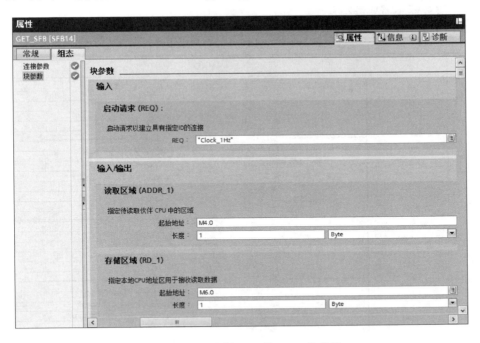

图 10-59　配置例 10-9 的 GET 块参数

右击"PUT"函数块，在弹出的"属性"对话框中选择"组态"下的"块参数"，其设置如图 10-60 所示。每隔 REQ 设定的时间激活 1 次发送请求，每次将客户端 MB2 中的信息发送给服务器的 MB30。

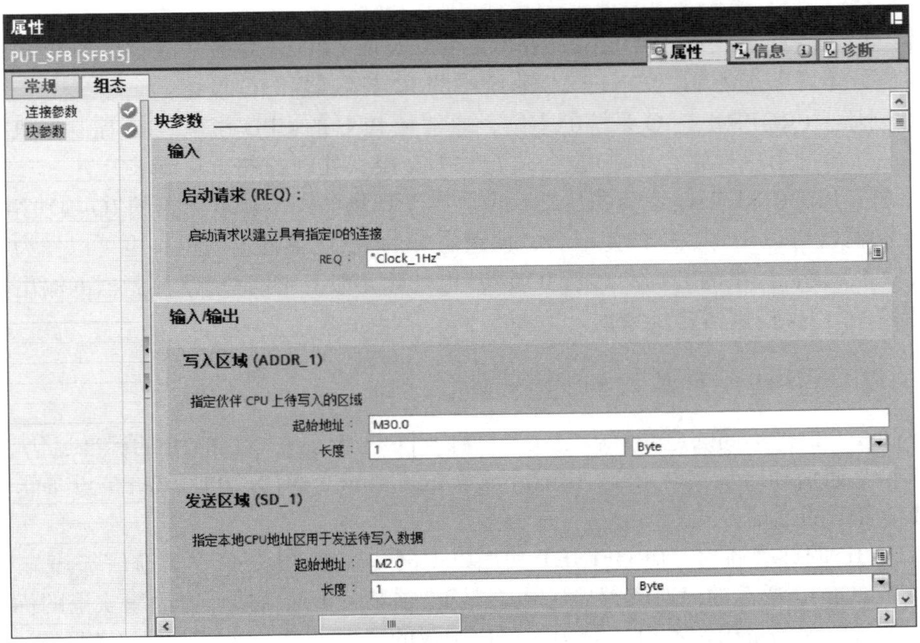

图 10-60　配置例 10-9 的 PUT 块参数

⑤ 程序的编写　GET 和 PUT 参数配置完成后，按表 10-49 所示，完成客户端程序段的编写。注意，服务器不需要编写程序。

表 10-49　例 10-9 的客户端程序

程序段	LAD
程序段 1	%DB1 "GET_DB" GET Remote - Variant EN — ENO %M20.5 "Clock_1Hz" — REQ — NDR — "GET_DB".NDR W#16#100 — ID — ERROR — "GET_DB".ERROR P#M4.0 BYTE 1 — ADDR_1 — STATUS — "GET_DB".STATUS P#M6.0 BYTE 1 — RD_1
程序段 2	%DB2 "PUT_DB" PUT Remote - Variant EN — ENO %M20.5 "Clock_1Hz" — REQ — DONE — "PUT_DB".DONE W#16#100 — ID — ERROR — "PUT_DB".ERROR P#M30.0 BYTE 1 — ADDR_1 — STATUS — "PUT_DB".STATUS P#M2.0 BYTE 1 — SD_1

10.5.4　PROFINET IO 通信

（1）PROFINET IO 简介

S7-1200 的 CPU 集成的 PROFINET 接口，可以实现 CPU 与编程设备、HMI 和其他 S7 CPU 之间的通信，还可以作为 PROFINET IO 系统中的 IO 控制器和 IO 设备。

IO 控制器：PROFINET IO 系统的主站，通常是 PLC 的 CPU 模块。IO 控制器执行各种控制任务，包括执行用户程序、与 IO 设备进行数据交换、处理各种通信请求等。

IO 设备：PROFINET IO 系统的从站，由分布于现场的用于获取数据的 IO 模块组成。

IO 控制器既可以作为数据的生产者，向组态好的 IO 设备输出数据；也可以作为数据的消费者，接收 IO 设备提供的数据；对于 IO 设备也与此类似，它消费 IO 控制器的输出数据，也作为生产者，向 IO 控制器提供数据。

（2）PROFINET IO 的基本通信方式

PROFINET 根据不同的应用场合定义了三种不同的通信方式:TCP/IP 的标准通信、实时 RT（Real-Time）通信和同步实时 IRT（Isochronous Real Time）通信。PROFINET 设备能够根据通信要求选择合适的通信方式。

① TCP/IP 的标准通信　PROFINET 使用以太网和 TCP/IP 协议作为通信基础,在任何场合下都提供对 TCP/IP 通信的绝对支持。TCP/IP 是 IT 领域关于通信协议方面事实上的标准,尽管响应时间在 100ms 的量级，不过，对于工厂控制级的应用来说，该响应时间已足够。

② 实时（RT）通信　由于绝大多数工厂自动化应用场合（例如传感器和执行器设备之间

的数据交换）对实时响应时间要求较高，为了能够满足自动化中的实时要求，PROFINET 中规定了基于以太网层第二层的优化实时通信通道，该方案极大地减少了通信栈上占用的时间，提高了自动化数据刷新方面的性能。PROFINET 不仅最小化了可编程控制器中的通信栈，而且对网络中的传输数据也进行了优化。采用 PROFINET 通信标准，系统对实时应用的响应时间可以缩短到 5~10ms。

③ 同步实时 IRT 通信　在现场级通信中，对通信实时性要求最高的是运动控制（Motion Control），PROFINET 同时还支持高性能同步运动控制应用,在该应用场合 PROFINET 提供对 100 个节点响应时间低于 1ms，抖动误差小于 1μs 的同步实时 IRT 通信。

（3）PROFINET IO 通信应用举例

例 10-10：S7-1200 PLC 作为 IO 控制器的 PROFINET IO 通信。在某 S7-1200 PLC 的 PROFINET IO 通信网络系统中，CPU 1215C DC/DC/RLY 作为 IO 控制器，ET 200S 作为 IO 设备。要求 IO 控制器上的 2 个按钮控制 IO 设备上的一台电动机的启停。

1）控制分析　将 CPU 1215C DC/DC/RLY 作为 IO 控制器，而 ET 200S 作为 I/O 设备，使用 PROFINET IO 可以实现两者进行通信。在此 IO 控制器的 IP 地址设为 192.168.0.1，IO 设备的 IP 地址设为 192.168.0.2。要实现任务控制，只需在 IO 控制器中编写相应程序即可。

2）硬件配置及 I/O 分配　本例的硬件配置如图 10-61 所示，其硬件主要包括 2 根 RJ45 接头的屏蔽双绞线、1 台 CPU 1215C DC/DC/RLY、1 个 ET 200S 接口模块（IM 151-3 PN）、1 台交换机等。IO 控制器的 I0.0 外接停止运行按钮 SB1，I0.1 外接启动按钮 SB2。I/O 设备的数字量输出模块的 Q2.0 与接触器 KM 连接，控制电动机的运行。

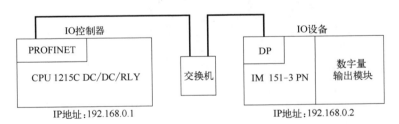

图 10-61　S7-1200 PLC 作为 IO 控制器的 PROFINET IO 通信硬件配置图

3）硬件组态

① 新建项目　在 TIA Portal 中新建项目，先添加 CPU 1215C DC/DC/RLY 模块。再添加 IM 151-3 PN，其操作方法是：在右边的硬件目录窗口中，执行"分布式 I/O" → "ET 200S" → "接口模块" → "PROFINET" → "IM 151-3 PN"，将订货号为"6ES7 151-3BB23-0AB0"的接口模块拖曳到网络视图中。

② 组态分布式 I/O 模块　在"网络视图"中，双击 IM 151-3 PN 模块切换到"设备视图"，在此视图中，再次双击 IM 151-3 PN 模块，在右边的硬件目录窗口中，将电源模块（PM）、数字量输出模块（DO），分别添加到 1、2 号插槽中。

③ 设置以太网地址　选中"PLC_1"，在"设备视图"下，单击 CPU 1215C DC/DC/RLY 模块的绿色的 PN 接口，选择"属性" → "常规" → "以太网地址"，在"接口连接到"的"子网"中点击"添加新子网"，生成子网为"PN/IE_1"，IP 协议中设置 IP 地址为"192.168.0.1"。单击 IM 151-3 PN 的 PROFINET 接口，同样的方法，设置 IM 151-3 PN　"PROFINET 接口"的 IP 地址为"192.168.0.2"，并选择生成子网为"PN/IE_1"。

④ 建立客户端与 IO 设备的连接　在"网络视图"中，将"PLC_1"的 PN 口选中，并按住不放，拖曳到 IO device_1（IM 151-3 PN）的 PN 口处释放，即可建立连接，如图 10-62 所示。

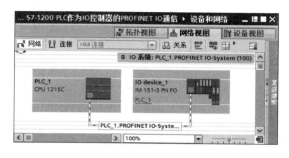

图 10-62　建立客户端与 IO 设备的连接

⑤ 分配 IO 设备名称　本例的 IO 设备（IO device_1）已分配的 IP 地址为"192.168.0.2"，这个 IP 地址仅在初始化时起作用，一旦分配完成设备名称后，这个 IP 地址就失效了。在"网络视图"中，选中"PLC_1.PROFNET IO-Syste..."，右击鼠标，弹出快捷菜单，单击"分配设备名称"命令，如图 10-63 所示。

图 10-63　选择"分配设备名称"

在图 10-63 中选择"分配设备名称"命令后，弹出如图 10-64 所示对话框，在此选择 PROFINET 设备名称为"io device_1"，PG/PC 接口的类型设置为"PN/IE"，并选择合适的 PG/PC 接口，再单击"更新列表"按钮，系统自动搜索 IO 设备，当搜索到 IO 设备后，再单击"分配名称"按钮，即可完成设备名称的分配。

4）编写 S7-1200 PLC 程序　只需要在 IO 控制器（PLC_1）的 OB1 中编写如表 10-50 所示的程序即可，而 IO 设备中并不需要编写程序。

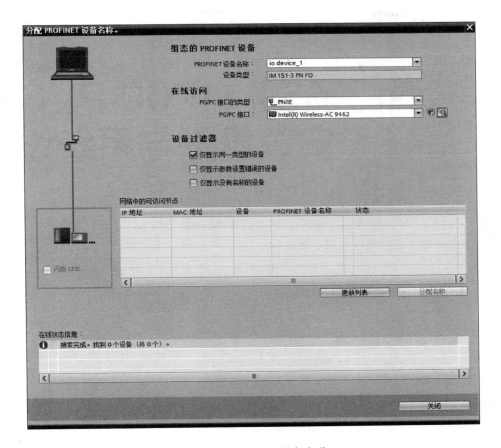

图 10-64　分配 IO 设备名称

表 10-50　例 10-10 的 IO 控制器程序

程序段	LAD
程序段 1	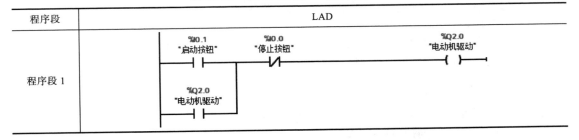

第11章

西门子S7-1200 PLC的安装维护与系统设计

S7-1200 PLC 可靠性较高，能适应恶劣的外部环境。为了充分利用 PLC 的这些特点，实际应用时要注意正确地进行安装、接线。

11.1 PLC 的安装与拆卸

11.1.1 PLC 安装注意事项

（1）安装环境要求

为保证可编程控制器工作的可靠性，尽可能地延长其使用寿命，在安装时一定要注意周围的环境，其安装场合应该满足以下几点要求：

① 环境温度在 0~50℃的范围内；

② 环境相对湿度在 35%~95%范围内；

③ 不能受太阳光直接照射或水的溅射；

④ 周围无腐蚀和易燃的气体，例如氯化氢、硫化氢等；

⑤ 周围无大量的金属微粒及灰尘；

⑥ 避免频繁或连续的振动，振动频率范围为 10~55Hz、幅度为 0.5mm（峰-峰）；

⑦ 可承受超过 15g（重力加速度）的冲击。

（2）安装注意事项

除满足以上环境条件外，安装时还应注意以下几点。

① 可编程控制器的所有单元必须在断电时安装和拆卸。

② 为防止静电对可编程控制器组件的影响，在接触可编程控制器前，先用手接触某一接地的金属物体，以释放人体所带静电。

③ 注意可编程控制器机体周围的通风和散热条件，切勿将导线头、铁屑等杂物通过通风窗落入机体内。

11.1.2 S7-1200 设备的安装方法及安装尺寸

（1）S7-1200 设备的安装方法

S7-1200 PLC 既可以安装在控制柜背板上（面板安装），也可以安装在标准导轨上（DIN 导轨安装）；既可以水平安装，也可以垂直安装，如图 11-1 所示。

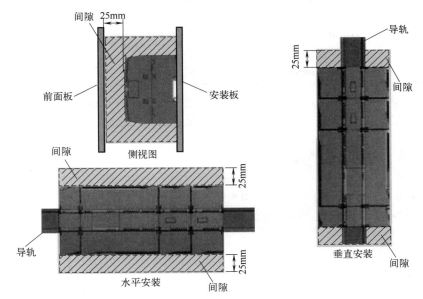

图 11-1　S7-1200 设备的安装方式、方向和间距

（2）S7-1200 设备的安装尺寸

S7-1200 CPU 和信号模块、通信模块都有安装孔，可以很方便地安装在背板上，其安装尺寸如表 11-1 所示。

表 11-1　S7-1200 CPU 和扩展模块的安装尺寸

S7-1200 模块		宽度 W	高度 H
CPU 模块	CPU 1211 和 CPU 1212（F）C	90mm	100mm
	CPU 1214（F）C	110mm	100mm
	CPU 1215（F）C	130mm	100mm
	CPU 1217C	150mm	100mm
信号模块（SM）	8 点和 16 点 DC 和继电器型（8I、16I、8Q、16Q、8I/8Q） 模拟量（4AI、8AI、4AI/2AQ、2AQ、4AQ、TC4、RTD4、TC8）	45mm	100mm

续表

S7-1200 模块		宽度 W	高度 H
信号模块 （SM）	16I/16Q 继电器型（16I/16Q）8 继电器切换 模拟量 RTD8 故障安全（16DI、8DQ、2 继电器）	70mm	100mm
通信模块 （CM）	CM 1241 RS232、CM 1241 RS485/422、CM1243-5、CM1242-5、CP 1243-1	30mm	100mm

11.1.3 CPU 模块的安装和拆卸

CPU 模块可以很方便地安装到标准 DIN 导轨或面板上，如图 11-2 所示。采用导轨安装时，可通过卡夹将设备固定到 DIN 导轨上。面板安装时，将卡夹掰到一个伸出位置，然后通过螺钉将其固定到安装位置。

图 11-2   在 DIN 导轨或面板上安装 CPU 模块

（1）CPU 模块安装到 DIN 导轨或面板上时的注意事项

① PLC 系统中若有通信模块，则应先将通信模块连接到 CPU 模块上，然后将该组件作为一个单元来安装。在安装 CPU 之后再安装信号模块。

② 对于 DIN 导轨安装，要确保 CPU 模块和通信模块（CM）的上部 DIN 导轨卡夹处于锁紧位置，而下部 DIN 导轨卡夹处于伸出位置。

③ 将设备安装到 DIN 导轨上后，将下部 DIN 导轨卡夹推到锁紧位置以将设备锁定在 DIN 导轨上。

④ 对于面板安装，确保将 DIN 导轨卡夹推到伸出位置。

（2）面板上安装 CPU 模块

在面板上安装 CPU 模块时，首先按照表 11-1 所示的尺寸进行定位、钻安装孔，并确保 CPU 模块和 S7-1200 设备与电源断开连接，然后用合适的螺钉（M4 或美国标准 8 号螺钉）将模块固定在背板上。若再使用扩展模块，则将其放在 CPU 模块旁，并一起滑动，直至连接器牢固连接。

（3）在 DIN 导轨上安装 CPU 模块

在 DIN 导轨上安装 CPU 模块时，首先每隔 75mm 将导轨固定到安装板上，然后打开模块底部的 DIN 夹片［如图 11-3（a）所示］，并将模块背面卡在 DIN 导轨上，最后将模块向下旋转至 DIN 导轨，闭合 DIN 夹片［如图 11-3（b）所示］。

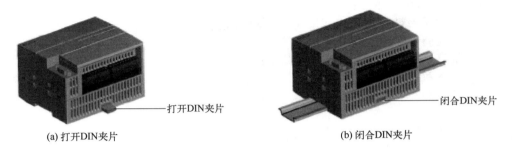

(a) 打开DIN夹片　　　　　　　　　　　　　　(b) 闭合DIN夹片

图 11-3　DIN 导轨安装 CPU 模块

（4）在 DIN 导轨上拆卸 CPU 模块

在 DIN 导轨上拆卸 CPU 模块时，首先切断 CPU 模块和连接的所有 I/O 模块的电源，接着断开连接到 CPU 模块的所有线缆，然后拧下安装螺钉或打开 DIN 夹片。如果连接了扩展模块，则向左滑动 CPU 模块，将其从扩展模块连接器脱离。最后，卸下 CPU 模块即可。

11.1.4　信号板的安装和拆卸

（1）在 CPU 模块中安装信号板

在 CPU 模块中安装信号板时，其步骤如下：
① 确保 CPU 模块和所有 S7-1200 设备与电源断开连接；
② 卸下 CPU 模块上部和下部的端子板盖板；
③ 将螺丝刀插入 CPU 模块上部接线盒背面的槽中；
④ 轻轻将盖撬起并从 CPU 模块上卸下，如图 11-4（a）所示；
⑤ 将信号板或电池板直接向下放入 CPU 模块上部的安装位置中，如图 11-4（b）所示；
⑥ 用力将模块压入该位置直到卡入就位；
⑦ 重新装上端子块盖板。

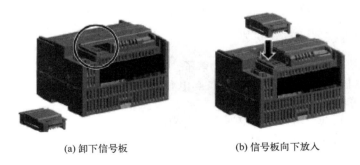

(a) 卸下信号板　　　　　　　　　　　　(b) 信号板向下放入

图 11-4　安装信号板或电池板

（2）在 CPU 模块中拆卸信号板

在 CPU 模块中拆卸信号板时，其步骤如下：

① 确保 CPU 模块和所有 S7-1200 设备与电源断开连接；
② 卸下 CPU 模块上部和下部的端子板盖板；
③ 将螺丝刀插入 CPU 模块上部接线盒背面的槽中；
④ 轻轻将盖撬起使其与 CPU 模块分离；
⑤ 将模块直接从 CPU 模块上部的安装位置中取出；
⑥ 将盖板重新装到 CPU 模块上；
⑦ 重新装上端子块盖板。

11.1.5　端子块连接器的安装和拆卸

（1）端子块连接器的拆卸

通过卸下 CPU 模块的电源并打开连接器上的盖子，准备从系统中拆卸端子块连接器时，其步骤如下：
① 确保 CPU 模块和所有 S7-1200 设备与电源断开连接；
② 查看连接器的顶部并找到可插入螺丝刀头的槽；
③ 将小螺丝刀插入槽中，如图 11-5（a）所示；
④ 轻轻撬起连接器顶部使其与 CPU 模块分离，使连接器从夹紧位置脱离，如图 11-5（b）所示；
⑤ 抓住连接器并将其从 CPU 模块上卸下。

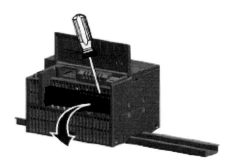

(a) 小螺丝刀插入槽中　　　　　　　　　　　(b) 撬起连接器顶部

图 11-5　拆卸端子块连接器

（2）端子块连接器的重新安装

断开 CPU 模块电源并打开连接器上的盖子，准备安装端子块连接器时，其步骤如下：
① 确保 CPU 模块和所有 S7-1200 设备与电源断开连接；
② 连接器与单元上的插针对齐；
③ 将连接器的接线边对准连接器座沿的内侧；
④ 用力按下并转动连接器直到卡入到位。

11.1.6　信号模块的安装和拆卸

（1）信号模块的安装

在安装好 CPU 模块之后，才能单独安装信号模块。信号模块的安装步骤如下：

① 确保 CPU 模块和所有 S7-1200 设备与电源断开连接；
② 卸下 CPU 模块右侧的 I/O 总线连接器盖；
③ 将小螺丝刀插入盖上方的插槽中；
④ 将其上方的盖轻轻撬出并卸下盖。

（2）信号模块与 CPU 模块的连接

将信号模块与 CPU 模块进行连接时，其步骤如下：
① 拉出下方的 DIN 导轨卡夹以便将扩展模块安装到导轨上；
② 将信号模块放置在 CPU 右侧；
③ 将信号模块挂到 DIN 导轨上方；
④ 向左滑动信号模块，直至 I/O 连接器与 CPU 模块右侧的连接器完全啮合，并推入下方的卡夹将信号模块锁定到导轨上。

（3）信号模块的拆卸

信号模块的拆卸可按以下步骤进行：
① 确保 CPU 模块和所有 S7-1200 设备与电源断开连接；
② 将 I/O 连接器和接线从扩展模块上卸下，然后拧松所有 S7-1200 设备的 DIN 导轨卡夹；
③ 向右滑动扩展模块，将其卸下。

11.1.7　通信模块的安装和拆卸

在 S7-1200 系统中，通信模块都是安装在 CPU 模块的左侧，且与 CPU 连接后作为一个组件单元安装到导轨或面板上。

（1）通信模块的安装

通信模块的安装步骤如下：
① 确保 CPU 模块和所有 S7-1200 设备与电源断开连接；
② 将螺丝刀插入 CPU 左侧总线盖上方的插槽中，轻轻撬出上方的盖，以卸下 CPU 左侧的总线盖。
③ 使通信模块的总线连接器和接线柱与 CPU 上的孔对齐，并用力将两个单元压在一起直到接线柱卡入到位，从而将通信模块连接到 CPU 上。
④ 将通信模块和 CPU 模块作为一个组件单元安装到 DIN 导轨或面板上。

（2）通信模块的拆卸

通信模块的拆卸步骤如下：
① 确保 CPU 模块和所有 S7-1200 设备与电源断开连接；
② 拆除 CPU 上的 I/O 连接器和所有接线及电缆；
③ 对于 DIN 导轨安装，将 CPU 和通信模块上的下部 DIN 导轨卡夹掰开；
④ 从 DIN 导轨或面板上卸下 CPU 和通信模块。
⑤ 用力抓住 CPU 和通信模块，并将它们分开。

11.2 接线及电源的需求计算

11.2.1 接线注意事项

在进行接线时应注意以下事项。

① PLC 应远离强干扰源，如电焊机、大功率硅整流装置和大型动力设备，不能与高压电器安装在同一个开关柜内。

② 动力线、控制线以及 PLC 的电源线和 I/O 线应该分别配线，隔离变压器与 PLC 和 I/O 之间应采用双绞线连接。将 PLC 的 I/O 线和大功率线分开走线，如果必须在同一线槽内，应分开捆扎交流线、直流线。如果条件允许，最好分槽走线，这不仅能使其有尽可能大的空间距离，并能将干扰降到最低限位，如图 11-6 所示。

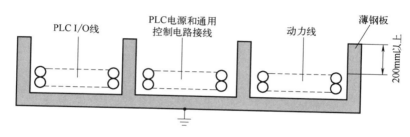

图 11-6 在同一电缆沟内铺设 I/O 接线和动力电缆

③ PLC 的输入与输出最好分开走线，开关量与模拟量也要分开敷设。模拟量信号的传送应采用屏蔽线，屏蔽层应一端或两端接地，接地电阻应小于屏蔽层电阻的 1/10。

④ 交流输出线和直流输出线不要用同一根电缆，输出线应尽量远离高压线和动力线，避免并行。

⑤ I/O 端的接线有输入接线和输出接线两种。

a. 输入接线。输入接线一般不要太长，但如果环境干扰较小，电压降不大时，输入接线可适当长些。尽可能采用常开触点形式连接到输入端，使编写的梯形图与继电器原理图一致，便于阅读。

b. 输出接线。输出端接线分为独立输出和公共输出。在不同组中，可采用不同类型和电压等级的输出电压，但在同一组中的输出只能用同一类型、同一电压等级的电源。由于 PLC 的输出元件被封装在印制电路板上，并且连接至端子板，若将连接输出元件的负载短路，将烧毁印制电路板，导致整个 PLC 的损坏。采用继电器输出时，所承受的电感性负载的大小，会影响到继电器的使用寿命，因此，使用电感性负载时应合理选择负载容量或加隔离继电器。PLC 的输出负载可能产生干扰，因此要采取措施加以控制，如直流输出的续流管保持、交流输出的阻容吸收电路、晶体管及双向晶闸管输出的旁路电阻保持。

11.2.2 安装现场的接线

S7-1200 PLC 的供电电源可以是 AC 110V 或 220V 电源，也可以是 DC 24V 电源，接线时有一定的区别及相应的注意事项。

（1）交流安装现场接线

交流安装现场的接线方法如图 11-7 所示，图中，①是用一个单刀切断开关，将电源与 CPU、所有的输入电路和输出（负载）电路隔离开；②是用一台过流保护设备来保护 CPU 的电源、输出点以及输入点，用户也可以为每个输出点加上保险丝或熔断器以扩大保护范围；③是当用户使用 PLC 24V DC 传感器电源时，由于该传感器具有短路保护，所以可以取消输入点的外部过流保护；④是将 S7-1200 的所有地线端子与最近接地点相连接，以获得最好的抗干扰能力；⑤是本机单元的直流传感器电源可用于本机单元的输入；⑥和⑦是扩展 DC 输入以及扩展继电器线圈供电，这一传感器电源具有短路保护功能；在大部分的安装中，常将图中⑧的传感器的供电 M 端子接到地上，可以获得最佳的噪声抑制。

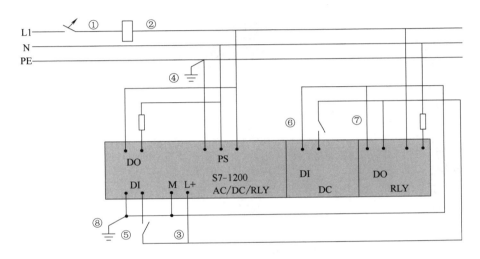

图 11-7　交流安装现场的接线方法

（2）直流安装现场接线

直流安装现场的接线方法如图 11-8 所示，图中，①是用一个单刀切断开关将电源与 CPU、所有的输入电路和输出（负载）电路隔离开；②是用过流保护设备保护 CPU 电源；③是用过流保护设备保护输出点；④是用过流保护设备保护输入点。用户可以在每个输出点加上熔断器进行过流防护，若用户使用 24V DC 传感器电源，可以取消输入点的外部过流保护，因为传感器电源内部带有限流功能；⑤是加上一个外部电容，以确保 DC 电源有足够的抗冲击能力，从而保证在负载突变时，可以维持一个稳定的电压；⑥是在大部分的应用中，把所有的 DC 电源接到地可以得到最佳的噪声抑制；⑦是在未接地的 DC 电源的公共端与保护地之间并联电阻与电容，其中电阻提供了静电释放通路，电容提供高频噪声通路，它们的典型值是 1MΩ 和 4700pF；⑧是将 S7-1200 所有的接地端子与最近接地点连接，以获得最好的抗干扰能力。

11.2.3　电源的需求计算

（1）电源的需求计算概述

S7-1200 CPU 模块有一个内部电源，可以为 CPU 模块、信号模块、信号板和通信模块的正常工作进行供电，并且也可以为用户提供 DC 24V 电源。

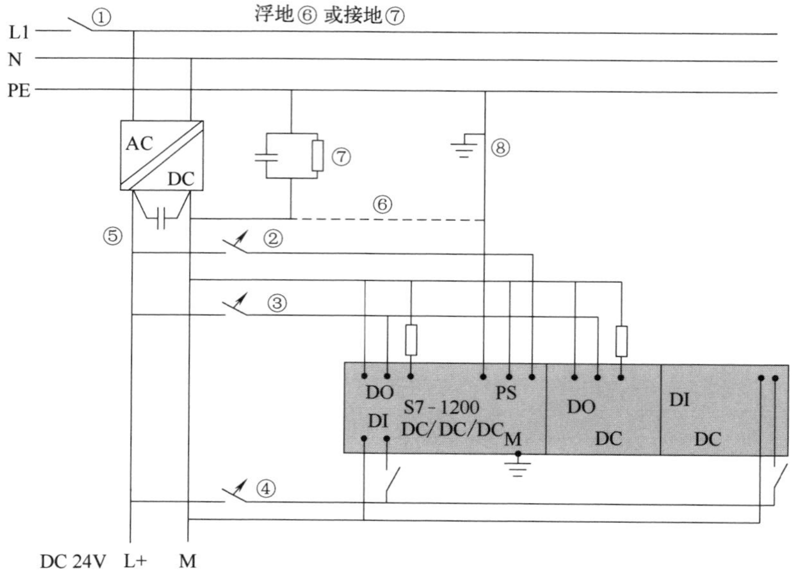

图 11-8　直流安装现场的接线方法

CPU 模块将为信号模块、信号扩展模块、通信模块提供 DC 5V 电源，不同的 CPU 模块能够提供的功率是不同的。在硬件选型时，需要计算所有扩展模块的功率总和，检查该数值是否在 CPU 模块提供功率的范围之内。如果超出范围，则必须更换容量更大的 CPU 模块或减少扩展模块数量。

S7-1200 CPU 模块也可以为信号模块的 24V 输入点、继电器输出模块或其他设备提供电源（称为传感器电源），如果实际负载超过了此电源的能力，则需要增加一个外部 24V 电源，此电源不能与 CPU 模块提供的 24V 电源并联。可以将所有 24V 电源的负端连接到一起。

传感器 24V 电源与外部 24V 电源应当供给不同的设备，否则将会产生冲突。

如果 S7-1200 PLC 系统的一些 24V 电源输入端互连，此时可用一个公共电路连接多个 M 端子。例如，当设计 CPU 模块为 24V 电源供给、信号模块继电器为 24V 电源供给、非隔离模拟量输入 24V 电源供给的"非隔离"电路时，所有的非隔离的 M 端子必须连接到同一个外部参考点上。

（2）电源的需求计算举例

某 S7-1200 PLC 系统中，CPU 模块为 CPU 1215C AC/DC/RLY，1 个信号板 SB 1223 2×24V DC 输入/2×24V DC 输出、1 个通信模块 CM 1241 RS422/485、3 个信号模块 SM 1223 8 DC 输入/8 路继电器输出以及 1 个 SM 1221 8 DC 输入。

经统计需要 I/O 点数为 22 个 DI，DC 24V 输入；12 个 DO，其中 10 个继电器输出，2 个 DC 输出；一路模拟量输入和一路模拟量输出，选用 S7-1200 PLC，试计算电流的消耗，看是否能用传感器电源 DC 24V 供电。

分析：该系统安装后，共有 48 点输入、36 点输出。CPU 1215C AC/DC/RLY 模块已分配驱动 CPU 内部继电器线圈所需的功率，因此计算消耗的电流时不需要包括内部继电器线圈所消耗的电流。

计算过程如表 11-2 所示。经计算，DC 5V 总电流差额=1600mA-810mA=790mA>0mA，DC 24V 总电流差额=400mA-456mA=-56mA<0mA，CPU 模块提供了足够 DC 5V 的电流，但是传感器电源不能为所有输入和扩展继电器线圈提供足够的 DC 24V 电流。因此，这种情况下，DC 24V 供电需外接直流电源，实际工程中干脆由外接 DC 24V 直流电源供电，就不用 CPU 模块上的传感器电源了，以免出现扩展模块不能正常工作的情况。

表 11-2　某 S7-1200 PLC 系统耗电计算

CPU 电流计算	电流供应		备注
	DC 5V	DC 24V（传感器电源）	
CPU 1215C AC/DC/RLY	1600mA	400mA	
减去			
CPU 1215C，14 点输入	—	56mA	14×4mA
1 个 SB 1223 2×24V DC 输入/2×24V DC 输出	50mA	8mA	2×4mA
1 个 CM 1241 RS-422/485	220mA	—	—
3 个 SM 1223，5V 电源	435mA	—	3×145mA
1 个 SM 1221，5V 电源	105mA	—	1×105mA
3 个 SM 1223，各 8 点输入	—	96mA	3×8×4mA
3 个 SM 1223，各 8 点继电器输出	—	264mA	3×8×11mA
1 个 SM 1221，5V 电源	—	32mA	8×4mA
系统总要求（合计）	810mA	456mA	
等于			
总电流差额	790mA	-56mA	

11.3　PLC 的定期检修和故障诊断

11.3.1　定期检修

PLC 的主要构成元器件是以半导体器件为主体，考虑到环境的影响，随着使用时间的增长，元器件总是要老化的，因此定期检修与做好日常维护是非常必要的。要有一支具有一定技术水平、熟悉设备情况、掌握设备工作原理的检修队伍，做好对设备的日常维修。对检修工作要制定一个制度，按期执行，保证设备运行状况最优。每台 PLC 都有确定的检修时间，一般以每 6 个月~1 年检修一次为宜。当外部环境条件较差时，可以根据情况把检修间隔缩短。定期检修的内容如表 11-3 所示。

表 11-3　PLC 定期检修内容

检修项目	检修内容	判断标准
供电电源	在电源端子处测量电压波动范围是否在标准范围内	电压波动范围：85%~110%供电电压

续表

检修项目	检修内容	判断标准
运行环境	环境温度	0~50℃
	环境湿度	35%~95%RH，不结露
	积尘情况	不积尘
	振动频率	频率：10~55Hz 幅度：0.5mm
输入输出用电源	在输入/输出端子处所测电压变化是否在标准范围内	以各输入输出规格为准
安装状态	各单元是否可靠固定	无松动
	电缆的连接器是否完全插紧	无松动
	外部配线的螺钉是否松动	无异常
寿命元件	电池、继电器、存储器	以各元件规格为准

11.3.2 硬件故障诊断

硬件故障诊断是判断设备故障的重要途径。当 CPU 不能正常工作时，除了检查 CPU 内部的逻辑是否正确外还需要判断是否由 CPU 硬件故障而造成。

CPU 提供了多种硬件故障诊断方法，如通过读取 CPU 及模块的 LED 状态指示灯，这种方法最直观；读取 CPU 及模块的诊断缓冲区，需要 TIA Portal 能够与 PLC 建立通信；通过 OB 组织块或诊断指令获得诊断信息。

（1）通过读取 CPU 及模块的 LED 状态指示灯进行故障诊断

① 通过 CPU 模块的 LED 状态指示灯进行故障诊断　S7-1200 CPU 模块有 3 只 LED 运行状态指示灯，分别为 STOP/RUN（黄色/绿色）、ERROR（红色）和 MAINT（黄色）。

STOP/RUN 为停止/运行指示灯，黄色常亮表示 CPU 模块处于 STOP（停止）模式；绿色常亮表示 CPU 模块处于 RUN（运行）模式；绿色和黄色交替闪烁表示 CPU 模块处于 STARTUP（启动）模式。

ERROR 为错误指示灯，红色闪烁表示有错误，如 CPU 内部错误、存储卡错误或由模块不匹配而引起的组态错误；红色常亮表示硬件出错故障。

MAINT 为维护指示灯，在每次取出存储卡、LED 测试或 CPU 固件出现故障、CPU 组态版本未知或不兼容时 MAINT 指示灯闪烁；进行维护时，MAINT 指示灯点亮。

CPU 模块还有两个可指示 PROFINET 通信状态的 LED，Link（绿色）指示灯和 Rx/Tx（黄色）指示灯，打开底部端子块的盖子即可看到这两个 PROFINET LED。其中 Link 点亮，表示网络连接成功；Rx/Tx 点亮表示正在进行网络的数据传输。

此外，CPU 模块和各数字量信号模块为每个数字量输入和输出提供了 I/O Channel LED（绿色），通过点亮或熄灭来指示各输入或输出的状态。

② 通过 SM 信号模块的 LED 状态指示灯进行故障诊断　数字量 SM 信号模块和模拟量 SM 信号模块都有一个 DIAG 状态指示灯，作为诊断 LED，绿色表示模块处于运行状态；红色表示模块有故障或处于非运行状态。

同样，模拟量 SM 信号模块为各模拟量输入和输出提供了 I/O Channel LED，绿色指示通道已组态且处于激活状态；红色指示个别模拟量输入或输出处于错误状态。

（2）通过 TIA Portal 软件读取 CPU 及模块诊断缓冲区

诊断缓冲区是 CPU 系统存储器的一部分，包含由 CPU 或具有诊断功能的模块所检测到的错误。

程序下载到 PLC 中后，在项目视图中，先单击"在线"按钮 ![在线] 转至在线，使得 TIA Portal 软件与 S7-1200 PLC 处于在线状态。再双击项目树下 CPU 的"在线和诊断"，即可读取 CPU 及模块的诊断信息。例如执行"诊断"→"诊断缓冲区"，将弹出如图 11-9 所示诊断缓冲区信息。双击任何一条信息，其详细信息将显示在下方"事件详细信息"的方框中。

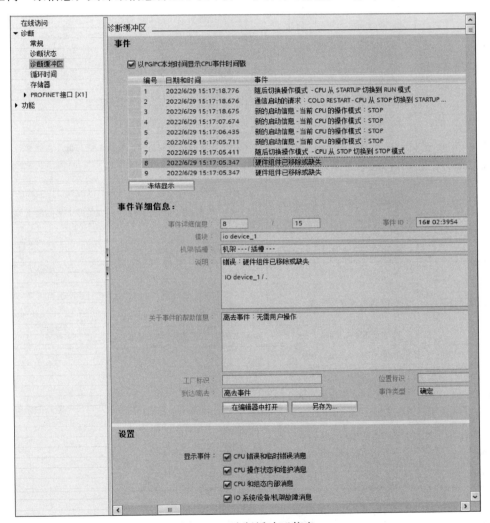

图 11-9　诊断缓冲区信息

（3）通过 OB 组织块或诊断指令获得诊断信息

具有诊断功能的模块（已为其启用了诊断中断）检测到诊断状态更改时，如果存在诊断错误中断 OB（OB 82），那么诊断错误事件将触发中断执行。如果不存在，CPU 将忽略该错误。诊断错误中断 OB 包含的启动信息可帮助用户确定事件发生原因，以及确定报告错误的设备和通道。用户可以在诊断错误中断 OB 中编写指令，以检查这些启动值并采取适当的措施。

11.3.3　硬件故障排除

PLC 是一种可靠性、稳定性极高的控制器，只要按照其技术规范安装和使用，出现故障的概率极低。但是，一旦出现了故障，必须按表 11-4 所示步骤进行检查、处理。特别是检查由外部设备故障造成的损坏，一定要查清故障原因，待故障排除以后再试运行。

表 11-4　硬件故障排除指南

问题	故障原因	解决方法
输出不工作	被控制的设备产生了损坏	当接到感性负载（例如电机或继电器）时，需要接入一个抑制电路
	程序错误	修改程序
	接线松动或不正确	检查接线，如果不正确，要改正
	负载过大	检查负载是否超出触点所承受的额定值
	输出点被强制	检查 CPU 是否有被强制的 I/O
CPU 模块上的 ERROR 灯亮（红色）	电气干扰	控制面板良好接地并且高压接线不能与低压接线并行走线
	组件损坏	更换或维修硬件
CPU 模块上的 LED 灯全部不亮	保险丝烧断	使用线路分析器并监视输入电源，以检查过压尖峰的幅值和持续时间。根据此信息向电源接线添加类型正确的避雷器设备
	24V 电源线接反	重新接入
	供电电压不正确	接入正确的供电电压
电气干扰问题	不合适的接地	正确接地
	在控制柜内交叉配线	把 DC 24V 传感器电源的 M 端子接地。控制面板良好接地并且高压接线不能与低压接线并行走线
	输入滤波器的延时太短	增加系统数据块中的输入滤波器的延迟时间
当连接一个外部设备时，串行通信（RS-232 或 RS-485）会造成损坏。外部设备上的端口或 CPU 模块上的端口会造成损坏	如果所有的非隔离设备（例如 PLC、计算机或其他设备）连到一个网络，而该网络没有共同的参考点，通信电缆提供了意外电流通路。这些意外电流可以造成通信错误或损坏电路	使用隔离型电缆。当连接没有公共电位参考点的设备时，使用隔离型 RS-485 到 RS-485 中继器

11.4　PLC 应用系统的设计与调试

从应用角度来看，运用 PLC 技术进行 PLC 应用系统的软件设计与开发，不外乎需要两方面的知识和技能，首先要学会 PLC 硬件系统的配置，其次要掌握编写程序的技术。对于一个较为复杂的控制系统，PLC 的应用设计主要包括硬件设计、软件设计、施工设计和安装调试等内容。

11.4.1　系统设计的基本步骤

不论是用 PLC 组成集散控制系统，还是独立控制系统，PLC 控制系统设计的基本步骤如图 11-10 所示。

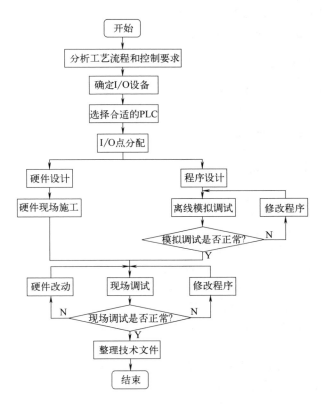

图 11-10　PLC 控制系统的设计步骤

（1）分析工艺流程和控制要求

详细分析被控对象的工艺过程及工作特点，了解被控对象机、电、液之间的配合，提出被控对象对 PLC 控制系统的控制要求，确定控制方案，拟定设计任务书。被控对象就是受控的机械和电气设备、生产线或生产过程。控制要求主要指控制的基本方式、应完成的动作、自动工作循环的组成、必要的保护、联锁和报警等。

（2）确定输入/输出（I/O）设备

根据系统的控制要求，确定系统所需的全部输入设备（如按钮、位置开关、转换开关及各种传感器等）和输出设备（如接触器、电磁阀、信号指示灯及其他执行器等），从而确定与 PLC 有关的输入/输出设备，以确定 PLC 的 I/O 点数。

（3）选择合适的 PLC

根据已确定的用户 I/O 设备，统计所需的输入信号和输出信号的点数，选择合适的 PLC 类型。PLC 类型的选择主要从以下几个方面考虑：①PLC 机型和容量的选择；②开关输入量的点数和输入电压；③开关输出量的点数及输出功率；④模拟量输入/输出（I/O）的点数；⑤系统的特殊要求，如远程 I/O、通信网络等。

（4）I/O 点的分配

分配 PLC 的 I/O 点，画出 PLC 的 I/O 端子与 I/O 设备的连接图或分配表。在连接图或分配表中，必须指定每个 I/O 对应的模块编号、端子编号、I/O 地址、I/O 设备等。

（5）设计硬件及软件

此步骤是指进行 PLC 程序设计和 PLC 控制柜等硬件的设计及现场施工。由于程序设计与硬件设计施工可同时进行，因此 PLC 控制系统的设计周期可大大缩短。

1）硬件设计及现场施工的一般步骤
①设计控制柜布置图、操作面板布置图和接线端子图等。
② 设计控制系统各个部分的电气图。
③ 根据图纸进行现场施工。

2）PLC 程序设计的一般步骤　根据系统的控制要求，采用合适的设计方法来设计 PLC 程序。程序要以满足系统控制要求为主线，逐一编写实现各控制功能或各个任务的程序，逐步完善系统指定的功能。除此之外，程序通常还应包括以下内容。

① 初始化程序。在 PLC 上电后，一般都要做一些初始化的操作，为启动做必要的准备，避免系统发生误动作。初始化程序的主要内容有：对某些数据区、计数器等进行清零，对某些数据区所需数据进行恢复，对某些继电器进行置位或复位，对某些初始状态进行显示，等等。

② 检测、故障诊断和显示等程序。这些程序相对独立，一般在程序设计基本完成时再添加。

③ 保护和联锁程序。保护和联锁是程序中不可缺少的部分，必须认真加以考虑。它可以避免由非法操作而引起的控制逻辑混乱。

（6）离线模拟调试

① 程序编写完成后，将程序输入 PLC。如果使用手持式编程器输入，需要先将梯形图转换为助记符，然后输入。

② 程序输入 PLC 后，用按钮和开关模拟数字量，电压源和电流源代替模拟量，进行模拟调试，使控制程序基本满足控制要求。

（7）现场调试

离线模拟调试和控制柜等硬件施工完成后，就可以进行整个系统的现场联机调试。现场联机调试是将通过模拟调试的程序结合现场设备进行联机调试。通过现场调试，可以发现在模拟调试中无法发现的实际问题。现场联机调试过程应循序渐进，从 PLC 只连接输入设备、再连接输出设备、再接上实际负载等逐步进行调试。如不符合要求，则对硬件或程序做调整。如果控制系统是由几个部分组成，则应先做局部调试，然后再进行整体调试。如果控制程序的步骤较多，则可先进行分段调试，然后再连接起来总体调试。

全部调试完毕后，交付试运行。经过一段时间运行，如果工作正常、程序不需要修改，应将程序固化到 EPROM 中，以防程序丢失。

（8）整理技术文件

系统调试好后，应根据调试的最终结果，整理出完整的系统技术文件。系统技术文件包括说明书、电气原理图、电器布置图、电气元件明细表、PLC梯形图。

11.4.2　系统调试方法和步骤

PLC为系统调试程序提供了强大的功能，充分利用这些功能，将使系统调试简单、迅速。系统调试时，应首先按要求将电源、I/O端子等外部接线连接好，然后将已经编写好的梯形图送入PLC，并使其处于监控或运行状态。调试流程如图11-11所示。

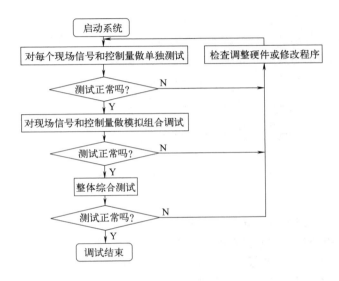

图 11-11　系统调试流程图

（1）对每个现场信号和控制量做单独测试

对于一个系统来说，现场信号和控制量一般不止一个，但可以人为地使各个现场信号和控制量一个一个单独满足要求。当一个现场信号和控制量满足要求时，观察PLC输出端和相应的外部设备的运行情况是否符合系统要求。如果出现不符合系统要求的情况，可以先检查外部接线是否正确，当接线准确时再检查程序，修改控制程序中的不当之处，直到对每一个现场信号和控制量单独作用时，都满足系统要求为止。

（2）对现场信号和控制量做模拟组合测试

通过现场信号和控制量的不同组合来调试系统，也就是人为地使两个或多个现场信号和控制量同时满足要求，然后观察PLC输出端以及外部设备的运行情况是否满足系统的控制要求。一旦出现问题（基本上属于程序问题），应仔细检查程序并加以修改，直到满足系统要求为止。

（3）整个系统综合调试

整个系统的综合调试是对现场信号和控制量按实际要求模拟运行，以观察整个系统的运行状态和性能是否符合系统的控制要求。若控制规律不符合要求，绝大多数是因为控制程序有问题，应仔细检查并修改控制程序。若性能指标不满足要求，应该从硬件和软件两个方面加以分析，找出解决方法，调整硬件或软件，使系统达到控制要求。

11.4.3　PLC 应用系统设计实例

PLC 控制系统具有较好的稳定性、控制柔性、维修方便性。随着 PLC 的普及和推广，其应用领域越来越广泛，特别是在许多新建项目和设备的技术改造中，常常采用 PLC 作为控制装置。在此，通过实例讲解 PLC 应用系统的设计方法。

例 11-1：行车自动往返循环控制。

（1）控制要求

用 PLC 控制行车自动往返运行，行车的前进、后退由异步电动机拖动。行车的运行示意如图 11-12 所示。行车自动往返循环控制的要求如下：①按下启动按钮，行车自动循环运行；②按下停止按钮，行车停止运行；③具有点动控制（供调试用）；④8 次循环运行。

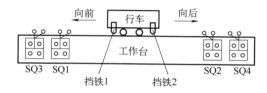

图 11-12　行车的运行示意图

（2）控制分析

① 行车的前进、后退可以由异步电动机的正、反转控制程序实现。

② 自动循环可以通过行程开关在电动机正、反转的基础上由联锁控制实现，即在前进（正转）结束位置，通过该位置上的行程开关（SQ1）切断正转程序的执行，并启动后退（反转）控制程序。在后退结束位置，通过该位置上的行程开关（SQ2）切断反转程序的执行，并启动正转控制程序。

表 11-5　行车自动往返循环控制的 I/O 分配表

输入			输出		
功能	元件	PLC 地址	功能	元件	PLC 地址
停止按钮	SB1	I0.0	正向控制接触器	KM1	Q0.0
正向启动按钮	SB2	I0.1	反向控制接触器	KM2	Q0.1
反向启动按钮	SB3	I0.2			
正向转反向行程开关	SQ1	I0.3			
反向转正向行程开关	SQ2	I0.4			
正向限位开关	SQ3	I0.5			
反向限位开关	SQ4	I0.6			
自锁解除控制（调试使用）	K1	I0.7			
限位点动控制（调试使用）	K2	I1.0			

③ 为防止行车前进、后退运行过程中 SQ1（或 SQ2）失灵时，行车向前（或向后）碰撞 SQ3（或 SQ4），可强行停止行车运行。

④ 点动控制通过解锁自锁环节来实现。

⑤ 8 次的运行通过计数器指令统计运行次数，从而决定是否终止程序的运行。

（3）I/O 端子资源分配与接线

根据控制要求及控制分析可知，需要 9 个输入点和 2 个输出点，输入/输出分配如表 11-5 所示，其 I/O 接线如图 11-13 所示。

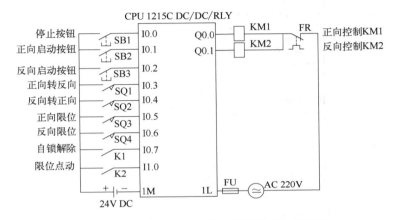

图 11-13　行车自动往返循环控制的 I/O 接线图

（4）编写 PLC 控制程序

根据行车自动往返循环控制的分析和 PLC 资源配置，编写出 PLC 控制行车自动往返的梯形图程序，如表 11-6 所示。程序段 1 和程序段 2 为行车的正向控制；程序段 3 和程序段 4 为行车的反向控制；程序段 5 为行车每次反向改正向运行时，计数器次数加 1，若计数次数达到 8 次，则 M0.4 线圈输出为 ON，使得程序段 2 中 M0.4 常闭触点断开，从而使得 Q0.0 线圈失电；程序段 6 为行车每次正向改反向运行时，计数器次数加 1，同样计数器达到 8 次使得程序段 4 中的 Q0.1 线圈失电。

表 11-6　行车自动往返循环控制程序

程序段	LAD
程序段 1	%I1.0 "限位点动" / — %I0.4 "反向转正向" — %I0.0 "停止按钮" / — %Q0.1 "反向控制KM2" / — %M0.0 "辅助继电器1" —( ) %I0.7 "自锁解除" / — %Q0.0 "正向控制KM1" — ‖ %I0.1 "正向启动按钮" — ‖

续表

程序段	LAD
程序段 2	
程序段 3	
程序段 4	
程序段 5	
程序段 6	

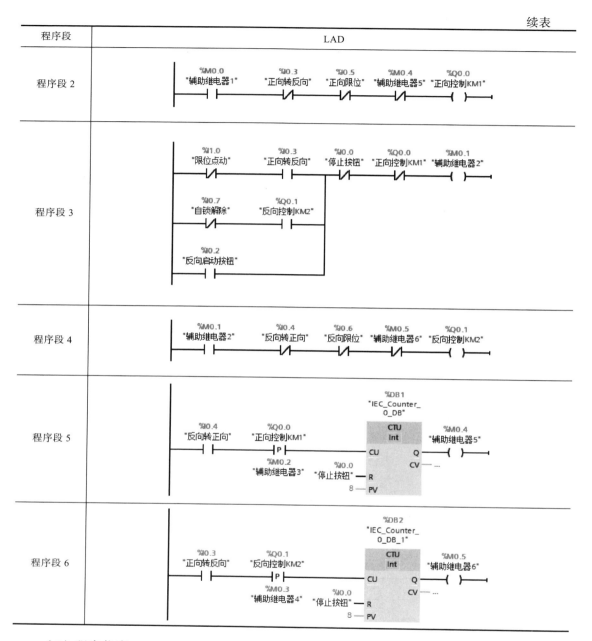

（5）程序仿真

① 启动 TIA Portal 软件，创建一个新的项目，并进行硬件组态，然后按照表 11-6 所示输入 LAD 程序。

② 执行菜单命令"在线"→"仿真"→"启动"，即可开启 S7-PLCSIM 仿真。在弹出的"扩展的下载到设备"对话框中将"接口/子网的连接"选择为"PN/IE_1"处的方向，再单击"开始搜索"按钮，TIA Portal 软件开始搜索可以连接的设备，并显示相应的在线状态信息，然后单击"下载"按钮，完成程序的装载。

③ 在主程序窗口，单击全部监视图标，同时使 S7-PLCSIM 处于"RUN"状态，即可观看程序的运行情况。

④ 刚进入在线仿真状态时,线圈 Q0.0 和 Q0.1 均未得电。按下正向启动按钮 SB2,I0.1 触点闭合,Q0.0 线圈输出,控制 KM1 线圈得电,即行车执行前进操作,Q0.0 的常开触点闭合,形成自锁。强制 I0.3 为 1,则 Q0.0 线圈失电,Q0.1 线圈得电,控制 KM2 线圈得电,即行车执行后退操作,Q0.1 的常开触点闭合,形成自锁,同时计数器(DB2)计数 1 次。I0.3 强制为 0,I0.4 强制为 1,则 Q0.1 线圈失电,Q0.0 线圈得电,控制 KM1 线圈得电,即行车执行前进操作,Q0.0 的常开触点闭合,形成自锁,同时计数器(DB1)计数 1 次,仿真效果如图 11-14 所示。

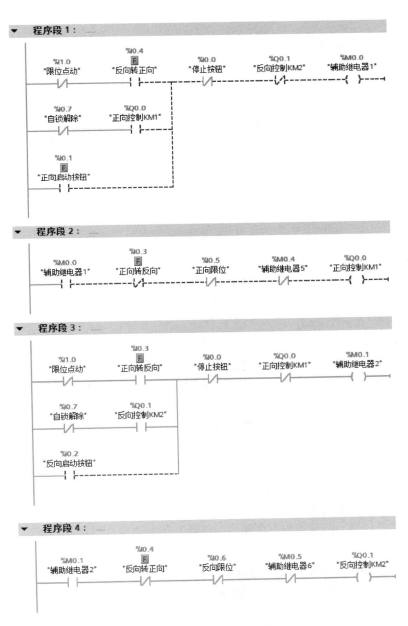

图 11-14

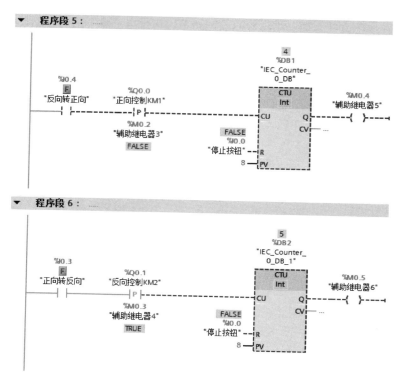

图 11-14　行车自动往返循环控制的仿真效果图

例 11-2：PLC 在通用车床中的应用。

C6140 是我国自行设计制造的普通车床，具有性能优越、结构先进、操作方便、外形美观等优点。C6140 普通车床主要由床身、主轴变速箱、进给箱、溜板箱、刀架、尾架、丝杠和光杠等部分组成。

主轴变速箱用来支承主轴和传动其旋转，它包含主轴及其轴承、传动机构、启停及换向装置、制动装置、操纵机构及润滑装置。进给箱用来变换被加工螺纹和导程，以及获得所需的各种进给量，它包含变换螺纹导程和进给量的变速机构、变换螺纹种类的移换机构、丝杠和光杠转换机构及操作机构等部件。溜板箱用来将丝杠或光杠传来的旋转运动变为直线运动并带动刀架进给，控制刀架运动的接通、断开和换向等操作。刀架用来安装车刀并带动其做纵向、横向和斜向进给运动。

车床的切削运动包括卡盘或顶尖带动工件的旋转主运动和溜板带动刀架的直线进给运动。中小型普通车床的主运动和进给运动一般采用一台异步电动机进行驱动。根据被加工零件的材料性质、几何形状、工作直径、加工方式及冷却条件的不同，要求车床有不同的切削速度，因此车床主轴需要在相当大的范围内改变速度，普通车床的调速范围在 70 以上，中小型普通车床多采用齿轮变速箱调速。车床主轴在一般情况下是单方向旋转的，但在车削螺纹时，要求主轴能正反转。主轴旋转方向的改变可通过离合器或电气的方法实现，C6140 车床的主轴单方向旋转速度有 24 种（10~1400r/min），反转速度有 12 种（14~1580r/min）。

（1）C6140 车床传统继电器-接触器电气控制线路分析

C6140 普通车床由 3 台三相笼型异步电动机拖动，即主轴电动机 M1、冷却泵电动机 M2 和刀架快速移动电动机 M3。主轴电动机 M1 带动主轴旋转和刀架进给运动；冷却泵电动机 M2 用以车削加工时提供冷却液；刀架快速移动电动机 M3 使刀具快速地接近或退离加工部位。C6140 车床传统继电器-接触器电气控制线路如图 11-15 所示，它由主电路和控制电路两部分组成。

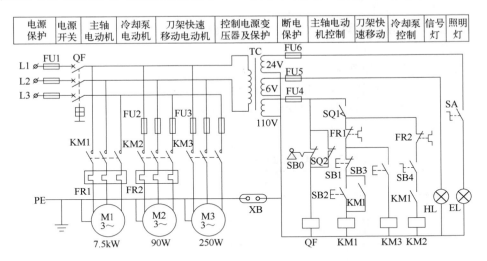

图 11-15　C6140 车床传统继电器-接触器电气控制线路

① C6140 普通车床主电路分析　将钥匙开关 SB0 向右旋转，扳动断路器 QF 将三相电源引入。主轴电动机 M1 由交流接触器 KM1 控制，冷却泵电动机 M2 由交流接触器 KM2 控制，刀架快速移动电动机 M3 由 KM3 控制。热继电器 FR 作过载保护，FU 作短路保护，KM 作失压和欠压保护，由于 M3 是点动控制，因此该电动机没有设置过载保护。

② C6140 普通车床控制电路分析　C6140 普通车床控制电源由控制变压器 TC 将380V 交流电压降为 110V 交流电压作为控制电路的电源，降为 6V 电压作为信号灯 HL 的电源，降为 24V 电压作为照明灯 EL 的电源。在正常工作时，位置开关 SQ1 的常开触点闭合。打开床头皮带罩后，SQ1 断开，切断控制电路电源以确保人身安全。钥匙开关 SB0 和位置开关 SQ2 在正常工作时是断开的，QF 线圈不通电，断路器 QF 能合闸。打开配电盘壁龛门时，SQ2 闭合，QF 线圈得电，断路器 QF 自动断开。

a. 主轴电动机 M1 的控制。按下启动按钮 SB2，KM1 线圈得电，KM1 的一组常开辅助触点闭合形成自锁，KM1 的另一组常开辅助触点闭合，为 KM2 线圈得电做好准备，KM1 主触点闭合，主轴电动机 M1 全电压下启动运行。按下停止按钮 SB1，电动机 M1 停止转动。当电动机 M1 过载时，热继电器 FR1 动作，KM1 线圈失电，M1 停止运行。因此，主轴电动机 M1 的控制函数为：

$$KM1 = (SB2 + KM1) \cdot \overline{FR1} \cdot \overline{SB1} \cdot SQ1$$

b. 冷却泵电动机 M2 的控制。主轴电动机 M1 启动运行后，合上旋转开关 SB4，KM2 线圈得电，其主触点闭合，冷却泵电动机 M2 启动运行。当 M1 电动机停止运行时，M2 也会自动停止运转。因此，冷却泵电动机 M2 的控制函数为：

$$KM2 = KM1 \cdot SB4 \cdot \overline{FR2} \cdot SQ1$$

c. 刀架快速移动电动机 M3 的控制。刀架快速移动电动机 M3 的启动由按钮 SB3 和 KM3 组成的线路进行控制，当按下 SB3 时，KM3 线圈得电，其主触点闭合，刀架快速移动电动机 M3 启动运行。由于 SB3 没有自锁，所以松开 SB3 时，KM3 线圈电源被切断，电动机 M3 停止运行。因此，刀架快速移动电动机 M3 的控制函数为：

$$KM3 = SB3 \cdot \overline{FR1} \cdot SQ1$$

d. 照明灯和信号灯控制。照明灯 EL 由控制变压器 TC 次级输出的 24V 安全电压供电，扳动转换开关 SA 时，照明灯 EL 亮，熔断器 FU6 作短路保护。

信号指示灯 HL 由 TC 次级输出的 6V 安全电压供电，合上断路器 QF 时，信号灯 HL 亮，表示车床开始工作。

（2）PLC 改造 C6140 车床控制线路的 I/O 端子资源分配与接线

PLC 改造 C6140 车床控制线路时，电源开启钥匙开关使用普通按钮开关进行替代，列出 PLC 的输入/输出分配表，如表 11-7 所示。I/O 接线如图 11-16 所示，图中 EL 和 HL 分别串联合适规格的电阻以降低其工作电压。

表 11-7　PLC 改造 C6140 车床的输入/输出分配表

输入			输出		
功能	元件	PLC 地址	功能	元件	PLC 地址
电源开启钥匙开关	SB0	I0.0	主轴电动机 M1 控制	KM1	Q0.0
主轴电动机 M1 停止按钮	SB1	I0.1	冷却泵电动机 M2 控制	KM2	Q0.1
主轴电动机 M1 启动按钮	SB2	I0.2	刀架快速移动电动机 M3 控制	KM3	Q0.2
快速移动电动机 M3 点动按钮	SB3	I0.3	机床工作指示	HL	Q0.3
冷却泵电动机 M2 旋转开关	SB4	I0.4	照明指示	EL	Q0.4
过载保护热继电器触点	FR1	I0.5			
	FR2	I0.6			
位置开关	SQ1	I0.7			
	SQ2	I1.0			
照明开关	SA	I1.1			

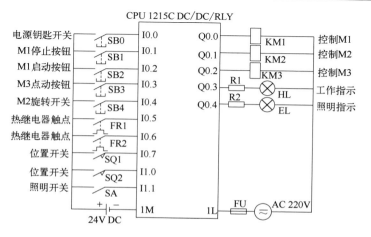

图 11-16　PLC 改造 C6140 车床控制线路的 I/O 接线图

（3）PLC 改造 C6140 车床控制线路的程序设计

使用 PLC 改造 C6140 车床控制线路时，可以使用两个程序段（程序段 1 和程序段 2）来实现单按钮电源控制。当按下 SB0 为奇数次时，电源有效（即扳动断路器 QF 将三相电源引入），各电动机才能启动运行，按下 SB0 为偶数次时，电源无效。同样，照明指示也可以使用两个程序段（程序段 7 和程序段 8）来实现单按钮控制，照明开关 SA 按下为奇数次时，EL 亮，照明开关 SA 按下为偶数次时，EL 熄灭。编写的梯形图程序如表 11-8 所示。

表 11-8　PLC 改造 C6140 车床控制线路的控制程序

程序段	LAD
程序段 1	%I0.0 "电源开关" ┤├ — %M0.1 "电源关" ┤/├ — %I1.0 "位置开关2" ┤/├ — %M0.0 "电源开" ─( )─；并联：%I0.0 "电源开关" ┤/├ — %M0.0 "电源开" ┤├
程序段 2	%I0.0 "电源开关" ┤├ — %M0.0 "电源开" ┤├ — %M0.1 "电源关" ─( )─；并联：%I0.0 "电源开关" ┤├ — %M0.1 "电源关" ┤├
程序段 3	%I0.2 "M1启动按钮" ┤├ — %M0.0 "电源开" ┤├ — %I0.7 "位置开关1" ┤├ — %I0.5 "热继电器1" ┤/├ — %I0.1 "M1停止按钮" ┤/├ — %Q0.0 "控制M1" ─( )─；并联：%Q0.0 "控制M1" ┤├
程序段 4	%Q0.0 "控制M1" ┤├ — %I0.4 "M2旋转开关" ┤├ — %I0.7 "位置开关1" ┤├ — %I0.6 "热继电器2" ┤/├ — %Q0.1 "控制M2" ─( )─
程序段 5	%I0.3 "M3点动按钮" ┤├ — %M0.0 "电源开" ┤├ — %I0.7 "位置开关1" ┤├ — %I0.5 "热继电器1" ┤/├ — %Q0.2 "控制M3" ─( )─
程序段 6	%M0.0 "电源开" ┤├ — %Q0.3 "工作指示" ─( )─
程序段 7	%I1.1 "照明开关" ┤├ — %M0.2 "照明关" ┤/├ — %M0.0 "电源开" ┤├ — %Q0.4 "照明指示" ─( )─；并联：%I1.1 "照明开关" ┤├ — %Q0.4 "照明指示" ┤├

续表

程序段	LAD
程序段 8	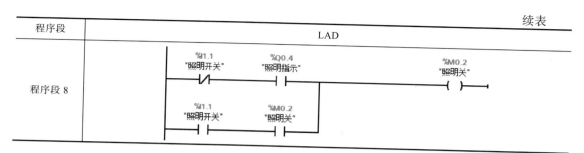

（4）程序仿真

① 启动 TIA Portal 软件，创建一个新的项目，并进行硬件组态，然后按照表 11-8 所示输入 LAD 程序。

② 执行菜单命令"在线"→"仿真"→"启动"，即可开启 S7-PLCSIM 仿真。在弹出的"扩展的下载到设备"对话框中将"接口/子网的连接"选择为"PN/IE_1"处的方向，再单击"开始搜索"按钮，TIA Portal 软件开始搜索可以连接的设备，并显示相应的在线状态信息，然后单击"下载"按钮，完成程序的装载。

③ 在主程序窗口，单击全部监视图标🔍，同时使 S7-PLCSIM 处于"RUN"状态，即可观看程序的运行情况。

④ 刚进入在线仿真状态时，M0.0、Q0.0~Q0.4 均处于 OFF 状态，奇数次强制 I0.0 为 1 时，M0.0 输出为 ON 状态；偶数次强制 I0.0 为 1 时，M0.0 输出为 OFF 状态。当 M0.0 输出为 ON

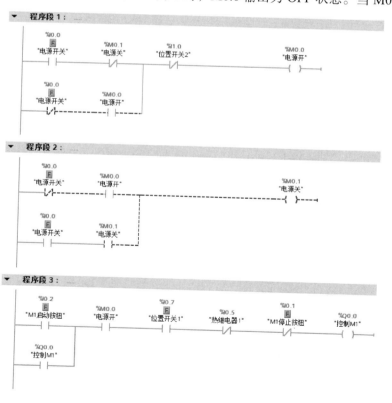

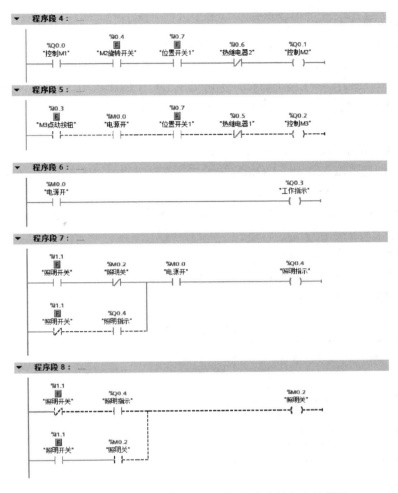

图 11-17　PLC 改造 C6140 车床控制线路的仿真效果图

时，强制 I0.2、I0.7 为 1 时，Q0.0 输出为 ON，表示主轴电动机
M1 处于运行状态；M1 电动机处于运行时，强制 I0.4 为 1，则
Q0.1 输出为 ON，表示冷却泵电动机处于运行状态，仿真效果如
图 11-17 所示。M0.0 为 ON 时，强制 I0.3、I0.7 为 1 时，Q0.2 输
出为 ON，表示刀架快速移动电动机处于运行状态。M0.0 为 ON
时，Q0.3 输出为 ON，表示机床信号灯处于点亮状态。M0.0 为
ON 时，奇数次强制 I1.1 为 1 时，Q0.4 输出为 ON 状态，表示
点亮照明灯；偶数次强制 I1.1 为 1 时，Q0.4 输出为 OFF 状态，
表示熄灭照明灯。

　　例 11-3：PLC 在天塔夜光控制中的应用。

　　某天塔夜光控制系统由 9 盏环形设计的彩灯 L1~L9 组成，
其布局如图 11-18 所示。通过进行彩灯亮、灭先后的顺序，来实
现彩灯的点缀效果。

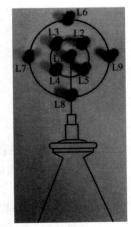

图 11-18　天塔夜光彩灯布局

（1）控制要求

按下启动按钮，彩灯按以下规律循环显示：L1→L2→L3→L4→L5→L6→L7→L8→L9→L1→L2、L3、L4、L5→L6、L7、L8、L9→L1→L1、L2→L1、L5→L1、L4→L1、L3→L1、L6→L1、L9→L1、L8→L1、L7→L1、L6、L8→L1、L7、L9→L1→L1、L2、L3、L4、L5→L1、L2、L3、L4、L5、L6、L7、L8、L9→闪烁 1 次→L1→L2 循环。

（2）控制分析

天塔夜光彩灯的显示，可以使用 SHL 移位指令来实现此操作。从控制要求可知，每轮循环需移位 28 次，因此可以每隔 1s，将 MD4 中的内容左移 1 次。SHL 左移时，MD4 的左移规律为 M7.0→M7.1→……→M7.7→M6.0→M6.1→……→M6.7→M5.0→M5.1→……→M5.7→M4.0→……→M4.7。在进行移位时，由于每轮循环移位 28 次，因此当移位到 M4.4 时，需将 MD4 重新赋移位初值。

（3）I/O 端子资源分配与接线

根据控制要求及控制分析可知，需要 2 个输入点和 9 个输出点，输入/输出分配如表 11-9 所示，其 I/O 接线如图 11-19 所示。

表 11-9　天塔夜光控制的 I/O 分配表

输入（I）			输出（O）		
功能	元件	PLC 地址	功能	元件	PLC 地址
停止按钮	SB1	I0.0	彩灯 L1	L1	Q0.0
启动按钮	SB2	I0.1	彩灯 L2	L2	Q0.1
			彩灯 L3	L3	Q0.2
			彩灯 L4	L4	Q0.3
			彩灯 L5	L5	Q0.4
			彩灯 L6	L6	Q0.5
			彩灯 L7	L7	Q0.6
			彩灯 L8	L8	Q0.7
			彩灯 L9	L9	Q1.0

（4）编写 PLC 控制程序

根据天塔夜光控制的分析和 PLC 资源配置，编写出 PLC 控制天塔夜光的梯形图程序，如表 11-10 所示。程序段 1 为启动控制；程序段 2 为给 MD4 赋移位初始值，当按下启动按钮或移位到 M4.4 时，将 MD4 赋初值 1；程序段 3 为移位控制，每隔 1s 将 MD4 中的值移位 1 次；程序段 4~12 为 9 盏彩灯的点亮控制。

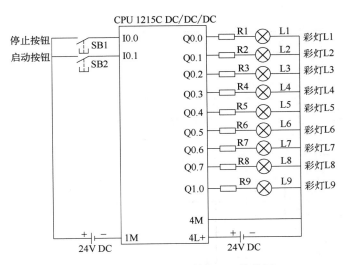

图 11-19　天塔夜光控制的 I/O 接线图

（5）程序仿真

① 启动 TIA Portal 软件，创建一个新的项目，并进行硬件组态，然后按照表 11-10 所示输入 LAD（梯形图）程序。

② 执行菜单命令"在线"→"仿真"→"启动"，即可开启 S7-PLCSIM 仿真。在弹出的"扩展的下载到设备"对话框中将"接口/子网的连接"选择为"PN/IE_1"处的方向，再单击"开始搜索"按钮，TIA Portal 软件开始搜索可以连接的设备，并显示相应的在线状态信息，然后单击"下载"按钮，完成程序的装载。

③ 在主程序窗口，单击全部监视图标，同时使 S7-PLCSIM 处于"RUN"状态，即可观看程序的运行情况。

④ 刚进入在线仿真状态时，Q0.0~Q1.0 均处于 OFF 状态，9 盏彩灯处于熄灭状态。按下启动按钮后，Q0.0~Q1.0 根据控制规律使 9 盏彩灯点亮，其监控效果如图 11-20 所示。

表 11-10　天塔夜光控制程序

程序段	LAD
程序段 1	%I0.1 "启动按钮"　　%I0.0 "停止按钮"　　%M0.0 "辅助继电器1" %M0.0 "辅助继电器1"
程序段 2	%I0.1 "启动按钮" [P]　　%M0.0 "辅助继电器1"　　MOVE　EN — ENO %M0.1 "辅助继电器2"　　1 — IN　　　%MD4 "移动初值" 　　　　　　　OUT1 — %M4.4 "Tag_28" [P] %M0.2 "辅助继电器3"

程序段	LAD
程序段 3	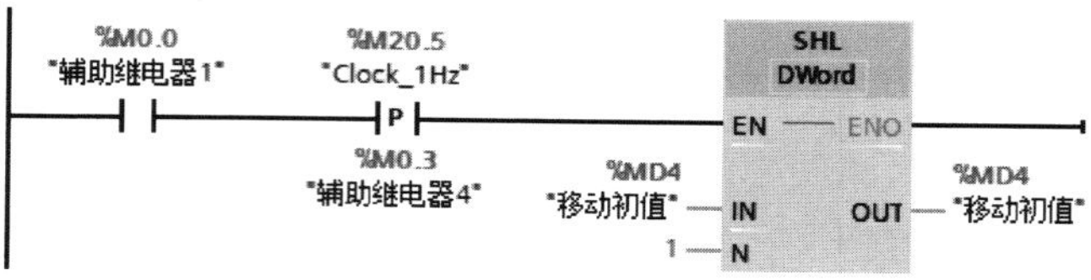
程序段 4	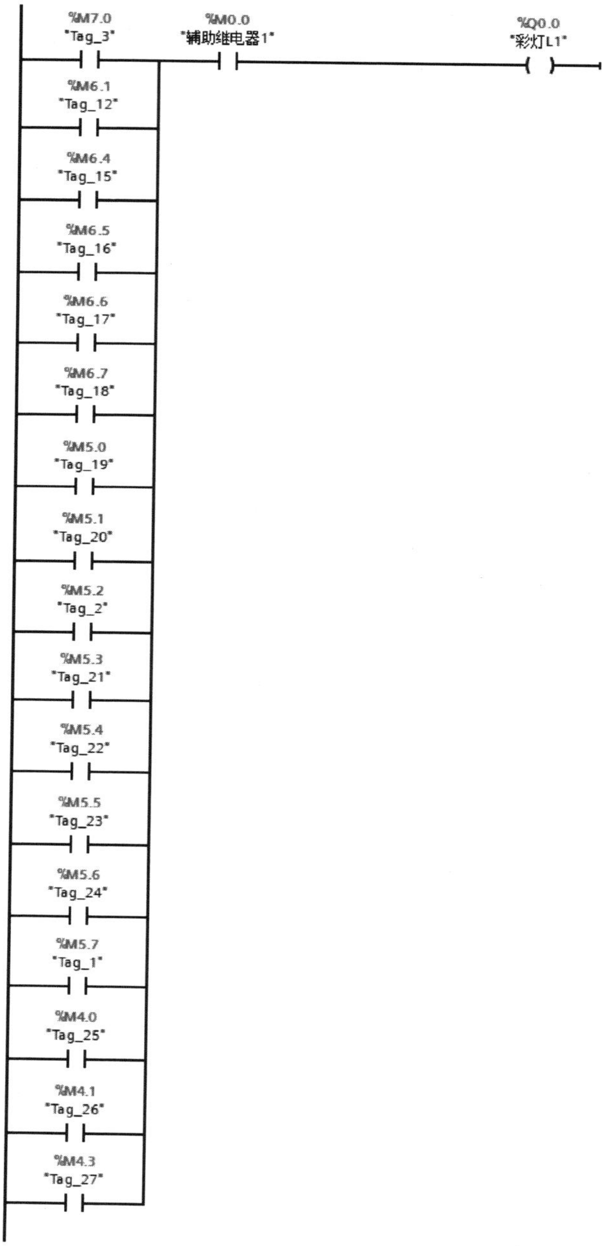

续表

程序段	LAD
程序段 5	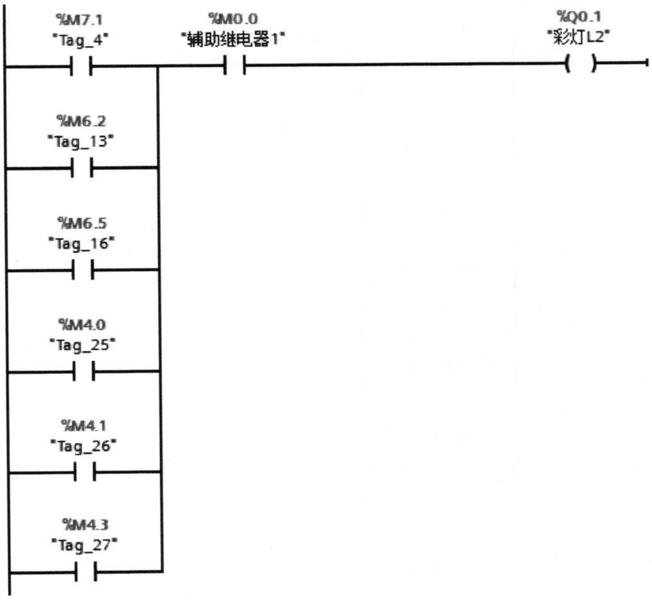
程序段 6	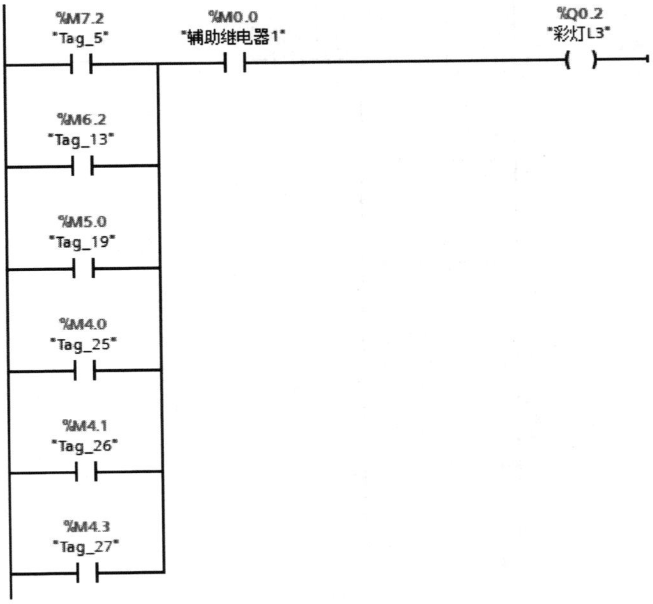

程序段 5 梯形图内容：

%M7.1 "Tag_4" —| |— %M0.0 "辅助继电器1" —| |— %Q0.1 "彩灯L2" —( )—

%M6.2 "Tag_13" —| |—

%M6.5 "Tag_16" —| |—

%M4.0 "Tag_25" —| |—

%M4.1 "Tag_26" —| |—

%M4.3 "Tag_27" —| |—

程序段 6 梯形图内容：

%M7.2 "Tag_5" —| |— %M0.0 "辅助继电器1" —| |— %Q0.2 "彩灯L3" —( )—

%M6.2 "Tag_13" —| |—

%M5.0 "Tag_19" —| |—

%M4.0 "Tag_25" —| |—

%M4.1 "Tag_26" —| |—

%M4.3 "Tag_27" —| |—

程序段	LAD
程序段 7	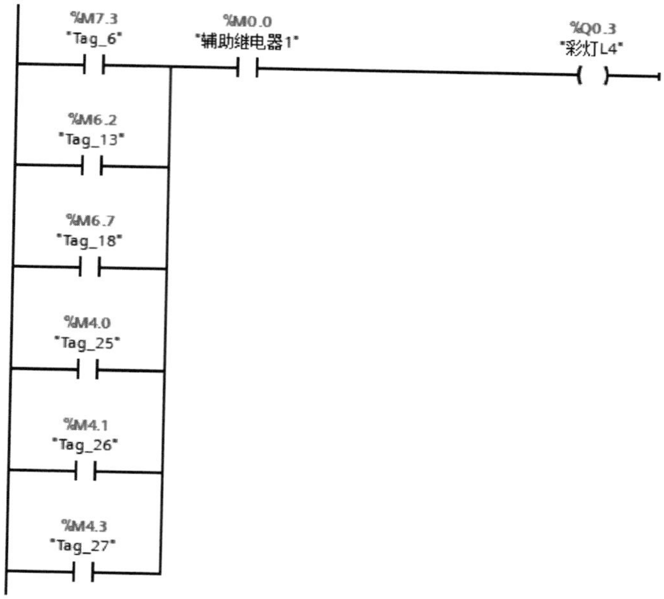
程序段 8	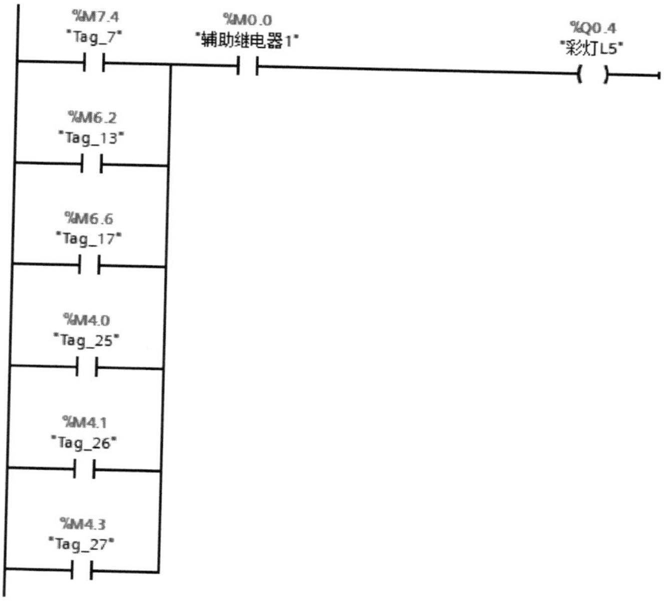

续表

程序段	LAD
程序段 9	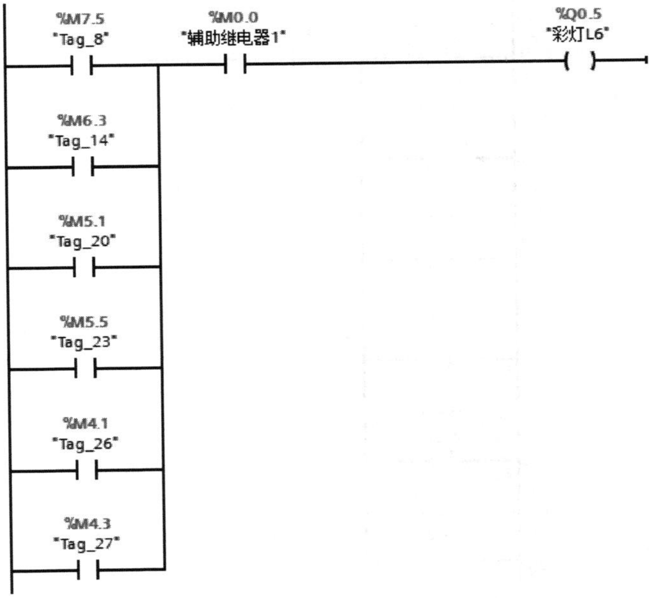
程序段 10	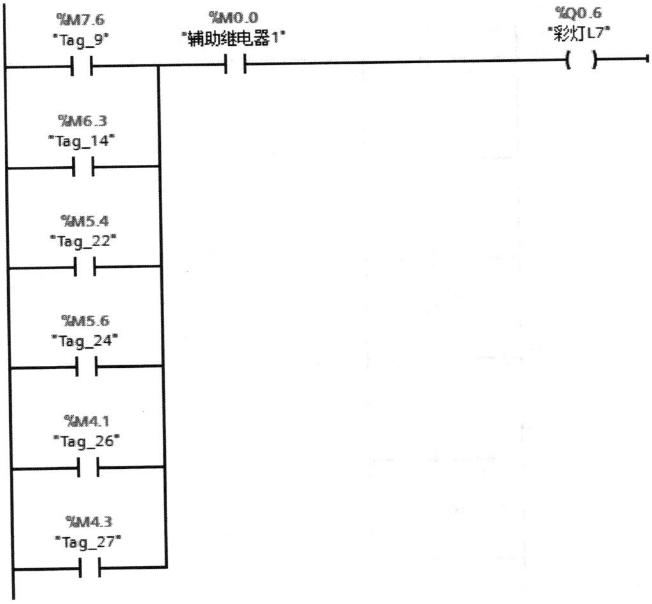

程序段	LAD
程序段 11	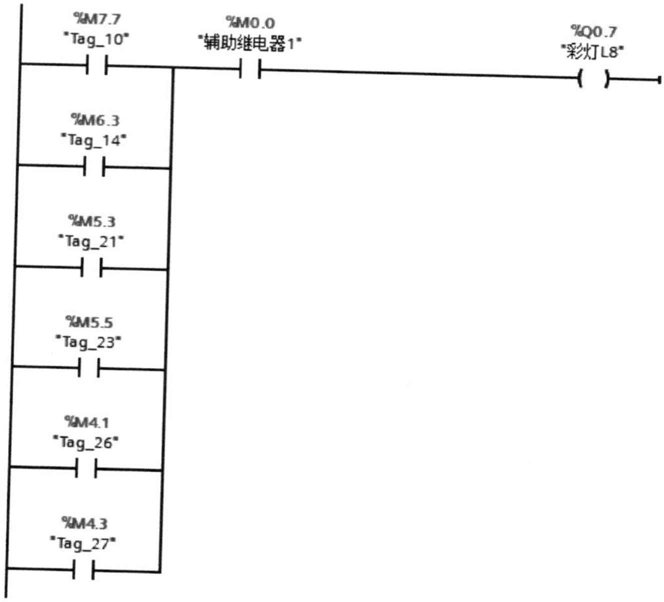
程序段 12	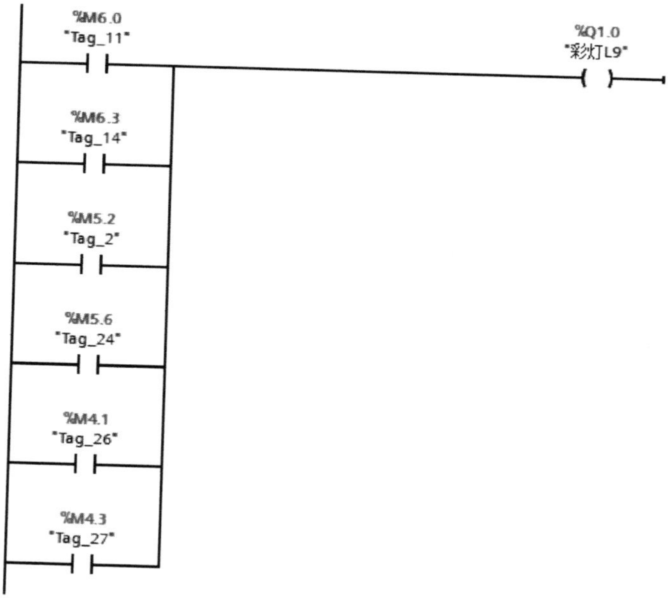

%M7.7 "Tag_10"　　%M0.0 "辅助继电器1"　　%Q0.7 "彩灯L8"

%M6.3 "Tag_14"

%M5.3 "Tag_21"

%M5.5 "Tag_23"

%M4.1 "Tag_26"

%M4.3 "Tag_27"

%M6.0 "Tag_11"　　%Q1.0 "彩灯L9"

%M6.3 "Tag_14"

%M5.2 "Tag_2"

%M5.6 "Tag_24"

%M4.1 "Tag_26"

%M4.3 "Tag_27"

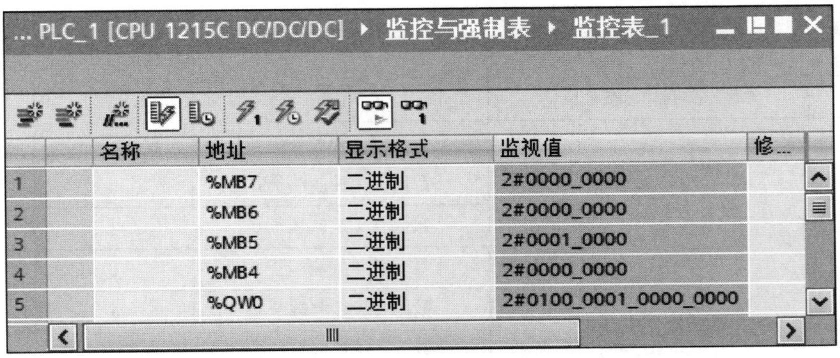

图 11-20　天塔夜光控制的监控效果图

例 11-4： PLC 在停车场车位控制中的应用。

（1）控制要求

某停车场最多可停 99 辆车，用两个数码管显示停车数量。用出/入传感器检测进出车辆数，每进一辆车停车数量加 1，每出一辆车停车数量减 1。场内停车数量小于 90 辆车时，入口处绿灯亮，允许入场；等于或大于 90 且小于 95 时，绿灯闪烁，提醒待进车辆司机注意满场；等于 99 辆时，红灯亮，禁止车辆入场。

（2）控制分析

停车场的车辆进出由出/入传感器检测，检测到有车辆需进入时，先判断车辆统计值是否小于 99，若是则允许加计数，否则不执行加 1 计数，以防止车辆数超出极限值；检测到有车辆出去时，先判断车辆统计值是否大于 0，若是则允许减 1 计数，否则不执行减 1 计数，以防误检测而出现统计值出现负数的情况。车辆统计值要进行显示，需要先将该数值转换为 BCD 码，并进行个位与十位数值的分离，然后再将个位数与十位数显示出来即可。由于 S7-1200 PLC 没有 SEG 指令，所以通过判断该数值，然后将相应的段码值送给 QB 进行显示即可。数码管选用两个七段共阴极 LED 数码管，每个数码管需使用 8 位段码。CPU 1215C DC/DC/DC，有 Q0.0～Q0.7、Q1.0、Q1.1 这 10 个输出端子，而本设计数值显示和彩灯显示共需 18 个输出端子，因此还需要外接扩展的数字量输出模块，如 SM 1222 DQ 16×24V DC（订货号 6ES7 222-1BH32-0XB0）。SM 1222 DQ 16×24V DC 的 I/O 地址为 QB8 和 QB9，本设计可以使用 QB0 和 QB8 分别外接数码管的段码端，以实现数值的显示控制。

（3）I/O 端子资源分配与接线

根据控制要求及控制分析可知，需要 2 个输入点和 18 个输出点，输入/输出分配如表 11-11 所示，其 I/O 接线如图 11-21 所示，图中进车辆与出车辆使用按钮替代。

表 11-11　停车场车位控制的 I/O 分配表

输入（I）			输出（O）		
功能	元件	PLC 地址	功能	元件	PLC 地址
进车辆	SB1	I0.0	数码管 1 控制端子 a	a	Q0.0
出车辆	SB2	I0.1	数码管 1 控制端子 b	b	Q0.1

续表

输入（I）			输出（O）		
功能	元件	PLC 地址	功能	元件	PLC 地址
			数码管 1 控制端子 c	c	Q0.2
			数码管 1 控制端子 d	d	Q0.3
			数码管 1 控制端子 e	e	Q0.4
			数码管 1 控制端子 f	f	Q0.5
			数码管 1 控制端子 g	g	Q0.6
			数码管 1 控制端子 h	h	Q0.7
			绿灯	HL1	Q1.0
			红灯	HL2	Q1.1
			数码管 2 控制端子 a	a	Q8.0
			数码管 2 控制端子 b	b	Q8.1
			数码管 2 控制端子 c	c	Q8.2
			数码管 2 控制端子 d	d	Q8.3
			数码管 2 控制端子 e	e	Q8.4
			数码管 2 控制端子 f	f	Q8.5
			数码管 2 控制端子 g	g	Q8.6
			数码管 2 控制端子 h	h	Q8.7

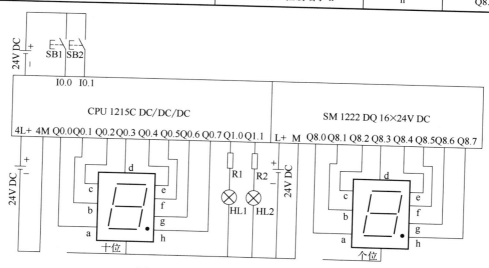

图 11-21　停车场车位控制的 I/O 接线图

（4）编写 PLC 控制程序

根据停车场车位控制的分析和 PLC 资源配置，编写出停车场车位控制的梯形图程序，如表 11-12 所示。程序段 1 为 PLC 上电复位控制；程序段 2 为车辆进入统计，每进入 1 辆车，MW2 加 1；程序段 3 为车辆出去统计，每出去 1 辆车，MW2 减 1；程序段 4 为数值转换控制，先将 MW2 转换为 16 位 BCD 码，取低字节低 4 位送 MB6，低字节高 4 位送 MB7；程序段 5 控制 LED 数码管显示个位值；程序段 6 控制 LED 数码管显示十位值；程序段 7 为绿灯显示控制，若当前停车场的车辆统计值小于 90,绿灯常亮,若当前停车场的车辆统计值大于 90 且小于 95,绿灯闪烁;程序段 8 为红灯显示控制,若当前停车场的车辆统计值大于等于 99,红灯常亮,不允许车辆进入。

（5）程序仿真

① 启动 TIA Portal 软件,创建一个新的项目,并进行硬件组态,然后按照表 11-12 所示输入 LAD（梯形图）程序。

② 执行菜单命令"在线"→"仿真"→"启动",即可开启 S7-PLCSIM 仿真。在弹出的"扩展的下载到设备"对话框中将"接口/子网的连接"选择为"PN/IE_1"处的方向,再单击"开始搜索"按钮,TIA Portal 软件开始搜索可以连接的设备,并显示相应的在线状态信息,然后单击"下载"按钮,完成程序的装载。

表 11-12　停车场车位控制程序

程序段	LAD
程序段 1	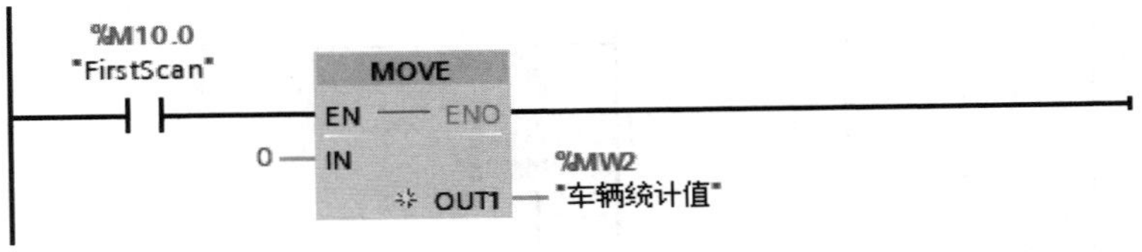
程序段 2	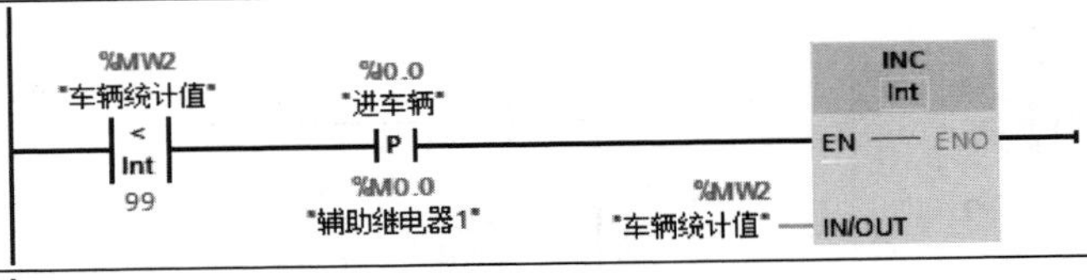
程序段 3	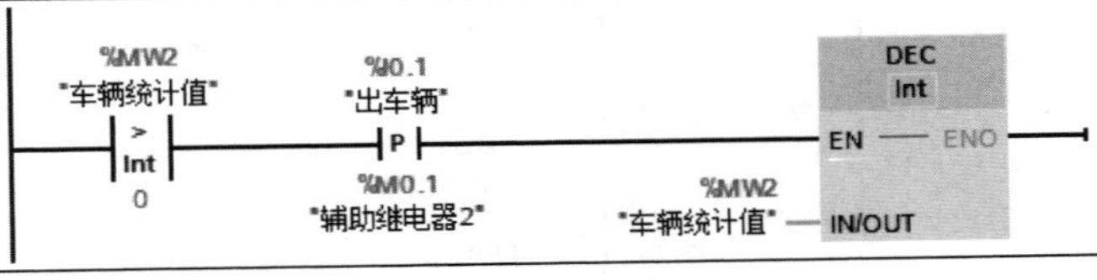
程序段 4	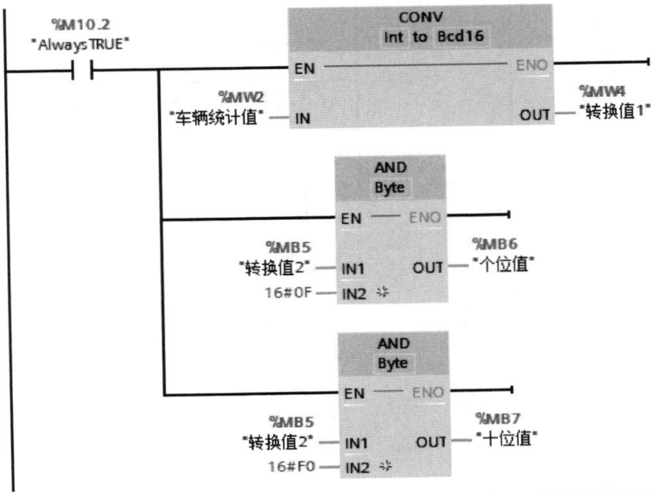

续表

程序段	LAD
程序段 5	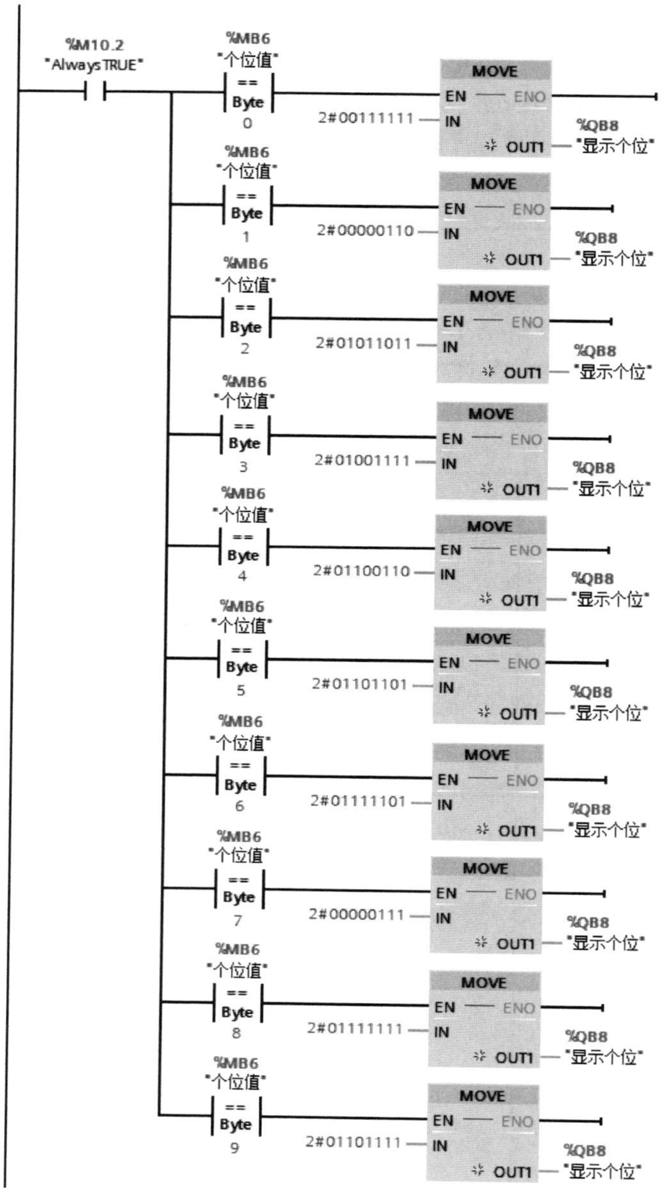

续表

程序段	LAD
程序段 6	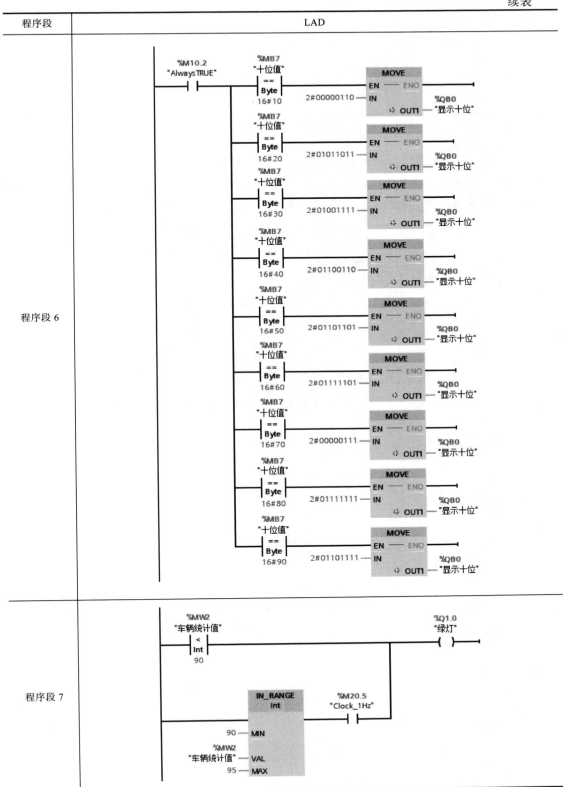
程序段 7	

续表

程序段	LAD
程序段 8	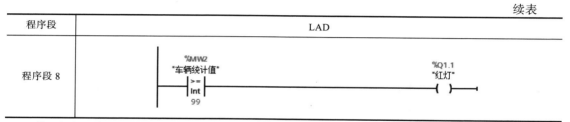

③ 在主程序窗口，单击全部监视图标 ，同时使 S7-PLCSIM 处于"RUN"状态，即可观看程序的运行情况。

④ 刚进入在线仿真状态时，QB0 和 QB8 均输出为 00 状态，LED 数码管处于熄灭状态。每次进入 1 辆车时 MW2 中的值加 1；每次出去 1 辆车时，MW2 中的值减 1，同时 QB0 和 QB8 输出相应的段码值，使数码管显示当前停车场的车辆数值，监控效果如图 11-22 所示。

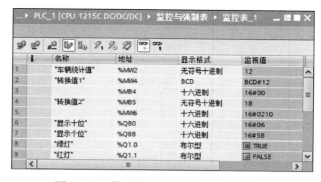

图 11-22 停车场车位控制的监控效果图

参 考 文 献

[1] 陈忠平. 西门子 S7-200 SMART 完全自学手册 [M]. 北京：化学工业出版社，2020.

[2] 陈忠平. 欧姆龙 CP1H 系列 PLC 完全自学手册 [M]. 第 2 版. 北京：化学工业出版社，2018.

[3] 陈忠平. 西门子 S7-300/400PLC 从入门到精通 [M]. 北京：中国电力出版社，2019.

[4] 陈忠平. 西门子 S7-300/400 快速入门 [M]. 北京：人民邮电出版社，2012.

[5] 陈忠平. 西门子 S7-300/400 快速应用 [M]. 北京：人民邮电出版社，2012.

[6] 陈忠平. 西门子 S7-300/400 系列 PLC 自学手册 [M]. 北京：人民邮电出版社，2010.

[7] 向晓汉，陆彬. 西门子 PLC 工业通信网络应用案例精讲 [M]. 北京：化学工业出版社，2011.

[8] 廖常初. S7-1200/1500 PLC 应用技术 [M]. 北京：机械工业出版社，2021.

[9] 刘华波，刘丹，赵岩岭，等. 西门子 S7-1200 PLC 编程与应用 [M]. 北京：机械工业出版社，2011.

[10] 崔坚. SIMATIC S7-1500 与 TIA 博途软件使用指南 [M]. 北京：机械工业出版社，2016.

[11] 刘长青. S7-1500 PLC 项目设计与实践 [M]. 北京：机械工业出版社，2016.